谨 以 此 书 记 念 黄 大 年 教 授

謹以此書紀念黃文年大誕辰

"十三五"国家重点出版物出版规划项目

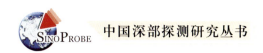

中国深部探测研究丛书

地球深部探测仪器装备技术
原理及应用

黄大年 等／著

科学出版社

北京

内 容 简 介

本书为"深部探测技术与实验研究"国家科技专项（SinoProbe）第九项目"深部探测关键仪器装备研制与实验"（SinoProbe-09）的研究成果总结。作者以近年来我国在深部探测装备研发的科学实践为基础，着重论述探测地球深部电、磁、重、震等地球物理现象和深部大陆科学钻探的尖端装备技术以及应用实践。涉及的内容包括大功率和大深度探测能力的深部地球物理探测仪器、大面积和高效率航空无人机探测系统，高集成工艺和超大深度钻探装备以及针对海量多类型数据的移动平台综合地球物理资料处理和解释软件系统。内容从基本原理和方法切入，到地球物理仪器和装备研发过程所面临的核心技术，为提高我国地球深部探测能力和水平提供技术支持。

本书可供地学科研人员和相关高等院校师生及生产一线工作人员学习和参考。

图书在版编目（CIP）数据

地球深部探测仪器装备技术原理及应用／黄大年等著 . —北京：科学出版社，2017

（中国深部探测研究丛书）

ISBN 978-7-03-053531-3

Ⅰ. ①地… Ⅱ. ①黄… Ⅲ. ①地球内部–探测技术 Ⅳ. ①P183.2

中国版本图书馆 CIP 数据核字（2017）第 135882 号

责任编辑：韦 沁 韩 鹏／责任校对：何艳萍
责任印制：肖 兴／封面设计：黄华斌

科学出版社 出版

北京东黄城根北街 16 号
邮政编码：100717
http://www.sciencep.com

中国科学院印刷厂 印刷

科学出版社发行 各地新华书店经销

*

2017 年 6 月第 一 版 开本：787×1092 1/16
2017 年 6 月第一次印刷 印张：33 1/4
字数：782 500

定价：338.00 元

（如有印装质量问题，我社负责调换）

编辑委员会

著 者 名 单

黄大年	郭子祺	底青云	林　君	孙友宏
徐学纯	于　平	马国庆	李丽丽	秦静欣
王妙月	陈祖斌	王清岩	姜　弢	焦　健
刘万崧	于　萍	张林行	王　婕	方广有
曾晓献	魏晓辉	张一鸣	王中兴	刘建英
杨泓渊	沙永柏	曾昭发	郑常青	高　科
赵　研	龙　云	王俊秋	于昌明	朱万华
王郁涵	卢鹏羽	郭晓欣	张梅生	肖　锋
单刚义	王　刚	王会武	薛志华	孙　锋
郑　凡	陶士先	张怀柱	高占恒	肖　丽
于显利	谢文卫	杨大鹏	乔东海	于生宝
朱永宜	周　斌	别红霞	蒋国盛	王军波
王成彪	刘宝昌	周寅伦	孙　勇	吴景华
张晓普	王继新	付长民	钟玉林	吕世学
安志国	王志刚	刘佳琳	真齐辉	单文军
张文秀	卢春华	荣亮亮	王小容	汤　亮
杨　浩	高俊侠	郭　威	王亚璐	陈延礼
姚永明				

丛 书 序

地球深部探测关系到地球认知、资源开发利用、自然灾害防治、国土安全和地球科学创新的诸多方面，是一项有利于国计民生和国土资源环境可持续发展的系统科学工程，是实现我国从地质大国向地质强国跨越的重大战略举措。"空间、海洋和地球深部，是人类远远没有进行有效开发利用的巨大资源宝库，是关系可持续发展和国家安全的战略领域"（温家宝，2009）。"国务院关于加强地质工作的决定"（国发〔2006〕4号文）明确提出，"实施地壳探测工程，提高地球认知、资源勘查和灾害预警水平"。

世界各国近百年地球科学实践表明，要想揭开大陆地壳演化奥秘，更加有效的寻找资源、保护环境、减轻灾害，必须进行深部探测。自20世纪70年代以来，很多发达国家陆续启动了深部探测和超深钻探计划，通过"揭开"地表覆盖层，把视线延伸到地壳深部，获得了重大成果：相继揭示了板块碰撞带的双莫霍结构，发现造山带山根，提出岩石圈拆沉模式和大陆深俯冲理论；美国在造山带下找到了大型油田，澳大利亚在覆盖层下发现奥林匹克坝超大型矿床；苏联在超深钻中发现了极端条件下的生物、深部油气和矿化显示，突破了传统油气成藏理论，拓展了人类获取资源的空间，加深了对生命演化的认识。目前，世界主要发达国家都已经将深部探测作为实现可持续发展的国家科技发展战略。

我国地处世界上三大构造-成矿域交汇带，成矿条件优越，现金属矿床勘探深度平均不足500 m，油气勘探不足4000 m，深部资源潜力巨大。我国也是世界上最活动的大陆地块，具有现今最活动的青藏高原和大陆边缘海域，地震较为频繁，地质灾害众多。我国能源、矿产资源短缺、自然灾害频发成为阻碍经济、社会发展的首要瓶颈，对我国工业化、城镇化建设，甚至人类基本生存条件构成严峻挑战。

2008年，在财政部、科技部支持下，国土资源部联合教育部、中国科学院、中国地震局和国家自然科学基金委员会组织实施了我国"地壳探测工程"培育性启动计划——"深部探测技术与实验研究专项（SinoProbe）"。在科学发展观指导下，专项引领地球深部探测，服务于资源环境领域。围绕深部探测实验和示范，专项在全国部署"两网、两区、四带、多点"的深部探测技术与实验研究工作，旨在：自主研发深部探测关键仪器装备，全面提升国产化水平；为实现能源与重要矿产资源重大突破提供全新科学背景依据和基础信息；揭示成藏成矿控制因素，突破深层找矿瓶颈，开辟找矿"新空间"；把握地壳活动脉搏，提升地质灾害监测预警能力；深化认识岩石圈结构与组成，全面提升地球科学发展水平；为国防安全的需要了解地壳深部物性参数；为地壳探测工程的全面实施进行关键技术与实验准备。国土资源部、教育部、中国科学院和中国地震局，以及中国石化、中国石油等企业和地方约2000名科学家和技术人员参与了深部探测实验研究。

经过多年来的实验研究，深部探测技术与实验研究专项取得重要进展：①完成了总长度超过6000 km的深反射地震剖面，使得我国跻身世界深部探测大国行列；②自主研制和引进了关键仪器装备，我国深部探测能力大幅度提升；③建立了适应我国大陆复杂岩石圈、地壳的探测技术体系；④首次建立了覆盖全国大陆的地球化学基准网（160 km×160 km）和地球电磁物性（4°×4°）标准网；⑤在我国东部建立了大型矿集区立体探测技术方法体系和示范区；⑥探索并实验了地壳现今活动性监测技术并取得重要进展；⑦大陆科学钻探和深部异常查证发现了一批战略性找矿突破线索；⑧深部探测取得了一批重大科学发现，将推动我国地球科学理论创新与发展；⑨探索并实践了"大科学计划"的管理运行模式；⑩专项在国际地球科学界产生巨大的反响，中国入地计划得到全球地学界的关注。

为了较为全面、系统地反映深部探测技术与实验研究专项（SinoProbe）的成果，专项各项目组在各课题探测研究工作的基础上进行了综合集成，形成了《中国深部探测研究丛书》。

我们期望，《中国深部探测研究丛书》的出版，能够推动我国地球深部探测事业的迅速发展，开创地学研究向深部进军的新时代。

2015 年 4 月 10 日

前　　言

在全球范围内，与自然界有关的资源、能源、环境和地质灾害等问题的急剧变化和恶化，已经对人类基本生存条件、社会和经济发展的进程形成严峻挑战。解决这些问题的根本途径是通过发展深部探测技术手段，建立相关理论，推进揭开地壳深部奥秘的探索过程，促进深部矿产和油气资源的勘探开发、减灾防灾、探索大自然的活动规律。

在深部探测过程中，几乎所有的"重大突破性成果"都与探测技术进步和相关的仪器装备发展有关。然而，我国在地球深部探测所用的技术方法和关键仪器装备严重依赖进口，远远不能满足我国社会经济发展和国土资源安全的需要。中国作为大国，幅员辽阔，在与大自然的索利避害博弈过程中，急需了解来自地壳深部的地学信息，发展深部探测及相关技术装备，为国家经济发展提供必要的科技支撑。

我国在地球深部探测方面，落后于世界先进国家。表现在探测的程度还比较低，探测的总体水平和深度有限，探测所用的技术方法和关键仪器装备主要靠进口。从 20 世纪五六十年代我国开始引进国外的勘探技术和关键的仪器设备，逐渐形成了引进、消化、吸收、研制的仪器发展道路。在深部探测方面，我国学者已经掌握了深部探测先进技术，在一些局部典型地域实验完成了多条高质量的探测剖面，取得了若干重要发现，积累了实际经验，得到国际同行的认可和赞许。

然而，近 20 多年来，尤其是 1986 年原地矿部撤消物探局以来，我国在地球物理仪器装备研制方面缺乏系统的规划，也没有组织起有效的工作，造成国内许多地球物理仪器的专门研究机构纷纷解散或转产。一些具有良好发展前景的仪器设备停产或没有发展。尽管也有少数 863 课题或其他课题的资助，但都是分散的单个课题，研发人员都是临时为这一课题而组织的，学科单一，力量单薄，一旦项目结题，队伍也就解散了。由于没有后续的支持，我国的地球物理重大装备研发成果一直难以形成产业化。

由于技术装备方面存在的问题，直接影响地球科学研究的进度和深度。例如，以地壳探测精度最高的深地震反射剖面探测技术为例。2009 年前，我国深地震反射剖面只有约 5000 km，相当于美国的 1/12，俄罗斯的 1/5，英国的 1/4，加拿大的 1/3，意大利的 1/2。我国最深的科学钻探达到 5158 m 深度（江苏东海），也不到俄罗斯超深科学钻探深度的 1/2。由此造成我国对地球深部的认识和了解非常肤浅，有必要发展现代地壳深部探测技术方法体系，提升自主研发深部探测仪器装备能力，显著提高我国地壳探测程度与水平，为解决国家资源环境重大问题提供科技支撑。

我们必须瞄准：探测仪器的核心技术-传感技术的发展方向；地震勘探仪器技术发展方向；电磁勘探仪器技术发展方向；航空地球物理探测技术发展方向；软件工程技术发展方向；大陆科学钻探工程技术发展方向。必须看到：由深探需求能够牵引出，利用现代科学技术发展取得的成果推动深部探测仪器装备研发。尤其是，制造技术、电子技术、材料技术、信息技术、通信技术、空间技术等相关领域的长足进步，推动了各类探测技术的发展。今天的探测技术向多功能化、智能化、网络化、多道化、遥测遥控化以及移动平台机动化发展。仪器指标如测量精度、分辨率、灵敏度、探测深度、抗干扰性能、可移动性能、野外数据采集效率、数据质量等都发生了质的飞跃。近年来，勘探技术正沿着两个方向发展：一个是向高精度、高分辨率、高密度的三维方向发展；另一个是向重、磁、电、震等综合勘探方向发展。这两个发展方向之间既有区别又有密切联系，形成了现代勘查技术和方法手段的多样化，提供了针对具体探测对象和环境适应性的多种选择。

"深部探测关键仪器装备研制与实验"项目（简称：SinoProbe-09），由吉林大学和中国科学院地质与地球物理研究所联合申报，2010 年 9 月增补为已启动 2 年的国家科技专项"深部探测技术与实验研究"（简称：SinoProbe）的第九项目，按照"国家公益性行业科研专项"归口国土资源部管理。SinoProbe-09 项目于 2010 年开始启动，批复资金 44000 万元，2016 年 6 月正式通过验收。

SinoProbe-09 项目紧密围绕"专项"所涉及的目标、任务和需求开展研究。在发展战略层面上，强化需求导向：①**国家地球科学技术发展的需要**：国家经济发展方针提出了"实施地壳探测工程，提高地球认知、资源勘查和灾害预警水平"的规划；②**地壳深部探测工程技术发展的需要**：提高深部探测仪器和技术的自主研发能力，逐步扭转长期依赖进口的局面，突破西方科技列强在关键技术和设备上对华封锁壁垒；③**综合国力体现和对等交流的需要**：提升探测仪器装备自主研发的能力，将体现国家综合实力；要与国际真正接轨，必须采取，你有我有，你无我有，以我为主的发展策略；发展拥有自主产权的深部探测仪器装备技术，是实现对等国际交流，掌握主动权的具体体现；④**依托单位基础建设的需要**：利用依托单位的历史地位和优势，瞄准长远目标，恢复和加强科研基础建设，加速人才培养，加强承担国家重任的能力，是时代的需要。

SinoProbe-09 项目总体目标是：为更好实施国家"地壳探测计划"和矿产资源的勘探开发，发挥国家重点高校和科研机构的优势，分阶段逐次研发拥有自主知识产权的关键仪器装备，为实施地球深部立体探测，提高复杂地表环境的勘探能力和效率，提供必要的仪器设备技术支撑。规范化"重型装备技术"研发程序和过程、规范化仪器装备研发检测指标内容、规范化研发所需的相关技术配备、规范化专业人才培养训练的内容和过程、规范化高端工程项目的管理程序。以稳健务实的科学态度，提升我国深部探测重型装备研发的整体技术水平，逐步实现探测仪器装备的自主研发。

SinoProbe-09 下设 6 个课题：

（1）移动平台综合地球物理数据处理与集成系统（SinoProbe-09-01），由吉林大学黄大年团队负责；

（2）地面电磁探测（SEP）系统研制（SinoProbe-09-02），由中国科学院地质与地球物理研究所底青云团队负责；

（3）固定翼无人机航磁探测系统研制（SinoProbe-09-03），由中国科学院遥感与数字地球研究所郭子祺团队负责；

（4）无缆自定位地震勘探系统研制（SinoProbe-09-04），由吉林大学林君团队负责；

（5）深部大陆科学钻探装备研制（SinoProbe-09-05），由吉林大学孙友宏团队负责；

（6）深部探测关键仪器装备野外实验与示范（SinoProbe-09-06），由吉林大学徐学纯团队负责。

SinoProbe-09 主要参加单位有：吉林大学、中国科学院地质与地球物理研究所、中国科学院遥感与数字地球研究所、中国科学院电子学研究所、北京工业大学、中国科学院上海微系统与信息技术研究所、中国科学院声学研究所、北京理工大学、中国科学院大气物理研究所、国土资源部航空物探遥感中心、北京邮电大学、重庆地质仪器厂、中国地质科学院勘探技术研究所、北京探矿工程研究所、中国地质大学（武汉）、中国地质大学（北京）、北京大学、中国科学院空间科学与应用研究中心、长春工程学院等单位。

　　本书为《中国深部探测研究丛书》之一。编者以所掌握的国内外大量一手资料为基础，结合近年来我国在深部探测装备研发的科学实践，由项目组成员共同编写完成。着重论述探测地球深部电、磁、重、震等地球物理现象的尖端装备技术以及应用实践。涉及的内容主要包括大功率和大深度探测能力的深部地球物理探测仪器、大面积和高效率航空无人机探测系统、高集成工艺和超大深度钻探装备以及针对海量多类型数据的移动平台综合地球物理资料处理和解释软件系统。内容从基本方法原理切入，到现代科技前沿所面临的核心技术等地球物理仪器和装备研发过程，着重体现重型装备技术研发程序和流程、检测指标和相关技术配备以及高端工程项目管理程序等研发理念。希望通过加强尖端装备研发和配备，加强地质科学理论和技术实践的结合，为提高我国地球深部探测能力和水平提供技术支持。

　　通过深部探测仪器装备从地壳深部获取的地球物理和地球化学信息，结合深部科学钻探获取的实物资料，揭示了地球深部结构和演化规律。这是构成了本书基本框架结构和章节内容的基础。

　　全书由黄大年总体策划。前言阐述了项目立项背景、总体目标和研究内容和本书的构架，由黄大年、于平撰写；第一章主要介绍地球深部探测仪器装备技术发展概况，由于平、底青云、郭子祺、林君、孙友宏、马国庆撰写；第二章主要介绍重力场探测及数据处理解释技术，由马国庆、黄大年、李丽丽撰写；第三章主要介绍磁测及数据处理解释技术，由郭子祺、秦静欣、王婕、刘建英、于昌明、薛志华撰写；第四章主要介绍地面电磁探测理论与应用技术，由底青云、王妙月、方广有、张一鸣、王中兴、朱万华撰写；第五章主要介绍深层地震勘探仪器及数据处理解释技术，由林君、陈祖斌、张林行、杨泓渊、龙云、王俊秋撰写；第六章主要介绍大陆科学钻探技术与装备，由孙友宏、王清岩、于萍、沙永柏、高科、赵研撰写；第七章主要介绍仪器装备野外实验与示范研究，由徐学纯、姜弢、刘万崧、曾昭发、郑常青、张梅生撰写；第八章主要介绍深部探测综合数据解释一体化软件工程与实践，由于平、李丽丽、马国庆、焦健、肖锋、孙勇撰写。

　　本书是SinoProbe-09项目组的集体成果，历时两年得以付梓，感谢徐学纯、于平、马国庆、秦静欣、王中兴、张林行、高科、赵研等同志对书稿的精心校对。同时，感谢王郁涵、肖丽、曾晓献、于显利、贾继伟等同事在项目完成和书稿编写过程中付出的努力。衷心感谢国土资源部、中国地质调查局等有关部门领导对项目的指导和支持。特别感谢SinoProbe专项负责人董树文教授和专项管理办公室工作人员对项目给与的关心和帮助。

　　刊印在即，书中还存在很多纰漏，真诚的欢迎大家批评和指正，共同支持和推动深地探测事业不断向前发展。

黄大年

2016 年 8 月 28 日

目　　录

第一章 地球深部探测仪器装备
技术发展概况

第一节 深部地质问题和研究思路

固体地球的深部（深地）是一个极端高温高压条件下的地球固体层圈系统。深地可分为两大层次：①地壳与岩石圈上地幔是地球深部探测、观测与实验研究的主要对象，也是解决资源环境问题的关键立足点；②软流圈、下地幔与地核是最终揭示地球奥秘和动力学问题的核心。研究表明，地表看到的现象根源在深部，缺了深部研究，地球系统就无法理解。深部物质与能量交换的地球动力学过程是引起地球表面的地貌变化、环境变化和气候变化的主要控制因素，是解释成山、成盆、成岩、成矿和成灾等形成过程的核心驱动力和依据。因此，SinoProbe 制定的目标是充分利用科学手段揭示地球深部奥秘。

SinoProbe 获取的参数和数据包括地质观察分析、地球物理和地球化学等多种类型，可根据不同的应用目的（或领域）形成不同形式的参数组合，为科学分析研究提供依据。相关科学分析研究的方向有：①深化认识造山带、克拉通和盆山耦合系统的岩石圈组成、结构和动力学演化过程，全面提升地球认知程度和地球科学发展水平；②揭示成藏成矿控制因素，探讨控制大规模成矿作用和矿集区形成的地质过程，发现能源"新区"，开辟深部找矿"新空间"，提高资源勘查水平；③探讨重大地质灾害发生机理和深部条件，提升地质灾害监测预警能力；④为地下空间利用与国防安全需求提供地壳与深部地球物理参数。

深部探测、观测与实验研究的主要对象是地壳与岩石圈上地幔。地壳是地球演化历史的档案，大陆地壳中保存了岩浆活动、变质作用、沉积过程和地壳形成事件的可靠记录，同时也保存了成矿和成岩的过程记录。通过系统获取从地表到深部的地学信息，分析地形地貌、地表地质现象和深部活动过程关系，可以从中发现和揭示大陆地壳的结构与演化过程规律，掌握地质时代变迁和古环境演化过程中的沉积、变质、构造和岩浆与火山活动等影响程度。

在工作流程上，目前，国内外了解地球深部信息遵循大体相同的探测策略和工作流程。首先，通过各种地球物理勘探方法和手段，获取大面积空间分布的地震波场、重力场、磁力场、电磁场、地温场、放射性能谱、遥感多光谱等地球物理数据，通过深部科学钻探获取地下深处实物验证数据；其次，通过数字信号分析原理和计算机处理技术手段，完成针对勘探方法特点的传统数据处理过程，从复杂干扰的实测数据中提取有用信息；然后，在此基础上进行数据转换、位场正反演等以增强信号和恢复探测对象形态和属性为目的的一系列计算分析，为揭示地下深层隐伏目标提供参考依据；最后，通过联合地质和地球物理各类领域专家，完成对探测对象的推断、解释、分析、预测和恢复深部地质构造和属性分布模型，为进一步钻探验证奠定基础。最终建立的地质–地球物理模型，可用于了解地壳深部构造和物质成分分布规律，由此推断解释地壳活动的规律及其对人类生活造成的影响，包括油气能源和矿产资源分布以及地质灾害产生的原因等，为专业人员提供了分析手段和模型参考。

在技术手段上，广泛应用大面积、大深度探测技术，获取分析地壳深部大范围的地质现象分布数据，通过探测数据处理和综合解释揭示地球深部奥秘。目前，我国开展的地壳深部探测实验示范工程专项所采用的探测仪器和装备体系是以获取大面积和海量探测数据为主要考量，建立多种探测方法技术组合，实现陆海空立体探测；通过发展多元信息和海量数据集成分析方法和软件技术，形成构建三维地质–地球物理模型的高效率解决方案（图 1.1）。

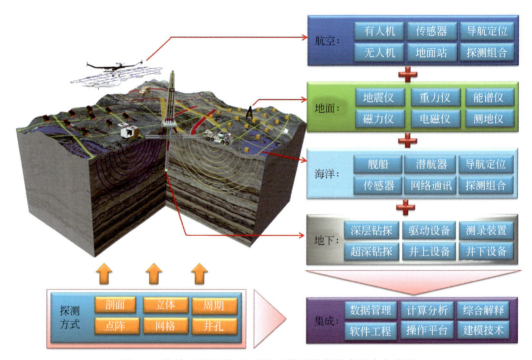

图 1.1　构建三维地质–地球物理模型的高效率解决方案图

SinoProbe 采用的技术手段是应用海、陆、空对地立体探测技术，获取大面积、大深度综合地质和地球物理信息

在深部探测采用的综合地球物理勘探技术中，地震勘探通过获取和分析地震波信号，为精密揭示地下构造和物质属性提供了重要依据。该技术在深部油气藏勘探开发中起着至关重要的作用，尽管勘探成本相对较高，在大深度地球科学探测研究中仍然是不可替代的主要方法。大深度地震勘探信号获取主要采用"深地震反射剖面法"、配套进行"宽角反射与折射地震剖面法"以及"宽频带数字地震移动台站法"。三种方法的组合应用共同承担揭示深部结构图像与变化、追踪深部过程、实现地壳精细结构的探测任务。

然而，地震勘探技术和探测成果也存在局限性和多解性，容易受到勘探条件和环境影响，尤其是应用在深部探测领域中，随着探测深度加大造成解决问题的难度加大。因此，开展大深度地质勘探调查必须结合其他非地震勘探方法，如大面积和高精度重力和磁力测量、大地电磁测深、大地热流等探测技术方法。从大面积勘探入手，结合地震和测井等局部参考资料，对岩石圈密度、磁性以及电性等综合物理属性深入研究，揭示深部构造区域性背景环境以及断裂和接触带等特殊部位的精细结构，弥补单一地震勘探技术的不足。

我国地球探测技术与装备精度、分辨率、维度、深度、高效搭载平台与国外相比落后至少20年，总体处于"跟跑"状态，进口率高达90%以上。我国传感器材料与制备工艺严重落后，专用芯片全部依赖进口，新型传感器尚未研发或处于摸索阶段。同时，我国深部探测装备和核心软件绝大部分依赖进口，形成市场垄断、价格昂贵。近地表或浅地表精细探测技术零散，探测精度与分辨率低、效率低、抗干扰能力差；万米以浅深部探测技术装备种类少，探测能力弱、误差大，实用化与产业化较国外差距巨大。这些严重制约着我国地球科学、能源与矿产资源勘探的发展，也直接制约着我国参与国际资源竞争的能力。

第二节　地球重力场探测仪器及解释理论发展

地球重力场与人类生活密不可分，一直伴随着人类文明进程的发展，人类也未曾停止过对它们的观测、研究和利用。重力勘探的主要目的是测量地球重力场分布，进而研究地下目标体产生的异常并对其进行相应的处理与解释，达到研究地壳结构构造和找矿勘探的目的。重力野外测量结果经过零点漂移改正之后，再将各测点相对于基点的读数差换算成重力差。这种重力差值并不能算作重力异常值，因为地面重力测量是在实际的地球表面上进行，由于地球表面的起伏不平，使这种重力差值包含了各种干扰因素的影响，并且干扰程度随测点而变化。为了使各测点的重力差值有一个相同的标准，就需要将观测资料进行整理，求得真正的重力异常值，以便在外界条件一致的前提下，对各种测点的重力异常进行比较。重力资料的整理主要包括纬度改正、地形改正、高度改正及中间层改正。重力实测数据需经过预处理、处理、反演及解释来获得地下场源体的分布。

1. **重力数据预处理**

重力数据的预处理是根据异常的数学物理特征，对实测异常进行必要的加工处理，提高信噪比，突出有用异常使实际异常满足或接近解释理论所要求的条件。重力异常的预处理主要包括异常的网格化、异常圆滑等，对于航空重力数据还需进行数据调平处理。

数据网格化是进行重力异常的野外工作时，由于某些客观原因，有时某些点位上无法进行测量，结果会出现漏点或造成实测点分布不均匀；另外，如果利用某些原始的重力异常图件进行有用信息的再开发，必要时需要用数字化软件重新取数，这样的取样点也可能呈不规则分布。当对重力数据进行反演计算时，一般要求数据必须均匀地规则分布，因此，必须将不规则的实测数据或数字化后取出的数据换算成规则网格节点上的数据，这个过程就是数据的网格化。数据网格化的实质问题就是对不规则分布的数据点进行插值。插值的方法很多，有拉格朗日多项式法、克里格法、最小二乘法、加权平均法等。异常圆滑是为了去除测量误差对数据的干扰，从而为后续的数据计算提供更加可靠的基础数据，主要采用平均值圆滑法、中值滤波、最小二乘拟合法等。

2. **重力数据处理**

重力异常是地表到深部所有密度不均匀分布的综合反映，为了更好地完成地质体的解释工作，数据处理过程包括滤波、延拓、求导、场分离、曲化平等操作，目的是使实际异常满足或接近解释理论所要求的假设条件，将复杂异常处理成简单异常，使实际异常满足解释方法的要求，突出解释需要的重、磁异常信息。

滤波是为了去掉数据中的误差或随机干扰以及小异常体的干扰，获得更加准确的基础数据，从而避免后续处理过程带来误差。主要有空间域最小二乘滤波、频率域数字滤波方法等。延拓根据观测平面上的观测异常计算出场源以外其它空间位置的重磁异常过程，包括向上延拓和向下延拓，向上延拓可削弱局部干扰异常，突出深部较大地质体的异常，压制浅部小异常体。向下延拓可划分水平叠加异常，评价低缓异常，突出浅部异常，压制深部异常。主要实现的方法是频率域方法，为了压制延拓过程中带来的噪声放大问题，采用积分–迭代延拓法，导数迭代延拓法等，有效地提高了延拓的精度。求导是突出浅源异常、区分叠加异常、确定场源体边界以及削弱背景异常的常用方法，被广泛地应用于异常的解释，主要采用FFT、DCT、Z、Hartley等变换方法来完成计算。场分离为了提取出目标体的异常需对综合异常进行低通滤波处理。频谱分析技术是进行重磁异常场分离操作的常用方法之一，但该类方法易模糊掉不同形态异常之间的界线特征。后来人们又提出小子域滤波、插值切割法等来获得更好的场分离结果。

3. 重力数据反演

根据重力异常的分布，利用数学物理的方法求出地质体的形态、产状、空间位置及密度参数，即已知场的分布求场源，称为反演问题。多解性问题是地球物理勘探反演解释中共同存在的问题，主要原始是观测的异常数据通常是有限的和离散的，且地球物理问题本身固有的。反演问题是解释推断的数理基础，应该指出，数学物理语言不能代替地质语言，在解反问题时，从理论上是作了一些假设的，即物体是密度均匀的，形状是规则的几何形状体，如球体、柱体、板状体等。如果形状复杂，不规则，其正演问题的计算是繁杂困难的，同时地质体密度不可能是均匀变化的。由于实际地质情况不可能完全满足这些假设条件，所以解释推断结果只能是近似的，这些假设条件与实际地质情况越接近，解释推断的结果准确性就高一些，反之误差就大一些。反演方法较多，因此在进行反演方法分类时应依据反演得到的地质参数进行划分，主要包括针对地质体范围的导数类方法、地质体形状参数的自动解释技术、地质体物性反演方法、构造特征的比值反演技术等。边界识别是位场数据自动解释中必不可少的任务之一，其可清晰地反映出地层之间的界线以及场源体的分布范围。现有的边界识别滤波器大多仅能识别出较浅地质体的边界，而较深地质体的边界则比较模糊。为了改善这一问题，本书提出水平与垂直导数的相关系数法进行地质体边界的识别。随着地球物理仪器勘探效率的不断加快、勘探精度的不断提高，地球物理人员更加倾向于利用自动解释方法估算异常体的位置和构造指数。位场自动解释方法主要包括维纳反褶积法、解析信号法、欧拉反褶积法、最小二乘法、场源参数成像（局部波数）法及神经网络法等。密度反演是依据观测异常获得地下半空间的物性变化，有效地避免了大规模方程的求解，提高了效率，并以异常的均方差和迭代前后属性参数的变化同时作为迭代停止条件，提高了计算结果的准确性。随着地球物理仪器勘探效率、探测精度、数据参数和容量的不断提高，很多传统的重力解释方法不适用。张量探测技术是一种新兴的地球物理观测手段，其能提供地质体在不同方向上的导数反映，能更准确地描述地质体的特征，为完成该类方法的解释，为此人们从理论公式出发推导出适用于张量数据解释的欧拉反褶积法、物性反演法、局部波数法等。

4. 重力异常解释

根据重力资料、岩（矿）石（目标物）的物性资料以及地质和其他物化探资料，运用位场理论和地质理论解释推断引起重力异常的地质原因及其相应地质体（目标体）的空间赋存状态，平面展布特征，矿产和地质构造或其它目标体分布的全过程。

第三节　地球磁场探测仪器及解释理论发展

地球磁场探测根据搭载平台可分地面与航空磁力探测。航空磁力探测（简称航磁探测）是将航空磁力仪及其配套的辅助设备装载在飞行器上，在探测地区上空按照预先设定的测线和高度对地磁场强度或梯度进行探测的地球物理方法。航空磁力探测与地面磁测相比具有较高的探测效率，且不受水域、森林、沼泽、沙漠和高山的限制。同时由于飞行是在距地表一定的高度进行的，从而减弱了地表磁性不均匀体的影响，能够更加清楚地反映出深部地质体或被测物体的磁场特征。航磁探测在地质找矿、探测军事设施等方面的应用，已有很长时间，效果显著，在地质勘查领域有非常广的应用前景、市场前景和用户前景。在已编制的全国地磁图中，地面、空间台站对地磁场时间变化的观测数据只有地磁总场、磁偏角、磁倾角参数，精度偏低、自动化程度是不够的。今后，若能获取精度和可靠性更高的地磁场随时空变化的数据以及增加三分量磁梯度变化的数据，对地磁学、固体地球物理学、空间物理学、基础地质学的研究以及地震预报匀具有重要意义。

磁力仪的核心技术——磁探头发展迅速。从最早灵敏度为 1 nT 的磁通门磁力仪、经过灵敏度 0.1 nT 的核质子磁力仪、到最近灵敏度达到 0.01 nT 的光泵磁力仪经历了三代更迭，不仅灵敏度成数量级升高，而且信噪比升高、能耗降低、操作简化、自动化程度提高、体积缩小、野外实用性大大增强。近年来也已经将超导技术应用于地球物理装备，如磁法物探可使用超导磁强计（SQUID magnetometer）或超导梯度计（SQUID gradiometer）。与其他航磁测量方法相比，基于超导的航磁测量具有磁场灵敏度高（SQUID 磁强计灵敏度高出其他磁强计几个数量级，达 $10^{-6} \sim 10^{-5}$ nT）、可实现矢量输出和总场输出、可实现全张量一阶梯度探测以及体积小、重量轻等特点，并且可以为其他基于 SQUID 的地球物理探测高端仪器如超导重力仪、重力仪梯度仪等的开发提供前期的研究基础，在微磁异常探测、高精度磁测等方面具有广泛的应用前景。

目前磁传感器发展迅速，测量精度已经达到 fT 级；探测内容可从标量发展到可张量及全张量测量，信息量大增，对数据处理的理论方法提出了新的要求，主要体现如下几个方面。

一、航磁三分量数据处理与预处理技术方法

为了满足航磁三分量测量数据实际处理的要求，需重点解决航磁三分量测量数据问题包括从强干扰中提取磁场信息、高精度姿态改正等，确保校正与调整处理的全过程满足位

场关系，并使得最终数据处理、预处理后的航磁三分量异常仍在场源外部满足位场的拉普拉斯方程。传统地磁异常转换方法仅适用于单独的某个规则网格数据分量，不足以满足航磁多分量测量。根据航磁三分量测量异常中三个分量异常为地下相同地质情况所产生，利用这一关系，可联合多个分量相互约束建立相应的等效源核函数，进行航磁三分量测量异常的滤波、调平、网格化、上延、下延、化极、化赤道和求导等转换计算。

二、全张量航磁梯度数据处理方法

根据磁法反演问题的类型及其正向数学物理问题，建立以第一类算子方程为基本框架的数学物理模型，把它定义在简明的 Hilbert 空间并研究其理论和方法。根据反演的目的，研究连续空间基于模型参数光滑约束和非光滑约束问题，给出其表达方式并实现它。把无穷维空间的问题投影到有限维空间，在有限维空间研究正则化和最优化的数值算法。对于正则化方法，研究非标准正则化；研究不用求解偏差方程的后验技巧——平衡原则，即几何选取正则参数；给出误差传播和不确定性定量化估计。

三、航磁多参量数据的三维反演解释

为充分发挥相关成像快速确定场源分布范围以及人机交互可视化建模正反演可以选对场源进行细致修改和精确评价的优点，弥补相关成像在场源边界确定上的不足以及人机交互在初始模型的选择上存在很大的不确定性的缺点；再将两者有效结合，针对初始多参量磁测数据，应用相关成像反演技术快速确定磁性场源的分布；然后根据磁性参数范围，选择关注的磁性参数，抽取成像反演结果的场源边界范围；最后应用此次将研究的转换技术，将边界信息转化为确定场源形态的几何信息，构建可视化建模的初始模型，再进行人机交互式的正反演修改完善工作。在边界提取及模型转化过程中，涉及提取边界信息的合理性分析、空间区域封闭算法实现等具体技术问题，需要在深入的研究中，提出并实现相关技术，进行算法实现与测试，为成像模型构建可视化建模的初始模型提供技术，达到综合反演建模的目的，从而对磁测多量进行更加有效的反演解释。

第四节　　地球电磁场探测仪器及解释理论发展

地球是一个磁性体，也是一个电性体，地球内部及其周围存在着磁场和电场，分别称为地磁场和地电场。随时间变化的地磁场和地电场是相互耦合的，会相互感应，称为地电磁场。研究地球磁场、电场和电磁场的学科称为地球电磁学，简称地电磁学，它是地球物理学的一个重要分支（董树文等，2012）。

地电磁学是研究地磁场、地电场、地电磁场特征和地球内部磁性、电性结构及其应用的科学。它是一门观测科学，需要使用仪器设备对地球内部、地表和空中的电场、磁场及电磁场进行观测，并对观测资料进行地下电性结构、磁性结构及其地质意义的定性和定量的研究与解释。为了进行这种解释，必须事先知道电场、磁场的观测资料和地球内部电磁性结构参数之间的实验与理论关系的定量描述，因而也必须进行地电磁学理论与实验的研究，特别在阐明其地质意义时，必须进行综合性研究。

地球是人类居住的唯一场所，为人类提供了生活必需的粮食、水、能源与资源，同时也给人类带来了诸如火山、地震、海啸等自然灾难。只有精细了解地球内部（尤其是与人类活动密切相关的表层）的物质、结构与动力学过程，才能充分揭示资源、能源的形成与分布规律，更准确、更快捷地发现资源与能源，才能全面认识地质灾害发生、发展过程与机理，更及时地预报灾害的发生，最大限度地减轻灾害造成的损失。此外，地下物理参数对国防安全、核原料存储和核废料处理等也具有重要价值。地电磁学对这些问题的解决是非常重要的，人类活动与生存需求对地电磁学的依赖促进了电磁场探测仪器和解释理论的发展。本书阐述地球电磁场探测仪器及解释理论的发展，重点是国内的进展。

一、电法仪器和相应的探测方法技术的发展

电法勘探是一门新兴的地球科学。从 19 世纪初 P. Fox 在硫化金属矿床上发现自然电场现象算起，也只有 100 多年的历史。我国电法勘探始于 20 世纪 30 年代，由当时北平研究院物理研究所的顾功叙先生所开创。开展的方法有自然电场法和电阻率法，采用的仪器是自制的电位计和英制 Magger 电阻率仪。20 世纪三四十年代，顾功叙、王子昌、丁毅等先生在安徽当涂、马鞍山，贵州巡碌、水城、赫章，云南东川汤丹、落雪、个旧、昭通、会译、易门等地的一些铁矿、硫化金属矿床、锡矿、褐炭矿进行了自然电场法、电阻率剖面法和电测深法试验，取得了一些实际效果。当时，正值抗日战争，工作条件极其困难，虽取得资料不多，也是我国电法开创史的珍贵记录。

新中国成立后，先后由重工业部、地质工作计划指导委员会、石油部等部门，从全国各大学抽调多批物理系毕业生，委托顾功叙、傅承义、翁文波、秦馨菱、孟尔盛等我国地球物理先驱们进行专业培训，培养了一批地球物理技术骨干，为我国物探事业的发展（包括电法）奠定了基础。不久，设置有物探专业的多所地质高等院校和科研机构相继成立，并在各省（市）建立了物探专业队伍。一门新兴、先进的勘查地球物理学，投入了国家大规模经济建设的行列。

新中国成立以来，至 20 世纪 80 年代，由于我国的工业基础底子薄，发展重点在于对找矿有用的小型仪器。电阻率法和激电法的仪器发展概况如表 1.1 所示，使用这些仪器开展探测方法的发展概况如表 1.2 所示。其中，20 世纪 60 年代中期至 70 年代是提高和发展阶段。此时期，除激电法、充电法和各种电阻率法等方法在理论、技术和应用领域等方面有较大提高和发展外，新引进和发展的方法与仪器有电偶源和磁偶源频率测深、大地电磁测深（Magneto-Telluric，MT）、音频大地电磁测深（Audio frequency Magneto-Telluric，AMT）、甚低频（Very Low Frequency，VLF）和地质雷达等，国内也开始自主研发频率域测深仪器。

表 1.1　电阻率法及激电法仪器发展概况

年代	仪器	仿制情况	器件与读数方式	性能	投产情况	使用时间	使用效果
1953 年	电阻率仪	仿英制 Magger 仪	指针式，模拟读数	不稳	少量	很短	不好
20 世纪 50 年代中	补偿式电位计	仿苏制 θ Π-1 电位计	机械式，模拟读数	高可，输入阻抗低	批量	不长	高可
20 世纪 50 年代末	光点示波仪	仿苏 θ ПО-5 示波仪	机械式，模拟读数	不太稳，输入阻抗低	批量	不长	不理想
20 世纪 50 年代末至 60 年代中	电子自动补偿仪：DDC-1，DDC-2	仿苏制 θ CK-1 型电子自动补偿仪	电子管，模拟读数	不稳，很好，输入阻抗大	批量 大量	不长 较长期为传导类电法（含 IP）主导仪器	不好 很好
20 世纪 60 年代初	补偿式激电仪	参苏源有关联电路	电子管，模拟读数	稳，笨重，操作繁	批量	不长	一般
20 世纪 70 年代	各类激电仪，含远点启动式时域激电仪与频域激电仪	参考西方相关仪器	晶体管或集成电路，模拟或数字显示	欠佳	少或未投产	短	不理想
20 世纪 80 年代初至 90 年代初	DWJ-1、DWJ-2 激电仪	参考加拿大 IPR-8、IPR-11 等仪器自行设计	集成电路，数字显示，微处理器控制	较好	批量	至今使用着	较好
20 世纪 80 年代	S-2 和 SBJ-1 双频道激电仪、抗耦频域激电仪	自行设计	集成电路，数字显示	较好	批量	至今使用着	较好
20 世纪 80 年代末	CMOS 激电仪	参考加拿大制 IPV-3 仪自行设计	集成电路，数字显示，微处理器控制，时域频域合一	较好	少量	短（正试用中）	高好

表1.2 新方法发展概况

年份	引进或开始研究的新方法（具代表性的）	试验结果	试用效果	被生产采用情况	应用效果
20世纪50年代初	自然电场法，电阻率剖面法，电测深法		好	广泛	好
1953~1957年	等位线法		不好	未采用	
	高频感应法，强度法	尚可	不好	未采用	
	充电法	好	好	用于详细勘探	好
1957~1965年	倾角法，振幅相位法	尚好	一般	少	不理想
	虚分量振幅法	较好	尚可	少	一般
	小功率瞬变电磁场法（PEM）	较好	较好	少	尚好
	大地电流法		尚可	曾一度被采用	尚可
	甚低频法（VLF）	较好	较好	较广	尚可
	地下电磁波法	很好	好	较广	好
	激发激化法（IP）	很好	好	很广泛	好
1965~1970年	电和磁偶源频率测深	好	好	尚广	较好
	MT，AMT	好	好，尚可	较广	较好，一般
	地质雷达		好	少	尚好
20世纪80年代	SIP，CSAMT	好	好	极少，少	较好
	新颖TEM等	好	好	少	较好

20世纪80年代，随着找矿深度的不断加深，开始引进国外的新方法、新技术及相应的新仪器。包括可控源音频大地电磁法（Controlled Source Audio-frequency Magnetotellurics，CSAMT）、新颖时间域瞬变脉冲电磁法（Transient Electromagnetic Methods，TEM）、电磁测深法（DEEPEM）、宽频谱激电法（SIP）等及相应仪器设备（如SIROTEM、EM-37、TPV-3、V-4、V-5等）。

随着改革开放，我国经济发展步伐加快，对资源的需求也日益加大，国产仪器已不能满足需求，急需大量引进国外仪器。除了一些小型仪器（如TEM，GPR等）少量采用国产外，大型电磁勘探设备，如MT，CSAMT等方法采用的仪器被德国、加拿大、美国的公司所垄断。国家863计划等实施后，开始对海上MT、陆上CSAMT等仪器研制给予资助，但一直未商品化。近年来，国家资助的SinoProbe深部计划资助了CSAMT与MT一体的地面电磁探测系统（SEP）仪器研制计划，所研制的仪器已突破国外产品在这一领域的垄断，取得了明显的进展。仪器设备、发射机、磁传感器、接收机、软件等分系统已经成功验收，初步认定已赶上国外同类产品的指标，为我国电磁探测装备仪器的自主创新研制与国产化打下了坚实的基础。

磁学是地电磁学的一个组成部分。利用磁法仪器获取的磁场资料不仅可以研究地球内部的磁性结构，还可研究地球内部的电性结构。我国地磁仪器工作者经过20世纪50年代的摸索、学习、仿制，经历六七十年代的提高，直至80年代后得到很好的发展。80年代已研制生产了 CHD-1 型至 CHD-6 型、CZM-1 型至 CZM-2 型八个型号的质子旋进磁力仪，占有一定的市场。各种型号的磁通门磁力仪，包括测磁偏角和地磁磁倾角、磁场绝对值和梯度的磁力仪以及陆用、海用、空用等磁测仪器。高分辨率的三分量磁通门磁力仪、光泵梯度磁力仪和超导磁力仪等新型仪器也有很好的发展。特别是从研究地壳和上地幔深部电性结构的需要看，磁通门磁力仪是一个很有发展前途的仪器，由于该仪器可用于航天，得到了持续的发展，使其成为适合于深部电磁探测的磁测传感器，将会比目前采用的感应式磁传感器测的更深。

二、电磁勘探方法和解释理论的发展

（一）电磁勘探方法

电磁勘探分为天然场源勘探和人工场源勘探两种方法。

1. 天然场源电磁勘探方法

采用天然场源电磁勘探的方法有自然电位（Self- Potential，SP）法、大地电磁测深（MT）法和音频大地电磁测深 AMT 法等。

自然电位法与普通地球物理中地电台测量大地电流的方法装置与设备相类似，即将两根电极埋入地下，测量两根电极之间的电位差，但两者测量的对象有很大差别。后者测量的是大尺度外源感应电流体系引起的两点间电位差，而将局部的物性差异造成的局部自然电位当成干扰加以去除；前者测的是由地壳浅层物质局部电性差异造成的两点之间的电位差异常，而把大尺度电流体系造成的电位差当成背景电位差而加以消除。有许多这样的局部源可造成两点之间的电位差异常，如电阻率为 ρ、黏滞度为 η 的水溶液流动引起流动路径的两端造成电位差；浓度不同、运动能力不同的多种离子液体的扩散可在两点之间造成电位差异常；页岩电位差；不同的矿物造成的矿化度不同形成的两点之间的电位差；生物化学差异造成的两点之间的电位差等。自然电位法在测量地下水分布和区分测井中岩性方面有着广泛的应用。

20 世纪 50 年代初期，Tihonov 和 Cargniard 提出了大地电磁测深法，利用起源于高空电离层和赤道雷击的天然电磁场源，频率范围从 10^{-5} Hz 到音频，通过求 E_x 和 H_y（或者 E_y 和 H_x）两者之比，成功地提取到了地下的电学信息。此方法具有探测深度大、成本低、正反演相对简单等优点，但是由于受到场源随机性和距离遥远的限制，信号的频率和大小变化不定，存在着场强较弱、测量精度和工效较低、对测量环境要求较苛刻等缺点。

另一种利用雷电源在地球内部感应的音频、亚音频天然电磁场的方法称为音频大地电磁测深法，它和 MT 法是类似的，但探测深度相对较浅。经过近半个世纪的发展，无论是在仪器设备研制还是在资料处理解释上，MT 法和 AMT 法及设备都取得了非常大的进展。

天然场源的信号比较弱，在采集资料时需要进行垂直叠加，因此完成一个测点数据采集所需的时间比较长，通常观测点距较大，只进行剖面测量，或开展粗网格点的面积性测量，而面积性的细分网格测量难以完成。MT 法主要用于地壳上地幔电性结构的探测、油气构造普查与矿产远景构造背景探测等，而 AMT 法更适合于进行地壳浅层电性结构的探测。为了解决基于天然场源的 MT 法和 AMT 法遇到的分辨率和信号强度等问题，人工源探测方法应运而生。

2. 人工源电磁勘探方法

由于金属矿产勘探的需要，要求电磁场探测地质目标体的分辨率能够得到提高，这促进了人工源电磁勘探方法的问世。从 20 世纪 20 年代开始，北欧和美国、加拿大等地区和国家发展了多种人工源电磁法，包括直流电法勘探、频率域和时间域人工源电磁勘探等。至今，这一领域发展最完整、应用最广的是 CSAMT 法和 TEM 法。

在直流电法勘探中，当向（岩）矿石、地层供入电流时，在供电电流强度不变的情况下，仍能观测到测量电极间的电位差随时间变化，并在相当长时间后趋于某一稳定饱和值。断电后，测量电极间的电位差并没有突变为零，而是逐步衰减至接近于零值。这种在充电和放电过程中产生随时间缓慢变化（时间常数大于 $n \times 10^{-2}$ S）附加电场的现象，称为激发极化效应（激电效应），它是岩矿石、地层中的物质在外电场作用下产生随时间可变的极化二次电场的结果。这种勘探方法称为激发极化法，除了能解释目标区介质的导电率性质以外，还能解释目标区介质的离子极化和分子的极化率性质。这种多电性参数的勘探，特别是对矿和水敏感的勘探使得它能更好地确定矿化度、含水性，甚至岩性和岩矿石的蚀变程度等。因此它在金属矿勘探、地下水勘探、煤田勘探中取得了较好的地质效果。

目前，激发极化法已发展为时间域直流激电法和频率域交流激电法，如双频激电法。观测的激电异常是目前指示浅层各种类型金属矿是否存在与潜在最直接的方法。然而，它探测的深度尚偏浅，如何加大探测深度或如何应用其他 EM 法提取激电参数是目前研究的一个重点。

采用超高频电磁短脉冲（1 MHz ~ 1 GHz）信号传到地下，被目标体反射（散射）回地面被记录，来解释地下电性参数的一种勘探方法称为探地雷达法，勘探的主要电性参数是介电常数。

由于雷达波在地下被介质吸收很严重，20 世纪 60 年代和 70 年代主要用于探测吸收小的冰层。20 世纪 70 年代，随着数字技术的问世，探地雷达引进了反射地震勘探方法和处理软件，使得探地雷达的探测分辨率和探测效果都有了很大的提高，已可应用于土层、煤层、岩层等有耗介质的探测，现已在考古、工程地质探测、矿产资源勘探、岩土勘察、无损检测、工程建筑结构调查、地基和隧道地下空洞及裂缝调查以及堤坝隧道探查等领域有众多的应用。探地雷达的分辨率是电磁勘探方法中最高的，可与浅层地震相当。如何既能维持其分辨率，又能进一步提高电磁波的探测深度是当下探地雷达电磁工作者正在努力的方向。

至今，这一领域中，应用最广泛和有进一步发展前景的是频率域可控源音频大地电磁法和时间域瞬变电磁法。在我国，CSAMT 法和 TEM 法已广泛应用于矿产、环境、工程、地热、地下水和油气资源勘探。

海洋可控源电磁（MCSEM）法可以用来进行海洋岩石圈电性精细结构的探测。并成功研制出可用于海洋深水油气探测的深水拖动源。

含油气构造在电阻率上表现为高阻，因此可以将海洋电磁勘探方法和地震方法相结合，在地震判断的潜在储油构造上，使用高分辨率 MCSEM 法可以确定潜在的储油构造是否含油气，并提高打钻的成功率。西方各大石油公司甚至规定没有海洋可控源电磁资料不能钻探，这使海洋可控源电磁勘探的工作猛增。

从方法论上说，海洋 CSEM（Controlled Source Electro-Magnetic）法除了使用远场资料，同时也使用近场和过渡场资料，可直接采用电场或磁场资料来解释，而不是必须用卡尼亚电阻率来解释，提高了低频段数据的利用效率，大大增加了探测深度，同时保持了较高的分辨率，这是一个重大进步。但目前海洋 CSEM 资料的处理解释手段还比较简单，随着新的处理方法技术和软件的使用，它的探测深度和分辨率有望进一步提高。

常规的 TEM 法采用磁性源，近年来基于电性源的交通道瞬变电磁（Multiple channel Transient Electro-Magnetic，MTEM）法得到了快速发展。MTEM 法是在传统的瞬变电磁法基础上发展起来的，与传统瞬变电磁法的主要差别是其接收电压和输入电流是被同时测量的，通过接收电压的时间记录和输入电流的时间记录求解褶积从而获得地球的脉冲响应。这个方法可以被用来探测和确定电阻率异常体的空间位置，并鉴别盐水与新鲜水、低阻与高阻（气、油等碳氢化合物是高阻）。MTEM 法于 2005 年获得了美国专利局批准。

实际上早于陆上的工作，MTEM 法的试验研究先在海上进行了实施，多伦多大学的海底 TEM 成像系统就是一个例子。MTEM 法在陆上气田探测的成功，使其后在海上也得到了应用，并在北海油田等探测中获得成功。理论研究表明，当采用编码源时将使其具有更高的垂向分辨率和抗干扰能力，并显示出时间域海上 MTEM 法比海上频率域可控源电磁法具有更好的观测结果。

至今 CSAMT 解释方法仍然沿用传统的卡尼亚电阻率作为资料，这是借用 MT 法，由于 MT 法采用天然场源，场源是未知的，这样做是合理的。CSAMT 法是人工源，场源是已知的，除了在远场采用视电阻率资料外也可采用场源已知的方法来处理。例如，海洋 CSEM 法，可采用电场和磁场本身作为资料来处理。不采用卡尼亚电阻率作为资料处理的一个新方法在国内已经诞生，它就是何继善院士提出的广域电磁法。

广域电磁法放弃了 MT 法和 CSAMT 法传统上使用的由电磁场分量比值得到的卡尼亚视电阻率，而是直接利用观测已知源强度的电性源或磁性源感应产生的大地电场值和磁场值、观测系统装置系数以及大地对源的理论脉冲响应函数得到视电阻率。大地响应脉冲函数包含了大地电导率分布的信息，因此可利用这个新定义的视电阻率来反演得到地下电导率分布结构。

该方法相对于传统 CSAMT 法的明显优点是反演可直接使用近场和过渡场的资料，省去了近场和过渡场校正。一系列的野外实例研究表明，它优于传统的 CSAMT 法而且方法可推广到过渡场区。事实上，如果再省去装置系数，有可能可推广到近场。由于近场和过渡场资料的信号强度相对于远场资料明显增强，携带有来自深部的电性信息，因此广域电磁法有希望在保持勘探分辨率的条件下使探测深度突破传统 CSAMT 法 1~2 km 的勘探深度限制。

同时，大功率固定源 CSEM 法，称为 WEM 法，正在研究中。

（二）解释理论的发展

另一个从传统 CSAMT 法延伸的方法是伪随机电性源宽频带电磁测深系统，它的实际应用已在 20 世纪 80 年代就给出。这个系统采用伪随机系列，将 0.03 Hz ~ 15 kHz 频率的信号分五个频率段发射，采用磁通门磁力仪接收磁场垂直分量和发射电流的互相关信号作为资料，然后经过大地脉冲响应的处理得到地下的电性结构，探测深度可以从几十米到 20km。本书给出了探测浅层结构和深层结构的实例，采用自相关函数作为资料是值得借鉴的，因为这种方法有利于压制噪声且探测深度大。此外互相关是在仪器系统内实现的如图 1.2 所示。

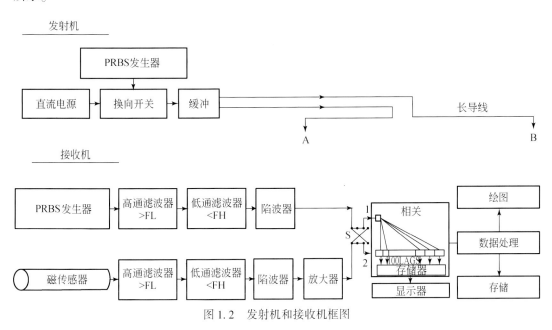

图 1.2　发射机和接收机框图

无论是频率 MCSEM 法还是时间域海洋 MTEM 法都采用了拟地震的阵列观测方式，可获得地下电性结构多重覆盖信息。MCSEM 法摆脱了传统上只使用远场资料而把近场资料和过渡场资料当成畸变资料的不利情况。在时间域，传统上虽然也采用近场资料，但是往往采用将观测的早期时间信号切掉的方法来分离空气波和有用信号，这种方法存在较大误差。新的海洋 MTEM 法中，采用将观测资料和仪器设备系统响应与源函数反褶积的方法直接获得大地脉冲响应。在获得脉冲响应中，空气波和二次信号场自动分离，从而使地下电性结构的脉冲响应信息更加可靠。此外，无论是频率域还是时间域，由于使用了近场资料，基于卡尼亚视电阻率的传统处理解释方法不再适用，而是直接采用电场和磁场分量资料来进行处理与解释，这在电磁勘探方法中是一种新的尝试。20 世纪 90 年代以来，经过许多电磁科学工作者的努力，对于一维、二维和三维资料的直接处理在理论上已经得到了比较完善的解决，其中最典型的是电场和磁场的三维积分方程正反演方法。

前述提到的广域电磁法，虽然使用了近场、过渡场和远场全域资料，但仍然采用了新定义的、与观测装置有关的视电阻率。它的长处是可以和传统直流电法的装置视电阻率对应，因此在解释观测视电阻率时有其方便之处，但直接使用电场和磁场积分方程法进行数据正反演应该是更加方便的。

采用包括近场、过渡场、远场在内的全场资料，或者主要采用近场、过渡场资料的优点是既可以提高探测垂向横向分辨率，又可以提高探测深度。

（三）资料处理解释理论的发展

资料处理解释包括预处理、正演、反演和地质解释。资料处理解释理论从早期单个异常体异常资料的处理解释发展到多异常体密集型分布一维、二维、三维异常资料的处理解释。

1. 资料预处理

在资料处理解释中，资料预处理是必不可少的重要方面。预处理通常包括以下几方面的内容。

首先，是去噪处理，因为任何观测资料不可避免地包含天然与人为的环境干扰，甚至包括仪器电路本身的噪声干扰。典型的去噪方法是设计各种各样的去噪滤波器，如高通滤波器、低通滤波器、带通滤波器、谐波滤波器（50 Hz）、资料窗口滤波器、消除浅层典型干扰影响的汉宁窗滤波器等。根据目前深部找矿的需要，矿体埋深可达到 2 km 左右，油气目标勘探深度甚至更深，因此观测资料中目标体有用信号相对多种干扰的噪音幅度很小，信噪比甚至只有 0 dB、–2 dB、–6 dB。在这种情况下提取弱信号成为资料预处理是否成功的关键。噪声一般可分为高斯噪声和非高斯噪声，在通信等领域，对于随机和非随机系列的噪声处理，通常采用二阶相关处理、高阶矩处理、小波变换处理、小波色变换处理等这些方法。近年来，也开始应用到包括电磁法地球物理资料处理中来，这些降噪处理方法对于 MTEM 法，伪随机发射场资料降噪处理是很有效的。

其次，预处理还包括静校正处理、地形校正，如果采用远场资料必须作近场校正等。

再次，如果采用伪随机发射，需要做反褶积处理，以便得到大地脉冲响应，作为和正演对比反演时的资料。

2. 正演

正演有微分方程正演和积分方程正演两种。微分方程又分为有限元法与有限差分法。在维度上又分一维、二维、2.5 维和三维。有限元法因能模拟地质构造形态的复杂性，适应电性结构多样性而被地球科学学者追捧。王仁曾对有限单元法在我国地球科学中的应用和发展做过很好的评述。

关于适合 CSAMT 法的有限元一维、二维、2.5 维、三维的全面讨论及其效果在《可控源音频大地电磁数据正反演及方法应用》一书中有详细描述（Duncan *et al.*，1980）。该书也介绍了王自力具有开创意义的基于麦克斯韦方程的有限差分法。不论是有限元还是有限差分法，为了模拟电性细结构需要有足够数量的单元剖分，剖分单元越多，模拟复杂细结构越仿真，这样对于三维问题，要模拟 CSAMT 法这样的有源电磁波的传播问题几乎不可能。

为了解决这个问题，积分方程正演被提到日程上，按照积分方程法的思想，电性结构由背景电性结构加上相对于背景电性结构的异常结构来描述。于是总场可由有源情况下的背景场和异常场之和求得。这样采用波数域积分法或空间域贝塞尔积分法可以得到一维层状背景介质的背景场，在此基础上求三维异常域的异常就比较方便，且只需要对异常域进行剖分。剖分时，异常域的范围可以选的小多了，于是在实用上易于实现。然而，由于形成异常场的三维积分方程内存在剖分域内场的未知数，因而正演方程成为非线性方程。精确求解仍然非常困难，甚至难度超过微分方程法，因此20世纪90年代发展了若干有效的近似方法，从而使得三维积分方程法可以操作。前面提到的文献中介绍了这些近似方法（Duncan et al.，1980）。此外对剖分网格比较多时，需要采用迭代法，一个更详细的介绍可参考佐丹诺夫的著作（王仁，1994）。

对于解决大空间范围三维精细结构正演问题的一个有效方法是微分方程法和积分方程法相结合的方法。可以将大空间区域分割成若干子区域，用积分方程法求解每个子区域上的边界场值，然后用微分方程法在已知边界场值情况下求解子区域的场值，由于分割了若干子区域，可很容易用并行算法实现。这个方法是谢权在20世纪90年代提出的，2000年文章发表（底青云等，2008），其基本思想在一些文献中也给予了介绍（Duncan et al.，1980）。

3. 反演

最早的地质解释是将资料绘制成剖面图或平面图，对异常场进行定性解释。进一步解释方法是有了一个结构或参数的猜想后，进行正演，对比正演场和观测场的吻合程度，若吻合的满意，就认为猜想是正确的，否则重新猜想，直到满意，进行地质解释。再进一步就是在反演的基础上进行解释。反演分为两个方向，一个是已知粗略的物性结构，通过偏移得到电性几何结构的图像；另一个是反演物性结构，即层析成像的方法。由反演得到的物性结构，即层析成像的方法，由反演得到的物性结构解释岩性的几何结构图像的方法在电磁探测领域，除探地雷达以外偏移成像用的还不多，尚处研究阶段。由于CSAMT法等电磁探测方法使用的是扩散波，一种偏移方法是直接采用扩散波偏移（Duncan et al.，1980；底青云等，2008），另一种是将扩散波转换成波动波，再进行偏移（Xie et al.，2000；Zhdanov，2002）。

在电磁勘探领域，用得最多的物性结构反演成像，如弛豫法（RRI）和奥克姆法（OCCAM）。反演问题常常是非线性的，当线性化后可形成由偏导数矩阵形成的反演方程。Duncan等（1980）介绍了用微分方程法、积分方程法、伴随函数法、迭代法等求偏导数矩阵（灵敏度矩阵）。采用线性化方法往往只能得到解的粗略近似。因此需要用迭代法，进一步迭代，或直接利用正演方程通过正则化拟合差函数，用共轭梯度法进行迭代求解，从而得到满意的结果。这一方面国内中国地质大学谭捍东的工作做得较好（陈本池，1998）。

4. 地质解释

反演结果的地质解释需要结合地质资料和电磁资料以及其他地球物理资料开展综合研究。现代技术已能用图形技术显示多种切片以及电性图和地质图的叠合图，这样可使解释结果更可靠到位。

三、地球内部电性结构研究主要成果和展望

利用已经研制成功的电法和磁法仪器，通过观测和资料解释研究，已经在浅部资源深度层，深部资源深度层以及地壳上地幔深度层获取了这些层的电性结构知识。当然，对于

地壳深部和上地幔获得的电性结构信息相当粗略，浅部信息比较详细，但因地而异。这些知识为资源赋存评价、资源勘探开发、地球深部及动力学研究、地震滑坡等自然地质灾害预测预防、放射性废料储存安全以及固体地球环境检测和环境保护提供了重要依据。图1.3 展示了综合各种观测资料得到的地壳上地幔电导率结构分布。

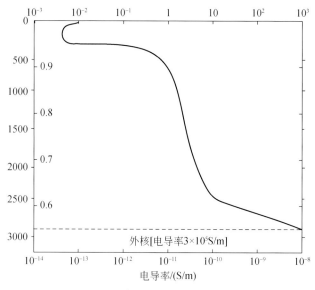

图 1.3　地壳上地幔电性结构分布图

　　我国已经在华北克拉通破坏、大别山超高压变质带特征与青藏高原隆起的岩石圈电性结构等研究方向做了许多工作，取得了一系列突出成果。例如，在喜马拉雅–西藏南部地区完成了六条超宽频带大地电磁探测剖面，证实了西藏巨厚的地壳中确实存在部分"熔融体"和"热流体"。SinoProbe 专项在青藏高原 1°×1°MT "标准网" 观测的初步结果给出了电性结构总体特点。在雅鲁藏布江缝合带以南，低阻体主要分布在 20 km 以浅，而在雅鲁藏布江缝合带以北，低阻体主要分布深度大于 20 km，且分布并不连续，低阻区域可能和南北向裂谷相关。在 E94°以东的不同深度并未发现大规模低阻体，这与普遍认为青藏高原 "下地壳隧道流" 存在一定矛盾。大地电磁测深剖面给出了青藏高原东缘及四川盆地壳幔导电性结构，低阻的青藏高原中下地壳与高阻的扬子地壳之间存在着电性转换。在 "透明化" 矿产和油气资源勘探以及研究中国大陆深部电性结构，特别是青藏高原、华北克拉通等区域的综合研究成果可参阅相关文献（李狄等，2005）。

　　综合利用天然场磁法、AMT 法、MT 法、人工场 CSAMT 法、MTEM 法以及我国自主创立的广域电磁勘探方法与仪器，如正在研制的 WEM 仪器和 WEM 电磁勘探方法，有理由相信，在未来数十年内，我国电磁勘探水平将会迈上一个新台阶，勘探深度会越来越大、勘探分辨率会越来越高、勘探效果会越来越好。

第五节　地震波探测仪器及解释理论发展

　　地震勘探仪器的发展过程，可以大致划分为六代，它们依次是：模拟光点记录地震仪、模拟磁带记录地震仪、数字磁带地震仪、早期遥测地震仪、24 位遥测地震仪以及无缆存储式地震仪。从技术上说，经历了从模拟到数字，从电子管到晶体管、集成电路、超大规模集成电路，从纸记录到模拟条式磁带记录、盒式数字磁带记录，从仪器系统结构上的集中式系统到分布式遥测系统，从模拟信号的记录到二进制数字定点记录、到 14 位浮点数字记录、再到 24 位定点记录的发展过程。根据不同历史发展阶段所反映出的地震仪器在地震数据拾取、传输和记录方面的情况，可以把地震仪器系统分为如下三个部分：

第一部分：地震信号的拾取——地震传感器或地震检波器；

第二部分：地震信号的传输——检波器串组合连接电缆（俗称"小线"）和各种地面站单元及其连接的地震电缆（俗称"大线"）；

第三部分：地震信号的记录与存储——主机控制与记录系统。

一、全模拟地震仪器系统

第一代电子管仪器和第二代晶体管仪器都属于全模拟地震仪器系统。

第一代模拟光点记录地震仪，使用的核心元器件是电子管，仪器的接收道数很少，只有 12～24 道。地震检波器非常笨重，每个地震道只连接一个检波器，没有组合。从检波器到地震电缆再到仪器主机系统进行记录，地震信号的传输都是模拟的，且传输失真严重。地震信号的记录采用纸质记录模拟波形信号。

第二代模拟磁带记录地震仪，其核心元器件采用晶体管分立元器件。仪器接收道数开始从 24 道发展到 48 道，数据传输量比电子管仪器增加一倍，地震信号传输质量有很大提高。地震勘探出现了多次覆盖方法，只是覆盖次数很低。使用了模拟磁带记录，可以重复回放处理。磁记录器的记录动态范围比电子管仪器大一些，一般可达到 40～80 dB。记录信噪比有了一定提高，但动态范围仍较小，记录的失真度也比较大。记录滤波器改进较大，频带可以达到 15～120 Hz；系统增加了热敏纸模拟波形地震监视记录，有了现场质量监控手段；模拟磁带记录可以重复多次使用，并可长期保存。

二、数字磁带地震仪

主机系统采用数字记录方式标志着地震勘探仪器进入了第三代，其主要标志是采用中小规模集成电路、逻辑控制、模拟–数字转换和数字磁带记录。这一时代的地震勘探仪器实现了数字化，从而引发了勘探领域的数字化高潮，同时为地震勘探仪器进一步发展到遥测阶段奠定了基础。这时的集成电路地震仪，通常叫数字磁带记录地震仪，也叫常规数字地震仪。

数字磁带记录地震仪的核心技术是采用了瞬时浮点增益控制放大器技术（IFP）、模数–数字转换器技术（ADC/DAC）、数字磁记录技术等。地震勘探实现了高覆盖次数观测，地震数据采用了数字电子计算机处理等。数字地震仪采用集成电路制造后，仪器体积小、重量轻、耗电省、性能稳定可靠。所得地震勘探原始资料为数字磁带记录和模拟波形地震监视记录。这使得数字地震仪既可以作回放处理和多次覆盖，更可作高次覆盖。

从地震数据传输来分析，这一代最关键的改变是在主机系统实现了数字记录。来自主机系统的信号按照数字磁带记录格式对地震数据进行新的数据编排，然后写到数字磁带上。这种数字磁带记录的地震数据可以直接在基地计算机中心上机处理，而无需再去进行模拟–数字转换。并且数字磁带记录方式不仅记录容量大、密度高，而且抗干扰性能良好、记录数据可靠，便于变换和处理。这一时代的仪器，主机系统以前的部分，包括检波器信号的拾取、检波器电缆（小线）信号传输、地震电缆（大线）信号传输等，仍然都是模拟信号传输。

三、早期遥测地震仪

地震电缆数字传输系统的采用是第四代早期遥测地震仪的重要标志。在第一代、第二代地震仪器中，地震数据的传输虽然是全模拟的，但由于地震接收道数很少，因此问题并不突出。到了第三代数字地震仪时代末期，这个问题就很突出了。当时面临的问题是地震勘探方法要实现高次覆盖、高次叠加、三维勘探、高分辨率勘探等新方法，新发展起来的地震地层学，要求仪器接收道数迅速扩展，仪器系统接收的地震数据量迅速膨胀，仪器系统中的数据传输率要迅速提高。于是，在 20 世纪 70 年代中期，地震勘探仪器的发展从整体结构上发生了第一次重大变革，即把地震仪器中原来集中在一个或几个地震道箱体（当时常称为"模拟箱体"）中的采集电路部分（模拟电路和模拟–数字转换电路）做成采集站，与主机控制和记录系统（仪器车内）分离出来，分散布置到外线排列中。于是，新的分布式数据采集系统诞生了，这就是第四代早期遥测地震仪。

所谓遥测，指利用电缆、光缆、无线电或其他数据传输技术对远距离物理点进行测量。遥测地震仪由许多分离的野外地震数据采集站和中央控制记录系统组成。采集站布置在接收地震信息的物理点附近，并以数传方式将信息传输到中央控制记录系统。遥测地震仪分有线遥测地震仪和无线遥测地震仪两类。仪器使用了放在检波点上的采集站，由各采集站将检波器输出的模拟信号转变成为数字信号后，通过地震电缆（俗称"大线"）以数字信号的传输方式向中央控制记录系统传送。由于数字信号传输的抗干扰能力强，因而避免了传送模拟信号时大线所固有的道间串音、天电干扰、工频干扰等。而且，因为去除了原有笨重的大线，大大减轻了劳动强度。这一代仪器的关键技术是采用大规模集成电路和应用微处理机技术。在系统结构上实现了模拟数据采集部分与中央控制和数据记录部分的分离，而将模拟数据采集部分作为采集站分布到外线排列上。

这种仪器系统结构上的重大改变直接反映到地震数据传输上的重大技术进步，即除了主机系统仍然保持数字记录方式以外，在大面积覆盖地面的地震排列上，其地震电缆（大线）中的地震信号传输实现了数字传输，从而大大提高了地震数据传输的抗干扰能力和传输质量。

为了适应复杂地表条件下的施工需要，这一代出现了无线传输系统。因为有线系统在复杂地表条件下（如山地、丛林、沼泽、水网等地区）施工会非常困难，而无线系统没有庞大而笨重的地震电缆，因此在这些复杂地表条件下施工会有着独特的便利和优势。

四、24 位遥测地震仪

多种数据传输模式的出现是第五代 24 位遥测地震仪的重要标志。24 位遥测地震仪可分为有线遥测地震仪、无线遥测地震仪。其中，有线遥测地震仪仍占据世界市场的绝大部分份额。无线遥测地震仪一般用于特殊地表条件下施工，也占有一定市场。

这一时代地震仪器的主要特征是在采集站中使用了 $\Delta\Sigma$ 24 位 ADC 技术；在地震采集排列的布置和遥测数据传输方面出现了网络遥测技术和其他一些先进技术。系统具有更完善、快捷、自动化程度高的故障检测和状态测试功能，具有较为强大的实时数据分析处理和现场 QA/QC 功能，整个系统的硬件结构、软件结构以及系统内部的数据、命令、地址等信息的组织、管理、运行等全面实现了计算机化。

从数据传输的性质和特点来看，这一代地震仪器的主流传输技术仍采用地震电缆进行数字传输，但数据传输结构和理论发生了变化，即由普通数据传输发展到网络数据传输。另外，无线数据传输理论与技术也大大向前发展。

五、全数字遥测地震仪

全数字化地震数据传输与记录系统标志着第六代全数字遥测地震仪的出现，此时仪器系统结构有了重大改变。在全数字遥测地震仪系统中，包括各种地震电缆在内的全部地震数据传输环节传输的都是数字信号，不再有模拟地震数据传输。第六代地震勘探仪器对地震勘探所带来的一些新的理念可概括为：

（1）可配置三分量，更多点的地面设备。全数字遥测地震仪系统分为无线遥测全数字系统和有线遥测全数字系统。无线遥测全数字系统可配置三分量 12000 道 4000 个点的地面设备。有线遥测全数字系统外线排列应用了智能网络遥测技术，智能电源管理技术，集成激发源控制技术。

（2）没有了地震检波器空间组合形式的概念。在全数字遥测地震仪的野外施工中，以往传统地震检波器空间组合形式的概念没有了，一个地震道使用多至几十个检波器的组合方式没有了。新型数字地震传感器一般是设计成正交的 x、y、z 三个分量，这意味着一个地震传感器在同一个物理点可同时接收来自 x、y、z 三个方向的地震信号。

（3）具备各种激发方式，适应各种复杂地表条件。全数字遥侧地震仪具备各种不同激发方式的施工能力，包括炸药震源、可控震源、气枪震源等。并能比较方便地转换不同激发方式，以便在各种复杂地表条件下连续施工作业，而且不同激发方式所获得的地震数据又能方便地转录拼接。

（4）全数字遥测地震仪的系统检测和质量控制发生重大改变。由于新型地震传感器的原理结构与传统地震检波器完全不同，因此测试项目、技术指标要求和测试方式将完全改变。原来被称为采集站的地面电子单元现在因为内部没有模拟电路部分，所以通常的测试方法和技术指标都没有了，对它最多是进行工作状态和功能的检查。

（5）适应各种特殊勘探方法。在地震勘探领域，将地震方法用于油田开发越来越受到重视，多分量数据采集（3C/4C）、三维 VSP（3D VSP）、环井 VSP、井间地震（Corsswell Seismic）、四维（4D）地震储层研究等各种新的勘探方法不断出现并受到重视。全数字遥测地震仪比以往任何仪器更适用于上述勘探方法。它的野外地震数据采集将以几千道至几万道的接收排列为主，向小道距、多维多分量、高精度勘探发展。地震资料的处理与解释向全波场、地震成像、岩性分析、精细处理等方面发展，最终尽可能精确地定位油藏及油层分布。

（6）采集站演变为地震记录站或地震数据站。在全数字遥测地震仪系统中，采集站的概念实际上没有了。原来采集站中地震道部分的电路（包括 $\Delta\Sigma$ 24 位 ADC 和 DSP 电路等）已分离出来，微化集成到数字地震传感器中，与振动拾取部分（MEMS）紧密结合在一起。因此，对这类地面电子设备仍叫采集站已不恰当，称之为地震记录站或地震数据站更合理。

（7）数据传输的网络化。一个完整的全数字遥测地震仪系统将构成一个庞大的计算机局域网络系统。在这个系统中，主机部分就是整个网络的控制中心，所有地面电子单元都是网络节点。使用传输电缆或网线连接各个节点就构成了有线网络传输系统，使用无线方式（包括蜂窝技术）连接各个节点就构成了无线网络传输系统。在全数字遥测地震仪系统中，包括各种地震电缆在内的全部地震数据传输环节传输的都是数字信号，不再有模拟地震数据传输。

上述地震勘探仪器的进步过程可简单归结为地震勘探在向数字化、网络化、无线化发展，其中模拟到数字信号的转换地点先是主机再到采集站再到检波器，数字化传输是从地震电缆（大线）扩展到检波器电缆（小线）。今后一段时间地震勘探仪器的进展仍将集中在这些领域。

六、无缆存储式地震仪

无缆存储式地震仪是一种特殊类型的地震仪，其特征是：没有大线、没有地震数据传输；每个采集站接收放炮数据后自动存储，再用专门的数据回收系统把所有放炮数据从采集站中取出来；有部分仪器利用无线系统对所用的采集站发送发炮等命令，但不接收数据，不监视采集站的工作状态。

天然地震台站的观测均采用无缆式记录系统（早期用纸剖面直接记录），在地震勘探领域，最早的无缆系统是 20 世纪 70 年代由 Amoco 公司研制的 SGR（Seismic Group Recorder），早期的 SRG 系统是"盲放（shootblind）"的，即 SGR 的地面单元中安装有磁带机，一旦地面单元布设后，地震数据记录在磁带上，无法知道地面单元是否工作正常。这种方法虽然不被很多人所接受，但由于他能明显提高生产效率，在巅峰时期，曾经有 20 个野外队装备了这种仪器。当时在"盲放"时，大约有 1% 的地震道会有问题，这在目前的有线系统中也是允许的。美国 ION 公司（原 I/O 公司）在 1999 年推出了 RSR（Remote-SeismicRecorder）远程地震信号记录仪，能实现六个模拟检波器通道的地震数据采集。RSR 系统能与 ION 公司的 IMAGE 系统兼容，二者可以组成有线无线混合采集系统。ION 公司在 2002 年将 RSR 系统升级到 Vector Seis SYSTEM IV 系统的远程记录仪，称为

VRSR2. Vector Seis SYSTEM IV 中央控制系统有控制单元（称为 V2）、射频天线、中央收发器和中央收发器控制器构成。V2 通过射频天线与所有的 VRSR2 构成射频遥测系统，通过采集指令启动 VRSR2 采集站的数据采集，检测 VRSR2 的状态。与 RSR 的功能和结构基本相同，但不再支持模拟检波器，而是采用了三分量的 MEMS 数字检波器。

无缆存储式地震采集站由于没有实时监视记录和常用的现场质量监控手段，所以还不能被工业界普遍接受。在我国使用也存在不符合地震作业规范等问题，到目前为止，还没有无缆存储式地震采集站在我国进行实际地震勘探作业。但由于地震勘探的精度要求使得地震仪器的道数越来越多，据国内外专家估计，随着地震勘探精度的需求，油气工业界很快就需要 30000 道到 50000 道的仪器，到 2025 年，也许我们需要 250000 道的地震采集仪器。而对于 50000 道以上的有线采集仪器，电缆的管理和维护是非常困难的，也需要花费大量的成本。所以目前很多专家预测无缆存储式地震采集站将是下一步地震勘探仪器的发展方向。

由于无缆存储式地震仪器的研制相对比较容易，目前国内外有不少大学、研究机构和公司进行了此种地震采集站的研制工作。国内有东方地球物理公司的 GPS 授时地震仪、中国科学院地质与地球物理研究所的海底地震仪和金属矿勘探无缆存储式地震仪、吉林大学仪器科学与电气工程学院的无缆遥测地震仪。国外有美国 ION 公司的 FireFly 无缆地震采集系统、法国 Sercel 公司的 Unite 系统、美国 AscendGeo 公司的 Ultra 无缆陆地地震采集系统、美国 OYO Geospace 公司的 GSR（GeospaceSeismicRecorder）系统、美国 Firfield 公司的 Z 系统、美国 SeismicSource 公司的 Sigma 系统。

相对于有线仪器，无缆存储式地震仪具有下列优点：

（1）系统重量大大减轻：由于没有了笨重的电缆、各种各样的中继器和接插件使得整体重量大大减轻，从而减少了运输成本。

（2）改善了施工效率：电缆和各类中继器的摆放是一项非常艰苦和花费时间的工作，而检查和排除这些部件故障的时间占用了整个系统故障时间的极大部分，这将改善施工效率，增加有效放炮时间。

（3）减少了 HSE 风险：由于不需要人工搬运笨重的电缆，从而减少了工人数量，这降低了 HSE 风险。由于没有了电缆和各类中继器，减少了对植被的破坏，减少对环境的影响。

（4）改善了系统稳定性：对于无缆存储式地震仪结构简单、技术成熟，没有容易损坏的连接部件，整体系统非常稳定。

（5）通过特定的观测系统改善照明：由于无缆存储式地震采集站没有道数的限制，可以根据地下构造情况随意布设采集站点，从而改善特定地下构造的照明度。

第六节　大陆科学钻探技术发展

一、科学钻探的作用和意义

科学钻探是为地学研究等目的而实施的钻探，它是通过科学探测地壳岩石圈、生物圈、水圈（含地下流体）的组织结构、物质成分、形成机理等进行各类研究。科学钻探是获取地球深部物质、了解地球内部信息最直接、最有效和最可靠的方法，是地球科学发展不可缺少的重要支撑，也是解决人类社会发展面临的资源、能源、环境等重大问题不可缺少的重要技术手段，被誉为人类的"入地望远镜"。科学钻探对 21 世纪地球科学的发展具有巨大的推动作用，并对相关科学技术发展具有重要带动作用。同时，科学钻探的技术水平也反映了一个国家的科技水平和经济实力。

科学钻探是当代地球科学的重大前沿领域之一，始终引人瞩目。科学钻探按照区域划分，可分为海洋科学钻探和大陆科学钻探。世界上最早的科学钻探活动开始于海洋，然而大陆地壳远比海洋地壳古老，隐藏有更多的地球奥秘，大陆还是人类直接居住、获取主要的矿产资源以及遭受地质灾害威胁最大的地方，因此人们迫切希望通过大陆科学钻探来更多和更深地了解大陆。大陆科学钻探通过提高对深部地质的研究程度，进而可以解决人类面临的资源（如油气、固体矿产、地热）、灾害（如地震、火山）以及环境（如陨石撞击、核废料处理）等问题。

二、国际大陆科学钻探计划（ICDP）

大陆科学钻探始于 20 世纪 70 年代，苏联制定了庞大的大陆科学深钻计划，之后德国、美国、日本、法国和瑞典等发达国家蓬勃开展大陆科学钻探，对地壳的深入研究取得了许多重要成果。直到 20 世纪 90 年代中期，各国实施的大陆科学钻探项目只属于国家科学计划，是完全依靠各国自身的财力和科技力量，独立组织完成，取得的科学成果有限；而且，在实施过程中，许多方面会遇到难以克服的困难和挑战。各国科学家逐步认识到，通过开展国际合作实施大陆科学钻探是十分必要的。因为，大陆科学钻探的科学目标是多方面的，各个国家所拥有的地质条件各不相同，任何一个国家都不可能占有所有需要进行科学钻探的地域。同时，大陆科学钻探所需要的巨额资金对许多国家是难以承受的。此外，钻探所需的装备和技术需要国际支持，所取得的科学成果需要相互交流和共享。深海钻探计划（DSDP）和大洋钻探计划（ODP）也展示了国际合作的优越性。于是，从 20 世纪 80 年代中期开始，国际地学界逐步酝酿和筹建大陆科学钻探的国际合作计划组织。

1984～1992 年，在国际岩石圈计划（ILP）的倡导组织下，先后在美国、联邦德国、瑞典、苏联等国召开了六届"通过钻探观测地壳国际学术研讨会"。各届会议讨论了大陆科学钻探的重要性，介绍和交流各国的经验，并探讨了开展大陆科学钻探国际合作的必要性和可能性。

1992 年 11 月，经济合作发展组织（OECD）在法国布雷斯特举办了由大陆和大洋钻探专家参加的"深部钻探大科学论坛"，研讨深部钻探作为"大科学"的意义、作用和目标，孕育开展国际合作，并建议德国牵头组织国际大陆科学钻探计划。在国际地质科学联合会（IUGS）、国际大地测量与地球物理学联合会（IUGG）以及国际岩石圈计划（ILP）的支持下，ILP 大陆科学钻探协调委员会（CC-4）与德国地学研究中心（GFZ）于 1993 年 8 月 30 日至 9 月 1 日在德国波斯坦召开"国际大陆科学钻探会议"，总结交流了大陆科学钻探的主要成就，探讨需解决的关键地质问题与应用前景，提出建立国际大陆科学钻探计划（international continental scientific drilling program，ICDP）的框架。9月2日，在德国KTB超深孔钻探现场召开了"国际大陆科学钻探管理者会议"，有德国、美国、中国、法国、英国等12个国家和IUSG、OECD等国际组织的代表参会，经协商，决定成立ICDP筹备组，由德国地学研究中心（GFZ）主任艾默尔曼（R. Emmermann）教授负责起草建立ICDP的计划。

1996年2月，国际大陆科学钻探计划（ICDP）正式成立，德国、美国和中国作为第一批成员，成为ICDP的发起国，其总部设在德国波斯坦的德国地学研究中心。1997年1月，中国正式加入了ICDP，成为该组织的理事国之一。目前，已有20个国家和两个团体加入了该组织，该计划启动以来，实施了一大批大陆科学钻探项目，具体已实施大陆科学钻探项目的徽标如图1.4所示，共有40多个。

图1.4　国际大陆科学钻探项目徽标（截至2009年12月）

苏联在一些主要的地震剖面的交点处，完成了11个科学超深孔和深孔，至1986年达到12261 m孔深，成为当今世界最深的钻孔，并已成为世界第一个深部实验室（观测站）；德国实施了举世闻名的"联邦德国大陆深钻计划（KTB）"在海西缝合带的结晶地块中先后钻了一个4000.1 m深孔和一个9101 m的超深孔，目的是研究地壳较深部位的物理、化学状态和过程，了解内陆地壳的结构、成分、动力学及其演变；美国实施了10多个科学钻探项目，但钻孔深度都较浅，最深的只有3510 m；法国科学家提出了100个需通过深钻解决的地学问题，从中选定了12个问题，计划实施超深钻，已完成了三个，最深钻孔为3500 m；瑞典国家动力委员会在瑞典中部Gramberg地区，施工了一口6950 m深的深孔，以寻找非生物成因的石油和天然气；我国于2005年4月，在江苏东海的大别-苏鲁超高压变质带东部，完成了第一口5158.2 m深的科学钻探孔，揭开了我国深部地质勘探的新篇章。

三、大陆科学钻探技术发展

大陆科学钻探实施 50 年来，迄今为止已有 13 个国家实施了 22 口深度大于 4000 m 的深钻，但实施超过 9000 m 的超深孔的国家只有前苏联和德国，美国虽没有实施深部大陆科学钻探，但已实施的科学钻探项目有 10 多个。这三个国家基本代表了国际的大陆科学钻探的最高水平。

1. 苏联科拉超深孔钻探技术

苏联是世界上最早和最大规模地进行科学钻探的国家之一，该国在结晶岩中施工了大量的取心科学深孔和超深井，如科拉超深井（图 1.5）、乌拉尔超深井、萨阿特雷超深井、克里沃罗格超深井等。在施工这类钻孔时，几乎都采用了统一的钻探技术立体（钻进工艺方法、钻探设备和器具）以及钻孔结构和套管程序设计原则，形成了具有鲜明特色的苏联结晶岩科学钻探技术。现以科拉超深孔为例，来介绍苏联的科学钻探技术。

图 1.5　苏联科拉超深孔钻探现场

科拉超深钻 CГ-3 井于 1970 年 5 月 25 日开钻，至 1975 年 5 月井深达 7263 m，用了五年时间，完成第一阶段要求。此后，到 1986 年 3 月井深达 12300 m，后 6000 m 用了 11 年。至 1989 年将井深更改为 12261 m，三年内变浅 39 m，由于技术和经济原因而终孔。迄今为止，完成超万米科学钻探井只有苏联。目前该井已成为一个永久的入地观测实验室。

1）科拉超深井的主要目的任务

该井主要目的任务有四个：

（1）研究科拉半岛地区波罗的地盾太古宙结晶基底和含镍的贝辰加杂岩的深部结构，查明包括成矿作用在内的地质作用的特点。

（2）查明大陆地壳内地震界面的地质性质并取得有关地球内部的热状态、深部水溶液和气体的新资料。

（3）获得最充分的有关岩石物质成分及其物理状态的信息，揭露和研究地壳花岗岩和玄武岩层之间的边界带。

（4）完善现有的和创立新的超深钻井技术和工艺以及深部岩石和矿物的综合地球物理研究方法。

2）科拉超深孔所用的钻探装备

第一阶段采用的乌拉尔机械-4钻机，钻进井深0～7263 m；第二阶段换为乌拉尔机械-15000钻机，钻进井深为7263～12262 m。这两种钻机的技术参数如表1.3所示。

表1.3　苏联 Uralmash 型钻机基本参数

项目	乌拉尔机械-4钻机	乌拉尔机械-15000钻机
名义钻井深度（铝合金钻杆）/m	7000	15000
最大钩载/kN	2000	4000
绞车最大输入功率/kN	809	2646
提升系统最大绳系	5×6	6×7
钻井钢丝绳直径/mm	32	38
转盘开口直径/mm	560	760
转盘输入功率/kW	368	368
钻井泵型号及台数	У8-7M×3台	У8-7M×3台+НБ-1250×2台
井架有效高度/m	53.3	58
动力类型	交流电	直流电

3）科拉超深孔的钻探技术

该井使用了超长孔裸眼钻进方法（Advanced Open Borehole Method）、涡轮马达孔底驱动和轻便铝合金钻杆三大代表技术。

（1）超长孔裸眼钻进方法。

设计时先不确定整个钻孔的结构和套管程序，而仅考虑上部已知地层套管（第一层或第二层）的深度。开孔钻穿松散层并进入稳定基岩后，下入孔口管并用水泥固结；钻穿已知地层，在固定套管内下一层可回收的活动套管，然后以较小的直径［一般是8 1/2″（215.9 mm）］往下钻"超长裸眼"。如果遇到复杂地层必需下套管时，将活动套管拔出，扩孔钻进穿过不稳定层，并下套管和固井，然后继续往下钻进。

（2）涡轮马达孔底驱动。

该井施工是全孔连续取心钻进，采用$\phi215.9\times60$ mm牙轮钻头以及涡轮马达孔底驱动，通过提钻来获取岩心，全孔岩心采取率约为40%，取心技术指标如表1.4所示。

表 1.4 科拉超深井取心技术指标

孔段/m	取心回次	取心进尺/m	岩心长度/m	岩心采取率/%	回次进尺长度/m
0 ~ 4673	612	4168	2239	53	6.8
4673 ~ 7263	240	1844	410	22	7.7
7263 ~ 9008	144	1034	414	40	7.2
9008 ~ 11500	221	2172	637	29	9.8
合计	1217	9235	3700	40	7.6

（3）轻便铝合金钻杆。

钻杆柱是超深孔钻探施工中最关键的一个环节，当钻孔超过一定深度后，单是钻杆柱的自重就会使钻杆柱发生拉断破坏。目前，最好的钢钻杆也只能用到 10000 m 的深度。科拉超深孔采用了铝合金钻杆柱，表 1.5 是其常用的几种铝合金材料性能，施工时可用于不同的孔段。

表 1.5 科拉超深孔铝合金钻杆材料性能参数

合金牌号	合金类型	屈服极限/MPa	耐温能力/℃
01953	Al-Zn-Mg-Cu	490	100
Π 16T	Al-Cu-Mg	300	150
AK4-1	Al-Cu-Mg-Fe-Ni	280	200

尽管铝合金的强度比钢要低，但钢钻杆柱的重量是铝合金钻杆柱的 2.5 倍，因此，具有以下特点：

对钻机负荷要求小。设计深度为 15000 m 的科拉超深孔钻机的大钩负荷为 500 t，而德国 14000 m 的超深孔钻机大钩负荷为 800 t。

可加速起下过程。试验结果表明，采用铝合金钻杆柱比钢钻杆柱，可节省起钻时间 35%，节省下钻时间 17%。

2. 德国大陆深钻计划钻探技术

德国于 1985 年至 1994 年间，在德国中部的 Windischeschenbach 镇进行了科学钻探，即举世闻名的 KTB 钻探项目，该项目是联邦德国的第一个大规模地学研究计划，得到了联邦研究与技术部提供 5 亿马克的资助，项目钻探施工包括两个钻孔，即 4000 m 深的 KTB 先导孔，和原设计孔深 14000 m 的主孔，实际主孔的终孔孔深 9101 m。

1）KTB 计划的目的

通过施工科学超深井获取地学信息，进行关于地壳较深部位的物理、化学状态和过程的基础性调查和评价，以了解内陆地壳的结构、成分、动力学和演变。

2）KTB 的钻探装备

KTB 科学钻探利用 UTB-1 型钻机完成，钻机设计钻探深度为 14000 m，钻机主要参数见表 1.6。

表1.6　UTB-1型钻机主要参数

组件	项目	数值	组件	项目	数值
钻塔	总高/净高/m	83.175/63	动力	电机	9×740 kW
	二层台高/m	37		供电方式	可控硅整流（ACR）供电
	大钩载荷/kN	5500/8000			
井架底座	钻台高/m	11.75	转盘	开口直径/mm	1257
	净高/m	9.5		扭矩/(kN·m)（rpm）	40（140）
	钻台面积/m×m	13×13		驱动方式	变频式三相电机（AC）
	最大承转能力/kN	12000			
绞车	提升驱动方式	4象限直流电机变速	固控装置	振动筛/台	3
	功率/kW	2220		除泥器/只	2
	钢绳直径/mm	44.55		离心机/台	4
	速度/(m/s)	20		除气器/台	2
钻杆移摆装置	星型操作台		泥浆泵（三联泵）	主泵	电机（2×1240 kW）
	高度/m	53		副泵	电机（1×620 kW）
	立根长度/m	40		工作压力/MPa	35
	钻杆直径/mm	114.3~1 1.45	泥浆工作池	服役池容量/m³	150
	最大承载力/kN	150（3 m半径）		备用池/m³	300
	驱动方式	变频式三相电机驱动			
防喷器	闸瓦防喷器	4个		通径/mm	476.25
	环形防喷器	1个		额定工作压力/MPa	70

3）KTB 的钻探技术

（1）组合式钻探技术。

KTB 先导孔采用了组合式钻探技术，即在石油转盘钻机上加装一套高速回转的液压顶驱系统，并采用金刚石绳索取心钻进工艺。同时参照了苏联的"超长孔裸眼钻进方法"，即在较大的套管（85/8″）内，悬挂一层活动套管（7″），然后以较小直径（6″）钻进。KTB 先导孔技术指标如表1.7所示。

表1.7　KTB 先导孔钻探技术指标参数

指标	牙轮取心钻头（φ269.9/101.6 mm）	表镶金刚石钻头（φ152/94 mm）	孕镶金刚石钻头（φ152/94 mm）
使用钻头个数	9	9	62
钻头寿命/m	42.5	36.5	47.9
机械钻速/(m/h)	1.25	1.7	1.7
回次长度/m	6.2	3.6	3.6
岩心采取率/%	42.8	97	97

（2）"点取心"方式。

KTB 主孔距先导孔 200 m，主孔上部 4000 m 未取心，下部采用了"点取心"的方式进行取心钻进，从孔深 4138.2 m 到 8100 m 左右，共进行了 40 个回次的取心，取心总进尺 189.6 m，采取岩心总长 83.42 m，平均岩心采取率 44%。

4）德国 InnovaRig 全液压顶驱钻机

德国 Herrenknecht GmbH 公司于 2007 年研制了深部全液压取心 InnovaRig 钻机，技术参数如表 1.8 所示。该钻机该钻机既可用于大陆科学钻探，也可用于地热勘探、石油天然气勘探及二氧化碳的地下埋存等。

在用于大陆科学钻探过程中，InnovaRig 钻机的显著特点之一是可以在转盘回转钻进及绳索取心金刚石钻进工艺之间快速转换，这样就可以实现在不太重要的地层中采用相对便宜的转盘回转钻进方法，而在重要的地层中则采用绳索取心金刚石钻进方法进行取心钻进。

在 InnovaRig 钻机系统中，传统的用于升降钻杆及套管的钢丝绳卷扬机被液压缸取代，该液压缸行程为 22m，提升力为 350 T。利用半自动接管技术，InnovaRig 钻机实现了"非手工加接钻杆"。钻杆柱由两个独立的顶驱系统驱动，具有很宽的转速范围。该钻机还配备了备用转盘。

整套钻机系统由钻机主机、钻杆拧卸系统、泵、泥浆罐及其他附属设备组成。其中泥浆处理系统、泵及泥浆罐可以灵活组装以适应不同的钻井流程。

表 1.8　InnovaRig 钻机技术参数

组件	项目	数值	组件	项目	数值
井架	井架高/m	51.8	提升系统	类型	液压双缸系统
	大钩载荷/kN	3500		行程/m	22
				功率/kW	2000
井架底座	类型	箱式	转盘	开口直径/mm	953
	高/m	9（9×10）		额定载荷/kN	4450
	套管载荷/kN	3500		动载荷/kN	3500
	防喷器滑车/kN	2×250		驱动	液压（200 r/min，600 kW）
顶部驱动回转	额定载荷/kN	4450	顶部驱动取心	额定载荷/kN	1500
	功率/kW	800		功率/kW	350
	最大扭矩/(N·m)	48000		最大扭矩/(N·m)	12000
	最大转速/(r/min)	220		最大转速/(r/min)	500
液压钻工	最大直径/mm	254/底座 1	泥浆泵	类型	电机（2+1 opt.）
	最大直径/mm	508/底座 2		功率/kW	1300
	最大荷载/kN	4540		最大泵压/bar	350
				最大流量/(L/min)	2200

组件	项目	数值	组件	项目	数值
吊卡	最大直径/mm	254/底座 1	大钳	类型	液压卡紧式
	最大直径/mm	508/底座 2		直径范围/mm	73~508
	最大荷载/kN	4540			
管子操作机械手	驱动	液压驱动	磁性立根装载系统	类型	卧式
	最大直径/mm	620		驱动	电机
	最小直径/mm	73		额定荷载/kN（磁铁组）	45
	承载力/kN	45			

InnovaRig 钻机的主要特点如下：

模块化组装及集装化，可实现快速的转换及移动；可在不同的钻进方法间快速转换，如气举钻进、普通回转钻进、绳索取心金刚石钻进、套管钻进及欠平衡钻进；较高程度的自动化，特别是半自动化钻杆拧卸系统，实现了安全操作，压缩了钻机的工作负荷，减少了人员数量；科学检测仪器的高度整合，使得从钻进向科学观测的快速转换成为可能；钻井场地所需面积小；既可使用公共电网，也可使用钻机自备的发电机。

3. 美国的大陆科学钻探技术

美国现已实施的大陆科学钻探项目有 12 个，代表性的有卡洪山口项目和夏威夷项目。

1）卡洪山口科学钻探项目

美国于 1986~1988 年在加利福尼亚州的圣安德列斯断层施工了一口 3510 m 的科学钻孔，其目的是研究断层热流和地应力之间的关系以及断层动力学，并通过在钻孔中安放仪器进行地震监测。该项目的钻进施工分阶段实施，钻孔原设计深度 5000 m，目前的孔深 3510 m 是第二阶段达到的深度。钻进的岩层为砂岩、花岗闪长岩、花岗岩和片麻岩。

项目的钻探承包商是 Parker 钻探公司，钻孔设计时，由于没有适应 5000 m 深度和 $\phi 155.6$ mm 的口径的绳索取心钻具系统和钻探设备，就采用了接近于石油钻井的钻探技术休系。采用 No.193 转盘钻机，进行全面钻进，采用点取心，取心钻进比率仅为 5% 左右。硬岩中主要采用孕镶金刚石钻头，少量采用表镶金刚石钻头，并采用螺杆马达或涡轮马达来驱动金刚石钻头。

2）夏威夷科学钻探项目

夏威夷科学钻探的目的是钻穿形成 Mauna Kea 火山的熔岩层，研究该火山的机制和火山深处的地下水的运动。设计孔深 4419.6 m，全孔连续取心，钻孔直径 98.4 mm。所钻的地层是火山喷出的玄武岩、岩层中气孔较多，属于相对比较好钻的岩层。地层比较破碎，要求下较多套管保护孔壁。地层的页理或片理不发育，各向同性好，钻进时不易产生孔斜。由于有地下水循环，岩层的低温梯度低（1000 m 先导孔的低温梯度为负值），有利于钻进施工。

为完成以上条件下的钻探施工，采用了一种组合式的钻探技术，即在常规的石油转盘钻机上加一套取心钻进系统，形成一套能在深孔和硬岩中进行取心钻进的钻探设备，其中，转盘钻机用于扩孔、下套管、固井和起下钻具，取心钻进系统用于取心。

取心钻探系统是 DOSECC（地球陆壳钻进、观察和取样组织）专门为科学钻探中的深孔取心钻进研制的，其主要特点是：采用液压油缸给进，给进行程 7.6 m，加减压能力 112.5 t；采用液压顶驱，转速 0～900 rpm；采用一套特殊的绳索取心复合钻杆柱，其上部是 ϕ88.9 mm 的油管管柱，下部是长年公司的 HQM 绳索取心钻杆柱，其钻深能力达 6000 m（ϕ101.6 mm）；取心钻头为孕镶金刚石钻头（ϕ98.4/60 mm）；扩孔采用带导向的硬质合金镶齿的牙轮钻头。

由于大直径取心钻进成本高、效率低，采用的钻进施工程序是：采用组合式取心钻进系统进行小直径取心钻进（全孔的取心钻进孔径统一为 ϕ98.4 mm），然后通过扩孔来加大孔径，若需要扩孔的直径较大，可通过两次扩孔来完成。

钻孔设计分为三个阶段：第一阶段 0～1828.8 m［6000 ft（1 ft = 3.048×10^{-1} m）］；第二阶段 1828.8～3352.8 m（11000 ft）；第三阶段 3352.8～4419.6 m（14500 ft）。1999 年 4 月 13 日开始了第二阶段的施工，到同年 9 月达到 3109 m；2003 年 3 月又开始了第二阶段的施工，目前已完成第二阶段的施工。后因第三阶段遇到孔内复杂问题，已暂停施工。

3）美国的深部钻探装备

虽然美国的深部大陆科学钻探孔不是很多，用于大陆科学钻探的钻机主要是中深孔钻机，主要有液压顶驱组合式取心钻机 DOSECC 型专用钻机，利用该钻机已完成 4500 m 的科学深钻。但是美国的深孔和超深孔石油钻机技术水平代表国际石油钻机的最高水平，其中以 National Oilwell Varco（NOV）公司为代表，其主要特点是：

钻机趋向大型化，结构形式多样化。例如，绞车功率可达 4477 kW，钻井深度达 15000 m，泥浆泵的功率达 2350 kW；车装式、拖挂式、撬装模块式种类齐全。

电气传动技术的进步使得传动更加简单，特别是广泛使用了交流变频驱动技术。

新型的一体化旋升式井架和底座，多节自升式井架起放更加安全，是钻机在钻井过程中更稳定，占用场地更小。

液压盘式刹车、顶部驱动钻进装置、立根自动排放装置、井口自动拧卸装置的使用，使钻井智能化和自动化成为现实。

钻机移运性能不断提高，快速搬迁能力成为钻机的关键竞争力。

注重以人为本，更加适应 HSE 要求。

早年 NOV 公司生产的超深井钻机主要是直流驱动，其代表产品为 E3000/E3000-UDBE 型钻机以及 4000-UDBE。绞车功率分别为 2237 kW 和 2983 kW，名义最大钻深分别可达 9144 m 和 12192 m。国内进口了多台 E3000 钻机，其基本参数如表 1.9 所示。

表 1.9　美国 NOV 公司 E3000 型钻机基本参数

钻井深度/m	9000	提升能力/kN	5780
绞车功率/kN	2237	提升系统绳系	7×8
钻井钢丝绳直径/(″)（mm）	1 1/2（38.1）	钻井泵功率及台数	1267 kW×2 台 A1700-TP
转盘开口直径/(″)（mm）	37 1/2（952.5）	驱动方式	AC-SCR-DC
柴油发电机组	四台 D339 柴油发电机组（4×906 kW）		
电气控制系统	采用电气集中控制，以电控为主，柴油机采用气控		

目前，美国 NOV 公司的绞车功率有 2983~5220 kW，各个级别都有产品，主刹车采用主电机能耗刹车，辅助刹车采用的是液压盘式刹车，绞车基本都是齿轮传动。

4. 我国大陆科学钻探技术

我国已经实施了四口大陆科学钻探井，包括：江苏东海科钻一井（CCSD-1）、青海湖科学钻探、大庆松科-1 井和汶川科钻。其中，CCSD-1 井是我国当前实施的国际大陆科学钻探计划中最深的科钻井。

CCSD-1 井钻遇岩层的主要特点及钻探技术难点与一般沉积岩层的油气井区别较大，该井遇到的岩石主要是片麻岩和榴辉岩，岩层产状陡，属于坚硬难钻的强造斜性地层。为保证测井的实施，钻孔的终孔直径不能小于 6 1/2"（156 mm）。

针对以上钻探技术难题，采用了以下钻孔施工方案和钻探技术：

（1）采用双孔方案：即在施工难度较大的 5000 m 深钻主孔之前先钻一口 2000 m 深的较浅钻孔先导孔。

（2）采用组合式钻探技术：即以大型石油钻井设备为平台，同时采用金刚石取心钻进工艺方法，以薄壁孕镶金刚石取心钻头为主，实现高转速、低钻压、小泵量的钻进参数。

（3）采用超前孔裸眼钻进方法：采用活动套管，以小直径取心钻进，需要下套管护壁时，回收活动套管后，再扩孔钻进，安放下一级套管。

（4）采用的一些新的和非常规的方法和技术：主要有以金刚石绳索取心钻探技术为主体的多种取心钻探技术；改进的液动冲击回转钻探技术；井底动力与绳索取心二合一或井底动力与液动锤与绳索取心三合一钻探技术；井斜的控制与纠正技术；含垂孔钻探技术；活动套管应用技术。

第七节　综合探测方法及软件技术发展

一、国际发展现状

地球物理勘探软件系统经过 20 多年的发展，优胜劣汰，业已形成国际高端软件应用格局。高端软件的发展作为一项重要的技术支撑，推动了各类地球物理勘探方法技术的快速发展，实现了"以三维地质模型为中心的综合研究一体化集成分析平台"，将相关联的多类勘探方法、海量数据、多种处理和解释技术高效的集成到一起，形成当代软件发展方向。研发过程中，面向目标的编程技术（OOP）理念始终作为系统设计和研发的主导思想。以编程语言 C++ 为引领的各种计算机代码，经过长期发展，在结构、分类、联合、库支持、调用连接、优化分析、稳定性分析、检测流程等方面，经历了多次变革性改进，推出大量实用编程工具和规范理念。在此基础上研发出的成果，具有强大竞争力。例如，总部设在加拿大的 Geosoft 公司，针对非地震类传统数据，如重、磁、电磁法以及化探数据领域，研发出以处理和质量控制为主的集成应用软件系统——Oasis montaj。近 20 年来，这套系统以其实用性强、高效率、高水准、高集成度和易于操作的设计概念，在世界各地应用广受欢迎，在这一领域里一直占有统治地位。随后推出的类似产品，有法国的 Intripid

系统，针对高精度数据，如重、磁梯度数据；Linux 环境下的 FugroCTL 系列产品；以及英国 ARKeX 系列产品，加强了如重、磁、震、井联合处理，获得公认成绩和名声。

斯伦贝谢（Schumberge）公司近些年来，通过兼并整合其他软件公司，如名声赫赫的西方地球物理公司（Western Geophysics），发展了一系列软件处理平台，如 GeoFrame 平台；整合了目前国际石油勘探领域的先进技术，包括综合数据库管理、成像测井处理解释、三维可视化技术、储层横向预测技术等。基于这个平台，地学研究人员一方面可以对勘探开发生产过程中的各类综合数据进行管理；另一方面可以针对地质目标开展精细的测井评价、地质研究、构造描述、储层预测以及油气藏综合评价等工作。该公司的另一项产品 Petrel 系统提供了一个以三维地质模型为中心的一体化油藏工作平台。该平台包括强大的 2D 和 3D 地震资料解释一体化解决方案，提供强大的和完整的一体化综合解释环境。其包含的地质建模功能可以完成多点地质统计算法以及相关的断层建模质量控制等多种模块。相应的配套流程分析还包括油藏工程模块、实时传输模块、数据管理模块、协同工作环境、操作模块以及相关的配套插件，如测井综合解释插件、钻井可视化插件、成果管理插件等。在该应用平台基础上，还提供了应用软件编程接口，称之为 OCEAN 开发平台，为勘探开发软件提供了一个开放环境。用户可以将自己的软件通过 OCEAN 加入到 Petrel 中，强化具有针对性目标能力的 Petrel 工作流程。

二、国内发展现状

近 20 年来，各大油田和主要石油物探生产部门与研究机构均建立了地震数据处理中心，如中国石油天然气总公司石油物探局、石油勘探开发研究院、中国海洋石油总公司研究中心，地质矿产部北京计算中心，南京石油物探研究所以及大庆、胜利、华北、辽河等各主要油田。然而，我国使用的地震数据处理软件主要依赖于进口。国内有上百家国有和民营企业，展开了围绕地球物理软件的研发工作，大多属于引进软件开发平台条件下，发展插入式软件模块性质的工作。

在引进的同时，我国也一直在培养自己的石油物探软件开发队伍，发展我国的地震数据处理软件。中石油所属中国东方公司，6 年多前，在国外主要软件商决定停止销售地震商用软件的严峻形势下，考虑到国家发展战略需求，在当时资金并不充裕情况下，果断投入 1.5 亿，研发出用于数据处理的 GRISYS 系统和用于资料解释的 GriStation 系统。目前再次加大投入，估计两个多亿，加强研发力度，形成将两者合二为一的 GeoEast 一体化系统平台。实现处理解释信息共享，实现处理解释一体化运作模式，即国产品牌的 GeoEast 一体化系统平台。该系统平台仍然处于边使用边发展阶段。

尽管国内软件行业的发展一直都没停止过，推出的一些产品令人鼓舞，但是离走出国门、占据国际市场，仍有一段距离。原因有多方面，主要是仍然缺乏足够数量的优秀软件工程师。在大型软件系统设计方面，软件工程师与一般软件人员的区别在于，除了具备的软件设计和实现基础外，前者在如下几个方面有突出表现：现代软件设计理念；把握硬件和软件发展的信息和脉络；编程谋略能力；权衡利弊的能力；潜在问题的洞察力；优化结果的预见力；模块化和组合管理的能力；团队协调和沟通的效率；以及相关语言驾驭的能力等。

在应用方面，高端软件系统往往价格昂贵，国内多数单位难以承担，无法像国外高校那样开设课程，由学校来完成大面积培养高水平应用人才的任务。销售方提供的短期培训计划，主要针对购买方简单和具体的任务执行，无法达到充分使用系统所具备的强大功能。尽管销售方会设有相关的增强型培训计划，同样要价昂贵。造成了生产和科研一线（高端软件）应用人才严重短缺，即便是购进安装了昂贵软件，也不能充分发挥其应有作用。目前，国内高校和有关单位不得不采用的廉价软件，如广泛使用的 Surf、Geomodel。尽管能够完成任务作业，但是极易误导应用软件的主流方向，低估了高端软件所具有的强大功能和由此带来的巨大效益。盗版软件的应用更是带来多方面潜在危害，而且，大多属于防盗能力低下的旧版本，隐患无穷，不是长久之计。软件平台的水准往往决定了一项科研工作起点的高低。低端软件产品和问题产品的应用，不可避免地带来消极影响。

在国内应用软件发展过程中，缺乏多元数据处理、分析、集成和管理一体化的工作平台，尤其是，在高科技快速移动平台探测条件下海量数据处理和信息提取的技术。从而导致，各类数据所包涵信息没能够得到充分利用，严重影响了分析质量和效果。因此，根据国情，走引进和研发的并行路线，完善彼此间促进过程，加快研发处理、分析、集成和管理一体化的工作平台尤为必要。

第二章 重力场探测及数据处理解释技术

重力勘探是通过观测地球重力场的时空变化来研究并解决地质构造、矿产分布、水文资源以及与之相关的各类地质问题，是地球物理勘探的一个重要分支。

牛顿发现万有引力定律后，物体之间的相互吸引作用已被认为是普遍现象。这个现象还说明一个众所周知的事实，即在地球附近空间落向地球的物体将以逐渐增加的速度降落，下降速度的递增率就是重力加速度，简称重力，用 g 表示。伽利略证明了地球上某一固定点上物体的重力加速度都是一样的。

随着探测技术的发展，重力探测不仅仅局限于原始重力异常的测量。重力张量梯度测量是测量重力位的二阶导数，存在九个分量。重力梯度测量具有分辨率高，能够更好地进行地质解释，可在运动环境下进行测量，能够提高地质特征的定量模拟质量。

假定地球是一个均匀的并具有同心层状结构的理想球体，则地球对地球表面上物体的吸引力应当处处相同，且为恒定值。事实上，地球是非球形的并且是旋转的，内部构造与物质成分是分布不均匀的，因此地球表面上的重力值是变化的。测定和分析空间重力变化已成为地学研究中的一个重要内容，其能反映地下密度横向差异所引起的重力变化，对研究地质构造及寻找各种矿产资源等方面具有极为重要的应用价值。此外，对远程导弹、人造地球卫星和宇宙飞船运行轨迹的精确推算也是不可或缺的。

第一节 重力场探测原理及实现技术

一、地球重力

地球是一个具有一定质量、两极半径略小于赤道半径且按照一定角速度旋转的椭球体。

如果忽略日、月等天体对地面物质的微弱吸引作用，则在地球表面及其附近空间的一切物体都要同时受到两种力的作用：一是地球所有质量对它产生的吸引力 F；二是地球自转而引起的惯性离心力 C，此两种力同时作用在某一物体上的矢量和称为地球的重力 G，图 2.1 中 NS 为地球自转轴，φ 为地球纬度。

$$G = F + C \tag{2.1}$$

地球全部质量 M_E 对质量为 m 的物体的引力可根据牛顿万有引力定律来计算。

$$F = G \frac{-M_E \cdot m}{R^3} R \tag{2.2}$$

式中，R 为地心至 m 处的矢径；G 为万有引力常数。G 的数值当牛顿在世时并未确定，而是 1798 年由卡文迪什在实验室里首先测出的。G 的公认值在国际（SI）单位制中是 $6.67\times$

10^{-11} m³/(kg·s²)；在常用（CGS）单位制中是6.67×10^{-8}cm³/(g·s²)。它在数值上等于质量各 1g，中心相距 1 cm 的两个质点之间的作用力。在 SI 单位制中力的单位是牛顿（N），1 N=10^5 dyn（达因）。

由于地球平均赤道半径（6378.140 km）大于平均极半径（6356.755 km），所以地球引力是从赤道向两极逐渐增大的。

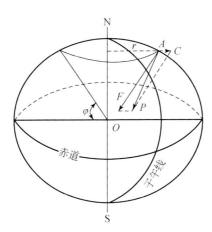

图 2.1 地球外部任一点所受重力示意图

若地球自转角速度为 ω，由 A 点到地球自转轴的垂直距离为 r，根据力学知识，A 点 m 质量所受到的惯性离心力为

$$C = m\omega^2 r \tag{2.3}$$

式中，C 的方向垂直于地球自转轴并沿着 r 指向球外。由于在赤道处 r 最大，两极 r 等于零，所以惯性离心力是从赤道向两极逐渐减小的。

二、重力加速度

地球周围存在重力作用的空间称为地球重力场。从力学观点出发，可以用重力场强度来描述重力场的性质，重力场中某点的重力场强度等于单位质量的质点在该点所受的重力。

从牛顿第二定律可知，重力 G 是质量 m 和重力加速度 g 的乘积。

$$G = mg \tag{2.4}$$

当被吸引质量 m 为单位质量时，则重力的数值就等于重力加速度。所以在重力测量中，往往把重力加速度叫做重力。所谓重力测量实际上是测定重力加速度的数值。由此，重力（即重力加速度）的单位在 CGS 制中为 cm/s²，称为"伽"（Gal）（为纪念伽利略而定名）。

$$1\text{ 伽}=10^3\text{毫伽（mGal）}=10^6\text{微伽（μGal）}$$

在 SI 单位制中，重力 g 的单位是米/秒²（m/s²），规定 1 m/s² 的 10^{-6} 为国际重力单位（gravity unit），简写成 g.u.，1 m/s²=10^6 g.u.，SI 单位与 CGS 单位的换算关系为 1 Gal=10^4 g.u.。

在地球表面上，全球重力平均值均为 $9.8\ \mathrm{m/s^2}$。赤道重力平均值为 $9.780\ \mathrm{m/s^2}$，两极平均值为 $9.832\ \mathrm{m/s^2}$，从赤道到两极重力变化大约为 $0.05\ \mathrm{m/s^2}$，这个量级接近地球平均重力值的 0.5%。而地球自转产生的惯性离心力在赤道最大，平均也有 $0.0339\ \mathrm{m/s^2}$。日、月等天体对地面物质的最大作用为 $0.2\times10^{-5}\ \mathrm{m/s^2}$。

三、重力位

由物理学可知，在保守力场中，还可用位函数来研究场的特征。

重力位的物理意义可以理解为场力所做的功。假设在质点的质量为 m 的引力场中，引力位的定义为，移动单位质量从无穷远到该点场力所做的功。可以证明，质点引力位 $V = G\dfrac{m}{R}$。如果一个质量为 M 的物体所产生的引力位应为各质点在 A 点引力位的总和，即

$$V = G\int_M \frac{\mathrm{d}m}{R} \tag{2.5}$$

式中，R 为 M 到计算点的距离。

在地球表面上，任意点上的重力位是由地球全部质量所形成的引力位与地球自转产生的惯性离心力位之和。地球质量 M_E 所产生的引力位是

$$V = G\int_{M_E} \frac{\mathrm{d}m}{R} \tag{2.6}$$

式中，坐标原点设在地球的重心上，R 是计算点到质量元 $\mathrm{d}m$ 的距离。

地球自转产生的惯性离心力位是

$$U = \frac{1}{2}\omega^2 r^2 = \frac{1}{2}\omega^2(x^2 + y^2) \tag{2.7}$$

因此，地球重力位等于

$$W = V + U = G\int_{M_E} \frac{\mathrm{d}m}{R} + \frac{1}{2}\omega^2(x^2 + y^2) \tag{2.8}$$

根据位场理论，重力位对任意方向 s 求导数就等于重力 g 在该方向的分量，即

$$g_s = \frac{\partial W}{\partial s} = g\cos(\boldsymbol{g},\ \boldsymbol{s}) \tag{2.9}$$

式中，$\cos(\boldsymbol{g},\ \boldsymbol{s})$ 为 $\boldsymbol{g}$ 与 $\boldsymbol{s}$ 之间夹角的余弦。

当质点位移方向与重力方向垂直时，则有

$$\frac{\partial W}{\partial s} = 0$$

积分上式，得

$$W(x,\ y,\ z) = C = 常量 \tag{2.10}$$

即沿垂直重力方向移动单位质量时，重力不做功，也可解释为垂直于 $\boldsymbol{g}$ 方向的重力位没有变化，这就是我们熟悉的力场中的等位面。另外，从力学中知道，水静止时，其自由表面和重力是垂直的，否则就必须有平行于水面的分力存在，这时水将流动。因此，静止水面的自由表面就是一个重力等位面。如果用不同常数代入式（2.8），可以得到一系列等位

面，即一系列水准面（图2.2）。

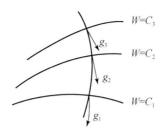

$$W=C_3$$

$$W=C_2$$

$$W=C_1$$

图2.2　重力等位面及重力线的弯曲

当 g 方向与 s 方向一致时，式（2.8）可写成

$$\frac{\partial W}{\partial s} = \frac{\partial W}{\partial n} = g \tag{2.11}$$

式中，n 是等位面内法线方向，将上式写成增量形式并取为常数，有

$$\Delta W = \Delta n \cdot g = 常数 \tag{2.12}$$

式中，g 是两个等位面之间的重力平均值；Δn 为两个等位面内法线方向的距离。

两个等位面之间的位差是一个常数，而在同一等位面上，重力一般不是常量，由式（2.10）可以看出，两个等位面之间的距离一般不是常量。因为地球重力值总是有限量。所以，重力等位面之间既不平行，也不相交，又不相切，重力位是单值函数。

四、地球椭球体与正常重力公式

地球的外表面通常认为是一个旋转椭球面，并习惯用大地水准面来逼近这个旋转椭球面。大地水准面在海洋上是平均海平面（或用静止海平面），而在陆地上是用这个平均海平面延伸到大陆内部所形成的包围曲面。按照定义，大地水准面是一个等位面。

遍及地球表面上的重力测量资料表明，地球形状最准确的参考面接近于旋转扁球面，而不是旋转椭球面。但后者便于应用，涉及的变量又少。所以，在重力测量中，为了确定正常重力值，选择这样一个旋转椭球体，使其表面与大地水准面接近；其质量与地球的总质量相等；物质呈相似旋转椭球层状分布；旋转轴与地球自转轴重合；旋转角速度与地球自转角速度相等。这样的旋转椭球体，称之为地球椭球体（又叫参考椭球体和标准椭球体）。而在这个椭球体表面上计算出的重力场称为地球正常重力场。正常重力场随纬度变化的形式为

$$g_\varphi = g_e(1 + c_1 \sin^2\varphi - c_2 \sin^2 2\varphi) \tag{2.13}$$

式中，g_e 为赤道上平均重力值；φ 是计算点的地理纬度；c_1、c_2 是取决于地球形状的常量，即 $c_1 = \frac{g_p - g_e}{g_e}$，$c_2 = \frac{\varepsilon^2}{8} + \frac{\varepsilon c_1}{4}$，$g_p$ 为两极上的重力值，$\varepsilon = \frac{R_e - R_p}{R_e}$ 为地球的扁率，R_e 为赤道半径，R_p 为极半径。当 g_p、g_e 和 R_p、R_e 为已知时，即可计算出式（2.13）中的 c_1、c_2，继而算出不同纬度上的正常重力值。

如何确定式（2.12）中的不同参数值，是多年来世界上大地测量学家和地球物理学家关注的问题之一。不同学者所采用的参数值不同，就得到不同的计算正常重力值公式，其

中比较常用的有：

（1）1901～1909年赫尔默特公式：

$$g_\varphi = 9.78030(1 + 0.005302\sin^2\varphi - 0.000007\sin^2 2\varphi) \quad \text{m/s}^2 \tag{2.14}$$

（2）1930年卡西尼国际正常重力公式：

$$g_\varphi = 9.78049(1 + 0.0052884\sin^2\varphi - 0.0000059\sin^2 2\varphi) \quad \text{m/s}^2 \tag{2.15}$$

（3）1979年国际地球物理及大地测量联合会推荐的正常重力公式：

$$g_\varphi = 9.780327(1 + 0.0053024\sin^2\varphi - 0.0000059\sin^2 2\varphi) \quad \text{m/s}^2 \tag{2.16}$$

式（2.14）多用于测绘部门，式（2.15）多用于勘探部门。20世纪80年代以后决定全国统一使用式（2.14）。从式（2.14）与式（2.16）相比较可以看出，赫尔默特在约100年前推算出的公式与根据人造卫星资料推算出公式相差是很小的。

就实际地球而言，大地水准面通常不与地球椭球体表面重合，这是因为地球上部物质密度分布不但有垂向变化，而且横向上也有变化，加上地球表面有高山和海洋，这些因素引起局部异常质量的存在，从而导致了大地水准面的局部畸变，图2.3中质量剩余区的上方有附加位 ΔW，它使等位面向外翘曲。在均匀的地球里，对于单个异常质量来说，大地水准面的翘曲 ΔN 可由式（2.12）计算。在质量剩余区的周围，铅垂线是向内偏斜的，若质量亏损，结果应当相反。

大地水准面的局部起伏为解释地下构造提供了有用的信息。正如人造卫星观测到的那样，大地水准面的大规模降低和升高与深部密度异常有着直接的关系。其异常源应位于地幔之内。

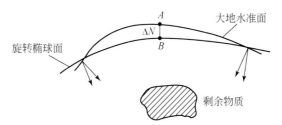

图2.3　由异常质量引起的大地水准面的波动（ΔN）及铅垂线的偏斜

五、岩石密度

岩、矿石的密度差异是布置重力测量工作的前提条件。如果地球由一系列横向密度均匀的壳层组成，则不管密度的垂直变化如何，也不会引起重力的水平变化。任何导致密度横向变化的地质条件都将引起重力的水平变化，即重力异常。图2.4中，ρ_1、ρ_2、ρ_3 和 ρ_4 是四个平卧层的密度，且 $\rho_1 < \rho_2 < \rho_3 < \rho_4$。平卧的地层被构造隆起所干扰，导致横向密度发生变化。所以引起得力的水平变化，出现重力异常。

岩石的密度主要受三种因素控制，即构成岩石物质的矿物颗粒的密度、孔隙度和孔隙中的流体。对于沉积岩来讲，密度主要受孔隙度控制，孔隙度一般随沉积物的固结作用和成岩作用的增强而减小。此外，沉积岩的密度随着岩石年龄的增大而逐渐加大且随着埋深的加大也逐渐增高。所以，沉积岩的密度主要取决于岩石孔隙度，其次为岩石的年龄、地质历史以及埋藏深度。一般讲岩石越老，埋藏越深、密度就越大。

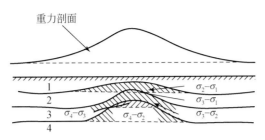

图 2.4　表示由构造隆起引起的横向密度差异

岩浆岩的密度取决于所含矿物的成分。由酸性过渡到基性岩、超基性岩时，随着铁镁质矿物含量的增加，岩石密度也增大，其中侵入岩又比火山岩的密度大，熔岩密度最小。

变质岩密度与它们的原岩密度有关。一般讲，变质岩都比它们的原岩密度大，并且随结晶变质程度的加深，密度也相应增大。与岩浆岩一样，变质岩密度也随酸性的减小而增大，但由于结晶变质的历史比较复杂，这种变化一般是不稳定的。

必须指出，岩、矿石间的密度差异与它们的磁化率、电阻率或放射性差异相比，量级是最小的，这就是重力异常通常比其他异常都小的主要原因。

除石油、煤和岩盐外，各种矿物的密度一般都大于岩石。而矿物中金属矿比非金属矿的密度大。岩浆岩和变质岩的密度大于沉积岩，而沉积岩本身的密度变化也很大。表 2.1 列出了各种常见岩、矿石的密度值。

表 2.1　常见岩、矿石密度值

名称		密度/（g/cm³）		名称		密度/（g/cm³）	
		变化范围	最常见值			变化范围	最常见值
沉积岩	黄土	1.40～1.93	1.64	变质岩	石英岩	2.50～2.70	2.60
	冲积层	1.96～2.00	1.98		片岩	2.39～2.90	2.64
	砾岩	1.70～2.40	2.00		千枚岩	2.68～2.80	2.74
	黏土	1.63～2.60	2.21		大理岩	2.60～2.90	2.75
	砂岩	1.61～2.76	2.35		蛇纹岩	2.40～3.10	2.78
	页岩	1.77～3.20	2.40		板岩	2.70～2.90	2.79
	灰岩	1.93～2.90	2.55		片麻岩	2.59～3.00	2.80
	白云岩	2.28～2.90	2.70				
岩浆岩	流纹岩	2.35～2.70	2.52	金属矿	闪锌矿	3.50～4.00	3.75
	安山岩	2.40～2.80	2.61		褐铁矿	3.50～4.00	3.78
	花岗岩	2.50～2.81	2.64		黄铜矿	4.10～4.30	4.20
	斑岩	2.60～2.89	2.74		铬铁矿	4.30～4.60	4.36
	闪长岩	2.72～2.90	2.85		磁黄铁矿	4.50～4.80	4.65
	辉绿岩	2.50～3.20	2.91		钛铁矿	4.30～5.00	4.67
	玄武岩	2.70～3.30	2.99		软锰矿	4.70～5.00	4.82
	辉长岩	2.70～3.50	3.03		黄铁矿	4.90～5.20	5.00
	橄榄岩	2.78～3.37	3.15		磁铁矿	4.90～5.20	5.12
	辉岩	2.93～3.34	3.17				

续表

名称		密度/(g/cm³)		名称		密度/(g/cm³)	
		变化范围	最常见值			变化范围	最常见值
金属矿	赤铁矿	4.90~5.30	5.18	非金属矿	石油	0.60~0.90	
	辉铜矿	5.50~5.80	5.65		褐煤	1.10~1.25	1.19
	毒砂	5.90~6.20	6.10		无烟煤	1.34~1.80	1.50
	锡石	6.80~7.10	6.92		石墨	1.90~2.30	2.15
	辉银矿	7.20~7.36	7.25		岩盐	2.10~2.60	2.22
	方铅矿	7.40~7.60	7.50		石膏	2.20~2.60	2.35
	辰砂	8.00~8.20	8.10		铝土矿	2.30~2.55	2.45
					硬石膏	2.90~3.00	2.93
					重晶石	4.30~4.70	4.47

第二节　重力测量形式与重力测量仪器

一、重力测量

（一）重力测量的地质任务

与地质勘探方法相似，根据重力勘探任务的不同可分为重力预查、重力普查、重力详查和重力细测。不同阶段所解决的地质任务也不同。

重力预查：工作比例尺为 1∶500000~1∶1000000。这种小比例尺重力测量的目的是在短时间内获得大地构造基本轮廓或者研究深部地壳构造以及地壳均衡状态等。

重力普查：工作比例尺为 1∶100000~1∶200000。完成的地质任务是在重力预查、航空磁测和地质预查的基础上，划分区域构造、圈定大岩体和储油气构造的范围，比较确切地指示成矿有利地带。

重力详查：工作比例尺为 1∶25000~1∶50000。目的是在已知成矿远景区内，寻找并圈定储油气、煤田以及地下水有希望的盆地及局部构造。

重力细测：又叫重力精查，工作比例尺为 1∶2000~1∶10000。目的是在已经发现的储油、气构造、煤田盆地以及成矿有利的岩矿体上确定矿体构造特征或产状要素等，用来直接找矿。不同的测量方法其测量技术及精度要求也不同，具体见表 2.2。

重力测量形式可分为路线测量、剖面测量及面积测量。面积测量是重力测量的基本形式，而路线测量和剖面测量的方向应尽可能与地质构造走向垂直。各种重力测量的具体原则如下：

（1）测点的密度保证在相应比例尺的图上每平方厘米要有 1~2 个测点。

（2）重力异常等值线的间距，应为异常均方差的 2.5~3 倍，以保证异常体能被 1~2

条等值线所圈闭。

（3）重力异常的均方差应小于勘探对象引起最大异常的 1/3 ~ 1/4。

表 2.2 重力测量工作比例尺、点、线距及精度要求

工作阶段	工作比例尺	等异常线间隔 /10g. u.	异常均方差 /m	测点距离 /m	测点密度 /（点/km²）
预 查	1：1000000	10	±4	7000 ~ 10000	0.01 ~ 0.02
	1：500000	5 ~ 10	±（2 ~ 4）	3000 ~ 5000	0.04 ~ 0.1
普 查	1：200000	2 ~ 5	±（0.8 ~ 2.0）	1500 ~ 2000	0.25 ~ 0.5
	1：100000	2	±0.8	500 ~ 1000	1 ~ 4
详 查	1：50000	1 ~ 2	±（0.4 ~ 0.8）	200 ~ 500	4 ~ 25
	1：25000	0.5 ~ 1	±（0.2 ~ 0.4）	100 ~ 200	25 ~ 100
精 查	1：10000			50 ~ 100	100 ~ 400
	1：5000	0.1 ~ 1.0	±（0.04 ~ 0.4）	25 ~ 50	400 ~ 1600
	1：2000			10 ~ 20	2500 ~ 10000

（二）重力基点观测

在进行相对重力测量时，必须设立一个标准点即总基点，其他各点的重力值都是相对总基点的重力差。但是在大面积的重力测量中，为了提高重力测量的工作效率和精度，除了总基点之外，在测区内还要建立若干个重力基点，这些基点（包括总基点）通过特殊方法联系起来，叫作重力基点网。

基点网中各基点相对总基点的重力差，是在普通点重力测量之前，用精度比较高的一台或几台重力仪，采用比较特殊的观测方法测定的。测定基点重力差的精度，一般要求高于普通重力点观测精度的几倍。建立基点及基点网的主要目的是：①提高普通点重力测量精度，减少误差积累；②作为每次重力测量的起算点，求出每一普通点相对起始基点的重力差以便求出它们相对总基点的重力差；③确定零点漂移校正量。

建立基点应考虑：

（1）基点应均匀分布于全区，基点的密度应根据重力仪零点漂移的规律和对普通点重力测量精度要求而定。

（2）应该使用精度较高的一台或几台重力仪，采用快速的运输工具，观测路线应按闭合环路进行，环路中的首尾点必须联测。

（3）基点应建立在交通方便、标志明显以及相对稳定的地方。

基点网的联测方式有重复观测法和三程循环观测法。重复观测法是先从一个基点出发，依次按顺序进行测量，到最后一个基点后按原路线返回再依次重复观测，具体观测路线为 1，2，3，…，n-1，n，n，n-1，…，3，2，1。三程循环观测法观测的顺序是否 1，2，1，2，3，2，3，4，3，4，…，n，n-1，n，1，完成一个基点网的闭合环路的观测。其他环路的观测方法以此类推。

（三）重力普通点的观测

根据现代重力仪的稳定性和精度，重力普通点的观测一般都采用单次观测。

如果测区内已经建立了基点网，每次工作都是从就近的某一基点开始，然后逐点进行观测，最后在要求的时间内闭合在另一个基点或原工作开始的基点上。以便获得在这段时间内重力仪的零点漂移值。如果测区很小，无需建立基点网。也至少应设有一个基点，以便按时测定重力仪的零点漂移，准确地对各测点进行零点漂移校正。同时，该基点也是全区重力观测的起算点。

（四）重力测量中的测地工作

在重力测量工作中，为了准确对重力测量结果进行各项改正，绘制重力异常图，确定重力异常的位置，必须配有测地工作。测地工作的主要任务是：

（1）按照重力测量设计书的要求布设测网，确定重力测点的坐标。以便对重力观测结果进行正常改正。

（2）确定重力测点的高程，以便进行高度和中间层改正。

（3）在地形起伏较大地区，地形影响不能忽视时，还应作相应比例尺的地形测量，以便进行地形改正。

测地工作与重力测量本身具有同样的重要性，它的质量直接影响重力异常的精度。因此，在重力测量工作中，测地工作是一项既重要而又繁重的任务。

在大、中比例尺的重力测量中，重力测网和测点位置与高程的获取，以往多用经纬仪和水准仪来进行，随着科技的发展，现代常用激光测距仪或者直接利用全球定位系统（GPS）来完成。而在小比例尺的测量中可应用大于工作比例尺的地形图或用 GPS 直接获取。

二、重力测量的形式

重力测量可以分为绝对测量和相对测量。绝对重力测量测定的是各点重力的全值，又称绝对重力值。地球表面上的绝对重力值约在 $9.78 \sim 9.832 \ \mathrm{m/s^2}$。目前测定的精度可达到 g 的 10^{-8} 数量级，即 $\pm 0.1 \ \mathrm{g.u.}$，甚至更高。相对重力测量测的是各点相对某一重力基准点的重力差。它比绝对测量容易且精度高，可达 $\pm 0.1 \ \mathrm{g.u.}$，甚至达到 $\pm 0.05 \ \mathrm{g.u.}$。当基准点的绝对重力值已知时，通过相对重力测量也可以求得各点的绝对重力值。相对重力测量是现代重力测量的主要形式。

观测重力的方法，可分为动力法和静力法。动力法是观测物体在重力作用下的运动，直接测定的量是时间和路程。例如，利用摆仪进行绝对测量，只要测出摆长 l 和摆动周期 T，即可求出重力 g，公式形式为

$$g = \frac{4\pi^2 l}{T^2} \tag{2.17}$$

这种方法不仅工作效率低，而且测量的精度只能准确到 $1.0 \sim 1.5 \ \mathrm{g.u.}$。例如，要测到 1

的重力变化（即重力全值的 $1/10^7$），对于近 1 m 长的摆杆来讲，其测定精度达到 1×10^{-7} m，摆动周期测定精度为 1×10^{-7} s。目前，这种仪器很少用于重力测量中。

测定绝对重力值的另一种动力法是确定初速度为 v_0 的自由落体通过已知距离 S 的时间 t。公式为

$$S = v_0 t + \frac{1}{2}gt^2 \tag{2.18}$$

当 v_0 为零时，公式形式更简单。该方法要求精密的测出物体下落的时间及该时间内通过的距离。例如，若要求测定重力值的精度为 0.01 g.u.，则距离测量精度要达到 5×10^{-6} mm，时间测量误差不得超过 5×10^{-10} s。我国是当今少数几个能自己进行绝对重力测量的国家之一。国家计量科学院从 1964 年开始研制下落式绝对重力仪，1979 年制成准确度为 ±1 g.u. 的固定式仪器。1980 年制造出 NIM-Ⅰ型可移式仪器，参加了在巴黎进行的国际对比，准确度约为 ±0.2 g.u.。1985 年，又制造出 NIM-Ⅱ型可移式绝对重力仪。Ⅱ型仪器在参加巴黎的第二次国际对比中，准确度为 ±0.14 g.u.，重量也减轻至 250 kg。目前世界上最先进的可移式绝对重力仪为 20 世纪 90 年代美国标准与科技研究所和 AXIS 仪器公司共同研制的 FG5 型绝对重力仪，精度可达 0.01 ~ 0.02 g.u.，总重量 32 kg，一个点观测时间为 1 ~ 2 小时。现被多个国家引进和使用。

静力法是相对重力测量的基本方法。测定的量是物体平衡位置因重力变化而产生的角位移和线位移，用此来计算两点的重力变化。所用的仪器是重力仪。

三、相对重力仪

现代用于相对重力测量的仪器主要是各种重力仪。它们的基本构件是某种弹性体在重力作用下发生形变，当弹性体的弹性力与重力平衡时，则弹性体处于某一平衡位置。当重力改变时，则弹性体的平衡位置也发生改变。观测两次平衡位置的变化，就可以测定两点的重力差。重力仪按制作弹性系统材料的不同，可分为石英弹簧重力仪和金属弹簧重力仪两种类型。

石英弹簧重力仪的弹性系统全是经过熔融后的石英材料制成的。它的类型很多，目前我国地震、地质以及测绘等部门使用较多的是北京地质仪器厂制造的 ZSM 重力仪（测量精度达 ±0.3 g.u.），加拿大先达利（Scientrex）公司的 CG-3 型（分辨率 0.05 g.u.，精度达 0.1 g.u.）、CG-5 型（分辨率 0.01 g.u.，精度达 0.05 g.u.）全自动重力仪以及美国沃登（Werden）型重力仪（精度也可达 0.1 g.u.）。这类仪器它们的构造和测量原理基本是相似的，见图 2.5。

图中看出，该类仪器整个系统内部存在的力矩有：重力矩 mgl，主弹簧与测量弹簧构成的弹力矩为 $KD(s - s_0) + K'a(s' - s'_0)$。摆杆平衡方程式为

$$mgl = KD(s - s_0) + K'a(s' - s'_0) \tag{2.19}$$

式中，l 为摆杆长度；m 为摆的质量；K' 与 K 分别是测量弹簧和主弹簧的弹性系数；D 与 a 分别是摆杆在扭丝上的连接点 O 到主弹簧和测量弹簧的垂直距离；s' 和 s 分别是测量弹簧和主弹簧受力后伸长的总长度；s'_0 和 s_0 分别是测量弹簧和主弹簧的原始长度。

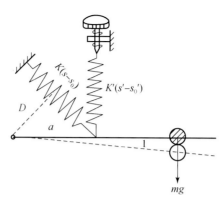

图 2.5　石英弹簧重力仪工作原理图

该类仪器采用零点读数原理，即在每一观测点上都要改变测微器的读数，使石英摆杆仍然恢复到零点位置。

如果将该系统分别置于重力值为 g_1 和 g_2 的两个点上，则测量弹簧的伸长量也不同，当仪器摆杆平衡时测量弹簧的长度分别为 s'_1 和 s'_2，由此可得与式（2.19）一样的两个方程式，将它们相减便有

$$\Delta g = g_2 - g_1 = \frac{K'a}{ml}(s'_2 - s'_1) = c\Delta s \tag{2.20}$$

式中，比例系数 c 称为重力仪的格值，用它乘以测量弹簧的位移量（即读数差）便得到两个点的重力差。

为了消除温度对重力仪的影响，除采用保温瓶隔热装置外，仪器弹性系统加有自动温度补偿装置。为了减小外界气压变化对重力仪读数的影响，弹性系统做的很小，并密封在一个内压仅为 15~20 mm 汞柱的小容器内。

重力仪内部的弹簧及有关的连接件，不可能做到完全稳定，即使在仪器罩内保持恒温和恒压也是如此。例如，仪器的弹簧并不是完全弹性的，通过较长时间的作用，它会发生缓慢的蠕变；此外，仪器在搬运中要受到微小机械变化的影响，这些都会使仪器在外界条件不变的情况下，仪器读数随时间发生连续变化。重力仪读数随时间的这种连续变化称为"零点漂移"或叫"零点掉格"。在重力测量中，对零点漂移要进行改正。从经过漂移改正后的测点读数中减去基点读数再乘以仪器的格值便得到基、测之间的重力差。

除石英弹簧重力仪外，还有金属弹簧重力仪。这类仪器的工作原理与石英弹簧重力仪相似。金属弹簧重力仪具有代表性的是美国拉科斯特–隆贝尔格（Lacoste & Romberg）重力仪。仪器本身重量 3.2 kg，加上蓄电池等配件后总重量约 9 kg。它分有 G 型（精度 ±0.1 g.u.）、D 型（精度 ±0.05 g.u.）、ET 型（精度 ±0.01 g.u.），是当今最好的相对测量重力仪。

自 20 世纪中期起，一些国家先后研制海洋重力仪和航空重力仪，几十年来，海洋重力仪已广泛地应用到海洋重力测量中，精度在 ±10~20 g.u.。航空重力测量在有利的条件下，精度也可达到 50~100 g.u.。

1. Z400 型石英弹簧重力仪简介

Z400 型石英弹簧重力仪是由北京地质仪器厂国内独家生产的，它是在地面上测定重力加速度值相对变化的一种高精度仪器。仪器的弹性系统用石英玻璃制成，采用零点读数方式，设有精密的自动温度补偿装置。它具有灵敏度高、测量范围大、精度高、重量轻、体积小、使用方便和计算简单等特点。它是同类测量仪器直读范围最大的一种仪器，既满足高精度重力测量又适用于区域性重力测量。仪器的主体呈白色圆柱形，外直径为 14 cm、高 40 cm，仪器净重 4.5 kg，其外貌见图 2.6。

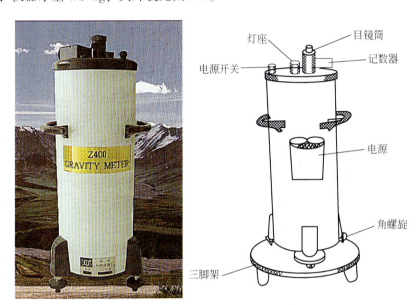

图 2.6　Z400 型石英弹簧重力仪外貌图

仪器的主要技术参数指标如下：

测量精度：$\varepsilon \leqslant \pm 0.3$ g. u. ；

读数精度：± 0.1 g. u. ；

读数器读数范围：0000.0 ~3999.9 格；

格值：0.9 ~1.1 g. u. /格；

测量调节范围：>40000 g. u. ；

亮线灵敏度：16 ~20 g. u. /刻度片一大格时；

混合零点位移（掉格）：$\leqslant \pm 1$ g. u. /h；

格值线性度：$\leqslant \pm 1/1000$ ；

重量：4.5 kg。

2. Z400 型石英弹簧重力仪的结构和工作原理

Z400 型石英弹簧重力仪由弹性系统、光学指示系统、测读系统、保温隔热系统等组成，其主体结构见图 2.7。

1）弹性系统

弹性系统由灵敏装置、测量补偿装置及温度补偿装置所组成。除平衡体的重荷（铂环）及温度补偿金属丝外，弹性系统元件全由熔融石英制成，并熔接成一个整体，见图 2.7。

　　灵敏装置由主弹簧、摆扭丝和平衡体组成。主弹簧上端与连杆相联结，下端接在平衡体的支端点上。平衡体前端固结着铂环。当重力增大时，平衡体向下偏转，同时使弹力臂减小；而重力减小时，平衡体向上偏转，弹力臂增大，主弹簧这种连接方式，使得微小的重力变化便会引起平衡体较大的偏转，因此，它本身便起着助动的作用。主弹簧是由直径为几十微米的石英丝绕制而成的零长弹簧。平衡体最前端为显示其偏转的指示丝。平衡体的活动范围受限制。平衡体无夹固装置。

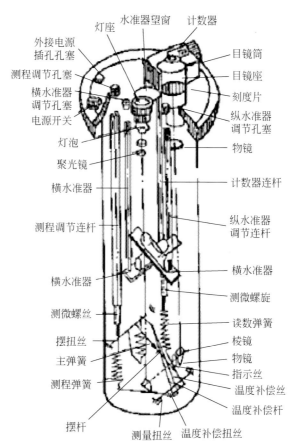

图 2.7　Z400 型石英弹簧重力仪内部结构示意图

　　测量补偿装置由测程弹簧和读数弹簧、框架、连杆及测量扭丝组成。测量弹簧的弹性系数远比读数弹簧小，它们的上端分别连接在测微装置上，下端垂直连接在与框架焊接在一起的支杆上，采用零点读数时，测量补偿装置来补偿重力的变化，当重力变化时，平衡体偏移零点位置，这时，可能通过转动测微器（计数器）来改变测量弹簧的伸长量，从而改变其作用在测量扭丝上的弹力矩，使框架和连杆一起偏转，使平衡体返回至零点位置，测微器数字的变化显示了重力的变化，使平衡体返回至零点位置，测微器数字的变化显示了重力变化的大小。

温度补偿装置是由温度补偿、框架、连杆（与测量补偿装置共用一个框架和连杆上）、温度补偿扭丝所组成。温度补偿丝一端与连杆上端相连。另一端与框架相连。连杆的另一端两侧焊接有一对温度补偿扭丝，并与框架相连。因此，当温度补偿金属丝由于热胀冷缩而发生长度变化时，连杆和框架都会发生相对偏转，而连杆的偏转将导致主弹簧上端点位置的变化，来抵偿因温度变化引起的平衡体上的力矩的变化，只要精确地调整装置间的几何关系，就可以得到当好的温度补偿效果。

整个弹性系统安装在由硬铝制成的圆柱座上，外面套上二层硬铝护罩。为了消除气流及气压变化的影响。将护罩内抽到一定的真空度（约 10～15 mm 水银柱）并密闭（底座上设有抽气阀门）。为了消除静电影响，在限制器的旁侧装有放射性金属箔。为了防止水汽凝结，内护罩内还装有干燥剂（图 2.8）。

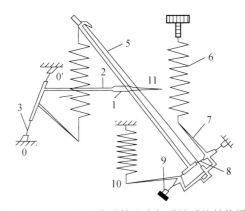

图 2.8　Z400 型石英弹簧重力仪弹性系统结构图

1. 负荷；2. 摆杆；3. 摆扭丝；4. 主弹簧；5. 温度补偿丝；6. 读数弹簧；7. 读数弹簧连杆；8. 温度补偿框扭丝；
9. 读数框架扭丝；10. 测程调节弹簧连杆；11. 指示丝

2）光学指示系统

仪器内平衡体的偏转是通过光学系统，用肉眼进行观察的。光系由目镜、刻度片、场镜、物镜、全反射棱镜等组成的放大倍数约为 250 倍的显微镜，以及由灯泡、聚光镜等组成的照明部分组成，见图 2.9。

视域中所见到的"亮线"就是平衡体前端的指示丝的像。刻度片中间的长线为"零线"。当重力增大时，平衡体向下偏转一个角度，从视域中可看到亮线向右边偏移；反之，当重力减小时，亮线将向左边移动。观测时是采用零点读数方法，即每次读数时，必须使亮线与零线重合，然后读出计数器的数值。照明电源形状是仪器面板上的一个提扭，轻轻提起它，便可接通电源。光导管有一个 45° 的斜面，可以反射来自聚光镜的一部分光线，用来照明纵、横水准器。为了利用倾斜法进行灵敏度调节，物镜与目镜的中心线有 2 mm 的偏心距，当旋转目镜的座时可使零线位置产生左、右的平移。

3）测读系统

该系统是由精密的测微螺丝、导向装置、连杆及计数器所组成。测微螺丝表两个，一个用测程调节用，其上端隐蔽在仪器面板上测程调节孔内；另一个测微螺丝的上端与面板上的计数器相配合，见图 2.10，用以直接读数。为了保持仪器内部的密封两个测微螺丝都

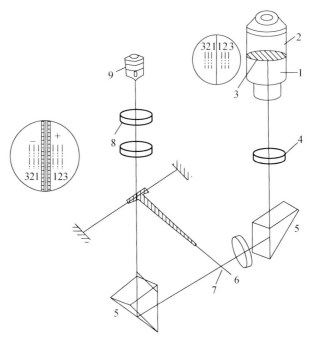

图 2.9　Z400 型石英弹簧重力仪光学系统示意图

1. 镜座；2. 目镜筒；3. 刻度片；4. 场镜；5. 全反射镜；6. 物镜；7. 指示丝；8. 聚光镜；9. 灯泡

是通过金属波纹管与测程与测程弹簧和读数弹簧连接。计数器具有三位数字，当测微螺丝旋转一圈时，第二位数字便改变一个数字。个位数后的小数可根据固定标志线所对应的个位数鼓轮上 1/10 刻度线读出，还可估读出 1/10 刻度线间的半个距离。因此从计数器上可以读出的数据为五位有效数字，如 498.75 格。

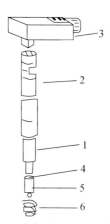

图 2.10　Z400 型石英弹簧重力仪测读系统示意图

1. 测微螺丝；2. 连杆；3. 读数器相连；4. 钢球；5. 导向装置；6. 读数弹簧

4）保温系统及其他

该仪器无电热恒温器，为了减小外界温度变化的影响，其内装有保温瓶，并在保温瓶与仪器外壳之间充填了隔热材料。弹性系统容器与上部也间隔有隔热材料，以防止外界温度剧烈变化对从仪器内部的影响，保温系统见图 2.11。

　　仪器外壳侧面装有把手和电池箱，底部有三个水平调节螺旋。仪器附件包括底盘、内、外防震筒（减震箱）、工具箱。底盘的表面是凹面，借引可粗略摆平仪器。内防震筒是人工背运时使用，外防震筒是当仪器长途搬运或汽车运输时，作套放内防震筒之用。

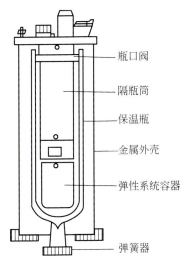

图 2.11　Z400 型石英弹簧重力仪保温系统示意图

四、重力梯度测量

　　常规重力测量观测的是重力位铅垂一次导数，即 Δg 或 V_z。重力梯度测量可以得到重力位的二次导数，如 V_{xx}、V_{xy}、V_{xz}、V_{yy}、V_{yz} 和 V_{zz}，它们是重力位的一次导数 V_x、V_y、V_z 在 x，y，z 方向上的变化率（图 2.12）。

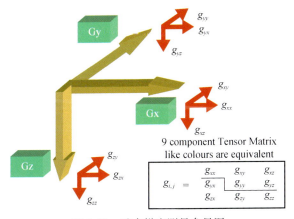

图 2.12　重力梯度测量参量图

匈牙利物理学家厄缶 1886 年设计了一台测量重力位二次导数的仪器，即扭秤。它只能测量 V_{xz}、V_{yz}、$2V_{xy}$、$V_\Delta = (V_{yy} - V_{xx})$，不能测量 V_{zz}。扭秤梯度仪在 20 世纪 20 年代的美国是油气普查勘探唯一的有效工具，由于仪器笨重、效率低，梯度数据的解释方法研究又没有跟上，20 世纪 30 年代以来被地震法、重力摆仪及重力仪所取代。然而，由于重力梯度值具有重力值所没有的独特的优点，重力梯度测量并没有消失，重力梯度值一直以不同的形式得到应用。与重力测量相比，重力梯度测量具有如下优点：

（1）重力梯度异常的固有优势在于它是重力异常的变化率，反映了地下的密度突变引起重力异常的变化，因此它具有比重力异常更高一级的分辨率。

（2）常规重力仪只测量重力场的一个分量，即铅垂分量，而一台重力梯度仪能够测量九个重力场梯度张量分量中的五项；梯度仪测量中多个信息的综合应用能够加强应用重力数据做出的地质解释。

（3）常规重力仪一般在地面静止条件下进行测量，而梯度仪可在运动（例如船和飞机上）环境下进行测量。

（4）重力梯度测量数据能够提高地质特征的定量模拟质量。

（一）重力梯度计算值的应用

目前，在没有实际测量的梯度值情况下，人们就应用理论公式或频率域方法，把重力异常变换为各次导数，如 $\partial g / \partial z$、$\partial^2 g / \partial z^2$ 等，在重力解释中加以利用。

近 50 年来，重力二次导数法作为从叠加异常中分离局部异常的主要方法之一，一直在石油及金属矿勘探中用于突出局部构造或岩体、矿体引起的局部异常，以发现它们的水平位置。

重力梯度异常是寻找断裂的主要根据，这是因为具有垂直位移的断裂可以看做是一个台阶，而重力梯度对于台阶的棱边特别敏感。

根据重力剖面向上延拓值水平二次导数的零点位置的横向偏移，在已知模型上顶面深度的条件下，可以求出水平板模型斜截面的倾角，水平厚度及位置。

重力异常梯级带清楚地显示出大断裂的水平位置，然而一些控制矿体的次级断裂被较大的构造所掩盖。应用重力铅垂二次导数的相关分析，能有效地发现次级断裂。

利用理论公式将重力异常变换为各种高次导数或重力梯度值，与重力异常相比已经显示出较好的优越性。但是，计算值毕竟不是实测值。与实际测量值相比，计算值有两个缺点。第一，理论模型计算表明，由一些理论公式计算出的重力高次导数比模型理论值小许多，无法用于定量解释。与实际值相比，计算结果比较光滑、规整，缺少实际地质体引起的异常细节。第二，利用重力异常在频率域内变换重力高次导数实际上是一种高通滤波器。这个滤波器除了突出叠加异常中的局部异常外，还放大了比探测目标小的地质体所引起的重力效应及观测误差，即高频干扰，计算出许多虚假的导数异常。这是重力数据处理与解释中经常面对的难题。

（二）重力梯度测量

根据上面的讨论可知，梯度实测值要比计算值准确、可靠。在重力场要素中，重力垂

直梯度 $\partial g/\partial z$ 即重力异常在铅垂方向上的变化率比较容易测量。没有梯度仪，人们就利用一台重力仪在不同高度位置测量，依此来计算梯度值，即在一个测点上，两个不同高度处的重力差值除以高差，便可得到近似的重力垂直梯度。

在 20 世纪 70 年代，出于对导航和导弹发射的需要，美国海军研制了一种测量重力梯度的仪器——Bell 重力梯度仪。该仪器中的传感器一度为国防秘密。冷战结束，这项军事技术开始用于勘探地球物理及其他领域（图 2.13）。

图 2.13　航空重力梯度仪

Bell 重力梯度仪是由 12 台分开的重力仪组成，当这些重力仪在"罗经柜（binnale）"中翻转时，便测量了 1 m 内地球重力的差值。结果得到重力、重力场的全部张量或重力的三维变化的精确测量值。美国在墨西哥湾的测量表明，梯度测量的精度估计为每 1 km 范围内 0.5 E，大约相当于 0.5×10^{-6} m/(km·s²)。Bell Geospace 公司已经应用美国海军船只在墨西哥湾深水中进行了三次重力梯度测量，发现了一个巨大的推覆构造，继而找到了一个大油田。20 世纪 90 年代澳 BHP 与美 Lockheed Martin 联合研制的 FALCONTM 系统、20 世纪初 Lockheed Martin 的 Air-FTGTM 系统及近期的 eFTG 系统，上述系统都源于美国核心技术，最高精度达 5 E。"十二五"研制出国内首套重力梯度传感器样机，在国内首次实现引力梯度测量，精度优于 70 E。冷原子干涉型重力梯度仪是近二十年来快速发展起来的一种新型仪器。1991 年，美国斯坦福大学基于受激拉曼跃迁技术首次实现冷原子物质波干涉，并先后研制出冷原子重力仪和冷原子重力梯度仪。意大利佛罗伦萨大学随后也实现了原子重力梯度仪原理样机，测量分辨率达到 1.7 E @ 8000 s。2009 年，美国研制成功冷原子重力梯度仪工程样机，并用于车载实验，实验室环境下测量分辨率为 7 E@ 180 s。国内浙江工业大学、浙江大学、华中科技大学等于"十二五"期间均开展了相关工作，并成功实现了垂直和水平原子重力梯度仪原理样机，测量分辨率均优于 50 E@ 200 s。基于硅基深刻蚀工艺的加速度计方面，英国帝国理工学院研制的微震仪噪声本底优于 2×10^{-9} g/$\sqrt{\text{Hz}}$；英国

Glasgow 大学研制的 MEMS 重力仪分辨率达到 40 ng，下一步目标是进行航空测量的实用化研究。20 世纪 80 年代，Bell Aerospace 公司建立了一套车载移动平台，装备了 GPS、里程计等载体运动测量元件，安装了发电机、电池组、空调等功能模块，集成了重力梯度仪和稳定平台的控制、数据采集与处理系统。近年来，英国 ARKex 公司超导梯度仪 EGG 系统和澳大利亚西澳大学超导梯度仪 VK-1 系统均报道了其系统开展了飞行试验，在此之前开展了大量的地面车载测试。20 世纪 70 年代，Stanford 大学率先开展低温超导重力梯度仪的研制。在 2002 年前后，力拓矿业集团、西澳大学、马里兰大学、Gedex、Arkex 等机构竞相研制航空超导重力梯度仪，目前均处于工程化攻关阶段。因其内禀仪器噪声较常规梯度仪低 2~3 个量级，超导重力梯度仪是下一代超高分辨率仪器的不二选择，具有广阔的发展前景。

现在正在使用的 37 种重力仪器中，梯度仪只有四种；正在研制的 24 种重力仪器中，重力梯度仪占了 18 种，而重力仪只有六种。由此可见重力仪器研究的趋势，这也反映了重力梯度测量复兴的势头（曾华霖，2005）。

（三）重力梯度仪测量数据的应用

虽然重力梯度仪测量目前还是在极少数国家进行小规模的工作，但是已经在下列方面得到了成果。

（1）在石油勘探中，重力梯度能够改进地震法难以做出的盐层底部的图像。应用重力梯度，能够反演出盐层侧面的陡度、浅部形态的细节及最大深度。

（2）重力梯度测量对于油气藏随时间变化具有监测能力，重复该项测量可以监测生产过程中石油的移动轨迹等。

（3）梯度测量数据或者通过重力数据变换为垂直梯度，能够有效地进行三维处理以描述密度间断，改进重力解释的结果。把解析信号和水平梯度极大值联合用于三维重力解释，能够识别密度边界及地质接触带的倾斜方向。

（4）研究基底起伏。

第三节　重力数据整理、预处理与异常划分

重力数据的预处理是根据异常的数学物理特征，对实测异常进行必要的加工处理，提高信噪比，突出有用异常使实际异常满足或接近解释理论所要求的条件。

利用重力仪在野外测量的结果经过零点漂移改正之后，再将各测点相对于基点的读数差换算成重力差。这种重力差值并不能算作重力异常值，因为地面重力测量是在实际的地球表面上进行，由于地球表面的起伏不平，使这种重力差值包含了各种干扰因素的影响，并且干扰程度随测点而变化。为了使各测点的重力差值有一个相同的标准，就需要将观测资料进行整理，求得真正的重力异常值，以便在外界条件一致的前提下，对各种测点的重力异常进行比较。重力资料的整理主要包括纬度改正、地形改正、高度改正及中间层改正。

重力异常的预处理主要包括异常的网格化、异常圆滑等，对于航空重力数据还需进行

数据调平处理。

　　数据的网格化：进行重力异常的野外工作时，由于某些客观原因，有时某些点位上无法进行测量，结果会出现漏点或造成实测点分布不均匀；另外，如果利用某些原始的重力异常图件进行有用信息的再开发，必要时需要用数字化软件重新取数，这样的取样点也可能呈不规则分布。当对重力数据进行反演计算时，一般要求数据必须均匀地规则分布，因此，必须将不规则的实测数据或数字化后取出的数据换算成规则网格节点上的数据，这个过程就是数据的网格化。数据网格化的实质问题就是对不规则分布的数据点进行插值。插值的方法很多，有拉格朗日多项式法、克里格法、最小二乘法、加权平均法等，

一、重力资料整理

（一）梯度改正

　　纬度改正又称正常场改正。地球的正常重力场是纬度 φ 的函数。从赤道到两极逐渐增大。不同纬度的测点即使地下地质条件一样，各测点的重力值也不同。所以这项改正的目的是消除测点重力值随纬度变化的影响。

　　当在大面积的范围内进行小比例尺重力测量时，一般用赫尔默特正常重力公式直接计算出各点的正常重力值，然后用观测重力值减去正常重力值即可。当进行小面积较大比例尺测量时，勘探范围有限，南北距离只有几公里，此时纬度改正可按下式计算

$$\Delta g_{\text{纬}} = -8.14\sin2\varphi \cdot D \qquad (\text{g. u.}) \qquad (2.21)$$

式中，φ 为总基点纬度或测区平均纬度；D 为测点与总基点间的纬向距离，km。在北半球，当测点在基点以北时，D 取正，反之取负。

（二）地形改正

　　自然地形的起伏常常使重力观测点周围的物质不处于同一水平面上，因此需要把观测点周围的物质影响消除掉。地形改正的目的就是消除测点周围地形起伏对观测点重力值的影响。改正方法是把测点平面以上的多余物质去掉，而把测点平面以下空缺的部分充填起来，见图 2.14。图 2.14 中测点 A 平面以上的正地形部分，多余物质产生一垂直向上的引力分量 f'，造成仪器读数减少，即影响值为负。负地形（即空缺）部分相对于测点平面缺少一部分物质，相当于该点引力不足，也使得仪器读数减小，影响值亦为负。所以，不论正地形或负地形，其地形改正值总是正值。地形改正的过程可简称为相对测点平面去高补低。

　　地形改正的半径一般取 166.7 km，改正的密度选取 2.0 ~ 2.67 g/cm³。当进行小范围的金属矿勘探时，改正半径根据需要可减小，一般取 7 ~ 10 km 即可。

　　目前还有一种地形改正的方法，它是将中间层改正与前述地形改正（即相对测点平面进行改正的方法）合并进行，其作用是消除实际地球表面的地形起伏与大地水准面之间的物质质量（当地形表面在大地水准面之上）或物质质量的亏损（当地形表面在大地水准面之下时）对测点重力值的影响。这种改正又可称为广义地形改正。广义地形改正的基准

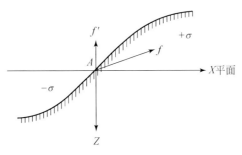

图 2.14 地形改正

面是大地水准面,改正密度取 2.67 g/cm³。但对于大的湖泊和海洋,应另选合适的密度。这种改正的半径仍取 166.7 km,但在远区改正时,还要考虑到地球表面的弯曲对地形改正的影响。

进行地形改正,无论是野外的地形测量,还是室内的计算工作,都相当繁重。而且难以改正完善,地形越恶劣,改正的工作量越大且改正的误差也越大。过去进行这项工作,都是利用专门的图表进行。现在都改用电子计算机直接计算或向专业部门直接索取改正数据[目前,1～166.7 km 的地形改正数据可直接向西安物探公司(原地矿部第二物探大队)直接获取;但 1 km 以内的改正数据仍要自己完成],从而大大地加速了这项工作的进行。但必须指出,由于密度选取和地形测量出现的误差,必然造成地形改正的不完善,常导致出现与地形相关的假异常,这种情况在山区尤为突出。

(三)中间层改正

通过地形改正之后,测点周围已变成平面了。但是,测点平面与改正基准面之间还存在一个水平物质层。消除这一物质层对测点重力值的影响,称为中间层改正。

如果把中间层当做厚度为 Δh、密度为 ρ 的均匀无限大水平物质层来处理,则该无限大物质层厚度每增加 1 m,重力值大约增加 0.419ρ(g.u.)。因此中间层改正公式为

$$\Delta g_{中} = -0.419\rho\Delta h \qquad (\text{g.u.}) \tag{2.22}$$

式中,Δh 以 m 为单位;ρ 以 g/cm³ 为单位。当测点高于基准面时,Δh 取正,反之取负。

实际工作中,由于测区内密度的变化和测定出现的误差,都将导致中间层改正的误差。另外,由于地形改正的半径是有限的,而中间层改正采用无限大的水平层来处理,由于二者的不匹配,也势必造成中间层改正出现误差,特别在山区尤为突出,所以目前已有人采用中间层改正的半径与地形改正半径一致的有限范围内的中间层改正公式。

(四)高度改正

经过中间层改正,只是消除了测点平面与改正基准面之间物质层对测点重力值的影响。但测点离地心远近的影响还未消除。所以高度改正的目的就是消除测点重力值随高度变化的影响。其改正的实质是将处于不同高度的测点重力值换算到同一基准面(一般指大地水准面)上来。高度改正又称自由空气改正或法伊改正。

如果把地球当做密度呈同心层状均匀分布的圆球体时,可以推导出在地面上每升高

1 m,重力值减少约 3.086 g. u. , 所以球体的高度改正公式为

$$\Delta g_{高} = 3.086\Delta h \qquad (g.u.) \qquad (2.23)$$

式中,Δh 以 m 为单位。当测点高于基准面时,Δh 取正值;反之取负值。需要指出的是,高度改正系数 3.086 是把地球当做物质密度呈同心层状均匀分布的球体推导出来的。但实际地球并不是这样的球体,且外壳密度分布也有差异,所以导致高度改正系数在不同地区是变化的。虽然这种变化是微小的,但实际工作中也必须注意到这一点。

如果把地球当做密度呈同心层状均匀分布的椭球体时,可推导出更精确的高度改正公式

$$\Delta g_{高} = 3.086(1 + 0.0007\cos2\varphi)\Delta h - 7.2 \times 10^{-7}(\Delta h)^2 \qquad (g.u.) \qquad (2.24)$$

式中,Δh 以 m 为单位;φ 为地理纬度。

目前区域重力测量都要求使用式 (2.21)。如果把高度改正和中间层改正合并进行,即称为布格改正,公式形式为

$$\Delta g_{布} = [3.086(1 + 0.0007\cos2\varphi)\Delta h - 7.2 \times 10^{-7} - 0.419\rho\Delta h] \qquad (g.u.) \qquad (2.25)$$

或者写成

$$\Delta g_{布} = (3.086 - 0.419\rho)\Delta h \qquad (g.u.) \qquad (2.26)$$

二、重力异常

(一) 布格重力异常

布格重力异常是经过纬度改正、地形改正及布格改正后获得的异常。由于布格改正相当于把大地水准面以上的物质质量排除掉,这样自然会造成地壳质量的不足,因此在山区或高原区经过布格改正的重力异常大多是负异常。此外,布格重力异常主要是反映地球内部异常质量对重力测量结果的影响。具体地说,从地面到地下几十公里甚至一、二百公里深度的地质不均匀体只要它们有密度差异就会引起布格重力异常。一般讲,沉积盖层厚度变化引起的负异常一般不超过 600 ~ 800 g. u. ;而花岗岩层的构造与成分变化引起的异常很少超过 ±500 g. u. ;±1000 g. u. 以内的异常与玄武岩层的变化有关。此外,沉积岩中的构造以及金属矿等密度不均匀体也会引起一定量级的小异常。因此,地壳内部的不均匀性能引起的局部异常不超过 ±2000 g. u. 。区域重力异常的最大作用是反映在上地幔表面的形态上,即莫霍界面的深度上。莫霍界面的起伏能够引起在水平范围超过 100 km,强度在 ±4000 g. u. 以内的异常。由此可见,布格异常大范围内的变化主要反映是莫霍界面的起伏。这正是利用重力资料研究地壳结构的有利条件。

(二) 自由空气异常

在重力观测值中,只经过纬度和高度改正的异常叫自由空气异常,又称自由空间异常或法伊异常。该异常是形式上最简单的重力异常。这是因为它对海平面以上或以下的岩石密度都没有做出任何假定,但是这种异常同样是很有意义的。

在研究地壳构造时,主要应用布格异常和自由空气异常。一般在地形平缓地区,自由

空气异常往往接近于零。而大范围内（1°×1°的范围）的平均值也很低，只有几十到上百个重力单位。只有很少的情况下才超出这个范围。自由空气异常对地表和近地表的质量分布很敏感，所以在陆地上，有明显的唯地形变化特征，即与地形高程呈正相关关系。在海洋上，这种相关关系较弱。因此，在海洋上广泛使用自由空气异常。这是因为海洋上自由空气异常计算十分简单，在各测点的重力观测值中减去相应点的正常重力值即可得到自由空气异常。

重力异常是对地下地质构造和矿产赋存情况进行解释的基本依据。它的产生是由地表到地下深处密度不均匀体引起的。综合起来，决定重力异常的主要地质因素有：①地壳厚度变化及上地幔内部密度不均匀性；②结晶基岩内部构造和基底起伏；③沉积盆地内部构造及成分变化；④金属矿的赋存以及地表附近密度不均匀等。因此，为了更好地进行地质解释，必须首先了解各类地质因素引起重力异常的特征。

1. 地壳厚度变化及上地幔内部密度不均匀性

引起重力异常的深部地质因素主要是地壳厚度的变化，此外，上地幔物质密度的变化在一定程度上也影响重力异常的分布。据测定，上地壳平均密度为 $2.6 \sim 2.7$ g/cm^3，下地壳为 2.9 g/cm^3，上地幔为 3.31 g/cm^3。可见康氏界面，莫霍界面都是明显的密度分界面。它们的起伏对重力场基本背景起着决定性的影响。地壳增厚，显示重力低；反之显示重力高。地壳厚度可由海洋区最薄的 5 km 变到高山区最厚的 70 km，相应地布格异常也从 +4000 g. u.，变到 –5000 g. u. 左右。图 2.15 是穿过青藏高原南北向布格异常与地形，地壳厚度对比图。从图中看出，青藏高原的地壳厚度，从南到北由 35 km 增大到 70 km 左右，喜马拉雅山正处在重力异常的梯度带上。

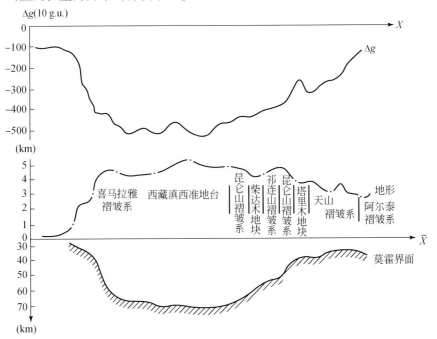

图 2.15　横穿青藏高原南北剖面布格异常、地形与地壳厚度对比（示意）图

除地壳厚度变化外，上地幔物质密度的不均匀性也会引起重力异常。图 2.16 是日本东北部已消除了地壳厚度变化影响后的布格重力异常，它反映出有一高密度俯冲带（密度差 $\rho = 0.07$ g/cm^3）已插到约 200 km 深处的上地幔中。

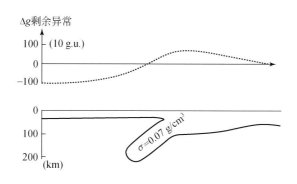

图 2.16　日本东北部上地幔与剩余布格异常的关系

以上介绍的深部地质因素引起的异常范围达上千平方公里，幅度达几千重力单位。

2. 结晶基岩内部成分变化及基底起伏

在一些地台区，沉积岩下面是片麻岩、大理岩及各种结晶片岩组成的前寒武系结晶基岩。结晶基岩内部又有酸性、基性等侵入体。同时还因构造运动而形成的褶皱和断裂。这些因素都使结晶基岩内部物质密度发生变化，引起重力异常。图 2.17 是波罗的海地区重力异常与结晶基岩密度变化的对比图。此外由于结晶基岩与上覆沉积岩间存在一个大约 $0.1 \sim 0.3$ g/cm^3 的密度分界面，所以当基岩内部密度比较均匀的情况下，重力异常可以很好地反映结晶基底的起伏。在与油气藏密切相关的沉积盆地内，重力异常的变化主要反映盆地结晶基底的起伏（图 2.18）。图 2.18 中沉拗陷地区及其周围就是油气分布的有利地段。

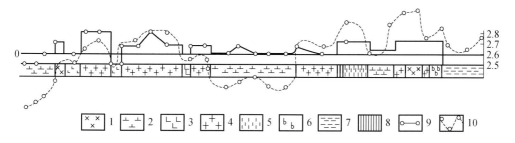

图 2.17　波罗的海地区重力异常与结晶基岩密度变化曲线对比图（据萧敬涌，1961）

1. 太古宙花岗片麻岩；2. 奥长环斑花岗岩；3. 混合岩；4. 波的尼亚后期花岗岩；5. 辉绿岩；
6. 石英岩与砂岩；7. 白云岩和石英喷发岩系；8. 千枚岩；9. 结晶岩密度曲线；10. Δg 曲线

3. 沉积岩的成分变化与内部构造

沉积岩内部不同岩性及不同时代的岩石往往存在着密度差异。因此在沉积岩系内部可

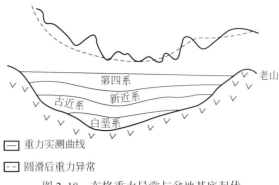

图 2.18 布格重力异常与盆地基底起伏

能存在不止一个密度分界面，并且它们往往与地质界面相吻合。例如，我国华北平原奥陶系灰岩的侵蚀面与上覆石炭-二叠系的煤系地层就是一个明显的密度分界面。地质界面与密度界面的一致，是用重力方法直接寻找沉积岩构造的主要依据。这类异常一般在100 g. u. 以内，有时甚至只有几个重力单位。分布范围在几平方公里至数百平方公里之间。但是，沉积岩的岩性、岩相变化、砾石及砾石的局部堆积等，也可能引起重力异常，与构造引起的重力异常相混淆，给资料解释带来一定的困难。

4. 固体矿产的赋存

大多数金属矿、特别是致密状矿体，一般都与围岩有 $1 \sim 3$ g/cm^3 的密度差。但因矿体不大，所以引起的异常较微弱，多数只有几个重力单位，个别达十几到几十个重力单位。分布范围也很小。而某些非金属矿（如岩盐、煤炭等）或侵入体及局部构造（如溶洞、含水破碎带等）其密度一般比围岩要小。因此，当这些矿体或局部构造具有一定的规模且埋藏深度又不大时，就能在地表观测到比围岩形成的背景场低的局部重力异常。

重力异常的多解性是由重力异常的复杂性和反问题解释的非单一性决定的。

1. 重力异常的复杂性

重力异常的复杂性是多种地质因素的一种反映。前面讲过，从地表到地下深处甚至到上地幔，只要存在密度差异，就能引起重力异常。所以，任何测点的观测值，虽然经过了各种改正，但它们仍代表了从表层以下许多物质分布的叠加效应，即来源于不同的深度。这样只有采用某些方法把来自不同深度的异常成分区分开来，才能着手进行解释。

2. 重力场反问题解释的非单一性

在重力解释中，根据已知地质体的产状研究它引起的异常特点、分布范围等称为解释中的正问题；而把根据异常的特点及变化规律研究地质体的产状问题称为解释中的反问题。

对已知物质分布，确定它产生的重力场是较为容易的，因为正问题的解是单一的。而反问题的解却较困难而且存在多解性。这是重力场的等价性决定的，即地下不同深度、形状、密度的地质体在地表面可引起同样的重力异常。以上情况给重力异常的解释带来一定困难。因此，在重力资料解释中，必须强调与地质和其他地球物理资料的综合解释，方可缩小解释的多解性，使最后的解释与实际情况更加符合。

重力异常是由从地面到地下数十公里甚至到上地幔内部物质密度的不均匀引起的。这一方面说明它可以应用于不同深度的探测目的；另一方面又说明异常的复杂性，它给寻找地下矿产和探明地下构造带来一定的困难。因此，在重力资料解释时，一般需要对异常进行划分。把深部或较大的地质构造引起的区域性背景场称为区域异常；而把与矿体和局部构造有关的异常称为局部异常。局部异常是从整个异常中减去区域异常的剩余部分，所以又称剩余异常。对于不同的勘探目的，所要保留的异常成分也不同。异常的划分就是要将异常场分解为两个或几个不同的部分，把需要的保留下来，不需的消除掉，一般采用的方法有图解法和数学分析法等。

1. 图解法

图解法又叫徒手圆滑法。它划分异常的方法是通过对观测异常场的光滑平均，来求得区域异常。或者当区域异常变化较规律时，也可以从观测异常图上直接获取区域场，然后利用观测异常减去区域异常而得到局部异常。该方法获得区域异常形式简单，但效果不比其他复杂公式得到的差。在电子计算机普遍应用的今天，该方法仍有很多人在应用。

2. 数学分析法

该方法又叫重力场的平均法，是一种广泛采用而且效果较好的方法。它是采用一定形式（如正方形、六边形、八边形等）的图板，求出均匀分布在图板边缘上若干点的重力平均值，并把它作为图板中心点（位于测点上）的区域异常值。然后用中心点异常减去区域异常值便得到该点的局部异常值。该方法没有主观偏见，但过程死板，没有考虑可能影响解释的已知地质因素。

3. 重力高阶导数法

将重力异常沿垂直方向求一阶导数（即 $\partial \Delta g / \partial z$ 或写成 Δg_z）或二阶导数（$\partial^2 \Delta g / \partial z^2$ 或写 Δg_{zz}），可使异常所含成分的比例发生变化，有利干对异常的划分。从位场理论可知，不同阶次的重力导数对不同埋深的物质反映是不同的。现以质量为 M、中心埋深为 h 的球体重力各阶导数的极大值为例。

$$\left.\begin{aligned} \Delta g_{\max} &= GM \frac{1}{h^2} \\ \Delta g_{z\max} &= 2GM \frac{1}{h^3} \\ \Delta g_{zz\max} &= 6GM \frac{1}{h^4} \end{aligned}\right\} \tag{2.27}$$

由此可见，随着球体埋深增大，高阶导数 Δg_{zz} 减小得很快（它与埋深 h^4 成反比），而重力 Δg 相对变化较小。例如，质量相等的球体，当埋深分别为 $0.5h$、h、$2h$ 时，其重力各阶导数的极大值之比为

$$\left.\begin{array}{l}(\Delta g_{\max})_{0.5h} : (\Delta g_{\max})_h : (\Delta g_{\max})_{2h} = 16 : 4 : 1 \\[2mm] (\Delta g_{z\max})_{0.5h} : (\Delta g_{z\max})_h : (\Delta g_{z\max})_{2h} = 64 : 8 : 1 \\[2mm] (\Delta g_{zz\max})_{0.5h} : (\Delta g_{zz\max})_h : (\Delta g_{zz\max})_{2h} = 256 : 16 : 1\end{array}\right\} \qquad (2.28)$$

这说明深部物质很少在高阶导数中得到反映，只有埋深浅的物质才会引起高阶导数较大的变化。图 2.19 是地下两个大小不一、埋深不等的球体。浅部小球的布格异常在图中并不明显，而明显反映的是大球的异常。但对重力异常求取二阶垂直导数 Δg_{zz} 后，深部大球引起的"区域异常"实际上已被压抑，而浅部小球引起的"局部异常"得到了充分的显示。

因此有理由认为，高阶导数异常主要反映局部异常。

重力高阶导数不仅能划分异常，还可用来提高对异常的分辨能力，区分多个地质体产生的叠加异常见图 2.20。图 2.20 中在两个平行排列的水平圆柱体上方，重力异常已经叠加在一起，完全反映不出下面有两个物体，但重力二阶垂直导数却能清晰地把它们区别开来。

综上所述，重力高阶导数的作用可归纳为以下几点：突出反映浅部地质因素，压制区域性深部地质因素的影响；可以同时将几个互相靠近、埋深相差不大的相邻地质因素引起

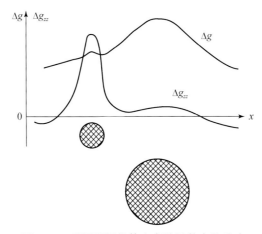

图 2.19　不同埋深物体在高阶导数中的反映

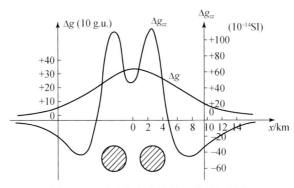

图 2.20　用重力高阶导数区分叠加异常

的叠加异常划分出来；重力高阶导数具有自己的物理意义，在不同形状的地质体上，它的异常有不同的特征，有助于异常的分类与解释。

（四）重力场的解析延拓

重力异常是随着场源深度的变化而变化的，当叠加异常的场源深度不同时，它们随着观测平面高度的变化而增减的速度也不同。浅部地质因素所引起的异常随观测平面高度的变化具有较高的敏感性，而深部地质因素却显得比较迟钝。因此，在异常的划分中，人们提出用异常的空间换算方法来划分不同深度的叠加异常。这项工作称为异常的解析延拓。常用的解析延拓方法有向上延拓和向下延拓两种。向上延拓是将地面实测的异常换算为地面以上另一高度观测面上的异常；而向下延拓则是根据地面实测异常求取地下某一深度（场源深度以上）观测面上的异常。

一般来讲，向上延拓总是给出比原来更平滑的异常图。对于划分起因于较深场源的异常效果较好。它使叠加异常中的浅部地质因素的影响减弱，而深部地质因素的影响相对得到加强，而向下延拓可以使浅部地质因素的影响相对增强、深部因素的影响相对减弱。但是，当向下延拓的深度大于或接近于场源深度时，延拓后的场会显示出急剧的波动。在某种情况下，波动开始时的水平面可能给出场源异常物体的顶部深度。从上面讨论可知，解析延拓对于划分来自不同深度的场源异常特别有用。

图 2.21 中曲线 1 是两个质量和埋深相差很大的球体引起的叠加异常。曲线 2 是将此叠加异常换算到地面以上某一高度得到的异常，图 2.21 中可见局部异常（小球引起的）成分已被消去，而区域异常（大球引起的）变化不大。利用曲线 1 减去曲线 2，便得到曲线 3。曲线 3 中，区域异常几乎消除殆尽，而局部异常得到了显示。图 2.21 中虚线的大球和小球相当于观测面抬高的位置（埋深加大）。图 2.21 中正、负号表示引起曲线 3 的剩余质量符号。如果把图中曲线 2 当做实测异常，曲线 1 看作曲线 2 延拓到地下某一深度的异常，显然向下延拓突出了浅部球体引起的局部异常。

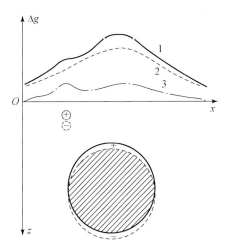

图 2.21 重力异常解析延拓的原理

从以上讨论可知，向上延拓相当于"低通滤波"，对异常起圆滑作用。当原始异常的精度较低时，对向上延拓结果影响不大，仍可得到比较圆滑的异常。而向下延拓要求原始异常精度较高，因为向下延拓相当于"高通滤波"，由于个别点的误差经过"放大"会使延拓后的异常出现强烈的跳动。因此，对异常向下延拓时，首先要对异常的数据进行圆滑，然后再进行。

第四节　重力数据及多分量数据的处理解释方法

一、简单规则几何形体参数的计算

在粗略估计或准确计算地质体的产状要素时，一些规则几何形状地质体总是起着重要的作用。这不仅因为自然界许多地质体在一定的精度范围内可近似地看做规则形体，而且任何复杂的形体都可以分解为许多规则形体。所以，规则形体的参数求出之后，通过叠加组合便可求出复杂形状地质体的参数。

（一）球体

自然界中一些近似于等轴状的地质体，如盐丘、矿巢等都可近似地当做球体来研究。假设以球体中心在地面的投影点为坐标原点，球体的中心埋深为 h_0 ，与围岩的密度差（又称剩余密度）为 ρ ，则剩余质量 $M\left(=\dfrac{4\pi R^3\rho}{3}\right)$ 将在地面上产生重力异常。ρ 为正时，异常为正；反之，异常为负。计算时可把全部剩余质量当做集中于球心的一个质点来看待。这样，球体在地表面 x 轴上任意一点产生的重力异常为

$$\Delta g = \frac{GMh_0}{(x^2 + h_0^2)^{3/2}} \tag{2.29}$$

式中，x 代表测点的横坐标值；G 为万有引力系数。利用式（2.29）计算并画出球体在地面上引起的重力异常见图2.22。图中看出，Δg 剖面曲线对称于纵轴。极大值正好位于球心上方，向两侧 Δg 异常逐渐下降；而 Δg 平面图为一系列以球心为中心的同心圆。在球体顶部等值线较稀，向外变密，然后又变稀。

当 $x = 0$ 时，$\Delta g = \Delta g_{\max}$ ，表达式为

$$\Delta g_{\max} = \frac{GM}{h_0^2} \tag{2.30}$$

为了求得球体的产状，利用 Δg 剖面曲线的半极值点及所对应的横坐标 $x_{1/2}$ ，可求出

$$h_0 = 1.305x_{1/2} \tag{2.31}$$

利用极大值公式可求出剩余质量

$$M = \frac{\Delta g_{\max} h_0^2}{G} \tag{2.32}$$

若 h_0 以 m、Δg 以 g.u. 为单位时，则式（2.32）可写成

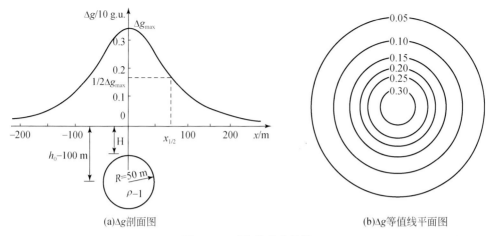

(a)Δg剖面图　　　　　　　　　　　　(b)Δg等值线平面图

图 2.22　球体的重力异常

$$M = 14.99 \times 10^3 h_0^2 \Delta g_{max} \qquad (2.33)$$

如果知道球体与围岩的密度 ρ_1 和 ρ_0，就能求出球体的真实质量

$$M_真 = \frac{\rho_1}{\rho_1 - \rho_0} M \qquad (2.34)$$

利用球体的密度与质量，可求出球体的体积，随之求出球体的半径 R。中心埋深 h_0 减去 R 即得球体上表面的埋深，h_0 加上 R 即为球体下表面的埋深。

（二）水平圆柱体

实际工作中，横截面积接近圆形的扁豆状矿体、长轴状背斜、向斜等都可当做水平圆柱体来看待。沿走向无限延伸的水平圆柱体可视为全部剩余质量集中在轴线上的一条物质线。当以柱体轴线在地面的投影为 y 轴，x 轴与柱体走向垂直，z 轴垂直向下时，无限长水平圆柱体在地面 x 轴上任意一点产生的重力异常为

$$\Delta g = 2G\lambda \frac{h_0}{x^2 + h_0^2} \qquad (2.35)$$

式中，h_0 为圆柱体中心埋深；λ 为圆柱体单位长度的剩余质量（即剩余线密度）；x 是以圆柱中心在地面投影点为坐标原点的横坐标值。

图 2.23 是利用式（2.35）计算并画出的水平圆柱体在地表面引起的平面及剖面图。Δg 剖面曲线形态与球体类似，以纵轴为对称轴。但平面图分布特点却与球体的完全两样，表现出一组沿走向方向延伸很远直到柱体两端之外才封闭的许多有疏密变化的曲线。图中显示的 Δg 等值线是未封闭部分。

沿走向无限延伸的水平圆柱体是二度体，但自然界中实际并不存在真正的二度体。如果要求计算不超过 5%，对 Δg 异常只要求沿走向的长度约为中心埋深的六倍，即可把有限长度的二度体当成无限长来计算。

利用球体的方法，根据水平圆柱体极大值公式以及式（2.35）可求出水平圆柱体中心埋深

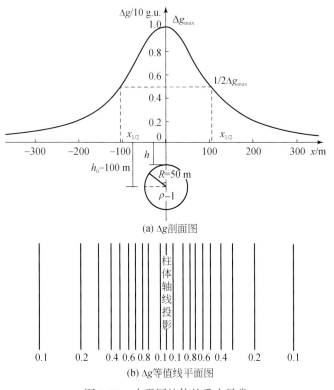

(a) Δg 剖面图

(b) Δg 等值线平面图

图 2.23　水平圆柱体的重力异常

$$h_0 = x_{1/2} \tag{2.36}$$

式中，$x_{1/2}$ 同样为剖面曲线半极值点所对应的横坐标。利用 Δg_{max} 公式可求出单位长度的剩余质量。

$$\lambda = 7.496 \times 10^3 h_0 \Delta g_{max} \tag{2.37}$$

式中，h_0、Δg 分别以 m 和 g.u. 为单位。设圆柱体与围岩的剩余密度为 ρ，圆柱体横截面的半径为 R，则由 $\lambda = \pi R^2 \rho$ 式求出圆柱体上顶埋深为

$$H = h_0 - R = h_0 - \left(\frac{\lambda}{\pi\rho}\right)^{1/2} \tag{2.38}$$

（三）垂直台阶

断层以及不同岩性层的接触带，都可当做台阶处理。它相当于沿走向无限延伸的半无限大板状物质层。台阶可分为垂直台阶和倾斜台阶，这里只讨论垂直台阶。

当坐标原点选在台阶面与地面的交线上，y 轴与交线重合，x 轴与交线垂直，z 轴垂直向下，剩余密度为 ρ，上、下表面的深度分别为 h_2 与 h_1，则垂直台阶在地面上任一点 x 处引起的重力异常为

$$\Delta g = G\rho \left[x \ln \frac{h_1^2 + x^2}{h_2^2 + x^2} + \pi(h_1 - h_2) + 2h_1 \arctan \frac{x}{h_1} - 2h_2 \arctan \frac{x}{h_2} \right] \tag{2.39}$$

利用式（2.39）可画出垂直台阶在地面上引起的剖面和平面异常图（图 2.24）。Δg 异

常剖面图是沿物质层所在方向单调上升，且在台阶升起一侧有极大值。Δg 平面图为一系

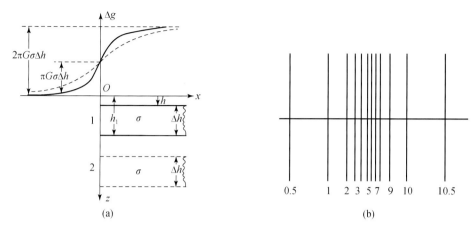

图 2.24　垂直台阶的重力异常

（a）Δg 剖面图；（b）Δg 等值线平面图

列等值线的平行线，这些平行线在台阶端面附近最密，向两侧逐渐变稀且异常向台阶上升端单调变大。

当 $x \to \infty$ 时，台阶重力异常取得极大值

$$\Delta g_{max} = 2\pi G\rho(h_1 - h_2) = 2\pi G\rho\Delta h \tag{2.40}$$

式中，$\Delta h = (h_1 - h_2)$ 为台阶的厚度。

当 $x \to 0$ 时，取得半极值

$$\Delta g = \pi G\rho\Delta h \tag{2.41}$$

当 $x \to -\infty$ 时，取得极小值

$$\Delta g_{min} = 0 \tag{2.42}$$

由此可见，在台阶正上方 x 轴向两边延伸较远处，Δg 值只取决于台阶的厚度和剩余密度，而埋深无关。埋深的变化只影响曲线的陡缓程度，埋深越浅变化越陡；反之变化越缓。

当已知 Δg_{max} 和 ρ 时，可由式（2.37）求得

$$\Delta h = \frac{1}{2\pi G\rho}\Delta g_{max} \tag{2.43}$$

二、任意形体参数的计算

自然界中存在的地质体无论其外形还是密度分布都是相当复杂的。要想把它们都化简为规则几何形体进行计算是非常困难的。所以还必须研究任意形体参数的定量计算方法。

计算横截面积为任意形状的二度体重力异常，过去多采用量板法，由于量板法已经过失，很少有人应用。现在多采用多边形截面法。该方法的计算原理是，如果二度体的横截面积可以用多边形足够精确地来代替，那么，就可以用直角坐标函数来计算二度体在地面计算点 O 上产生的重力异常。

见图2.25，在计算中首先用计算点 O 与多边形各边组成 $\triangle OAB$ ，$\triangle OBC$ ，…，$\triangle OMA$ 等多个三角形，然后顺时针给各个三角形赋以正、负号（即顺时针为正，逆时针为负）。分别计算各三角形截面积在 O 点引起的正、负重力异常，求和后，即能得出整个多边形 $AB\cdots M$ 在 O 点产生的重力异常。

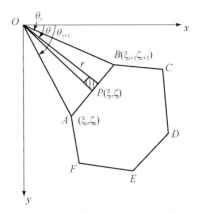

图2.25　多边形截面二度体与坐标关系

根据水平圆柱体的计算，已知一条不通过 z 轴、沿 y 方向无限延伸的物质线在坐标原点引起的重力异常为

$$dg = \frac{2G\lambda\zeta}{\xi^2 + \zeta^2} \tag{2.44}$$

引入极坐标后，$dg = 2G\rho\sin\theta d\theta dr$ ，整个三角形 OAB 在原点 O 引起的重力异常

$$\Delta g_j = 2G\rho \int_{\theta_i}^{\theta_{i+1}} \int_0^r \sin\theta d\theta dr = 2G\rho \int_{\theta_i}^{\theta_{i+1}} \zeta d\theta \tag{2.45}$$

根据两点式直线方程可求出

$$\zeta = \frac{\xi_i\zeta_{i+1} - \zeta_i\xi_{i+1}}{(\zeta_{i+1} - \zeta_i)\cot\theta - (\xi_{i+1} - \xi_i)} \tag{2.46}$$

将式（2.43）代入式（2.40），然后积分得

$$\Delta g_j = 2G\rho \frac{\xi_i\zeta_{i+1} - \zeta_i\xi_{i+1}}{(\xi_{i+1} - \xi_i)^2 + (\zeta_{i+1} - \zeta_i)^2}\left[(\xi_{i+1} - \xi_i)(\theta_i - \theta_{i+1}) + (\zeta_{i+1} - \zeta_i)\ln\frac{(\xi_{i+1}^2 + \zeta_{i+1}^2)}{(\xi_i^2 + \zeta_i^2)}\right] \tag{2.47}$$

式中，$\theta = \arctan\dfrac{\zeta}{\xi}$ 。整个二度体在 O 点引起的重力异常，即横截面积为 $\triangle OAB$ ，$\triangle OBC$ ，…，$\triangle OMA$ 等 n 个二度体在 O 点引起重力异常的总和，即

$$\Delta g = \sum_{j=1}^n \Delta g_j \tag{2.48}$$

三、地质体深度与质量的估算

如上所述，当地质体可用某些规则几何形体来模拟时，利用异常半宽度以及异常梯度

等就能估算出该地质体的大致深度。但是，当地质体形状不能用规则形体模拟时，则很难单值地确定其深度。众所周知，重力异常的梯度是异常源深度的一种标志。史密斯根据这个特点，提出了在不考虑异常物质分布形态的前提下，利用重力异常及异常梯度估算最大深度的一些方法。具体有：

（1）如果在一条剖面上，已知重力异常的极大值 Δg_{max} 和它的水平梯度极大值 Δg_{xmax}（$\partial\Delta g/\partial x$ 的极大值），则物体顶部埋深 h 可表示为

$$h \leqslant 0.86 \left| \frac{\Delta g_{max}}{\Delta g_{xmax}} \right| \tag{2.49}$$

（2）当只有部分重力异常为已知时，则利用同一测点的重力值 $\Delta g(x)$ 和它的水平梯度 $\Delta g_x(x)$ 仍可估算出物体顶部的深度

$$h \leqslant 1.5 \left| \frac{\Delta g(x)}{\Delta g_x(x)} \right| \tag{2.50}$$

以上二式是对三度地质体而言。若对二度体，只要把系数 0.86 与 1.5 分别改为 0.65 和 1.0 即可。使用以上这些关系式的唯一条件是，产生重力异常的地下地质体与围岩的密度差应保持不变。这类关系对于平卧构造产生的异常更为合适。

重力异常的大小是地下剩余质量的直接反映，这样在对异常物体的形状、密度和深度不作任何假定的前提下，根据区内的剩余异常，利用高斯面积分就能单值地确定产生异常的剩余质量，具体公式为

$$M = \frac{1}{2\pi G} \iint_S \Delta g \mathrm{d}s \approx 239 \times 10^3 \sum_{i=1}^{n} (\Delta g_i \times \Delta S_i) \tag{2.51}$$

式中，Δg 是小面积元 ΔS（以 m^2 为单位）内的平均异常，单位为 g.u.。在矿产地球物理中，以上关系是很重要的，但是要计算矿体的真实质量，就必须知道矿体的密度 ρ_1 和围岩的密度 ρ_0，然后利用式（2.31）进行计算。

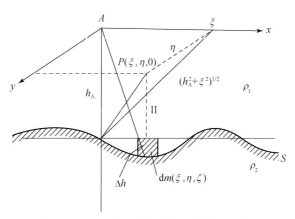

图 2.26　u 函数法计算界面深度坐标的选取

四、单一密度分界面深度的计算——u 函数法

密度界面深度的计算，在区域地质构造和深部地质构造研究中具有重要意义。从目前

的研究成果来看，理论较成熟，而且应用效果较好的是界面上下两侧物性均匀的单一界面深度的计算方法。

单一密度界面的计算方法很多，主要有 u 函数法、压缩质面法、频率域线性反演法以及 Olderburg– Parker 法。这里只介绍经常应用且效果较好的 u 函数法。

选取直角坐标系，见图 2.26。若两种岩层密度分别为 ρ_1，ρ_2，且 $\rho_2 > \rho_1$。剩余密度 $\rho = \rho_2 - \rho_1$。当 $\rho_2 > \rho_1$ 时，表示界面 S 以上存在较轻物质。因此，如果以地下完全充满 ρ_2 物质时的重力值为零，则由于 S 面深度的变化，使计算点 A 出现负重力异常（密度亏损引起的）：

$$\Delta g_A = - G\rho \iint_{-\infty}^{\infty} \int_0^h \frac{\zeta \mathrm{d}\xi \mathrm{d}\eta \mathrm{d}\zeta}{(\xi^2 + \eta^2 + \zeta^2)^{3/2}}$$

式中，h 是界面的深度。

$$\Delta g_A = - \left[G\rho \iint_{-\infty}^{\infty} \int_0^{h_A} \frac{\zeta \mathrm{d}\xi \mathrm{d}\eta \mathrm{d}\zeta}{(\xi^2 + \eta^2 + \zeta^2)^{3/2}} + G\rho \iint_{-\infty}^{\infty} \int_{h_A}^h \frac{\zeta \mathrm{d}\xi \mathrm{d}\eta \mathrm{d}\zeta}{(\xi^2 + \eta^2 + \zeta^2)^{3/2}} \right]$$
$$= - 2\pi G\rho h_A - u_A \tag{2.52}$$

式中，$u_A = G\rho \iint_{-\infty}^{\infty} \int_{h_A}^h \frac{\zeta \mathrm{d}\xi \mathrm{d}\eta \mathrm{d}\zeta}{(\xi^2 + \eta^2 + \zeta^2)^{3/2}}$。

式（2.49）中第一项积分，实际是一个密度为 $-\rho$、厚度为 h_A 的无限大平板的影响，其数值为 $-2\pi G\rho h_A$。第二项积分（u_A）实际上是计算 S 面相对 h_A 平面起伏部分的影响，相当于对 A 点下面的地形改正。

（一） 一级重测深公式

当 A 点下面界面起伏较小时，式（2.49）第二项积分比第一项积分小得多，在这种情况下可去掉第二项，只利用第一项进行计算，即

$$\Delta g_A \approx - 2\pi G\rho h_A$$

如果测区内某一点 O 处的界面深度为 h_O，且已知，则同样可得出

$$\Delta g_O = - 2\pi G\rho h_O$$

两式相减，$\Delta g_O - \Delta g_A = \Delta g_{OA} = 2\pi G\rho(h_A - h_O)$

$$h_A = h_O + \frac{\Delta g_{OA}}{2\pi G\rho} \tag{2.53}$$

当 h_A 以 m 为单位，Δg 以 g.u. 为单位时，式（2.53）变为

$$h_A = h_O + \frac{2.4}{\rho} \Delta g_{OA}$$

式中，Δg_{OA} 为两点重力差，可用重力仪测量出来；h_O 是已知深度。上式看出，只要已知两点重力差值，即可求出两点界面深度差。式（2.53）称为一级重测深公式，又可写成简单的线性关系式

$$h = a + b\Delta g \tag{2.54}$$

式中，h 为待求界面深度；Δg 为两点重力差值；a，b 为待求系数，为较精确地求出 a 和，至少要已知两个点的界面深度。若已知 n 个点的界面深度，则可应用最小二乘法求解 a 和

b，即

$$\varphi(a,\ b) = \sum_{i=1}^{n}\left[\ h_i - (a + b\Delta g_i)\ \right]^2 = \min$$

由 $\dfrac{\partial\varphi}{\partial a} = 0,\ \dfrac{\partial\varphi}{\partial b} = 0,$ 可解出

$$\left.\begin{array}{l} a = \left[\ \displaystyle\sum_{i=1}^{n}\Delta g_i^2\sum_{i=1}^{n}h_i - \sum_{i=1}^{n}\Delta g_i\sum_{i=1}^{n}\Delta g_i h_i\ \right]\Big/\left[\ n\displaystyle\sum_{i=1}^{n}\Delta g_i^2 - \left(\ \sum_{i=1}^{n}\Delta g_i\ \right)^2\ \right] \\[3mm] b = \left[\ n\displaystyle\sum_{i=1}^{n}\Delta g_i h_i - \sum_{i=1}^{n}h_i\sum_{i=1}^{n}\Delta g_i\ \right]\Big/\left[\ n\displaystyle\sum_{i=1}^{n}\Delta g_i^2 - \left(\ \sum_{i=1}^{n}\Delta g_i\ \right)^2\ \right] \end{array}\right\} \tag{2.55}$$

（二）二级重测深公式（u 函数法）

如果界面起伏较大时，式（2.52）中的第二项积分（即 u_A）就不能忽略。将 u_A 式对 ζ 积分得

$$u_A = G\rho\iint_{-\infty}^{\infty}\left[\frac{1}{(\xi^2 + \eta^2 + h_A^2)^{1/2}} - \frac{1}{(\xi^2 + \eta^2 + h^2)^{1/2}}\right]\mathrm{d}\xi\mathrm{d}\eta$$

当界面起伏的幅度比其平均深度小得多时，即 $\Delta h = (h - h_A) << h_A$ 时，对上式方括号中的被积函数用泰勒级数对 h 展开，得

$$\frac{1}{(\xi^2 + \eta^2 + h_A^2)^{1/2}} - \frac{1}{(\xi^2 + \eta^2 + h^2)^{1/2}}$$

$$= \frac{h_A}{(\xi^2 + \eta^2 + h_A^2)^{1/2}}(h - h_A) + \frac{(\xi^2 + \eta^2 - 2h_A^2)^{1/2}}{2(\xi^2 + \eta^2 + h_A^2)^{5/2}}(h - h_A)^2 + \cdots$$

略去 Δh 的二次项以及二次以上各项，于是得到

$$u_A \approx G\rho\iint_{-\infty}^{\infty}\frac{h_A\Delta h}{(\xi^2 + \eta^2 + h_A^2)^{3/2}}\mathrm{d}\xi\mathrm{d}\eta \tag{2.56}$$

式（2.56）中包含如下形式的积分，即

$$I = \int_{\zeta_1}^{\xi_2}\int_{\eta_1}^{\eta_2}\frac{h_A}{(\xi^2 + \eta^2 + h_A^2)^{3/2}}\mathrm{d}\xi\mathrm{d}\eta \tag{2.57}$$

将式（2.54）对 ξ 积分，得

$$I_1 = \int_{\eta_1}^{\eta_2}\left[\frac{h_A\cdot\xi}{(\eta^2 - h_A^2)(\xi^2 + \eta^2 + h_A^2)^{1/2}}\right]_{\xi_1}^{\xi_2} \tag{2.58}$$

为对 η 求积分，应做简单的变换，令 $\eta = \sqrt{\xi^2 + h_A^2}\cdot\mathrm{tg}t$，则积分：

$$I_2 = \int_{\eta_1}^{\eta_2}\frac{\mathrm{d}\eta}{(\eta^2 - h_A^2)(\xi^2 + \eta^2 + h_A^2)^{1/2}}$$

$$= \int_{t_1}^{t_2}\frac{(\xi^2 + h_A^2)^{1/2}\sec^2 t\mathrm{d}t}{\left[(\xi^2 + h_A^2)\mathrm{tg}^2 t + h_A^2\right]\left[(\xi^2 + h_A^2) + (\xi^2 + h_A^2)\mathrm{tg}^2 t\right]^{1/2}}$$

$$= \int_{t_1}^{t_2}\frac{\sec t\mathrm{d}t}{(\xi^2 + h_A^2)\mathrm{tg}^2 t + h_A^2} = \left|\frac{1}{\xi h_A}\cdot\mathrm{tg}^{-1}\frac{\xi\sin t}{h_A}\right|_{t_1}^{t_2}$$

由三角关系可知 $\sin t = \dfrac{\eta}{(\xi^2 + \eta^2 + \zeta^2)^{1/2}}$，故有

$$I_2 = \frac{1}{\xi h_A}\arctan\frac{\xi \cdot \eta}{h_A\ (\xi^2 + \eta^2 + h_A^2)^{1/2}}\bigg|_{\eta_1}^{\eta_2} \tag{2.59}$$

将式（2.56）代入式（2.55）中，则有

$$I_1 = \arctan\frac{\xi \cdot \eta}{h_A\ (\xi^2 + \eta^2 + h_A^2)^{1/2}}\bigg|_{\xi_1}^{\xi_2}\bigg|_{\eta_1}^{\eta_2} \tag{2.60}$$

引用式（2.60）结果，将其中的积分限改用平面网格的格距表示，再将式（2.56）中的二重积分离散化，用有限范围的双重增量求和表示，则式（2.56）便可写成

$$u_A = \sum_{i=-m}^{m}\sum_{j=-n}^{n} G\rho\Delta h\arctan\frac{\xi \cdot \eta}{h_A\ (\xi^2 + \eta^2 + h_A^2)^{1/2}}\bigg|_{(i-\frac{1}{2})a}^{(i+\frac{1}{2})a}\bigg|_{(i-\frac{1}{2})b}^{(i+\frac{1}{2})b}$$

$$= \frac{1}{2\pi}\sum_{i=-m}^{m}\sum_{j=-n}^{n}\delta_{ij}(\Delta g)\cdot k_{ij} \tag{2.61}$$

式中，$\delta_{ij}(\Delta g)=2\pi G\rho\Delta h = \Delta g_{ij}-\Delta g_A$，$\Delta g_{ij}$ 是第（i，j）号点上的实测重力异常值，Δg_A 是求 u_A 值那个点上的实测重力异常值，系数 k_{ij} 用下式表示

$$k_{ij} = \|\arctan\frac{\xi \cdot \eta}{h_A\ (\xi^2 + \eta^2 + h_A^2)^{1/2}}\bigg|_{(i-\frac{1}{2})a}^{(i+\frac{1}{2})a}\bigg|_{(i-\frac{1}{2})b}^{(i+\frac{1}{2})b} \tag{2.62}$$

式中，a、b 分别为 x、y 轴方向的网格距；h_A 是求 u_A 点上界面深度的近似值。

$$i = -m,\ -m+1,\ \cdots,\ -1,\ 0,\ 1,\ 2,\ \cdots,\ m-1,\ m$$
$$i = -n,\ -n+1,\ \cdots,\ -1,\ 0,\ 1,\ 2,\ \cdots,\ n-1,\ n$$

以上各参数与坐标之间的关系见图 2.27。

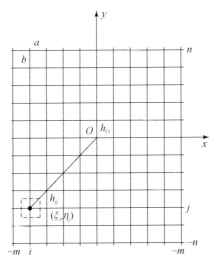

图 2.27　计算 u_A 平面网格图

式（2.61）即便于用计算机进行计算的一种形式。用该式使我们能够根据平面上各点与计算点之间实测重力异常之差，以及界面在原点处的深度 h_O 求出函数 u_O 的近似值。

对于待求界面深度的任一点 A 来说，设其界面深度为 h_A，相应重力异常 Δg_A 与 h_A 之间的关系式见式（2.50）。如果测区内某一点 O 处的界面深度 h_O 为已知，相应的重力异常为 Δg_O，同样可写出

$$\Delta g_O = -2\pi G\rho h_O - u_O \tag{2.63}$$

将式（2.49）与式（2.60）相减，

$$\Delta g_A - \Delta g_O = 2\pi G\rho(h_O - h_A) + (u_O - u_A) \tag{2.64}$$

式中，h_O 是已知的，$\Delta g_A - \Delta g_O$ 可以根据实测重力异常求得，若先忽略 u_A 值，便可求出 h_A 的一级近似值 h'_A，即

$$h'_A = h_O + \frac{1}{2\pi G\rho}(\Delta g_O - \Delta g_A + u_O) \tag{2.65}$$

h'_A 求得后，再用式（2.61）求出 u_A 并代入（2.64）式，便可求得近似程度更高的 h''_A，如此迭代下去，按事先给定的某一种标准进行判别。例如，在进行 $i+1$ 次迭代后，如有

$$|h^{i+1} - h^i| \leqslant \varepsilon \tag{2.66}$$

便停止计算，其 ε 是人为给定的精度。

五、大深度重力场勘探增强型技术

重磁勘探具有快速、经济、范围大等优点，是进行构造划分和异常圈定快速而有效的方法。原始重磁异常并不能标示出地质体的范围，需借助重力异常的水平导数与垂直导数作为辅助手段。重磁异常水平导数的极大值与垂直导数的零值与地质体边界相对应，现已有很多基于水平和垂直导数的边界识别方法在使用。垂直导数（1936 年）是最早被用来进行边界识别的方法；后来人们发现水平导数的最大值处于密度与磁化率发生变化的区域，被证明是一种非常有效的边界识别工具；解析信号的极大值与磁性体的边界相对应；Hsu、Sibuet 和 Shyu 提出利用高阶的解析信号来进行边界的识别，使边界更加清晰，但是以上几种边界识别方法均不能同时显示出浅部和深部异常体的边界，这是由于导数对浅部异常比较灵敏，而不能很好地凸显出深部的构造。为了改善这一情况，人们开始致力于均衡滤波器的研究，Miller 和 Singh 在 1994 年提出采用 Tilt angle 进行地质体边界的识别，其表达式为

$$T = \arctan\left(\frac{\dfrac{\partial f}{\partial z}}{\sqrt{\left(\dfrac{\partial f}{\partial x}\right)^2 + \left(\dfrac{\partial f}{\partial y}\right)^2}}\right) \tag{2.67}$$

式中，f 为原始重力或磁异常。Tilt angle 能很好地均衡不同深度异常之间的幅度，但是该方法并不能很好地进行地质体边界的识别。Rajagopalan 和 Milligan 在 1995 年提出利用自动增益控制来进行磁异常边界的识别，该方法的输出结果对窗口尺寸的依赖性较高；因此 Verduzco 等。在 2004 年提出利用 Tilt angle 的总水平导数（$THDR$）进行地质体的边界识别工作。

$$THDR = \sqrt{\left(\frac{\partial T}{\partial x}\right)^2 + \left(\frac{\partial T}{\partial y}\right)^2} \tag{2.68}$$

Wijns 等在 2005 年提出 Theta map 来进行地质体边界的识别，其具体公式为

$$\text{Theta} = \frac{\sqrt{\left(\dfrac{\partial f}{\partial x}\right)^2 + \left(\dfrac{\partial f}{\partial y}\right)^2}}{\sqrt{\left(\dfrac{\partial f}{\partial x}\right)^2 + \left(\dfrac{\partial f}{\partial y}\right)^2 + \left(\dfrac{\partial f}{\partial z}\right)^2}} \tag{2.69}$$

　　Verduzco 等在 2004 年提出利用倾斜角的总水平导数来进行边界的识别，获得了很好的效果；Wijns 等在 2005 年利用总水平导数与解析信号的比值（Theta map）来进行此操作，取得了一定的成果；Cooper 和 Cowan（2006）提出归一化倾斜角（Normalized tilt angel，TDX）法来进行地质体边界的识别：

$$TDX = \arctan\left(\frac{\sqrt{(\partial f/\partial x)^2 + (\partial f/\partial y)^2}}{|\partial f/\partial z|}\right) \tag{2.70}$$

　　2008 年，Cooper 和 Cowan 利用水平与垂直导数的均方差进行异常体边界的识别，该方法的结果对窗口选择存在依赖性；后来人们利用异常与其自身希尔伯特变换的水平分量来进行异常体边界的识别，该方法可有效地降低噪声的干扰，但是该方法不能很好地识别出地质体的边界，其主要原因是异常希尔伯特变换的水平分量与地质体边界之间不存在很好的对应性；马国庆和李丽丽在 2011 年提出利用总水平导数与垂直导数的相关系数进行地质体边界的识别，取得了不错的成果；Ma 和 Li 在 2012 年利用总水平导数与一定区域内的极大值的比值来获得均衡的水平导数，该方法能有效的降低噪声的干扰，识别出不同深度的地质体，但是该方法降低了异常边界与周围物质的对比度。从应用实例（图 2.28）可以看出斜导数能够显著提高重磁数据对地质体边界的分辨率。

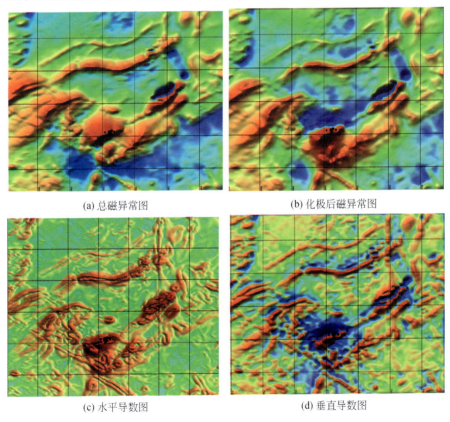

(a) 总磁异常图　　　　　　　　　　　　(b) 化极后磁异常图

(c) 水平导数图　　　　　　　　　　　　(d) 垂直导数图

图 2.28　斜导数增强地质体边界信息的应用实例

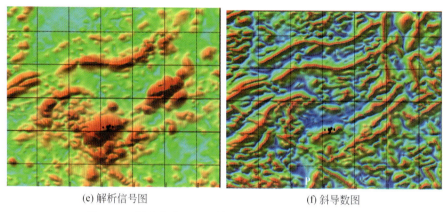

(e) 解析信号图　　　　　　　　　(f) 斜导数图

图 2.28　斜导数增强地质体边界信息的应用实例（续）

第五节　重力场及梯度场解释方法及联合解释技术

方法上，研发针对同源体的重磁场以及梯度场的等效源联合正反演解释方法。技术要点是，建立针对同源体等效部位或物理参数的总场与梯度场的联合表达式，通过分析和求解转换矩阵方程，将不同属性的（场和梯度）数据进行联合正反演解释。解释目标的计算响应控制在既要满足拟合实测总场又要拟合其梯度场，同时还要拟合来自于不同观测高度（即波段）的数据特性。

1．正演

以重力梯度张量 $\hat{\boldsymbol{G}}$ 为例，它是由九个重力位二阶空间导数组成的矩阵：

$$\hat{\boldsymbol{G}} = \begin{bmatrix} G_{xx} & G_{xy} & G_{xz} \\ G_{yx} & G_{yy} & G_{yz} \\ G_{zx} & G_{zx} & G_{zz} \end{bmatrix} \tag{2.71}$$

由位场理论可知，上面九个二阶导数中只有五个独立量，需要计算出 G_{xx}、G_{yy}、G_{zz}、$G_{xy}(G_{yx})$、$G_{xz}(G_{zx})$、$G_{yz}(G_{zy})$ 就可以获得梯度张量。正演的过程就是利用等效源技术给定场源的分布，推导出同源场源在观测面上产生的理论重磁异常以及梯度的联合表达式，再将梯度进行组合可以获得张量矩阵（或者其他参数）。

2．反演

为了弥补传统 Δg 或者 ΔT 数据反演分辨率不高的缺陷，本课题着重对多参数数据反演进行研究。主要是对传统的反演方法进行改进，使之适合处理多参数数据（全张量梯度数据）。研究的主要方法包括：欧拉反褶积法、场源参数成像法、Parker-Oldenburg 法、梯级化法和斜导数法，由此估计介质边界和层状分布规律。

1）欧拉反褶积法

欧拉反褶积法是一种应用比较广泛的确定场源位置和埋深的反演方法。它的原理是位场数据及其导数满足欧拉齐次方程：

$$(x - x_0) \cdot f_x + (y - y_0) \cdot f_y + (z - z_0) \cdot f_z = - N[f(x - x_0, y - y_0, z - z_0) + A]$$

$$(2.72)$$

通过求解遍历测区的滑动窗口中的欧拉方程来自动估计场源位置和深度。对于张量测量获得的梯度数据，同样满足欧拉方程：

$$\left. \begin{array}{l} (x - x_0)T_{xx} + (y - y_0)T_{xy} + (z - z_0)T_{xz} = - \alpha N(T_{xe} + A_x) \\ (x - x_0)T_{yx} + (y - y_0)T_{yy} + (z - z_0)T_{yz} = - \alpha N(T_{ye} + A_y) \\ (x - x_0)T_{zx} + (y - y_0)T_{zy} + (z - z_0)T_{zz} = - \alpha N(T_{ze} + A_z) \end{array} \right\}$$

$$(2.73)$$

我们将张量数据的欧拉方程改写成下面形式：

$$(x - x_0)(T_{xx} + T_{yx} + T_{zx}) + (y - y_0)(T_{xy} + T_{yy} + T_{zy}) + (z - z_0)(T_{xz} + T_{yz} + T_{zz})$$
$$= - \alpha N(T_{ze} + A)$$

上式利用到更多的张量参数，充分发挥多参数的优势，达到提高反演精度和可靠性的目的。

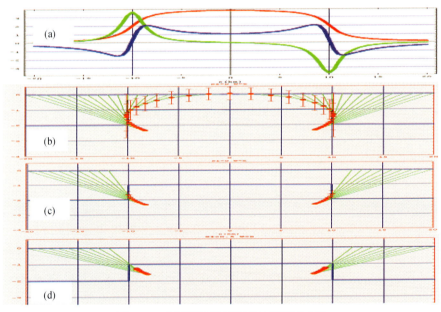

图 2.29 全张量欧拉反褶积的模型试验图

(a) 双侧直立台阶模型的重力响应（红色代表重力值，绿色代表水平梯度，蓝色代表垂直梯度）；(b) 全张量欧拉反褶积获得的深度及误差条（SI=0）；(c) 去除最大误差后的结果；(d) 最终筛选后的解（SI=0）

2）场源参数成像法

场源参数成像（SPI）法又称局部波数法，它的基础是利用复解析信号计算网格磁测数据的场源参数。在独立的接触面所在位置，局部波数取得最大值，而且可以在不假设场源厚度的情况下估计场源的埋深。利用该技术获得的解可以表现出边界位置、深度、倾角和磁化率差。

传统的局部波数的定义为

$$k_{\mathrm{prof}} = \frac{\partial}{\partial x}\arctan\left[\frac{f_z}{f_x}\right]$$

$$= \frac{1}{A^2}(f_{xz}f_x - f_{xx}f_z) \tag{2.74}$$

式中，f_z、f_x、f_{xz} 和 f_{xx} 是方向导数；解析信号 $A = \sqrt{f_x^2 + f_z^2}$。

为了充分利用张量数据提供的更多信息，我们将局部波数改进为

$$K_{\mathrm{grid}} = \frac{1}{\sqrt{f_x^2 + f_y^2}\cdot(f_h^2 + f_z^2)}\left\{|f_x|\cdot\left[f_hf_{zx} - f_z\frac{\partial f_h}{\partial x}\right] + |f_y|\cdot\left[f_hf_{zy} - f_z\frac{\partial f_h}{\partial y}\right]\right\}$$

其中：

$$\frac{\partial f_h}{\partial x} = \frac{(f_x^2 + f_y^2)\cdot(f_{xx}|f_x| + f_x|f_{xx}| + f_{xy}|f_y| + f_y|f_{xy}|) - (f_x|f_x| + f_y|f_y|)\cdot(|f_xf_{xx}| + |f_yf_{xy}|)}{(f_x^2 + f_y^2)^{3/2}}$$

$$\frac{\partial f_h}{\partial y} = \frac{(f_x^2 + f_y^2)\cdot(f_{xy}|f_x| + f_x|f_{xy}| + f_{yy}|f_y| + f_y|f_{yy}|) - (f_x|f_x| + f_y|f_y|)\cdot(|f_xf_{xy}| + |f_xf_{yy}|)}{(f_x^2 + f_y^2)^{3/2}}$$

为了验证全张量（FTG）数据的场源参数成像效果，我们选取一组实测数据进行处理，结果如图 2.30 所示。计算的结果与其他方法提供的佐证是一致的。

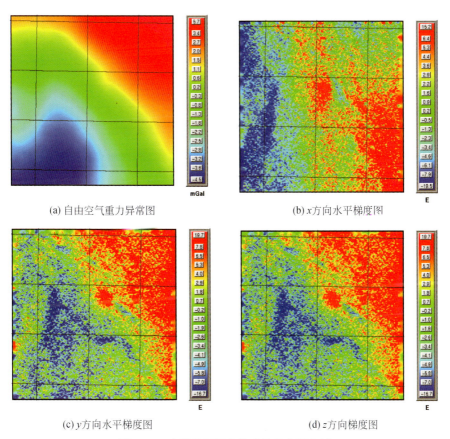

(a) 自由空气重力异常图　　　　　　(b) x 方向水平梯度图

(c) y 方向水平梯度图　　　　　　(d) z 方向梯度图

图 2.30　全张量场源参数成像的应用实例

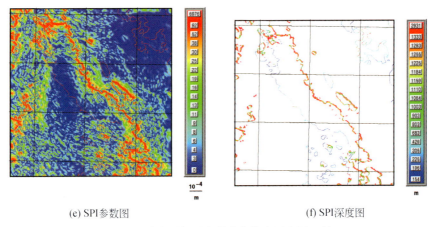

(e) SPI参数图　　　　　　　　　　　　　　(f) SPI深度图

图 2.30　全张量场源参数成像的应用实例（续）

3）Parker–Oldenburg 法

Parker–Oldenburg 法是经典的界面反演方法，传统的方法只适合 Δg 或者 ΔT 数据。而梯度数据受区域场或者叠加异常的影响要小得多，因此有必要开发适合梯度数据的界面反演方法。传统的单层界面重、磁正演公式分别为

$$F[g(x, y, z_0)] = 2\pi G e^{-|k|z_0} \sum_{n=1}^{\infty} \frac{|k|^{n-1}}{n!} F\{\rho(x, y)[h_t^n(x, y) - h_b^n(x, y)]\}$$

和

$$F[\Delta T(x, y, z_0)] = \frac{-1}{2}\mu_0 e^{-|k|z_0} \boldsymbol{M}_0 \cdot (iu, iv, |k|)\boldsymbol{T}_0 \cdot (iu, iv, |k|)$$
$$\cdot \sum_{n=1}^{\infty} \frac{|k|^{n-2}}{n!} F\{M(x, y)[h_t^n(x, y) - h_b^n(x, y)]\}$$

反演公式分别为

$$F[\rho(x, y)(h_t(x, y) - h_b(x, y))]$$
$$= \left\{\frac{F[g]}{2\pi G} e^{|k|z_0} - \sum_{n=2}^{\infty} \frac{|k|^{n-1}}{n!} F[\rho(x, y)(h_t^n(x, y) - h_b^n(x, y))]\right\} \cdot f_{\text{low}}$$

和

$$F\{M(x, y)[h_t^n(x, y) - h_b^n(x, y)]\} = \left\{\frac{-F[\Delta T] \cdot |k|}{2\mu_0 \boldsymbol{M}_0 \cdot (iu, iv, |k|)\boldsymbol{T}_0 \cdot (iu, iv, |k|)} e^{|k|z_0}\right.$$
$$\left. - \sum_{n=2}^{\infty} \frac{|k|^{n-2}}{n!} F[M(x, y)(h_t^n(x, y) - h_b^n(x, y))]\right\} \cdot f_{\text{low}}$$

在波数域计算重磁导数的公式非常简单，分别如下：

$$\left.\begin{aligned}
g_x^{(n)}(x, y, z) &= F^{-1}\{(iu)^n \cdot F[g(x, y, z_0)]\} \\
g_y^{(n)}(x, y, z) &= F^{-1}\{(iv)^n \cdot F[g(x, y, z_0)]\} \\
g_z^{(n)}(x, y, z) &= F^{-1}\{(k)^n \cdot F[g(x, y, z_0)]\}
\end{aligned}\right\}$$

和

$$\Delta T_x^{(n)}(x, y, z) = F^{-1}\left\{(iu)^n \cdot F[\Delta T(x, y, z_0)]\right\}$$

$$\Delta T_y^{(n)}(x, y, z) = F^{-1}\left\{(iv)^n \cdot F[\Delta T(x, y, z_0)]\right\}$$

$$\Delta T_z^{(n)}(x, y, z) = F^{-1}\left\{(k)^n \cdot F[\Delta T(x, y, z_0)]\right\}$$

利用导数公式分别对正、反演公式进行改造，同时为了改善计算中的发散效应，还应引入低通滤波算子，具体计算公式此处略。

第六节　重力勘探模型及实例

一、重力数据成图方法

1）剖面图

为了对异常进行识别、分析和解释，总是把异常用各种图来表示，统称为异常图，重磁测量都是如此。异常剖面图主要反映某一剖面线上异常变化的情况，在作定性和定量解释中用得较多，异常平面等值线图与地形等高线类似，用异常等值线来表示它的形态和变化。

2）色彩图

异常平面色彩图是用颜色变化来代表异常的强弱，能更加清晰地反映异常的形态特征，利于异常的解释工作。

3）平面剖面图

这种图件是把多条异常剖面图按测线位置和方向展布在同一平面上，可以给人立体视觉，在数据的解释中应用较多。

4）立体阴影图

立体阴影图的成图原理是：将平面分布的场强数据，乘以一定的比例因子后当做"高程"数据，反映"地形变化"。在一定方位、某一倾角的光源照射下，由于各处"地势"不同，因而显示出明案不易的图像。阴影图能突出地反映与光源正交方向的构造线。

设 x–y 为水平轴，z 为垂直轴，光源方位角，光源倾角，与面元法线交角，如图 2.31 所示。设 $p = \dfrac{\partial f}{\partial x}$，$q = \dfrac{\partial f}{\partial y}$，则可推出

$$\cos\lambda = \frac{-p\cos\theta\cos\varphi - q\sin\theta\sin\varphi + \sin\varphi}{\sqrt{p^2 + q^2 + 1}} \tag{2.75}$$

$\cos\lambda$ 正比于照明度，它的大小表示该点的光照强度，即由它来控制阴影图中各点的亮度。工作中为使立体阴影图具有更好的反差，应选择适当的比例因子，即将上式计算结果予以适当拉伸。

二、研究深部地壳构造，计算莫霍界面深度

对比重力资料和地壳测深资料可发现，在地壳均衡情况下，地面上的布格重力异常随

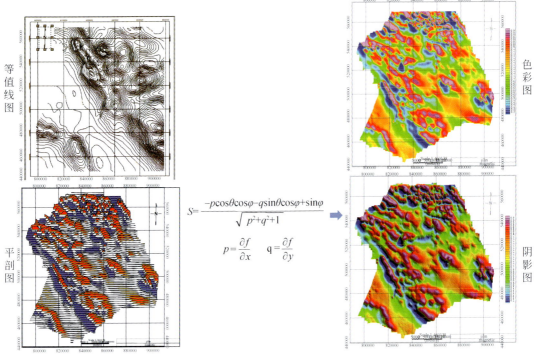

图 2.31　不同类型成图方式

地壳厚度增加而减小（或随地壳厚度减薄而增加）。因此，布格重力异常与地壳厚度间存在一定的相关关系。这样以地震测深资料作控制来推算莫霍界面深度的变化是有可能的。但是由于地壳上部各地质体与构造的干扰和地形起伏的影响，因此，不能试图用某一个测点的或者小范围内的布格异常值来求莫霍界面的深度。只有足够大的一定面积内的平均布格异常和该面积内平均莫霍界面深度之间通常存在近于线性的关系。

王懋基等在 20 世纪 70 年代利用全国 1°×1°面积上的平均布格重力异常图（图 2.32），在 22 个地震测深点已知莫霍界面深度的控制下，利用式（2.51）进行了线性回归，求得 $a=34.8$，$b=-0.0628$，其相关系数为 -0.96，绘制了我国最早的一张全国莫霍界面等深线图（图 2.33）。为研究我国地壳深部构造及分区提供了重要深部依据。

三、研究区域地质构造，预测油气远景区

华北地台基底是由前震旦纪的变质岩系构成的。吕梁运动后，震旦纪至中奥陶世沉积了较厚的海相地层。加里东晚期，本区开始上升，因而缺失了上奥陶统、志留系、泥盆系及下石炭统。中石炭世又开始下降，沉积了海陆交互相地层。二叠纪之后全部为陆相沉积。侏罗纪为内陆盆地沉积，火山岩发育。燕山运动，本区北部、西部边缘褶皱成山，平原相对下降。因此，平原大部分地区为古近系、新近系和第四系所覆盖，沉积岩系的累加厚度达几万米。

平原区沉积岩系内部有两个主要密度分界面，一是新生界岩系与下伏古生界岩系之

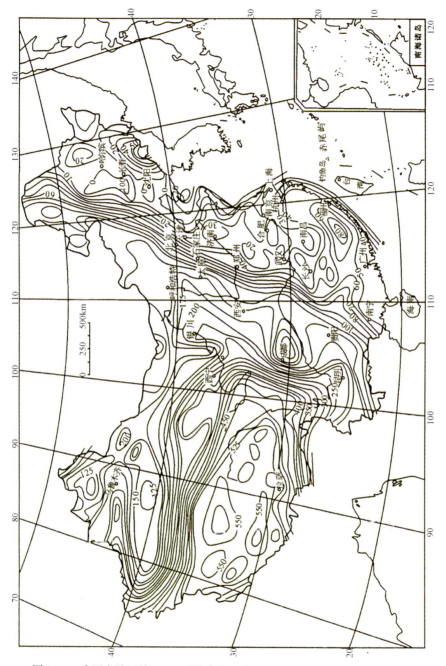

图 2.32　中国大陆区域 1°×1° 平均布格重力异常图（等值线单位：10 g.u.）

间，密度差为 0.33 ~ 0.51 g/cm³，主要分布于中生界沉积凹陷区；二是下古生界海相地层与中生界岩系之间，在上古生界及中生界缺失地区，两个界面合一，密度差为 0.41 ~ 0.60 g/cm³，它的分布范围很广，所以，这两个密度界面的起伏都可以引起相应的重力异常。由于该区上古生界及中生界地层分布零散，而下古生界海相沉积与前震旦纪的结晶基底岩系间的密度差不明显，因此在重力资料解释时，常把下古生界顶面作为结晶基底

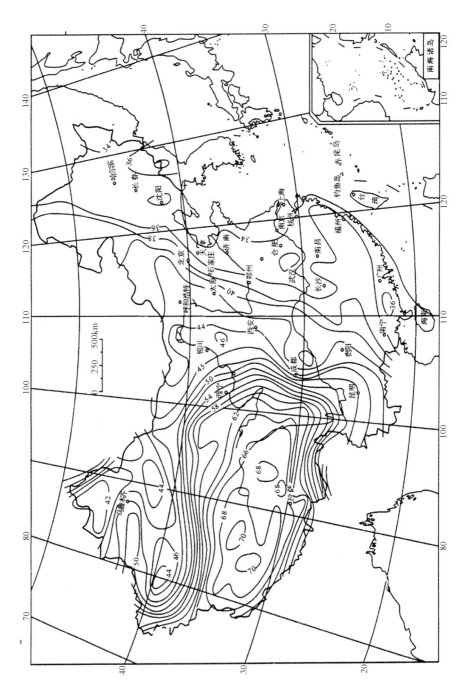

图 2.33　中国大陆区域莫霍界面深度图（深度单位：km）

看待。

图 2.34 是华北平原布格重力异常与内部构造分区图，图中看出，布格重力异常等值线呈 NE 向展布，由东向西异常值从 100 g.u. 逐渐减至 -600 g.u.，平均变化率约 1.5 ～

2.0g. u. /km，它可能反映该区的莫霍界面和康腊面自东向西逐渐加深。区内有许多
NE-SW向的重力梯级带，水平梯度超过 20 g. u. /km，它们都是深断裂的反映。为确定区
内的次级构造单元提供了重要依据。

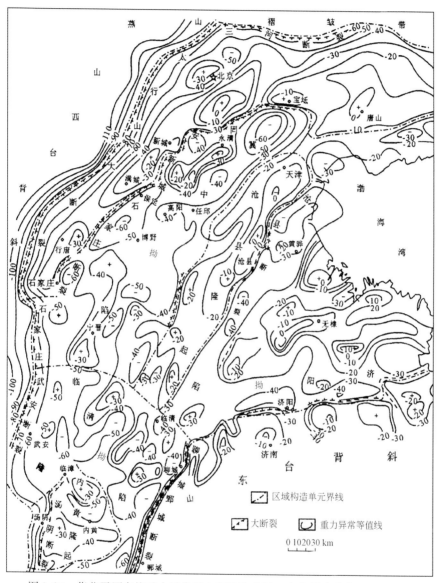

图 2.34　华北平原布格重力异常及内部构造分区（布格异常单位：10 g. u. ）

　　根据重力异常特征并结合其他已知资料，将全区划分为冀中拗陷、沧县隆起；黄骅拗
陷、无棣隆起、济阳拗陷和临清拗陷等构造单元。以上推断，后来均被钻井和其他资料所
证实。20 世纪 60 年代在黄骅拗陷中找到了大港油田，在济阳拗陷中找到了胜利油田，70
年代在冀中拗陷中找到了任丘油田。

在华北平原区引起局重力异常的主要是古潜山构造，如在冀中拗陷区得到140个局部重力高。其中有62个与古潜山有关。古潜山构造主要由下奥陶统、寒武系、震旦系等灰岩为主的老地层隆起所构成，当它们的周围沉积了巨厚的生油岩系时，石油就会向古潜山地层的上翘或隆起部位运移、聚集。由于灰岩的节理、层理和溶洞比较发育，因此，在一定的条件下，古潜山本身就是一个良好的储油场所，形成古潜山油田，见图2.35（a）。

另外，在构造运动比较频繁，断层比较发育的地区，往往形成断层封闭构造。这类封闭构造所产生的断块凸起或下降地区，在具有良好的生油、储油条件下，也可形成良好的储油场所，见图2.35（b）。

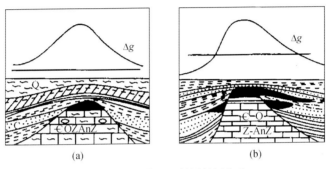

图2.35　古潜山和断层封闭构造

（a）古潜山构造；（b）断层封闭构造

四、金属矿勘探

（一）寻找铬铁矿

西藏北部安多县东巧区是海拔4800 m的山区，出露超基性岩体长17.4 km，最宽3.9 km，总面积约40 km²。岩石以斜辉辉橄岩为主，其次为纯橄岩。岩体蛇纹石化较强，铬铁矿化普遍，已发现十几处小矿体，矿石多为致密块状，品位较富。铬铁矿相对围岩（超基性岩）存在1.5 g/cm³的剩余密度。为应用重力找矿提供了物性前提。

高精度重力测量比例尺为1∶5000，基本测网40 m×20 m，重力异常精度为±0.34 g.u.。在11 km²的面积内共发现了40余个局部重力异常。经钻探验证，17号矿体为本区最大的已知矿体，其西段已出露地表。矿体上有明显重磁异常（图2.36），重力异常最大强度为6 g.u.，并对应有低负磁异常，相对强度−200 nT，但重力异常的走向范围远大于出露的矿体范围，超出已知矿体往ES方向延伸达100 m以上，异常形态变缓，强度减弱到2~4 g.u.，并仍对应有100 nT的低磁异常，推断此异常仍为矿体引起，后布置四个钻孔，均连续见矿，见矿深度为20~60 m，矿体厚度4~28 m，后经勘探证实为与17号矿体不相连的另一个隐伏铬铁矿体，称为Crl7-2矿体，储量达25万吨（吴钦，1997）。

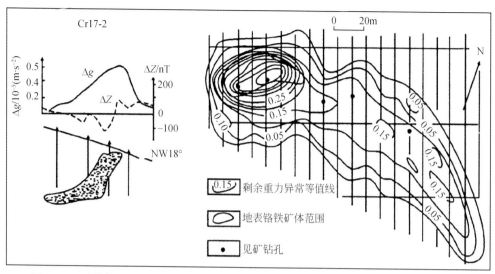

图 2.36　西藏东巧 17 号铬铁矿体上的重力异常（重力单位：10 g. u.；据吴钦，1997）

（二）寻找含铜硫铁矿

吉林省某含铜硫铁矿区原是一个由地方开采的小型夕卡岩型磁铁矿，为了扩大矿区的远景，曾做过 1∶1000 的地面磁测工作。结果除了在已知矿体上发现高达 3000 nT 的磁异常外，还发现了几处低缓的磁异常，根据已掌握的岩石物性资料，可知有的异常是由岩性变化引起的，但也有的原因不清，为了进一步查明，开展了 1∶2500 的重力测量工作，结果见图 2.37。从图 2.37 中看出，区域性重力异常比较明显，而局部异常因受区域异常的影响，其形态和特征并不清楚。为了突出局部异常，利用平滑曲线法进行了区域场的分离，计算出剩余重力异常（图 2.38）。从经过异常划分后得到的剩余重力异常图可以看出，整个局部异常具有两个异常中心，其中西北部的封闭异常等值线所圈定的范围与已知的铁矿位置一致，与磁异常 1000 nT 的等值线所圈闭的面积相当。而东南部的封闭异常等值线位于磁异常的零线及 ±100 nT 等值线之间。根据已知铁矿的产状和它与围岩的密度差作了重力异常正演计算，得知铁矿所引起的重力异常与北部实测异常相当，因而证明它的底部无另外的矿体。

由于东南部只有重力异常，而几乎没有磁异常反映，为了查明地质原因，布设了验证钻孔 ZK23。布设钻孔的目的是验证重力异常，但也考虑到同时验证弱磁异常。结果在十几米深处只见到了 2～3 m 厚的磁铁矿及黄铁矿化的夕卡岩，这样磁异常得到了基本解释。但是对利用钻孔所控制的这个矿体进行的重力正演计算，其结果却只有实测异常的 1/3 左右，显然深部还应有高密度体存在，为了进一步查明原因，在重力异常中心又设计了钻孔 ZK24，结果在 167 m 深处见到了含铜硫铁矿（利用重力资料事先推测的高密度体最大深度为 170 m），矿体厚度为 40 m。矿石的密度为 4.5～4.95 g/cm³；而它的磁化率却很低，基本无磁性。由后来几个钻孔所控制的矿体产状进行了正演计算，结果与实测重力异常基本吻合，从而查明了引起重力异常的原因。

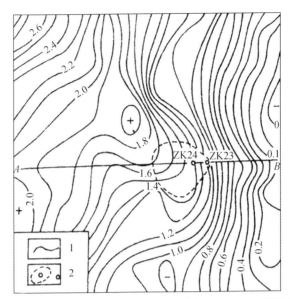

图 2.37　吉林省某矿区布格重力异常图（重力单位：10 g.u.；据罗孝宽，1991）

1. 重力异常等值线；2. 矿体在地表投影及钻孔

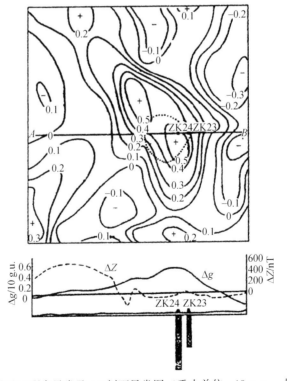

图 2.38　吉林省某矿区剩余异常及 *AB* 剖面异常图（重力单位：10 g.u.；据罗孝宽，1991）

五、寻找盐矿

盐岩是一种沉积矿床，主要产于古内陆盆地的不泄湖泊里或滨海半封闭的海湾中，它的密度比围岩小，而电阻率较高，因此，在适当的条件下，应用重力和电法勘探寻找这类矿床是比较有效的。

1965 年对滇南红色盆地开展了 1∶100000 的重力普查工作，有效地圈定了含盐远景区。共发现 61 处重力负异常，其中解释为盐岩引起的负异常有 49 处，推算盐岩储量达 200 亿吨以上，已经验证的 14 处异常有 13 处见矿。

滇南盐岩产于白垩系上统勐野组地层中，密度为 2.18 g/cm³，上覆第四系、新近系和古近系的密度为 2.07 ~ 2.24 g/cm³，而下伏的侏罗系和白垩系的密度为 2.60 ~ 2.70 g/cm³。盐岩与其下伏地层具有 0.42 ~ 0.52 g/cm³ 的密度差，为应用重力方法寻找盐矿提供了有利条件。

勐野井盐区重力异常的幅度达 −70 g.u.，呈等轴状，北侧重力异常的水平梯度大，表示了盆地北侧较陡，20 g.u. 的等值线向 WS 和 ES 突出，表示盐矿层向这两个方向变薄见图 2.39。根据钻孔资料绘制的盐岩等厚度图和顶板等深度图与重力异常进行对比说明，矿体的

图 2.39　勐野井盐区布格重力异常图（重力单位：10 g.u.）

等厚度线与重力异常等值线的形态相似，但最小异常的中心并不与盐岩最厚的位置相吻合，这是因为盐岩最厚的地方埋藏较深的缘故。为了突出盐岩异常，研究盐矿的边界，作了重力垂直二阶导数换算，结果发现矿体边界与 g_{zz} 的零等值线基本一致，见图 2.40。

根据钻孔揭示的矿层厚度及盆地形态作了重力的正演计算，结果理论异常与实测异常大体相符，说明引起重力异常的地质原因主要是盐岩所致。

图 2.40　勐野井盐区重力垂直二阶导数图（g_{zz} 单位：10^{-13} MKS）

六、工程勘察

位于柴达木盆地中南部的察尔汗盐湖是我国最大的盐湖，青藏铁路大约有 34 km 的路基修筑在这个盐湖区，尽管在路基的设计与施工中曾按盐岩路基和岩溶路基进行过特殊处理，但由于近年来铁路货运量增大，气候条件变化以及人为因素等原因，盐溶溶洞的发展速度加快，这无疑对列车的安全构成严重威胁，因此必须调查和了解盐湖区铁路沿线溶洞的分布情况。

根据上述情况，采用微重力勘探技术，对此地区溶洞的分布情况进行探查（石亚雄，1991）。盐湖区的盐溶溶洞，如果洞内没有任何物质充填，与其周围围岩的密度差可达 2.13 ~ 2.16 g/cm³，这样，若溶洞体的体积为 1 m³，埋深为 1 m，在其正上方的地表处可产生 0.15 g. u. 左右的负重力异常，这对于观测精度在 ±0.05 g. u. 的拉科斯特重力仪来说，只要在高程测量上和其他方面采取相应措施，提高测量精度，改善观测条件，合理改正各种干扰因素，这种异常是完全可以探测到的。

为此在铁路两边的溶洞区内，布设三个微重力探测区。采用两台拉科斯特 G 型重力仪，在总面积 92.6 m×19.5 m 内，共布设 427 个测点。因受路基地形限制，在垂直铁路方向点距不等，最大点距 3 m，最小为 1.8 m。在作微重力测量的同时，还进行了电法的电测深测量，以相互验证。微重力测量主要进行了固体潮改正，零点漂移改正，高度改正和干扰质量的改正。最后得到的重力异常见图 2.41。图中的阴影部分是 -0.2 g.u. 以下的重力异常区，表明这些部位可能是溶洞体。

从图 2.41 中可以看出，测区重力异常范围在 -0.3 ~ -0.2 g.u.，异常等值线的长轴走向大致是 EW 向，这可能反映出地下物质的 EW 向条带分布或与地下承压水的流向相吻合，区内形成封闭的局部重力高和局部重力低，反映了地下有较围岩密度高和密度低的地质体存在。三个测区共分布有大小不一，形态各异的 14 个负异常封闭区，可能是 14 个溶洞存在的反映。其中，五个位于铁路路基之下，另外，九个位于测区边缘。根据钻探验证，位于铁路两侧的九个溶洞都存在，可以推测另外五个也是客观存在的（因为另外五个在铁路路基中心，不便钻探）。图中虚线所圈区域为钻探所得溶洞的平面形状。

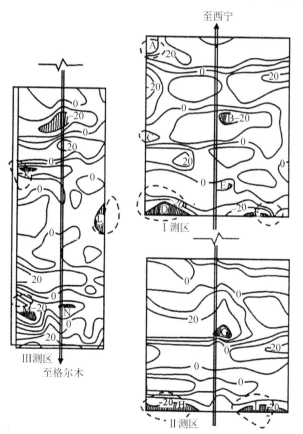

图 2.41　青藏铁路盐湖区段三测区重力异常平面图及钻探溶洞平面位置图
（重力等值线单位：0.01 g.u.；据石亚雄等，1991）

综上所述，可以看出应用微重力测量的方法，在地形地貌好的地区，探测盐溶溶洞会取得令人满意的结果。

七、考古方面的应用

在考古调查方面，重力探测也有一些实例。例如，1988 年中国科学院原地球物理研究所利用微重力方法，以明代皇帝陵墓的明十三陵中的茂陵作为探查目标，对其地下陵墓的形状、位置和埋深进行探测。在对茂陵实测之前，对早已挖出的、已知的定陵地下陵墓作为已知目标，在定陵地表面先进行微重力测量，来验证设计方案、核查实测数据与已知的定陵形状、位置和埋深等参数的对应关系，即在定陵探测工作基础上，确定对茂陵的探查方案、施工方法、施工范围等问题。

首先根据茂陵的外貌进行测区的布设。从地表外貌看，茂陵和定陵的建筑物分布格局很相似，它是由明楼、围墙和宝顶（陵墓的土丘）组成。这样参考定陵的特点，在茂陵陵墓后区设计一个 30 m×50 m 的面积的"后测区"；在陵墓中、前部设计一个联连前后测量区域的纵测线和几条垂直于纵测线的横向测线（前测区）。各测区的测线距和测点距皆为 3 m。另外对陵园中央的陵墓宝顶以及陵墓四周 3 m 和 6 m 高的砖墙都进行了地形和建筑物的改正计算。

采用两台 L-R 型重力仪进行测量，重力测量精度为 0.05 g.u.，水准高程测量精度 1 cm，后测区最南与最北的测点相距虽 30 m，仍进行了纬度改正。对各测点进行各项改正之后，得到测区重力异常分布图 [图 2.42（a）]。

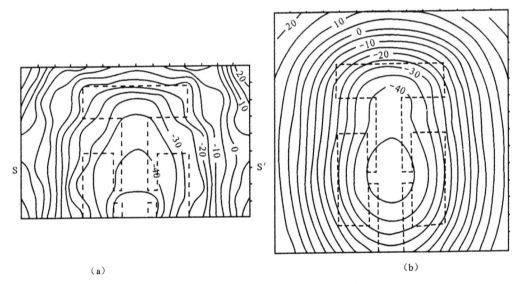

图 2.42　茂陵后测区重力异常图（据王谦身等，1995）

（a）实测重力异常图；（b）模型正演重力异常图

考虑到为使探查更准确、解释结果更可靠，在前后两测区各分别进行了一条浅层人工地震测线的探测。探测结果表明，在距地表约 13 m 深度处有一个相当于石灰层速度的高速层。这个结果表明在该深度处有陵墓灰岩质地的顶板存在。此深度与重力计算的结果（14 m）是相当接近的。根据测区实测重力异常分布图和人工地震探测结果，并参考中国古代宫殿、陵寝建筑对称性特点和已知定陵的结构，给出了茂陵地下陵寝的初始模型及其三维的几何参数。进行多次逼近的正演计算，得到与实测重力异常最佳的拟合结果［图2.42（b）］。由此得到茂陵地下陵寝模型位置的诸参数，图2.43是陵寝模型的平面及立体图。

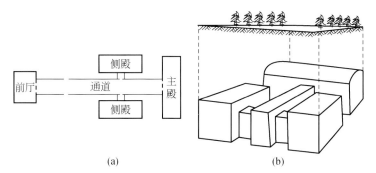

图2.43　利用重力资料推断的茂陵地下陵寝分布图（据王谦身等，1995）

（a）平面分布图；（b）立体分布图

在正演计算中，设上覆盖层密度为2.0 g/cm^3；下部覆盖层2.2 g/cm^3；陵寝内空区为0；四周灰岩的顶、底、直侧壁为2.6 g/cm^3。根据模型正演得出的计算重力异常与实测重力异常相对比，两者基本相符。

综上所述，微重力测量方法探查地下陵墓是可行和有效的。

第三章 磁测及数据处理解释技术

地球具有各种各样的物理场，如重力场、温度场、电场、磁场等。地磁场是重要的地球物理场之一，它有复杂的空间结构和时间演化。地磁场的主要部分起源于地核，它穿过近3000 km厚的地幔和地壳到达地表，并远远扩展到太空；地磁场另一部分是由地壳岩石磁性产生的，它使人类有了一张强有力的探矿手段；地磁场中还有一小部分起源于地球周围空间的电流体系，这也是地球空间环境探测和空间天气预报的重要内容。

认识地球内部结构的最终目的是为了造福人类，地磁场数据能帮助我们认识地磁场的时空特征，研究地磁现象与其他自然现象的联系，在磁异常找矿、探测潜艇、地磁导航等方面得到应用。

随着物理学的发展，磁测技术不断多样化，精度也逐渐提高，已经得到广泛应用的磁力仪有磁通门磁力仪、质子磁力仪、光泵磁力仪、原子磁力仪和超导磁力仪。其中，质子磁力仪、光泵磁力仪、原子磁力仪探测地磁总场信号，磁通门和超导磁力仪可用于探测矢量信号。

在地球物理领域，应用磁测数据得到磁异常图，通过对磁异常数据进行求导、延拓等处理，增强异常信息，进一步利用磁异常信息定量反演磁源分布，用来指导找矿。

第一节 单轴磁总场分析方法原理及局限

地磁场为矢量场，是各个场源叠加的结果，由地核磁场、岩石圈磁场和空间电磁环境磁场组成。地磁场可分解为地磁正常场和地磁异常场两个部分。地磁正常场模型为根据卫星磁测数据建立，如国际参考地磁场（IGRF），主要反映地球内核磁场的影响，可用偶极子场近似，是地磁场中相对稳定的部分。异常场是相对于正常场而言的，在地球物理领域，磁异常场主要是指由地壳岩石磁性产生的磁场。在已编制的磁异常图中，磁异常信息大部分都是由测量的单轴地磁总场减去正常场得到的。

一、磁异常处理方法

正演计算的假设条件是形状规则、均匀磁化、观测面水平、单个异常体，在此条件下建立磁体与异常特征之间的关系作为解释理论。但实际情况往往会出现剩余磁化强度、地形起伏不平、测量偶然误差、地表干扰磁场、多个磁性体，因此需要对观测数据进行处理。

通过对磁异常进行处理和转换，使实际异常满足或接近解释理论所要求的假设条件，达到解释方法的要求，或者突出异常某一方面的特点。

磁异常处理的内容有磁异常的圆滑滤波和插值，场的空间解析延拓，计算水平、垂向导数，不同磁化方向的磁异常换算，频率中磁异常的换算和数字滤波，磁异常的地形影响校正等。各种处理方法尤其不同的物理原理和数学方法，处理的目的也不同。对某一地区而言，并非一定要进行所有的数据处理方法，而应根据具体情况和异常特点合理的选择，进行恰当的处理，这跟磁异常的解释效果有很大关系。

（一）磁异常的圆滑滤波和插值

这种数据处理的主要作用是消除磁测过程中的随机误差，地表附近的随机干扰以及磁化不均匀的影响。这些影响在磁异常曲线上表现为无规律的高频跳动，影响了主体异常。所谓高频干扰，是把磁异常曲线类比为电学或波动学上的震动曲线，随机干扰的频率比较高，起伏不规则，这些服从正态分布规律，起伏平均值为零。特别是这些干扰在进行场的相似解析延拓和导数换算时，还会得到放大，使磁异常发生更大畸变。

最小二乘圆滑方法是一个函数的拟合问题，用一个拟和函数（一般常用多项式）去拟合离散的实测异常值，是多项式与实测异常的偏差平方和最小，以达到光滑异常曲线的目的。

插值方法的实质是在不受干扰的异常地段，根据这个地段的异常值，建立插值函数，根据插值函数去计算受到干扰地段的磁场异常值，这些异常值就是消除了高频干扰的异常值。这种方法主要应用在干扰异常的跨度（相当于波长）和幅度都相对比较大，已不能用最小二乘光滑方法达到预期效果的地区（图 3.1）。

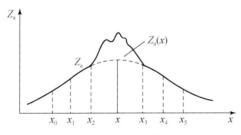

图 3.1　插值方法计算示意图

如果磁异常曲线上的高频跳动正是所需要的有用异常，而低缓的主体异常则反映了有用异常的背景（区域性异常），则用这种方法可以达到分离区域异常的效果。

（二）解析延拓

磁异常向上延拓可以消除浅部的磁性干扰，突出深部的有用异常，深部为超基性岩，浅部为玄武岩高频干扰（图 3.2）。

磁异常向下延拓可以提高对旁测叠加异常的分辨能力（图 3.3）。

当深度相近的多个磁性体之间在地面产生的磁场异常叠加在一起时，常用向下延拓来分辨（图 3.4）。

对于不同的磁性体产生的叠加异常进行向下延拓换算后，使浅部磁体的异常明显突出，宽度明显变窄。向下延拓一定深度后，再用圆滑滤波、插值等方法将深浅两部分场源产生的磁异常进行分离。

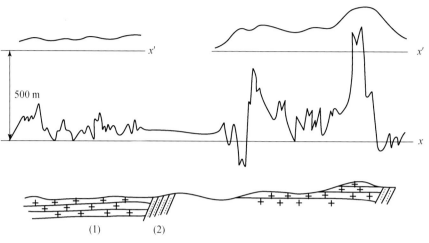

图 3.2　用向上延拓压制浅部玄武岩异常的影响

（1）玄武岩；（2）沉积岩

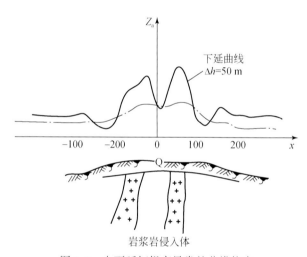

图 3.3　向下延拓提高异常的分辨能力

利用向上延拓得到不同高度上磁场空间分布特征和不同高度的磁场剖面曲线，可以较准确地判断磁性体的形状参数。

对于磁异常是低缓异常的地区，由于面积较大和某些异常特征不明显，往往进行向下延拓，突出叠加在区域场上的局部异常及低缓异常中的某些不明显特征（如极值点、拐点、零值点等），有利于对低缓异常的解释推断。

（三）磁异常求导

磁异常求导包括水平-垂直一阶导数和高阶导数，在高阶导数换算中，目前常用的是垂直二阶导数异常。通过对磁异常求导，可划分区域异常和局部异常。导数异常和磁性体的边界具有较密切的关系，特别是二阶导数异常能较好地反映磁体位置和边界。还可用来

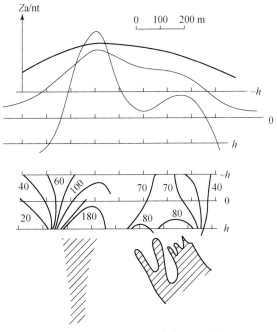

图 3.4　向下延拓分离旁侧叠加异常

将三度异常可转化为二度体异常进行解释。磁异常的导数异常提高了对相邻场源磁场叠加的分辨能力，较清楚地反映磁性体的范围和走向。

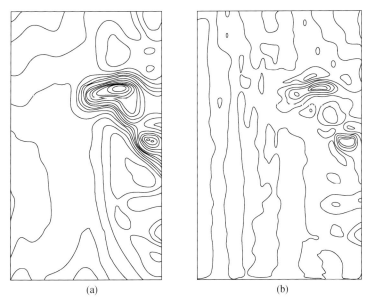

图 3.5　淮北矿区磁法探测岩浆岩侵入体的磁异常图

（a）Z_a 平面等值线图；（b）垂向二阶倒数异常平面等值线图

在磁异常导数异常图上，局部异常往往有较明显反映。图 3.5 是淮北煤矿区磁异常平面等值线图和二阶导数异常平面等值线图，在二阶导数异常图上突出地反映了几个局部异常地段，圈出了岩浆岩侵入到煤系地层的范围。

（四）去除地形起伏对磁场异常的影响

地形改正即曲化平，把起伏地形上观测的磁场换算到同一水平面上。对于三度体的处理方法有拉普拉斯方程法、等效源法，方法还不完善，而且计算量大；对于二度体则使用保角映射（图3.6）。

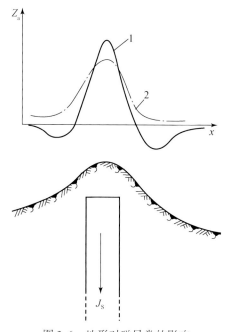

图 3.6 地形对磁异常的影响
1. 起伏地形上的 Z_a 曲线；2. 水平地形上的 Z_a 曲线

二、磁异常反演方法

磁异常的反演问题是指已知磁场的空间分布特征来确定地下所对应的场源体特征，如确定磁性体的赋存空间位置、形状、产状及磁化强度的大小和方向等。磁异常反演过程分为定性、半定量解释和定量解释两个阶段，这两者是互相关联、互相辅助的。只有在通过正确的定性及半定量解释取得初步对磁性体形状、产状，及其所引起的地质原因进行判断之后，才能合理地选用定量计算的公式和方法，以便进一步得到更完善的解释结果。

在磁异常解释中存在以下两个较为普遍的问题：①场源体非均匀磁性问题。在自然界中因场源所处的地质、地球物理环境不同，其非均匀磁性是较普遍的现象。通常对具有一定埋深的场源在反演解释过程中假设其为均匀磁化。②反演的多解性问题。多解性问题是地球物理反演解释中普遍存在的问题，为解决多解性问题，可采取：增加场源信息，即判断场源类型，根据地质资料确定大体范围，对干扰源进行滤波等；联合反演，使用多种反演方法综合运用，使反演解集合范围缩小。

近年国内外专家主要采用线性反演、拟 BP 神经网络反演和约束最优化反演的方法来反演地质体的密度和磁性。研究较多的反演方法主要有磁场快速自动解释和全局优化定量反演技术等。20 世纪 70 年代以来，磁场自动反演技术得到了迅速发展和广泛应用，具有代表性的方法有：总梯度模法（解析信号法）、欧拉反褶积法和位场相关成像等，这些方法可以对大面积的平面网格数据进行自动反演解释，并且具有较强的适应性和灵活性。

目前在磁法勘探方面已经发展实现了反演可视化解释技术，主要采用二度半体来逼近二度体的校正迭代的反演技术以及实时正演拟合技术，最终实现磁法人机联作解释，成熟的软件有加拿大 Geosoft 公司的 OASIS 数据处理软件、中国地质大学的 MAGS 软件等。

反演算法可分为空间域和频率域方法。经典的磁异常反演算法一般包括特征点法、切线法、异常变换法法，对于复杂情况下的磁异常反演常用方法有线性反演法、欧拉反褶积法、阻尼最小二乘法、共轭梯度法等。

（一）经典反演方法

特征点法是利用磁异常曲线上的特征点，如零值点、极值点、1/2 和 1/4 极值点和拐点的坐标位置和它们之间的距离来计算地质体位置和产状的方法。它的实质是对正问题所得的不同形状磁性体的磁场表达式进行分析，求出异常曲线各特征点同磁性体位置和产状之间的关系式，然后再从实测异常曲线上取得各特征点坐标和异常值，代入这些关系式，从而计算磁性体的位置和产状。这种方法具有计算简便快速的特点，但它需要事先大致估计磁性体的形状，同时还受正常场选择的影响。

切线法是利用磁异常曲线上的一些特征点的切线之间交点坐标的关系计算地质体的产状要素的方法，该方法简便、快速、受正常场选择的影响较小，在航磁异常中应用较广。切线法开始是一种近似的经验方法，后来经过研究，已成为一个有理论基础的定量计算方法。

异常变换法包括磁异常梯度积分法、矢量解释法、Hilbert 变换法，主要是为了压制干扰异常，突出有效磁异常。

（二）欧拉反褶积法

假设简单的地质体场源函数表达式为

$$f(x, y, z) = G/r^N$$

式中，$r = (x^2+y^2+z^2)^{1/2}$，$N = 1, 2, 3, \cdots$，G 与 x, y, z 无关。实际上许多单一的点磁场源有如上方程的形式，它们满足

$$x\frac{\partial f}{\partial x} + y\frac{\partial f}{\partial y} + z\frac{\partial f}{\partial z} = Nf$$

这就是著名的欧拉奇次方程，简称欧拉方程。

考虑一个位于 (x_0, y_0, z_0) 的点磁源（点磁极，磁偶极子），那么点 (x, y, z) 处的总磁场强度具有

$$T(x, y, z) = f[(x - x_0), (y - y_0), (z - z_0)]$$

其必然满足

$$(x - x_0) \frac{\partial T}{\partial x} + (y - y_0) \frac{\partial T}{\partial y} + (z - z_0) \frac{\partial T}{\partial z} = -NT$$

对于二度体而言，方程中 y 方向梯度 $\partial T/\partial y$ 为零，当测量面水平时，通常将 z 设为 0，故表达式可简化为

$$x_0 \frac{\partial T}{\partial x} + z_0 \frac{\partial T}{\partial z} = x \frac{\partial T}{\partial x} + NT$$

式中，沿 x, z 方向的梯度 $\partial T/\partial x$, $\partial T/\partial z$ 可以利用空间域或频率域的位场转换计算或直接测出，因而上式中的未知量是 x_0, z_0, N。其中坐标 (x_0, z_0) 表示的是等效点源的位置与深度，N 表示结构指数。各种简单模型有特定的 N 值。表 3.1 列出了一些简单的点源模型的构造指数，同时它们也是磁异常随场源深度变化/陡缓 0 的量度。许多地质体具有特定的衰减系数即构造指数。例如，一个垂直磁化的二度岩脉其构造指数 $N = 1$，而一个垂直磁化的接触带构造指数小于 0.5。构造指数与实际地质异常形式之间的这种联系，构成了欧拉反褶积法的基础。

表 3.1　简单模型的构造指数

简单模型	N	简单模型	N
磁荷面	0.0	线极	1.0
点极	2.0	偶极数	3.0
偶极子	4.0		

由于区域场或邻近异常场 B_1 的影响，可以将观测值看成：

$$T(x) = \Delta T(x) + B_1$$

最后可以得

$$x_0 \frac{\partial \Delta T}{\partial x} + z_0 \frac{\partial \Delta T}{\partial z} + NB_1 = x \frac{\partial \Delta T}{\partial x} + N\Delta T \tag{3.1}$$

通过给出三个不同点的 ΔT 和 x, $5\Delta T/$ $(5x)$, $5\Delta T/$ $(5z)$ 的值以及合适的 N，由式（3.1）可以构成含未知量 x_0, z_0 和 B 的三个线性方程，原则上就可以解这三个线性方程进而得出未知数 x_0, z_0 和 B。但人们常用多个点建立一个超定方程，利用最小二乘法来求解。

实际上，不同场源产生的异常互相叠加在一起，理论上窗口越小（窗口点数一定要大于 3），分辨率越高。然而对于大的地质体而言，窗口太小，得到的结果与实际情况相差甚远，因而要求大的窗口；对于小的地质体而言，窗口过大，常常会忽略掉许多小的异常。因此，必须根据具体情况，选择合适的窗口。通常窗口的选取与地质体的规模有关，地质体越大，窗口越大。

（三）阻尼最小二乘法

阻尼最小二乘法（即 Levenberg–Marquarat 算法）是最小二乘法与最速下降法之间取折中，保证反演算法的收敛稳定的基础上，加快收敛速度。

对于非线性方程的拟合，非线性模型的相应误差方程为

$$V = f(\hat{X}) - L$$

式中，$\hat{X}$ 参数估计值；L 测量值。于是残差平方和为

$$R = V'V = \parallel V \parallel^2 = \parallel f(\hat{X}) - L \parallel^2 = [f(\hat{X}) - L]'[f(\hat{X}) - L]$$

式中，X 所有解构成解空间，在这空间中选取 X 的一个估计值 $\hat{X}$，若满足：

$$R = \min$$

则 $\hat{X}$ 是 X 的最小二乘解。

$$\frac{\partial V'V}{\partial X}\bigg|_{X=\hat{X}} = 2V'\frac{\partial V}{\partial X} = 2V'\frac{\partial f(\hat{X})}{\partial X}\bigg|_{X=\hat{X}} = 2V'B(\hat{X}) = 0$$

$$B(X) = \begin{bmatrix} \dfrac{\partial f_1}{\partial x_1} & \dfrac{\partial f_1}{\partial x_2} & \cdots & \dfrac{\partial f_1}{\partial x_m} \\ \dfrac{\partial f_2}{\partial x_1} & \dfrac{\partial f_2}{\partial x_2} & \cdots & \dfrac{\partial f_2}{\partial x_m} \\ \vdots & \vdots & & \vdots \\ \dfrac{\partial f_n}{\partial x_1} & \dfrac{\partial f_n}{\partial x_2} & \cdots & \dfrac{\partial f_n}{\partial x_m} \end{bmatrix}$$

对 $f(X)$ 在 X_0 泰勒展开，进行线性化的误差方程为

$$V = B'(X_0)\mathrm{d}X - [L - f(X_0)]$$

$$\mathrm{d}X = [B'(X_0)B(X_0)]^{-1}B'(X_0)[L - f(X_0)] \quad \hat{X} = X_0 + \mathrm{d}X$$

在求解时采用加入阻尼的迭代方法：

$$X^{k+1} = X^k + [B'(X^k)B(X^k) + \lambda^k I]^{-1}B'(X^k)[L - f(X^k)]$$

式中，λ^k 为大于 0 的任意常数。

（四）共轭梯度法

共轭梯度法最早是由计算数学家 Hestenes 和几何学家 Stiefel 在 20 世纪 50 年代初为求解线性方程组

$$Ax = b \quad x \in \boldsymbol{R}^n$$

而各自独立提出的。他们合作的文章被公认为共轭梯度法的奠基之作。该文详细讨论了求解线性方程组的共轭梯度法的性质以及它和其他方法的关系。在 A 为对称正定阵时，上述线性方程组等价于最优化问题

$$\min_{x \in \boldsymbol{R}^n} \frac{1}{2}x^{\mathrm{T}}Ax - b^{\mathrm{T}}x$$

由此，Hestenes 和 Stiefel 的方法也可视为求二次函数极小值的共轭梯度法。1964 年 Fletcher 和 Reeves 将此方法推广到非线性优化，得到了求一般函数极小值的共轭梯度法。对于无约束最优化问题

$$\min_{x \in \boldsymbol{R}^n} f(x)$$

式中，f：Rn→R 连续可微有下界，共轭梯度法是解决该类问题中的最有效的数值方法之一。特别是在大规模问题上，共轭梯度法因其算法简便、所需存储量小、收敛速度快等特性而在许多工程科学领域采用。

对于无约束优化问题，给出一个初始值 x_0，算法迭代产生点列 $\{x_1, x_2, \cdots\}$。希望某一 x_k 是无约束优化问题的解，或者该点列收敛于最优解。在第 $(k+1)$ 次迭代中，当前迭代点为 x_k，产生下一个迭代点

$$x_k + 1 = x_k + \alpha_k d_k$$

式中，$d_k \in R_n$ 是搜索方向，$\alpha_k > 0$ 是步长因子，它满足某线搜索终止条件。显然，每步迭代主要由两部分组成：一是搜索方向 d_k；另一是步长因子 α_k。

求解无约束优化问题的共轭梯度法是从求解线性方程组的线性共轭梯度法推广而来的，其搜索方向是负梯度方向与上一次迭代的搜索方向的线性组合，它表示为

$$d_0 = -g_0, \quad d_k = -g_k + \beta_{k-1} d_{k-1}$$

关于参数 β_k 的不同取法对应于不同的共轭梯度法，著名的有 1952 年 Hestenes 和 Stiefel 提出的 HS 方法；1964 年 Fletcher 和 Reeves 提出的 FR 方法；1969 年 Polak 和 Ribire；Polyak 分别独立提出的 PRP 方法；1980 年 Fletcher 提出的 CD 方法（即共轭下降法）；1991 年 Liu 和 Storey 提出的 LS 方法；1995 年戴虹和袁亚湘提出的 DY 方法。

上述六个经典方法，其参数 β_k 有一个有趣的现象，它们共有两种分子、三种分母，由排列组合原理，只能组成这六种公式。进入 21 世纪以来，对于共轭梯度算法修正公式的探索也取得了新结果。2001 年，戴虹和 Liao 利用拟牛顿方程及 HS 共轭梯度法的共轭性之间的关系，提出了一种新的非线性共轭梯度法 DL 方法。2004 年，Yabe 和 Takano 基于 DL 方法的思想，利用 Zhang、邓乃扬和 Chen 及 Zhang 和徐成贤提出的割线公式，也得到了一种非线性共轭梯度法 YT 方法。2005 年，Hager 和张洪超提出了一种下降的非线性共轭梯度法 HZ 方法。

三、单轴总场提取磁异常处理的局限

地磁场是矢量场，正常场和异常场为矢量叠加，大小相等的异常场方向不同时，磁异常会有很大差异。单纯使用地磁总场提取的异常信号不能很好地反映磁异常源的形状和朝向。

第二节　矢量场探测及数据分析方法原理

一、地磁场简介

1. 地磁场的结构

地磁场总强度 $\boldsymbol{T}$ 矢量，习惯上也称为地磁场，是近似于一个置于地心的偶极子的场。这个偶极子的磁轴 SN 和地理轴相反且斜交一个角度。图 3.7 是地心偶极子磁场的磁力线

分布情况。N_m与S_m就是磁轴SN延长到地面上与地表相交的两个交点，分别称作地磁北极N_m与地磁南极S_m。应当指出，地磁北极N_m与地磁南极S_m是按地理位置说的。按磁性来说，地心偶极子的两极和地面上使用的罗盘的磁针两极极性正好相反。

地磁场是一个弱磁场，在地面上的平均强度约为50000 nT。实际上在地面人们观测得到的地磁场T是各种不同成分的磁场之和。它们的场源分布有的在地球内部，有的在地面之上的大气层中。按照其来源和变化规律的不同可将地磁场分为两部分：一是主要来源于地球内部的稳定磁场T_n；二是主要起因于地球外部的变化磁场δT。因而，地磁场T可以表示为

$$T = T_n + \delta T$$

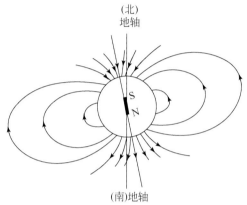

图 3.7　地球磁力线分布示意图

按照地磁场的高斯数学分析法，可以把稳定磁场和变化磁场分解为起源于地球内、外的两部分

$$T_n = T_{si} + T_{se}, \delta T = \delta T_i + \delta T_e$$

式中，T_{si}是起因于地球内部的稳定磁场，占稳定磁场总量的99%以上；T_{se}是起源于地球外部的稳定磁场，仅占1%以下。δT_e是变化磁场的外源场δT_i为变化磁场的内源场。一般情况下，变化场为稳定场的万分之几到千分之几，偶尔可达到百分之几。故通常所指的地球稳定磁场主要是内源稳定场，它由以下三部分组成

$$T_{si} = T_\varphi + T_m + T_a$$

式中，T_φ为中心偶极子磁场；T_m为非偶极子磁场，也称为大陆磁场或世界磁场，这两部分的磁场和又称为地球基本磁场，编制的世界地磁图大多为地球基本磁场的分布图。其中T_φ场几乎占80% ~85%，故它代表了地磁场空间分布的主要特征。

内源稳定场的另一个组成部分，是地壳内的岩石矿物及地质体在基本磁场磁化作用下所产生的磁场，称为地壳磁场T_a，又称为总磁异常矢量。这部分磁异常对编制世界地磁图来说，均属全球地磁场的局部现象，应属于光滑滤波除掉的部分。而对于磁法勘探来说，测定和研究地壳磁场，则是解决地质构造和矿产资源调查的一个重要研究对象。

2. 地磁要素

地磁场总强度T是矢量，为描述地磁场总强度T在地表某一点的状态，我们定义若干

个地磁要素。将空间直角坐标系的原点置于考察点，x 轴指地理北（或真北），z 轴铅直向下，见图 3.8，图中，I 为地磁倾角，北半球 T 下倾，规定 I 为正，南半球 T 上倾，规定 I 为负；Z 为地磁场垂直分量，北半球 Z 为正，南半球 Z 为负；H 为地磁场水平分量，全球皆指磁北；D 为地磁偏角，H 自地理北向东偏 D 为正，西偏 D 为负；X 为地磁场北向分量，全球皆指向真北，Y 为地磁场东向分量，H 东偏 Y 为正，H 西偏 Y 为负。

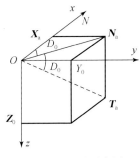

图 3.8　地磁要素图

T、Z、X、Y、H、I 及 D 称为地磁要素，七个地磁要素间有如下关系

$$\begin{cases} H = T\cos I \\ Y = H\sin D \\ \tan I = \dfrac{Z}{H} \end{cases} \qquad \begin{array}{l} Z = T\sin I \\ X^2 + Y^2 = H^2 \\ T^2 = H^2 + Z^2 = X^2 + Y^2 + Z^2 \end{array} \qquad \begin{array}{l} X = H\cos D \\ \tan D = \dfrac{Y}{X} \end{array} \tag{3.2}$$

式中，$T = |\boldsymbol{T}|$、$H = |\boldsymbol{H}|$、$Z = |\boldsymbol{Z}|$、$X = |\boldsymbol{X}|$、$Y = |\boldsymbol{Y}|$。要想确定地面上一点地磁场的强度与方向，至少要测出任意三个彼此独立的地磁要素，称之为地磁三要素。目前，只有 I、D、H、Z 与 T 的绝对值是能够直接测量的。根据地磁要素之间的关系可知，在地磁三要素中，磁偏角 D 是必须测量的，其他两个要素可根据情况选择测定。

通过上述介绍，磁场测量是一个矢量场测量的问题。

二、矢量磁场数据测量方法原理

1. 磁场数据测量方法分类

最早的磁场探测器已有 2000 多年的历史，通过感应地球磁场辨识方向或为舰船导航。随着现代科技的进步，磁场传感器的应用越来越广泛，磁场传感技术向着高灵敏度、高分辨率、小型化以及和电子设备兼容的方向发展。

从应用的观点出发，根据磁场感应范围将磁场传感器分为三类。

（1）低强度磁场传感器通常检测 1 μG 以下的磁场，主要测量方法有超导测量和感应线圈测量三种方法。

（2）中强度磁场传感器通常检测 1 μG～10 G 磁场，主要测量方法主要有磁通门测量和各向异性磁阻测量两种方法。

（3）高强度磁场传感器检测范围通常在 10 G 以上，这一类型的传感器包括簧片开关、半导体锑化铟（InSb）磁力计、霍尔装置和巨磁电阻磁场传感器（GMR）传感器。

从磁场测量技术的发展可以分为以下三个阶段：

（1）20 世纪 30 年代末到 70 年代中期，由磁通门磁力仪、质子磁力仪和光泵磁力仪构成的 TMI 测量。

（2）20 世纪 70 年代中期到 90 年代中期，利用光泵磁力仪测量地磁场模量的水平和垂直梯度。

（3）20 世纪 90 年代中期至今，航空磁场分量测量（航空矢量测量）和航空全张量磁力梯度测量。

2. 矢量磁场数据测量方法原理

上一节介绍了一些磁场测量的传感器，但这些测量传感器测量的磁场并不完全是测量矢量磁场的。磁通门传感器是应用较早且较广泛的一款磁测设备，但精度较低，原理简单。目前，国际上磁测量技术逐渐进入了第三阶段，因此，对超导传感器进行详细的讲述。下面主要介绍一些常用的矢量磁场数据测量传感器的原理。

（1）磁通门传感器。

磁通门磁力计在导航系统中运用最为广泛，约于 1928 年发展起来，后来被军方用于探测潜艇。磁通门磁力计可测量磁场强度为 $10^{-6} \sim 10^{2}$ G 的直流或缓慢变化的磁场，其频率带宽约为数千赫兹。

基本磁通门如图 3.9 所示，它包括绕有两个线圈的铁心，主线圈或激励线圈，辅线圈或收集线圈。在运行时，主线圈中加有频率为 f_0 的激励电流 I_{exc}，其大小足以使具有磁导率 μ 的铁心饱和。我们称这种装置为磁通门的原因非常明显，当铁心不饱和时，因其磁导率 μ 高给外部磁场 B_0 的磁力线提供低磁阻通路［图 3.9（a）］，当铁心饱和时铁心磁阻增加，磁力线溢出铁心［图 3.9（b）］。

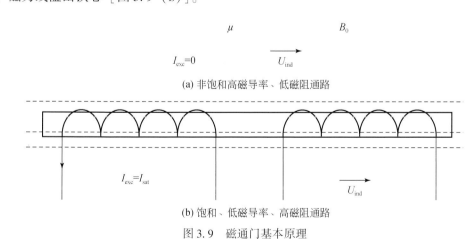

(a) 非饱和高磁导率、低磁阻通路

(b) 饱和、低磁导率、高磁阻通路

图 3.9　磁通门基本原理

可通过二次谐波原理、脉冲定位原理或脉冲高度原理从输出信号中提取外磁场 B_0。磁通门大都用在闭环直流磁力计中，其分辨率可达 0.1 nT。磁通门磁力计具有高分辨率和良好的鲁棒性，这使得它得到较广应用。

（2）超导传感器。

超导测磁方法是 20 世纪 80 年代中期利用超导技术发展起来的一种新型测磁方法。其灵敏度可高达 7×10^{-6} r，测程可从零到数千高斯，能响应零到几兆甚至到 1000 MHz 的快速磁场变化。

超导测磁方法是利用超导结的临界电流随磁场周期起伏的现象来测磁的。如图 3.10 所示，在超导结两端加上电源，电压表 V 无显示时电流表 A 显示的电流为超导电流，电压表开始有显示时电流表所显示的电流为临界电流。当加入磁场后，临界电流将有周期性起伏，其极大值逐渐衰减，振荡的次数乘以磁通量子即透入超导结的磁通量。因为磁通与外磁场成正比，求出磁通也就求出了磁场。若磁场有变化，则磁通也变化，临界电流的振荡次数乘以磁通量子就可反映磁场变化的大小。这样，利用超导结可测定磁场的大小及其变化。

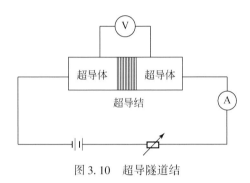

图 3.10　超导隧道结

超导量子干涉装置（SQUID）是典型的低温超导测磁仪器，是目前已知的灵敏度最高的低强度磁场传感器。随着超导 SQUID 磁测量技术的成熟和灵敏度的不断提高，基于高灵敏度超导磁力仪的矢量磁测量成为目前国际航磁测量的研究热点。

超导磁力仪包括三个部分：①LTS SQUID 芯片，芯片的性能与设计参数（如临界电流、SQUID 环电感、结构尺寸）以及工艺过程及参数（如绝缘层的氧化，光刻等）密切相关，需要根据磁探测应用环境对器件性能的具体要求进行器件设计和工艺优化。②LTS SQUID 器件读出电路，主要包括信号变压器的研制、交流磁通调制式锁定电路的研制与多通道读出电路的研制。③LTS SQUID 磁接收探头，主要包括三轴磁强计的研制和单轴一阶平面梯度计的研制；超导磁接收组件的集成，主要包括探头集成、射频屏蔽以及可靠性测试。

超导磁力仪具有极高的灵敏度（pT 级以下），应用于非静态磁测量时，超导磁力仪在无屏蔽的环境磁场下［环境场（30～60 μT），扰动：μT 量级］跟随运动体运动，会使超导磁力仪的三轴磁强计测量磁场变化幅度达到 μT 量级以上，这对超导磁力仪的动态范围提出了挑战，超大动态范围磁场测量技术是超导技术应用于非静态磁测量的关键技术。

针对超导磁力仪应用于非静态磁场测量时存在的问题，超导磁力仪在以下三个方面进行了优化。

1）在强磁场中稳定工作的 SQUID 磁强计

在非静态应用中，需要超导磁力仪稳定工作于无屏蔽的运动平台上。一方面，环境磁场强度比较高，外磁通容易进入 SQUID 环从而导致其性能下降；另一方面，动态下超导磁力仪相对地磁场即使是很小的转动也会产生很大的磁通变化，使得 SQUID 磁强计溢出；这两方面的影响使得 SQUID 磁强计的性能下降，灵敏度降低和工作状态不稳定。因此为使 SQUID 磁强计在环境磁场和运动平台下稳定工作，需要优化 SQUID 器件的设计结构、制备工艺和读出方案。

2）高性能一阶梯度计

一阶梯度计是由 SQUID 芯片和一阶梯度输入线圈两部分在芯片上直接集成而成。其中 SQUID 芯片和磁强计中使用的 SQUID 芯片具有完全不同的要求。首先必须优化 SQUID 敏感元件（SQUID washer）的设计，减小环境磁场本身直接耦合产生的输出，同时必须优化梯度输入线圈，提高平衡度减小共模信号的干扰，优化结构和材料参数，减小磁通蠕动等导致的性能下降等。研制高性能的一阶梯度计，必须解决地磁场直接耦合和高平衡度梯度线圈这两个关键技术难题。

3）多通道磁力仪串扰问题

超导磁力仪包含一个三轴磁强计和一个一阶平面梯度计，共四个通道，后期实现全张量探测时，需要磁场测量八个通道。由于超导磁力仪具有很高的灵敏度（fT 级），同时由于体积和重量等因素的限制，多通道磁力仪中的 SQUID 芯片间距比较小，可能出现严重的串扰，导致磁力仪性能下降甚至完全不能工作。在运动平台下，该问题会更加突出。因而如何解决 SQUID 器件及读出电路间存在的串扰问题，是需要攻克的一项关键技术问题。

三、小结

本节主要是对矢量磁场测量与数据分析方法原理进行了介绍。首先，简单介绍了地磁场的结构和地磁要素；然后，对磁场测量技术进行了简单分类；最后，对矢量磁测传感器（磁通门传感器和超导磁力仪）进行了详细介绍。从而对矢量磁场测量有了基本的了解。

第三节 磁测仪器研发关键技术

一、磁通门磁力仪

磁通门磁力仪是利用具有高导磁率的软磁铁芯在外磁场作用下的电磁感应现象测定外磁场的仪器。它的传感器的基本原理是基于磁芯材料的非线性磁化特性。其敏感元件是由高导磁系数、易饱和材料制成的磁芯，有两个绕组围绕该磁芯，一个是激励线圈，另一个则是信号线圈。在交变激励信号的磁化作用下，磁芯的导磁特性发生周期性饱和与非饱和变化，从而使围绕在磁芯上的感应线圈感应输出与外磁场成正比的信号。该感应信号包含一次谐波、二次谐波及其他谐波成分，其中偶次谐波含有外磁场的信息，可以通过特定的检测电路提取出来。通过检测偶次谐波电压，可以实现对磁场的测量。就其直接检测目标而言，磁通门是十分简单的，每一个探头只能感测环境磁场在其轴向的分量。

它能将环境磁场调制成偶次谐波感应电势，这种现象称为磁通门现象，由环境磁场而产生的那部分感应电势称为磁通门信号。因为磁通门探头必须备有铁芯，故在苏联又常称之为铁磁探头。因为探头铁芯必须工作在饱和状态，才能获得较大的信号，故又常称之为磁饱和探头。从本质上看，磁场门现象实为变压器效应的伴生现象，也服从电磁感应定律。磁通门探头是一种变压器式的器件，只是用途和结构不同。在变压器中不希望存在的磁通门信号，正是磁通门探头希望提高其灵敏度者，变压器效应感应电势却成了对磁通门传感器有害的探头噪声。在实际应用中为了实现精确测量，必须设法消除磁通门探头变压器效应。其方法是设计差分输出探头。将两个单铁芯探头平行激磁线圈反向串联，感应线圈同向串联，使变压器效应感应电势抵消，而磁通门信号叠加。

为保证磁通门真正处于零磁场工作状态，磁通门电路采用闭环系统，磁通门硬件处理电路包括磁通门激磁电路、选频放大器、相敏检波电路、积分环节、反馈环节等。磁通门检测到的环境磁场强度经以上几个环节后，输出一个与环境磁场强度成比例的电压信号。此信号可送到计算机或其他电路进行处理，转换为磁场值。

磁通门检测电路需要加一个选频电路，其主要功能是尽可能少的非二次谐波分量进入后级的电路，因为由前面的分析可知，奇次谐波和被测磁场没有关系。

在实际应用中，由于隔离变压器或磁通门中的绕组匝数不平衡或磁通门中的铁芯平行度等原因，会造成磁通门输出不可能十分理想。磁通门的输出除 $e(H_o)$ 外，还包含一些其他的噪声信号。为了将无用的信号滤除，磁通门的前置放大器采用选频放大器，因选频放大器对磁通门的精度有害，故选频放大器的设计只考虑信号增益的稳定，而不过分追求滤波效果，其品质因数不能过高，以免出现振荡或增益不稳定。相敏检波器：相敏检波器的作用是使除二次谐波外的其他各次谐波信号通过相敏检波器后，在积分器上积分值均为零，二次谐波分量信号通过相敏解调器时效率最高。积分滤波电路：积分滤波器的功能是滤除所有的脉动分量。积分滤波器是电路输出端的最后处理环节，它将相敏检彼器检波后脉动的二次谐波信号转换成平滑的直流信号，一方面送到后面的电路进行处理；另一方面通过反馈环节送到磁通门中，产生与被测磁场相反的磁场，以使磁通门始终工作在零磁场下，从而保证磁通门的最高精度。积分滤波电路的设计原则是要兼顾滤波效果与系统的反应时间，积分时间长，滤波效果好，但系统反应时间长；积分时间短，系统反应快，但滤波效果不好。反馈环节：为保证磁通门始终工作在零磁场的情况下，在磁场负反馈系统中，反馈系统的稳定和准确是特别重要的。

为了用三个分量来较全面地描述地磁场，就需要研制三个分量的磁通门磁力计，测量矢量的三个正交方向的分量。利用相同的三套电路，只要使三个传感器的灵敏轴两两正交就可以测量磁场三个方向的分量。考虑到三个灵敏轴互相正交的磁通门传感器信号之间会有干扰，因此，在电路中增加了反馈环节。反馈系统的关键是反馈磁场能够完全补偿待测磁场使传感器处于零场工作状态，这就对反馈磁场的稳定性和均匀性提出了要求。

磁通门磁力仪是一种弱磁测量仪器，可以用来测量地磁场等弱磁场。地磁场是地球物理场之一，它的大小约为 50 μT。磁通门传感器是向量型的，即可以测定沿任意方向的磁场，功耗小，一般几十毫瓦、几百毫瓦，也有微功耗的，1 mW 左右。而且工艺比较简单，造价低。因此，即使在质子磁力仪、光泵磁力仪、超导磁力仪等出现以后，磁通门磁力仪仍在不断发展和完善，其用途和应用范围也越来越广。

磁通门磁力仪自 1933 年出现以后，一直在不断发展，即向高精度、简单、实用轻便的方向发展。20 世纪 50 年代到 70 年代末的航空磁测都是采用磁通门磁力仪，灵敏度从 25 nT 改进到 2 nT，1969 年已经用于阿波罗月球登陆中的磁探测。最近，奥地利送给中国科学院空间科学与应用研究中心一批测定地磁脉动的磁通门磁力仪，可在地球上不同地点同时测定磁脉动，仪器配备的 GPS 定时精度可达到 0.01 s。国家地震局地球物理研究所的 DCM-1 型数字地磁脉动观测系统、中国科学院空间科学与应用研究中心 1986 年研制的 SDM 型自动补偿数字显示磁力仪，都是磁通门磁力仪向高精度发展的例子。

二、光泵磁力仪

20 世纪 50 年代初法国物理学家阿尔弗雷德·卡斯特勒（Alfred Kastler，1902.5.3 至 1984.1.7）发明光磁双共振技术，它利用光抽运（Optical pumping）效应来研究原子超精细结构塞曼子能级的磁共振。气体原子塞曼子能级之间的磁共振信号非常弱，利用磁共振的方法难于观察。用圆偏振光激发气态原子使相邻能级之间的粒子数差额增加了几个数量级，测量共振之后的通过吸收室的偏振光强的变化，巧妙地用光信号的变化来探测共振的跃迁过程，又使磁共振的探测灵敏度提高了 7~8 个数量级，大大提高了探测灵敏度。光泵磁共振在基础物理研究中有重要应用，在量子频标、精确磁场测量等方面有很大的实用价值。因对上述光抽运技术的贡献，卡斯特勒在 1966 年获得诺贝尔物理学奖。光泵磁力仪就是根据此原理研制的。按共振元素的不同，分为氦（He）光泵磁力仪。碱金属光泵磁力仪：钾（K）磁力仪、铷（Rb）磁力仪、铯（Cs）磁力仪。还有双共振元素如铯钾（K，Cs）光泵磁力仪等。我们研制的光泵磁力仪采用的就是氦元素。1965 年，长春地质学院制了我国第一台光泵磁力仪。1976 年，北京地质仪器厂在北京大学和长春地质学院等单位的协助下，成功研制了氦跟踪式光泵磁力仪。20 世纪 90 年代北京大学研制的氦光泵磁力仪分辨率达到 4.5 pT/S（八倍频设计），采样率达到 20 Hz。

氦元素光抽运物理过程参考图一，处于 2^3S1 亚稳态的氦原子也被称为正氦，通过高频无极放电驱动电路实现。处于 2^3S1 亚稳态的氦原子能级在外磁场中塞曼分裂为三个子能级，塞曼子能级之间的间距与磁场强度成正比。以图 3.11 中 D1 线为例，通过圆偏振光实现光抽运。使各子能级上的粒子数产生不均匀分布，即"偏极化"，又通过射频振荡器产生的射频（RF）信号去极化，使这些子能级上的原子数目达到均衡，使光抽运得以实现和平衡。偏极化使 2^3S1 的粒子远远大于 2^3P1 的粒子。如果没有去极化粒子将堆积在 2^3S1 的子能级，根据左旋圆偏振光和右旋圆偏振光的不同会分别堆积在 2^3S1 的子能级+1、子能级-1 上，而不再发生跃迁、也不会吸收 D1 线的状况（应该尽量减少原子碰撞的去极化状况，此现象在此物理过程中是一种本底的噪声），又通过射频振荡器产生的射频（RF）信号去极化，使 2^3S1 的子能级粒子可以均匀地分配到其他子能级，使光抽运得以实现和平衡。此去极化的（RF）射频频率和外磁场强度有下列关系：

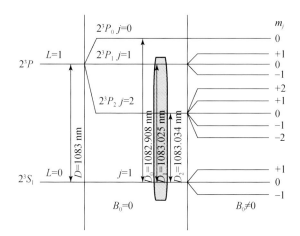

图 3.11 ^{4}He 亚稳态正氦塞曼分裂能级图

$$F_c\ (\text{Hz}) = 28.02356\text{BT}\ (\text{Hz/nT}) \times B_T$$

$$B_T\ (\text{nT}) = 0.03568426\ (\text{nT/Hz}) \times F_c$$

此频率我们通常称为拉莫频率（Larmor frequency）。只要能够获得精确的拉莫频率，就可以精确测量外磁场的强度。在这个过程中物理机制研究、理论推导及数学计算方面都很重要，北京大学在这些方面有丰富的经验，虞福春早年在 F. 布洛赫（Bloch）教授的支持下和 W. G. 普洛克特（Proctor）合作，发现核磁共振谱线的化学位移和自旋耦合劈裂，奠定了应用核磁共振进行物质结构分析的基础，在世界科技发展史上留下了记录。我们在塞曼效应、弛豫过程、二级塞曼效应、双量子跃迁、光频移效应方面的研究，为光泵磁力仪探测器性能提高的研制提供坚实的理论依据和实验基础。

氦光泵磁力仪研制就是根据反常塞曼效应下亚稳态^{4}He 在地磁场中能级塞曼分裂，通过光磁共振现象测量地磁场强度的（图 3.12）。

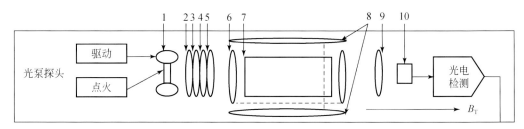

图 3.12   氦光泵磁力仪探头设计示意图

1. 氦灯；2. 透镜；3. 滤光片；4. 偏振片；5. λ/4 波片；6. 调制线圈；7. 氦室；8. 射频线圈；9. 透镜；10. 光电接收器

实现氦光泵磁力仪工作的关键是：

（1）设计出光路实现光磁共振。并通过保证光抽运的强度实现高灵敏度。同时设计出低噪声的探测电路，保证电信号的信噪比以保证磁力仪的高灵敏度。

（2）设计快速跟踪电路，连续有效测量地磁的变化。并且在不发生光磁共振时，能够自动寻找发生光磁共振的共振频率并锁定此信号然后实现跟踪。

（3）高倍频光磁共振频率并测量，提高地磁测量分辨率。

氦光泵磁力仪研制主要分三个部分的研制：光泵探头、光泵环路控制和光泵测量即外磁场强测量数据产生。

氦光泵磁力仪的探头实现见图 3.12。探头中的光路由氦灯、透镜、滤光片、偏振片、λ/4 波片、吸收室、透镜、光敏检测元件组成。电路有灯室点火驱动、高频无极放电驱动、调制线圈扫场信号（如果没有此电路也可以调制去极化线圈扫频）、射频线圈 RF 去极化信号、观点接受和光电检测电路。通过这些设计实现光磁共振。

氦光泵磁力仪通过氦灯的特征光谱（1083 nm）在光磁共振时观测通过吸收室后光强的变化，实现对外磁场强度的测量。为了有高的灵敏度，必须提高信噪比，在探头提高信噪比从两个方面处理着手，即提高信号强度和减小噪声。提高信号强度首先要求氦灯输出稳定且光强度大的特征光，其次是氦室吸收和不吸收此特征光线差别大。减小噪声则需要光电检测电路低噪声设计，灵敏测量氦室透射的光强度变化，保证信噪比。如果进入吸收室前的圆偏振光不纯正，混入椭圆偏振光也会影响光抽运效果。

氦灯、氦室是光路设计的两个关键部件。也是这个系统的关键部件。氦灯是磁共振光源，发射磁共振特征光谱（1083 nm），供氦室共振吸收用。发射光谱线比吸收光谱线的半宽度窄。保证峰值吸收。光谱纯度高、背景低，且在光谱通带内无其他的干扰谱线。辐射能量稳定性好、寿命长。在光路中通过干涉滤光片提高氦灯输出特征光线的单色性。或者应用激光二极管得到单色性好的特征光线。氦室有足够的磁共振吸收能力，适当的氦室弛豫时间，产生磁共振和不产生磁共振特征光线输出光强变化大，易被光电检测，有好的分辨线宽。

氦灯气体密度太高多普勒效应对光源谱线展宽有影响、对吸收谱线也有影响，气体密度太小，影响光强的输出。吸收室气体密度太高和体积太小碰撞的去极化会是一个不可忽视的噪声根源，吸收室气体密度太小和体积太大吸收特征光谱的能力会减小，同时空间的磁场不均匀也会恶化分辨线宽。

而对于光泵探头电路设计，高频无极放电驱动板保证氦灯发出稳定强度的特征光线。为此需要保证射频电源频率、电压、功率要保持相当高的稳定度。另外射频电源要有足够的射频电压和功率保证氦室的电离程度和足够的光谱吸收能力。光电检测前端是灵敏的 1083 nm 的探测器；且光电检测电路低噪声设计，灵敏测量氦室 1083 nm 光强度变化，保证信噪比。同时和后级磁共振信号的获取匹配，减小传输的噪声影响（图 3.13）。

氦光泵磁力仪光泵环路控制主要是磁共振信号获取，并根据磁共振信号状况通过 VCO 电路产生去极化信号控制光泵去极化的工作。其中，要求调制扫场驱动电路，驱动信号频率稳定性好、幅度稳定、抗干扰能力强。去极化信号幅度稳定、频率纯度高、抗干扰能力强。调节最佳去极化信号和调制扫场驱动信号，其信号与调制线圈、去极化视频线圈保持匹配。以实现最佳分辨线宽。而其中共振信号产生的压控振荡器 VCO 非常重要，由前面论述的去极化的信号的频率对应的就是拉莫频率，若对应地磁场强度范围为 35684 ~ 71368 nT，对应拉莫频率为 1 ~ 2 MHz，以秒为单位测量则最好分辨率为 0.035 nT。通过提高压控振荡器 VCO 的频率，再分频输出产生去极化信号。可以提高读数对应地磁强度的分辨率。现在我们的实际使用的 VCO 频率是 50 ~ 100 MHz（48 倍频）。其对应分辨率可达 0.75 pT/S。而

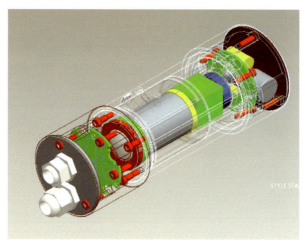

图 3.13　氦光泵磁力仪探头设计效果图

实验室 VCO 频率可达到 500~1000 MHz。分辨率可达 75 fT/S。倍频的程度决定磁力仪的最小磁场强度分辨率。另外在氦光泵磁力仪没有磁共振信号输出时，电路还应能自动搜索扫描，即要有光泵磁共振扫描寻踪功能；既要扫描跟踪速度快，又要在锁频跟踪的时候能够精细测量。保证测量数据的精确度。同时快速跟踪电路，能够连续有效测量外磁场的数据。

最后是光泵测量即外磁场强测量数据产生。系统工作时测量磁共振状态、获取磁场强度数据。可多路同步测量，这样系统实时性和同步性能好，合理安装探头位置，可实现补偿计算及梯度测量。采用 OCXO 恒温晶体时标，提高系统精度、稳定度。精度达到 $\pm0.5\times10^{-7}$，短时稳定度 10~11。自检时可测量磁共振分辨线宽。如果需要进一步提高测量精度应采用原子频标。

总之，在氦光泵磁力仪的单独应用时，关键点如下：

（1）氦灯、室设计制作；

（2）光电探测的低噪声设计；

（3）去极化高倍频射频信号产生及线性；

（4）去极化高倍频射频信号测量；

（5）设计快速跟踪电路且保证高精度的测量。

在地磁测量时如果是航磁测量，应该组成光泵磁力仪测量系统。由于飞行器在地磁环境下本身也会产生磁干扰，为了把氦光泵磁力仪测量的地磁场强数据还原到无干扰环境下的磁场强数据需要补偿计算，所以氦光泵磁力仪要和 GPS、三轴磁通门、高度仪等组成测量系统，同步测量各个参数实现航磁测量。并把测量数据实时存储到记录仪。同时主控系统软件完成自动测量和自动控制。如果需要测量数据也可以传输给电台直接传输到地面控制中心（图 3.14）。

光泵磁力仪早在 20 世纪 50 年代就研制成功并用于地球物理勘探，而在国内将光泵磁力仪用于航磁测量是在 20 世纪 80 年代开始的。尽管 20 世纪 90 年代就出现了钾光泵磁力仪

光泵磁探头1
光泵磁探头2
GPS天线
光泵、GPS串入
内部连接
磁通门串入
电台串出
外部连接

光泵主控
GPS
数据记录仪

图 3.14　氦光泵磁力仪主控系统

和超导磁力仪，但当前国际上主要使用的航空磁力仪仍然是氦光泵磁力仪和铯光泵磁力仪。不过这两种磁力仪的各项技术指标较以前有大幅提高，如中国国土资源航空物探遥感中心生产的氦光泵磁力仪的灵敏度已从的 0.008 nT（HC-95K 型）提高到 0.0003 nT（HC-2000K型）。在国外，主要的光泵磁力仪有 Scitrex 生产的 CS-3 铯光泵磁力仪！Geometrics 公司的 G-858 铯光泵磁力仪和 Polatomic 公司的 P-2000 氦光泵磁力仪，它们的灵敏度分别达到0.6 pT、0.01 ni 和 0.3 pT，基本上代表了国外的光泵磁力仪的发展水平。其中，美国Polatomic 公司率先用氦激光器代替原来的氦灯，研制出的 P-2000 的精度比原磁力仪进一步提高。加拿大 LRS 有限公司生产的铯光泵磁力仪的灵敏度已从 0.001 nT（CS-2）提高到 0.0006 nT（CS-3），美国 GEOMETRICS 公司生产的铯光泵磁力仪 G-822A 的灵敏度达到了 0.0005 nT（其另一型号 G-823A 铯光泵磁力仪是由 G-822A 传感器和超小型 CM-201拉莫尔计数器集合而成）。

　　早在 1998 年，加拿大的 GEM 系统公司就推出了基于 GMSP-30A 钾光泵磁力仪的航空梯度系统，然而航空钾光泵磁力仪真正的适用化却是在 2000 年后才完成。2002 年 GEM 公司又推出了 Super-Senser 航空钾光泵磁力仪，其敏感度较传统仪器增加了 5~10 倍。2003年 GEM 公司为无人机开发了一款轻便、简洁的钾光泵磁力仪——GSMP-30S，总重 1 kg，其传感器可以有 22 m 的跨度，用户可根据自己需求调节最高灵敏度（低于 pT 级）和运行速度。2004 年该公司又推出了基于 GMSP-30A 钾光泵磁力仪的直升机磁测系统，而且该系统也可用于固定翼飞机。2005 年，Aeroquest 公司用 GEM 提供的由四个钾光泵探头组成的直升机磁梯度系统，在英属哥伦比亚和纽芬兰地区完成了高精度"实时"三轴（沿测线、垂直测线和垂直向下）梯度测量，解决地质填图、构造特征研究和钻孔目标选择等问题。目前，钾光泵探头达到了商业磁力仪中可获得的最高的灵敏度（1 pT），采样率可达到100 Hz。

　　我国氦光泵磁力仪研制是从 1965 年长春地质学院制成了我国第一台光泵磁力仪。1976 年，北京地质仪器厂在北京大学和长春地质学院等单位的协助下，成功研制了氦跟踪式光泵磁力仪及铯自激式光泵磁力仪；1976 年，地矿部航遥中心生产出分辨率为 1 nT 每秒三次的航空氦光泵磁力仪，1982 年改进为 0.25 nT，1984 年改进为 0.1 nT；1985 年研制成功 HC-85 型每秒两次分辨率为 0.05 nT 的航空氦光泵磁力仪，20 世纪 90 年代中期，由航遥中心研制成的 HC-95 型手持式地面氦光泵磁力仪，分辨率达到 0.01 nT；中国船舶工业公司第 715 所研制的 HC-2 （GB-4A） 台站式氦光泵磁力仪/梯度仪是一种观测地磁场总场和梯度的高灵敏度仪器，分辨率达到 0.0036 nT；2003 年，航遥中心王庆萼教授研制的一型航空氦光泵磁力仪，分辨率达到 5 pT。中科院遥感所与北京大学研制出的氦光泵磁力仪 2013 年在每秒 20 次采样率条件下分辨率已达到 0.014 nT，即相当于 7.2 pT/S。

　　研制的氦光泵磁力仪测量的静态噪声通常小于 0.01nT。主要通过革新光泵传感器，将原先氦光泵传感器的较弱光源改为强光源，改进或更新光系组成器件的质量，将传感器的信噪比再提高一倍，即 S/N 由 16 提高到 32；设计研制新型氦共振室，满足全球任意航向飞行探测的要求；在已完成的现有模拟电路信号处理器和正在开发的数字电路的技术基础上，研制数字电路信号处理控制机，提高电路闭环后，对外磁场变化的响应速度和跟踪锁定性能。在此基础上研制实验室智能光泵测量系统；并根据前期航磁测量遇到问题设计系统，基本能满足野外航磁测量需要。目前还在做静态噪声的进一步减小，以便在对小型目标的寻找及军事目标探测有意义。

三、超导磁力仪

　　航空超导磁力仪仍处于研发过程之中。2003 年，德国高技术物理研究院 （Institute for Physical High Technology in Jena，Germany，IPHT） 推出了基于超导量子干涉 （SQUID） 技术的新一代高精度磁力传感器 Jessy Star，它属于世界上第一台全张量航空超导磁力仪，在南非和德国采用直升机吊挂和固定翼飞机锥式探头进行了测试。2005 年，IPHT 测试了基于低温 SQUID 技术的航空全张量超导磁梯度系统 （六个梯度通道和一个备用通道），用直升机调挂方式飞行了超过 150 h，用固定翼飞机锥式探头方式飞行了 35 h。该系统主要由六个超导磁力仪、SQUID 电子装置、低温恒温箱、波束引导系统 （SBAS）、惯性导航组件 （INU）、差分 GPS 系统和数据收录系统等组成，可测量沿测线、垂直测线和垂直向下的梯度，梯度仪本身的噪声水平低于 100 fT。

　　SQUID 制备是基于多层平面工艺，其中核心部分是三明治结构的 $Nb/Al-AlO_x/Nb$ 约瑟夫森隧道结。下显示了基于 $Nb/Al-AlO_x/Nb$ 三层膜的约瑟夫森结制备工艺流程，涉及的单元工艺包括溅射、光刻、刻蚀、剥离，蒸发等 （图 3.15）。

　　制备的工艺参数，其中 AlO_x 薄膜通过在纯氧气气氛中氧化 Al 薄膜获得，并通过氧化常数 （时间和气压） 来控制其厚度。利用高分辨率隧道电镜 （HRTEM） 对三层膜进行界面 （图 3.16） 分析，可以确定界面处元素成分及其 AlO_x 层的厚度 （此处为 1.7 nm）。通过改变氧化常数，我们获得了氧化层厚度和氧化常数之间的关系，如图 3.17 所示，这为下一步约瑟夫森结临界电流密度调控做好了准备。

　　在约瑟夫森结制备基础上，通过尝试结临界电流密度调控研究，获得了初步的结果。通过改变 AlO_x 势垒层的氧化常数 （厚度），获得了临界电流密度从几十到 kA/cm^2 变化的系列值。该结果对于未来 SQUID 设计和制备具有重要意义。影响 SQUID 灵敏度的参数包括电感、电容、旁路电阻等，其中临界电流直接影响到 SQUID 器件的调制深度、能量分

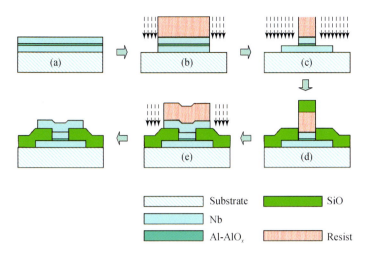

图 3.15　约瑟夫森结制备工艺流程

辨率等重要参数，因此掌握成熟的临界电流密度调控技术，对于制备高灵敏度 SQUID 至关重要。

约瑟夫森结是超导量子干涉器件（SQUID）的核心结构。通过完成平面约瑟夫森隧道结各个单元工艺摸索，具体包括光刻、刻蚀、蒸发、剥离、阳极氧化等工艺过程，制备出具有高质量的约瑟夫森结，为 SQUID 器件的制备打下坚实基础。

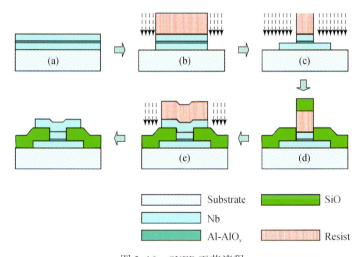

图 3.16　SNEP 工艺流程

在三层膜制备基础上，利用标准的选择 Nb 刻蚀工艺（SNEP）进行了约瑟夫森结的制备。约瑟夫森结及其将来的 SQUID 器件均属多层工艺，涉及多步光刻、刻蚀、剥离（lift-off）等单元工艺过程。这些工艺流程都会影响器件最终的性能。在摸索稳定的单元工艺基础上，逐步按照结工艺流程，尝试约瑟夫森结的制备。

对自主研制的 SQUID 芯片的噪声特性进行了测试，实测噪声水平约为 $7\phi_0/\sqrt{\mathrm{Hz}}$。折算为磁场噪声，大概在 $5\ \mathrm{fT}/\sqrt{\mathrm{Hz}}$，达到国际先进水平。

图 3.17　2 英寸 SQUID 样品

超导磁力仪探测系统辅助模块包括分子泵、储氦杜瓦、输液管等装置，该装置主要用于液氦杜瓦的液氦充灌、杜瓦的真空维持等（图 3.18）。

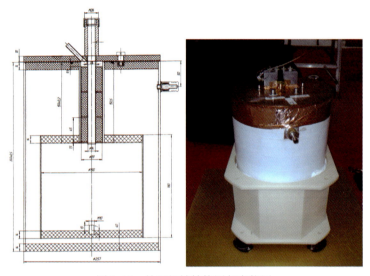

图 3.18　杜瓦机械结构图与实物图

目前超导磁力仪探测系统还只是研制出样机，运动过程中生产的磁噪声过大。要达到实用化的工程样机，还有一段路要走。

第四节　多轴观测数据处理及联合解释技术

一、航磁异常的处理与转换

磁异常的处理与转换是根据磁异常的数学物理特征，对实测异常进行必要的数学加工处理的目的主要包括以下三个方面：①使实际异常由复杂趋近简化，满足或接近解释理论所要求的假设条件。实际情况是复杂多变的，它往往不能满足前述的正、反演问题的假设条件。例如，实际地质情况中地质体的赋存状态多以组合的形式存在，解释起来比较困难，首先我们应该将这种复杂异常处理为简单异常，也就是将叠加异常分解为孤立异常，使其满足或接近正、反演理论的假设条件。②使异常满足某些解释方法的要求。随着解释推断要求的不断深入，推断方法也不断发展，这就需要从多方面提供异常信息，来满足推断方法本身的需要。目前，在磁法测量中，一般我们也只能测量到 ΔT 或 Z_a，有时还会用到 H_{ax}，H_{ay} 这些量，因此，在解释前，必须先用实际的异常来计算这些量，而后进行反演计算。③提高信噪比，突出磁异常中某一方面的特点。实测异常中，既包含了深部异常，又包含有浅部异常，根据不同的地质目的，需要突出某一部分异常而压制另一部分异常，这就需要进行延拓或滤波等手段将二者分开，提取有利于解释的异常，压制干扰成分，突出各自的特点。

磁异常数据预处理主要包括：正常场校正、日变校正、数据的网格化、异常的圆滑、区域异常与局部异常的划分等。

航磁数据异常预处理较为复杂，还包括异常值剔除与插值、光泵磁场异常值初步检测与剔除、测线切割、低通滤波去噪、磁补偿、人工逐次逼近调平等。

磁异常转换包括不同高度的异常值的换算（延拓）、磁异常的分量间的转换、导数的计算等。这种转换可分为空间域和波数域两类。由于波数域的异常转换应用比较方便，而且计算速度较快，近年来，对磁异常的处理与解释中人们普遍采用波数域异常转换的方法。

根据某观测平面上（或水平线）上的观测异常计算出场源以外其他空间位置的重、磁异常的过程称为重、磁异常的解析延拓。换算平面（测线）位于实测平面（测线）之上，就称为向上延拓，反之称为向下延拓。

向上延拓的主要作用是削弱局部干扰异常，突出深部较大地质体的异常，压抑浅部，较小地质体的异常。磁场随距离的衰减速度与磁性体体积有关，体积大，磁场衰减慢；体积小，磁场衰减快。对于同样大小的磁性体，磁场随距离衰减的速度与磁性体埋深有关，埋深大，磁场衰减慢；埋深小，磁场衰减快。因此小而浅的磁性体磁场比大而深的磁性体磁场随距离衰减要快得多。这样就可以通过向上延拓来压制局部异常的干扰，反映出深部大的磁性地质体。

重、磁异常的向下延拓与向上延拓建立在不同的数学提法上。对一个数学物理方程，如果存在一个唯一稳定的解，称之为适定问题。否则，称不适定问题。位场的向下延拓是不适定问题。其作用主要有三个方面：突出局部异常、划分水平与评价低缓异常。

磁异常分量间的转换计算包括同平面上的 Z_a 与 H_{ax} 间的转换、不同磁化方向异常间的转换。

（1）同平面上的 Z_a 与 H_{ax} 间的转换，利用几个分量同时进行解释，可提高结果的可靠性，或可使问题容易解决。例如，利用 $H_{ax} - Z_a$ 参量图，可判断地质体的形状和确定磁化特征角；由 H_{ax} 和 Z_a 可求得总磁异常矢量 T_a，便于推断某些地质体的倾向；此外，利用 H_{ax} 与 Z_a 间的转换可进行磁场正常场改正。

（2）磁化方向对磁异常曲线的特点有很大的影响。如果需要将实测异常换算成垂直磁化或顺层磁化的异常，则可以使推断解释工作变得更加方便。

磁异常导数已广泛用于异常解释。它是突出浅源异常、区分叠加异常、确定异常体的边界以及消除或削弱背景异常的常用方法。

二、地球物理联合解释技术

鉴于勘探目标的更加复杂和困难（如复杂的地表条件和地下构造），使得地球物理勘探手段难以得到高质量的资料。地球物理数据反演普遍存在不确定性、不稳定性、多解性等问题，如果综合利用多种地球物理信息联合反演，从不同角度研究同一地质对象，就能更真实地接近于实际，减少多解性，提高反演精度。非地震方法虽然精度和分辨率不如地震方法，但它们有各自的特点，将其综合利用即可达到高精度、高质量反演目标体的目的。重、磁方法横向分辨率较高，而电磁勘探介于地震和重、磁勘探方法之间，它比重、磁方法的垂向分辨和分层能力要高，但由于电磁场强度随深度呈指数规律衰减，其分辨能力也随着深度增加而减小，因而其垂向分辨能力要低于地震。但是，频谱范围丰富的大地电磁场穿透能力可达地下几十甚至上百千米，并且该方法具有不受高阻屏蔽以及对低阻层反应灵敏等特点，使得它在研究深部构造、基底结构和火成岩分布等方面具有独特的优势，成为地震勘探方法的一种重要补充。

通过综合地球物理联合解释技术进行典型剖面的航磁反演和解释，得到剖面构造特征，并对基底特征进行解释。在研究过程中以综合地球物理方法为指导，即：以岩石层板块构造学说为指导，以地质模型和岩石物性为纽带，坚持地质与地球物理相结合，正演与反演相结合，定性与定量相结合，通过多次反馈，认识区域控制局部，深层约束浅层在研究区的地质表现与解释。

地球物理响应是由地下介质的物理特性差异激发的，虽然各种地球物理响应互不相同，但由这些响应推断的地下介质是相同的。因此，由同一地下介质激发的地球物理数据推断该地下介质的特性，如埋深、厚度、速度、密度、电性等，都应相互一致。所谓联合反演就是在地球物理反演时联合应用多种地球物理观测数据，通过地质体的岩石物性和几何参数之间的相互关系求得同一个地下地质、地球物理模型。由于我们要推测的地球模型只有一个，它必须和地表观测到所有物理现象保持一致。因此，联合反演是地球物理数据分析的理想工具。联合反演的基本条件是参加反演的方法一定有公共的物性界面或地质体（杨文采，1997）。联合反演分为：同步反演、顺序反演、剥离法反演、伸展法反演（王家林等，1995），其总体研究思路如图3.19所示。

目前，联合反演的发展方向主要为两方面：①基于统一地质、地球物理模型的联合反演，即利用物性参数之间的相互转换，建立统一的地质、地球物理模型，从而沟通各种方法之间的相互联系，可以利用综合信息与地质模型之间的内在联系，达到相互补充、相互约束，减小反演的多解性。②基于统一数学、地质、地球物理模型的联合反演，即建立多种物探信息统一的数学、物理模型，进行多种物探信息统一的数据处理和反演成像．利用扩散场和波动场之间的关系，经过数学变换，将多种物探方法的数学物理模型统一成共同的数学物理模型，进行统一的数据处理和反演成像。

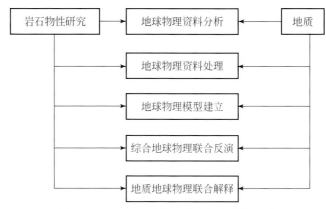

图 3.19　地质-地球物理联合解释研究思路

第五节　大深度磁场勘探增强型技术

重、磁异常的反演方法是建立在正演问题的基础上，习惯上分为定性、半定量和定量反演。定性反演主要依据异常的形态、变化规律以及相邻异常间的关系，参照已知的不同形体、不同物性条件地质体的异常特征对实测资料给出解释或说明。

半定量和定量反演则需要针对不同的异常，选用合理的方法，通过计算最后明确给出场源的位置、物性参数以及地质含义等解释。整个过程也可以用一个数学表达式来概括：即若已知重、磁异常 $f(x, y, z)$，则对待求的场源几何参数、空间位置和物性参数 b_1，b_2，$\cdots$，b_n，需首先确立已知量与待求量之间如下的函数表达式

$$f(x, y, z) = \varphi(x, y, z; b_1, b_2, \cdots, b_n) \tag{3.3}$$

对简单条件下的规则地质体模型，式（3.3）为简单多元非线性函数，由其可求解得到已知量与待求量之间简单的关系式，进而直接对具体的规则异常场源进行反演计算；对复杂条件下的不规则地质体，式（3.3）是一较复杂的非线性函数，往往无法直接求出已知量与待求量之间的简单关系式，因此对复杂条件下的不规则异常往往要给出更多的限定条件，或者用近似的方法进行反演，其计算过程也相对复杂。

国内外的研究文献显示，国内外研究者对磁异常的反演解释参量使用最频繁的是总强度磁异常和它的分量。随着测量仪器的进步，实际在磁异常数据的反演解释方面，采用磁场梯度值比采用强度值解释更为有利。因为相比较磁异常总场（或分量），磁梯度异常有以下优势：梯度异常与磁性体形状关系更为密切；梯度异常与浅源异常关系更为密切；梯度异常分辨磁性体叠加能力更强等（申宁华等，1985）。为更好地突出目标体信息和压制非目标体信息，在梯度仪发明之前，曾经有些学者尝试采用将总场（或分量）数学求导转换成梯度，再加以反演应用以达到更好的效果。

近年来，磁梯度仪直接测定已成功实现。一些学者也相应地进行了梯度反演的理论研究，例如，Nabighian（1972）提出了磁异常总梯度模法用于二维剖面磁测资料的解释，用来快速勾画磁性地质体中心及构造边界的水平位置草图；申宁华等（1985）给出了规则形体梯度磁异常的特征及定量解释方法；Nelson（1988）和 Reid（1990）将梯度张量等方法

理论应用于追踪磁性目标及工程环境勘探的研究；管志宁等（1993）对磁异常梯度解释理论和方法做了比较系统的研究；余钦范等（1994）介绍了 Cordell 和 Grauch 于 1982 年提出的一种用水平梯度极大值确定密度和磁性体边界的方法，并成功实现由计算机自动搜索成图和应用于区域重磁异常的构造解释之中；管志宁等（1997）提出了一种倾斜板状体磁异常 ΔT 总梯度模反演方法。关于任意三度体磁场梯度正演的问题，姚长利等（1997）系统地推导建立了在均匀磁化情况下磁场梯度理论公式及计算方法，解决了任意三度体磁场梯度正演问题，得出了在坐标系旋转情况下，磁场梯度的转换与磁场的转换具有本质的区别，并且在二维坐标系下，具有统一的任意阶梯度转换公式，在三维坐标系下，没有统一表达式的重要结论。管志宁等（2000）较系统研究了高精度磁梯度测量及反演解释技术；安玉林（2000）基于球坐标系研究了三度体任意方向梯度磁异常全方位正反演方法；郭志宏（2004）在对 Nabighian 反演方法进行了进一步研究后，针对航磁平面网格数据的大面积性特点，设计了一种航磁梯度数据反演解释的实用化改进方法；骆遥等（2007）在 Barnett（1976）任意形状地质体模型磁场计算表达式研究基础上总结和深化后给出了新的统一的均匀多面体重力场、梯度及磁场正演表达式形式。

　　大深度磁场勘探增强型技术主要包括空间域和时间域的处理和转换，通过这些技术和方法往往能使实际异常由复杂趋近简化，并从多方面提供异常信息，提高信噪比，突出磁异常中某一方面的特点，进而解决各种地质问题。其主要方法技术包括：线性增强技术、空间域延拓与导数计算、频率域水平方向导数模、总梯度模、延拓与导数计算等。

　　其中，一种线性增强技术也在磁异常处理中得到广泛的应用。线性增强的作用是用来凸现异常中可能存在的线性构造特征，压制干扰因素产生的异常，使得测区的线性异常信息更加突出。

　　经过处理的异常可能较为明显地反映地下地质体的边界、走向和规模等信息（图3.20）。

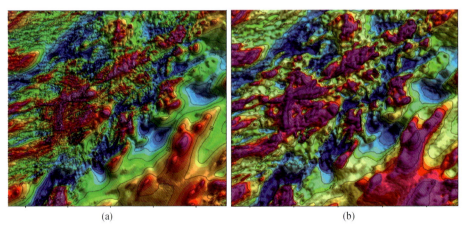

　　　　　　　　(a)　　　　　　　　　　　　　　　　　　(b)

图 3.20　线性增强技术在辽西地区的应用

（a）原始航磁异常；（b）线性增强后的航磁异常

　　航磁异常导数信息也能很大程度上反映磁场勘探结果。一阶导数极大值位置用于判断隐伏断裂带的位置和隐伏异常体的边界位置。不同方向的导数，还可以反映相应方向断裂带的分布情况。对磁异常求一阶导数，可以用来确定地下构造的边界和断裂带的位置，但对于一些较小的构造或是断裂带并不能起到突出的作用，所以常常通过求异常的二阶导数，根据其零值线来突出浅而小的地质体的异常特征而压制区域性或深部地质因素的影响。

航磁异常几乎包含了地下一定范围内地壳磁场的所有成分。因此，对航磁异常进行适当的分离，去掉地表局部异常以及相邻异常的干扰，而异常的剩余部分则是异常所在区域地壳磁场的主体。为了获得磁异常中由磁性基底所引发的磁场效应，需进行磁异常的分离。近年来小波变换等方法成为重磁数据处理的重要手段，利用小波多尺度分析性质可进行异常场的分离，进而得到所需磁性基底反演结果。另外，由于物质磁性受温度变化的影响，当地下温度高于居里温度时岩石即退变为无磁性，故计算该剩余异常场源的下底面深度即得到居里面深度值。居里面深度的计算结果对于研究地热分布、新生代盆地演化以及地壳活动性等问题具有重要意义。

第六节　模型与实例

一、模型示范选区

冀东是我国 BIF 型铁矿的重要成矿带之一，司加营司-马城（马）铁矿是该成矿带中两个具有代表性沉积变质型铁矿，司家营铁矿从 20 世纪 70 年代开始至 1983 年年底，已投入钻探工作量，累计探明铁矿储量 40 多亿吨，进入 21 世纪我国迎来了矿产勘查黄金十年，寻找隐伏矿、深部矿成为矿产勘查的重点领域，近年来在冀东司家营铁矿东部又发现了马城铁矿，探明铁矿储量大于 10 亿吨。因此，司马铁矿区的地质工作相对程度较高，矿体展布规律和展布形态较为清楚。此外，从地理和地貌上看，司家营-马城铁矿位于唐山市 ES 方向滦南县境内，交通位置优越，地形相对平坦（图 3.21），便于开展固定翼无人机航磁测量的实施与资料解释。

二、示范区成矿地质

司家营-马城铁矿位于河北省滦县县城东南 10 km，铁矿区大面积为第四系覆盖，厚 60～170 m，为河床、河漫滩冲洪积物；基岩为太古宙单塔子群白庙子组变质岩，为本区的主要含矿层位。矿区地处司马长复式褶皱带中，总体为走向近 SN、西倾的单斜构造，但早期构造形迹仍有保留，其中司家营整个矿区位于新河复式背斜西翼，司家营复式向斜东翼，矿区本身为一单斜构造，地层走向近 SN，倾向 W，倾角 40°～50°。矿体内小型褶皱十分发育。区内断裂构造较发育，主要有 NNE、NNW 和近 EW 三组。NNE 和 NNW 多为压扭性逆断层；近 EW 向的多为张扭性横断层，本组断层位移不太大，对矿体的破坏性较小。又如，马城铁矿区内铁矿体从北向南明显呈波浪状起伏，铁矿总体呈 SN 向带状产出，西倾，倾角 20°～56°，南北出露走向长 6 km，12～20 线间被 NEE 向逆平移断层（F1）所截断。矿体由单层或多层铁矿层组成。各矿体呈层状、似层状、大透镜状。浅部夹石较多，具分枝自然尖灭、膨胀收缩现象。深部呈规则板状体，由平行伸展逐渐近靠拢

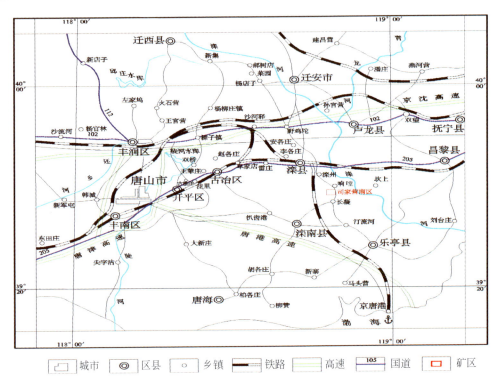

图 3.21　示范区行政区划与位置

收敛之势。各矿体水平相距 50~400 m 不等。在平面上从北向南各矿体呈右行斜列式展布，从纵断面上看，从北向南各矿体呈波浪状弯曲，3~7 线呈明显开阔背形，23 线为向形核部，反映了早期受 SN 向挤压，轴面走向近 EW，倾向 SE 不对称开阔倾斜褶皱形迹。

总体上看，司家营、马城铁矿处于同一大的构造单元内，矿体产状、形态、成矿层位等基本相同或相似。有专家推测司马铁矿在地下深部可能以倒转的向斜构造相连，因此推测在司马铁矿相连部位的低缓磁异常区的深部可能存在巨大矿体（图 3.22）。综上地质条件，构成了示范区成矿的基本地质模型。

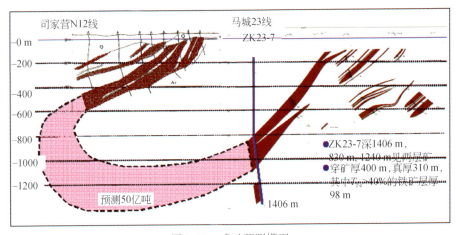

图 3.22　成矿预测模型

第七节　示范区地球物理场特征

一、工作方法和技术

为了充分开展无人机示范与验证研究工作，在以往地质-地球物理资料的基础上，研究示范区的地质与矿床特征，规划示范区研究范围，采集必要的地球物理观测数据，针对无人机航磁测量过程中可能存在的问题开展航空与地面测量对比实验研究，从而确定示范区工作的基本思路：

（1）结合已知司-马两个成矿带的区域航磁异常特征、成矿地质条件、矿床控制深度等有利条件，筛选工作靶区。

（2）在预选工作靶区开展地面1:10000高精度磁法测量研究工作，建立司家营铁矿、马城铁矿及相连区域的基本磁异常特征与规律。

（3）规划无人机航磁测量实验，开展不同比例尺、不同飞行高度无人机航磁测量的可行性实验研究，并与地面磁法测量结果进行对比研究。

（4）在上述研究结果的基础上，结合已知地质资料建立标准剖面，开展标准剖面高精度电磁法测量，揭示地下深部电性结构特征。

（5）通过对磁法观测参数的数据处理和反演解析，并与实际地质资料进行对比研究，建立测区标准综合地球物理剖面，开展成矿预测研究。

二、示范区磁异常特征与方法实验

（1）优选靶区及方案设计。

根据滦南司家营（司）-马城（马）铁矿区1:500000区域地质图，不难发现，司家营、马城成矿带均为近SN向近于平行展布（图3.23），两条成矿带相距3~5 km，处于大致相同的构造单元，矿体西倾，倾角20°~50°，当前存在主要问题是，虽然司家营铁矿开采至今30年，南部深部矿体的发育特征依然有待于研究，而马城铁矿至今仍未建矿开采，地下深部控矿构造不同的专家也有不同的解释。

根据滦南司-马铁矿区1:50000区域航磁异常图（图3.24）可以发现，两个铁矿成矿带恰好位于两条近于平行的、近南北展布的磁异常带中，其中马城铁矿南部矿区的磁异常具有呈EW向膨大的趋势，标志着南部深部矿体可能存在与北矿体相区别的构造特征。

矿区地形地貌特征十分平坦，地质上主要为第四纪覆盖，便于开展无人机航磁测量的方法与实验研究。为此，选择司家营马铁矿的南部矿区近50 km²的范围内作为重点靶区，作为开展无人机航磁探测系统应用示范研究或对比实验研究。

考虑实验目的和实验要求，如图3.23方框所示范围为此次应用示范的工作选区，并预先制定如下设计方案：

图 3.23　滦南地区司－马铁矿区 1∶500000 区域地质图（据中冶地质勘查院资料）

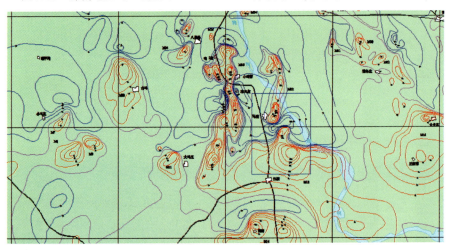

图 3.24　滦南地区 1∶50000 航磁异常图与示范靶区

①实验测量方式：固定翼无人机航磁测量 + 地面磁法测量 + 剖面电磁法测量；

②无人机搭载测量仪器：磁通门及氦光泵磁力仪；

③飞行测量面积：东西长 10 km，南北宽 5 km，面积 50 km²；

④飞行测线方向：垂直于 SN 向构造方向，拟采用东西飞行测量，测线长 10 km；

⑤飞行高度与比例尺：a. 飞行高度200 m，比例尺 1∶20000，共22 条测线；b. 飞行高度400 m，比例尺 1∶40000，共 11 条测线；

⑥地面测量面积与比例尺：测量面积 28 km²，东西长 9.4 km，南北宽 3 km，测线方向为东西向，测量比例尺 1∶10000；

⑦电磁剖面设计：根据磁法测量分析结果，选择具有典型特征的剖面开展音频大地电磁测量与研究。

（2）地面磁异常特征研究。

地面磁法测量工作采用加拿大 GEM 公司生产的光泵磁力仪进行数据采集工作，设计测量面 16 km²，实际完成 28.2 km²，测量比例尺 1∶10000，历时一个月时间完成。

测量数据经过常规数据处理成图，图 3.25 为马城铁矿南部矿区地面磁法总场（ΔT）异常等值线图。

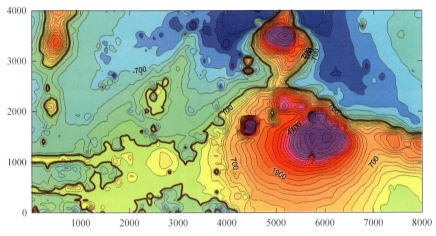

图 3.25　马城铁矿南部矿区 1∶10000 地面磁法总场（ΔT）异常等值线图

从地面磁法测量结果看，马城铁矿南部矿区磁异常特征明显，在 SN 向矿田构造的基础上，磁异常在测量区域内呈 EW 向分布特征，与马城铁矿 1∶100000 航磁特征相吻合，磁异常最高值达到 10000 nT，这也与钻探揭示地下深部厚大 BIF 型磁铁矿床相对应，在主体磁异常东西两侧分别存在两个低缓磁异常，磁异常从几百到几千 nT。此外，从观测数据可以看出，由于地面人文和工业干扰较大，在图像中表现为一系列的点状或线状磁异常，给地面磁法测量工作带来影响。

为了与无人机航磁测量结果进行对比研究，将地面磁测观测数据向上分别延拓 200 m（图 3.26）和 400 m（图 3.27）。

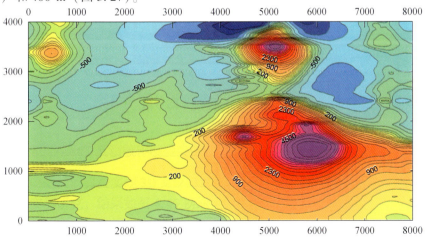

图 3.26　马城铁矿南部矿区上延 200 m 磁法总场（ΔT）异常等值线图

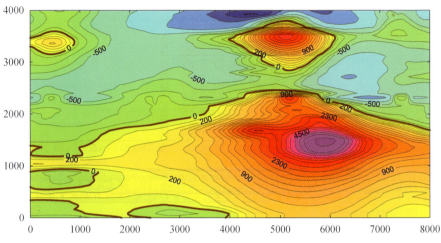

图 3.27　马城铁矿南部矿区上延 400 m 磁法总场（ΔT）异常等值线图

从上延 200 m 和 400 m 磁法总场（ΔT）异常等值线图中不难发现，通过上延处理后的地面磁法测量结果，地面干扰特征随着上延高度的增加干扰特征明显减少，但是图面西南角的线状磁异常依然存在，且随着上延高度的增加磁异常变形特征明显。

（3）无人机航磁异常特征研究。

根据地面磁法测量分析结果，结合司-马铁矿区成矿地质条件和成矿背景，规划设计了航飞测量方案，并在原地磁测量的基础上向北、向西进行了扩延，使航磁测量面积基本覆盖司家营、马城两个铁矿的南部矿区。

①飞行高度 200 m 磁通门航磁测量：图 3.28 为司-马铁矿区 200 m 高度 1∶20000 无人机磁通门总场异常（ΔT）等值线图，可以看出，由于相对远离地面 200 m，避免了近地面人文和工业环境的干扰，表现在等值曲线相对光滑，基本异常形态突出，无人机航磁总场观测质量明显优于地面观测质量，与地面上延 200 m 的磁异常图（图 3.26）进行比较，异常形态突出完整，且未见到地面西南角观测到的两条线状磁异常特征。

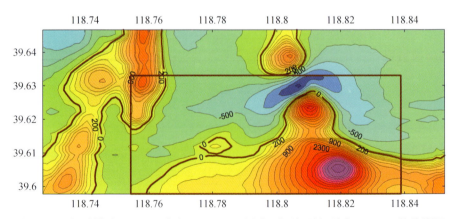

图 3.28　司-马铁矿区 200 m 高度 1∶20000 无人机磁通门总场异常（ΔT）等值线图

②飞行高度400 m航磁测量：图3.29为司–马铁矿区400 m高度1∶40000无人航磁异常（ΔT）等值线图，图中可以看出，由于相对远离地面400 m观测，且飞行比例尺缩小了一倍，磁异常形态相对简单，但主要异常体的次异常特征依然有良好的反应，只是异常变得低缓，等值线相对稀疏，与地面上延400 m的磁异常图（图3.27）和200 m高度无人机航磁测量结果（图3.26）进行比较，观测数据质量显得更加真实可靠。

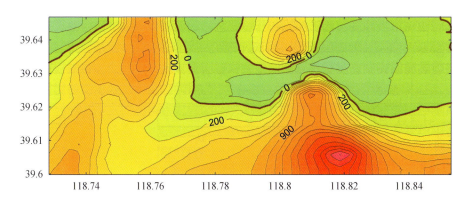

图3.29　司–马铁矿区400 m高度1∶40000无人机航磁异常（ΔT）等值线图

（4）典型剖面磁异常特征。

在前人的工作基础上收集整理了相关的剖面的地质地球物理及钻孔资料，并以此为参考开展典型剖面分析与研究。其中，最典型的剖面之一是马城铁矿39勘探线（图3.30黑色虚线部分），该剖面共有八个钻孔控制，最大控制深度1200 m，图3.30为马城铁矿39线综合剖面图。

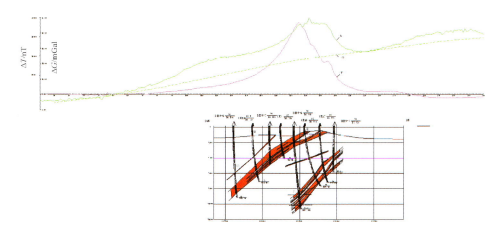

图3.30　马城铁矿39线综合剖面示意图

从图中可以看出地下深部存在两层主要隐伏矿体，恰好与地面的高磁异常和高重力异常相对应，并与实测的地面和航空磁法测量结果吻合。结合已知资料，我们选择无人机航磁测量的大致相同的测量剖面1250线（与39线斜交，呈EW向）进行了二维反演处理，

图 3.31 为 1250 剖面 200 m 飞行高度航磁反演断面图。从图 3.31 中可以看出，马城铁矿的航磁异常变缓，且异常幅度明显降低，分析与无人机飞行测量高度有关，相当于将地面磁法观测数据上延 200 m 的资料处理结果。此外，从航磁异常的反演结果看，马城铁矿呈向形展布特征，向形的右翼与钻探验证的结果基本吻合，这也从另一个方面反映了采用无人机航磁测量的可行性和有效性。

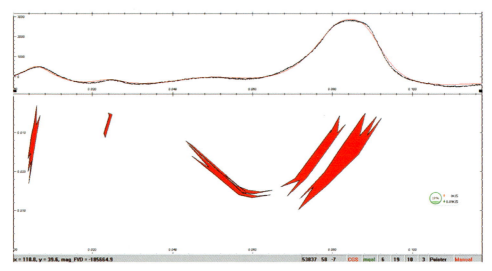

图 3.31　1250 剖面 200 m 飞行高度航磁反演断面图

三、示范区综合电磁异常特征研究

为了与实际地质资料和航磁资料的解释结果进行对比分析，进一步揭示地下深部矿体的存在特征，开展了音频电磁测深方法的应用技术研究。

在磁法测量基础上，沿实际地质 39 剖面线开展电磁测深剖面测量，测线全长 3 km，测量点距 40 m，比例尺 1∶10000，实际测深点 76 个。图 3.32 为 39 剖面线可控源音频大地电磁反演断面图，反映地下电性特征，呈明显高阻与低阻相间的三层向形结构特点，结合 39 剖面线地面磁测结果进行分析，认为马城铁矿可能为一个走向近 SN，两翼呈近 EW 向展布的褶皱构造控制，且向形电性特征显示，褶皱的东翼相对较缓，西翼相对较陡。

4）成矿模型与应用示范

为了进一步证明航空磁测、地面磁测及音频大地电测等综合地球物理方法应用的有效性和实用性，充分利用 39 剖面线的实际钻孔资料进行了验证（图 3.33）。验证结果表明，实际钻探资料与重、磁、电测量结果吻合的较好，证明无人机航磁测量系统的观测效果明显优于地面磁法测量。此外，电磁测深的结果反映出，在目前钻探资料揭示的矿体深部，存在三层矿体，从而预示着在现有马城铁矿深部依然存在一个巨大的成矿空间，为开展带约束的重磁反演研究，奠定了有效的地质地球物理模型基础。

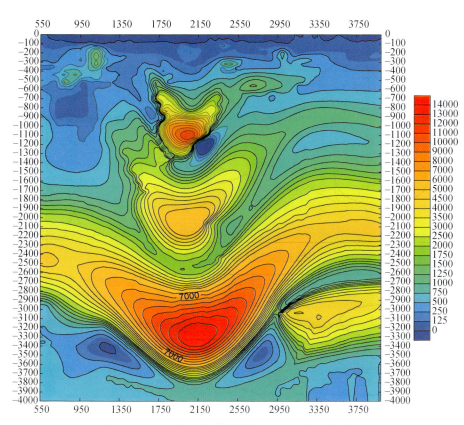

图 3.32　为 39 剖面线可控源音频大地电磁反演断面图

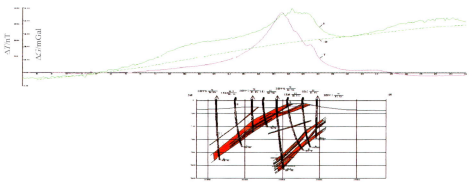

图 3.33　39 线综合重、磁、电、钻探剖面图

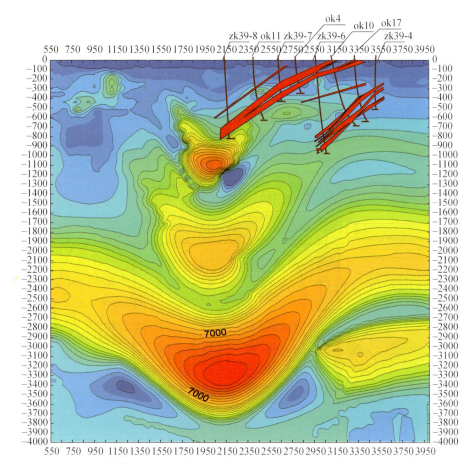

图 3.33　39 线综合重、磁、电、钻探剖面图（续）

第四章　地面电磁探测理论与应用技术

第一节　电磁场探测基本原理

一、地球内部介质的电性参数

地球内部电性结构取决于地球内部物质的电学性质及其空间分布。电性结构实际上是指各种电学性质参数的空间结构，这些电学性质参数包括电导率（σ）或电阻率（ρ）、介电常数（ε）和间接性质的磁导率（μ）（Tellord *et al.*，1990）。而在勘探地球物理领域，除这些电学性质参数以外，还有极化率（η）或充电率（m）等（Zhdanov，2009）。

1. 电导率（σ）

在物质中不考虑磁场作用时，传导电流密度与电场强度之间存在线性关系，即 $\boldsymbol{J} = \sigma\boldsymbol{E}$，比例系数 σ 称为电导率，单位为 $\dfrac{1}{\Omega \cdot m}$（或 S/m）；其"倒数"称为电阻率（$\rho$），单位为 $\Omega \cdot m$。在实验室中，测量岩矿石标本电阻率的示意图如图 4.1 所示。

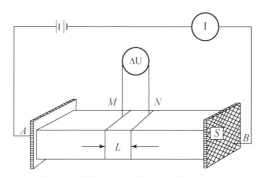

图 4.1　测量岩矿石标本电阻率示意图

电阻率为

$$\rho = R\frac{S}{L} = \frac{\Delta U_{MN}}{I}\frac{S}{L} \tag{4.1}$$

式中，S 为长方形标本的横截面积；I 为两端的输入电流；L 为测量电极 MN 间的距离，也即被测电阻率段的标本在正交与横面方面的长度；ΔU 为 MN 间测量的电位差；R 是被测标本的电阻。如果 $S=1\ \mathrm{m^2}$，$L=1\ \mathrm{m}$，则 $\rho = 1\ \Omega \cdot m$，因此电阻率是标本在单位横截面单位长度上的电阻值。用 ρ 记为物质的电阻率，物质的电导率为

$$\sigma = \frac{1}{\rho} = \frac{J}{E} \tag{4.2}$$

式中，J 是电流密，I/m^2；E 是电场，V/m，式（4.2）即欧姆定律。

2. 介电常数（ε）

在物质中，电场 E 代表物质中的总宏观电场，为了处理方便引进了辅助量电位移矢量 D，$D = \varepsilon_0 E + P$，P 是单位体积内的电偶极矩，称极化强度矢量，是在外电场作用下物质中每个分子的全部束缚电子对其相应的正电荷（原子核）作微观的相对位移显示出具有一定平均趋向的电性，造成极化现象形成的电偶极矩，是介电物质在外加电场的作用下被极化程度的一种度量。

对于各向同性介质，极化强度矢量 P 与电场强度矢量 E 成正比，$P = \chi_e \varepsilon_0 E$，从而

$$D = \varepsilon E \tag{4.3}$$

$$\varepsilon = \varepsilon_0(1 + \chi_e) = \varepsilon_0 \varepsilon_r \tag{4.4}$$

式中，ε_0 和 ε_r 分别为物质的真空介电常数（或真空电容率）和相对介电常数，电容率是非导体物质在外电场作用下抵抗在其内部建立电场能力的一种度量；χ_e 为物质的电极化率，$\varepsilon_0 = 8.854 \times 10^{-12} F/m$。式（4.4）表明介电常数 ε 或相对介电常数 ε_r 也是物质的一种电学性质。由于电子的质量很小，这种极化过程的时间很短。因此，介电常数 ε 只是空间的函数，认为和时间是无关的。

3. 磁导率（μ）

磁导率在研究物质的电学性质时是一个间接的物理量。在电磁学中电磁场是相互耦合的，因此电场和磁导率也有联系。单位体积内的 n 个分子电流都沿同一个方向取向，即沿磁化强度矢量 M 方向取向，M 是单位体积内的磁偶极矩，即为平均磁化强度矢量。相应于 M 有一个等效的磁化电流密度 J_m。在电磁学中 $J_m = \nabla \times M$，外电流激发的磁感应强度 B 是可以观测的，如同在相应物质中的电场强度 E 定义了一个新的电位移矢量 D 一样，在相应物质中的磁感应强度 B 也定义了一个新的磁场强度矢量 H：

$$H = \frac{B}{\mu_0} - M \tag{4.5}$$

实验表明，对于各向同性非铁磁性物质，磁化强度 M 和磁场强度矢量 H 成正比 $M = \chi_m H$，其中 χ_m 称为物质的磁化率，而物质中的 B 满足：

$$B = \mu H \tag{4.6}$$

式中，磁导率 $\mu = \mu_0(1 + \chi_m) = \mu_0 \mu_r$，$\mu_r = 1 + \chi_m$，$\mu$ 和 μ_r 分别称为物质的磁导率和相对磁导率；χ_m 为物质的磁化率。上述介电常数（ε）和磁导率（μ）的详细介绍可参考熊皓皓等（2000）文献。

4. 极化率（η）或充电率（m）

物质的介电极化是指分子中的束缚电子和原子核在外加电场诱发下由平衡位置被拉开而显电性的现象。而物质的另一类"极化"则是在外加电场作用下，由物质的导电性和电化学性质共同引起的，这即称为激发极化现象。和介电极化 P 不同的是激发极化 η（或 m）是和时间有关的。

在测量、研究物质激发极化性质的基础上，已建立、发展成为一门独立的电法勘探分支方法——激发极化法。通常，衡量物质激发极化性质强弱的电学参数是极化率（η）或充电率（m），如图 4.2 所示。

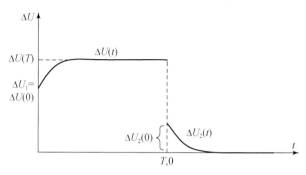

图 4.2 地球物理激发极化特征示意图

观测供电时间 T 和断电后 t 时刻的电位差 $\Delta U(T)$ 和 $\Delta U_2(t)$，计算其比值，得到视极化率

$$\eta_s(T, t) = \frac{\Delta U_2(t)}{\Delta U(T)} \times 100\% \tag{4.7}$$

充电率（m）的定义式为

$$m^T_{t_1, t_2} = \frac{1}{\Delta U} \frac{\int^{t_2}_{t_1} \Delta U_2 \, dt}{t_2 - t_1} \tag{4.8}$$

式中，t_1 和 t_2 分别是激发极化电场 $\Delta U_2(t)$ 某一衰减时间段的起点和终点，在这期间测量的激发极化瞬时电压被积分。充电率的单位通常是 mV/V 或‰。

二、地球内部介质的宏观电磁场及其满足的基本方程

地球内部介质内存在电场和磁场，一开始人们认为电场和磁场是独立的，分别发展了静电学和静磁学。随着研究的深入人们发现电和磁是耦合的，从而发展了电磁学。18 世纪以来，人们从宏观电磁现象的观测中得到了一些基本的实验定律，麦克斯韦于 1873 年概括出描述客观电磁运动规律的方程组，人们称它为麦克斯韦方程组。

在物质中麦克斯韦方程组为

$$\begin{aligned}
\nabla \times \boldsymbol{E} &= -\frac{\partial \boldsymbol{B}}{\partial t} \\
\nabla \times \boldsymbol{H} &= \boldsymbol{J} + \frac{\partial \boldsymbol{D}}{\partial t} \\
\nabla \cdot \boldsymbol{D} &= \rho \\
\nabla \cdot \boldsymbol{B} &= 0
\end{aligned} \tag{4.9}$$

式中，$\boldsymbol{E}$ 为电场强度；$\boldsymbol{H}$ 为磁场强度；$\boldsymbol{B}$ 为磁感应强度；$\boldsymbol{D}$ 为电位移；t 为时间；ρ 为体电荷

密度；$\boldsymbol{J}$ 为传导电流密度矢量；$\dfrac{\partial \boldsymbol{D}}{\partial t}$ 为位移电流密度矢量。

假设物质的导电性为各向同性，那么还存在三个本构方程，它们把电、磁场与物质的电性参数联系起来，其中一个是欧姆定律 $\boldsymbol{J}_e = \sigma \boldsymbol{E}$，它即式（4.2），另两个是：

$$D = \varepsilon E \tag{4.10}$$

$$B = \mu H \tag{4.11}$$

由麦克斯韦方程式（4.9）和相关的式（4.2）、式（4.10）、式（4.11），当介质均匀时，可以导得电场 $\boldsymbol{E}$ 和磁场 $\boldsymbol{H}$ 分别满足的二阶偏微分方程：

$$\nabla^2 \boldsymbol{E} - \mu\sigma \frac{\partial \boldsymbol{E}}{\partial t} - \mu\varepsilon \frac{\partial^2 \boldsymbol{E}}{\partial t^2} = \mu \frac{\partial \boldsymbol{J}_e}{\partial t}$$
$$\nabla^2 \boldsymbol{H} - \mu\sigma \frac{\partial \boldsymbol{H}}{\partial t} - \mu\varepsilon \frac{\partial^2 \boldsymbol{H}}{\partial t^2} = -\nabla \times \boldsymbol{J}_e \tag{4.12}$$

式（4.12）相当于地震学中地震波在黏弹性介质中传播时所满足的波动方程。在 MT 和 CSAMT 研究的低频频率范围内式（4.12）转变为

$$\nabla^2 \boldsymbol{E} - \mu\sigma \frac{\partial \boldsymbol{E}}{\partial t} = \mu \frac{\partial \boldsymbol{J}_e}{\partial t}$$
$$\nabla^2 \boldsymbol{H} - \mu\sigma \frac{\partial \boldsymbol{H}}{\partial t} = -\nabla \times \boldsymbol{J}_e \tag{4.13}$$

式（4.13）相当于扩散过程满足的方程。

式（4.12）和式（4.13）中的 $\boldsymbol{J}_e$ 是外加的电流密度，式（4.9）中 $\boldsymbol{J}$ 是电流密度，它可以分为两部分，一部分是外加的，另一部分是内部的，是由欧姆定律式（4.2）决定的。可以直接用式（4.9），也可用式（4.12）或式（4.13）在已知外加的源和电性结构参数的分布后求得理论电场 $\boldsymbol{E}$ 和磁场 $\boldsymbol{H}$。

三、观测地球内部电磁场的基本仪器装备

地电磁学是一门观测科学，必须通过各种观测仪器观察地球内部的电场、磁场和电磁场资料，然后由观测的电、磁、电磁场资料反推解释地球内部的电性结构及其参数。观测地球内部电磁场的基本仪器装备可分为三种类型。第一种是放在固定的地磁台、地电台上的仪器设备；第二种是在地面、空中、海洋移动的观测天然场的仪器设备；第三种是在地面、空中、海洋移动的观测人工源激发的电、磁、电磁场的仪器设备。我国关于观测地磁的测深仪器的研制进展杜陵等（1994）已作过评述，对于大地电磁测深仪器设备的研制情况，刘国栋（1994）也作过评述。

大地电磁测深法是 20 世纪 50 年代初由 A. N. Tikhonov（1950）和 L. Cagnird（1953）分别提出来的。60 年代以前该方法发展很慢，自 70 年代以来由于张量阻抗分析方法的提出，远参考道方法的发展以及现代的数字化记录设备及现场实时处理系统的采用，使大地电磁测深法获得了较快发展。

20 世纪 60 年代中期，原中国科学院兰州地球物理研究所研制了光电负反馈式磁力仪，并与匈牙利产的 Tg 型大地电流仪联合组成大地电磁观测站。该设备能较好地记录中、低

频大地电磁场信号，但因高频特性不好以及温漂大和移动不方便等原因未能进一步发展。国家地震局兰州地震研究所利用这套装置在我国西北地区获得了我国最早的大地电磁测深数据。1970 年，国家地震局地质研究所试制成功了感应式、晶体管线路的模拟大地电磁测深仪，并在华北地区取得了一批野外观测数据。在此基础上，该研究所与国家地震局兰州地震研究所和地球物理勘探大队共同研制了 LH-1 型模拟记录大地电磁测深仪。这曾是我国 70 年代中期至 80 年代初用于大地电磁测深的主要设备。但由于仪器动态范围小以及需对模拟信号进行数值化等原因，不适合大地电磁测深工作发展的需要。1976 年，国家地震局地质研究所又与石油部地球物理勘探局仪器厂合作，开始研制 SDI 型数字大地电磁测深仪以及与原北京地质学院物探系和石油部地球物理勘探局研究院在早期合作的基础上，研制其软件系统。该仪器系统于 1978 年投入野外试验，取得了我国第一批数字化大地电磁测深记录，并在 1982 年通过部级鉴定，一些主要技术指标已达到当时的国际同类仪器水平，但仪器的频带上限只有 10 Hz，并且功耗也较大。鉴定后由石油部地球物理勘探局仪器厂进一步完善和提高，后续完成的 SD-II 型仪器的频率上限已达 256 Hz，并具有实时处理和远参考功能。1984 年，中国科学院地球物理研究所利用自行研制的 CTM-302 型三分量高分辨率磁通门磁力仪和 DDY-201 型地电记录仪配以 DPS-85 型数据采样与分析系统，组成了一套低频数字大地电磁测深装置，并在攀枝花-西昌地区开展了工作。长春地质学院采用德国 Metronix 公司生产的磁场传感器和自行研制的数据采集及记录系统，于 1985 年制成了 GEM-1 型宽频带数字大地电磁测深仪。该院应用地球物理系利用该设备，在东北等地区完成了很多大地电磁测深工作。

虽然国内多家单位研制过或正在研制着大地电磁测深仪器，但仍由于设备庞大、功耗高等原因不完全适应野外工作，因而目前国内应用的大部分大地电磁测深设备，仍然主要依靠进口。据不完全统计，从国外进口的数字大地电磁测深仪器目前已达百套，并且进口数量仍有上升趋势。目前国内研制的大地电磁测深仪，在技术指标、稳定性等方面并不落后，应该在轻便化、低功耗、多功能和现场实时处理等方面下工夫，尽快赶上国际先进水平，满足国内市场需要。

张赛珍等（1994）归纳了我国 20 世纪 90 年代初以前电法仪器研制进展情况。20 世纪 90 年代，我国刚刚开始改革开放，经济底子薄，只能重点保证航天、通信、汽车、船舰等重点行业的仪器装备研制与建设。对于地球物理勘探设备，特别是电磁测深等大型设备则主要依靠引进。在这种背景下，20 世纪末到现在，我国市场上大量的电磁测深仪器，被德国、美国、加拿大所垄断。例如，加拿大凤凰公司的 V4、V5、V5-2000、V6、V8 系统；美国 Zonge 公司的 GDP16、GDP32、EMI 公司的 EH4；德国 Metronix 公司的 GMS05、GMS06、GMS07 等。但国内一些科研机构的研制工作在国家各个层次的科技攻关项目，如 863 项目、973 项目、国家基金会重点仪器项目的资助下，从未中断过。例如，在天然场音频大地电磁测深（Audio-frequency Magnetotellurics，AMT）研究方面，中国地质科学院地球物理地球化学勘探研究所 1995 年完成了分布式被动源电磁系统的研制，并于 2007 年承担了"大深度多功能电磁探测技术与系统集成"项目。近几年中国地质大学、吉林大学等也开始了海洋与地面大地电磁装备的研制。2006 年，中国地质大学在"天然气水合物的海底电磁探测技术"项目支持下研制了海底大地电磁探测仪。2007 年，吉林大学承担了国家自然科学基金科学仪器专项"分布式电磁探测关键技术与仪器研究"。特别是近几年来，随着我国国民经济的迅速发展和国力的增强，从国民经济可持续发展的需求出发，结合市场需求的仪器装备与技术研发，从国家层面上得到加强。

在使用国外仪器的实践过程中，一方面感到国外设备很先进，很稳定；另一方面，针对我国地质特点，也感到了某些不方便之处，如发射设备比较笨重，在山区移动很不方便，有的仪器分辨率满足不了实际需要。解决这一问题的唯一途径是针对我国具体地质条件进行电磁观测设备的自主研制，发展更稳定更有效的地球深部电性结构与资源探测的新装备、新仪器与新方法，提高电性结构探测的分辨率。从 2010 年开始，中国科学院地质与地球物理研究所底青云研究员承担了国土资源部探测技术与实验研究专项（SinoProbe）中的"地面电磁探测（Surface Electromagnetics Prospecting，SEP）系统研制"项目，研制的 SEP 系统通过了专家组验收，通过野外测试与应用表明已基本赶上了国际同类现有先进仪器水平。关键部件与模块的详细研制情况将在后面章节介绍。

四、探测地球内部介质电性结构参数和地质特征的基本原理

由"三、观测地球内部电磁场的基本仪器装备"中提到的各种观测天然源和人工源产生的电场、磁场与电磁观测资料和"二、地球内部介质的宏观电磁场及其满足的基本方程"中提到电磁场与地球内部介质之间的理论关系，就可以对各种电性结构参数模型的理论电场、磁场与电磁场的正演和这些场观测资料的反演得到探测区内地球介质电性结构电性参数。对于深层主要是电导率，浅层除电导率外，还包括激电极化率（η），介电常数（ε）。介质的磁导率（μ）一般变化很小，目前研究较少，只有对磁性矿物才探测和研究它们的磁导率。

得到介质的电性结构参数后，可由介质的电性结构参数和地层参数的关系，获得地层的地质解释。表 4.1 ~ 表 4.3 是各种岩石标本和电导率参数、介电常数和磁导率参数的关系表。

表 4.1　岩石的电阻率

岩石类型	电阻率范围/($\Omega \cdot m$)
花岗斑岩	4.5×10^3（湿）~1.3×10^6（干）
长石斑岩	4×10^3（湿）
正长石	$10^2 \sim 10^6$
闪长石	1.9×10^3（湿）~2.8×10^4（干）
碳酸盐化玢岩	$10 \sim 5 \times 10^4 \cdot 3.3 \times 10^3$
斑岩	2.5×10^3（湿）~6×10^4（干）
石英闪长岩	$2 \times 10^4 \sim 2 \times 10^6$（湿）~$1.8 \times 10^5$（干）
英安岩	2×10^4（湿）
安山石	4.5×10^4（湿）~1.7×10^2（干）
辉绿岩	$20 \sim 5 \times 10^7$

续表

岩石类型	电阻率范围/$(\Omega \cdot m)$
熔岩	$10^2 \sim 5 \times 10^4$
辉长岩	$10^3 \sim 10^6$
玄武岩	$10 \sim 1.3 \times 10^7$（干）
橄榄质苏长岩	$10^3 \sim 6 \times 10^4$（湿）
橄榄岩	3×10^3（湿）$\sim 6.5 \times 10^3$（干）
角页岩	8×10^3（湿）$\sim 6 \times 10^7$（干）
片岩（含钙质和云母）	$20 \sim 10^4$
凝灰岩	2×10^3（湿）$\sim 10^5$（干）
石墨片岩	$10 \sim 100$
石板	$6 \times 10^2 \sim 4 \times 10^7$
片麻岩	6.8×10^4（湿）$\sim 3 \times 10^6$
大理石	$10^2 \sim 2.5 \times 10^8$（干）
夕卡岩	2.5×10^2（湿）$\sim 2.5 \times 10^8$
石英岩	$10 \sim 2 \times 10^8$
致密页岩	$20 \sim 2 \times 10^3$
泥质岩	$10 \sim 8 \times 10^2$
砾岩	$2 \times 10^3 \sim 10^4$
砂岩	$1 \sim 6.4 \times 10^8$
灰石	$50 \sim 10^7$
白云石	$3.5 \times 10^2 \sim 5 \times 10^3$
疏松湿黏土	20
灰质黏土	$3 \sim 70$
黏土	$1 \sim 100$
含油砂岩	$4 \sim 800$

表4.2　岩石和矿物的介电常数

岩、矿石名称	介电常数
方铅矿	18
闪锌矿	$7.9 \sim 69.7$
锡矿	23
赤铁矿	25
氟石	$6.2 \sim 6.8$
方解石	$7.8 \sim 8.5$
磷灰石	$7.4 \sim 11.7$

续表

岩、矿石名称	介电常数
重晶石	7 ~ 12.2
橄榄石	8.6
苏长岩	61
石英斑岩	14 ~ 49.3
辉绿岩	10.5 ~ 34.5
暗色岩	18.9 ~ 39.8
英安岩	6.8 ~ 8.2
黑曜石	5.8 ~ 10.4
硫黄	3.6 ~ 4.7
岩盐	5.6
无烟煤	5.6 ~ 6.3
石膏	5 ~ 11.5
黑云母	4.7 ~ 9.3
绿帘石	7.6 ~ 15.4
斜长石	5.4 ~ 7.1
石英	4.2 ~ 5
花岗岩（干）	4.8 ~ 18.9
辉长岩	8.5 ~ 40
闪长岩	6.0
蛇纹石	6.6
片麻岩	8.5
砂岩（从干到湿）	4.7 ~ 12
充填砂（从干到湿）	2.9 ~ 105
土壤（从干到湿）	3.9 ~ 29.4
玄武岩	12
黏土（从干到湿）	7 ~ 43
石油	2.07 ~ 2.14
水（20℃）	80.36
冰	3 ~ 4.3

表 4.3　矿物的导磁率

矿物名称	磁导率
磁铁矿	5
磁黄铁矿	2.55
钛磁铁矿	1.55

续表

矿物名称	磁导率
赤铁矿	1.05
黄铁矿	1.0015
金红石	1.0000035
方解石	0.999987
石英	0.999985
角闪石	1.00015

岩石的电性参数还和岩石孔隙率、含水性及是否存在断层等地质因素有关，利用上述表格与电性参数、地质因素的关系就可以进行地质解释了。

第二节　大功率地面电磁探测（SEP）系统研制关键技术

SEP 系统研制的关键技术，分硬件技术和处理技术两部分，这里只阐述硬件技术，处理技术将放在第四节阐述。

一、SEP 系统组成框架

SEP 系统可以进行天然源和人工源两种频率域电磁测深方法的数据采集。天然源 SEP 系统相当于 MT/AMT 测深仪器，无人工源，只有采集站（接收系统）和电磁场探头，包括磁探头和电极。人工源 SEP 系统相当于 CSAMT 测深系统。除了 MT/AMT 的采集站和电磁场探测以外还包括给 AB 供电电极供人工电流的发射系统。由于发射和接收之间一般相距较远的距离且接收和发射之间应该同步，所以必须匹配质量监控系统和计时系统。因此天然源系统只是人工源系统的一部分。

人工源系统如图 4.3 所示，核心研究内容如图 4.4 所示，技术路线如图 4.5 所示。

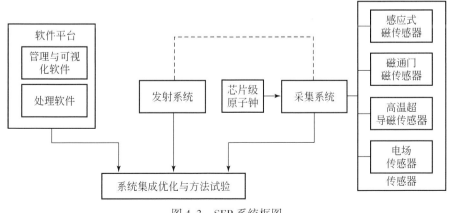

图 4.3　SEP 系统框图

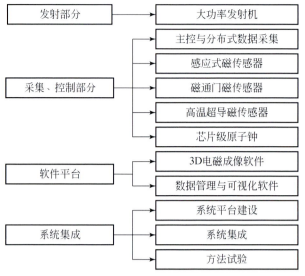

图 4.4　SEP 系统研究内容

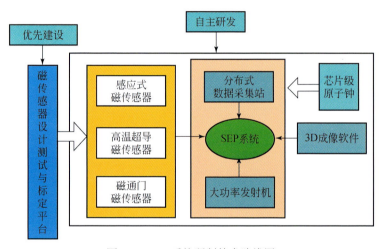

图 4.5　SEP 系统研制技术路线图

二、SEP 发射技术

（一）两级 DC/AC 全桥变频电路的拓扑结构

SEP 发射机的关键技术之一是主回路结构采用的是先进的两级 DC/AC 全桥变频电路的拓扑结构，如图 4.6 所示。首先，工频电源经过二极管构成的控整流桥整流；再由 IGBT 构成的 H 桥逆变输出方波，输出的方波通过高频变压器，将电压幅值升高；升压后通过第二级控整流桥整流输出直流；再经第二级 H 桥逆变直接输出给大地负载。这种两级

DC/AC 结构具有以下优点：

（1）在两级 DC/AC 结构中，分担到开关器件上的电压电流下降，为开关器件留出更大的安全余量。

（2）第一级逆变输出为方波，因此高频变压器副边输出波形也是方波。第二级整流部分输出直流更平滑，其直流母线电压纹波小，可以大大降低 LC 滤波器重量体积。

（3）通过中间的高频变压器，实现了负载与电源的隔离。

（4）两级 DC/AC 全桥变频电路的拓扑结构，通过串并联的选择，对不同的负载，选择不同电压电流输出，实现了较宽工作频率范围，从而可满足由浅部到深部的勘探能力。

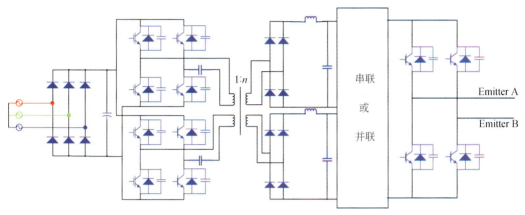

图 4.6　SEP 发射机拓扑结构

与以往的工频升压整流再发射的技术方案相比，两级 DC/AC 全桥变频电路不存在启动、输入电感磁复位、功率开关管电压应力高等问题。

两级 DC/AC 全桥变频电路的拓扑结构在工程应用中具以下几点优势：

（1）适应力强，可以满足不同发射输出要求，提高发射机的不同发射任务的适应能力。SEP 发射机结构可以根据不同的逆变输出电压的要求，控制串并联继电器，从而满足不同地质结构和地质特性对发射机的不同输出参数要求。

（2）电源效率提高。隔离升压全桥变换器结构在低压输出时，占空比较低，远小于高压输出时的占空比，而在大功率输出的情况下，小占空比工作对电路是极其不利的，系统在小占空比、大功率输出的情况下，必然导致电源效率大大降低。而 SEP 发射机采用的两级 DC/AC 全桥变频电路拓扑结构能够大大降低这种影响，从而提高发射机电源效率。

（3）简化了设计，大大提高了发射系统的安全性和可靠性。相对于隔离升压全桥变换器，两级 DC/AC 全桥变频电路结构不需要输入电感储能，不需要磁复位电路，减小了功率电路的复杂性；两级 DC/AC 全桥变频电路结构可以通过串并联输出，不仅可以大大减少副边整流二极管承受的反向电压，还可以使输出功率时每个变压器绕组输出电压和电流大为减小，使相关元器件获得足够的安全工作电压余量；隔离升压全桥变换器结构，由于变压器漏感的存在，功率开关管在状态切换时会承受很大的电压电流应力，容易导致开关管的损坏，而具有两级 DC/AC 全桥变频电路结构的 SEP 发射机不存在这个问题。总之，DC/AC 全桥变频电路结构的安全性和可靠性优于隔离升压全桥变换器结构。

（4）实现了模块化设计。SEP发射机采用的双交直全桥变频电路，这种拓扑结构由两级DC/AC构成，这两级结构相同，功能近似，便于分开研制，集中联合调试。实现了设计的模块化，大大缩短了研制周期。

（二）结构设计和功能阐述

SEP发射机可以分为二极管整流部分、PWM逆变器部分、高频整流部分及全控H桥逆变部分四个部分构成，图4.7为SEP发射机结构图。

1. 二极管整流部分

这部分是发射机的输入端，由六只整流二极管组成三相控整流桥。整流桥把输入的工频，整流成直流，经由滤波电容，把直流电变得更加平滑，作为发射机的PWM逆变器的输入。

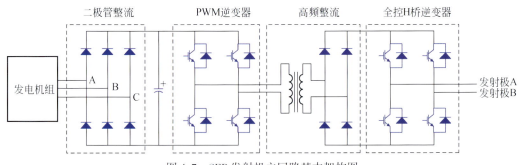

图4.7　SEP发射机主回路基本架构图

2. PWM逆变器部分

PWM逆变器由四只IGBT构成H桥式结构，通过PWM（脉冲宽度调制，简称脉宽调制）信号触发IGBT导通。调节PWM波的占空比，调整逆变器输出电压波形的幅值，最终决定发射机的输出电压。

3. 高频整流部分

高频整流部分是由高频升压变压器和四只二极管组成的控整流桥构成。第一级逆变器，即PWM逆变器输出的方波，经由高频升压变压器，把电压升高，经过整流桥整流成直流，作为发射机输出的直流母线。

4. 全控H桥逆变部分

全控H桥逆变部分是发射机的输出部分，把高频整流部分所输出的直流电，通过第二级的H桥逆变单相输出，向大地负载发出不同频率方波信号。此时的发射机输出电压取决于高频整流部分的输出电压，也就是取决于PWM逆变部分的PWM波的占空比。

（三）控制策略与方法

SEP的关键技术之二是控制策略与方法。SEP发射机工作在野外环境，需要适应不同的地质条件，即适应负载变化剧烈的不同工况，是发射机研制的难点之一，需要研究和选择适合 SEP 发射机的最优控制方式。

PID 控制，又称 PID 调节，以其结构简单、稳定性好、工作可靠、实现容易、被控系统鲁棒性强等特点，是工程实际中应用最为广泛的一种控制策略。在 PID 控制基础上发展起来的分数阶 PID 控制，理论研究已经证明了其对被控系统参数的变化具有较小的敏感性和极强的鲁棒性，能够使得控制系统的稳态和动态性能得到很好的改善，它比传统的整数阶 PID 控制能更精确地控制复杂的被控系统。

SEP 发射机控制模块如图 4.8 所示，电压外环、电流内环的双环控制方法通过采样滤波电感电流或滤波电容电流和滤波电容电压，用外环电压误差去控制电流，通过调节电流使输出电压跟踪参考电压值。电流内环能够增大控制系统的带宽，提高系统的动态响应性能，使得发射设备在野外工作比较稳定。

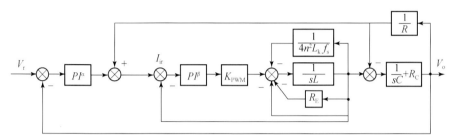

图 4.8　SEP 发射机控制模块框图

（四）SEP 发射机的技术指标

通过前述各项关键技术的实施，SEP 发射机的技术指标如下：

（1）最大发射功率：50 kW×2；

（2）输出最大电压：1000 V；

（3）最大发射电流：50 A×2；

（4）发射频率范围：20 s-10 kHz；

（5）对时方式：GPS 卫星同步；

（6）远程控制方式：在通用笔记本电脑上运行专用软件，通过 USB 全双工通信；

（7）发射频点设置方式连续可调；

（8）具有过压、过温、过流和欠压等保护和报警功能。

三、SEP 采集站关键技术

SEP 系统分布式采集站是多功能的采集站，可应用于 CSAMT、MT/AMT 等电磁测深数据的采集，实现了一体化的大深度、高效率、低成本的探测。具有单采集站可有 12 个通道、动态范围宽、噪音低、功耗低、体积小、重量轻等优点。分布式采集站的工作模式如图 4.9 所示。

关键技术有数字电路及设计，模拟电路板设计，采集软件，采集控制与监控，数据预处理等。

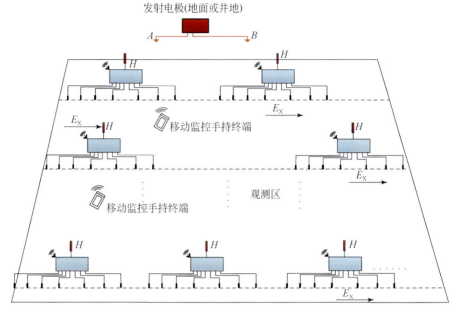

图 4.9　SEP 分布式采集站的工作模式

(一) 数字电路设计

采集站硬件设计框如图 4.10 所示。

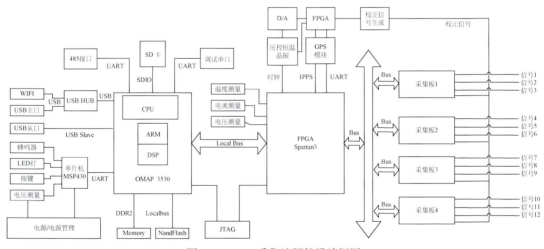

图 4.10　SEP 采集站硬件设计框图

采集站数字电路板卡分为：主控板、时钟标定板、电源板、通信底板、存储板几个板卡，主控板包括主处理器、存储管理、系统内存、温度传感器、指示灯控制、按键事件管理、无线通信、FPGA 时序控制；时钟标定板卡负责同步时钟生成和标定信号生成，包括GPS 模块、恒温晶振和标定信号处理以及原子钟信号处理；电源板负责为系统提供电源管理功能，包括外部输入电压保护、电流采集、电压采集、模拟电源处理、数字电源处理、开关机控制等；通信底板负责各板卡之间的通信；存储板负责 SD 卡存储适配。

主控板电路设计实现了电源电压、电流、系统温度等监控；USB、串口两种通信管理；数据的 SDHC 卡存储功能；系统控制、配置以及数据处理功能；实现 RTC 实时时钟和 GPS 时间同步的时序调度管理。还实现了人机交互板卡的控制；存储状态指示功能；通信状态指示功能和数据预处理功能。

设计中的采集板原理如图 4.11 所示。

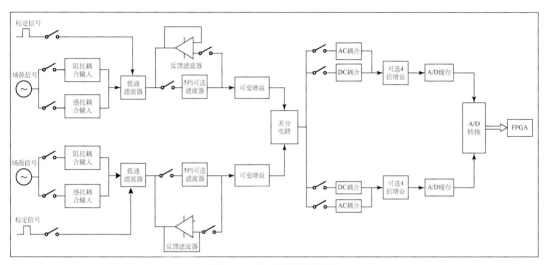

图 4.11　采集板原理框图

（二）采集站软件

采集站管理软件属于应用层软件，负责采集站的全部调度、管理和数据存储，采取多线程结构设计，包括状态切换线程、GPS 信息采集线程、工作模式线程、状态监控线程、数据通信线程。线程间通信采用消息机制。

数字信号处理软件属于应用程序软件，负责采集站 24 ksps（kilo sample per second）原始采样率数据的降采样数据抽取、工频滤波及 CSAMT 信号数据预处理。

操作系统与驱动属于底层结构，操作系统移植 Linux 操作系统，底层使用 U-boot 作为引导代码完成设备状态的基本初始化；驱动程序包括 FPGA 配置驱动、SPI 总线驱动、FPGA 通信驱动、串口驱动、SD 卡驱动、按键驱动、状态灯驱动、NandFlash 驱动等。

（三）采集控制与监控软件

采集控制与监控软件运行与手持终端中，通过 WiFi 网络的 Ad-Hoc 模式与采集站组成对等网络，并通过标准 TCP/IP 协议与采集站中的数据通信线程通信，完成采集站的控制和管理，并可随时查看测区内任意采集站的各通道数据曲线。每个监控终端最多可同时监控 240 台采集站。多个终端一起工作时，当采集站被其他终端管理中时提示用户。

采集控制与监控软件主要包括用户图形接口模块、软件配置模块、采集站状态查询模块、采集站配置管理模块、采集站控制管理模块、采集站数据抽检功能模块、采集数据处理模块以及采集站拓扑自动发现模块。其中，自动拓扑发现功能用于及时发现无线覆盖范围内的采集站节点，当采集站能够连接到手持终端时，手持终端自动添加该采集站，并通过用户图形接口模块上报用户，用户可以选择其中任意一个采集站进行配置管理；用户图形接口模块负责人机交互过程；采集站数据抽检功能模块负责完成采样数据的底层获取和分发；采集数据处理模块负责将采集站的采样数据针对显示要求进行处理，计算；采集站状态查询模块负责采集站状态的解释与翻译，最终提交给人机交互模块；软件配置模块完成自身的配置和参数设置（图 4.12）。

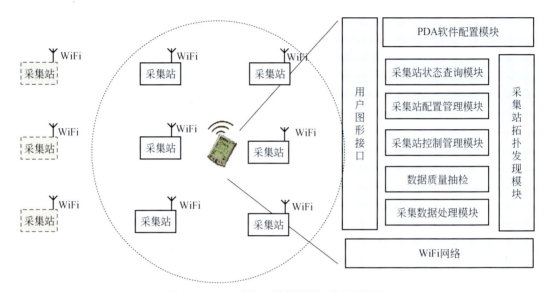

图 4.12　SEP 采集站手持终端工作原理框图

采集站监视模块可以从监视界面输出采集数据，便于控制采集数据的数据质量，便于设置电场、磁场增益以及滤波器等参数，同时能够及时发现作业过程中，设备或者其他的一些故障因素，实际界面如图 4.13 所示。

（四）数据预处理软件

SEP 数据采集站电磁数据预处理软件在整个数据处理流程中起到硬件与后处理解释软件承接关系，它最大的作用在于把硬件特有的参数与特性从数据中分离出去，并根据后数据处理和解释要求，提供规范化的格式化数据以及相应的信息。

SEP 数据采集站预处理软件包括四个方面的研究内容。分别为数据采集站级联降采样算法研究与实现、野外数据管理程序设计与实现、CSAMT 预处理程序设计与实现、MT 预处理程序设计与实现。

四、SEP 感应式磁场传感器技术

SEP 感应式磁场传感器基于法拉第电磁感应定律，即线圈输出电压和穿过线圈磁通量

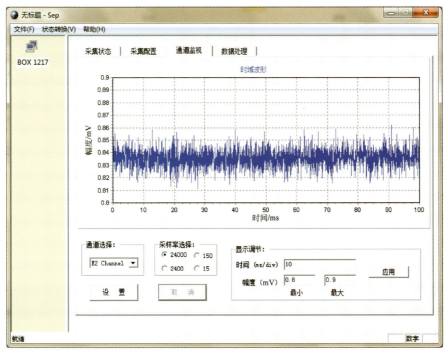

图 4.13　采集站数据监视界面图

的变化量成正比。这一理论基础决定了感应式磁场传感器较多的应用于测试交变磁场。

　　由于线圈输出电压幅度有限，且可用频带范围被限制在线圈的谐振频率以下，例如，应用于 MT 方法的感应式磁场传感器，其工作频率从 1000 s ~ 1 kHz，CSAMT 工作频率从 0.01 Hz ~ 10 kHz。因此通常情况下，需要采用电路补偿的方式来保证工作频带，这种方式必将引入额外的噪声，导致传感器某一频带噪声水平增大，灵敏度降低。磁通负反馈技术是将传感器最终输出量以物理量的方式直接反馈至被测量磁场，在保证带宽的同时，无额外噪声。其结构如图 4.14 所示，线圈主线圈输出接低噪声放大器，增益为 G，通过串联一个反馈电阻 R_{fb} 和反馈线圈形成回路，其中反馈线圈和主线圈方向相反，主线圈和反馈线圈匝数分别为 N_p 和 N_s。

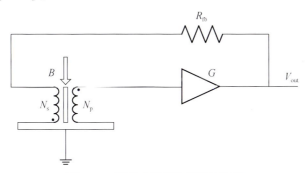

图 4.14　感应式磁场传感器结构图

　　基于磁通负反馈结构的感应式磁场传感器等效电路如图 4.15 所示，主线圈部分等效

为电感 L_p 与电阻 RSC 串联，再与等效分布电容 C 并联，主回路和反馈回路采用变压器耦合，互感为 M，反馈线圈电感为 L_s，热电阻为 R_s。

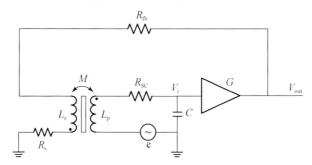

图 4.15　感应式磁场传感器等效电路图

磁感应式磁传感器的关键技术如下。

（一）磁芯设计

对于感应式磁场传感器，衡量磁芯磁材料性能的参数为相对磁导率 μ_r（或称初始磁导率），由于圆柱形磁芯存在退磁场，衡量磁芯性能的参数为有效磁导率 μ_{app}。事实上，感应式磁场传感器的感应电压与磁芯的表面磁导率 μ_{app} 和磁芯形状大小有密切的关系。一般来讲，感应式磁场传感器的磁芯材料为高磁导率的软磁材料。典型的材料有坡莫和金、非晶或者纳米晶材料。这类材料的初始磁导率一般为 30000 到 100000 之间，饱和磁通在 0.5 T 到 1.5 T 之间。

磁芯的表面磁导率和磁芯长径比（l/d）以及磁芯材料本身初始磁导率 μ_r 相关，固定磁芯长径比为 10、20、50、100、200，可以画出磁芯表面磁导率和磁芯初始磁导率的关系，如图 4.16 所示。

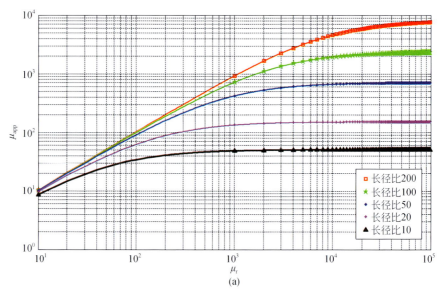

图 4.16　长径比、初始磁导率和有效磁导率之间的关系

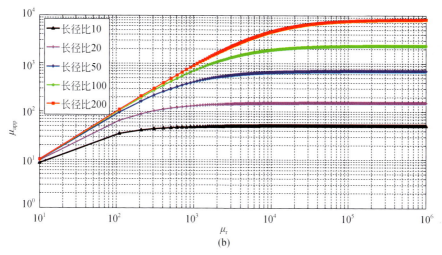

图 4.16　长径比、初始磁导率和有效磁导率之间的关系（续）

从图 4.16 可以看出，对于固定长径比，磁芯材料表面磁导率会随着初始磁导率增加而增加，但是当初始磁导率大于 10000 以上时，对于各个长径比的磁芯，其表面磁导率则不再增加，而只由磁芯的长径比决定。一般来讲，磁芯材料的初始磁导率并不是个恒定的值，其会随着频率、温度、时间的改变而改变。然而，当感应式磁场传感器的磁芯材料的初始磁导率选择大于 10000 时，其磁芯的表面磁导率只由磁芯的长径比决定。这样一来，磁芯的表面磁导率不再随着频率、温度或者时间的变化而变化，给感应式磁场传感器的稳定性带来保障。

一般来讲，为减小涡流效应，感应式磁场传感器的磁芯是由若干个高磁导率材料的长条形叠片叠到一起形成的，最终呈现棒状，这样，磁芯叠片之间有空气间隙，对于整个棒状磁芯而言，铁磁材料占整个磁芯的百分比即为填充因子 η。

从以上理论上讲，长径比越大，传感器线圈感应到的电压越大，传感器噪声水平越低。但是，这一类优化受到三个方面的限制。第一，磁芯长度决定了传感器的长度。对于细长型的磁芯，感应式磁场传感器也只能做成细长型。因此，在设计感应式磁场传感器时，传感器整体的长度限制了磁芯的长度。第二，由于磁芯工艺所限，磁芯叠片的宽度不会太小，所以磁芯的截面积也不会很小。一般为 10 mm×10 mm 左右。第三，磁芯是由软磁材料制作而成，置于地磁场中，当长径比过大，表面磁导率过大时，磁芯会被地磁场磁化饱和。

一般感应式磁场传感器的磁芯长径比设计为 50 到 100 之间，既可以聚集磁通，降低传感器噪声水平，同时满足不会被地磁场磁化饱和，从而工作在磁芯材料 B-H 曲线线性段，不带来非线性饱和失真。

对于 MT 法感应式磁场传感器和 CSAMT 法感应式磁场传感器，综合考虑传感器整体体积，质量和噪声要求水平，优化设计出最合适的传感器磁芯。磁芯采用高磁导率的坡莫合金带材叠装而成，带材之间采用高温绝缘氧化物涂层，经过高温氧化炉退火，初始磁导率大于 50000，带材厚度在数十个微米级，该结构有效抑制了磁场在磁芯材料中产生的涡流效应，有效降低了磁场能量的损耗。经过计算和测试，现有结构的磁芯的磁场损耗小于

6.75 W/kg，实现了微弱磁场能量的低损耗聚集。磁芯叠装示意图如图 4.17 所示。

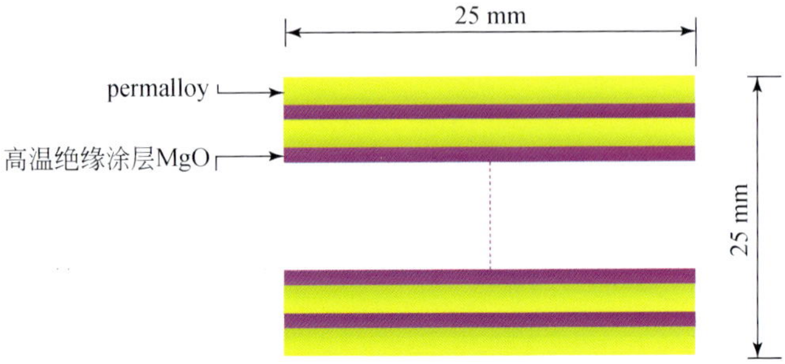

图 4.17　磁芯叠装示意图

(二) 感应线圈设计

感应线圈采用精密漆包线绕制于磁芯的外侧，其中磁芯和线圈之间由工程塑料制作的磁芯套管隔开。感应线圈部分包含一系列设计参数，针对不同的磁芯和电路条件，优化感应线圈参数，从而得到最优化的感应式磁场传感器。感应线圈设计参数及优化相关常数如表 4.4 所示。

表 4.4　线圈参数及优化相关常数

参数	描述
μ_0	真空磁导率 [1.257×10^{-6} V·s/(A·m)]
μ_r	磁芯材料的相对磁导率
d	磁芯直径
l	磁芯长度
ρ_c	磁芯密度
η	磁芯占空比
t_{coil}	磁芯套管壁厚
κ	磁芯长径比
d_w	漆包线直径
t_w	漆包线漆膜厚度
N	圈数
e_w	电路电压噪声 （3 nV/$\sqrt{Hz}$）
i_w	电路电流噪声 （0.4 pA/$\sqrt{Hz}$）
K_b	波尔兹曼常数 （$1.3806503 \times 10^{-23}$ m^2·kg·s^{-2}·K^{-1}）
T_c	绝对温度 （300 K）
ρ_w	漆包线密度 （8.9×10^3 kg/m^3）
ρ	漆包线电阻率 （1.75×10^{-8} Ω·m）
$w_{package}$	包装质量 （1 kg）

从表 4.4 可以看出，感应式传感器线圈的优化参数至少有近 10 种，如果同时进行优化，则会导致一个十分繁琐的结果。因此，在已知磁芯的前提下，只将其中两种最重要的参数进行优化，即可得到一个较好的结果。这两种参数为漆包线直径 d_w 及圈数 N。

传感器整体质量由磁芯质量 w_{core}，线圈质量 w_{coil} 和包装质量 $w_{package}$ 决定。在本书中，针对 MT 方法的传感器的磁芯，优化参数为漆包线直径 $d_w = 0.32$ mm 及圈数 $N = 40000$。针对 CSAMT 方法的传感器的磁芯，优化参数为漆包线直径 $d_w = 0.32$ mm 及圈数 $N = 9800$。

此外，传感器线圈可采用分段绕法或者准随机绕法，降低分布电容。反馈线圈方向和主线圈缠绕方向相反，其中，MT 方法传感器的反馈圈数为 10 圈，均匀覆盖磁芯长度，CSAMT 方法的传感器的反馈圈数为 34 圈，均匀覆盖磁芯长度。

通过理论设计，优化线圈参数，如线圈线径、直径和匝数等参数，使得重量、体积最优。漆包线线圈采用特殊绕制方式，有效降低了其分布电容，在 16000 圈时，线圈分布电容小于 90 pF。感应线圈绕制是关键工艺，须反复实验，才能得到理想结果。

（三）低噪声放大电路

低噪声放大电路是另一个关键技术，特别需过滤和频率成正比的噪声（$1/f$ 噪声），否则在低频端，微弱信号会被湮没在噪声中。我们采用斩波技术实现了低频端 $1/f$ 噪声的滤波。所得 MT、CSAMT 用的磁传感器频率响应分别如图 4.18 和图 4.20 所示，MT、CSAMT 磁传感器的相位频率曲线如图 4.19 和图 4.21 所示。

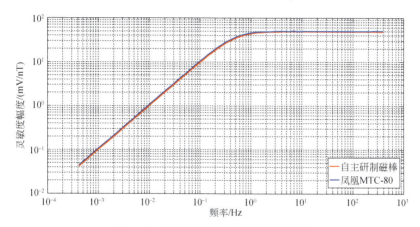

图 4.18 MT 传感器幅度响应对比曲线

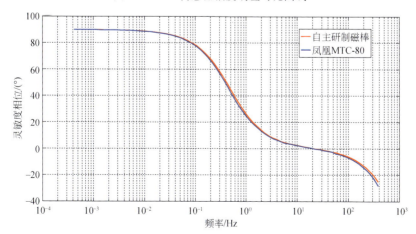

图 4.19 MT 传感器相频响应对比曲线

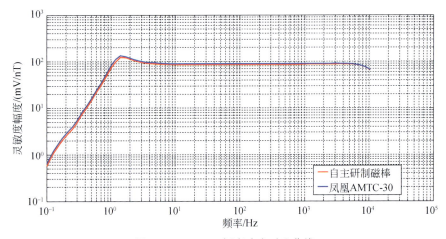

图 4.20　CSAMT 幅度响应对比曲线

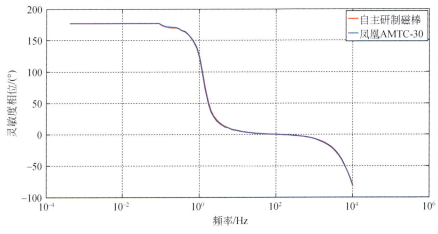

图 4.21　CSAMT 相频响应对比曲线

五、磁通门磁触感器

　　磁通门磁触感器是三个分量的。低频部分有可能比感应式磁传感器做得更低，这意味着，当 SEP 系统用于地壳上地幔电性结构探测时，可测得更深，它是一个更好的有希望用于 SEP 系统升级模式的部件。

　　线圈系统的设计及加工筛选工艺是它的关键技术之一。

　　磁通门磁传感器电路的总体设计如图 4.22 所示，内部三个分量的信号调理电路分别独立，同时采用公用的激励和电源。

　　信号调理电路和激励电路的结构如图 4.23 所示。激励电路主要是一个功率放大器和谐振网络将方波信号功率放大后驱动激励线圈。信号调理电路分为信号放大模块、滤波器、移相器、相敏解调模块、积分器和反馈模块。

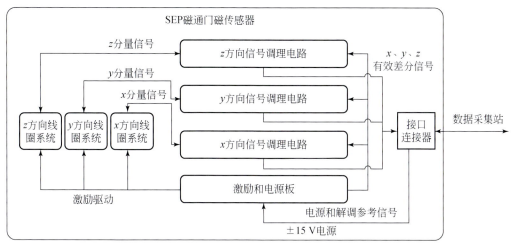

图4.22 磁通门磁传感器的设计框图

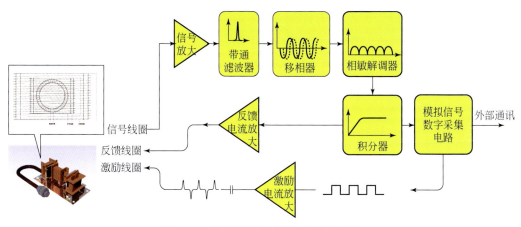

图4.23 磁通门磁传感器电路总体框图

激励电路是磁通门传感器的驱动源（图4.24）。

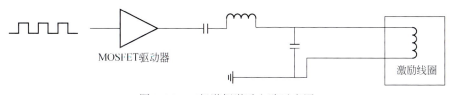

图4.24 二级谐振激励电路示意图

一级谐振理论上可以实现无穷小的阻抗，就实现了一次谐波的通过；二级谐振理论上可以实现阻抗无限大，控制了整个激励电路的功率，同时不损失电感上的电流。用这种方案实现的激励波形平滑对称，尖峰突出，一次谐波大，而二次谐波小，典型的磁通门激励信号波形如图4.25所示。

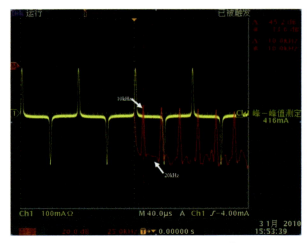

图 4.25　典型的磁通门激励电流信号

前置放大器的设计是另一个关键技术。

磁通门磁传感器的二次谐波有效信号一般比较微弱，经前置放大器放大后再进行调理。

信号输入采用交流差分网络作为输入耦合，可以有效消除线路噪声的干扰和共模噪声。将仪表放大器 AD620 作为第一级放大器，电路如图 4.26 所示，它引入的噪声可以通过下面式子计算得到。

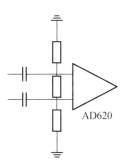

图 4.26　前置放大器及交流匹配网络示意图

磁通门磁传感器已在 SEP 系统野外试验中得到了应用。

六、高温超导磁传感器研制

高温超导磁传感器本身有一些优点，存在着在 SEP 系统中得到应用的可能。它的主要关键技术为室小型化和稳定度，通过野外试验，目前已能初步应用于 SEP 系统，待其性能改善后有可能成为替代部件。

第三节 大功率地面电磁探测（SEP）仪器系统的组合及特点

SEP 系统设计的功能目标有两个，一个是系统可应用于人工源电磁测深（CSAMT）方法的资料采集；另一个是系统可应用于天然源电磁测深（MT/AMT）方法的资料采集。系统研制后，这两个基本功能已经得到实现，由于分布式采集站的每个单采集站是多通道的，有电通道和磁通道。在磁通道中，既可以接感应式磁传感器，也可以接磁通门磁传感器或高温超导磁传感器。采集的是时间序列数据，既可以做 CSAMT 方法，也可以做 MT 和 AMT 方法。事实上它也可以实现多通道时间域电磁测深（MTEM）方法，只要在观测区和源区同时记录发射信号的响应，这一点无论是 GPS 计时系统还是原子钟计时系统（应用于 GPS 观测不到或信号差的区域）都能办到。特别，当发射设备升级至编码源时，MTEM 方法的探测效果会进一步得到提高。随着近场资料的正反演软件的进步，SEP 系统也可以应用于过渡场区和近场区。因此 SEP 系统实际上也是一个多功能的电磁测深系统。系统中多个部件的不同组合或不同型号部件的更换，可以使系统更适合勘探特殊地质目标的需求。

一、浅层资源探测时 SEP 系统的组合及特点

当 SEP 系统应用于金属矿、地下水、环境等有关的浅层电性结构勘探时，可用于常规的陆上 CSAMT 法和类似于陆上的海上 CSAMT 法。陆上 CSAMT 法只用远场，海上 CSAMT 法除了远场以外兼顾近场和过渡场，这一点类似于广域电磁法。对于远场 CSAMT 法，通常采用频率域电场和磁场的比值资料，即卡尼亚视电阻率作为资料来进行解释，这是采用 MT/AMT 的方法，对于 MT/AMT 源是不知道的，因此采用卡尼亚视电阻率是必须的，而对于 CSAMT 法、SEP 系统或广域电磁法，源是已知的，所以采用卡尼亚电阻率不是必须的，可直接采用电场和磁场作为资料，如佐丹诺夫等使用的方法（Zhdanov，2002）；也可采用类似于直流电法的和观测装置有关的视电阻率作为资料，如广域电磁法（何继善，1990）。

由于 SEP 系统采用多通道分布式采集站，而且采集站实现了自动标定和监控，工作时可以无人值守，或用手持终端管理局域的采集站，使得允许在探测过程中不仅布设剖面站点而且布设平面站点，也就是说测点与测点之间的距离允许缩小，这有助于提高探测的横向分辨率和实现 3D 勘探。

因此，当 SEP 系统应用于金属矿等浅层资源勘探时，源和采集站的组合可以在近区、过渡区、远区实现高密度资料采集，实现高横向分辨率的电性结构勘探，可以提高浅层电性结构勘探的可靠性、有效性和横向分辨率，有助于可靠有效的地质解释，有利于资源探测的成功率。

二、深部资源探测时 SEP 系统组合及特点

目前我国资源探测正在向深部延伸，金属矿可延伸到 2 km 深，甚至更深。油气可延

伸到 5~6 km 深，甚至更深。一个探测 10 km 深范围的资源探测系统（WEM 系统）正在实施之中。SEP 目前的发射设备尚不能像 WEM 那样同时在全国范围内实现 10 km 深范围内的资源探测。但是 SEP 采集站和 WEM 发射设备组合起来，即可以实现这个目的，在 WEM 发射设备发射时，用 SEP 采集站可以在 WEM 近场区、远场和波导区，即在全国陆上范围内，进行资料采集和对全国陆上任一区域下 10 km 深度范围内的资源分布进行探测和评价。由于采集站使用 GPS 计时，可以在近区、远区、波导区和源区同时记录发射电流的响应。因此既可以用频率域 CSAMT 方法来进行资料处理和解释，也可以用时间域 MTEM 方法来进行资料处理和解释。两种不同的处理方法的对比可以提高资料处理结果的可靠性。

三、地壳上地幔电性结构探测时 SEP 系统的组合及特点

比 10 km 更深的地壳上地幔电性结构很难用人工源方法探测到，而是用天然源方法，其中之一是 MT/AMT 法。由于从地壳上地幔电性结构处传至地面的电磁信号太弱，因此采用垂直叠加的方法，将地球深处来的电磁信号反复叠加，叠加过程中，因干扰信号是无规则的而被削弱，地球深处来的深部电性结构的信号是相同的而被增强。这样叠加几小时、几天甚至更长时间，就可使来自深部电性结构信号的信噪比足够大，而被仪器检收，从而可以用来探测深部的电性结构。这种方法正是 MT/AMT 采用的，它不需要发射设备，只需要接收设备。由于天然源信号的场源是未知的，通常采集电场和磁场分量资料，通过电场分量和磁场分量比值方法将共同源的信息消除，只将和未知地下电性结构有关的信息保留下来，也就是采用通常所说的卡尼亚视电阻率作为资料来反演地球深部电性结构参数。所以当用 MT/AMT 法来探测地下电性结构时，SEP 系统采集站传感器部件和处理部件组合到一块即可实现。这样的系统中，很关键的一个部件是磁传感器，目前 SEP 系统能正式投入野外工作的磁传感器是感应式磁传感器，也是国内外市场上 MT/AMT 法采用的传感器类型。按照前面阐述，这一方法的优势是探测的深度深。为了探测的深度，磁传感器低频部分越低越好，而感应式磁传感器低频截止频率是有限度的，因此为了测的更深，需要采用低频截止频率更低的磁通门等磁传感器。SEP 系统研发中，也对磁通门磁传感器进行了预研制，结果表明研制成功低频截止频率更低磁通门磁传感器是可能的。低频截止频率更低的磁通门磁传感器一旦研制成功，就可以和 SEP 系统的其他部件组合用来探测比 10 km 更深的地壳上地幔电性结构。

在国际上，除了采用天然源的 MT/AMT 法以外，也已经尝试了用人工源，用类似于 CSAMT 法和 MTEM 法相结合来探测地壳内 20 km 深度上的电性结构。Duncan 发展了一个宽频带的（0.03 Hz~15 kHz）伪随机-噪音人工源电磁测深系统（Duncan et al.，1980）。

这个系统的记录设备是记录磁垂直分量的磁通门磁力仪，记录磁场的垂直分量，而不记录电场分量。由于人工源方法源是已知的，直接用记录的磁场垂直分量的信息来反演几十米深直到 20 km 深的电性结构。二进制编码的频率范围分割成五个频率段，如表 4.5 所示。

表 4.5　工作频率表

频率段号	频率范围/Hz	时钟频率 f_c/Hz	序列长度（2^n-1）	相关步长（ΔT）/s	2^{17} 个采样点的时间长度
I	0.03~1.5	3.125	127	33.3	11 小时
II	0.3~15	31.25	127	33.3	1.1 小时
II-A	1~50	62.50	127	10	22 min
III	3~150	312.5	127	333	7.3 min
IV	30~1.5k	3.125k	127	0.333	44 s
V	300~15k	31.25k	127	0.0333	1.2 min

　　人工编码电性源通过 A、B 电极向地下供电，用磁通门磁力仪和采集设备在近源点与远区观测点采集信号，和我们熟知的 CSAMT、MT、TEM 等方法采集的场信号不同。Duncan 的宽频带系统采集的是场信号与发射电流信号互相关函数及发射电流信号自相关函数。该系统接收设备与传统 MT 法、CSAMT 法等接收垂直分量叠加不同，而是通过互相关提高信噪比，最后利用近源点和远场点互相关函数及发射信号自相关函数通过解析方法获得大地电磁响应脉冲函数，从而解析地球内部的电性结构。Duncan 给出了探测浅层几万米深电性结构和地壳 20 km 深的高导层的两个实际例子。

　　这项研究表明，只使用磁通门磁力仪磁传感器也可以进行类似于 CSAMT 法和 MTEM 法的人工源探测工作，而 SEP 系统的研制任务重，已经研制了勘探用的磁通门磁力仪，表明我们在进行 CSAMT 法测深中，组合进磁通门磁力仪从而提高探测深度，也是一个不错的组合，其特点是这种组合的人工源探测系统能探测的深部电性结构的深度更深。

第四节　电磁场探测数据处理解释和可视化软件

　　目前，国内外电磁数据的成像处理主要采用 1D、2D 和 2.5D 方法，3D 电磁数据的成像处理和解释技术尚处在理论研究阶段，其原因之一在于现有商用仪器设备主要采集剖面数据，考虑到生产成本，很少采集适合 3D 成像处理的面积性资料。虽然在理论上 3D 成像处理方法已经完善，但由于面积性资料的缺乏，制约了 3D 成像方法技术的实用化。SEP 硬件系统的分布式多通道采集系统和自动标定允许观测过程可无人值守，这样降低探测面积性资料的成本，因此 SEP 软件系统也加强了对 3D 成像处理系统的研究。

一、SEP 资料的预处理

　　预处理采用人机联作方式实现。其中预处理分 MT/AMT 资料和 CSAMT 资料两部分。

（一）预处理内容

　　预处理内容包括：噪音去除软件，消除资料中的各种噪声；静态校正软件，消除频率域电磁勘探数据中的静态效应；近场校正软件，校正 CSAMT 法由于收发距不足引起的近场效应；地形校正软件，改正地形引起的电磁场畸变假异常。

　　可任意点击选择所需的处理内容。

（二）软件总体结构

CSAMT 资料的预处理如图 4.27 所示。

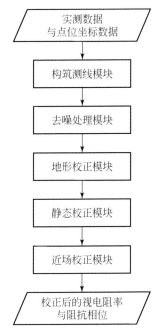

图 4.27　CSAMT 数据预处理软件总体结构图

MT/AMT 资料的处理模块如图 4.28 所示。

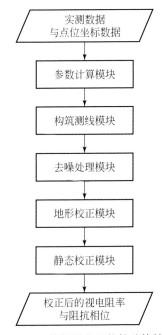

图 4.28　MT 数据预处理软件总体结构图

(三) 预处理方法

预处理方法包括：

1. 去噪方法

- ·曲线变化轨迹恢复方法；
- ·相位反算视电阻率方法；
- ·曲线圆滑方法；
- ·剖面视电阻率众值参考方法。

2. 地形改正方法

先用外部软件计算出纯地形的响应，然后视电阻率采用比值法校正，阻抗相位采用减去法校正。

3. 静态校正方法

静态效应使视电阻率曲线在对数坐标中发生平移，对此采用三种方法来进行校正。

（1）手动平移法：

采用人机联作的方法，比较相邻测点曲线形态和幅度，将明显偏离众值的测点曲线进行平移，使各点曲线的幅度连续变化。

（2）低通滤波法：

在空间域，静态效应是高频成分，所以采用汉宁低通滤波方法在剖面上进行低通滤波，平移测点曲线，使各点曲线的幅度连续变化。

（3）TEM 静态校正法：

由于 TEM 资料没有静态效应，所以可用 TEM 数据获得高频的视电阻率响应，然后平移大地电磁视电阻率曲线，使高频段和 TEM 曲线重合，实现静态校正的目的。

4. 近场校正

近场校正采用《可控源音频大地电磁数据正反演及方法应用》一书中的方法进行（底青云等，2008）。

5. MT 参数计算

MT 预处理软件采用《大地电磁测深勘探原理》一书使用的方法进行（陈乐寿等，1980）。

计算的参数包括：各模式的视电阻率和阻抗相位（ρ_{xx}、ϕ_{xx}；ρ_{xy}、ϕ_{xy}；ρ_{yx}、ϕ_{yx}；ρ_{yy}、ϕ_{yy}；ρ_{inv}、ϕ_{inv}）、阻抗电性主轴、阻抗二维偏离度、阻抗椭率、倾子振幅、倾子相位、倾子主轴、倾子二维偏离度、倾子椭率、倾子实分量、倾子虚分量、倾子实分量主轴、倾子虚分量主轴、各场分量的功率谱、各场分量的信噪比、各场分量间的相关性。

二、MT/AMT、CSAMT 法正反演

频率域麦克斯韦方程组为

$$\nabla \times \boldsymbol{E} = i\omega\mu_0 \boldsymbol{H}$$
$$\nabla \times \boldsymbol{H} = \sigma\boldsymbol{E} + \boldsymbol{J}_c$$
$$\nabla \cdot \boldsymbol{E} = 0$$
$$\nabla \cdot \boldsymbol{H} = 0 \tag{4.14}$$

式中，$\boldsymbol{E}$ 是电场矢量；$\boldsymbol{H}$ 是磁场矢量；ω 是频率；μ_0 是磁导率；σ 是电导率；$\boldsymbol{J}_c$ 是电源，当 $\boldsymbol{J}_c = 0$ 时，表示 MT/AMT 的情况，$\boldsymbol{J}_c \neq 0$ 时，表示 CSAMT 的情况。将其离散化，两者在形式上相同，它们得到有限差分方程或有限元方程，是一个线性代数方程组：

$$KU = S \tag{4.15}$$

式中，$\boldsymbol{U}$ 是 $\boldsymbol{E}$ 的分量或 $\boldsymbol{H}$ 的分量形成的列矢量；$\boldsymbol{K}$ 在有限元中是刚度阵，在有限差分中是由差分格式形成的系数矩阵；$\boldsymbol{S}$ 是由边界条件形成的节点力组成的列矢量，由于式 (4.15) 是一个大型稀疏矩阵方程组，当计算区大小适中时，可在单一的笔记本或台式机上用共轭梯度法迭代地求解。若计算区很大，或为了描述细结构的场特征，剖分网格特别多时，可在 MPI 上，采用并行算法来求解。MT/AMT 正演软件同时实现了两种情况下式 (4.15) 的求解，实现了中、大模型、复杂细结构、2D/3D 的有限元/有限差分正演，同时所用的正演方法也可以数值地计算反演时所需的格林函数和伴随格林函数以便形成反演时所需的灵敏度矩阵从而形成反演方程，也可直接用于计算正演的理论场，用共轭梯度法等迭代方法来实现数值反演。

三、2D MT/AMT、CSAMT 电磁正演模拟软件系统

图 4.29 为在均匀半空间存在一个低阻板状体模型，背景电阻率为 $100\ \Omega\cdot m$，异常体的电阻率为 $10\ \Omega\cdot m$，异常体的空间分布及网格剖分也在图中显示。在 $0.00055\sim320$ Hz 频率范围内，不等间距的选取 40 个频率，并在地表设计了 64 个采样点。有限差分方法计算所得的视电阻率和相位正演响应分别如图 4.30 和图 4.31 所示。

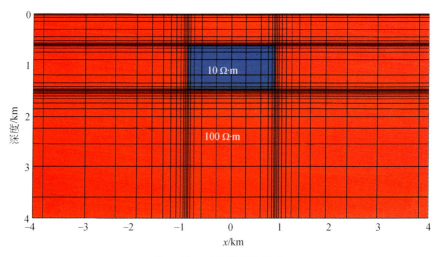

图 4.29　二维板状体模型

图 4.31 中第 32 个采样点采集的 40 个频率对应的视电阻率和相位曲线结果图，其中红色曲线代表有限差分法的数据，蓝色曲线代表有限元法的数据，从图中可以看出两者的 TE 和 TM 模式的数据曲线都很吻合。所以两种方法的正演响应很一致，它们的均方根误差为 1.02，满足精度要求。

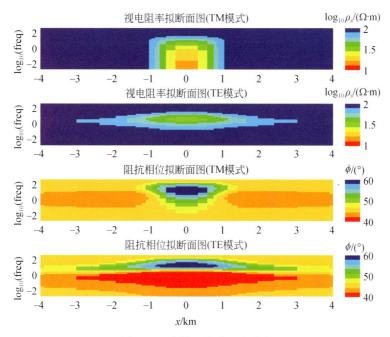

图 4.30 有限差分法正演响应

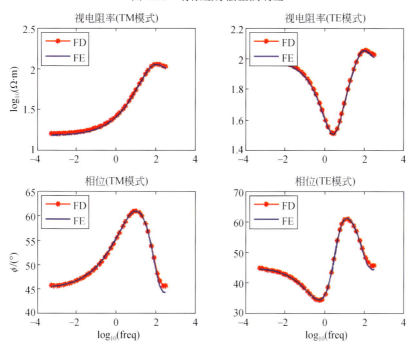

图 4.31 有限元和有限差分法计算的

（一）2.5D CSAMT 数值模拟软件模型实例结果

对于有源的 CSAMT 法，软件编制采用 2.5D 有限元方法。该软件假设电性结构是二维的，但是允许发射场源具有有限的长度，因而是三维的。对源是三维的而电性结构是二维的问题，为 2.5D 问题。通过对相同模型本软件和 Kerry Key（2015）的计算程序 1D CSEM 进行了对比，证明本软件是可靠的。在此基础上，对一个如图 4.32 所示模型进行了模拟。

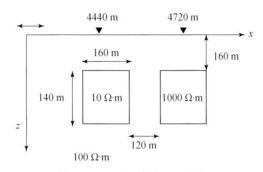

图 4.32　二维正演模型示意图

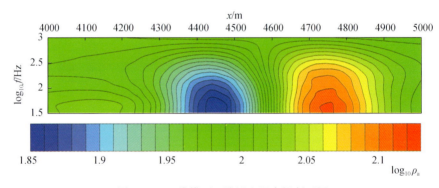

图 4.33　二维模型正演视电阻率拟断面图

如图 4.33 所示，可以准确地分辨出两个组合模型的位置和大小。数值模拟的例子表明自编的软件，对于高、低阻模型的 2.5D 正演模拟结果也是可靠的。

通过本软件，可得到三维源二维地电结构的 CSAMT 法的各个结点处的电场与磁场值及视电阻率结果。

（二）3D MT/AMT 数值模拟软件模型实例结果

在大地电磁三维正演计算中，目前研究和应用最多的是交错采样有限差分法。这里也采用此种数值模拟方法编制软件。我们采用图 4.34 的正演模拟结果来说明软件的可靠性。

所使用的三维棱柱体模型如图 4.34 所示。在对三维棱柱体模型进行正演模拟时，我们采用了下面的参数设置：x、y、z 方向剖分网格单元数（N_z 不包括空中部分）：$N_x = 38$，$N_y = 38$，$N_z = 25$ 各方向均为不等距剖分。频率为 3 Hz、1 Hz、0.3 Hz、0.1 Hz。

图 4.35 和图 4.36 是三维棱柱体模型不同频率的视电阻率和相位平面色阶图。由于所设计的模型在水平面内是对称的，因而，所有响应的平面图本身都是对称的；而且对于同

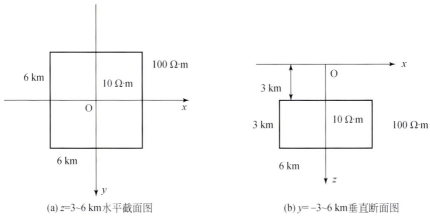

(a) z=3~6 km水平截面图　　　　　(b) y=-3~6 km垂直断面图

图 4.34　三维棱柱体模型

一频率，xy 模式响应的平面图旋转 90° 后和 xy 模式响应的平面图是相同的。

从结果可以看出，本书所用的正演算法和软件是可靠的，可以被用来实现后期的反演计算。

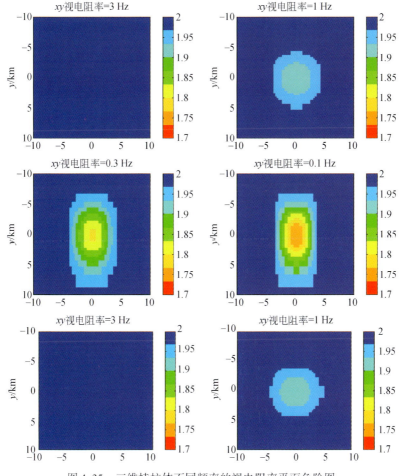

图 4.35　三维棱柱体不同频率的视电阻率平面色阶图

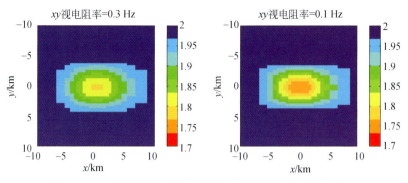

图 4.35　三维棱柱体不同频率的视电阻率平面色阶图（续）

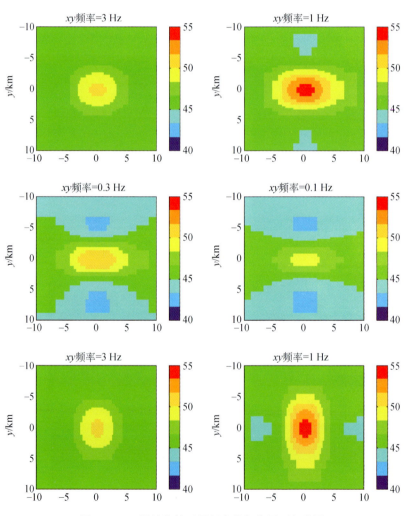

图 4.36　三维棱柱体不同频率的相位平面色阶图

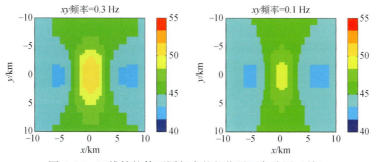

图 4.36　三维棱柱体不同频率的相位平面色阶图（续）

（三）3D CSAMT 数值模拟软件模型实例结果

对于 CSAMT 的 3D 正演模拟我们采用交错网格有限差分技术，自编了程序。我们用下面模型的数值模拟结果来说明自编的三维有源电磁波正演模拟程序的可靠性。模型如图 4.37 和图 4.42 所示，有限差分的结果如图 4.38～图 4.41 及图 4.43 所示。

这些结果表明，3D CSAMT 的有限差分正演方法和软件是可靠的。特别的，图 4.43 表明 SEP 自行研制的 3D 微分方程的结果和犹他大学 3D 积分方程的模拟结果是一致的。

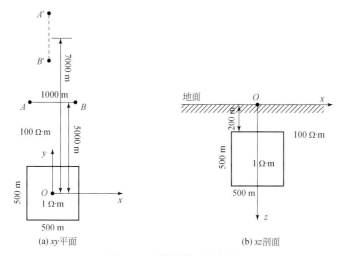

(a) xy 平面　　　　　　　　　　　(b) xz 剖面

图 4.37　低阻模型示意图

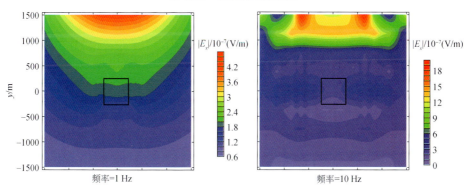

图 4.38　低阻异常体模型 CSAMT 三维数值模拟 | E_x | 平面分布图

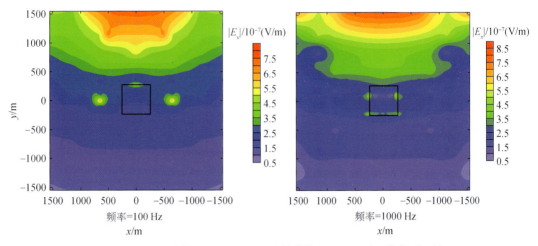

图 4.38 低阻异常体模型 CSAMT 三维数值模拟 |E_x| 平面分布图（续）

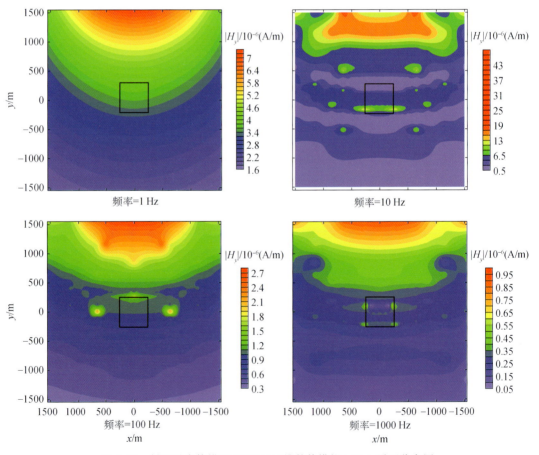

图 4.39 低阻异常体模型 CSAMT 三维数值模拟 |H_y| 平面分布图

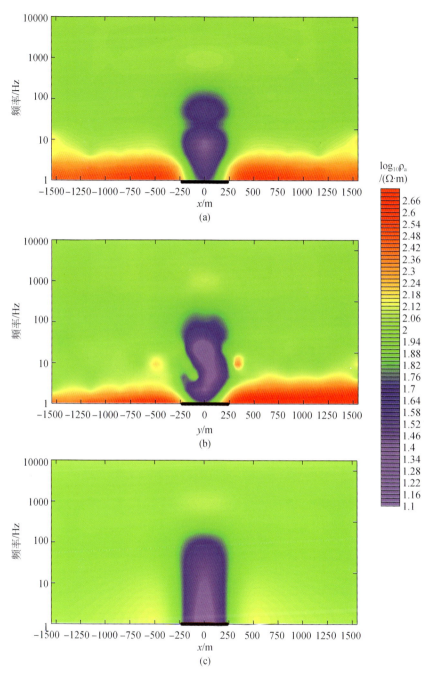

图 4.40　低阻异常体模型视电阻率拟断面图

（a）CSAMT 赤道装置；（b）CSAMT 轴向装置；（c）大地电磁测深（MT）

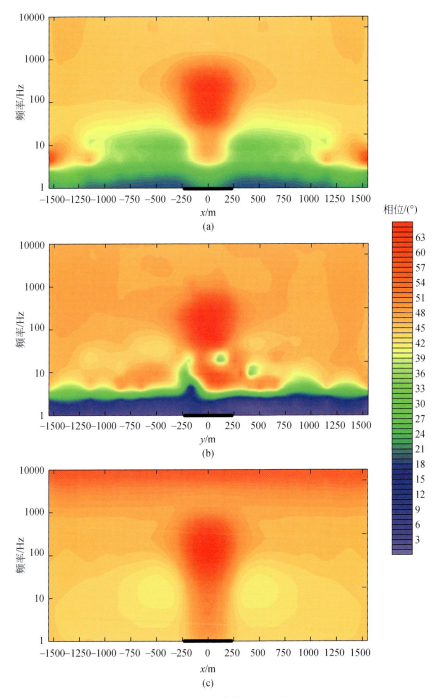

图 4.41　低阻异常体模型相位断面图

（a）CSAMT 赤道装置；（b）CSAMT 轴向装置；（c）大地电磁测深（MT）

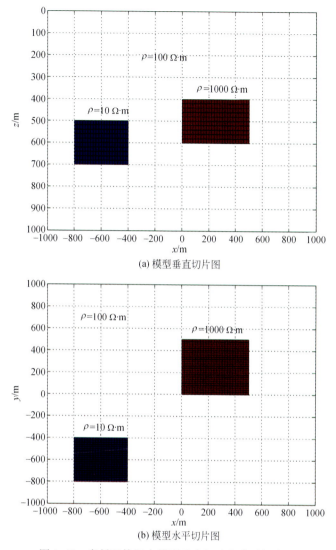

图 4.42　高低阻体组合模型垂直切片和水平切片图

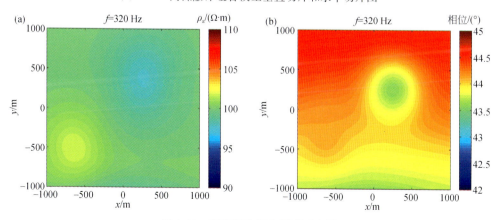

图 4.43　高低阻体组合模型对比图

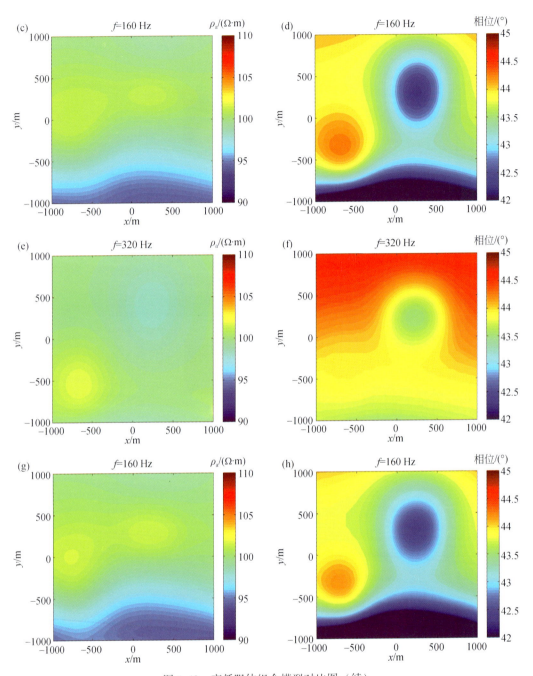

图 4.43　高低阻体组合模型对比图（续）

三维积分方程软件正演模拟结果：（a）f=320 Hz 视电阻率平面图；（b）f=320 Hz 相位平面图；（c）f=160 Hz；
视电阻率平面图；（d）f=160 Hz 相位平面图。

SEP 自行研制的三维有限差分软件正演模拟结果：（e）f=320 Hz 视电阻率平面图；（f）f=320 Hz
相位平面图；（g）f=160 Hz 视电阻率平面图；（h）f=160 Hz 相位平面图

四、2D 和 3D 电磁反演软件系统

反演软件采用正则化目标函数取极小值的原理，即

$$\Psi(\boldsymbol{m}) = (\boldsymbol{d} - F(\boldsymbol{m}))^{\mathrm{T}}[\boldsymbol{d} - F(\boldsymbol{m})] + \lambda\,\boldsymbol{m}^{\mathrm{T}}\boldsymbol{m} \to \min \qquad (4.16)$$

式中，$\boldsymbol{m}$ 是反演参数列矢量；$\Psi(\boldsymbol{m})$ 是正则化目标函数；$\boldsymbol{d}$ 是观测资料列矢量；$F(\boldsymbol{m})$ 是模型参量为 $\boldsymbol{m}$ 时的正演理论资料；上角标"T"表示转置；λ 是正则化参数。

式（4.16）中资料 $\boldsymbol{d}$ 和参数 $\boldsymbol{m}$ 允许加权，因此，具体软件编制时将考虑各种不同的权函数。反演时，正演算子 $F(\boldsymbol{m})$ 的计算和相应的软件已在"二、MT/AMT、CSAMT 法正反演"中阐述。由式（4.16）可形成反演方程。反演方程采用线性的共轭梯度法求解，这样避免了雅克比矩阵的计算。下面给出 2D、3D 的 MT/AMT 和 CSAMT 四个软件的研制成果。

（一）2D MT/AMT 反演模型实例结果

我们用一个二维水平板状体模型的反演结果来说明程序的可靠性。

水平低阻板状体有关参数：围岩电阻率 100 Ω·m，板状体电阻率 10 Ω·m，板状体宽 500 m，高 100 m，上顶埋深 300 m。在反演中使用的参数及相关信息如下：

测线上的测点数为 33，使用的频率个数为 40，加入高斯随机误差的大小为 1%。开始迭代的初始模型为 100 Ω·m 的均匀半空间。

反演结果如图 4.44 所示，图中白框为板状体模型位置。结果表明，反演方法和编制的软件是可靠的。

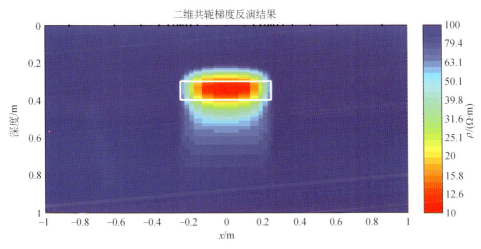

图 4.44　水平板状体二维反演结果

（二）2D CSAMT 反演软件模型实例结果

2D CSAMT 反演软件采用数据空间反演方法，雅可比矩阵的计算中采用了伴随函数方法。

我们用图4.45的高低阻组合模型的反演结果（图4.46）来说明CSAMT反演方法以及编制的软件的可靠性。

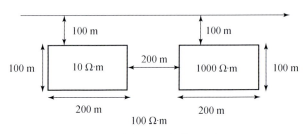

图4.45　高低阻组合模型示意图

图4.47为实测数据和反演拟合数据对比结果图，上部为实测数据电场实部和虚部的拟断面图，下部的为反演拟合数据的拟断面图，实测数据和反演数据主要部分都能很好地拟合上。图4.48为反演迭代误差变化曲线图，反演总共迭代了五次，反演前几次迭代收敛速度很快，但是后面变化相对就小得多了。

图4.46~图4.48的结果表明2D方法和软件是可靠的。

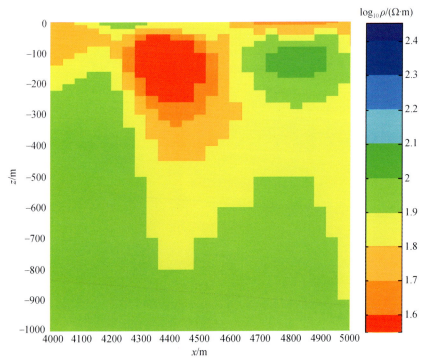

图4.46　高低阻组合模型反演结果

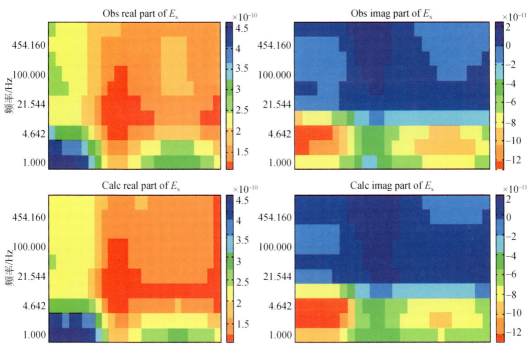

图 4.47　高低阻组合模型反演结果

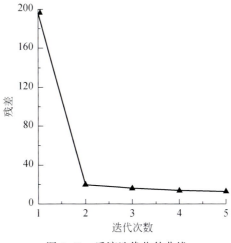

图 4.48　反演迭代收敛曲线

（三）3D MT/AMT 反演软件模型实例结果

采用快速松弛反演算法实现 3D MT/AMT 反演软件。采用三维棱柱体模型对软件的可靠性进行模型实例研究，结果如图 4.49 所示。

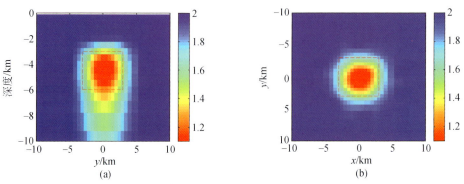

图 4.49　三维棱柱体模型三维快速松弛反演结果垂直断面和水
平截面图

（a）在 $x=-0.25$ km 处沿 y 方向的垂直断面图；（b）在深度为 4.25 km 处的水平截面图。
图中色棒为对数电阻率的色标，虚线为真实模型的边界

从上面的例子看出，本软件能很好地从 MT/AMT 观测资料中恢复地下介质的物性
参数。

（四）　3D CSAMT 反演软件模型实例结果

3D CSAMT 反演软件中的正演采用交错网格采样有限差分法，反演采用共轭梯度法。
采用对理论模型的正演资料的反演模型结果和实际模型的对比来检验软件的可靠性。

设计的低阻棱柱体模型如图 4.50 所示。大小为 200 m×200 m×100 m，顶面埋深为 100 m，
电阻率为 10 Ω·m 的低阻棱柱体埋藏于电阻率为 100 Ω·m 的均匀半空间。

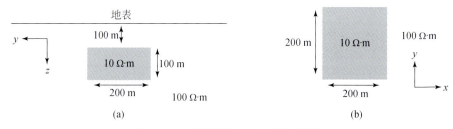

图 4.50　三维低阻棱柱体模型示意图
（a）沿 x 方向正面视图；（b）沿 z 方向俯视图

取棱柱体中心在地表处的投影点为坐标原点，在 $x=0$，$y=-7$ km，$z=0$ 的地表处放置
长度为 100 m 的 x 方向水平电偶极源。三维网格剖分为 46×46×33（含 10 个空气层）。用
可控源音频大地电磁三维共轭梯度反演程序的正演代码部分计算出单棱柱体模型在地表所
有剖分网格单元中心点处产生的九个频率（4000 Hz、2000 Hz、1000 Hz、500 Hz、200
Hz、100 Hz、10 Hz、1 Hz 和 0.1 Hz）的视电阻率和相位数据。

对地表 900 个测点处（测区范围 x：−300～300 m，y：−300～300 m）的九个频率视
电阻率 ρ_{xy} 和相位数据 ϕ_{xy} 中加入 1% 高斯随机误差后用可控源音频大地电磁三维共轭梯度
反演程序在 PC 机上进行反演。PC 机的配置为：Intel（R）core（TM）i7 处理器，主频

2.93 GHz，内存 4.0 G。经过 33 次反演迭代，耗时 22 小时 11 分钟，数据的拟合方差从初始值 12.06 收敛到 0.99 迭代结束。反演的结果见图 4.51 的第二行，从图中可以看出三维反演结果基本与理论模型一致（图 4.51 的第一行）。

　　当场源位于 $x=0$，$y=-7$ km，$z=0$ 时，其相对测区的位置及所使用的频率，测区可近似看作远区。为了检验三维反演程序是否可用于对过渡区和近区数据进行三维反演，其他参数保持不变，把场源位置改为 $x=0$，$y=-1$ km，$z=0$ 和 $x=0$，$y=-0.3$ km，$z=0$ 时，三维反演的结果见图 4.51 的第三行和第四行。从图中可以看出，除了当场源位于 $x=0$，$y=-0.3$ km，$z=0$ 时，三维反演得到的低阻体在 y 方向稍微有些拉长，其余结果都基本与理论模型相一致。

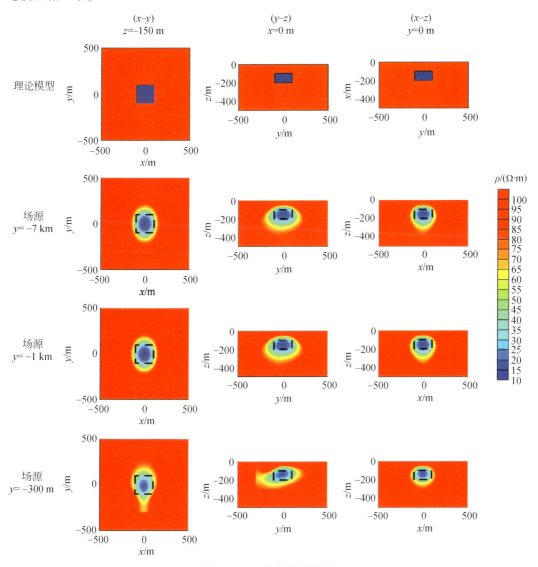

图 4.51　三维反演的结果

图 4.51 中第一行表示真实模型，第二行为场源位于 $x=0$，$y=-7$ km，$z=0$ 处时的三维反演结果，第三行为场源位于 $x=0$，$y=-1$ km，$z=0$ 处时的三维反演结果，第四行为场源位于 $x=0$，$y=-0.3$ km，$z=0$ 处时的三维反演结果。黑色虚线表示棱柱体的边界。第一列为深度 150 m 处的水平截面图，第二列为 $x=0$ 处沿 y 方向的垂直断面图，第三列为 $y=0$ 处沿 x 方向的垂直断面图。图 4.51 的对比结果表明软件是可靠的。通过该软件，可以从 CSAMT 野外资料反算出地下低阻异常体的电性参数。

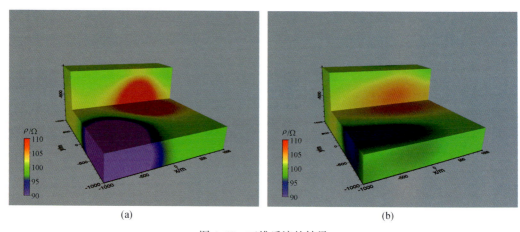

图 4.52　三维反演的结果

（a）三维积分方程反演结果；（b）自编三维微分方程反演软件反演结果

应用相同的三维高阻体数值模型，模型如图 4.50 所示，采用 Utah 大学 CEMI 的三维积分方程反演软件和 SEP 自行研制的 3D CSAMT 微分方程反演软件同时进行反演效果的对比研究，反演结果如图 4.52 所示。图 4.52（a）、（b）分别为三维积分方程的反演结果和自编的基于微分方程的反演软件的反演结果，对比两图，发现两种反演方法都清楚地得到了高低阻异常的位置和形态。说明自编的基于微分方程的三维反演软件是正确的、可行的。

五、SEP 系统数据管理和可视化软件

（一）系统各部件模块框图（图 4.53 ~ 图 4.59）

第二部分可视化演示平台主要是实现图形显示功能，包括：全图显示模块，如图 4.60 所示；图形缩放模块，如图 4.61 所示；漫游模块，如图 4.62 所示；视图切换模块，如图 4.63 所示；查询模块，如图 4.64 所示；数据调度和渲染模块，如图 4.65 所示；断面显示模块，如图 4.66 所示；三维体数据可视化模块，如图 4.67 所示等。

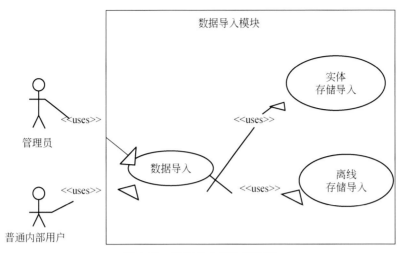

图 4.53　数据导入模块用框图

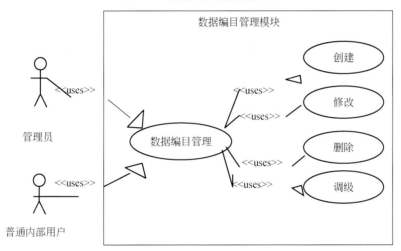

图 4.54　数据编目管理模块用况图

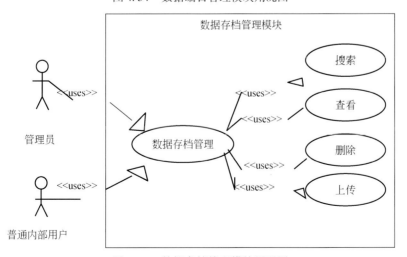

图 4.55　数据存档管理模块用况图

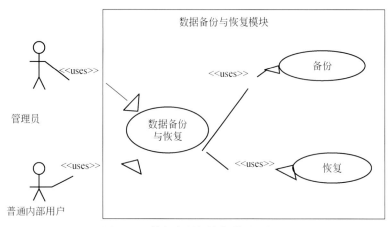

图 4.56　数据备份与恢复模块用框图

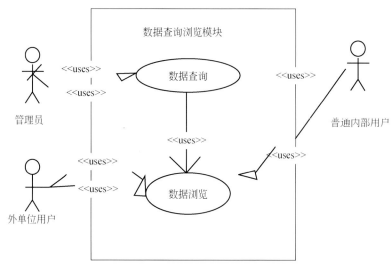

图 4.57　数据查询浏览模块用框图

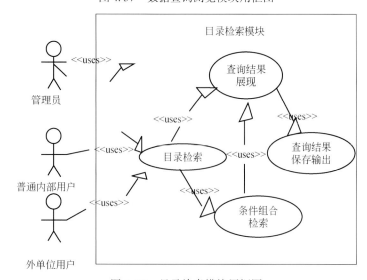

图 4.58　目录检索模块用框图

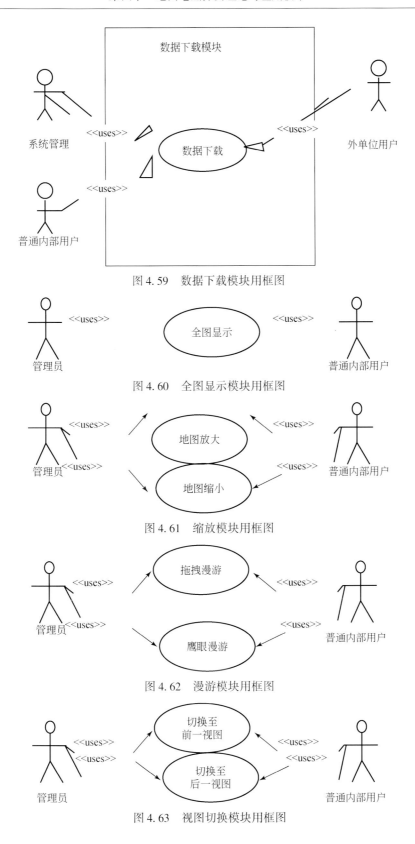

图 4.59 数据下载模块用框图

图 4.60 全图显示模块用框图

图 4.61 缩放模块用框图

图 4.62 漫游模块用框图

图 4.63 视图切换模块用框图

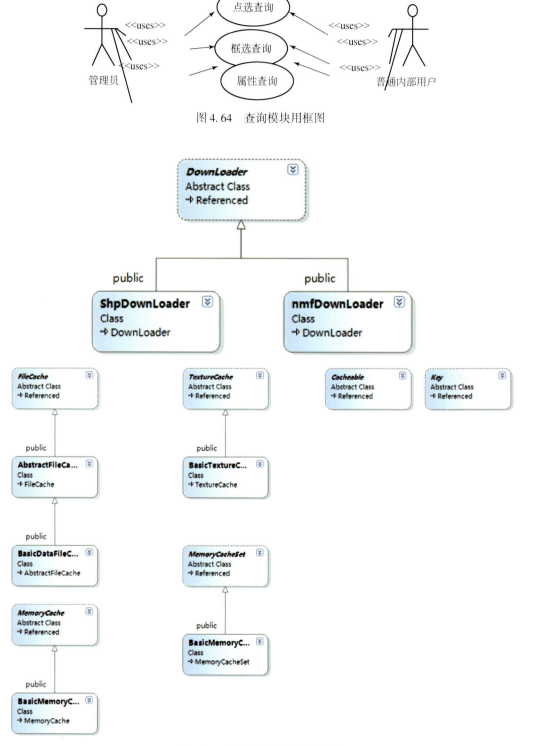

图 4.64　查询模块用框图

图 4.65　数据调度与渲染模块图

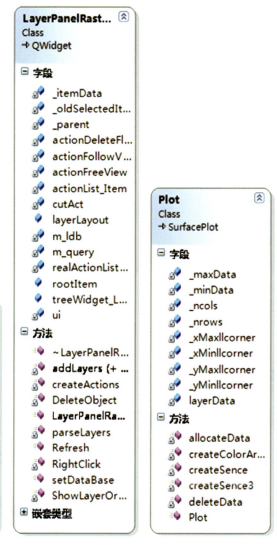

图 4.66　截面显示模块图

图 4.67　三维可视化模块图

(二) 系统结果实例

系统实施如图 4.68 所示，系统的实现以网络三维数字地球为平台，允许对地球上的任一观测区在该平台上展示三维数据，将网络信息、三维数据、GIS 与地学数据相结合，实现客户端与远程数据共享访问。GIS 与地学数据允许显示地形，加载二维地质图，二维地质图与三维地形及影像的叠加和融合，并叠加到三维数据图形上，加注相关的三维图形说明。

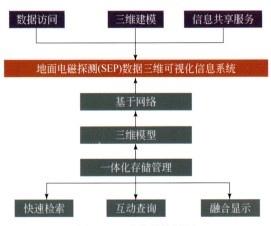

图 4.68　系统总体框图

SEP 系统实现了电磁采集数据与图形系统的接口、SEP 软件系统处理数据与图形系统的接口。完成了控制操作系统，设计和图形系统模块编制。并完成了代码测试和单元测试，软件功能测试，表明整个系统是可靠的，下面以一个实例来说明已建系统的效果。

SEP 试验测区的显示如图4.69所示，视电阻率和相位叠加效果如图4.70所示，3D反演数据体立体模型图和切片图分别如图4.71和图4.72所示。

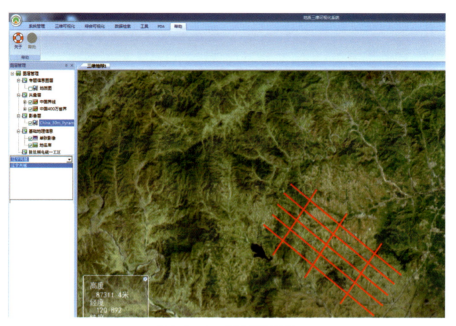

图4.69　SEP 试验测区显示

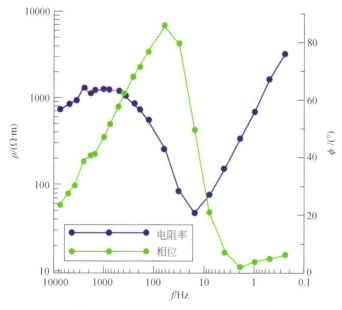

图4.70　视电阻率和相位显示效果图

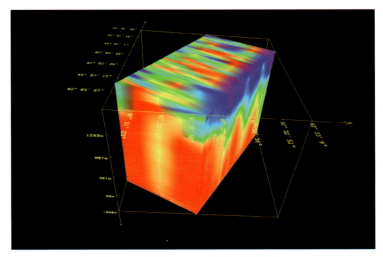

图 4.71　甘肃 CSAMT 数据三维体模型

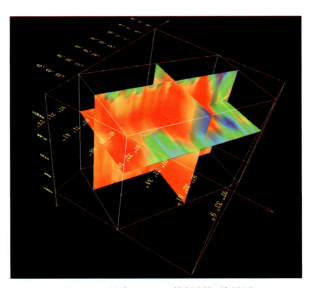

图 4.72　甘肃 CSAMT 数据剖切效果图

第五节　大深度电磁场勘探增强型技术

　　上天、入地、下海是人类探索自然的三大方向，在人类发展上发挥重要的作用，地球内部物质的物理属性、结构构造与深部过程及其动力学机制，是地球动力学研究的实质内涵。深部物质分异、调整和运移的轨迹和深层过程与动力学响应，是理解成山、成盆、成岩、成矿和成灾过程成因机制的核心。地球深部探测作为当前大陆岩石圈探测技术充分应用科学最先进的技术手段、提取深部基础信息、逐步揭开地球深部奥秘。由此形成的全球性主流发展趋势，超越了板块构造学、大陆动力学和陆内造山理论，为解决能源、资源可持续供应、提升灾害预警能力奠定了深部信息基础。深部探测已经成为地球科学发展的最后前沿之一（董树文等，2012）。

深部电性结构探测是物性结构探测的重要组成部分。大地电磁测深（MT）是探测地壳上地幔电性结构的重要手段。在我国已完成了全国 4°×4°"标准网"控制格架及华北实验区、青藏高原实验区 1°×1°"标准网"的实验观测（董树文等，2012）。由于目前 MT 仪器磁棒低频截止频率限制以及频率越低所需叠加时间越长，即观测越深时间越长，使得 MT 实际探测深度是受到限制的。在本书第二章第四节中，已经提到利用地磁台、地电台的磁法仪器观测电磁异常资料，已经得到了自地表直至地幔底部边界电异常随深度的粗略分布。虽然这种方法探测深度大大变深，但是其分辨率受到很大限制，影响地壳地幔细微电性结构的获得。从认识地球深部动力学机制的需求看，获得比目前 MT 测深探测更深的深度和比目前 MT 测深探测纵向横向分辨率更高的分辨率是地球科学家孜孜求索的。SEP 系统研制中取得的成功为大深度电磁场勘探深度和分辨率增强提供了希望。

一、大深度 MT 探测理论

磁通门磁力仪磁探头与分布式多通道采集站组成的 MT 探测系统比传统的磁棒磁探头 MT 探测设备增加探测深度。因为磁通门磁力仪低频截止频率比感应式磁传感器低频截止频率做得更低。同时分布式多通道采集站可同时采集多道磁场数据，可组网。同一时间，组网的探测点密集程度比传统 MT 单台仪器测点密集度大很多，从而有增加探测横向分辨力。这一新的增强型技术，值得后续进一步研究。

二、增强型 WEM 探测技术

将磁通门磁力仪磁探头和分布式多通道采集站组成的接收系统嵌入到建设中的 WEM 资源探测系统，有可能使增强型 WEM 探测深度突破 10 km。同时，由于分布式多通道采集站，可以提高测点密度，从而也可以使探测的横向分辨率更高。建设中的 WEM 探测技术是人工源探测技术，其发射功率很大，可以在全国范围内同时探测 10 km 深度范围的资源。采用磁通门磁力仪磁探头和分布式多通道采集站组成的接收系统，可使地下 10 km 深度范围的电性结构以及更深深度范围内电性结构的探测横向分辨率提的更高。同时由于发射功率的增强，也允许探测纵向分辨率提高，从而使增强型 WEM 探测技术不仅能保持 WEM 原有优势——提高纵向分辨率，也能使 3D 组网密度高于建设中的 WEM 原有的 3D 组网密度，也就是说可进一步提高 WEM 横向分辨率，这不仅对资源探测很有利，而且对地球深部动力学研究也很有利，这一新增强型技术也值得后续进一步研究。

三、增强型 CSAMT 探测技术

在前面章节中我们提到 Duncan 1980 年发展了一个宽频带的（0.03 Hz ~ 15 kHz）伪随机–噪音人工源电磁测深系统。它的探测深度可达到 20 km 深，明显大于传统 CSAMT 的探测深度（2 km 左右）。这个系统使用二进制编码源将发射信号通过 A、B 电极送到大地中，然后用磁通门磁力仪作为磁传感器接收信号，它可以认为是传统的 CSAMT 探测技术的一种改进，这里称之为增强型 CSAMT 探测技术。在这个技术中，之所以用编码源，是因为传统的 CSAMT 是频率域测深，一次只做一个频率，由于探测深度深，垂直叠加的时间很长，这样工作效率很低。故采用编码源，一次发射可做一系列频率，发射的是一个混频信号。当然这样做后每个频点能量减弱，仍需要足够次数的垂直叠加。为了提高垂直叠加效率，该技术是相关技术替代了传统 CSAMT 法中使用的垂直叠加技术。为了达到这个目的，在这个技术中，类似 MTEM，在发射和接收区同时做采集信号，且接收的不是电磁场信号，而是接收发射电流的自相关函数和发射电流和接收场信号的互相关函数。这个自相关函数和互相关函数在 Duncan 发表的文献中是在接收系统的硬件系统中实现的。而我们研制的 SEP 分布式多通道采集站尚没有这样的功能。而新研制的和编码源相适应的接收设备可在硬件中加进这样的功能。但是 SEP 系统的采集站是把所有的时间序列记录下来的，可以通过采集站记录的数据的后续处理来实现这个功能。于是在未来的增强型 CSAMT 探测技术研究中，可在现在 SEP 采集站的基础上，同时也在硬件中内置相关的设备，从而不仅可采集场信号作为资料，也可采集相关信号作为资料。

四、加强近场电磁资料处理方法的研究

在电法中，直流电法、传统 TEM、GPR 等采用近场资料，近场区因离源近信号强度大，因此相同频率信号探测深度可超过趋肤深度，从而间接提高了探测纵向分辨率。近年来，广域电磁法、海上 CSAMT 法和 MTEM 法都在使用过去被扔掉（浪费掉）的近场资料来获得地下电性结构，这应该是一个更有效的方法，当然增加了处理难度，但在增强型 SEP 方法研制中，应该是必须考虑的。

第六节　SEP 系统的实例研究

一、辽宁兴城杨家杖子 SEP 系统野外生产性比对试验

2012 年 10 月在辽宁省葫芦岛杨家杖子镇附近，对自主研制的 SEP 仪器进行系统集成与优化试验，检验 SEP 整套系统的野外工作性能。主要开展了 SEP 系统与加拿大凤凰公司 V8 系统及美国 Zonge 公司的 GDP32 型仪器系统的可控源音频大地电磁法（CSAMT）和大地电磁法（MT）的比对观测。CSAMT 法试验选定测区内通过 JK-1、JK-2 井的四条剖面，测线方向 302°，线距 50 m，点距 20 m，收发距 13 km，发射偶极距 1.5 km，发射频率范围 0.25 ~ 7680 Hz，共 22 个频点，实际完成四条测线长度共 15.24 km，物理测深点数 744 个。MT 方法围绕 JK-1 井周围布设了四条测线，测线长度均为 200 m，测线方向 315°，线距 25 m，点距 40 m，MT 测深点总数为 20 个。

图 4.73 为兴城试验基地地质图，其中黑色方框内为 SEP 试验区。

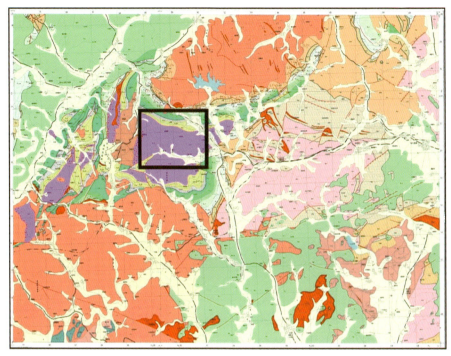

图 4.73　试验区地质图

测线位置如图 4.74 所示，图中 JK-1、JK-2、JK-3 为钻井，四条红色测线是本次比对的测线位置，在杨家杖子镇西南。CSAMT 方法工作参数为：发射偶极距 $AB = 1.4$ km，发射位置在 WS 向测线的中垂线上，收发距离 $R = 13.5$ km，测点距离 $MN = 20$ m，线距 50 m，四条测线各长约 3.75 km。工作频率范围为 0.1～8192 Hz。

图 4.74　辽宁兴城 SEP 系统与 V8 系统比对探测测线位置图（四条红色线）

施工方法如图 4.75 所示。

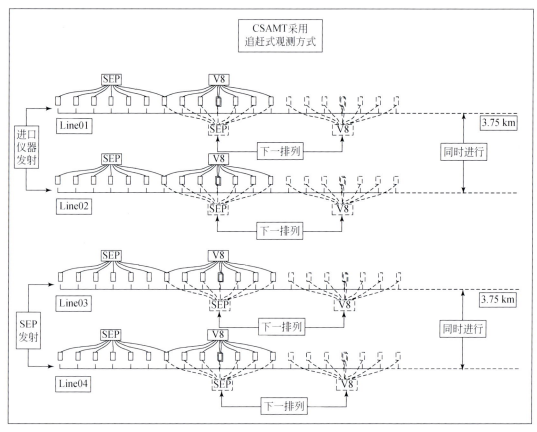

图 4.75　CSAMT 法施工示意图

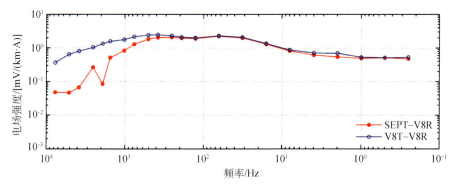

图 4.76　L1 线 3230 m 电场和磁场强度比对曲线

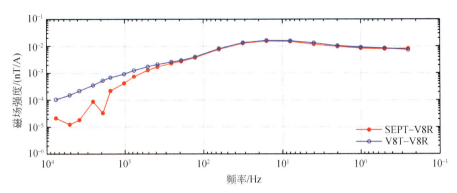

图4.76　L1 线 3230 m 电场和磁场强度比对曲线（续）

图4.76 为某个测点的电场和磁场强度对比曲线，曲线表示用相同的接收机在相同的地点分别接收 SEP 发射和 V8 发射机在相同地点发射的电磁信号，表明 SEP 发射机在中低频端的性能与 V8 发射相当，但在高频端，SEP 发射所接收到的信号强度均小于 V8 发射时的情况，本次试验表明 SEP 系统的高频发射可能存在着精度及稳定性等问题，需要进行进一步的研究与改进。

图4.77、图4.78 是 V8 发射，V8 和 SEP 接收的电场和磁场的比对的典型实例图，图中 T 代表发射，R 代表接收。

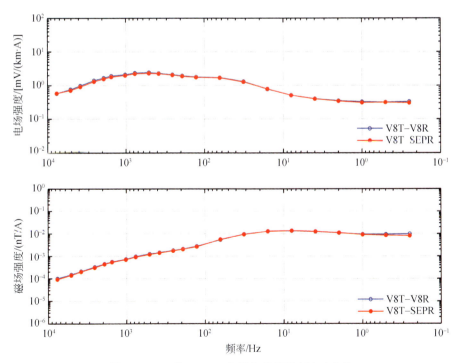

图4.77　L1 线 1450 m 电场和磁场强度比对曲线

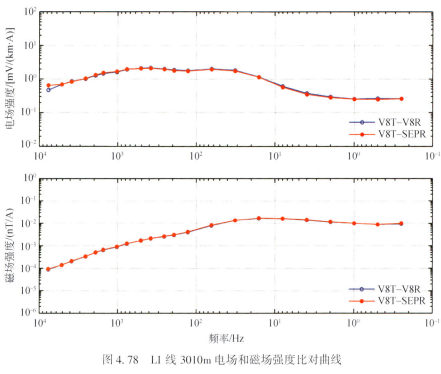

图 4.78　L1 线 3010m 电场和磁场强度比对曲线

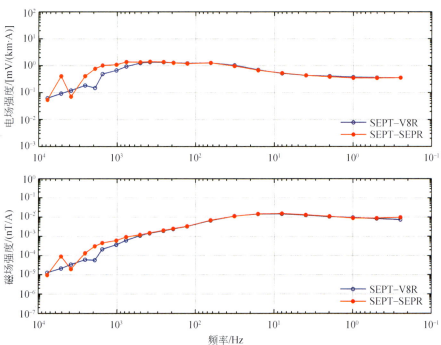

图 4.79　L3 线 2130 m 电场和磁场强度比对曲线

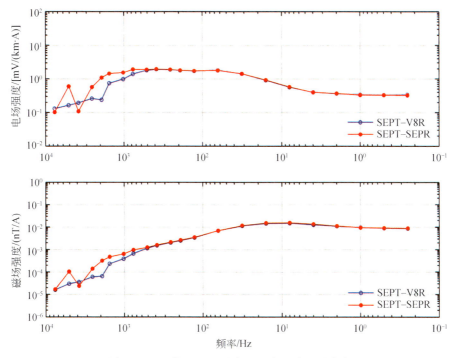

图 4.80 L3 线 2170 m 电场和磁场强度比对曲线

图 4.79、图 4.80 是 SEP 发射时，SEP 和 V8 接收的电场和磁场的比对的典型实例图。图 4.77 ~ 图 4.80 表明 SEP 接收系统和 V8 的接收系统的水平是相当的。

进而相同测点上的视电阻率和相位对比结果分别如图 4.81 ~ 4.84 所示。表明，虽然 SEP 发射机高频段和 V8 高频段的频率响应尚有差异，但由于视电阻率是电场和磁场的比值，相位是电场和磁场相位的差值，因此视电阻率和相位资料，SEP 和 V8 吻合较好，几乎没有差别。

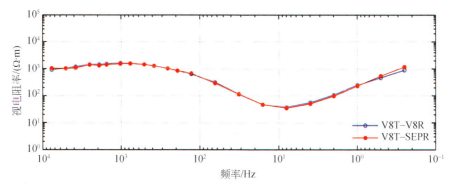

图 4.81 L1 线 1450 m 视电阻率和相位比对曲线

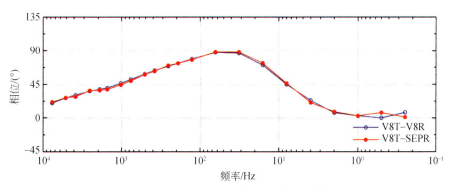

图 4.81　L1 线 1450 m 视电阻率和相位比对曲线（续）

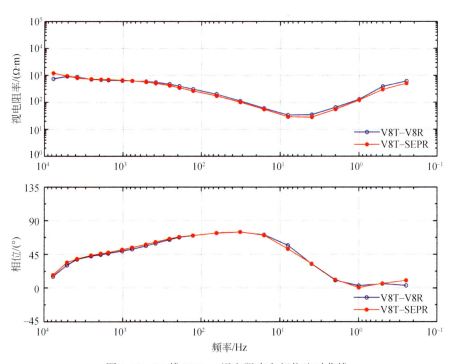

图 4.82　L1 线 3010 m 视电阻率和相位比对曲线

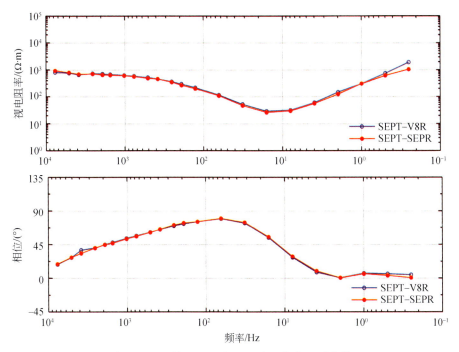

图 4.83　L3 线 2130 m 视电阻率和相位比对曲线

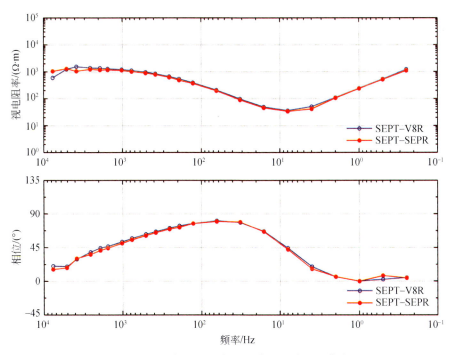

图 4.84　L3 线 2170 m 视电阻率和相位比对曲线

四条测线的一维反演剖面图如图 4.85 ~ 图 4.88 所示。

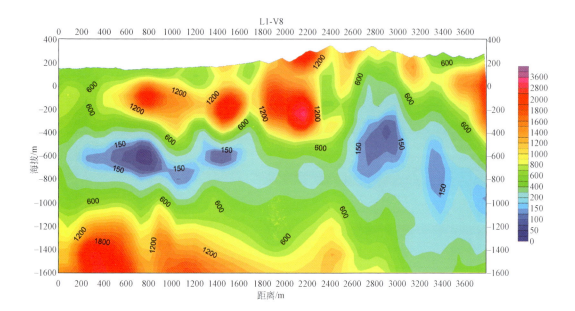

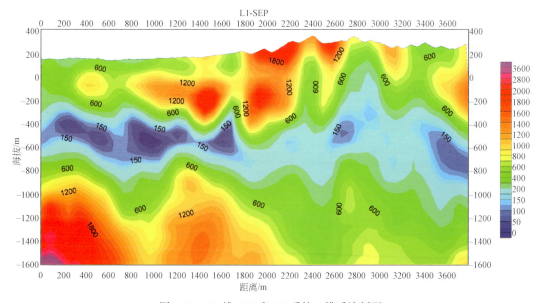

图 4.85　L1 线 SEP 和 V8 系统一维反演剖面

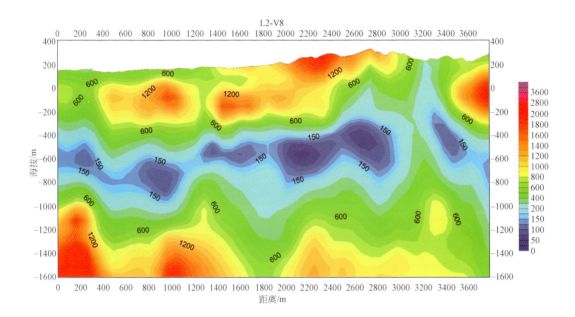

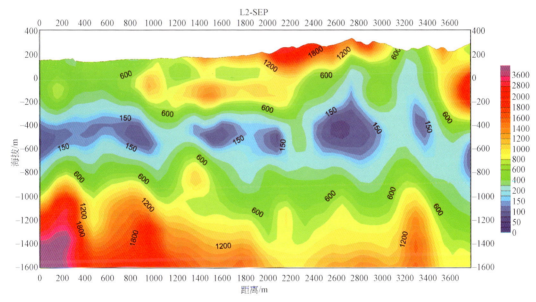

图 4.86　L2 线 SEP 和 V8 系统一维反演剖面

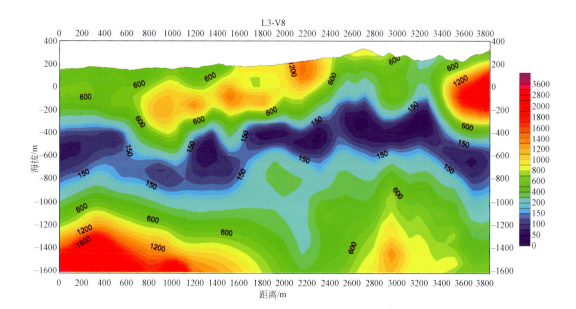

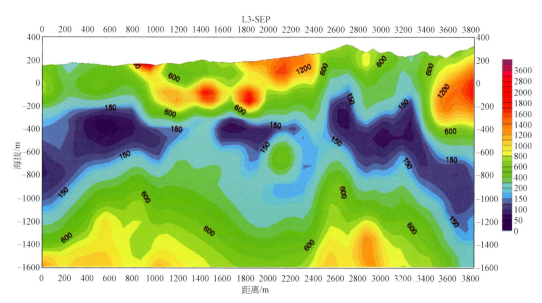

图 4.87　L3 线 SEP 和 V8 系统一维反演剖面

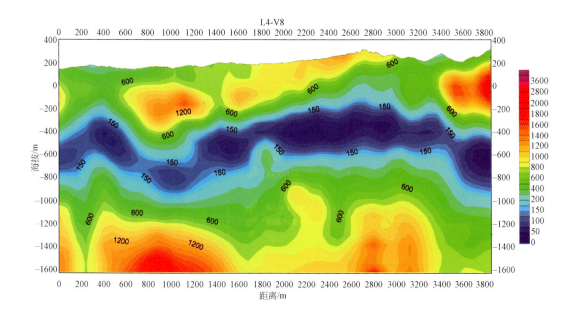

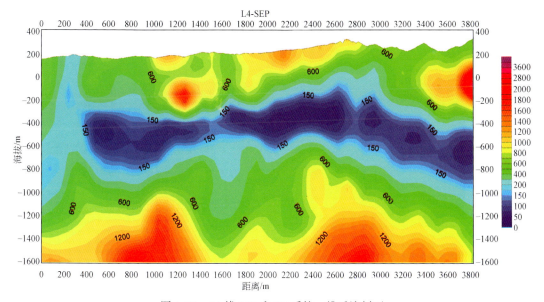

图 4.88　L4 线 SEP 和 V8 系统一维反演剖面

　　通过各条测线的一维反演结果比对可以看出，由于观测时的不同干扰等因素，造成了某些测点上 SEP 系统与 V8 系统数据的差异，导致反演结果在局部上的出现了一些差别。不考虑这些细节上的区别，各条测线的 SEP 系统数据与 V8 系统数据整体一致，各测线反演结果吻合良好。

　　L2 线的 SEP 系统反演结果与 JK-1 井的岩性柱状图比对如图 4.89 所示。

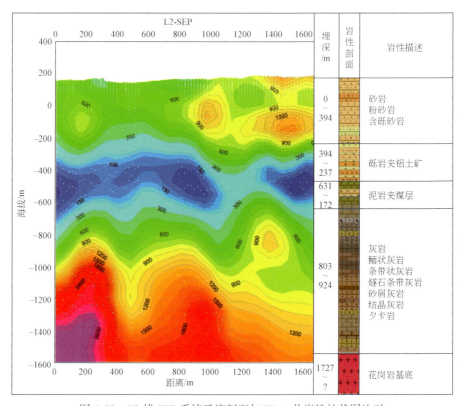

图 4.89　L2 线 SEP 系统反演剖面与 JK-1 井岩性柱状图比对

从图 4.89 可以看出，SEP 系统反演结果能较好地反映地下的岩性差异，且与钻井的岩性吻合，特别是对于 -600 m 深度附近的低阻煤层，反演结果给出了很好的揭示。SEP 系统和 GDP32 系统比对结果与 V8 系统的类似，由于篇幅限制，这里不再展开介绍。

SEP 系统和国外两套系统比对试验结果表明，对于 CSAMT 方法，SEP 系统采集到的数据与国外系统数据总体一致，原始数据吻合率达 85%；所反演剖面和 JK-1 井岩性剖面吻合较好，说明 SEP 系统采集的数据稳定可靠，尤其通过和 V8 系统的发射机接收机和分系统的交叉测试，认为 SEP 系统与 V8 系统产品性能相当，已经能够正常地进行野外实际 CSAMT 勘探。

二、甘肃金昌金川镍矿 SEP 系统野外生产性比对试验

SEP 课题组于 2013 年 4 月 2 日至 4 月 16 日在甘肃省金川地区开展了 SEP 系统与 V8 系统的 CSAMT 法的比对试验。金川镍矿是一个已知的正在开采中的矿，人文电磁干扰特别强，在这里开展比对试验是为了检验 SEP 系统的抗电磁干扰能力。首先采用阵列式的观测方式在两个测区进行 SEP 系统 CSAMT 方法试验，并在部分测线用 V8 系统进行比对试验。

二矿测区在已有矿区行的基础上进行加密，布设九条测线，测线长度 600 m，测线方

向 36.36°，线距 100 m，点距 25 m，收发距 9.6 km，发射偶极距 1.42 km。实际完成测线总长度共 5.4 km，物理测深点数 216 个。

东湾测区沿着和高压线平行的方向布设三条测线，长度分别为 7.5 km、7.5 km、4 km，其中 L2 线穿过已知钻孔。测线方向 324°，线距 500 m，点距 25 m，收发距 12.9 km，发射偶极距 1.5 km。实际完成测线总长度 19.2 km，物理测深点数 768 个。

两个测区 SEP 系统和 V8 系统均采用相同的发射频率，频率范围 0.25～7680 Hz，共 22 个频点。

试验结果表明，对于干扰较强的地区，SEP 系统和凤凰公司的 V8 系统采集的数据都受到了较大的影响，但是相比之下，SEP 系统的抗干扰能力更差一些。为此，课题组在试验结束后，对 SEP 系统进行了进一步的改进和优化，目的是提高仪器的稳定性和抗干扰能力。在此基础上，SEP 课题组于 2013 年 8 月 20 日至 8 月 27 日在干扰较大的金昌二矿测区又进行了后续试验。选择四条测线进行比对试验，实际完成物理测深点 90 个。二矿测区后续试验结果表明，在干扰较强的二矿测区，优化和改进过的 SEP 系统和 V8 系统采集的数据有较好的一致性，反演结果能够很好地反映地下地质结构，说明 SEP 系统的抗干扰能力已经和国际先进仪器相当，已经能够胜任各种复杂的勘探任务。

图 4.90 和图 4.91 是第二次试验分别用 V8、SEP 系统不同发射机，用相同的 SEP 接收机和相同的 V8 接收机的比对结果。

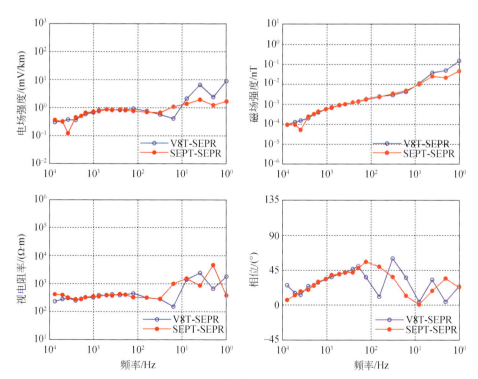

图 4.90　L08 线 12.5 m 不同发射机 SEP 系统接收原始曲线对比

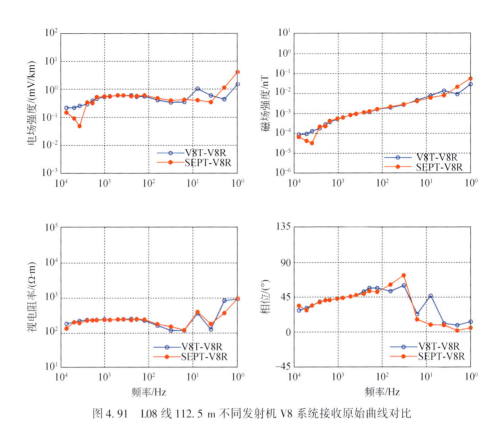

图 4.91　L08 线 112.5 m 不同发射机 V8 系统接收原始曲线对比

图 4.92 和图 4.93 是相同发射机发射不同接收机接收的原始曲线的对比结果。

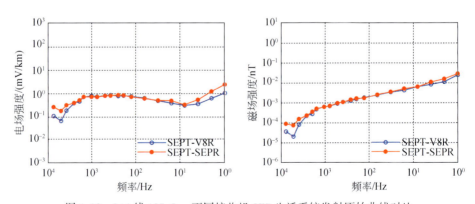

图 4.92　L14 线 187.5 m 不同接收机 SEP 生活系统发射原始曲线对比

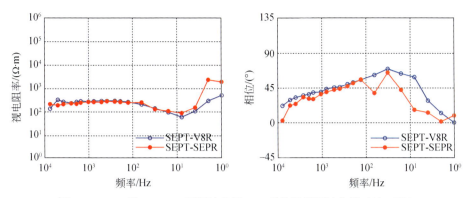

图 4.92 L14 线 187.5 m 不同接收机 SEP 系统发射原始曲线对比（续）

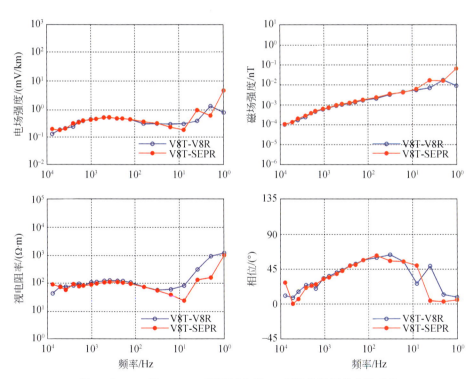

图 4.93 L12 线 337.5 m 不同接收机 V8 系统发射原始曲线对比

从图 4.90～图 4.93 的比对可以看出，无论是相同发射机不同接收机的比对还是相同接收机不同发射机的比对，SEP 和 V8 系统的电磁场数据和视电阻率及相位数据的总体吻合还是不错的，只是在低频处的一致性较差，无论 SEP 还是 V8 的接收机数据都有些跳动，这是由于受到测区干扰的结果。另外，在高频处的几个频点曲线吻合得也不太好。

图 4.94 和图 4.95 是二矿 L8 线和 8 行的 1D 反演结果对比图，可以看出 SEP 和 V8 两种仪器得到的反演结果反映的基本构造是一致的，只是在细节部分存在差异，和矿床

地质剖面（图中右侧）对比后，SEP 反演剖面反演细节和地质剖面对应得似乎更好一些。

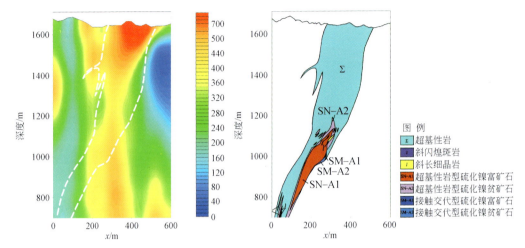

图 4.94　二矿 L8 线 SEP 接收数据反演剖面与 8 行地质剖面对比图

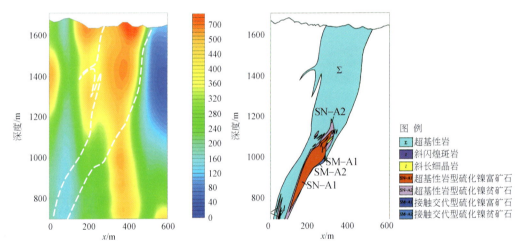

图 4.95　二矿 L8 线 V8 接收数据反演剖面与 8 行地质剖面对比图

　　金川矿测区内的噪声干扰较强，对数据质量造成了很大的影响，改进后的 SEP 系统和 V8 系统的比对试验的原始数据曲线和 1D 反演剖面结果基本是一致的，基本能够反映真实的地质结构，说明 SEP 系统的抗干扰能力也已经和国际先进仪器相当，已经能够胜任各种复杂的勘探任务。

三、内蒙古兴和曹四夭钼矿 SEP 系统野外生产性比对试验

　　辽宁兴城的试验除了主要进行参数测定试验以外，也做了一些生产性比对试验，在前几次试验基础上，对系统进行改进后在内蒙古兴和曹四夭钼矿开展了 SEP 课题一次全面性

的野外生产性对比试验，SEP 系统中不仅包括前面所述的各项分系统，而且预研中的原子钟和磁传感器也参与了测试和比对。比对的国外仪器更加全面，包括 V8、GDP-32 和 EH4。

曹四夭是新探明的超大型钼矿，经过粗勘、详堪已基本掌握了储量，现正全面进行打钻掌握精确储量。选择此地做试验的目的有以下三个方面：①地质结构已清楚，对验证我们的方法非常有利；②详堪完毕尚未开采，将来做出的矿体异常完整，没有施工机械等，干扰小；③气候、地形、交通、食宿都很便利。

本次试验共布设测线 12 条，其中 EW 向四条、SN 向四条、NW 向四条。工作的次序分别为：

（1）GDP-32 全系统，六条线，三个方向的每个方向上的中心两条线。

（2）V8 全系统，六条线，三个方向的每个方向上的中心两条线，即和 GDP-32 的测线重合，频率系列要用和 GDP-32 一样的。

（3）SEP 接收，12 条线，发射机三套（V8、SEP、GDP-32），其中，V8 和 SEP 发射 12 条线，GDP-32 发射 EW 向的四条线。例如，作业时，SEP 接收机 16 台（四条线，每条线上四台仪器）全部布好线后，V8 发射时 16 台接收机全部接收，V8 发射结束后换上 SEP 发射机，16 台接收机同地点全部接收，对于 EW 向的四条测线最后换上 GDP-32 发射机，16 台接收机同地点接收。

（4）MT 测量，在 SEP 接收机做 CSAMT 工作的每个晚上，穿插做 MT 测量。

（5）EH4 测量，六条线，三个方向的每个方向上的中心两条线，即和 GDP-32 和 V8 的测线重合。由于要第三方来做，以上四项完成后，最后做 EH4。

1. 曹四夭试验安排情况

测线布置如图 4.96 所示、放射源布置如图 4.97 所示、工作布置如图 4.98 和图 4.99 所示。

图 4.97 中发射源 A_1B_1 为 SN 向测线的发射源，发射源 A_2B_2 为 EW 向测线的发射源，发射源 A_3B_3 为 NW 向测线的发射源。

发射方式安排为：

对于 GDP-32 接收机以及 V8 接收机，分别采用各自配套发射机进行发射；对于 SEP 接收机，在每个测点在布置好后，采用不同的发射机进行多次数据采集；SN 向的四条测线，采用 GDP-32 发射机、SEP 发射机以及 TXU-30 发射机三种发射机进行对比观测；EW 向以及 NW 向的八条测线采用 SEP 发射机和 TXU-30 发射机两种发射机进行对比观测。

仪器设备情况见表 4.6～表 4.8。

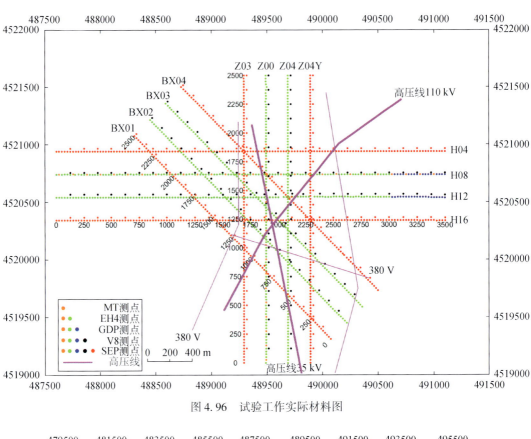

图 4.96　试验工作实际材料图

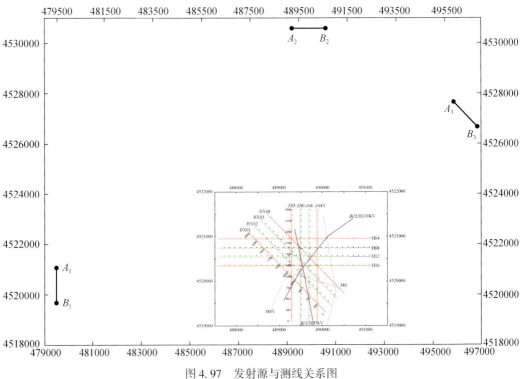

图 4.97　发射源与测线关系图

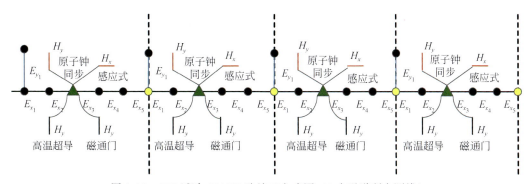

图 4.98　SEP 试验 CSAMT 法施工方式图（4 个磁道所在测线）

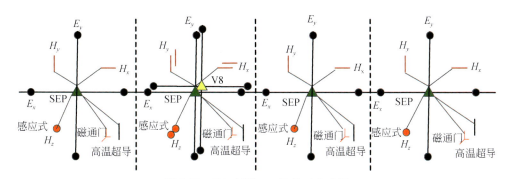

图 4.99　SEP 试验 MT 法施工方式图

表 4.6　SEP 系统主要设备

发射机部分		接收机部分		传感器部分	
SEP 发射机	2 台	SEP 接收机	16 台	感应式磁传感器	47 根
		原子钟	4 个	磁通门磁传感器	4 个
				高温超导磁传感器	4 个

表 4.7　对比实验主要设备

发射机部分		接收机部分		传感器部分	
Phoenix TXU-30	1 台	Phoenix V8 主机	1 台	Phoenix 磁场传感器	1 根
		Phoenix 3E 从机	2 台		
Zonge GGT-30		GDP-32 接收机	1 台	Zonge 磁场传感器	1 根
EH4 发射机	1 台	EH4	1 台	EH4 磁场传感器	1 根

表 4.8 SEP 系统与 GDP32 多功能电法仪、V8 网络化多功能电法仪对比表

设备	内容	GDP32 系统	V8 系统	SEP 系统
大功率发射机	实际工作频率范围	0.125～8192 Hz	0.063～7680 Hz	CSAMT：0.063～9600 Hz
	最大输出功率	30 kW	25 kW	50 kW
	电流范围	0.5～45 A	0.5～40 A	0.5～50 A
	输出最大电压	1000 V	1000 V	1000 V
	发射模式	手动	手动和自动两种	手动和自动两种
接收机	工作频率范围	CSAMT：0.125～8192 Hz MT：0.0005～1000 Hz	CSAMT：0.35～7680 Hz MT：0.0001～1000 Hz	CSAMT：0.063～9600 Hz MT：0.0001～1000 Hz
	数据采集	模拟陷频滤波器，50 Hz/150 Hz/250 Hz/450 Hz AMV 滤波器-消除低频大地电流（1/64～1.0 Hz）	数字陷频滤波技术，50 Hz	数字陷频滤波技术，50 Hz
	放大器	自动调节增益（0.25/0.5/1/2/4/8/16/32/64）和自电（SP）补偿	手动调节（0.25/1/4/16）	1/4、1、4、16
	A/D	18 位	24 位	24 位
	同步方式	石英钟±0.864 μs	GPS 同步+晶振时钟，GPS 同步精度为：0.1 μs	GPS 同步+晶振时钟，GPS 同步精度为：0.1 μs

野外测定的参数曲线如图 4.100 所示。

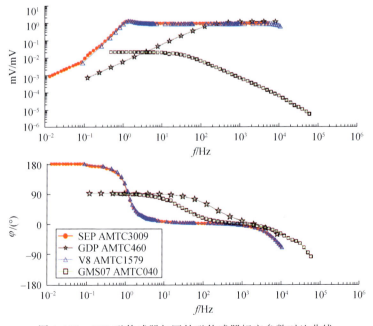

图 4.100 SEP 磁传感器与国外磁传感器标定参数对比曲线

从各仪器参数的对比，可以看出 SEP 发射机具有输出功率大和实际工作频率范围宽的特点。SEP 系统的工作频率范围从 0.063 Hz 至 9600 Hz，而 V8 系统的实际工作频率范围为 0.35~7680 Hz，GDP 仪器的实际工作频率范围为 0.125~8192 Hz。从图 4.100 中也体现出 SEP 的磁传感器的过中频率范围大于其他仪器。

总之，SEP 系统具有发射机输出功率大和整套仪器工作频率范围宽等优势。

2. 曹四夭试验结果

1）电磁干扰情况

测区内的电磁干扰主要来源于高电压的输电线（大于 30 kV）和一般民用电线（380 V），50 Hz 及其谐波（100 Hz、150 Hz、200 Hz、250 Hz、300 Hz、350 Hz、400 Hz、450 Hz 以及高次谐波至 2000 Hz）是交流电干扰的主要噪声源。图 4.101 和图 4.102 为测区 H08 线 2225 点和 Z00 线 1200 点的时间序列和频谱特征，对应的电场、磁场信号均较强，采集信号的放大倍数很小（低频段电场和磁场都为-1；高频段电场为-1，磁场为1）。

从图 4.101 中时间序列（左）H_{xt}、E_{yt} 可以看出明显的周期性波动，存在周期为 5 ms、4 ms 和 2.85 ms，也就是高频段的 200 Hz、250 Hz 和 350 Hz 的交流电干扰，在图右侧的频谱特征图上也有明显反映，对应频谱值较高。从图 4.102 中时间序列（左）H_{xt}、H_{yt} 可以看出明显的周期性波动，周期为 20 ms，是低频段的 50 Hz 交流电干扰，这在图 4.102 右侧的频谱特征图上也有明显反映，对应频谱值较高。

从两图还可以看出，在测区内的输电线干扰具有一定的方向性，也就是 H08 线 2225 点的 H_x-E_y 组的干扰明显强于 H_y-E_x 组，而 Z00 线的 1200 点的干扰情况与之相反，也就是 H_y-E_x 组的干扰明显强于 H_x-E_y 组，这表明测区的干扰以 SN 向的电磁干扰为主。

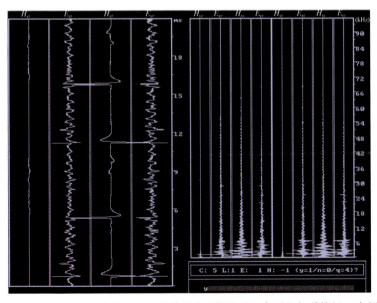

图 4.101　H08 线 2225 点的 50 Hz 与其谐波干扰的时间序列和频谱特征（高频段）

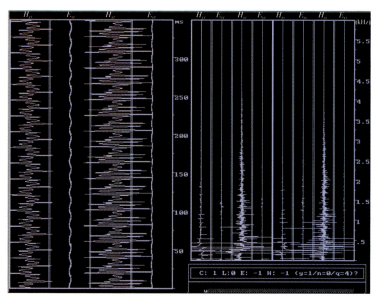

图 4.102　H08 线 2225 m 点的 50 Hz 与其谐波干扰的时间序列和频谱特征（中频段）

2）不同发射机 SEP 接收波形

在试验的过程中，为了解 SEP 发射机供电波形，特地进行了在接收装置和点位不变的情况下，依次进行了三种发射机与 SEP 接收机的收发测试试验。

在试验的过程中，SEP 发射机处于恒压模式下供电，在 0.063 ~ 700 Hz 频段供电时 SEP 的发射电流能够做到稳流，而在高频段其供电电流是变化的；V8 与 GDP 发射机处于恒流模式供电，从低频到高频供出的电流基本稳定。

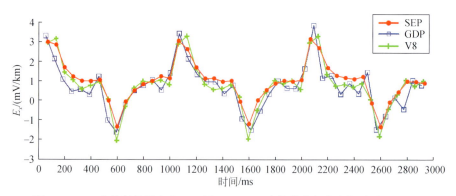

图 4.103　三套发射机供电在 Z03 线 1762.5 m 点接收的部分电场波形（1 Hz）

从图 4.103 中的三种发射机发射时的接收时域叠加波形幅度可以比较清楚地看出，SEP 发射产生的时域信号（1 Hz）的波形较 V8 和 GDP 发射的波形圆滑。

图 4.104 为三套发射机供电情况下实测曲线，其中经过 FFT 变换的 E_x、H_y 振幅幅值与 V8 接近，E_x、H_y 振幅曲线在 0.063 ~ 700 Hz 频段与 V8 的形态一致，幅值也非常接近，通过 E_x/H_y 的值最终计算的三条卡尼亚电阻率曲线也是吻合的较好，SEP 发射系统测得的

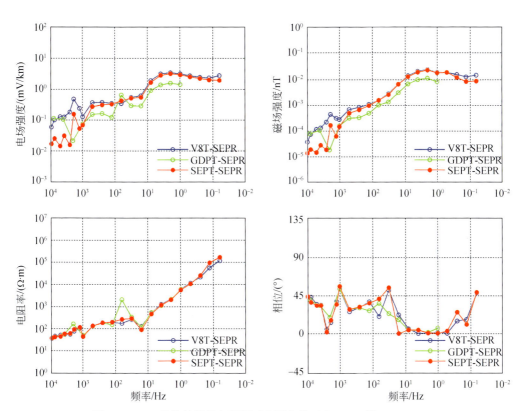

图 4.104　三套发射机供电情况下实测曲线对比（Z03 线 1762.5 m）

卡尼亚电阻率曲线较 V8、GDP 发射时的曲线平滑。

　　通过不同发射机供电试验对比，SEP 发射机在低于 700 Hz 频段供出电流产生的电磁场波形以及电磁振幅均好于 V8 和 GDP 仪器，表明了 SEP 发射机（0.063 ~ 700 Hz）的性能优于 GDP 和 V8。

第五章 深层地震勘探仪器及数据处理解释技术

第一节 深层地震勘探原理

深层地震勘探与其他地震勘探基本原理相同，都是通过人工震源激发产生的地震波在弹性不同的地层内的传播规律来勘测地下的地质情况。地震波在地下传播过程中，当地层岩石的弹性参数发生变化，将会引起地震波场发生变化，并产生反射、折射和透射现象，通过人工接收变化后的地震波，经数据处理、解释后即可反演出地下地质结构及岩性，达到地质勘查的目的。由于地震勘探是一种利用地层岩石弹性参数差异进行勘探的地球物理方法，所以该方法在油气勘探、煤田勘探和工程地质勘探以及地壳和上地幔深部结构探测中发挥着重要的作用。与其他地球物理勘探方法相比，具有精度高、分辨率高、探测深度大的优势，尤其在油气勘探中是一种不可取代的地球物理方法。国内外实践证明，大约现有 95% 的油气田都是用地震勘探方法发现的。

地震勘探方法可分为反射波法、折射波法和透射波法三大类。不同方法有不同的勘探精度和不同的适应性，目前地震勘探主要以反射波法为主，图 5.1 为地震勘探基本原理示意图。

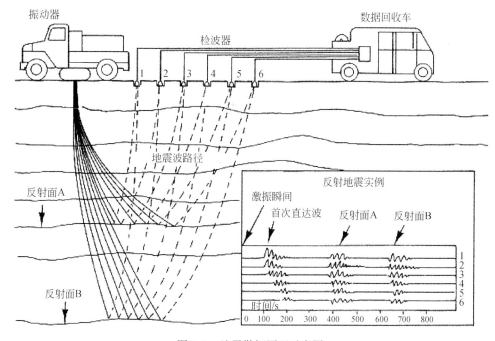

图 5.1 地震勘探原理示意图

第二节　深层地震勘探手段及特点

在深部地震勘探中，应用地震学方法可通过观测资料建立地震波传播经过部分的地球结构成像，是目前探测地球深部结构最直接最有效的手段。除利用天然地震源外，应用分辨率更高的人工地震源对地壳及上地幔顶部精细结构进行探测一直是人们勘查地球深部油藏、矿藏资源，认识地球内部地震、火山活动和地球动力学演化过程的重要途径。采用人工源进行深部地震探测目前主要有两种探测方法：深地震反射（Deep Seismic Reflection，DSR）和深地震测深（Deep Seismic Sounding，DSS），分别是目前获取界面物性（"构造形态"）和地壳内部物性（"速度结构"）的最有效手段。

深地震反射是一种用于揭示地壳及内部精细构造的人工地震方法，它是在石油地震反射方法的基础上发展起来的。它们的原理相同，都是通过人工震源激发地震波，利用高密度布置的地表检波器接收来自不同物性界面近垂直方向的弹性波，经过静校正、动校正、叠加、偏移等处理，成果叠加剖面上的反射同相轴反映了地下界面、断裂等地质构造特征。深地震反射的分辨率从浅部的几十米到深部几百米，能够提供其他地球物理方法无法比拟的精细结构，被认为是探测地壳、上地幔精细结构的最有效手段。目前，该方法已被广泛应用于揭露盆山结合带岩石圈的变形和地球动力学演化过程、地震孕育及地质灾害多发区的深部构造环境、油气资源远景评价和矿产资源勘查等领域。

深地震测深，又称宽角反射与折射（Wide Angle Reflection and Refraction，WAR/R），是利用大药量（300～15000 kg）人工爆破激发弹性波，通过地农布设的长排列（100～900 km）地震仪接收来自地下深部界面的各种地震波，并根据地震震相的运动学和动力学特征利用层析成像、射线追踪、动力学模拟计算等技术对观测资料进行处理解释，从而获取地壳及上地幔顶部速度结构及属性。

一、深地震反射

从20世纪初至今，反射地震勘探技术在石油产业的大力推动下发展迅速，从野外采集设备仪器到处理、解释技术都有巨大进步。深地震反射是一种用于揭示地壳及内部精细构造的人工地震方法，它是在石油地震反射方法的基础上发展起来的。它们的原理相同，都是通过人工震源激发地震波，利用高密度布置的地表检波器接收来自不同物性界面近垂直方向的弹性波，经过静校正、动校正、叠加、偏移等处理，成果叠加剖面上的反射同相轴反映了地下界面、断裂等地质构造特征。深地震反射的分辨率从浅部的几十米到深部几百米，能够提供其他地球物理方法无法比拟的精细结构，被认为是探测地壳、上地幔精细结构最有效手段。目前，该方法已被广泛应用于揭露盆山结合带岩石圈的变形和地球动力学演化过程、地震孕育及地质灾害多发区的深部构造环境、油气资源远景评价和矿产资源勘查等领域（王海燕等，2010）。利用深地震反射方法研究地壳结构的历史可追溯到1967年Meissner和Clowes第一次使用化学炸药激发震源，获取垂直反射的结晶基底和莫霍面信号，为近垂直深地震反射技术打下基础（邓攻，2011）。20世纪七八十年代，利用深部地震反射方法研究地壳结构深部构造问题进入快速发展时期。在美国国家自然基金委员会资助下，康奈尔大学成立"人陆反射剖面协会"（Corsortium of Continental Reflection Profiling, COCORP），试图利用深地震反射方法解决造山带、裂谷带、板块缝合带等地区的大地构造问题。COCORP 计划剖面分布于美国东中内部，累计完成了约 20000 km 的探测剖面，并取得一系列丰硕成果（梁慧云等，1996）。COCORP 计划的成功实施证明了反射地震技术完全可以用于研究大陆基底及深部地质问题（Brown et al.，1986）。继 COCORP 计划成功后，丙方各国纷纷提出和建立了类似的机构，利用深地震反射技术开展了第一轮的深部探测计划。例如，澳大利亚的 ACORP 计划（1980 年）、英国的 BIRPS 计划（1981 年）、法国的 ECORS 计划（1982 年）、德国的 DEKORP 计划（1983 年）、意大利的 CROP 计划（1985年）、乌拉尔的 URSEIS 项目、青藏高原 INDEPTH 项目、南美洲 ANDES 项目，等等。具有代表性的有加拿大的岩石圈探测计划——Lithoprobe，该计划自 1984 年至 2000 年分成五个阶段完成了 10 条地学大剖面，总长 14338.7 km。这 10 条剖面连接组成一条横穿北美大陆的大断面（图 5.2），Lithoprobe 计划的另一个重要特点是除了深地震反射方法外，还集中了地质学、地球化学及地球物理学等学科其他方法共同研究的地质问题。除此之外，俄罗斯、比利时、瑞典、挪威、瑞士（NFP）等国也开展了相应的深地震反射研究。近年来在上一轮深部探测基础上，西方国家又开始进行新一轮计划，如美国的 Earthcope 计划、澳大利亚的 GlassEarth 计划、Auscope 计划等。

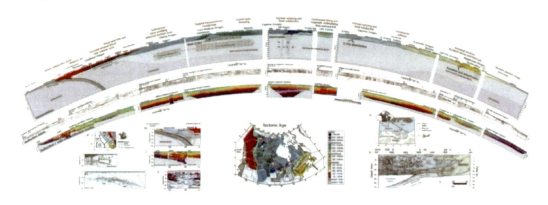

图 5.2　Lithoprobe 横跨北美大陆的深地震反射及深地震测深剖面（据 Cbwes，2011）

深地震反射成果反映的地壳及上地幔精细结构为人们提供了诸多地球动力学新认识，例如，发现板块俯冲碰撞可分为面对面碰撞、地壳增厚、单向俯冲、楔状挤入及岩石圈尺度剪切等多种不同类型。总之，这些计划的实施为地球科学家提供了地壳乃至上地幔的界面特征信息，让人们对岩石圈结构有了一个全新的认识，对研究岩石圈的形成和演化、地球动力学过程、深浅构造关系及其地震灾害预测、矿产资源勘查等有着重要的意义。

我国深地震反射探测工作始于 20 世纪 50 年代后期在柴达木盆地进行的反射地震探测实验（曾融生等，1961；滕吉文等，1974）。六七十年代受"文革"影响，基本停顿。80年代后期才开始在部分含油盆地和地震活动区恢复实验工作（曾融生等，1988）。90 年代后我国逐渐开始广泛应用高次叠加深地震反射剖面来研究造山带形成机制和演化模式。在此期间，在中国地质科学院、中国地震局、中国石油大庆油田等多家单位努力下，先后完成了诸如 INDEPTH 喜马拉雅、燕山造山带、松辽盆地、大巴山、天山北缘–准格尔盆地、宪塘盆地等多条剖面。至 2008 年，累计在全国范围内完成的深地震反射剖面总长约 5000km（王海燕等，2010）。2008 年，"深部探测技术与实验"（SinoProbe）项目实施，针对我国典型构造单元完成横跨东北（虎林盆地–松辽盆地–大兴安岭–海拉尔盆地剖面）、华北北缘（怀来盆地–燕山阴山带–兴蒙造山带剖面）、华南大剖面（阿拉善地块–祁连山–昆仑山–松潘甘孜地体–龙门山–四川盆地–雪峰山–华南褶皱系剖面）、青藏喜马拉雅剖面及宪塘地块剖面，全长约 6000 km。超过 10000 km 深地震反射剖面的完成揭示了中国大陆造山带、盆地、盆–山结合带及地震活动区的地壳及上地幔结构，获得了大量宝贵资料，取得了诸多地质新发现和认识，如揭示若尔盖盆地与西秦岭造山带岩石圈尺度的逆冲推覆构造关系（高锐等，2007）；塔里木岩石圈与青藏高原西北缘面对面汇聚碰撞的证据（高锐等，2000）；下扬子纵向分层、横向分块及其与储油构造的关系（陈沪生等，1988）；松辽盆地北缘以层、似层状为主的五种反射样式（杨宝俊等，1996）；华北盆地中地壳内的滑脱构造及其对演化的影响（王椿镛等，1994）等。

深地震反射源于石油地震勘探，其基本原理、采集仪器、野外观测工作方法、数据处理方法和流程及解释过程基本延续了石油地震勘探的方法和技术标准。但是由于深地震反射剖面的目的是获取整个地壳、莫霍面乃至上地幔的反射图像，因此在资料采集、处理、解释方面又具有其独特性，大致可归纳为以下几点：

1. 数据采集

大药量：要记录到来自地下几十公里甚至近百公里的有效反射波信号，必须采用大药量震源激发。然而大药量激发频率低，浅层分辨率低，为了保证"浅深兼顾"的原则，深地震反射采集通常采用"大、中、小炮结合"的方法。目前常用的采集方案为：小炮：20~50 kg、炮间距 200~250 m；中炮：100~200 kg、炮间距 1 km；大炮：500~2000 kg，炮间距 5~25 km。

大偏移距：从理论上讲，地震接收排列长度应与探测目的层深度相当。例如，若要记录到来自莫霍面的反射，排列长度应与该地区莫霍面的深度大体一致。然而，排列过长会导致浅层资料不满足近垂直反射的条件。实际工作中往往采用人中小炮区别对待的方法，如中小炮双边接收 600~720 道，若道间距 50 m，即单边最大偏移距为 15~18 km；大炮通常单边接收 1000 道，最大偏移距 50 km。

资料记录长度长：由于中国大陆构造演化历史悠久、不同构造单元差异极大。中国大陆东部地区莫霍面埋深最浅仅有 20~30 km，而青藏高原最深的莫霍埋深可达 80~90 km，因此要得到莫霍面乃至上地幔的反射信息，叠加剖面记录长度通常都在 15~30 s 以上；而野外原始记录则更长些。

2. 数据处理

与石油勘探地震类似，深地震反射资料的处理流程主要包括：数据输入、观测系统建立、静校正、叠前滤波、振幅补偿、速度分析、动校正、剩余静校正、叠加、叠后偏移、叠前偏移等。与前者相比深地震反射资料处理难点主要体现在以下方面：

　　弯线问题：深地震反射剖面主要用于揭示区域性构造问题，因此经常要同时穿越造山带、盆地等性质不同的构造单元。考虑到野外施工的可操作性及保证数据质量，常常采用弯线或折线观测。弯线和折线的叠加面元较宽，必然会引起叠加次数降低或拐点处出现反射假象。

　　大中小炮结合问题：大中小炮激发能量不同、接收长度不同、频率不同，剖面叠加时很可能会引起能量不均衡甚至不能同相位叠加。

　　起伏地表及其静校正问题：由于剖面长度较长，地表起伏往往比较剧烈。而且要穿过不同地震地质条件的构造单元，浅层低速体变化很大。这就要求在资料处理过程中需特别注意静校正量的计算。

　　低信噪比：尽管在野外数据采集中采取了各种压制干扰提高资料信噪比的手段，但深地震反射记录由于探测深度大、能量扩散严重、浅层折射、面波、侧面干扰等因素，与石油勘探资料相比深地震反射单炮信噪比要低得多。在去除噪音提高信噪比的基础上，保护好深层低频有效反射信号一直是深地震反射处理的一大难题。

　　基于以上原因，深地震反射资料的处理除了进行常规精细处理外，还需进行若干有针对性的特殊处理手段，如连线处理技术、无射线层析静校正技术、分类信噪比提高技术、起伏地表克希霍夫叠前时间偏移技术等。

　　3. 资料解释

　　由于深地震反射剖面反映的深部构造信息无法由钻井数据约束，目前深反射剖面的解释仍以构造解译为主。然而，深地震反射剖面探测深度达 20~50 s，且经常要跨越造山带、盆-山结合带等复杂地质条件区域，因此具有药量大、排列长、频率低、频带窄、深部信号弱、速度横向变化大等特点。受长距离传播能量吸收衰减和深部不同倾角的复杂地质体等因素的影响，深地震反射剖面中下地壳的地震波组经常表现为能量弱、不连续、带状或交织状，给地震资料的解释带来了困难。而现有的地震解释软件都是针对勘探精度高、深度浅的石油地震剖面，很难在深地震反射剖面解释中取得良好效果。为了解决深地震反射剖面解释中碰到的问题，20 世纪 70 年代以后，西方推行的一系列深部探测计划（如 COCORP、Lithoprobe 等）开发了一种基于模式识别方法的地震同相轴信息提取分析技术，称为自动线条图技术。

　　深地震反射资料处理解释基本沿用石油地震勘探处理软件，例如，用于采集设计的 Kelang 软件、用于静校正的 Green Mountain、Tomodel；资料综合处理软件则包括 CGG 软件、美国 WGC 公司的 Omega 系统、美国 IAE 公司的 Promax、美国 CSD 公司的 Focus、中国 BGP 公司的 Grisys；深地震反射剖面浅层解释同样可利用 Schlumberger 的 Geoframe 软件、Landmark 系统等软件。

二、深地震测深

　　20 世纪 20 年代，折射地震方法最早被用于美国墨西哥湾，通过发现盐丘找油，并在伊朗通过圈绘大型构造找油获得了极大的成功（帕尔默，1989）。自 50 年代开始，苏联实施了 200 多条长达 15 万千米的深地震测深剖面。甘布尔采夫等利用深部地震探测法、折射波对比法和反射波面波法研究地壳与上地幔结构及横向非均匀结构，极大推广了深地震测深方法的应用（王海燕等，2010）。进入20世纪八九十年代，在全球地学断面计划（Global Geosciences Transects，GGT）和国际岩石圈计划（International Lithosphere Program，ILP）推动下，地球物理学家在全球范围完成了大量的深地震测深剖面。Christen和Mooney（1995）收集了全球560条深地震测深剖面资料，通过资料分析，他们归纳总结了全球地壳上地幔不同性质构造单元的速度特征，并通过实验室地震学的数据得出了深度-速度-岩性的对应关系。其研究结果指出全球大陆平均地壳厚度为41.1 km（其中伸展地壳最薄平均约30.5 km，造山带地壳厚度最大约46.3 km，地台、陆缘弧、裂谷区与全球大陆地壳平均厚度相当），平均速度为6.45 km/s，来自上地幔顶部的Pn波平均速度为8.09 km/s。

我国深地震测深工作起源于20世纪50年代末在青海柴达木盆地实施的人工源地震地壳探测（曾融生，1961）。1976年唐山大地震之后，国家地震局在华北地区实施了"地震预报的地壳深部探测研究工程"，总共完成了近4000 km的深地震测深剖面。80年代以来，又相继组织实施了"随县77工程"、"滇深82工程"、"四川8401工程"、"三峡8811工程"、"腾深99工程"等一系列深地震测深剖面，为认识我国大陆地壳结构和地震成因提供了重要的科学依据（白志明，2002）。20世纪八九十年代，我国科学家还完成了11条国际地学大断面。2008年，中国"地壳探测工程"前期培育性项目"深部探测技术与实验（SinoProbe）"项目启动，经过五年多的努力，中国地球物理学家在中国大陆几个典型区域又完成了四条总长几千公里的深地震探测剖面。半个多世纪以来，在中国地震局、中国科学院、原地质矿产部、中国地质科学院等多家研究机构的努力下，我国目前已完成的测深剖面总长超过6万km，并取得了显著成效（图5.3）。

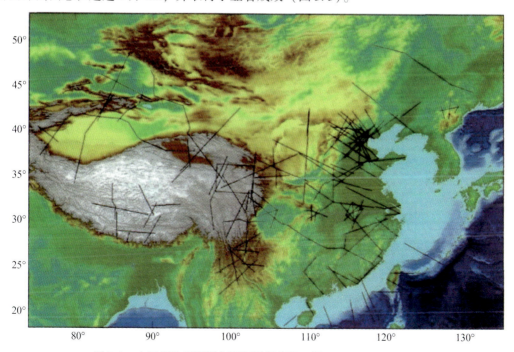

图5.3　中国深地震测深剖面探测程度图（据Xiong *et al.*，2010）

(一) 数据采集

随着科技的进步，深地震测深观测仪器从原始的磁带记录步入数字时代，探测技术取得了长足的发展。目前较常用的宽角反射与折射地震仪如：美国 REFTEK 公司研制生产的 Reftek-125 (Texan) 便携式单分量数字地震仪、重庆地质仪器厂开发生产的 DZS-1 型三分量数字深层地震仪等。这些仪器具有频带宽、精度高、体积小、存储量大、操作简便、野外布置方便等特点。观测仪器的进步也使深地震测深野外资料采集逐渐向高精度、高分辨率的方向发展。目前，宽角反射与折射野外数据采集接收道间距已由传统的 3~5 km 发展到 0.5~2 km，炮间距由 50~100 km 到 20~50 km，观测系统从简单相遇、追逐观测到覆盖次数较高的综合长排列观测系统。观测仪器和技术的进步有利于获得更可靠、更高分辨率的地壳结构信息。

(二) 资料处理与解释

早期人们处理解释宽角反射与折射资料的方法主要有：相遇法、截距时间法、时间项法 (针对折射震相)、单炮一维速度–深度函数反演 (针对宽角反射震相) 并通过二维差值产生二维地壳速度结构。其中宽角反射信号最简单的处理解释方法为 "x_2-t_2" 法，该方法基于多层水平均匀层状介质假设，即认为炮点和接收器位于近似水平均匀层状介质上方，速度层顶底界面为水平，层速度为常数。其计算公式可表示为

$$H = \frac{1}{2}\sqrt{(vt_i)^2 - x_i^2} \tag{5.1}$$

$$v = \sqrt{(x_i^2 - x_j^2)/(t_i^2 - t_j^2)} \tag{5.2}$$

式中，H，v 分别表示某一层的界面深度和上覆层的等效平均速度；x 为同一震相不同检波点的水平坐标；t 为同一震相反射波到不同检波点的到时。显然，由于实际中地下界面存在起伏且层速度在横向和纵向上都不均匀，该方法只能得到简单近似的地下结构。

1969 年，Stein 给出了恒定垂直速度梯度介质的射线追踪基本算法。1975 年，Will 将非均匀岩层剖分为任意形状的多边形，每个多边形具有任意方向的固定速度梯度。1975 年，Gebrabde 用反正切函数构造等值线来描述复杂地质构造的速度分布。1978 年，Dantz 在此基础上给出了由恒定速度及速度梯度及倾斜线构成的速度分布区域的射线追踪算法 (孙鹏远等，2001)。1977 年，捷克著名地球物理学家 Cerveny 在 "*Ray method in Seismology*" 一书中系统地论述了地震射线方法，并推出了 Seis81 二维正演射线追踪算法。该算法使用改进的欧拉方法求解一阶线性常微分方程组描述射线的几何扩散。二维横向不均匀介质中射线追踪的方程表达为

$$\frac{\mathrm{d}x}{\mathrm{d}z} = \tan\delta \tag{5.3}$$

$$\frac{\mathrm{d}\delta}{\mathrm{d}z} = -v^{-1}(v_x - v_z\tan\delta) \tag{5.4}$$

$$v_x = \frac{\partial v}{\partial x} \tag{5.5}$$

$$v_z = \frac{\partial v}{\partial z} \tag{5.6}$$

实际计算过程则是通过 Runge-Kutta 法求解上述方程的数值解，并使用样条函数进行内插。该算法以 erveny 射线追踪理论为基础，适用于在含有弯曲界面、层状构造、尖灭、断面和孤立体的二维横向不均匀介质中进行两点间的射线追踪和理论地震图的计算。两点射线追踪用试射法进行，振幅用标准射线公式计算，在奇异区、焦散区等都没有进行修正。直达波、一次反射的 P 波、S 波及反射点的转换波的振幅是通过一些程序可识别的控制参数来自动确定，把折射波作为具有复合射线段的反射波的特殊情况来考虑，采用单精度，没有考虑含有弯曲界面的横向不均匀介质中的首波问题。射线理论地震图计算采用的震源时间函数是高斯包络调制的谐载波，通过选择合适的参数及时间平移控制参数可以模拟各种接近于地震学的子波。在 Seis81 基础上，Seis83 对其进行了一定程度的改进，它可以处理单力源、双偶源及爆炸震源等情形，除对界面进行双三次样条内插外，还用三次抛物线来逼近。可以在二维含弯曲界面、块状结构、尖灭层和孤立块体的横向不均匀介质进行两点射线追踪，计算走时和振幅。Seis88 同样也是利用射线方法来数值模拟二维横向变化的层状构造中的地震波场及其分布规律的处理软件，是 Cerveny 等在之前版本的基础上进一步完善后的版本。它与 Seis81 的最大区别是不仅可以计算走时，还可以自动计算振幅和相位，并且可以定量地确定轻微的吸收。在速度模型上，允许单个层内速度有横向、垂向变化。点源除了不能被放置在尖灭点外，可以位于模型内的任何位置。与 Seis81 相同，虽然没有修正奇异区的振幅和含有弯曲界面的横向不均匀介质中的首波计算等问题，但是通过一些识别码对在含有低速层的介质中影区等非正则区的射线计算进行了修正。

Seis 系列算法模型简单、计算方便，在国内外宽角反射与折射地震资料处理中得到广泛应用。以其代表，宽角反射与折射地震资料的处理解释步入二维正演模拟阶段。然而，基于"试错法"的射线追踪模式十分依赖于解释者的先验认识，同时要达到高精度的拟合非常耗时。1992 年，加拿大渥太华天文台 Zelt（1992）提出了一种基于射线理论的二维射线同时反演速度结构与界面的方法（Rayinvr）。该方法适用于任意类型的体波数据，并能够提供对模型参数分辨率、不确定性和非唯一性的估计。该方法的基本原理包括：①模型参数化。不同尺度块体组成的层状结构，用最少数目的独立模型参数来表征地壳和上地幔模型。可以根据数据的空间分辨指定的模型参数的位置和数目，同样允许将地貌和近地表速度差异嵌入模型。②射线追踪。以有误差控制的 Runge-Kutta 法寻求方程有效的数值解，自动调整射线步长和射线出射角，实现射线追踪。③阻尼最小二乘反演。用阻尼最小二乘方法同时确定更新后的模型参数：速度和界面深度。解的分辨可以由分辨矩阵评价，也可以通过扰动节点模型参数-走时正演-反演扰动模型参数的方式定性估计。参数的不确定性估计由扰动模型参数-观察计算走时对观测数据的拟合效果的方式得到。通过改变模型参数化方式，或采用不同的初始模型参数反演可以估计解的非唯一性。模型后验协方差矩阵给出数据误差所引起的解的不确定性。反演过程尽量减少独立模型参数能提高算法的稳定性。Rayinvr 算法的推广将地震射线追踪从正演模拟发展到自动反演阶段。

上部地壳结构的认识是连接已有大量地表地质学成果与深部地壳构造的桥梁。上部地壳结构的探测与研究，对地质构造理论、孕震机理、发震环境及石油矿产等资源的开发有着十分重要的意义。对宽角反射与折射资料获得的上地壳回折波、折射波资料进行精细成像是获得上部地壳精细结构的重要途径。早期人们用于解释折射波（回折波、首波）的方法主要有相遇法、截距时间法、时间项法等。20 世纪 80 年代，随着层析成像技术的发展成熟，人们也将层析技术引入深地震测深资料的处理解释，主要用于初至波（Pg、Pn 等）的成像。Vidale 提出并推广地震初至走时成像的有限差分方法，以计算二维或三维介质中的初至波走时。Hole 的改进使该方法能适用于速度横向变化剧烈的三维介质。该方法的基本思想是：以小的矩形网格单元划分表征模型空间，近似认为地震波在网格单元上以平面波形式传播。在此基础上通过方程的有限差分算子计算出地震波从震源出发到所有网格点的初至走时。根据计算得到的走时场沿最陡走时梯度确定射线路径。小网格单元划分使得简单反投影即可近似求解非线性迭代反演问题，从而计算所有射线在各单元中引起的慢度扰动以逼近各单元中的真实速度。解的分辨由网格单元中的射线数来评价。由于有限差分方法的通用性，该方法自提出以来不断得到应用和改进，被广泛应用于走时成像领域。然而这种方法仅能进行初至震相的成像，尽管 Hole 尝试利用三维有限差分法计算反射界面，然而效果并不理想。

总而言之，目前对深地震测深资料的处理解释可归纳为以下几个基本步骤：

1）地震资料预处理

通常由原始采集仪器导出的数据格式与资料处理软件数据格式存在差异，首先需对数据格式进行转换。另外，宽角反射与折射方法接收排列长达数百公里，接收点的地震地质条件以及各炮点的激发条件均存在较大差异，加之不同区段背景噪音不同。因此数据处理之前需对原始数据进行清理、剔除部分无效道。针对深地震测深数据的滤波手段主要是带通滤波，滤波前需对单炮及部分震相频谱进行分析，以免采用不恰当的滤波参数引起波形畸变。

2）震相识别与拾取

震相准确识别是深地震测深资料解释的基础，震相识别主要基于以下两个标准：①震相能量及其横向延续性；②速度的合理性：测量震相视速度，对比相邻炮集记录，并与前人在附近区域的资料进行参考。

3）建立一维正反演

建立单炮一维速度结构，并通过插值获得二维速度结构初始模型：在震相拾取的基础上可采用"x_2-t_2"对单炮一维速度结构进行估计，也可直接对单炮资料进行一维水平正演模拟，获得速度–深度函数。对数个单炮的一维结果通过差值得到二维模型是目前较常用的一种初始模型构建方法。

4）二维射线追踪

可采用 Seis 系列等正演算法按照"试错法"进行射线追踪、拟合观测走时获取二维地壳上地幔速度结构，或 Rayinvr 二维射线反演算法获取二维地壳上地幔速度结构。另外，还可通过 0 阶非对称射线及 1 阶非对称射线等理论分别计算反射震相振幅及首波振幅进行地震记录的动力学模拟。动力学模拟（振幅）合成记录与原始数据对比结果常被用于反射界面速度梯度的约束。

5）模型评价

对于基于"试错法"正演模拟结果的评价主要依赖射线的覆盖情况，而对于反演结果的评价还可通过检测板试验、各节点的参数进行的不确定性测试、不同初始模型测试等手段进行。

目前较为常用的深地震测深解释算法及软件包括：

（1）数据预处理及震相拾取：Surfer、Promax、Zplot 等；

（2）初至层析成像：Hole 有限差分成像、Fast、FMtomo 等；

（3）二维射线追踪：Cerveny 等开发的 Seis81、Seis83、Seis88、Seis09 系列，Luetgert 等开发的在 Mac 界面下的 Macray、Gajewski，Psencik 开发的 Anray 系列以及 Zelt 的 Rayinvr 射线反演法等；

（4）动力学模拟：Seis8X 系列、Zelt 的 Tramp，另外还可利用其他一些商业软件如 Tesseral 等。

第三节　无缆自定位地震仪研发关键技术

高性能的地震勘探仪器装备是地震探测获取高质量数据的关键，但我国用于深部探测的宽频地震仪一直依赖进口。实施"地壳探测工程"将需要大量的地震勘探仪器装备，为提升我国深部地球探测能力，自主研发高性能的地震勘探仪器装备十分必要。针对地球深部目标探测需求，吉林大学开展了无缆自定位地震仪及其配套系统的研制工作。研发的核心技术包括：低噪声地震数据采集技术；高精度时钟同步及自定位技术；海量数据存储及回收技术；基于自组织网的数据通讯技术；系统低功耗技术等。

一、低噪声数据采集系统研究

（一）外界环境干扰的抑制

地震记录仪噪声来源主要包括三个方面：外界环境干扰、信号传输采集通道噪声以及供电系统干扰。外界环境干扰主要指外界空间电磁场在仪器线路、导线、壳体上的辐射与调制作用。该问题的解决将主要采用仪器地线系统设计、金属机壳、检波器传输线的屏蔽等技术加以解决，屏蔽方案如图 5.4 所示。

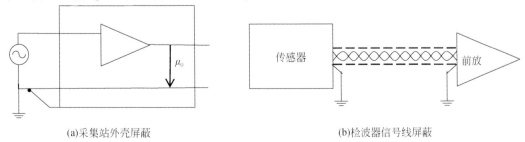

(a)采集站外壳屏蔽　　　　　　　　　　　　(b)检波器信号线屏蔽

图 5.4　外界干扰的屏蔽方案

脉冲噪声是传感器噪声的一种重要的表现形式，其振幅较大，对电路造成的不良影响较大，尖脉冲常损坏电路，这种脉冲也称为浪涌。它含有直流成分或高频成分，采用非线性滤波电路可有效地滤除这种脉冲噪声，也就是通常所讲的限幅器，当电压高过一额定值后，限幅器产生反向漏电流，将能量峰消除，进而达到保护后级电路的作用。通常可以通过稳压二极管和 TVS（Transient Voltage Suppressor）管实现，考虑到提高系统的集成度，选用专用的 TVS 管做限幅器。

（二）低噪声数据采集通道的设计

地震检波器工作在 1 kHz 以下的频带范围，因此应选择低频端具有低等效输入噪声谱密度的放大器。对于最佳源电阻条件，由于不能人为引入电阻来满足（会使输入噪声增大），故通过前置放大器的输入级半导体器件及工作点选择来满足源电阻匹配条件。根据源电阻 R_s 的大小，可以选用不同类型的器件，以满足 $R_s = R_{so}$。

地震检波器源电阻在几百欧姆到几十千欧姆之间，信号频率在 DC 约 1 kHz 之内，根据图 5.5 可以选择低频端噪声性能较好的运算放大器。考虑到增益的可调性，选用低噪声的可编程增益放大器 PGA205，其低频端等效输入噪声电压如图 5.5 所示，在低频段的典型噪声性能参数如表 5.1 所示，可见 PGA205 在低频端具有较低的噪声水平。

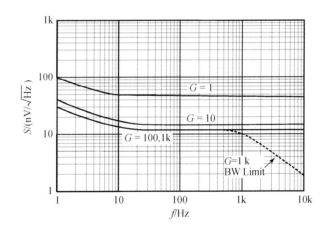

图 5.5　PGA205 的等效输入噪声电流

表 5.1　仪用可编程增益放大器 PGA205 的噪声性能

带宽频率/Hz	电压		电流	
	测试条件	等效输入噪声电压	测试条件	等效输入噪声电流
$f = 10$	$G \geqslant 100$，$R_s = 0\ \Omega$	19 nV/$\sqrt{\text{Hz}}$	—	0.4 pA/$\sqrt{\text{Hz}}$
$f = 100$	$G \geqslant 100$，$R_s = 0\ \Omega$	15 nV/$\sqrt{\text{Hz}}$	—	—
$f = 1k$	$G \geqslant 100$，$R_s = 0\ \Omega$	15 nV/$\sqrt{\text{Hz}}$	—	0.2 pA/$\sqrt{\text{Hz}}$
$f_B = 0.1 \sim 10$	$G \geqslant 100$，$R_s = 0\ \Omega$	0.5 μV_{p-p}	—	18 pA$_{p-p}$

根据仪器选用的高灵敏度检波器特征，以 20 kΩ 为参照源阻抗，参照 PGA205 数据手

册中的 E_n–I_n 噪声参数，设定其直流工作点，使其实现阻抗匹配。因检波器输出信号较强，最大可到 2 V 左右，不存在信号较弱或是源电阻太小的情况，因此选择直接耦合方式，设计完成的电路如图 5.6 所示。

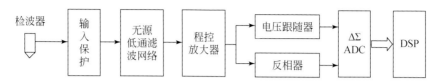

图 5.6　地震数据采集通道结构图

其中，输入保护由 TVS 管和钳位二极管构成，用于消除尖刺电压脉冲，保护前放电路；无源低通滤波用于滤除尖刺脉冲通过保护电路放电后的残余电压脉冲，由一个共模滤波器和差分滤波器构成，共模滤波器的低通频率截止点为 80 kHz，用于旁路特高频分量；差分滤波器低通频率截止点为 40 kHz，用于滤除进入放大器的高频信号，同时不影响测量带宽内幅频响应。电压跟随器和反相器用于将经程控放大器放大后的单端信号转换为差分信号，提供给 A/D 转换电路。模数转换器采用 △∑ 型 24 位 A/D 转换器：△∑ 过采样调制器 CS5372 和数字抽取滤波器 CS5376 构成的 24 位 A/D 套片。在 △∑ A/D 转换器中，通过过采样技术，利用高阶 △∑ 调制器的噪声整形作用，可以使信号在 A/D 转换时的量化噪声转移到有效信号频段之外，再使用数字滤波器滤除带外噪声后，可以有效地降低量化噪声，实现 24 位模数转换；可得到最大为 136 dB 的动态范围，非常适合于地震信号的数据采集。

（三）低噪声电源电路设计和接地技术

地震采集站由 +12 V 电瓶供电，系统模拟部分所需 ±5 V、+3.3 V、+2.5 V 电源，数字部分所需 +3.3 V、+5 V、+1.8 V 电源，均采用相互独立的集成稳压器模块供电。使仪器的模拟通道、数字通道电源有效隔离。为解决电源模块对仪器模拟通道可能产生的射频干扰，设计中对整个电源板进行了金属壳屏蔽，另外在模拟电源的输出端加入二阶低通滤波器，有效抑制电源纹波。

为了降低地线阻抗，最简单的办法是使电路就近接地，尽量避免使用很长的地连线，这就是多点接地。一般弱电电路都就近接地，地线连线较短，地线阻抗低。通常，当工作频率低于 1 MHz 时，可用一点接地方式；当频率在 1~10 MHz 时，如果采用一点接地，其地线总长度不得超过波长的 1/20；反之，则应使用多点接地；当频率高于 10 MHz 时，应采用多点接地。

金属矿地震信号带宽为 30~200 Hz，低于 1 MHz，但是，考虑到各个有源模拟器件供电电流的回流，应该让有源电子器件的回流通道最短，防止形成较长回流线路而产生地电位差，从而耦合到模拟输入通道，引入干扰。因此，采用多点就近接地方式。除此之外，在 PCB 布线时采用地平面代替地导线，更能降低地线回路电阻，避免地电位差。因此，在 PCB 布线时，采用多层电路板设计方案，用地平面层代替地导线，完成所有器件的就近接地。基于同样的考虑，电源也采用电源层代替电源导线。

(四) 模拟通道噪声分析

1. 模拟信号调理部分的噪声模型

模拟信号调理部分的噪声模型可以分成前置低通滤波电路、程控放大器、差分信号转换模块三个部分进行分析，如图5.7所示。得出每部分的噪声模型后，根据级联电路的等效输入噪声的计算方法可算出模拟信号调理部分的等效输入噪声电压谱密度，再根据采集通道的带宽可以得出等效输入噪声电压有效值。

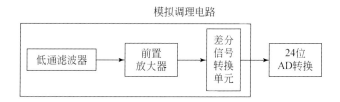

图5.7　地震采集站模拟通道简化结构图

前置低通滤波电路可以看成一个四端网络，每个电阻是个噪声源。根据无源四端网络 E_n-I_n 噪声模型的计算方法，通过其内部噪声源计算得到 E_n-I_n 噪声。程控放大器 PGA205 作为一个四端网络，可以在资料中得到它的 E_n-I_n 噪声模型参数。差分信号转换模块由一个电压跟随器和一个反相放大器组成，它们组成的噪声四端网络是 I_{1n}-E_{2n} 模型，其中反相放大器为电压并联负反馈，跟随器为电压串联负反馈，根据电压并联负反馈和电压串联负反馈的噪声模型计算方法可以得出主网络和反馈网络的 E_n-I_n 噪声。

模拟调理电路的等效噪声模型如图5.8所示，Z_s 为信号源阻抗，e_{ni} 为信号源的噪声电压，可以把级联电路的噪声折合为等效输入噪声表示。

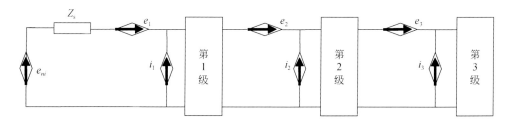

图5.8　模拟通道噪声模型

第1级 e_1-i_1 噪声折合到输入端噪声电压谱密度为

$$S_1(f) = S_{e_1}(f) + S_{i_1}(f) \mid Z_s \mid^2 + 2\mathrm{Re}\left[S_{e_1 i_1}(f) Z_s^* \right] \qquad (5.7)$$

第2级 e_2-i_2 噪声折合到输入端的等效噪声电压谱密度为

$$S_2(f) = \frac{S_{e_2}(f)}{\mid K_{u_1}(j\omega) \mid^2} + \frac{S_{i_2}(f)}{\mid K_{i_1}(j\omega) \mid^2} + 2\mathrm{Re}\left[\frac{S_{e_2 i_2}(f)}{K_{u_1}(j\omega) K_{i_1}^*(j\omega)} \right] \qquad (5.8)$$

式中，$K_{u_1}(j\omega)$ 为开路电压增益；$K_{i_1}(j\omega)$ 为短路电流增益。根据同样的方法，得到 e_3-i_3

噪声折合到输入端的等效噪声电压谱密度为 $S_3(f)$。由于各级放大器噪声的无关性，级联放大器的等效输入噪声电压谱密度为

$$S(f) = S_1(f) + S_2(f) + \cdots + S_n(f) \tag{5.9}$$

根据采集系统的电路可求出各级对应的 $K_{u_1}(j\omega)$、$K_{i_1}(j\omega)$、$K_{u_2}(j\omega)$、$K_{i_2}(j\omega)$，与前述各级 E_n–I_n 噪声联合可得到在工作频率为 10 Hz，程控放大四倍时的等效输入噪声功率谱密度 $E_{\mathrm{amp}}^2 = 4.96533 \times 10^{-16} \dfrac{V^2}{Hz}$。A/D 在采样率为 1 kHz 时采集通道的频带为 0～500 Hz，可得等效输入噪声电压 $E_{\mathrm{namp}}^2 = 2.482 \times 10^{-13}\ V^2$。

2. 24 位 $\Delta\sum$ A/D 噪声分析

根据模数转换理论，A/D 的量化噪声为

$$E_{\mathrm{nad}} = \frac{V_{\mathrm{p-p}}}{2^n} \tag{5.10}$$

式中，$V_{\mathrm{p-p}}$ 为 A/D 模拟输入的最大峰峰值，5 V；n 为 A/D 转换的位数（24 位），但是 CS5372 和 CS5376 构成的 A/D 转换器，实际最大量化阶数为 12582912，比 $2^{24} = 16777216$ 要小，因此其量化噪声为

$$E_{\mathrm{nad}} = \frac{5.0}{12582912} = 2.98 \times 10^{-7}$$

3. 模拟通道等效输入总噪声分析

将各个噪声电压或电流的平方加在一起，开方求出总的噪声电压。

$$E_{\mathrm{sum}}^2 = E_{\mathrm{namp}}^2 + E_{\mathrm{nad}}'^2 \tag{5.11}$$

$$E_{\mathrm{nad}}' = E_{\mathrm{nad}} / A \tag{5.12}$$

式中，E_{nad}' 为 A/D 量化噪声折算到输入端的等效噪声；A 为程控放大器的增益，结合前述结果，在 PGA205 增益为 4（$A=4$）。A/D 采样率为 1 kHz（带宽为 0～500 Hz）的条件下，计算得到模拟通道等效输入总噪声：

$$E_{\mathrm{sum}} = 5.080 \times 10^{-7}$$

可见，数据采集电路的理论噪声水平为微伏级。

二、高精度时钟同步技术研究

无缆分布式地震仪网络由数千个采集站组成，网络节点多，相互之间又无电缆连接，同步数据采集是系统设计的关键问题之一。本地震仪工作方式为移动式测量，且施工场合为野外环境，因此，本系统将采用无通讯链路同步，基于本地时钟与 GPS 授时联用方式，各地震采集站独立工作。以 GPS 接收机秒脉冲信号为基准，采用整秒触发的方法同震源同步工作，实现 4000 个通道（1000 个采集站）同步采样。考虑到部分采集站 GPS 接收机会因障碍物遮蔽而失锁的情况，采用高精度实时时钟（Real Time Clock，RTC）同 GPS 对准后自锁时，为采集站提供第二同步时标。系统时间服务系统设计方案如图 5.9 所示。

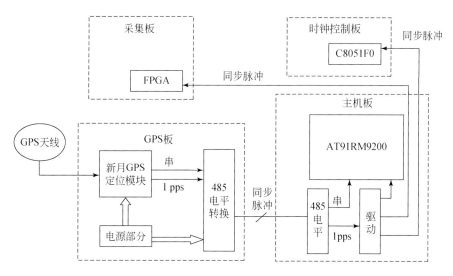

图 5.9　采集站时间服务方案

（一）地震采集站站内同步采样控制

CS5372 和 CS5376 是 CirrusLogic 公司生产的 24 位 A/D 套片，CS5372 是双通道的四阶 $\Delta\Sigma$ 调制器，主时钟（MCLK）为 2.048 MHz 时输出 512 kHz 的过采样一位数据流。CS5376 是数字抽取滤波器，可以将一位数据流滤波转换为 24 位量化结果。两片 CS5372 和一片 CS5376 可实现四通道的数据采集，采集电路结构如图 5.10 所示。

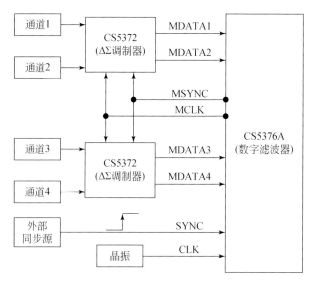

图 5.10　地震采集站同步采样电路结构

CS5376 的工作时钟为 32.768 MHz，经内部分频后输出 2.048 MHz 的调制器时钟，控制 CS5372 运行。SYNC 引脚用于接收外部同步信号，一个上升沿可触发内部时序电路产生重对齐同步信号 MSYNC，该信号用于复位数字滤波器内部电路，同时 MSYNC 信号驱动至片外用于对齐调制器相位。CS5376 和 CS5372 的同步时序如图 5.11 所示，SYNC 接收外部同步信号（上升沿），在 MCLK 的下一个周期 1/4 时刻处产生 MSYNC，CS5372 同 MSYNC 产生后的第二个 MCLK 上升沿 t_0 时刻对齐，输出第一个采样数据 DATA1。因两片 CS5372 采用来自 CS5376 分频输出的同一时钟源，因此，四通道能同时对齐到 t_0 时刻，实现站内同步数据采样。

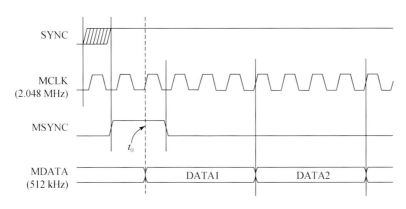

图 5.11　采集站内部同步时序

（二）全网同步采样机制

系统同步网络结构如图 5.12 所示，GPS 同步技术是在 GPS 卫星中配备高精度原子钟，通过地面监测站连续跟踪测算卫星运行状态参数，并与美国海军天文台提供的标准 GPS 时钟结合推算出卫星钟误差参数，并通过导航电文传送给 GPS 接收机，接收机解算数据后得到 GPS 精确授时，同步精度为 10 ~ 100 ns。本书采用的 GPS 接收机为加拿大 Hemisphere 公司的 Crescent 系列 HC12A 单频接收机，通过单站多星测时方法可获得精度为 50 ns 的秒脉冲，各采集站通过该秒脉冲同步数据采集。

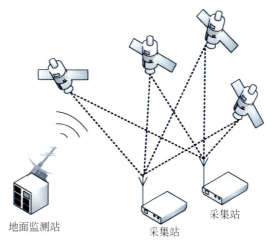

图 5.12　全网同步原理

采集站结构如图 5.13 所示，GPS 接收机秒脉冲接入 FPGA 中，通过逻辑门驱动控制 CS5376 采样。各采集站预先设定精确到秒的协调世界时（Coordinate Universal Time，CUT）触发时刻，ARM 通过串口解析 GPS 接收机的授时信息，在判断到触发时刻到达时，控制采集电路同秒脉冲对齐，实现全网同步采样。

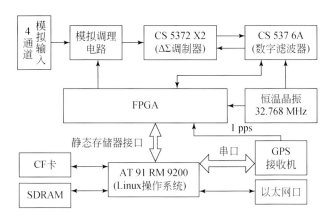

图 5.13　地震采集站组成结构

（三）高精度 RTC 同步时标

系统采用的石英钟时间服务系统如图 5.14 所示，采用恒温晶振（Oven Controlled Oscillator，OVXO）提供基本同步时钟，经过 1000 倍分频输出 32.768 kHz 振荡信号，作为 RTC 的时钟输入。DS1390 是 Dallas Semiconduct 生产的 RTC，可以采用外部晶体同内部振荡电路结合产生时钟信号，也可以直接接收外部振荡信号作为时钟输入。OVXO 采用精度为 ±0.03 ppm（Part Per Million）工业级型号，因此，采用 OVXO 后，RTC 计时精度可达 ±0.03 ppm。

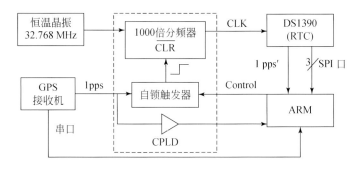

图 5.14　RTC 时间服务器组成

采用 RTC 作为同步时标，除提高走时精度外，还需进行绝对时间校准。校准过程如图 5.15 所示，GPS 接收机定位成功后每秒钟输出一个宽度为 1 ms 的正脉冲，1 pps（Pulse Per Second）为 GPS 接收机输出的秒脉冲序列，其上升沿标示本秒起始时刻；每个秒脉冲之后隔 14 ms 串口输出定位信息。ARM 首先控制 CPLD 中的自锁触发器关闭分频器时钟输出，使 RTC 处于停止状态，然后于 t_2 时刻起提取 UTC 时间并将该时间加 1 s 后写入 DS1390 中，在时间设置完毕后打开自锁触发器；GPS 接收机的下一个秒脉冲会导致自锁触发器状态反转，分频器于 t_3 时刻启动时钟输出，驱动 RTC 与 GPS 时间基准同步计时，RTC 从 t_4 时刻起输出高精度同步秒脉冲 1 pps′，其时间信息通过 SPI 接口输出，协同 1 pps′ 信号为采集站提供高精度时标。

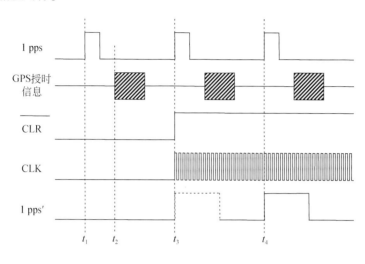

图 5.15　RTC 校准时序

(四) 同步误差分析

采集站在布设之前首先进行校准，在布设完毕之后各采集站根据 GPS 接收机定位结果选择时标来源，若成功则选择 GPS 接收机，否则选用 RTC 源；然后在预先设定的 UTC 时间点由秒脉冲触发全网数据采样。全网同步误差来源于两个方面：全网同步脉冲精度误差和各采集站自身时钟误差。

1. 秒脉冲同步信号误差

GPS 卫星信号不会老化，不会漂移。因此 GPS 接收机的秒脉冲同步误差恒为：±50 ns。

RTC 秒脉冲的误差来源于校准时产生的绝对时间偏差和走时产生的累积偏差，分别记为 Δt_1 和 Δt_2。其中，绝对时间偏差包含两部分：GPS 秒脉冲自身误差和分频器输入时钟零相位对齐误差；图 5.15 中，分频器输入时钟为 $\overline{CLR}$ 信号和恒温晶振输出"相与"的结果，$\overline{CLR}$ 信号由 GPS 秒脉冲触发，由于 GPS 秒脉冲与恒温晶振时钟之间的相位差是随机的，所以分频器输入时钟的起始相位是随机的，在一个时钟周期内变化。由此产生的误差为一个输入时钟周期：1/32.768 MHz（±15 ns）。因此绝对时间偏差为 $\Delta t_1 = \pm(50+15)$ ns。设 RTC 对准后运行时间为 n 小时，则其走时累积偏差为

$$\Delta t_2 = \pm 0.1 \text{ppb} \cdot n \cdot 3600(\text{s}) = \pm 360n(\text{ns})$$

可得 RTC 同步误差为

$$\Delta t = \Delta t_1 + \Delta t_2 = \pm(65+360n)(\text{ns})$$

2. 采集站间主时钟不同步问题

各采集站的采样系统采用相互独立的恒温晶振提供时钟，因此不同采集站的采样系统主时钟存在随机相位差，由此会导致 $\Delta\Sigma$ 调制器同步误差。如图 5.16 所示，MCLK1 和 MCLK2 分别为两个采集站的调制器主时钟，二者相位差为 180°，假设外部同步信号不存在误差，两个采集站与该信号同步后，分别对齐到了 t_0 和 t_0' 时刻，由此产生的同步误差为 $\Delta t = |t_0 - t_0'|$，易知，其最大值为一个 MCLK 周期（488 ns）。因此，不同采集站主时钟不同步的问题将带来 ±244 ns 的同步误差。

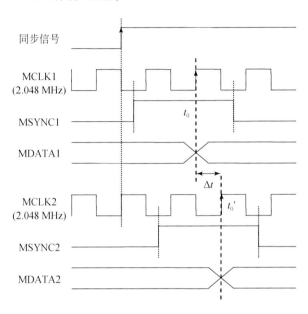

图 5.16　调制器时钟相位差对同步采样的影响

综上所述，全网采用 GPS 时标采样时，同步误差为：$EGPS = \pm(50+244)\,ns = \pm0.294\,\mu s$；采用 RTC 时标时，同步误差为：$ERTC = \pm[(65+360n)+244](ns) = \pm(0.309+0.36n)(\mu s)$。

可见在采用 GPS 时标时，同步误差不随时间变化，优于 ±0.3 μs；采用 RTC 时标时，同步误差随工作时间线性增加。根据施工需求，每天在布设采集站之前将 RTC 对准一次，施工完毕之后回收采集站，每天最长工作时间为八小时。设 n 取最大值为对准后连续工作八个小时，可以求得最差情况下的误差，即采用 RTC 的误差上限为 ±3.189 μs，优于 ±3.2 μs。系统采用 GPS 和 RTC 双时标联合同步，同步误差取最差条件下的误差，即二者之大者：±3.2 μs。

三、高精度自定位技术研究

为保证设计的观测系统在地震数据采集过程中得到实现，通常要进行勘探前的地质测量工作，以确定炮点位置和检波器排列的坐标。为了保证观测系统的可靠施工，进而保证地震采集数据的质量，本系统分两个步骤完成采集站的精确定位：首先通过常规测量（如全站仪）确定起始点，并在观测系统关键控制点实施精确测量，然后通过测绳确定测线走向，并在测绳标示的测线上布置无缆遥测地震仪采集站，根据观测系统的设置完成采集站的粗略定位。然后每个采集站则通过自身配备的 GPS 接收机记录 GPS 定位数据，经过后续数据处理实现自身的精确定位。这样在保证观测系统整体拓扑结构的同时，又能通过各采集站的高精度的自定位，为后续地震数据处理提供精确的采集站位置信息。

本系统将采用双频 GPS OEM 板与采集站集成，使采集站在采集地震数据的同时进行 GPS 数据的采集，形成一个具有静态相对定位功能的系统，在测得几个时段后对所有的点位记录数据进行差分和网平差处理，得出厘米级的定位精度，（具体的精度，与所布设的采集站之间的距离和构成的几何强度有关）。该技术虽然是首次应用于地震勘探领域，但在测量技术领域，该技术已有现成的规范可以借鉴（GB/T18314-2001）。

（一）GPS 观测数据记录

GPS 观测数据记录方案如图 5.17 所示，主要由卫星信号接收部分、信号通道部分、存储器、主控器和外部控制系统组成。

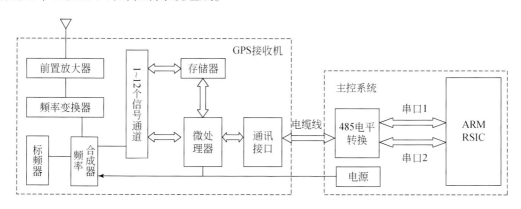

图 5.17　GPS 接收机电路结构

天线由接收机天线和前置放大器两部分组成。天线的作用是将 GPS 卫星信号极微弱的电磁波能转化为电流，而前置放大器则是将 GPS 信号电流予以放大。信号通道是接收单元的核心部分，由硬件和软件组合而成。每一个通道在某一时刻只能跟踪一颗卫星，当某一颗卫星被锁定后，该卫星占据这一通道直到信号失锁为止。因此，大部分接收机均采用并行多通道技术，可同时接收多颗卫星信号。不同类型的接收机信号通道数从 1 到 12 不等。

GPS 信号接收机内设有存储器以存储所解译的 GPS 卫星星历、伪距观测量、载波相位观测量及各种测站信息数据。大多数接收机采用内置式半导体存储器，此类存储器为非易失性存储器，掉电后上次定位观测到的卫星信息会被保存到存储器中，以便下次上电时 GPS 能够更快地搜索定位卫星。保存在接收机内存中的其他数据可以通过数据传输接口输入到微机内，以便处理观测数据。存储器内通常还装有多种工作软件，如自测试软件、天空卫星预报软件、导航电文解码软件、GPS 单点定位软件等。

微处理器是 GPS 信号接收机的控制系统，GPS 接收机的一切工作都在微处理器的指令控制下自动完成。其主要任务是：①根据各通道跟踪环路所输出的数据码，解译出 GPS 卫星星历，并根据实际测量得到的 GPS 信号到达接收机天线的传播时间，计算出测站的三维地心坐标（WGS-84 坐标系），并按预置的位置更新率不断更新测站坐标；②根据已得到的测站点近似坐标和 GPS 卫星历书，计算所有在轨卫星的升降时间、方位和高度角；③处理用户输入的控制命令。

数据通讯接口用以实现 GPS 接收机同主控系统的通讯，采用 RS485 电气标准，通过电缆进行连接。主控系统通过 ARM 的两个串口分别进行发送参数设置命令和读取 GPS 定位数据。记录系统选择记录 GPRMC、GPGSV、Bin1、Bin95、Bin98 五种格式的数据，其中，GPRMC 和 GPGSV 为 NMEA-0183 标准输出语句，包含接收机定位状态、卫星个数、经纬度、UTC 时间等信息，用于完成系统状态判定和时间标签提取等功能；Bin1、Bin95、Bin98 属于 SLX binary 格式的定位数据，其中，包含 GPS 卫星位置和速度数据、12 通道的星历数据信息、卫星星历衍生数据，这三种消息数据综合到一起，提供给 GPS 数据后处理软件进行基线解算和网平差处理。每个地震采集站在野外开启完毕后，由单独的进程对 GPS 接收机的卫星观测数据连续记录 30 min，并将结果存储在 CF 卡中。所有工作的采集站在数据回收时，将 GPS 观测数据汇总到一起，提供给 GPS 后处理软件进行解算，进而获得各采集站的精确位置信息。

（二）GPS 静态观测数据处理

GPS 静态相对定位数据处理流程如图 5.18 所示，主要分为三个步骤，第一步通过 GPS 观测数据获取观测点可视卫星的运行轨道参数和星历数据，通过多项式拟合 GPS 卫星轨道方程并建立误差修正模型，求解得出观测网络各观测点的伪距定位坐标。第二步在预处理的基础上，构建差分载波相位观测方程和法方程，通过站间、星间、历元间求差建立差分载波相位观测方程，能够消除卫星钟差、接收机钟差、整周未知数等因素带来的测量

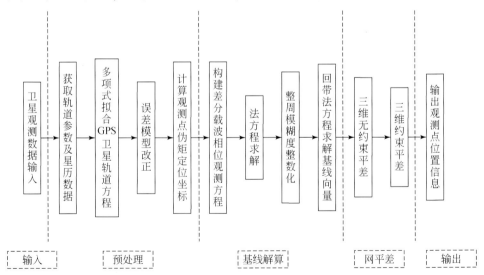

图 5.18　GPS 观测数据处理流程

误差，求得高精度的基线向量。第三步是平差处理，以基线解算所得到的三维静态基线向量为观测值，待定参数主要为 GPS 网中点的坐标，进行三维无约束平差；用基线解算时随基线向量一同输出的基线向量的方差阵，形成平差的观测方程，以 GPS 网中一个点的 WGS-84 坐标作为起算的位置基准，构建基准方程，按照最小二乘原理进行平差解算，最终得出各观测点的空间位置坐标。

1. GPS 基线解算流程和精度判定

1）GPS 基线解算的过程

（1）原始观测数据的读入。

在进行基线解算时，需要先读取原始的 GPS 观测值数据。一般说来，各接收机厂商随接收机一起提供的数据处理软件都可以直接处理从接收机中传输出来的 GPS 原始观测值数据，而由第三方所开发的数据处理软件则不一定能对各接收机的原始观测数据进行处理，要处理这些数据，首先需要进行格式转换。目前，最常用的格式是 RINEX 格式，对于按此种格式存储的数据，大部分的数据处理软件都能直接处理。

（2）外业输入数据的检查与修改。

在读入了 GPS 观测值数据后，就需要对观测数据进行必要的检查，检查的项目包括：测站名、点号、测站坐标、天线高等。对这些项目进行检查是为了避免外业操作时的误操作。

（3）设定基线解算的控制参数。

基线解算的控制参数用以确定数据处理软件采用何种处理方法来进行基线解算，设定基线解算的控制参数是基线解算时的一个非常重要的环节，通过控制参数的设定，可以实现基线的精化处理。

（4）基线解算。

（5）基线质量的检验。

基线解算完毕后，基线结果并不能马上用于后续的处理，还必须对基线的质量进行检验，只有质量合格的基线才能用于后续的处理，如果不合格，则需要对基线进行重新解算或重新测量。

（6）结束。

2）处理精度分析

基线向量的解算是一个复杂的平差计算过程。解算时要顾及观测时段中信号间断引起的数据剔除、观测数据粗差的发现及剔除、星座变化引起的整周未知参数的增加等问题。基线处理完成后应对其结果作以下分析和检查。

（1）观测值残差分析。

平差处理时假定观测值仅存在偶然误差。理论上，载波相位观测精度为 1% 周，即对 L1 波段信号观测误差只有 2 mm。因而当偶然误差达 1 cm 时，应认为观测值质量存在系统误差或粗差。当残差分布中出现突然的跳变时，表明周跳未处理成功。

平差后单位权中误差一般其值为 0.05 周以下，否则，表明观测值中存在某些问题。可能存在受多路径干扰、外界无线电信号干扰或接收机时钟不稳定等影响的低精度的观测值，观测值改正模型不适宜，周跳未被完全修复，也可能整周未知数解算不成功使观测值存在系统误差。单位权中误差较大也可能是起算数据存在问题，如基线固定端点坐标误差或作为基准数据的卫星星历误差的影响。

（2）基线长度的精度。

处理后基线长度中误差应在标称精度值内。多数双频接收机的基线长度标称精度为 $5\pm1(ppm) \cdot D(mm)$，单频接收机的基线长度标称精度为 $10\pm2(ppm) \cdot D(mm)$。

对于 20 km 以内的短基线，单频数据通过差分处理可有效地消除电离层影响，从而确保相对定位结果的精度。当基线长度增长时，双频接收机消除电离层的影响将明显优于单频接收机数据的处理结果。

（3）基线向量环闭合差的计算及检查。

由同时段的若干基线向量组成的同步环和不同时段的若干基线向量组成的异步环，其闭合差应能满足相应等级的精度要求。其闭合差值应小于相应等级的限差值。基线向量检验合格后，便可进行基线向量网的平差计算（以解算的基线向量作为观测值进行无约束平差），平差后求得各 GPS 之间的相对坐标差值，加上基准点的坐标值，求得各 GPS 点的坐标。

2. GPS 基线向量网网平差处理

在使用数据处理软件进行 GPS 网平差时，需要按以下几个步骤来进行：

（1）提取基线向量，构建 GPS 基线向量网。

要进行 GPS 网平差，首先必须提取基线向量，构建 GPS 基线向量网。提取基线向量时需要遵循以下几项原则：

①必须选取相互独立的基线，若选取了不相互独立的基线，则平差结果会与真实的情况不相符合；

②所选取的基线应构成闭合的几何图形；

③选取质量好的基线向量；

④选取能构成边数较少的异步环的基线向量；

⑤选取边长较短的基线向量。

（2）三维无约束平差。

在构成了 GPS 基线向量网后，需要进行 GPS 网的三维无约束平差，通过无约束平差主要达到以下几个目的：

①根据无约束平差的结果，判别在所构成的 GPS 网中是否有粗差基线，如发现含有粗差的基线，需要进行相应的处理，必须使得最后用于构网的所有基线向量均满足质量要求。

②调整各基线向量观测值的权，使得它们相互匹配。

（3）质量分析与控制。

在这一步，进行 GPS 网质量的评定，在评定时可以采用下面的指标。

①基线向量的改正数。

根据基线向量的改正数的大小，可以判断出基线向量中是否含有粗差。具体判定依据是，若 $|v_i| < \sigma_0 \cdot \sqrt{q_i} \cdot t_{1-\alpha/2}$（$v_i$ 为观测值残差；σ_0 为单位权方差；q_i 为第 i 个观测值的

协因数；$t_{1-\alpha/2}$ 为在显著性水平 α 下的 t 分布的区间），则认为基线向量中不含有粗差；反之，则含有粗差。

②相邻点的中误差和相对中误差。

若在进行质量评定时，发现有质量问题，需要根据具体情况进行处理，如果发现构成 GPS 网的基线中含有粗差，则需要采用删除含有粗差的基线、重新对含有粗差的基线进行解算或重测含有粗差的基线等方法加以解决；如果发现个别起算数据有质量问题，则应该放弃有质量问题的起算数据。

3. 处理精度分析

2005 年 1 月 18 日，在镇江某地区布设四台无缆地震采集站，设置观测时间从 2：30 到 5：33，四个采集站都连续记录了 30 min 以上的二进制定位数据，文件分别为 001. bin、002. bin、003. bin、004. bin，测点的天线信息、记录时段如表 5.2 所示。

表 5.2　GPS 观测点观测数据相关信息

基线	长度/km	观测时间	单频精度	双频精度
短基线	0 ~ 20	10 min	1 cm+1 ppm	1 cm+1 ppm
中基线	20 ~ 50	30 min ~ 1 h	2 cm+2 ppm	2 cm+1 ppm
中长基线	50 ~ 100	30 min ~ 1 h	2 cm+3 ppm	2 cm+0. 5 ppm

在解算环境参数设置中选择解算坐标系为 WGS-84，设置天线类型为 AeroAntenna，然后导入四个测点的定位数据；再分别修改各测点数据的天线高度，进行基线解算处理得到各测点构成的基线网图如图 5. 19 所示。

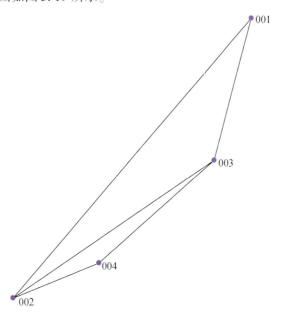

图 5.19　基线向量的平面投影图

1）基线解算

根据 GPS 测量规范设置卫星最低高度截止角为 15°，对以上观测数据解算得到各基线简表如表 5.3 所示，表中给出了各基线向量的 x、y、z 增量和基线长度及各基线长度中误差。

表 5.3　基线解算结果简表　　　　　　　　　　（长度单位：m）

001→002	x 增量	y 增量	z 增量	距离	基线中误差
整数解	421.8577	758.3004	−720.1191	1127.6325	0.0073
001→003	x 增量	y 增量	z 增量	距离	基线中误差
整数解	−15.9649	257.7280	−366.2166	448.0995	0.0045
002→003	x 增量	y 增量	z 增量	距离	基线中误差
整数解	−437.8220	−500.5699	353.9030	753.3298	0.0088
002→004	x 增量	y 增量	z 增量	距离	基线中误差
整数解	−206.2907	−182.9820	91.5687	290.5565	0.0050
003→004	x 增量	y 增量	z 增量	距离	基线中误差
整数解	231.5305	317.5885	−262.3327	472.5328	0.0047

GPS 基线向量解算完成后得到两个同步观测环 1→3→2→1 和 2→4→3→2，对其精度测试的结果如表 5.4 所示，两个同步环的 x、y、z 相对闭合差绝对值都在 1.1 ppm 以内（<6 ppm），全长闭合差都在 1.3 ppm 以内（<10 ppm），均达到了 D 级网的精度要求。

表 5.4　同步闭合环测试结果

	环点名	001→003→002→001		
	环基线	2→3→1		
	长度/m	2329.0617		
		x	y	z
1	xyz 分量闭合差	−0.0005	−0.0026	−0.0005
	xyz 分量相对闭合差/ppm	−0.2129	−1.1094	−0.2232
	xyz 分量相对闭合差限差/ppm	6.0000	6.0000	6.0000
	全长相对闭合差/ppm	1.1515		
	全长相对闭合差限差/ppm	10.0000		
	同步/异步	同步		
	通过检查	通过		

	环点名	002→004→003→002		
	环基线	4→5→3		
	长度/m	1516.4191		
		x	y	z
2	xyz 分量闭合差	0.0008	−0.0007	−0.0016
	xyz 分量相对闭合差/ppm	0.4999	−0.4544	−1.0343
	xyz 分量相对闭合差限差/ppm	6.0000	6.0000	6.0000
	全长相对闭合差/ppm	1.2353		
	全长相对闭合差限差/ppm	10.0000		
	同步/异步	同步		
	通过检查	通过		

2）三维无约束网平差处理

根据规范要求，GPS 网三维无约束平差处理之后需给出 GPS 网中各点的 WGS-84 坐标系下的三维坐标、大地经纬坐标、各基线向量及其改正数和其精度信息。无约束网平差处理后得到各点的空间直角坐标和大地经纬坐标分别如表 5.5 和表 5.6 所示，表中给出了各点的空间三维直角坐标各个分量的数值和其误差信息，RMS 为各点的点位中误差，由表可知各点的点位中误差都在毫米级，因此其三维坐标值精度达到了毫米级；网平差处理之后得到的各基线向量的平差值和改正数如表 5.7 所示，由表中信息可知，无约束网平差处理之后，得到的基线长度绝对误差最大值为 1.1 mm 以内，小于 D 级网规定的 5 mm 的固定误差；而其相对精度的为 1∶333800（3 ppm），小于 D 级网规定的 10 ppm，达到了测量的精度要求。

表 5.5　三维无约束平差后的 WGS-84 空间直角坐标

序号	站名	x/m	y/m	z/m	RMS/m
		dx/m	dy/m	dz/m	
1	001	−2648331.8389	4707197.2522	3381193.8494	0.0011
		0.0006	0.0008	0.0006	
2	002	−2647909.9815	4707955.5516	3380473.7301	0.0007
		0.0003	0.0004	0.0004	
3	003	−2648347.8036	4707454.9813	3380827.6329	0.0007
		0.0003	0.0004	0.0004	
4	004	−2648116.2726	4707772.5697	3380565.2995	0.0012
		0.0006	0.0007	0.0008	

表 5.6　三维无约束平差之后的大地经纬坐标

序号	站名	B/dms	L/dms	H/m
1	001	32.1315376262	119.2145666590	20.1170
2	002	32.1247738427	119.2117428241	20.3694
3	003	32.1301294650	119.2141371949	21.5218
4	004	32.1251263420	119.2127719783	19.8128

表 5.7　三维基线向量残差

序号	基线	平差 dx/m 改正数 vx/m	平差 dy/m 改正数 vy/m	平差 dz/m 改正数 vz/m	距离/m 绝对误差	相对误差
1	001→002	421.8575 −0.0002	758.2994 −0.0011	−720.1193 −0.0002	1127.6318 0.0011	1∶1020264
2	001→003	−15.9646 0.0002	257.7291 0.0011	−366.2164 0.0002	448.1000 0.0011	1∶407147
3	002→003	−437.8221 −0.0001	−500.5703 −0.0004	353.9029 −0.0001	753.3300 0.0004	1∶1946883
4	002→004	−206.2911 −0.0004	−182.9819 0.0001	91.5695 0.0007	290.5570 0.0009	1∶333800
5	003→004	231.5310 0.0004	317.5884 −0.0001	−262.3334 −0.0007	472.5334 0.0009	1∶543629

四、海量数据存储及回收技术研究

长期观察是无缆自定位地震仪的优势，但长期的记录意味着存储更大的数据量。以 2 kHz 采样率为例，连续采集 72 小时，则单站数据量可以达到 8 GB。若单条测线上 500 台地震仪共同施工，则总的数据量将达到 4 TB。若施工任务包含多条测线，则数据量会进一步成倍数扩张。兴城野外实验中，共设置五条测线，最长测线使用 400 台地震仪，最短测线使用 200 台地震仪，采集时间从 24 小时到 72 小时。五条测线总的数据量达到 10 TB。因此，在野外实验时，我们面临的最大的压力是在整个勘探周期稳定、可靠地记录所有数据，在有限的时间内回收完所有的数据，并且在安全的期限内，实现数据的完全备份。面对海量数据，存取容量、存取速度以及网络数据传输速率是至关重要的性能指标。

（一）海量数据存储技术

对于海量数据的存储包括地震仪端大数据量长时记录和上位机端所有地震勘探相关数据的海量存储管理。

1. 大数据量长时记录

无缆自定位地震仪由于没有电缆线，地震数据不能实时传输至主控站，需要一个海量数据存储设备存储地震勘探数据。由于数据采集频繁、文件数目多、数据量很大，如何进行高效的存储管理，严格保证数据存储的可靠性，成为系统是否可行的关键。

（1）存储容量：无缆自定位地震仪选用大于 8 GB 的 CF 卡，以 8 GB 存储容量计算，单站单次任务可以记录的最长样点数为 7.15×10^8 点，若采用 1 kHz 采样率，可连续记录 198 小时（8 天）。无缆自定位地震仪支持最大 64 GB 的 CF 存储卡，提供了较为充足的存储空间。

（2）数据分块：无缆地震仪的优势在于长时记录，地震仪端会记录大量的数据，为保证数据的安全和可靠，尤其是意外断电时不丢失数据或尽量减少数据丢失的损失，可配置无缆自定位地震仪按要求进行数据分块。其分块规则可依据文件大小进行分块，也可依据记录时长分块。

（3）无人值守：无缆自定位地震仪提供两种适合长时记录的采集方式：直接记录和预设时窗记录。对于这两种方式，根据不同的配置和操作，提供长期的无人值守。为保障采集任务的持续稳定进行，存储空间可循环使用，当数据达到存储允许的最大容量时，不应停止采集工作，可自动覆盖已存储的最早的数据文件。

（4）存储结构：文件类型的多样性和分块的策略，导致了长时间记录会产生较多的文件数量，为保障存储的效率和遍历、检索及数据传输的效率，良好的文件目录存储结构是必须重视的核心问题。无缆自定位地震仪支持按数据信息的类型划分目录，并且在每种类型中以具体的日期时段为依据细化。

（5）数据清理：无缆自定位地震仪支持按时段、按类型等方式快速删除数据，以保障充裕的存储空间。

2. 海量数据存储管理

无缆自定位地震仪海量地震勘探数据存储管理的硬件计算平台的需求和传统的高性能计算不同，传统的高性能计算注重尽量多的计算节点数以及各计算节点间共享交互的内存；而对于本研究的系统，更注重海量数据的存储、管理和分析。所以对于计算平台的需求就可以具体为达成数据中心的全线速、无阻塞、低延时的网络接入应用；为服务器及存储系统提供高速数据接入；保证业务高可用运行。

计算平台由数据中心和车载移动计算中心两部分组成。数据中心提供高速数据传输，承担海量地震数据联合处理和复杂图形显示。数据中心的拓扑架构如图 5.20 所示，整个数据中心的数据存储工作全部依赖于 SAN 架构的存在，利用 IBM SAN B24 交换机链接到 IBM DS5020 存储服务器上，存储服务器外挂大容量扩展柜。四台 3850x5 服务器分别安装双口的 HBA 卡，通过 RDAC/MPIO 链路到 SAN 交换机。DS5020 拥有持续高可用的两个存储控制器，在任意控制器失效、HBA 卡或者 FC 光纤链路失效时，可无缝切换到对等控制器、HBA 卡或者光纤链路上，有效保证业务高可用。利用 x3850x5 服务器的高效的双口千兆以太网卡，链路到 IBM G8052 交换机，并绑定网口属性为负载均衡模式，即使某网口或者交换端口出现故障，亦可保持链路有效，并充分保证每一个采集节点快速、高效传送数据。

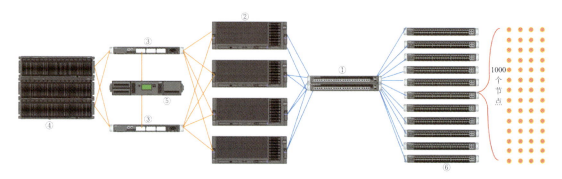

图 5.20　数据中心架构

车载移动计算中心的拓扑架构如图 5.21 所示。车载系统提供便捷、高效的野外现场车载移动地震数据回收-管理系统，快速搭建野外现场数据管理环境，可在工程车上直接工作，亦可将车载系统搬运至主控中心，快速建立移动中心环境。移动中心所有设备均采用双电源冗余设计，保证系统高可用。工程车上装备车载发电机，保证系统供电。配备车载 UPS，在车载发电机及外部供电突然中断时，保证系统安全持续工作，并可在无外部电力供应情况下，持续工作 2 小时，保证有效的施工任务。车载系统依据最小化型数据中心的特性，同样运用万兆上链端口为万兆的 IBM G8052 交换机，提供了后期的网络扩展性。车载系统采用 IBM DS3512 磁盘阵列处理外采节点的数据，两台 3650M4 服务器采用 8 GB FC HBA 直接链路到 DS3524 的双控制器上，为车载业务高可用提供有效保证。一台 DELL R5500 图形工作站提供了野外现场高效图形显示、分析能力。

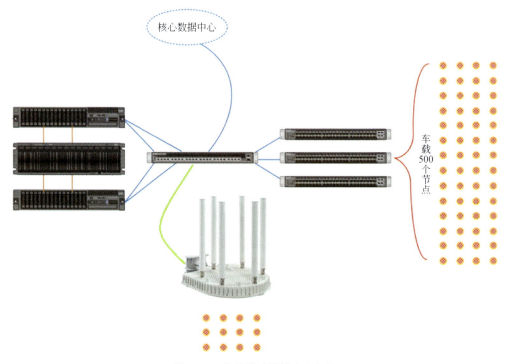

图 5.21　车载移动计算中心架构

　　容量充足的存储服务器采用存储局域网（SAN）架构，所有服务器或工作站在 SAN 中共享巨大的存储空间。存储功能的调控由操作系统和存储管理系统处理，但实际存储区的管理工作是由主控系统执行，这些存储区会以不同的方式向各服务器或工作站暴露访问接口，同时为了保证数据的高可用性，底层的存储管理系统会将数据分散复制在不同的存储区磁盘中。当数据被查询命令取出时，存储接口会由其中一台磁盘驱动器中取出数据，再回传到前端之前，数据会保存到缓存中以应对常用的数据访问；当数据被写入时，会写到缓存服务器中，并且写入指令与数据被分散至不同的存储区，以将数据并行写入到磁盘中保存，还可以利用存储区同步化的能力，将分散在不同存储区的数据进行更新，以保持数据的高可用性。

　　从保障数据安全的角度出发，数据的备份也是海量数据存储管理的核心问题。备份的第一原则就是冗余。我们在多个数据存储环节采用了冗余的设计，全方位保护数据的安全：

　　（1）移动存储，在传统的备份方式中被广泛采用，对于小量数据或支持 USB3.0 或者更快数据通道的情况下，可以采用多块移动硬盘对关键数据进行冗余备份。

　　（2）存储服务器，主要的数据存储容器，采用光纤通道，支持 4 Gbps 或 8 Gbps 的数据传输速率。车载系统中配备的 SAN 存储，共安装 12 块 2 TB SAS 磁盘，其中 10 块组成 Raid 5，另两块热备，一个可提供近 17 TB 的存储容量。但随着野外勘探的规模越来越大，勘探周期越来越长，参与施工任务的无缆地震仪越来越多，需存储的数据量也会飞速增长，因此，我们配置了备用的同型号存储。对于是选择扩展柜还是选择存储柜机头的问题，由于施工完毕后，会将所有数据汇集到数据中心，一方面我们可以应用高速的以太网络汇集数据，另一方面也可以直接将存储接入到 SAN 光纤交换机中，应用更快的速度汇集数据，并且，备用的存储也可直接放置在数据中心机柜中，作为数据中心的存储使用，选择完整的存储柜机头的方案无疑更加灵活和便利。

　　（3）磁带库，是数据中心定期数据备份的渠道。磁带库支持 LTO 5，单盘容量 1.5 TB，支持的压缩容量可达 3.0 TB，并且写入速度达到了 140 Mbps，也适合长期数据保存，同时磁带的价格比较低廉，是性价比非常高的备份方式。

　　地震数据的传输、存储和备份是无缆地震仪的核心技术之一，其性能指标决定着整个系统的实际应用能力。无缆地震仪由于采集时间长，采样率高，所以存储的原始地震数据文件一般会比较大，并且当采用成百甚至上千台无缆地震仪同时进行长时间探测时，数据量会达到非常高的级别。并且，野外实验周期一般比较长，存储的数据量会快速增长，对于数据服务器存储和备份以及数据的网络传输等负荷的压力会非常大，因此，在现有的网络传输和数据存储及备份的条件下，比较有效的解决方案就是采用适当的压缩算法，快速、高效地对地震数据进行压缩，以有效降低数据的存储量和网络中的数据传输量。

　　很多经典的数据压缩的算法可以应用于地震数据的压缩。尤其对于无缆自定位地震仪记录的原始 RAW 文件，除去文件头，其数据可以表示成一个二进制数组成的二维矩阵，并且由于长期记录，所以记录的绝大多数数据都是背景噪声，压缩会达到比较理想的效果，采用的一些经典变换、量化和编码算法组合的压缩效果，可以不同程度满足地震数据压缩的要求。

（二）基于高速网络的数据回收技术

无缆自定位地震仪数据回收管理系统主要由三个部分组成，包括上位机、高速网络和无缆自定位地震仪，网络体系结构如图 5.22 所示。上位机由客户端、服务器和数据库组成。客户端根据应用领域和面向用户的不同，可以是图形工作站、笔记本电脑、平板电脑和智能手机等不同选择。服务器主要提供地震勘探数据传输、控制、存储、处理和管理系统的运行环境，响应客户端的各种请求，并处理与数据库的各种交互。客户端通过有线或无线的网络访问服务器，数据库可以构建在与系统相同的服务器上，也可以部署在单独的数据管理服务器上，通过网络的方式供服务器访问。

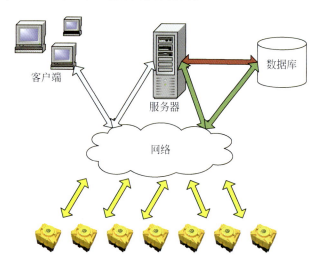

图 5.22　系统网络体系结构图

上位机与无缆地震仪按数据中心和车载移动计算中心的高速网络架构连接，通过本研究自制的回收箱采用有线的方式进行高速连接，也可通过 WLAN 以无线的方式交互。对于有线的连接方式，1 台回收箱可同时连接 20~63 台无缆地震仪，并且回收箱之间可以采用级联的方式，以方便扩展更多的受控节点，并且在有线连接的状态下，高速数据通信的同时，回收箱也提供无缆自定位地震仪的充电；对于无线的连接方式，同时处于网络管理状态的无缆地震仪数目与 AP 的并发连接节点数和扩展程度密切相关。当无缆地震仪连接至上位机时，上位机可对其进行监控和数据回收；不论在有无连接的状态时，开机状态下无缆地震仪均会执行预先设定的采集任务。

完成测线的施工任务后，施工单位会将无缆自定位地震仪汇总至数据管理室，连接回收箱，进行充电和数据回收。数据回收的目的是将地震仪中所存储的数据汇总至野外车载移动计算中心的存储中，并将各类数据的特征参数写入数据库中，供后期的分析和处理。

无缆地震仪中存储的数据主要有地震数据、GPS 数据、日志数据和系统数据，回收过程中，会首先依据回收条件检索所有在线地震仪中符合的数据文件，形成对应的文件列表，然后并行下载。对于地震数据文件，下载过程中会判定其文件头信息，若不完整则直接丢弃；若完整，则获取其描述参数，对于不完整的数据文件补 0，然后将描述信息，连同文件存储路径一起记录入数据库。对于日志信息，下载完成后会对其进行详细解析，将关键参数记录入数据库中，尤其是同步信息。触发信息记录在触发日志中，其核心参数是触发时刻以及采样率。与触发站相同采样率的采集站中的数据为有效数据。在提取单炮记录时，会先设置查询条件，获取该测线中符合条件的触发记录，由于通过电信号连接或人为误操作，所以经常会出现误触发的情况，那么就需要对触发信息进行编辑，排除误触发，并设置每炮的触发时长；然后导入站的排列顺序，站序可依据电子班报获取；然后对应排列中的各地震仪编号，到数据库中检索每条触发时刻对应的同步时刻，定位至对应的地震数据文件和采样点位置，再依据触发时长，获取该段数据，这些数据拼接在一起，形成最终的 SEG-2 和 SEG-Y 文件。若需要进行相关处理，则以触发站中记录的参考道作为参考信号。

无缆地震仪采用集中数据回收的方式，数据量较大，数据传输效率的高低直接决定系统的实用性能。通过对以往数据的分析，采集的数据中90%以上为冗余的噪声信息，真正于震源激发相关的数据量不到十分之一，对于不同的应用领域，可以按不同的规则进行取舍，若背景噪声或微动信息非主要因素，则可采取直接定位至激发时刻的数据，并且在有限的网络中只传输有效数据，以此大幅提升系统的网络数据传输效率的方式。以资源勘探为例，为获取触发时标，可在可控震源处依据 GPS 时钟和高精度时钟控制器记录并计算振动触发时标和振动时长，记录入电子班报，回收时，依据触发时标，快速定位至有效数据起始采样点，依据振动时长获取有效数据段，整个回收过程中，只回收有效数据，可节省大量的时间。后期时间充裕时，再全部回收。

地震仪中记录的地震数据、GPS 数据、日志数据和系统文件数据按不同的分块规则存储，但与最终的海量数据总和相比，均为零散的小数据。所以，相对于每次野外施工动辄数万、数十万甚至上百万的小数据文件个数，再加上不同操作系统文件分区格式对最大存储文件个数的要求以及后期遍历和使用数据的性能考虑，对数据的存储管理就显得格外突出。对于地震数据来说，以最小分块1min考虑，1天的文件分块数为1440块，服务器操作系统对于单目录结构，可以容纳这些文件数，考虑到读写性能和遍历时的效率，再多的文件数会造成较大的性能负担，所以按照类型、日期的方式分目录存储，在地震仪端和上位机端都是比较合理的结构和存储手段。另外，存储管理必须与数据的并发回收同步进行，以保证数据的完整性。也就是说，在数据回收过程中，对于每个下载完成的数据文件，都将被解析，提取相关的特征参数，然后存储入数据库对应类型的表中。

数据回收时，地震仪与控制主机的连接依赖于数据回收箱，回收箱根据堆叠个数的不同可以将数百台的地震仪同时连接，为保证系统的工作效率，可行的方案是多台主机通过多台回收箱并行工作，此时地震数据分布于不同主机中，元数据集中在数据库服务器管理系统中，这种分布式的处理方式可显著提升数据传输、存储以及后期的管理、处理效率。

对于一些特殊情况，制定针对性的数据回收策略。当野外施工的测线比较长，达到上百公里甚至更长时，并且每天都有数据分析的需求，则必须每天在放炮结束后，将数据取回。对于如此长的测线和如此大规模的地震仪个数，每天的铺设和取回无疑是非常巨大的工作量，并且其汇集到一起再分配的难度更是降低了该方案的可行性。为了实现这一任务安排，可以对地震仪和人员进行分组，每组负责固定的一段测线，负责固定的无缆地震仪，负责每天的取回和铺设。在完成当天的施工任务后，将本组的地震仪汇集到一起，用每组的上位机（可以是笔记本电脑、PC 或工作站）进行数据回收。震源端的触发站管理员，利用移动终端，提取触发站中的精确的炮记录，进行编辑后，通过互联网分发至主控中心和各组，各分组直接在本地进行该组数据的分析处理。各分组再根据备份策略，将相关数据备份出来，在空闲时间汇集至主控中心的存储中，进行综合分析处理。

五、基于自组织网的数据通讯技术研究

（一）无线接入模块

无线数据通信技术是支撑无缆自定位地震仪野外施工数据质量监控的基础。目前，无线通信技术主要有蓝牙（Bluetooth）、ZigBee 和 WiFi 技术这三种类型。适合集成入无缆自定位地震仪的这三种技术的特点如下：

（1）三者都工作在 2.4 GHz 的频段，但 WiFi 的传输速率能达到 11 Mbps 至数百 Mbps，而蓝牙和 ZigBee 一般只能达到 1 Mbps 和 250 kbps。

（2）WiFi 的覆盖半径可达 100 m；蓝牙在超过 20 m 之后信号质量下降严重；而 ZigBee 的传输通常受其发射天线影响很大，传输距离往往较近。

（3）WiFi 技术支持无线组网，只要设置一台有效距离的无线 AP（Access Point），就可允许多台 PC 对其进行访问；蓝牙只能用于点对点连接；而 ZigBee 在组网复杂时，其传输速度会受到很大限制。

无线局域网（Wireless Local Area Networks，WLAN）技术具有传统局域网无法比拟的灵活性。其通信范围不受环境条件的限制，网络的传输范围大大拓宽，最大传输范围可达到几十公里。在有线局域网中，两个站点的距离在使用铜缆时被限制在 500 m 以内，即使采用单模光纤也只能达到 3000 m，而无线局域网中两个站点间的距离目前可达到 50 km，距离数公里的建筑物中的网络可以集成为同一个局域网。

采用 IEEE 802.11a 标准的无线网桥设备的大量出现，为满足用户业务的无线接入需求，提供了廉价有效的传输手段。例如，5.8 G 无线网桥，可以在几公里到几十公里范围内实现两点间的无线通信，短距离还可以实现非视距通信。这类设备价格低，安装快捷方便，而且因为处于 ISM 频段，国家无线电管理委员会没有对其进行统一的分配，因此比较容易获得批准使用，有利于其在接入网建设中大规模应用。

由于无缆地震仪没有数传电缆，因此若要实时监测地震仪采集站的工作状态，只能借助无线通讯技术来实现。例如在国外的地震仪器中，法国 Sercel 公司的 Unite 系统采用的是蜂窝无线的专利技术，而美国 ION 公司的 VectorSeis SYSTEM IV 则通过射频天线与所有远程记录仪构成射频遥测系统；在国内，还没有具备无线通讯技术的无缆地震仪问世，郭建等提出了利用短信进行地震仪控制和数据传输的方法，但由于短信依赖于移动通信网络，在收发信息时网络延迟较大，另外短信在字数上也有所限制。

1. WiFi 模块

为适应不用的应用，无缆自定位地震仪分别采用常规 WiFi 模块和低功耗 WiFi 模块：

1）常规 WiFi 模块

WM-G-MR-9 无线局域网模块。它兼容 802.11b 和 802.11g 通讯协议，最高通讯速率达 54 Mbps（802.11g 协议），具有自适应速率调节功能，速度可以为 54 M，48 M，36 M，24 M，18 M，12 M，9 M，6 M（802.11g）；11 M，5.5 M，2 M，1 M（802.11b）。

WM-G-MR-9 模块内部结构如图 5.23 所示。模块核心芯片是 Marvell 公司的 88W8686 芯片，具有 SDIO（1 位和 4 位）、SDIO_SPI、G-SPI 三种接口，本研究选用它的 SPI 接口与主控器 ARM9 进行半双工数据通信。在 2.4 GHz ISM 频段内工作，它具有 14 个独立工作频道。此模块具有较低的功耗，在发射时，模块耗电流 270 mA；在接收时，模块耗电流 180 mA，深睡眠模式下，耗电流仅为 0.5 mA。工作温度：−10～65℃，存储温度：−40～85℃。

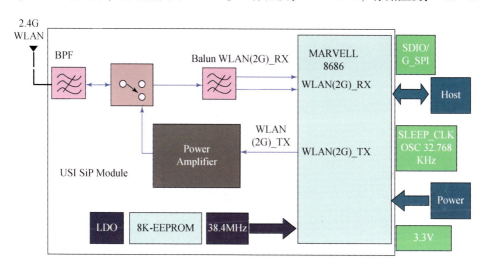

图 5.23　WM-G-MR-9 模块内部框图

WiFi 射频电路如图 5.24 所示，WiFi 通讯模块与记录器的控制器之间的接口如图 5.25 所示，其中 WiFi 模块采用的是 88W8686，记录器的微控制器 AT91RM9200 通过 SPI 接口与 WiFi 芯片进行全双工通信，控制器作为主设备，WiFi 芯片作为从设备。两者的 SPI 接口中的数据输入、数据输出、时钟、片选信号相连，微控制器通过 SPCS0 控制 88W8686 的 SPI_CS 片选信号，88W8686 通过中断信号 SPI_SINTn 接至控制器的 PA6 管脚，这样系统可以通过检测控制器的管脚状态获知从设备的通讯请求，通过微控制器的 PA4 口控制 WiFi 芯片的 RESETn 信号，从而完成故障时 WiFi 模块的复位，AT91RM9200 的 PA5 口则接至 88W8686 的 PDn 信号输入端，PDn 是模块的电源关断信号（低电平有效），它为低电平时，模块处于全电源关断模式；它为高电平时，模块处于正常模式。为了节约电能和降低功耗，无数据传输任务的情况下，及时关断 WiFi 的供电源，在需要唤醒时，ARM 通过 PA5 脚控制 88W8686 的 PDn 唤醒管脚，启动模块供电源，以控制模块的工作状态。

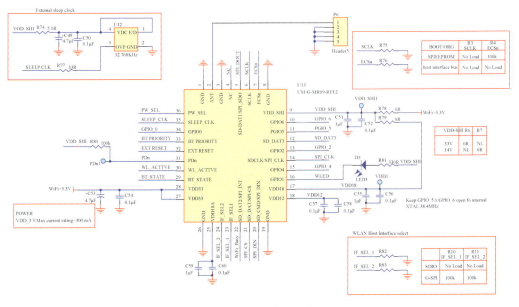

图 5.24　WiFi 射频电路

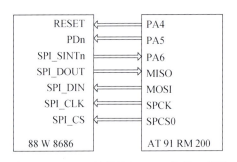

图 5.25　WiFi 无线模块与 ARM 的接口框图

2）低功耗 WiFi 模块

考虑到模块的功耗、速率，先后设计了两种不同的 SPI-WiFi 模块，如图 5.26 所示，通过 SPI 接口配接在无缆地震仪之上。

图 5.26　不同速率的低功耗无线接入模块

　　GS1011 是一款高度集成的超低功率无线 SoC 芯片，其单一封装内包含一个 802.11 b 无线电装置、媒体访问控制器（MAC）和基带处理器、PA、RTC、片上闪存、SRAM 以及一个应用程序处理器。GS1011 SoC 结构如图 5.27 所示。

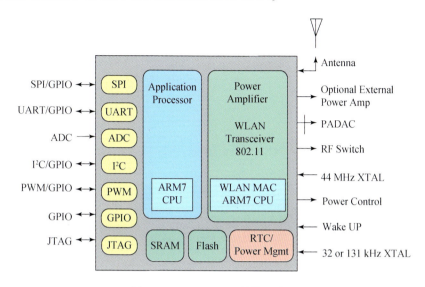

图 5.27　GS1011 SoC 结构示意图

　　低功耗说明：当结点工作在睡眠模式时，工作电流小于 5μA，工作电压在 1.2~3.6 V，功率小于 0.018 mW，从睡眠（Standby）模式恢复到运行模式（Active）需要 6 ms 的时间。当使用 1200 mA·h 的电池时，可以传输大小为 1 M 的文件 147 个，若每天传送两个文件，可以连续工作两个月。这种超低功耗设计，在端-端数据传输模式下，距离 20 m 时，ftp 速率可达 1 Mbps。

　　SPI 接口是一种高速的、全双工、同步的通信总线接口。AT91RM9200 的 SPI 接口主要由四个引脚构成：SPICLK、MOSI、MISO 及 CS，其中，SPICLK 是整个 SPI 总线的公用时钟，MOSI、MISO 作为主机，从机的输入输出的标志，MOSI 是主机的输出，从机的输入，MISO 是主机的输入，从机的输出。SPI 接口的工作方式是：通讯是通过数据交换完成的，数据是一位　位的传输的。由 SPICLK 提供时钟脉冲，MOSI、MISO 则基于此脉冲完成数据传输。数据输出通过 MOSI 线，数据在时钟上升沿或下降沿时改变，在紧接着的下降沿或上升沿被读取。完成一位数据传输，输入也使用同样原理。这样，在至少八次时钟信号的改变（上沿和下沿为一次），就可以完成八位数据的传输。要注意的是，SCLK 信号线只山主设备控制，从设备不能控制信号线。这样的传输方式有一个优点，与普通的串行通讯不同，普通的串行通讯一次连续传送至少八位数据，而 SPI 允许数据逐位传送，甚至允许暂停，因为 SPICLK 时钟线由主控设备控制，当没有时钟跳变时，从设备不采集或传送数据。也就是说，主设备通过对 SCLK 时钟线的控制可以完成对通讯的控制。SPI 还是一个数据交换协议：因为 SPI 的数据输入和输出线独立，所以允许同时完成数据的输入和输出。

　　SPI 通信协议存在这样一个缺点：没有指定的流控制。对此，在 at9200 和 GS1101 通信时我们加入流控机制。在 SPI 数据传输层我们定义了七个控制字符（表 5.8），主 SPI 可以通过这些控制字符来查看从机状态，从而实现流控。当双方通信时实际发送的数据如果包含控制字符，先将其转义，然后再发送至对方。转义处理过程是，先添加一个转义字符 0xFB，然后将其异或一个十六进制字符 0x20. 当接收方接收到转义字符 0xFB 时，就会知道下面那个字符就是转义过的，然后将其异或 0x20 就会得到实际传输的数据。

表 5.8 SPI 流控字符集

控制字符	转义字符	说明
0xFD	0xFB 0xDD	流控 XON
0xFA	0xFB 0xDA	流控 XOFF
0x00	0xFB 0x20	激活连接检测字符 A
0xFB	0xFB 0xDB	转义字符
0xF5	0xFB 0xD5	空闲字符
0xFF	0xFB 0xDF	激活链接检测字符 B
0xF3	0xFB 0xD3	SPI 连接准备好指示字符

当 at91rm9200 上电之后，会通过发送激活链接字符 A/B 给 GS1011 模块，直到 GS1011 反馈连接准备好字符 0xF3，at9200 收到 0xF3 之后才开始进行实际的数据传输；当主机 at9200 发送速率过快时，从机 GS1011 的缓冲区可能存在许多数据还没有通过 WiFi 发送出去，当缓冲区超过 80% 时，GS1011 发送流控 XON 字符给 at9200，at9200 收到流控字符 0xFD 后会发送空闲字符 0xF5，此时从机 GS1011 收到此字符会自动丢弃，不放入缓冲区。当从机 GS1011 接收缓冲区小于% 时，会发送流控 XOFF 字符给主机，之后主机 at9200 可以发送有效数据。通过这套机制可以提高 SPI 接口的效率和安全性，保证不会发生主机发送过快而导致从机接收缓冲区溢出的状况。

由于采集站上运行的是嵌入式 Linux 操作系统，若要在采集站上使用 WiFi 模块，还需要编写 Linux 系统下的 WiFi 模块的驱动程序，实现 UDP、TCP/IP 等网络通讯协议，完成无线数据的收发功能，另外还包括对 WiFi 模块的 RESET 控制、休眠与唤醒机制等。

2. 无线组网

本书采用中心站+无线路由站+采集站终端三级模式的网络拓扑结构组成无线分布式系统，从而实现监控装置与用户终端即地震仪采集站之间的数据通讯，其网络拓扑如图 5.28 所示。

中心站采用符合 802.11 a 规范的无线网桥，其工作频率为 5.8 GHz，覆盖距离可达几公里甚至几十公里，地震仪控制主机连接至中心站，由中心站通过无线链路连接至无线路由站。无线路由站的功能是扩大中心站无线通讯链路的覆盖范围，实现地震仪控制主机与地震仪采集站之间的数据通讯，它由两部分构成：其一是与中心站建立无线通讯链路的远端接入点，其工作频段为 5.8 GHz；其二是与无缆地震仪采集站建立无线通讯链路的无线 AP，其工作频段为 2.4 GHz；每个无线 AP 可支持单个或多个地震仪采集站。而无缆地震仪则通过内置的工作在 2.4 GHz 频段上的 WiFi 模块与无线 AP 建立无线通讯链路。

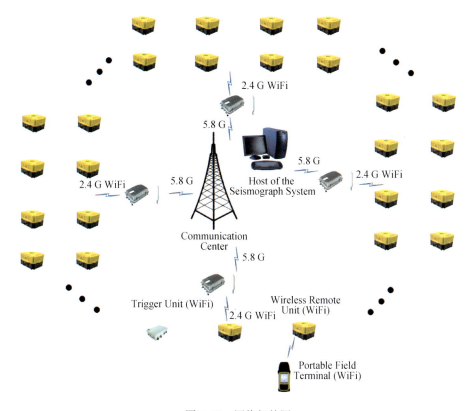

图 5.28　网络拓扑图

　　作为中心站的无线网桥设置于网络的中心位置，它符合 IEEE802.11a 规范，工作在 5.8 GHz 频段，频率范围为 5.725 ~ 5.850 GHz。它能够提供出色的覆盖、容量与接入特性组合，可提供非视距大容量面向各种地表的点对多点接入能力，速率高达 54 Mbps，结合高数据速率和频率复用能力，扇区天线可提供高达 162 Mbps 的吞吐量。采用高级 OFDM 技术，能够克服诸如树林与建筑等多种障碍，实现快速轻松的无线网络部署。

　　该无线网桥包括一个小型室内单元、抱杆安装的室外单元和一面扇区天线（可选60°、90°或 120°）。室内和室外单元之间使用超五类室外屏蔽双绞线 CAT-5 电缆连接，用于传输电源、信息数据、管理控制信号。室外单元主要是信号的发射装置，为了扩大中心站的覆盖范围，提高无线通讯质量，应将发射天线架设在尽可能高的位置。室内单元通过一个标准 IEEE802.3 以太网 10/100BaseT（RJ45）接口连接到有线网络上。每个无线网桥的扇区天线的覆盖角度最大为120°，根据所选择的扇区天线不同，可以通过三个到六个无线网桥来实现信号的360°覆盖，再通过网络集控装置进行有线组网连接至计算机进行无缆地震仪工作状态的无线监控。

　　网络的第二级为无线路由站，一个中心站负责与多个无线路由站通讯。无线路由站一方面通过 5.8 GHz 频段与中心站通讯；另一方面则通过 2.4 GHz 频段与地震仪采集站终端通讯，用于扩展无线网络的覆盖范围。每个无线路由站可支持单个或多个地震仪采集站，由于 WiFi 的覆盖半径最大为 100 m，因此应将无线路由站安装在地震仪采集站附近，无线路由站的数量取决于中心站的接入能力、无线路由站本身的带载能力以及地震勘探的野外施工环境（如测线长度、有无遮挡等）。

网络的第三级为无缆地震仪采集站、PDA 或现场监测用笔记本电脑等，这些设备均通过 WiFi 无线网络进行通讯。

由于地震勘探在施工过程中的"可移动"特点以及无缆地震仪的随机散布式特点，因此各个采集站的 IP 地址（逻辑地址）需要进行动态分配。具体方案如下：

由地震仪主机设置好无线网桥的 IP 地址，然后将无线网桥的工作模式设置为基站模式，此时无线网桥作为整个网络的 DHCP 服务器，在服务器中指定要分配的地址池，并且可以制定掩码、网管和 DNS 等，无线路由站自动到服务器上去申请一个动态分配的地址，并建立路由表；

各无线路由站的 IP 地址由无线网桥充当的 DHCP 服务器动态分配并建立之后，启用 DHCP 服务器的功能，并做好相应的地址池的设置，为位于其覆盖范围之内的无缆地震仪动态分配 IP 地址，并建立路由表，共有两类路由表：至地震仪主机的路由，至地震仪采集站的路由；

各地震仪采集站的 IP 地址由无线路由站担当的 DHCP 服务器为其动态分配，建立至无线路由站 DHCP 服务器的路由表。

当有新的地震仪采集站加入网络时，无线路由站 DHCP 服务器能够发现此采集站，并主动为其分配 IP 地址。

若地震仪采集站同时位于两个无线路由站 DHCP 服务器的覆盖范围之内时，采集站能够自动发现附近信号强度最大的无线路由站，并通过这个无线路由站来收发数据，保持不间断的网络连接。

3. 无线通讯协议

制定采集站与主控中心的通讯接口，作为地震仪与主控中心的交互规范，并严格定义上行和下行数据报格式。

地震仪向主控中心提供不少于三个端口的接入，主要包括：人机命令端口、实时上报端口和触发端口。端口应该是不受个数限制，后期会随需求和设备完善进行端口号的扩展。

√　人机命令端口，主要包括主控中心与地震仪的命令交互，由主控中心发起，地震仪响应和处理。

√　主动上报端口，主要包括周期性信息上报 [空间、电池类型（内置、外置）、电量、采集站状态、GPS 定位]、异常信息上报、注册信息上报、噪声信息上报、触发信息上报、AD 对齐信息上报。这些事件发生时，非主控中心控制，而是由地震仪主动向主控中心上报信息。

√　噪声监测信息上报端口，DEMO 模式亦通过此端口进行数据传输。

√　触发事件端口，通过此端口与上位机进行触发事件的上报。

数据传输流程：

√　人机命令：

主控中心发送命令——→地震仪反馈——→地震仪返回处理结果（含超时）。

主控中心下达命令时必须采取"停等/超时"机制，即主控中心下发一条人机命令后必须等待地震仪的返回结果，然后再下达下一条命令，禁止并行下达多条人机命令。缺省情况下超时时长建议设置为1～30s。

　　√　异常信息上报：

地震仪发生异常——→地震仪上报异常——→主控中心反馈收到，并设置状态提示用户。

只有异常信息上报时，需要主控中心反馈收到，若地震仪超时时间未收到主控中心的反馈，则重发；对于其他信息上报，主控中心均只接收，不反馈，地震仪只需按需发送即可。

各应用数据报格式中每个参数的数据类型，见表5.9。

表5.9　数据报参数类型表

数据类型		备注	举例
中文	英文		
整数	INTEGER	十进制整数，取值范围：−2147483648～2147483647	整数2978的表示"2978"
布尔型	BOOL	取值为'1'或'0'。取值为'1'表示真，'0'表示假	"1"
枚举型	ENUM	取值为枚举值	定义了15｜30｜45｜60，那么取值就只能在此范围，可以多选
浮点型	FLOAT	取值范围：$3.4 \times 10^{-38} \sim 3.4 \times 10^{38}$，精确到小数点后四位	"13.89"，"23.5634"
字符串	STRING	ASCII格式，文档中STRING［M，N］表示最小长度为M，最大长度为N	"START_GPS"
时间	DATETIME	编码格式"YYYY-MM-DD HH：mm：SS"，编码长度为19，只用于上行数据报中	2012年1月1日10时10分10秒，编码为"2012-01-01 10：10：10"

数据报按方向分为上行数据报和下行数据报。上下行数据报必须做到格式统一。对于数据报的参数说明采取表格的形式，表格形式见表5.10各命令都需按此表格明确说明参数格式。

表5.10　数据报参数格式说明表

编号	参数项		参数值				
	名称	说明	类型	属性	编码长度	值定义	缺省值
1	参数名称	参数说明	数据类型	必要参数或可选参数	占的字符位数，根据值获取	值和解释列表	该参数时的缺省值
2							

命令类别包括：

　　√　查询命令：地震仪只在现有的属性或状态值中，获取信息，反馈，不执行额外操作，不修改，只读。

　　√　控制命令：地震仪执行该命令，进行实质性操作。

　　√　配置命令：修改地震仪中的各类参数，可写。

　　√　调试命令：为系统调试预留，宽尺度。

4. 无线数据传输性能测试

1）单站传输测试

应用无缆自定位地震仪长期采集的大量数据，进行多次重复的上传（PC→地震仪）和下载（地震仪→PC），控制主机与无缆自定位地震仪的距离分别取 5 m，10 m，15 m，20 m，…，95 m，100 m，测试结果如表 5.11 和图 5.29 所示：

表 5.11　上传下载性能测试

距离/m	上传/Mbps	下载/Mbps
5	6.41	9.38
10	5.84	8.59
15	5.71	8.20
20	5.29	6.70
25	5.28	6.35
30	5.19	6.64
35	5.05	6.35
40	5.18	6.43
45	4.77	5.62
50	3.61	5.32
60	3.40	4.86
70	3.28	4.19
80	3.04	3.66
90	2.65	3.53
100	2.48	3.33

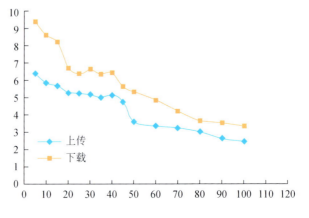

图 5.29　无线数据传输性能

2）AP 扩展网络测试

当采用专用的野外无线通讯 AP 进行扩展网络通信实验时，我们得到了更好的实验结果。首先，两个 AP，其中一个为中心站，另一个为远端站，两个 AP 间距离 800 m。中心站附近摆放两个地震仪，远端站附近摆放两个地震仪。

实验结果：

➤ 单独开启中心站，回收中心站覆盖范围内的两个地震仪的地震数据，其下载速度总和可达到 20 Mbps。

➤ 中心站和远端站全部开启，自回传工作模式下：

● 单独回收远端站覆盖范围内的两个地震仪，总的下载速度为 7 Mbps；

● 回收中心站覆盖范围内的两个地震仪和远端站覆盖范围内的两个地震仪，其数据下载总的速度为 11 Mbps；

● 两 AP 中间位置为盲区，网络连接不稳定。

单个 AP 的覆盖范围可达 400m，多个 AP 的自回传组网方式可以有效扩展网络覆盖范围。无缆自定位地震仪内部集成 WiFi 无线通信模块，能够实现地震仪主机与地震仪采集站之间的无线数据通讯，为解决无缆地震仪工作状态及数据质量的实时监控奠定了基础。

3）低功耗模块测试

基于 Redpine 模块，实现低功耗、高速率的 WiFi 设计，在端-端数据传输模式下，距离 20 m 时，ftp 速率达 5 Mbps；50 m 时速率达 3 Mbps。

（二）基础网络

在资源勘探领域，有线遥测地震仪被广泛使用，与无缆地震仪相比，其最主要的优势就是具备大线，可以实时地获取勘探数据，实时监控各采集站的状态并查看数据波形。第一代无缆自定位地震仪中集成了有线网卡，可以连接至回收箱进行数据的有线网络传输，但其传输时机是在施工结束后，统一收回地震仪时，对现场的地震仪状态监视和数据质量监控无有效支持。

无线模块的集成改变了这一状况，使野外现场数据实时传输成为可能。无线组网主要有基础网络模式（AP 模式）和自组织网络模式（AD HOC 模式），AP 组网模式适用于小道距的资源勘探，AD HOC 模式适用于大道距折射、微震、压裂等应用。本节资源勘探的应用以 AP 模式为核心组网方式。

AP 就是无线接入点，根据其采用的天线的不同，可以是覆盖 90°、120°、180° 或者 360° 全向覆盖。以 AP 为中心，其覆盖范围内的无缆地震仪自动接入，在同网络中的主控机即可对全网的无缆地震仪进行实时监控。对于大规模的勘探施工，可以通过 AP 之间的链路扩展网络覆盖范围。主控系统通过与全网无缆地震仪的交互，实时获取地震仪状态信息，并通过无线的方式传输数据。

1. 实时获取地震仪状态信息

主要包括：

√　电池电量；

√　存储空间；

√ 隔离度；

√ 一致性；

√ 噪声水平；

√ 检波器状态（状态包括：pass、nc、fail 和 tent）；

√ GPS 定位状态（状态包括：成功+星的个数、失败）；

√ 经纬度；

√ 地震仪工作状态（状态包括：采集、空闲、异常、自检）；

√ 当前任务开始时间；

√ 当前任务结束时间；

√ 下一任务开始时间；

√ 下一任务结束时间；

√ GPS 数据开始记录时间；

√ GPS 数据记录时长（选项包括：10、20、30、40、50、60）；

√ SN 地震仪识别码（用于唯一性识别）；

√ IP 地址（根据摆放位置和上电顺序动态设置）；

√ 采样率（支持 16 种采样率：4000、2000、1000、500、333、250、200、125、100、50、40、25、20、10、5、1）；

√ 增益（取值包括：1、2、4、8、16、32、64）。

2. 实时噪声监测

上位机通过 WiFi 发送开始和结束噪声监测命令，开始监测命令中包括采样率在内各种参数；地震仪接收开始监测命令后，开始实时采集噪声，并每隔规定的刷新时间，向上位机 WiFi 传输噪声平均值；地震仪接收结束命令时，停止采集和传送，正常执行任务，并等待其他命令。上位机接收到噪声平均值后，根据排列顺序，以幅度的形式图形化显示，刷新频率同规定的刷新及传送时间。

3. 触发

用户根据噪声情况，发起触发命令，触发震源振动，并接收触发站传送回的触发时间数据，系统依据触发时刻，到在线的地震仪中定位同步位置，再根据统一设定的触发时长截取有效数据，传输至主控机，再由主控机结合排列管理中对测线中站排列出具的电子班报，统一合并为最终的单炮记录，并显示其波形图。

（三）自组织网通信技术

为实现节点的组网，研究了不同的节点组网路由策略：包括树路由、AODVjr 及 AODV 路由。进行路由性能仿真及分析，并在无线模块上实现了基于树路由的节点多跳自组网。在 PC 机上实现了树路由的组网仿真软件，为自组织网络提供组网过程的直观显示。

1. Cluster-Tree 算法

应用于 Zigbee 网络中的 Cluster-Tree 算法在节点的 MAC 层实现，以完成节点入网及初始网络的建立。Cluster-Tree 算法将散布在网络中的节点组建成树状网络，Zigbee 网络的中心协调器节点为树的根节点，路由节点可以作为父节点，接受其他节点的请求加入网络的请求。端节点因其没有路由能力，只能作为子节点挂于路由节点或者中心协调器节点之下。当节点试图加入 Zigbee 网络时，通过 MAC 层完成与范围内节点的入网信息交换，当网络内的节点接受新节点接入网络时，两节点就建立了父节点−子节点的关系，父节点利用 Cluster-Tree 算法的分址机制为子节点分配 16 位网络地址，树状网络中父子关系如图 5.30 所示。

　　Zigbee 标准采用的 Cluster-Tree 算法设计了一种分址机制，利用公式计算网络地址所需要的参数及含义如图 5.30 所示：

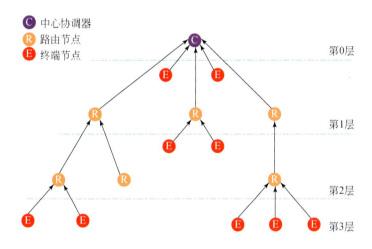

图 5.30　树状网络父子关系示意图

L_{m}. 网络的最大深度；

C_{m}. 父节点可接受的子节点的最多数目；

R_{m}. 父节点可接受的路由子节点的最多数目；

d. 本地节点设备所处于树状网络中的深度；

$\mathrm{Cskip}(d)$. 深度为 d 的节点为其子节点分配地址时对应的偏移量。

　　网络中的每个节点需要维护两个地址：64 位 IEEE 扩展地址和 16 位网络地址，其中 16 位网络地址是父节点根据分址算法为子节点分配的。父节点为加入网络的子节点分配地址的原则如下：

　　首先，加入网络的节点根据 C_{m}、R_{m} 和 d 计算其偏移量，利用式（3.1）可计算得到：

$$\mathrm{Cskip}(d)=\begin{cases}1+C_{\mathrm{m}}\times(L_{\mathrm{m}}-d-1) & R_{\mathrm{m}}=1\\[2mm]\dfrac{1+C_{\mathrm{m}}-R_{\mathrm{m}}-C_{\mathrm{m}}\times R_{\mathrm{m}}^{L_{\mathrm{m}}-d-1}}{1-R_{\mathrm{m}}} & \text{others}\end{cases} \tag{5.13}$$

　　其次，得到 $\mathrm{Cskip}(d)$ 的值后，当 $\mathrm{Cskip}(d)=0$ 时，表示节点没有分址空间，无法接受其他子节点；否则父节点可以为子节点分配地址，考虑到路由节点可以作为父节点接受其他子节点，而端节点没有此功能，因此对路由节点与终端节点分配地址的方法不同。假设第 n 个路由节点加入网络，则其从父节点获得的地址为

$$\text{Addr}(n) = \begin{cases} \text{Addr}_{\text{parent}} + 1 & n = 1 \\ \text{Addr}(n-1) + \text{Cskip}(d-1) & R_{\text{m}} > n > 1 \end{cases} \tag{5.14}$$

其中，$\text{Addr}_{\text{parent}}$ 表示父节点的网络地址，$\text{Addr}(n-1)$ 表示第 $n-1$ 个路由节点的网络地址，$\text{Cskip}(d-1)$ 表示父节点的地址偏移量。

如果第 n 个端节点加入网络，则其从父节点获得的地址为

$$\text{Addr}(n) = \text{Addr}_{\text{parent}} + \text{Cskip}(d) \times R_{\text{m}} + n \tag{5.15}$$

Cluster-Tree 路由是表驱动路由的一种，本地节点不存储路由表，当转发消息分组时，节点只能与父节点或者子节点通信，因此需要设计一种机制，根据消息分组的目的地址，判断是转发给父节点还是子节点，若转发给子节点，需确定是哪个子节点。Zigbee 网络中 Cluster-Tree 算法采用的寻址策略如下：

假设接受到消息的节点的网络地址为 A，消息分组的目的节点网络地址为 D，如果满足式（5.14），说明数据分组的目的节点是其子孙节点，下一步需要确定下一跳节点。如果目的节点是其子节点，那么直接将数据包传递给子节点即可；否则利用式（5.15）计算下一跳节点。

$$A < D < A + \text{Cskip}(d-1) \tag{5.16}$$

$$\text{Addr}_{\text{nextHop}} = A + 1 + \text{int}\frac{D - (A+1)}{\text{Cskip}(d)} \times \text{Cskip}(d) \tag{5.17}$$

Cluster-Tree 算法利用上述的分址机制和寻址机制，在不需要本地存储维护路由表的情况下，完成数据包的转发传递，大大节省了节点宝贵的内存空间。

2. AODVjr 算法

AODVjr 算法是 ad-hoc 按需驱动路由（ad-hoc On Demand Vector，AODV）算法的缩减版本。AODV 算法最初为 MANET 提出，应用在移动无线自组织网络中的路由算法，具备良好的灵活性和可靠性。研究者尝试将此算法移植到 WSN 中，但是 WSN 电量和内存均受限的特点使得 AODV 算法对无线节点的负担过重而不适应作为其路由算法。Zigbee 联盟提出了轻量级 AODVjr 算法作为 Zigbee 网络的路由机制，此算法将 AODV 算法的序列号，前驱列表，hello 消息去除，降低节点路由负担。

AODVjr 算法使用链路代价和路径代价作为确定最优路径的标准，两节点之间的链路代价表示为 $C\{[D_i, D_i+1]\}$。

在 Zigbee 标准中，计算链路代价公式为

$$C\{l\} = \min\left(7, \text{round}\left(\frac{1}{p^4}\right)\right) \tag{5.18}$$

式中，p 为节点经此链路成功接收数据包的概率，由于 p 值不易确定，Zigbee 中提出了链路质量指标（link quality indicator，LQI）的概念，LQI 可以通过接收信号的能量和信噪比判断得到，LQI 的值被划分为八个等级，由节点 MAC 层检测计算获得。根据 LQI 值所在等级不同，将链路代价映射为 0 ~ 7。这样，节点网络层通过 MAC 层获得链路的 LQI 值，根据映射表得到链路代价，进而作为择路标准，选择最优路由。一条有效路径的代价可表示为

$$C\{P\} = \sum_{i=1}^{L-1} C\{[D_i, D_{i+1}]\} = \sum_{i=1}^{L-1} C\{l_i\} \tag{5.19}$$

在图 5.31 中，源节点 1 到目的节点 7 的路径代价可表示 $C\{1, 2\}+C\{2, 5\}+C\{5, 7\}$。

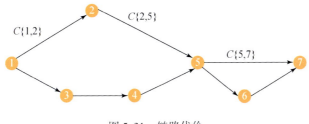

图 5.31　链路代价

AODVjr 算法是按需驱动路由算法的一种，需要交换大量控制分组消息完成路由建立，此外还需要存储相关表项并进行路由的维护。

1）AODVjr 算法消息类型

AODVjr 算法路由定义的控制消息主要包括三种：路由请求消息（RREQ）、路由回复消息（RREP）和路由错误消息（RRER）：

RREQ：用于路由发现和修复阶段，控制分组主要 RREQ ID 域，目的节点地址域，path cost（链路代价域）。其中，RREQ ID 是一个 8 bit 的序列号，由源节点生成，是同一源节点生成路由请求消息的唯一标示，源节点每生成一条路由请求消息，此值自加一；path cost 域存储从源节点到目的节点的路径总的路径代价。

RREP：由目的节点发送给源节点，控制分组包括：RREQ ID，源节点地址，path cost。其含义与 RREQ 分组各值域相同。

RRER：当本地节点检测到目的节点的路径发生断路且修复未成功时，需要向源节点发送此消息，通知源节点重新开始寻路过程，控制分组包括：错误代码，目的地址。其中，错误代表是为了说明因何种原因发生断路（节点无路由空间，节点电池能量过低等）。

2）AODVjr 算法维护表项

AODVjr 路由算法需要维护三张表，分别是：路由表、路由发现表和邻居表。路由表存放到目的节点的下一跳节点地址及相关消息。路由发现表在路由发现过程中建立使用，路由发现表包含一个路径代价域，存储的是源节点到当前节点路径代价，通过 RREQ 控制分组的链路代价域与此值得比较，可以完成链路选择，确定链路代价最小的路径。但是与路由表不同，路由发现表不是长时间存在的，是一种暂态表，在一定的时间后，路由发现表过期。邻居表中包含的是在本地节点传输范围内所有其他节点的信息，每当有发自邻居节点的数据包到达时，表项均被更新。

3）AODVjr 算法两个阶段

AODVjr 路由算法主要包括两个阶段：路由发现阶段和路由维护阶段。

（1）路由发现。

在 Zigbee 网络中，端节点没有路由功能，路由节点和协调器节点才有路由功能，假设场景为网络中的所有节点均为路由节点。以下图为例描述路由发现过程，假设源节点 A 需要向目的节点 F 发送数据，没有可用路由，开启路由发现过程：① 源节点 A 本地生成路由请求消息（RREQ）并广播，在其通信范围内且侦听频率相同的邻居节点 B 和节点 C 会接收到广播消息。② 接收到 RREQ 消息的 B 和 C 首先判断自己是否为寻路的目的节点，如果不是，判断是否转发此分组：首先判断节点是否还有路由空间（即路由表是否已满），如还有空间判断是否已经接受过来自同一源节点广播的同一条 RREQ 分组，如果是比较 RREQ 中的 path cost 值与路由发现中对应表项的 path cost 值，以较小值更新表项；如果是第一次收到则直接生成新的路由发现表项插入表中。经过的判断处理后，继续广播 RREQ 分组。③ 转发节点 C 和节点 D 按照②的方法处理处理 RREQ 分组，直到目的节点 F 接收到。F 分别从两条不同的路径接收到同样一条 RREQ 消息：路径 1 A→B→D→F 和路径 2 A→C→E→F，需要选择一条路径回复 RREP 消息，根据接收到消息中的 path cost 的值，选择较小的一条路径作为单播 RREP 消息的下一跳。RREP 单播回复到源节点需要借助路由发现表记录的消息，假设路径 1 的路径代价更小，则 RREP 回复的路径 3 F→D→B→A，这样，路径 1 为前向路由，路径 3 为反向路由。通过上述过程完成 AODVjr 路由发现过程。

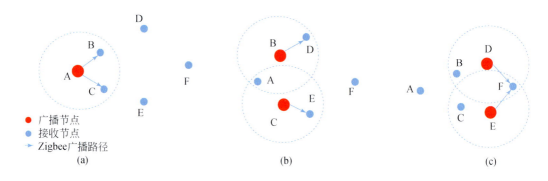

图 5.32　路由发现过程示意图

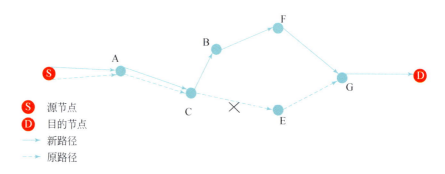

图 5.33　路由本地修复过程示意图

（2）路由维护/修复。

Zigbee 网络在现实应用时，由于客观因素的影响（如节点能量殆尽，节点间出现障碍物等因素），导致链路中断而无法向目的节点传递消息。因此，路由维护/修复过程是保证网络通信可靠性至关重要的环节。

在 Zigbee 标准中规定，检测两节点间链路连接状态是由 MAC 层完成，当发现消息传输失败后，会向上层网络层发送通知消息，告之链路失败。考虑到路由发现与修复过程会涉及大量消息在网络内的小环，为网络带来较大的业务负荷，一次路由修复的开销过大，因此需要确定链路是真正的断开而非因为拥塞等其他原因造成链路暂时的中断的情况下，才开始路由修复过程。Zigbee 标准中提出，节点设置一个计数器，记录消息传递失败的次数，当超过设定的失败次数阈值，可认为链路发生中断，需要开启路由修复过程。

如图 5.33 所示，源节点 S 需要向目的节点 D 发送数据且没有可有效路由，发起路由发现过程，寻路成功后确定路径为 S→A→C→E→G→D，一段时间后节点 C 向节点 E 发送消息分组失败的次数超过最大等待次数，确定到 C 与 E 之间的链路断开，节点 C 需要进行本地修复。节点 C 将本地网络地址作为源节点地址生成新的 RREQ 消息并广播，以寻找到目的节点 D 的有效路径。图示节点 C 找到到目的节点 D 新的一条有效路径，说明路由修复工作成功，源节点 S 到目的节点 D 的路由发生改变，新的有效路由为 S→A→C→B→F→G→D。路由修复过程与路由发现过程相类似，不同的是路由发现的发起节点为源节点，而路由修复的发起节点为断开链路的上游节点。若节点本地修复失败，则声称 RRER 消息，通过反向路由单播至源节点，并沿路通知所有的上游节点到目的节点的路由失效。RRER 消息到达源节点后，节点会重新发起向目的节点的寻路过程。

路由修复对源节点是透明的，即源节点不知道路由不可用，本地产生数据时，仍然按照原路由完成数据的传递，当传递到发生链路断开的节点处，本地节点由于正在路由修复而无法完成数据的转发。若节点具备一定得存储空间用于缓存数据，可将数据暂时保存，待修复成功后，将数据利用新建立的路由发送出去。但是若没有预留缓存空间，或者缓存空间已满，只能将后到数据分组舍弃掉。由此可见，一种可靠的路由维护与路由修复策略可有效地降低网络丢包率，保证网络通信的可靠性。

3. Cluster-Tree 算法与 AODVjr 算法比较

Cluster-Tree 算法属于表驱动路由算法，是通过将所有节点都建立连接完成网络建立，传输数据时通过寻址机制判断是转发给父节点还是子节点完成数据的传递，因此 Cluster-Tree 算法不需要占用额外的内存空间存储路由表，有效节省传感器节点有限宝贵的内存空间；此外，此路由算法在建立网络连接时就完成了路由的建立过程，过程简单，不需要在全网内广播大量的控制分组消息，有效控制网络负载。但是树路由的灵活性较差，一旦出现因节点能量消耗殆尽或者节点发生移动导致链路断开的情况，树路由进行路由修复过程复杂且耗时，致使网络收敛速度较慢，增加网络能耗，期间会造成大量数据包丢失；此外，Cluster-Tree 算法数据包的传送具有较强的方向性，适合树状网络中，而对于节点关系对等的网状网络不合适，可能会出现这样一种情况：节点向其邻居节点发送消息，本可以一跳到达，经 Cluster-Tree 路由算法确定的路径却要多跳达到，造成不必要的能源浪费。

AODVjr 算法属于按需驱动路由算法，当节点需要发送数据时，开启路由发现过程建立路由连接。AODVjr 算法可以根据跳数、能耗、链路质量等因素作为参数，进行路径的选择，因此 AODVjr 算法确定的路由具备最优性；此外，本算法具备完善的路由维护与修复策略，可以灵活的处理断路情况，保证数据的可靠传输。上述优势的建立是以下述不足为代价：①路由发现的过程需要在网络内广播大量的控制分组，容易造成网络内消息洪泛，增加网络业务负担；②需要存储路由表，占据节点宝贵的内存空间；③路由建立过程复杂，需要传感器节点具备较高的计算能力。表 5.12 为 Cluster-Tree 路由算法和 AODVjr 路由算法比较表格。

表 5.12　Cluster-Tree 与 AODVjr 比较

对比参数	Cluster-Tree 路由算法	AODVjr 路由算法
控制分组数目	较少	较多
路由复杂度	低	高
路由灵活度	低	高
路由表	无需存储	需要存储
最优路径	非最优路径	是最优路径

Zigbee 联盟标准提出将 Cluster-Tree 算法与 AODVjr 算法混合使用的路由机制，满足网络的可靠性与灵活性。Cluster-Tree 算法是在网络建立的初始阶段，各节点加入网络，由节点 MAC 层来进行连接建立而成。而 AODVjr 算法应用在网络层，控制节点的路由功能。两者结合，利用 Cluster-Tree 算法有效控制分组广播，利用 AODVjr 算法保证算法的灵活性，有效应对网络出现断路的情况，为 Zigbee 网络提供优良的路由机制。

有研究者针对 AODVjr，AODV，Cluster-Tree 和 Zigbee 路由算法完成仿真实验，其结果如图 5.34 和图 5.35 所示。从图 5.34 可以看出，在四种算法中，Cluster-Tree 算法存活节点的数目最少，而其他三项性能相当，这主要是因为 Cluster-Tree 算法灵活性较差，路径建立后不易改变，容易导致某些节点的业务负担大而过早死亡。在图 5.35 中显示了四种算法控制分组消息的数目情况，可以看出 Cluster-Tree 不需要控制消息广播，AODVjr 需要但其数目远小于 AODV 算法。

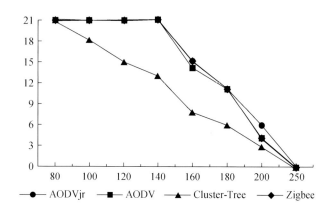

图 5.34　存活结点数目

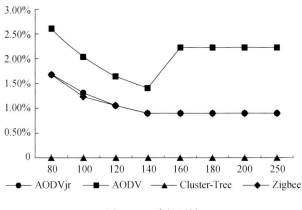

图 5.35 路径开销

本书的低能耗路由算法优化策略为改善 AODVjr 算法为能量有效路由算法，并结合 Cluster-Tree 路由，通过有效控制分组在网络中扩散的数目，提供一种灵活、可靠、低开销的路由优化算法。

4. 能量有效的 AODVjr 路由算法优化

1）低功耗路由算法的优化策略

目前，针对 Zigbee 路由算法（Zigbee Routing，ZBR）中 AODVjr 算法为非能量有效的路由算法的确定，提出诸多改善措施。其中，主要的关注点是改善路由择路标准，将节点能量作为参数，确定最优路径，选择剩余能量较高的节点为下下一跳节点。但是并没有针对能量较低的节点设计保护机制，导致节点能量浪费过早死亡。此外，在 Zigbee 标准中，没有具体设计 Cluster-Tree 与 AODVjr 算法如何协同合作，换言之，网络节点在何时使用 Cluster-Tree 算法发送数据何时使用 AODVjr 算法没有明确的判断机制。

针对上述的问题本书主要从下面两个方面对算法进行优化：

基于能量有效路由的 AODVjr 算法改进。改进后的算法将节点的剩余能量作为最优路径选择的标准，并且改进了路由发现策略，旨在控制在路由发现阶段的路由请求控制分组的数目。

基于降低网络能耗 ZBR 算法优化。故本书提出一种有效将两者结合的改进算法，称之为 Tree-AODVjr 算法，不同于 Zigbee，而是作为改进路由算法应用在网络层，既可以降低网络能损耗，又可以保证网络的灵活性。

2）算法性能分析

本书通过算法仿真验证提出的改进算法与原算法在降低网络能耗，均衡网络能量方面表现出的优越性。基于上述目标为出发点，从以下三个维度对算法性能分析比较：能量损耗、路由代价及网络生存时间，性能衡量指标定义如下：

网络能量平均损耗率：在采样时刻，网络中所有节点消耗总能量与网络初始总能量的比值，此指标可表征网络能耗水平。其中，N 是网路节点数目，TE_i 是节点初始能量，CE_i 是节点剩余能量。

$$C_{avg}(t) = \frac{\sum_{i=1}^{N} TE_i - CE_i(t)}{\sum_{i=1}^{N} TE_i} \qquad (5.20)$$

网络节点能量均方差：在采样时刻，网络中所有节点消耗能量的均方差。此指标可以表征网络节点能耗的均衡情况。此值越大，表明各节点能耗波动越大，即网络能耗分配不均匀；反之则说明网络节点能耗水平平稳，能量损耗均匀分配给网络个节点。

路由代价：网络 RREQ 分组数目与发送数据包数目比值。此指标表征网络中 RREQ 洪泛情况。此值越大，在发送数据包数目相同的状态下，网络内广播的 RREQ 消息越多。

$$C_{RREQ} = \frac{N_{RREQ}}{N_{data}} \qquad (5.21)$$

网络生存时间：定义为网络中出现第一个死亡节点的时间。

3）仿真实验设计

在 OmNeT++仿真平台下，设计仿真网络区域为 700×700，节点数目为 20 个随机分布在网络中，其中节点 node[0] 为网络数据回收 sink 节点，网络各模块基本参数设计及含义如下表所示，为了加速网络仿真的完成，将网络接收/发送数据包的能耗扩大 10倍（表 5.13）。

表 5.13　仿真网络参数设计

参数名称	含义	数值
trafficType	应用层传输数据间隔类型	Exponential
nbPackets	发送数据包数目	250
HeaderLength	数据包长度	64 Byte
HelloInterval	发送 hello 消息给邻居节点间隔	5 s
RouteActiveTime	路由的有效时间	5 s
TableRefreshInterval	表更新时间	4 s
Voltage	电池电压	3 V
Capacity	电池容量	10 MAh
maxTXPower	最大发生功率	1.1 MW
Sensitivity	接受灵敏度	−100 dBm

4）仿真结果及分析

评定算法对网络能耗影响的主要是进行网络能耗平均率和网络能耗均方差这两个指标，仿真结果如图 5.36 和图 5.37 所示。通过结果图 5.37 可以看出，Tree-AODVjr 算法和改进 AODVjr 算法均比原算法更能够节省网络的能耗，这主要是由于本书改进的路由算法均是基于能量有效进行改进，将节点的剩余能量考虑为择路标准的参考参数及 RREQ 保护低能节点的处理机制中，可以根据节点剩余能量情况，自动调整路由。而在第二幅图中，通过节点能耗均方差来表征网络能耗均衡情况。改进的 AODVjr 算法和改进 Tree- AODVjr 算法均采取了保护低能节点的机制，有效的保存了低能量节点的宝贵能量，并且 Tree-AODVjr 算法利用网络的层次性减少了 RREQ 消息广播，减少节点能量损耗，进一步达到均衡网络能耗的效果。综合上面两幅如的仿真结果，可以判定，在降低网络能耗性能方面：改进 Tree- AODVjr 算法>改进 AODVjr 算法>AODVjr 算法。

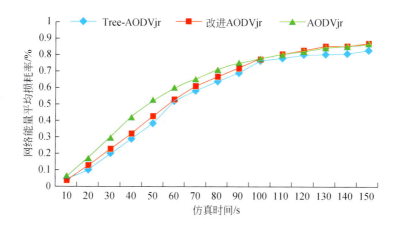

图 5.36　网络能量平均损耗率

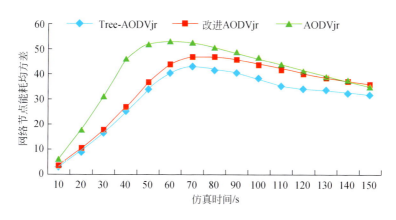

图 5.37　节点能耗均方差

RREQ 代价可以作为衡量网络内控制 RREQ 洪泛的性能指标。从图 5.38 可以看出在仿真开始阶段，改进 Tree- AODVjr 算法的路由请求代价要高于改进 AODVjr 算法，这主要是由于在建网阶段，网络内的所有节点都需要通过广播 RREQ 消息建立与父节点的连接，造成网络内的 RREQ 消息较多。当网路层次结构建立完成后，利用改进 AODVjr 算法进行路由发现过程，可以大大减少 RREQ 广播数目，使得 RREQ 代价迅速下降，并一直处于低于改进 AODVjr 算法的状态。通过分析上图的仿真结果，可以证明在降低网络内路由请求代价方面的性能表现：Tree- AODVjr 算法>改进 AODVjr 算法>AODVjr 算法。

网络生存时间性能对比见图 5.39 和图 5.40。

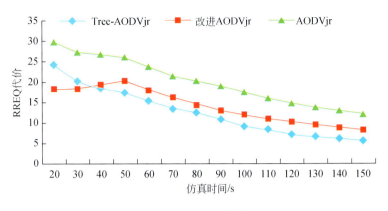

图 5.38　RREQ 代价

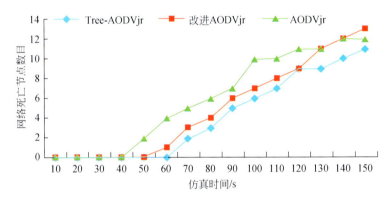

图 5.39　死亡节点数目

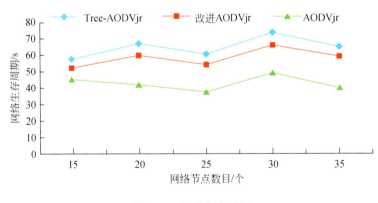

图 5.40　网络生存时间

　　图 5.39 为网络节点数目固定为 20 个场景中，网络中死亡节点数目随仿真时间的变化。从图中可以看出 AODVjr 算法出现第一个死亡节点的时间是在 40 s，改进 AODVjr 算法

出现第一个死亡节点的时间在 50 s 左右，Tree-AODVjr 算法出现第一个死亡节点时间在 60 s 左右，在随后的仿真时间里，其死亡节点的数目一直低于改进 AODVjr 算法和原 AODVjr 算法。图 5.40 显示了随着网络节点数目的不同，网络生存时间的变化情况。在延长网络生存周期方面的性能表现为：Tree-AODVjr 算法>AODVjr 算法>AODVjr 算法。

通过从网络能量损耗，RREQ 代价，网络生存时间这三个维度仿真对比三种路由算法，从整体性能来看 Tree-AODVjr 算法优于改进 AODVjr 算法，优于原 AODVjr 算法。但是从路由算法的复杂度来看，Tree-AODVjr 算法高于改进 AODVjr 算法，高于原 AODVjr 算法，但这种算法的复杂程度是在传感器节点可接受的范围内，并不影响节点的整体性能，故用算法的复杂度换取高网络性能是可实现的。因此，本书提出的改进算法可以有效地降低网络节点的能量损耗，均衡网络的能量，从而达到延长网络生存周期的目的。

此外，Tree-AODVjr 算法较改进 AODVjr 算法，因其层次性而更适合于面向数据回收的无线传感器网络。而在对等 mesh 网络中，所有节点的地位都是平等的，更适合使用平面路由协议，在这种情况下，改进的 AODVjr 算法比 Tree-AODVjr 算法更适合这种情况。

（四）手持移动终端

对于大道距布设测线的施工方式，AP 模式由于覆盖范围和并发接入点的限制，不适合无限制的扩展，尤其对于动辄数公里的站间距，架设 AP 网络的方案显然不现实。而这种工况下，我们依然对现场地震仪监控的需求非常迫切，自组织网络的组网方式可以很好地解决此问题。

自组织网络的应用又分为单跳和多跳的方式，多跳的方式可以接力式地将远端地震仪的状态传至主控机，但由于传输的距离短和协议的不稳定，目前我们研究的重点是采用单跳的方式，及相互连接的节点均在各自一跳的范围内。

这种单跳的方式即可以实现小范围、少数量无缆地震仪的无线数据传输和数据质量的实时监控，其应用领域主要在室内测试，并且在地震仪调试阶段用于传输测试及系统更新。

对于大道距或应用于长期观测的野外施工控制系统的核心组成部分——手持移动控制终端在实际野外施工中承担了野外现场无缆地震仪监控的主要任务。

WiFi 技术的集成解决了无缆地震仪系统无法现场监测地震勘探数据质量的问题，也为基于便携式手持终端设备进行地震仪状态监测、数据回放等需求提供了便捷的技术手段。法国 Sercel 公司为 Unite 系统研制的平板电脑设备，具备专用的设备连接电缆和 WiFi 模块，可以在现场实现数据的回收和处理。为配合地震勘探仪器的使用和监测，多数厂商也都定制了专用产品，这限制了该类产品的通用性和扩展性，并且使用和维护成本较高，操作复杂。勘探施工过程中，手持设备是中心控制主机的一种有效的辅助设备，用以帮助施工人员和技术人员在现场进行监测和处理，所以应力求简单、轻便，更为主要的是易于获取。智能手机和运行智能操作系统的平板电脑的逐渐普及，提供了一个良好的公用平台，为监控应用的开发提供了有力的支撑。IOS 是目前最为流行的智能操作系统，基于 IOS 的产品 iPhone、iPod touch 及 iPad 由于高质量的屏幕、时尚的外观、全新的拍摄系统、A4 处理器等特点被广泛应用，因此，基于 IOS 的应用开发具有很重要的实际意义。

本研究将数据质量监控的应用集成入智能移动终端中，利用无线通信技术，实现了对故障定位、命令控制等操作，提供无缆地震仪状态信息的监测和地震数据的回收，支持数据信息的图形化显示，协助技术人员和施工人员现场排查和处理故障。智能移动终端和无线网络的配合，有效地将显示控制部分从系统中分离出来，并且提供了一种方便、快捷的数据获取和访问控制途径。手持终端的主视图如图 5.41 所示。

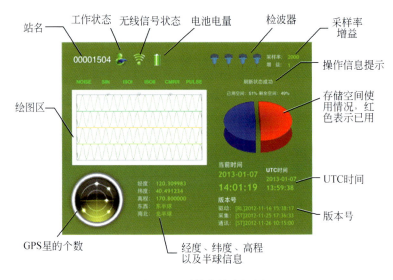

图 5.41　手持终端主视图

1. 应用领域

➢ 作为地震仪开发阶段室内调试辅助设备，协助开发人员更好地掌握地震仪状态和工作方式。

➢ 检测检波器、线缆等器件质量。利用 DEMO 实时采集数据的图形化显示，能够获取当前通道的状态，从而检测通道中检波器及线缆等器件质量。

➢ 在野外工作现场，方便工作人员获取地震仪工作信息，对地震仪进行控制操作。

2. 功能描述

➢ 监测无缆地震仪电池电量、工作状态、当前时间，无线信号强弱、采样率、增益、经度、纬度、高程等信息。

➢ 对无缆地震仪进行控制，实现采集、关机、重启等操作。

➢ 实现任务文件的上传及地震数据文件的下载。

➢ 实现文件的构建、存储和解析，进行地震数据处理。

➢ 实现图形化数据辅助分析功能，波形图显示采集得到的地震数据以及 Demo 模式下无缆地震仪上报数据；饼图显示无缆地震仪存储空间使用情况。实现对地震数据波形图的缩放、拖拽等手势操作。

➢ 实时观测，Demo 模式下图形化显示地震仪实时采集数据。

➢ 触发编辑、分发。通过 FTP 协议下载触发站内触发文件，获取触发信息并以列表的形式展示给用户，用户可以对列表中触发时长进行编辑，同时可以将编辑完成的列表保存为文件并以邮件形式发送。

➢ 时窗编辑，用户可以通过对时窗进行编辑，设定地震仪不同的工作模式，同时能够达到节能目的。

➢ 地震事件监测，手持终端监听地震事件端口，当某个事件发生超出了设定阈值范围，则认为有事件发生，提醒用户。

➢ 无缆地震仪自动扫描定位系统。提示用户当前是否加入地震仪网络，若加入网络则自动重复广播命令以获取网络中地震仪信息，帮助用户定位地震仪，获取地震已工作信息。非常适用于地震仪埋在地下等不可见情况。

六、系统低功耗技术研究

考虑到地震仪野外施工条件的限制，利用已有的分布式地震仪的设计经验，结合最新的电子技术，研制体积小、重量轻、功耗低的地震数据记录单元。

（一）精简系统结构

首先从结构设计和部件选择上，在保证系统功能和性能的前提下，选择功耗较低的 CMOS 器件，精简系统组件，构建最简电路结构，减小体积，降低功耗；根据 CMOS 器件功耗特征公式：

$$P = \alpha C V^2 f \tag{5.22}$$

式中，α 为门电路的跳变频率；C 为门电路总的工作频率；V 为工作电压；f 为系统工作频率。器件功耗，与其工作电压的平方和工作频率成正比。因此，选择低电压、低工作频率的器件可以成倍降低系统功耗。采用低电压和低工作频率的 CMOS 器件设计系统，可以在电路级水平控制整体功耗水平。

（二）采用自主设计的专用高效率电源管理器件

无缆自定位地震仪由于野外工作条件限制，只能采用电池供电，因而需要电源管理器件将电池电压转换为系统工作电压。通用的电源管理器件并不针对具体系统设计，其能量转换效率较低；为提高电源转换效率，自主设计专用的电源管理集成电路，拟通过以下方式提高电源转换效率：

（1）工作电压范围优化。

最优化效率与变换器的输入、输出电压有着密切的关系。由于系统需要多种模拟、数字电路芯片，需要提供不同的输出电压，如 1.5 V、1.8 V、3.3 V、5 V。针对本系统的四个不同的输出电压，分别对变换器的功率级部分进行优化，计算出在每个输出电压下，效率的最优值，从而得到优化后的变换器参数。

（2）功率 MOS 管的动态优化。

变换器的传导损耗与开关晶体管的宽度成反比，开关损耗与开关晶体管的宽度成正比，适当优化开关晶体管的宽度可以降低总的损耗，提高变换器的效率。所设计的变换器内部集成状态控制电路，可根据负载变化情况动态地调整功率 MOS 管的宽长比，减小功率 MOS 管的损耗，提高效率。

（3）控制方式优化。

采用 PFM-PWM（脉冲频率调制和脉冲宽度调制）混合控制方式模式，对于高负载和低负载可以在 PFM 和 PWM 控制方式之间自动切换，再结合功率 MOS 管的宽长比动态调整算法，可以在整个负载范围内达到最优化的效率。

（三）动态功耗管理技术和动态频率调整技术

采用动态功耗管理技术（Dynamic Power Management，DPM），嵌入式系统中存在大量功耗可管理部件（Power Manageable Component，PMC），如固态存储器、通讯网卡、内存等，具有多种休眠模式，可以在空闲时将 PMC 置于休眠模式，"使用请求"到达时先激活再响应请求，可以大幅降低空闲时的功耗。以预测、定时、随机等方式为控制策略，根据系统不同阶段的运行需求为系统各组件分配对应阶段的最低能耗，使得系统在任何时候都处于最佳能耗状态，进而降低系统平均功耗。ARM 控制器有四种工作模式（普通模式、空闲模式、慢时钟模式、待机模式），操作系统运行时，功耗管理器（Power Manager）实时监视 PMC 的运行负荷，根据负荷特性，在满足系统性能约束的条件下，动态调整 PMC 的休眠深度，降低 PMC 空闲时间功耗。

采用动态频率调整（Dynamic Frequency Scaling，DFS）技术，在系统运行时通过设置可编程频率寄存器控制处理器的工作频率，在系统负荷较高时将处理器设置为最高执行速度，保证系统的计算能力；而在系统负荷较轻时动态降低处理器的工作频率，降低处理器的执行功耗，进而实现系统计算性能和功耗的优化控制。

基于 DPM 技术对系统软件流程进行了低功耗优化，主要包括主控机软件和单片机辅助系统固件两部分。

1. 主控板软件设计

主控板主进程根据上述电源管理方案执行时间窗数据采集任务，流程如图 5.42 所示。CF 卡在空闲时工作电流为 1 mA，而在读写数据时为 75 mA，为减少读写次数降低功耗，在内存中为数据采集开辟一个缓冲区，当缓冲区满时将数据写入 CF 卡。

2. 单片机辅助板软件设计

采用多个中断源并行处理多个实时操作，是理想的低功耗设计选择，因此，为尽可能降低单片机功耗，单片机主程序采用中断工作方式，主程序流程如图 5.43 所示，MCU 完成辅助板初始化之后进入低功耗状态，等待中断。系统共设立三个中断源。串口中断用于处理来自 ARM 的控制命令；外部中断连接单个按键，摁下时点亮 LCD，显示系统当前状态，延时 15 s 后关闭；A/D 可编程窗口探测器的工作原理是：用户以 $T(℃)$ 为中心点设定一个温度范围，探测器持续比较 A/D 输出和用户设定的极限值，当温度变化不超出此范围时，无动作；当温度变化超出此极限时产生中断，这样单片机只在必要的时候报警温度超标。

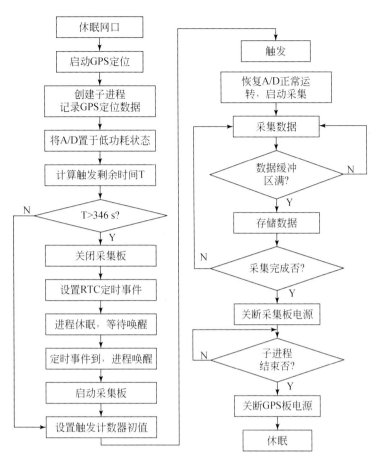

图 5.42 主控板主进程流程图

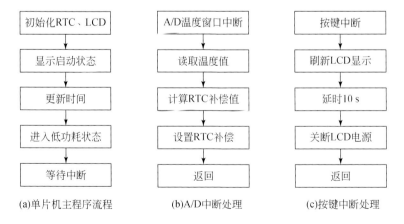

(a)单片机主程序流程　　(b)A/D中断处理　　(c)按键中断处理

图 5.43 辅助板软件流程图

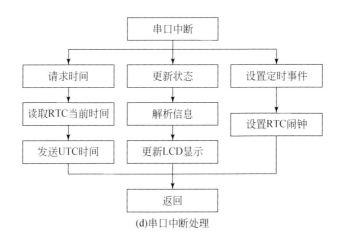

(d)串口中断处理

图 5.43　辅助板软件流程图（续）

七、电磁兼容技术研究

（一）系统电源的完整性设计

电源的完整性设计的目的是要给系统提供稳定、干净、安全的电源。电源的工作不会产生对于系统有影响的噪声，如果电源产生的干扰对系统产生了影响，将会使系统工作出现异常，造成逻辑错误，电源产生干扰的危害主要有以下几方面：

（1）成为干扰信号，同有用信号一起被接收；

（2）影响脉冲质量；

（3）造成信号延迟不确定性。

为了消除电源产生的干扰噪声，采取以下几方面进行设计。

1. 消除公共阻抗引起的干扰

直流电源要同时对几个芯片进行供电，很容易产生公共阻抗耦合干扰，而且公共电源阻抗越大，产生的干扰就越大。为了降低公共阻抗引起的耦合干扰，通过减小阻抗的办法，具体为可以加大电源线的宽度、减小其长度，公共电源阻抗降低，产生的耦合干扰也会随之降低。

2. 去耦合旁路电容的应用

去耦合旁路电容主要作用是减小共模辐射能量，降低开关类元器件在开关时所引起电流瞬变而产生的电源纹波，由于电容具有充放电的作用，也可以使得电源给芯片进行供电时，电压比较稳定，不会产生比较大和强烈的振荡。如在电源与地之间放置一个 0.1 μF 电容，可以选择几个电容并联的形式，如图 5.44 所示；

电容引线的电感特性的电感的大小是随着引线长度的变化而变化的，所以在进行去耦合旁路电容选择时，要选择电感小的电容，同时降低引线的长度。

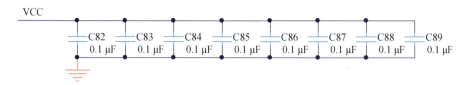

图 5.44　去耦合旁路电容应用

3. 降低环路电磁辐射干扰

当电源内流过的电流发生变化时就会向外部辐射干扰波,通过前面的论述可以知道,产生辐射干扰波的强度与环路的尺寸、电流的频率和大小成比例。所以,可以通过减小环路的尺寸来降低电源产生的干扰,合理的方法是在芯片的电源引脚与地线引脚之间放置去耦合电容,通过去耦合电容的放置来减小环路的尺寸。几种去耦合电容放置方法进行对比如图 5.45 所示。

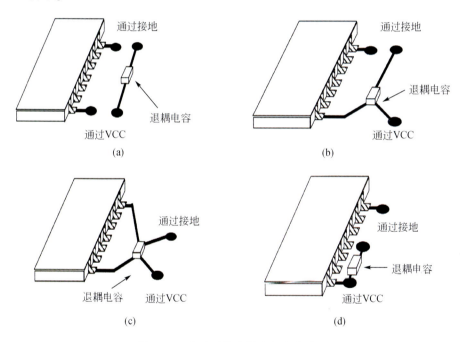

图 5.45　芯片引脚去耦合电容的放置

上述四种去耦合电容放置方法,四种方法都在芯片的电源引脚与地引脚之间放置去耦合电容。其中,图 5.45(a)~(c)三种方法,去耦合电容离芯片较远,所形成的电流环路的尺寸也较大,很容易产生干扰而对外部产生影响。图 5.45(d)为正确放置去耦合电容的方法,去耦合电容离芯片电源引脚很近,通过孔连接到电源层,同时在去耦合电容的另一端直接通过孔接地,这样使得形成的电流回路的尺寸最小,产生的干扰也就最小。

4. 减小电压与电流的变化率

要减小电流变化率 di/dt 和电压变化率 du/dt,可以通过改变场效应管(Field Effect

Transistor，MOSFET）G 极上的电阻值来增加缓冲电路，如图 5.46 所示。

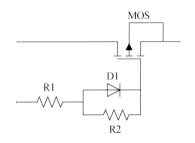

图 5.46　减小电压变化率

在 G 极上增加电阻，就相当于增加了一个低通网络，可以降低 MOS 开通时电压变化率。

（二）PCB 电磁兼容设计

1. 叠层设计

电源和地的作用是给电子电路提供正常运行所需要的电压，同时电源和地还有另外一个非常重要的功能，那就是给信号一个回流的路径。任何电流，都必须要通过某一途径返回源端，构成一个回路，电源和地在提供稳定的电源和地的情况下，还必须提供最佳的回流路径。

地震仪数据采集系统的 PCB 共有四层，第一层为顶层布线层，可以在这一层进行元器件放置和走线，第二层为分割了的地层，第三层为分割了的电源层，第四层为底层布线层。

在顶层布线层与地层之间有厚度为 12.6 mil 的介质层，称为 Prepreg，由于对称性，在电源层与地层布线层之间也存在厚度为 12.6 mil 的介质层，在地层与电源层间存在厚度为 12.6 mil 的介质层，被称为 Core，如图 5.47 所示。

图 5.47　层叠设置

地震仪的数据采集系统含有电源种类较多，又同时包括数字电源和模拟电源，因此也就同时具备模拟地和数字地，数字电源与模拟电源应分开处理，数字地与模拟地也应分开，但是为了减少层数，我们采取将电源层与地层分割的方法来处理，同时节约 PCB 成本。

通过上一章中的介绍可知，减小两层之间的距离，能够增大电容值，阻抗就会降低，这是我们希望看到的结果。同时采用 20H 的原则，即将电源层与地层相比，向内缩进 20H（H 为两层之间尺寸）距离，可以大大减小 PCB 的边缘辐射效应。

2. PCB 布局设计

布局的主要工作为系统进行分区，然后在已经分区的区域内进行元件的布局，每个分区选取一个芯片为核心元件，其他部分都围绕着这个核心进行布局，因为地震仪数据采集系统含有模拟信号有数字信号，在分区时应首先考虑如何来避免两种信号间的互相干扰，混合信号的设计十分复杂，布局的合理与否以及电源和地线的处理好坏都将直接影响到 PCB 电磁兼容性。

首先对地震仪数据采集系统进行模块化，进行功能分区，将各模块分开处理能够很好地减小模块间的干扰。可以将数据采集系统分为电源部分、外部信号输入部分、A/D 转换敏感模拟部分、高速数字处理部分以及数字 I/O 接口部分。将模拟部分与数字部分按模块化进行分区能够有效地防止数字部分对模拟部分的干扰，如图 5.48 所示。

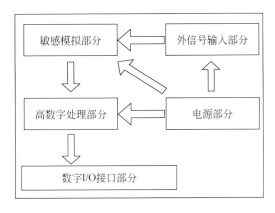

图 5.48　地震仪布局策略

在采集系统的 PCB 设计时，考虑系统所包含模拟部分与数字部分，就两者相对来说，数字部分有较强的抗干扰能力，不太容易受到外来的干扰，而模拟部分却很容易受到数字部分的干扰，因此进行功能分区是必需的，将外部信号输入部分与 A/D 转换部分放在一侧，电源部分与数字部分放在一侧能够有效减小干扰。实际电路板布局如图 5.49 所示。

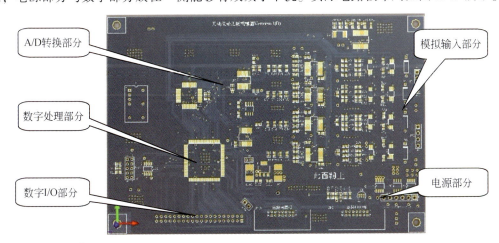

图 5.49　地震仪电路板布局

地震仪数据采集系统电路工作速率较高，一个微小的数字部分的干扰如果进入到模拟部分都会产生比较严重的影响，从而降低模拟部分的性能，为了抑制干扰，进行了模拟部分与数字部分的分区，将模拟地与数字地分开，并防止回流信号跨分割区域的问题。将数字信号严格限制在数字部分，避免其对模拟电路产生干扰。

3. PCB 布线设计

手动布线时，要避免信号的输入端与输出端相邻平行，很容易产生反射干扰，减小信号长距离的平行走线，如果存在一组高频信号，可以在信号线间插入地线加以隔离，并采用 3W 原则，使得线间距为线宽的三倍。

由检波器检测到的地震信号转换为差分信号送入地震仪的数据采集系统中，信号的输入、放大及 A/D 转换都是差分模式的，因此在 PCB 设计中使用了大量的差分技术，由于两路差分信号的回流路径不可能是完全一致的，这样就会产生共模电流，共模电流能后产生较强的共模辐射干扰，影响整个 PCB 的性能。为了防止电路中产生较大的共模干扰电流，进行 PCB 的差分布线时，使用以下规则：

（1）差分信号线的两条走线的长度差值限制在很小的范围内，尽量保持相同长度；

（2）差分信号线在同一层内进行布线，且尽量对称；

（3）如果差分对要换层，那么就要在同一地方放置过孔，一起换到另一层；

（4）差分对的两条线要尽量的靠近，且增大差分信号线的宽度。

另外，尽量低密度布线，如果信号线的走向、宽度以及线间距的设计不合理，都容易产生干扰。而且信号线的粗细尽量一致，这样对于阻抗匹配有利，在进行布线时，无法避免的会遇到走线转弯以及需要过的情况，这些都会使阻抗变得不连续，因此在设计过程中要采取一些有效地措施，PCB 走线在拐弯出一定不能使用 90°的拐角，应该使用 135°或者更圆滑的拐角。当走线需转弯时，可采用斜面拐弯技术（Chamfering Corner）。信号现在转弯时会增加倒显得宽度，从而也就增加的等效电容，斜面转弯能够有效地减小因拐弯产生的电容，如图 5.50 所示。

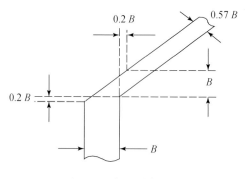

图 5.50　斜面转弯技术

同样的，在进行布线时，不可避免的过孔和焊盘的存在都会造成阻抗的不连续，因此，为了减少过孔和焊盘带来的影响，要对过孔及焊盘附近的导线连接进行缓慢变化处理，即使阻抗连续，如图 5.51 所示。

图 5.51 斜面转弯技术

（三）WiFi 干扰兼容性设计

无缆自定位地震仪带有 WiFi 无线通讯模块，使用开放的 2.4 GHz 直接序列扩频，数据传输最大速率为 54 Mbps，如果存在干扰情况，传输速率会自动调整，能够保证网络通讯的稳定，WiFi 模块完成对地震仪数据采集的实时监控，且可以通过通讯模块实施无线数据回收，但是也会产生高频辐射干扰。WiFi 产生的高频电磁波作用到采集通道比得到响应成为噪声，影响系统噪声水平，采用屏蔽加合理接地的方法来给予解决。

无缆自定位地震仪的 WiFi 天线属于高频干扰，因此采用电磁屏蔽进行屏蔽，屏蔽体的屏蔽性能用屏蔽效能来表示，屏蔽效能定义为在没有采取屏蔽措施的情况下空间某点的电场强度 E_0（磁场强度 H_0）与该点屏蔽后的电场强度 E_1（磁场强度 H_1）的比，经常用对数表示为

$$SE = 20\lg\left|\frac{E_0}{E_1}\right| \ , \ SE = 20\lg\left|\frac{H_0}{H_1}\right| \ \text{（dB）}$$

当电磁波经过屏蔽体时，将会与屏蔽体发生作用，电磁波传播到屏蔽体的过程如图 5.52 所示。

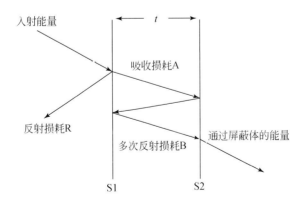

图 5.52 电磁波与屏蔽体作用过程

图 5.53 表示场强的变化，S1 和 S2 为屏蔽体金属板的两个界面。

屏蔽体金属板两侧皆为空气介质，因而在左右两个界面上都会出现波阻抗突变现象，

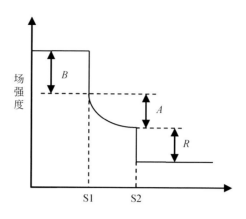

图 5.53 场强度变化过程

入射的电磁干扰波在界面上就发生反射现象和透射现象。电磁波入射到屏蔽体时，一部分电磁能量就过屏蔽体的反射重新回到空气中。从电磁屏蔽的效果来看，屏蔽体对电磁波起到反射作用，即反射损耗，用 R 来表示。

经过屏蔽体反射后剩余的电磁波则进入金属板内，沿着金属板继续向内传播，众所周知，当电磁波在金属介质中传播时，其能量随着传播深度按指数衰减。从电磁屏蔽的效果来看，屏蔽体对反射后剩余电磁波起到了吸收衰减的作用，即吸收损耗，用 A 来表示。

通过屏蔽体的反射损耗与金属板的吸收损耗，仍有电磁能量能够达到金属板的另一侧界面，在这个界面上将会继续发生反射损耗，反射回来的电磁波在金属板内传播再次发生吸收损耗，电磁波就这样在金属板两个界面之间不停反射，到最后只能有很少的一部分电磁波能够穿过屏蔽体，进入到屏蔽体内部。从电磁屏蔽的效果来看，电磁波在金属板的两个界面之间的多次反射损耗与吸收损耗现象，即多次反射修正因子，用 B 表示。

为了方便分析计算，屏蔽效能可表示为

$$SE = R + A + B \quad (\text{dB}) \tag{5.23}$$

式中，R 为反射损耗；A 为吸收损耗；B 为多次反射修正因子。

1）吸收损耗：

$$A = 0.131t\sqrt{f\mu_r\sigma_r} \tag{5.24}$$

式中，t 为屏蔽体金属板厚度，min；f 为电磁波频率，Hz；σ_r 与 μ_r 分别表示屏蔽材料的相对电导率与磁导率。

2）反射损耗：用 r 表示天线干扰源到屏蔽体的距离，反射损耗又可细分为以下几部分：

①当 $r \gg \lambda/(2\pi)$，为远场平面波时，$R = 168.1 - 10\lg\left(\dfrac{\mu_r f}{\sigma_r}\right)$

②当 $r \ll \lambda/(2\pi)$，为近场区高阻抗电场时，$R = 321.7 - 10\lg\left(\dfrac{\mu_r f^3 r^2}{\sigma_r}\right)$

③当 $r \ll \lambda/(2\pi)$，为近场区低阻抗磁场时，$R = 14.4 - 10\lg\left(\dfrac{\mu_r}{fr^2\sigma_r}\right)$

3）多次反射修正因子：

$$B = 20\lg\left|1-\left[\frac{Z_S-Z}{Z_S+Z}\right]^2\times10^{0.1A}(\cos0.23A-j\sin0.23A)\right|$$

式中，Z_S 为金属的波阻抗系数；$Z_S = 6.39\times10^{-7}f\mu_r\sigma_r$，$Z$ 为空气波阻抗系数。

对于远场电磁场，$Z = \sqrt{(\mu_0/\varepsilon_0)} = 377(\Omega)$

对于近场电场，$Z = 1/(2\pi f\varepsilon_0 r)$

对于近场磁场，$Z = 2\pi f\mu_0 r$

式中，μ_0 为自由空间的磁导率，$\mu_0 = 4\pi\times10^{-7}H/m$；$\varepsilon_0$ 为自由空间介电常数，$\varepsilon_0 = 8.85\times10^{-12}F/m$。

有时单层屏蔽的屏蔽效果很难满足要求，这时就需要采用两层或多层合金屏蔽，两层屏蔽的效果如图 5.54 所示；

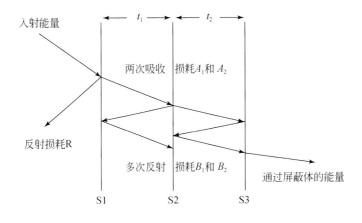

图 5.54　两层屏蔽材料

常用的多层屏蔽是在金属的外层镀高电导率的金属膜，或者加上高磁导率的材料，使得屏蔽体具有较好的屏蔽效果，多层屏蔽体的屏蔽效能计算如下；

$$SE = \sum_{n=1}^{n}(R_n + A_n + B_n) \tag{5.25}$$

式中，R_n、A_n 和 B_n 分别为屏蔽体的反射损耗、吸收损耗和多次反射损耗。

八、低频地震检波器

地震检波器拾取地震振动并将其转化为符合仪器记录系统需要的能量形式，广泛应用于地球物理勘探，地震、海啸等自然灾害的预测分析研究，边防监控，铁路、桥梁、隧道、大型建筑物等的安全监测及考古研究等。深部地震勘探受地下矿床埋藏深度大、构造形态复杂多变等因素影响，使得地表接收的各类回波存在信号微弱、频带宽、频率成分丰富等特点，要求所需的地震检波器从性能上实现高分辨、宽频带、大动态范围等指标，环境适应性上实现低功耗、微小型化、便携式、高度智能化、抗高低温、抗辐射等。

（一）电化学地震检波器研制

电化学地震传感作为一种新型的地震传感技术，从原理上摒弃了传统的"质量块-弹簧-阻尼器"感知振动的系统，是地震检波器的革新。电化学地震检波器是利用电解液中带电离子的运动来实现对地面振动的观测，当电解液在外界震动的作用下在管道内移动时，溶液中的离子在阴极和阳极之间发生迁移。与电解液运动速度成比例的附加电流就会流向电极。通过测量该附加电流，可以得到外界加速度的大小，由此可以记录到地震的速度或者加速度。同传统地震检波器使用前需要惯性体解锁、中心校准及水平调节等复杂操作相比，电化学地震检波器汇集众多优点：首先，采用电化学方法设计的地震检波器的功耗非常小；其次，增益单元所用惯性体为液体，其地震检波器的输出与惯性体的位置无关，没有惯性体的锁死和中心调节要求；再次，频带范围宽，能进行极低频率测试；第四，电化学地震检波器的理论动态范围可以无限大；另外，可以在大倾角范围工作，工作温度范围宽，无需任何维护。

尽管美国及俄罗斯两国均有公司将电化学地震检波器商品化，但是由于器件采用金属铂丝网状电极与多孔陶瓷薄片和陶瓷管组装而成，组装时需要将铂丝网和陶瓷薄片的细小网孔对准，使其工艺复杂、成本高、一致性差、批量化生产能力差；体积大、功耗大、制约着其使用范围。

本课题主要基于 MEMS 加工技术开展电化学地震检波器的研究。通过理论分析建立检波器的振动模型，提出叠层电极的结构，利用 MEMS 技术进行器件的加工制作，分析结构设计对传感器性能的影响，探索提高传感器性能的途径和方法，设计了新型的封装结构，解决现有电化学地震检波器一致性差、成本高等问题，针对电化学检测微弱信号放大、滤波等问题设计了专用的检测电路和信号调理电路，并开展了系列的实验室测试、第三方检测和相关外场对比测试实验。

1. 电化学地震检波器的理论分析及仿真

1）电化学地震检波器的理论研究

低频带电化学地震检波器的采用叠层微电极结构如图 5.55 所示，传感器的敏感元件置于溶液腔中，溶液腔的两端由弹性阻尼膜密封，整个器件被置于被测物体（一般为地面）上，并随着被测物体一起振动。敏感元件感受外界速度、加速度以及压力的变化导致电极电流的变化，检测电极电流，便可推算出被测物体的振动情况。叠层微电极低频带电化学地震检波器的理论模型分为拾振动力学模型和机电转换模型（即电化学模型）两个部分，研究传感器的理论模型，有助于我们研究传感器的灵敏度、频率范围等性能与敏感元件尺寸结构等参数之间的关系，从而优化结构参数，提高传感器的性能，因此检波器的传递函数可写为 $W(\omega) = W_1(\omega)W_2(\omega)$，式中，$\omega = 2\pi f$，下面将分别对两个模型进行叙述。

拾振模型可简化为一个标准牛顿流体震荡模型，而牛顿流体震荡模型的传递函数已经研究得较为清楚。

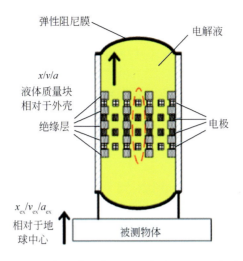

图 5.55　低频带电化学地震检波器模型示意图

$$
|W_1(\omega)| = \left| \frac{v_{\text{in}}(\omega)}{v_{\text{ext}}(\omega)} \right| = \frac{\rho L \omega^2}{\sqrt{\left(\dfrac{\rho L}{S_{\text{CH}}}\right)^2 (\omega^2 - \omega_0^2)^2 + R_{\text{h}}^2 \omega^2}} \tag{5.26}
$$

式中，$v_{\text{ext}}(\omega)$ 是外界待测速度；$v_{\text{in}}(\omega)$ 因外界速度作用下在检波器流道入口处产生的初始速度；ρ 是流体的密度；L 是流道的长度；S_{CH} 是流道的横截面积；R_{h} 是传感器的流阻；$\omega_0 = 2\pi \sqrt{\dfrac{k}{m}}$ 是拾振以及弹性阻尼膜的弹性系数有关，k 是系统的弹性系数，主要由弹性阻尼膜的弹性系数决定，m 为电解液的质量。从拾振模块的传递函数来看，拾振模块是一个典型的高通滤波器，通过改变橡皮膜的弹性系数和电解液的质量可以改善检波器的低频特性。

传感器的机电转换模型采用两组电极，按照"阳极—阴极—阴极—阳极"的方式排列，电解质溶液选用电化学增益器的常用电解质溶液，即碘化钾和碘单质的混合溶液。通常情况下，溶液中的 I^- 和 I_2 会发生络合反应：$I^- + I_2 \leftrightarrow I_3^-$。这个反应大大地提高了 I_2 的溶解度，由于 I^- 的浓度远大于 I_2 的浓度，所以 I_2 主要以 I_3^- 的形式存在，则电化学反应中的氧化剂为 I_3^-，还原剂为 I^-（图 5.56）。

图 5.56　机电转换模型的敏感机理框图

机电转换模型的敏感机理：在阳极和阴极之间施加工作电压，电解质溶液中的离子在阴阳极表面发生还原反应或者氧化反应并达到动态平衡：

阳极：$3I^- - 2e \rightarrow I_3^-$

阴极：$I_3^- + 2e \rightarrow 3I^-$

受到外界振动时，溶液内部产生溶液的流动，改变溶液中离子的浓度分布，使阴极的输出电流发生改变，因为两对电极对称排列，所以两个阴极的电流呈相反变化；将两阴极输出的电流信号经过电流–电压转换电路转化为电压信号差分输出，检测此差分输出，即可推算出外界振动的幅值、频率等。

通过敏感机理的分析可以看出，叠层微电极低频带电化学地震检波器涉及电化学和流体力学两个领域，所以需要将电化学原理与流体力学综合考虑，进行叠层微电极低频带电化学地震检波器机电转换环节的理论分析。

根据法拉第定律：

$$I_C = nF \int_{S_1} \boldsymbol{J} \cdot \boldsymbol{N}_1 \mathrm{d}S - nF \int_{S_2} \boldsymbol{J} \cdot \boldsymbol{N}_2 \mathrm{d}S \tag{5.27}$$

式中，n 为电极反应的得失电子数；F 为法拉第常数（$9.648456 \times 10^4 \mathrm{C/mol}$）；$S_1$、$S_2$ 分别为两组阴极的表面积极板面积；$\boldsymbol{J}$ 为离子（I^- 或 I_3^-）的通量，$\boldsymbol{N}$ 为阴极表面的单位法向向量则电极电流和电极上氧化剂与还原剂的通量成正比，电化学增益器的输出电流由阴极附近的情况决定。因此此处的通量为阴极还原剂的通量，即 I_3^- 的通量，所以此处我们只考虑 I_3^- 的通量。I_3^- 在整个流道的中的通量可以通过 Nernst-Planck 公式给出：

$$\boldsymbol{J} = \boldsymbol{v} C - D \nabla C - n m_0 F C \nabla V \tag{5.28}$$

式中，$\boldsymbol{v}$ 为对流速度；C 为电解质的浓度；D 为扩散系数；m_0 为迁移率，且 $m_0 = \dfrac{D}{RT}$；V 是溶液电势。溶液受到外界作用产生对流、扩散或者迁移时，使阴极还原剂，即 I_3^- 的浓度分布发生变化，产生 I_3^- 通量的变化，从而改变电极电流。因此溶液中 I_3^- 的浓度的分布对于电极电流的确定非常重要。忽略电迁移的影响，并且联合 Fick 第二定律就得到常见的对流扩散方程：

$$\frac{\partial C}{\partial t} = D \nabla^2 C - \boldsymbol{v} \cdot \nabla C \tag{5.29}$$

通过这个公式可以得到溶液中的离子浓度分布。

溶液各处的速度不同，为得到溶液各处的速度，应用流体动力学中的不可压缩流体的连续方程和 Navier-Stokes 方程，可以得到电解液的速度场：

$$\frac{\partial \rho}{\partial t} + \nabla \cdot (\rho \boldsymbol{v}) = 0 \tag{5.30}$$

$$\rho \frac{\mathrm{d} \boldsymbol{v}}{\mathrm{d} t} = \boldsymbol{f} - \nabla \boldsymbol{P} + \mu \nabla^2 \boldsymbol{v} \tag{5.31}$$

式中，$\boldsymbol{P}$ 是压力；μ 是黏度系数；$\mu \nabla^2 \boldsymbol{v}$ 代表摩擦力；$\boldsymbol{f}$ 是重力作用在单位体积上的力。式（5.31）其实就是液体的牛顿第一定律（$\boldsymbol{F} = m\boldsymbol{a}$），左方表示 $m\boldsymbol{a}$，右方表示单位体积上液体所受的力。这个方程通常写成如下形式：

$$\frac{\mathrm{d} \boldsymbol{v}}{\mathrm{d} t} = \frac{\boldsymbol{f}}{\rho} - \frac{\nabla \boldsymbol{P}}{\rho} + \frac{\mu}{\rho} \nabla^2 \boldsymbol{v} \tag{5.32}$$

式中，$\dfrac{\boldsymbol{f}}{\rho}$ 表示由于溶液中密度梯度的建立所引起的自然对流的影响。

式（5.29）的边界条件可由 Butler-Volmer 方程给出：

$$i = FAk^0 \left[C_{I_3^-} \mathrm{e}^{-\frac{anF\eta}{RT}} - C_{I^-} \mathrm{e}^{\frac{(1-a)nF\eta}{RT}} \right] \tag{5.33}$$

式中，$\eta = U - E'$，U 为电极上加的电压，E' 为标准电极电势，为反应转移系数，取值为 0.5；k^0 为标准速率常数。

理论上，通过联立 Nernst-Planck 方程、Navier-Stokes 方程、连续性方程，并利用 Butler-Volmer 公式，即可以求出输出电流的表达式。但是目前在电化学中一般只能得出无限扩散条件下的稳态电流方程，因为同时包含时间和空间变量的偏微分方程在数学上很难处理，再加上边界条件不连续，要想得到电流的解析解是非常困难的。

Agafonov 等在文献中进行四电极电化学地震检波器电流的推导，在不同的边界条件下得到阴极电流的关系式，并通过实验验证。在一维条件下（即离子浓度的变化仅存在于电解液流动的方向），对流扩散方程可简化为

$$\frac{\partial C}{\partial t} = D \frac{\partial^2 C}{\partial^2 x^2} - v \frac{\partial C}{\partial x} \tag{5.34}$$

$$I_C = DAn\left(\frac{\partial C}{\partial x}\bigg|_{x=xi+0} - \frac{\partial C}{\partial x}\bigg|_{x=xi-0}\right) \tag{5.35}$$

式中，C 为离子浓度；A 为电极表面积；n 为反应转移的电荷数；i 为电极标号。在速度为 $v = v_0 \mathrm{e}^{\mathrm{i}\omega t}$，且两阳极电流相等的边界条件下，求解偏微分方程得到阴极附近的电流：

$$I_C = \frac{DAnv_0C_0}{2di\omega}\lambda \ (1-\mathrm{e}^{-\lambda d}) \ \mathrm{e}^{\mathrm{i}\omega t} \tag{5.36}$$

式中，$\lambda = \sqrt{\dfrac{\omega}{D}}\dfrac{i+1}{\sqrt{2}}$；$C_0$ 为离子初始浓度，在低频条件下（$\omega \to 0$），电流方程可简化为

$$I_C = \frac{nAv_0C_0}{2} \tag{5.37}$$

因此，在低频条件下，阴极电流和速度成正比，与频率无关。

在高频条件下，电流方程可被简化为

$$I_C = \frac{nAv_0C_0(i+1)}{2di\sqrt{2}}\sqrt{\frac{D}{\omega}}\mathrm{e}^{\mathrm{i}\omega t} \tag{5.38}$$

因此，在高频条件下，阴极电流和频率的平方根成反比，和速度成正比。此种方法推导复杂，且假设为一维情况，最后得出的电流为近似值，经过实验验证在较低频段（0.01 ~ 1 Hz）理论值和实验值出现较大偏差。

电化学地震检波器的传递函数由 Kozlov 等进行了推导，结果如图 5.57 所示。Kozlov 认为电化学地震检波器的传递函数为电化学敏感元件和机械振荡系统的传递函数的乘积，由于机械振荡系统的传递函数如上一节所述，已经确定，因此电化学敏感元件的传递函数就是器件传递函数的关键所在。

图 5.57 中，曲线 1 为测量角速度的电化学地震检波器在 0.02 ~ 40 Hz 的条件下实验得到的传递函数，曲线 2 为 $W = \mathrm{const}(1+\omega^2\omega_D^2)$，$\omega_D$ 为扩散频率，书中为 0.06 Hz，曲线 3 为 $W = \mathrm{const}\omega^{-1/2}$；Kozlov 分析试验的结果得出，0.04 ~ 0.16 Hz 内传递函数近似于 $\omega^{-1/2}$，在 0.16 ~ 6 Hz 的频率范围内传递函数以 ω^{-1} 衰减，6 ~ 20 Hz 之后近似于 $\omega^{-2/3}$ 衰减，20 Hz 之后传递函数以 ω^{-2} 衰减，在整个频段内传递函数可以近似表达为

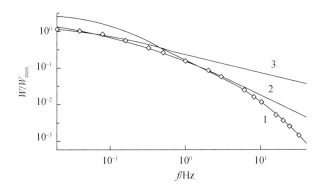

图 5.57   Kozlov 对传递函数的估计

$$W(\omega) \sim \frac{1}{\sqrt{1+\omega^2 \omega_{\mathrm{D}}^2}} \tag{5.39}$$

传递函数的幅频曲线如图 5.58 所示。

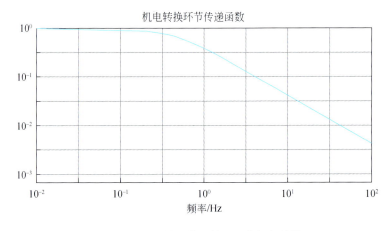

图 5.58   机电转换模型传递函数幅频特性

整个器件的传递函数为拾振动力学环节和机电转换环节的乘积，但是由于拾振动力学环节的系统阻尼和弹性系数无法确定，而且就目前现有的理论模型而言，仅仅研究了一些简单边界条件下，或者是一维模型下的离子浓度分布，对检波器优化的指导意义不大，进一步的优化还需要借助仿真分析。

2）电化学地震检波器的仿真和结构优化

由于目前无法准确得到检波器的传递函数，我们利用有限元仿真软件 Comsol Multiphysics，在电化学和流体学的耦合场中，对器件模型进行仿真，通过改变绝缘层厚度、电极厚度、溶液流速等参数，研究传感器灵敏度、频率范围等性能。

基于之前对检波器的理论分析，利用对流扩散方程、连续性方程、Navier-Stokes 方程、Butler-Volmer 公式，再加上一定的边界条件，例如，流道表面无滑动，绝缘介质表面通量为 0 等，入口和出口处的浓度固定，对地震检波器的工作原理进行模拟仿真。

所用溶液的电解质为 KI 和 I_2，则公式中所涉及的已知参数为：$T = 300$ K，起始时离子浓度分别为 $C_{I^-} = 1000 \mathrm{mol/m^3}$ 和 $C_{I_3^-} = 10$ $\mathrm{mol/m^3}$，溶液密度 $\rho = 1.473 \times 10^3$ $\mathrm{kg/m^3}$ 黏度系数 $\mu = 1.4 \times 10^{-3}$ P，离子扩散系数分别为 $D_{I^-} = D_{k^+} = 2.8 \times 10^{-9}$ $\mathrm{m^2/s}$，$D_{I_3^-} = 2 \times 10^{-9}$ $\mathrm{m^2/s}$，氧化还原反应速率常数分别为标准电极电势 $E_0 = 0.54$ V，阳极电压 0.3 V，阴极 0 V。

对地震检波器敏感元件的结构进行简化，选取一个绝缘层孔大小的区域作为检波器的一个单元，由于检波器具有对称性，所以我们只进行二维仿真，2D 模型如图 5.59 所示，其中模型两端分别为溶液的进口和出口，$H_0 = 450$ μm 为流道高度，$L_0 = 4$ cm 为流道的长度；L_s 为一组阴阳极的电极间距，即绝缘层的厚度，L_D 为两组阴阳极间的距离；L_A 为阳极的长度，L_c 为阴极的长度，L_P 为阴极孔的宽度。初始 $t = 0$ 时，让溶液静置。静置 t_0 之后，在模型进口加上按正弦变化 $v = v_0 \sin[2\pi f(t - t_0)]$ 变化的速度。如前文所述，地震检波器的电极电流主要由阴极处 I_3^- 的分布情况决定，所以将其作为仿真的重要结果之一，通过软件仿真得到溶液中离子浓度的分布变化。因为阴极处 I_3^- 的法线总通量与阴极的电流密度成正比，并且由于两阴极对称排列，变化也呈相反趋势，因此采用两阴极处 I_3^- 的法线总通量的差分作为输出，反应阴极电流的变化。

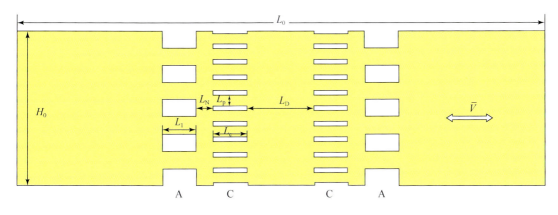

图 5.59　简化仿真结构示意图

器件的特性受到传感器尺寸参数的影响，如绝缘层厚度、电极厚度等。Kozlov 对传感器的结构尺寸对器件特性的影响做出了分析，并得出了一些实验性的结论，如绝缘层越薄，流阻越小，频率范围越大；Agafonov 则认为改变电极的孔径有利于提高检波器的高频特性。我们仿真研究在不同绝缘层厚度、电极长度、以及不同电极孔径下检波器的频率特性曲线，从而为器件的设计提供理论依据。

（1）线性度仿真。

固定溶液振动的频率为 0.01 Hz，改变加在模型进口处的速度，观察两阴极处 I_3^- 的法线总通量的差分，即可得到如图 5.60 所示的速度灵敏度曲线。由图可以看出，速度灵敏度曲线在 $10^{-6} \sim 4 \times 10^{-4}$ m/s 的范围内基本为一直线，响应随着速度的增加而增加。然而在 10^{-6} m/s 以下的速度范围内，由于速度过慢，离子保持基本静止的状态，因此响应基本为直流偏置，在 4×10^{-4} m/s 之后的速度范围内，响应基本不再随速度的增加而变化。响应随速度变化的，在此后的仿真中，选择曲线中较为平稳的一段中的 1×10^{-5} m/s 作为固定速度。

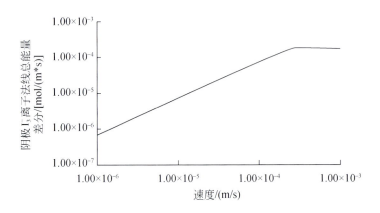

图 5.60　速度灵敏度曲线（可否多个频点）

（2）绝缘层对检波器的影响。

固定 $L_A = L_C = 100$ μm，$L_P = 50$ μm，我们讨论绝缘层对器件性能的影响，包括阴阳极间、阴阴极间两种绝缘层对器件性能的影响。首先我们研究了从电极附近从阳极到阴极区间的 I_3^- 浓度分布，如图 5.61 所示。图 5.61 表明，绝缘层附近的浓度分布基本为直线分布，可以预料随着绝缘层的减小，直线的斜率也会随之增大，即阴极附近的 I_3^- 浓度梯度也会增加，所以可以提高器件的灵敏度。

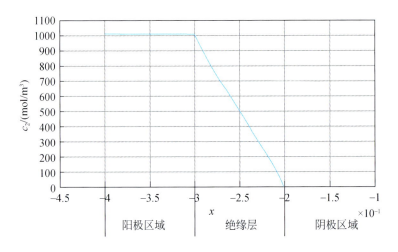

图 5.61　静置条件下阴阳极及绝缘层 I_3^- 浓度分布

固定 $L_D = 200$ μm，我们又研究了几个典型阴阳绝缘层厚度下：200 μm、100 μm、50 μm、10 μm 时检波器的频率特性，如图 5.62 所示：

图 5.62 表明，减小绝缘阴阳极缘层对检波器的灵敏度有明显的提升，但是四条曲线基本平行，说明绝缘层的厚度对检波器的频率特性影响不大。

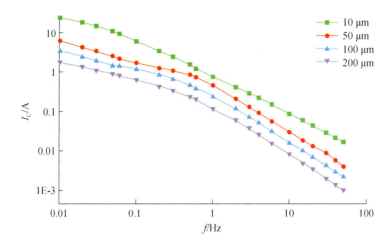

图 5.62　阴阳极绝缘层对检波器频率特性的影响

Kozlov 认为增加两组阴极间的间距有助于改善检波器的低频特性。固定 $L_S = 10\ \mu m$ 这里我们讨论了三种不同 L_D 下：1000 μm、200 μm、10 μm 检波器的幅频特性，如图 5.63 所示。

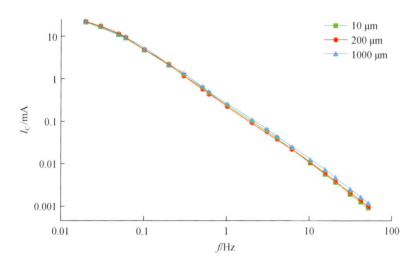

图 5.63　阴阴极绝缘层对检波器频率特性的影响

从图 5.63 可以看出，在三种不同 L_D 下检波器的幅频特性曲线基本重合，这说明 L_D 对器件的频率特性以及灵敏度影响都不大。从 I_3^- 浓度分布来看，阴阳极间的 I_3^- 浓度非常的低，L_D 的改变对该区域离子浓度分布影响不大，所以造成 L_D 对器件性能影响不大。考虑到增加 L_D 会增加器件的流阻，所以可以尽量减小 L_D。

（3）电极长度对检波器的影响。

阴阳极的长度直接影响电化学反应的反应面积，MET 公司认为阳极的长度至少需要是阴极的两倍，以保证阴极有足够的反应离子，并且为了保证检波器的灵敏度，阴极不可小于 100 μm。固定 $L_S = 10$ μm，$L_D = 100$ μm，$L_P = 50$ μm，我们分别讨论了阴极长度和阳极长度对检波器性能的影响。首先 L_C 固定为 100 μm，我们依次模拟了检波器在 L_A 分别为 10 μm、100 μm、500 μm 时的幅频特性，结果如图 5.64 所示。

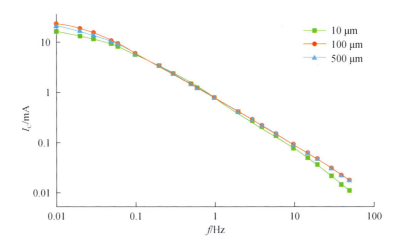

图 5.64　阳极长度对检波器频率特性的影响

从图 5.64 可看出，L_A 分为 100 μm 和 500 μm 时，两者的幅频特性曲线几乎重合，这说明阳极的长度并不需要是阴极长度的三倍，而当阳极长度继续减小，$L_A = 10$ μm 时检波器的特性也只是最低频段和最高频段的性能略有下降。同样考虑到检波器的流阻，阳极长度在 50~100 μm 是较为理想的。

阴极是反应电流产生的区域，阴极尺寸将直接影响输出的大小，将阳极长度设置为 100 μm，我们讨论了在阴极分别为：2 μm、10 μm、100 μm、500 μm 时，检波器的幅频特性，如图 5.65 所示。100 μm 和 500 μm 的两条曲线是完全重合的，这说明在 0.01~50 Hz，

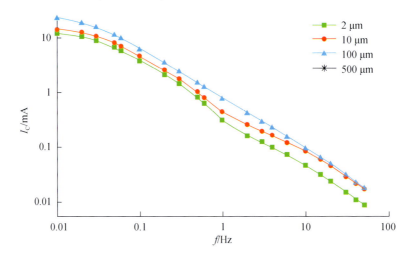

图 5.65　阴极长度对检波器频率特性的影响

对流和扩散影响到阴极的区域不超过 100 μm。10 μm 阴极器件的低频特性较差，而高频逐渐与 100 μm 时的曲线重合，这说明在低频时震荡影响的区域超过 10 μm，而震荡影响的区域随着速度的频率上升而减小到 15 Hz 时震荡影响到的范围将在 10 μm 以内。绿线则表明在 0.01~50 Hz 内震荡影响到的区域都大于 2 μm，所以综合考虑检波器的灵敏度，频率特性，流阻，阴极长度在 50~100 μm 是合理的。

（4）扩散长度对检波器的影响。

扩散长度 $\lambda_D = \sqrt{D/\omega}$ 反应在某个频率震荡下扩散能到达的范围，所以随着频率增加时，λ_D 逐渐减小，到达阴极表面的离子数目也会随着减小，因而造成检波器输出在高频的衰减。所以减小阴极的孔径，使阴极到流道中心的距离小于扩散长度。我们仿真了四种不同的阴极间距下，$L_P = 10$ μm、20 μm、50 μm、90 μm 时检波器的幅频特性，结果如图 5.66 所示。

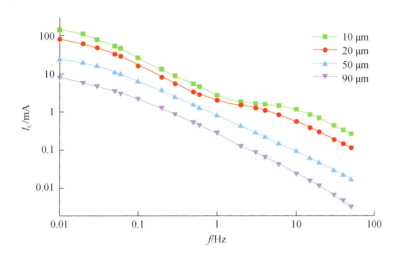

图 5.66　阴极孔径对检波器频率特性的影响

不难看出，随着 L_P 减小，检波器的高频衰减逐渐变慢，因此减小的却能改善器件的高频特性。由于假设 I_3 的扩散系数可能比实际要小，所以实际器件的高频特性可能会改善得更多。

（5）出口宽度对检波器的影响。

为了提高器件的响应，本书将仿真模型的进口和出口的高度加大，其模型如图 5.67 所示，在进出口高度分别为原始高度（0.45 mm）的两倍、三倍、四倍情况下，得到频率响应曲线，如图 5.68 所示。由曲线可以看出，随着进出口高度的增加，响应也越来越大，且高端截止频率均在 0.5 Hz，说明进出口高度对截止频率没有影响。用一个更直观的图来看，如图 5.69 所示，在速度为 2×10^{-5} m/s，频率为 0.01 Hz 的稳定输出下，输出和进出口的关系基本为一条直线，输出随进出口的高度增加而增加。出现这种现象的原因是增大了进出口的高度后，在相同的速度下，通过流体的挤压作用，流体经过电极和绝缘层的流速要比进口所加的速度大，根据速度响应曲线，流速越大，响应越大，所以，模型的输出增加。因此，为了提高响应，要在尽可能的范围内增加进出口的高度。

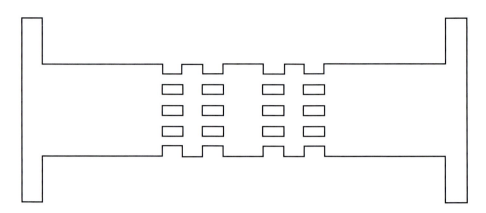

图 5.67　加大进出口高度后的仿真模型

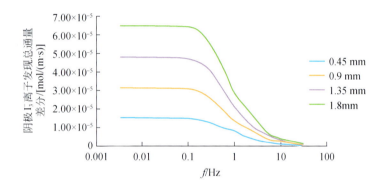

图 5.68　不同进出口高度下的频率响应

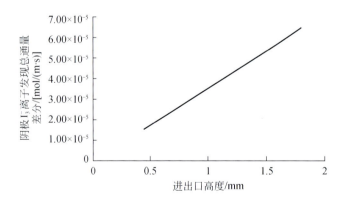

图 5.69　速度为 2×10^{-3} m/s，频率为 0.01 Hz 条件下，不同进出口高度的响应曲线

2. 电化学地震检波器的制作及封装

1）电化学地震检波器敏感元件的制作

电化学地震检波器的敏感核心采用叠层微电极结构，电极的排布方式为"阳—阴—阴

—阳"，电极间由多孔绝缘层隔开以防止短路。敏感元件采用硅作为衬底制作，使用双面抛光的硅片。制作的主要工艺包括光刻、深反应离子刻蚀、氧化、溅射、键合等。其工艺流程如图5.70所示。

图5.70　敏感元件制作流程

图5.71是通过MEMS工艺制作出来的传感器敏感元件的显微照片，包括单层电极，以及电极剖面图和键合后的电极。

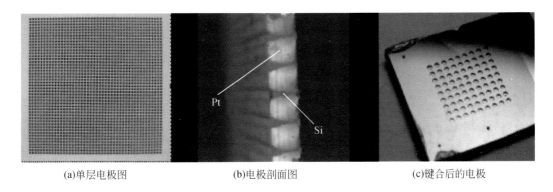

(a)单层电极图　　　　　　　(b)电极剖面图　　　　　　　(c)键合后的电极

图5.71　传感器敏感元件的电镜照片

2）电化学地震检波器封装的设计与实现

MEMS器件应用于多样的环境中，因此需要根据不同的环境和需求设计不同的封装。根据本书的需求，叠层微电极低频带电化学振动传感器的封装主要有以下要求：保证密封，使溶液在腔体内可以自由流动，不能使溶液产生泄露和蒸发的情况；由于电解液为碘-碘化钾溶液，具有较大的腐蚀性，因此封装材料要有很强的化学稳定性；外壳需设计注液孔，便于注入和释放溶液；保证电极引线不与溶液接触，避免引线被腐蚀；设计引线出口，便于连接外部电路；根据拾振环节的传递函数，欲改善器件的低频特性，需要增加系统质量和减小系统弹性系数，反应到封装上，即增加溶液腔的体积，并在密封时在腔体两端使用柔性密封材料；根据仿真结果，增加进出口的高度可以提高响应，反应到封装上，即腔体两端的截面积要比腔体中心，即敏感元件所在的位置大。

根据上述的要求，设计出如图5.72所示的封装结构，主体为有机玻璃，顶端的溶液腔截面积较大，流道截面积较小，用以增加响应，内部的圆柱形凹槽用于放置敏感元件，腔体两端的柔性材料为圆形的橡胶膜，并加上不锈钢圈用于保护器件和密封，以及和外界的连接固定。

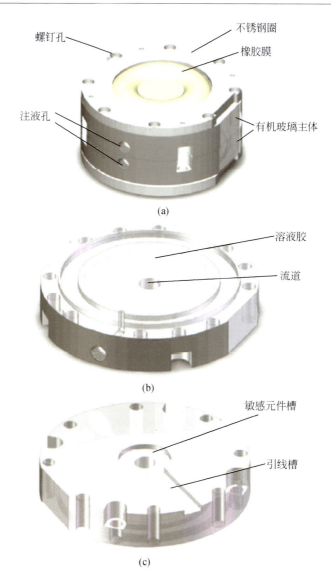

图 5.72 （a）整体封装原型、（b）有机玻璃主体正面图及 （c） 有机玻璃主体底面图

敏感元件的封装采用以下的方式：在有机玻璃主体的敏感元件槽内涂抹环氧胶，胶面略低于凹槽边缘，将敏感元件置于环氧胶上，注意不能堵住电极上的流道孔；在另一半有机玻璃主体的敏感元件槽内涂抹环氧胶，并在两个有机玻璃主体的底面均涂上环氧胶，两个有机玻璃主体合在一起，通过螺钉紧固后放入烘箱加快环氧胶固化；待环氧胶完全固化之后，敏感元件即被固定在有机玻璃主体中。

基于此种封装方式，封装后的器件存在一些问题：环氧胶极易堵住敏感元件的流道孔，使器件灵敏度降低，并且由于黏结的随机性，造成器件间一致性较差；环氧胶固化之后非常坚硬，因此器件封装好之后几乎不可能再拆开，致使外壳的重复利用率低，增加器件成本；目前市面上用于密封的化学胶均为大分子胶，非常容易吸附溶液中的碘，使溶液浓度降低，减小器件灵敏度，并且降低器件寿命。

由于之前的封装设计存在问题，经过改进后，设计出了新的封装结构。新型封装结构的重点是敏感元件的封装，之前敏感元件封装过程中使用了大量的化学胶，大分子的胶体极易吸附溶液中的碘，致使溶液的浓度减小，使得器件长期工作的灵敏度下降，并且所用的环氧胶非常容易堵住流道孔，影响器件的灵敏度。针对以上问题，设计出如图5.73所示的基于机械压紧密封的敏感元件封装结构。敏感元件的封装结构分为两个部分，主体部分由有机玻璃制作，中间的凹槽嵌入环形橡胶垫，将敏感元件夹在中间，并将螺钉拧入螺钉孔固定，橡胶垫和敏感元件形成弹性接触，螺钉拧紧之后，既避免施力过大将敏感元件压碎，又有着良好的密封效果。

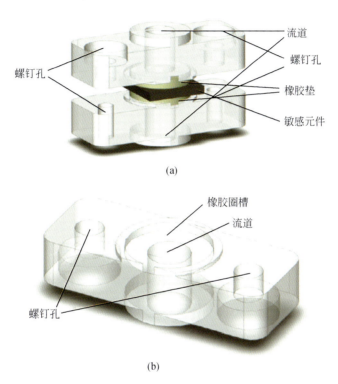

(a)

(b)

图5.73 电化学增益器封装结构

(a) 敏感元件密封单元；(b) 密封单元的有机玻璃主体

相应的封装外壳也做出了改变，如图5.74所示，正面与之前基本相同，底面的凹槽设计为适于敏感元件密封单元放置的形状，并在其中也设置了放置橡胶垫的环形槽，便于和密封单元形成弹性接触，增强密封性。

经过改进后的封装完全避免了化学胶的使用，杜绝了胶体吸附溶液中的碘，造成浓度下降灵敏度降低的现象，并且可重复利用，节省制造成本。整体的封装步骤如下所述：

分别将环形橡胶垫置于两个密封单元的凹槽中，将敏感元件置于橡胶垫中央，两个密封单元对准之后用螺钉通过螺钉孔拧紧；

在外壳的橡胶垫槽中放置橡胶垫，并将密封单元放置在密封单元槽中，两个外壳有机玻璃主体合在一起，并在两端覆上橡胶膜和不锈钢圈，通过螺钉紧固；

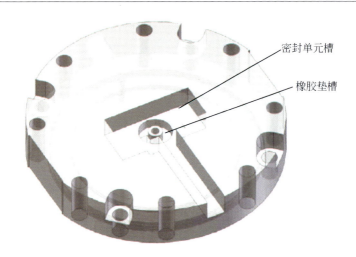

密封单元槽

橡胶垫槽

图 5.74　改进后的外壳封装

　　通过注液孔注入溶液，溶液选用 Kozlov 等得出的碘化钾 2 mol/L，碘 0.02 mol/L 的典型溶液配比，并用密封垫和螺钉密封注液孔，形成一个完整的密封环境。

　　通过改进后的封装方法封装后的器件如图 5.75 所示，①为敏感元件的实物照片，在电极上焊出引线，焊点用环氧胶保护；②为封装好的敏感元件照片；③为整体器件照片。另外，为了抵消重力作用和进一步地减小系统的弹性系数，在器件下方的橡胶膜上连接一个弹簧，并放置于专用底座中，弹簧相当于与器件的橡胶膜串联，从而减小了系统的弹性系数，达到降低频带的作用，连接方法如图 5.76 所示。

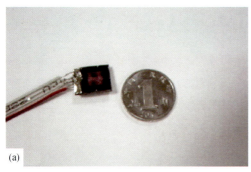

图 5.75　（a）敏感元件照片、（b）封装好的敏感元件照片及（c）封装好的器件照片

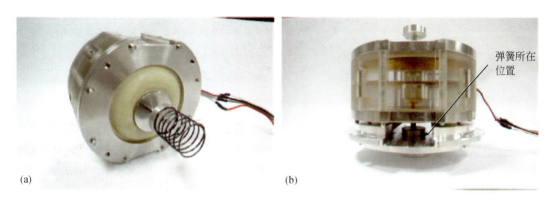

(a)　　　　　　　　　　　　　　　　　(b)

弹簧所在位置

图 5.76　器件与弹簧连接图

3. 电化学地震检波器的测试

1) 实验室测试

为了在实验室条件下开展电化学地震检波器的长期稳定性试验和一致性试验，本项目自行建设了电化学地震检波器的简易测试平台，如图 5.77 所示。由该平台，电化学地震检波器的频率特性和动态范围均可同时测定。该平台由波形发生器、激励线圈和永磁磁场组成。波形发生器输出一个频率和幅度可调的正弦波信号作为激励，该信号加在一个线圈的两端，线圈便产生一个交变的磁场，检波器的阻尼膜组成一个永磁磁场，这样线圈与永磁磁场之间就会有一个相互作用力，该作用力的频率和幅度受波形发生器输出波形的控制。该实验平台和振动台具有相同的测试功能，并且可以方便地改变被测信号的频率和幅度，在器件的低频性能测试中的优势十分明显。

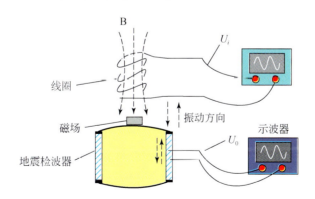

图 5.77　检波器的频率特性和动态范围测定实验平台

通过该平台测定的器件的幅频特性如图 5.78 所示，其中 U_i 正比于施加在器件上的加速度，结果表明器件的转折频率在 1 Hz 左右。通过该平台测定的器件的动态范围如图 5.79 所示，表明器件在一定的输入范围内具有良好的线性度。

图 5.80 是随机选择的四个检波器在实验室条件下对外界振动的实时响应波形，可以看到所测试的器件具有良好的一致性。

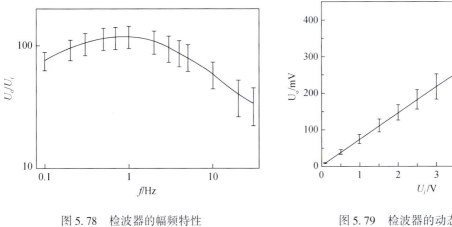

图 5.78　检波器的幅频特性　　　　　　　　图 5.79　检波器的动态范围

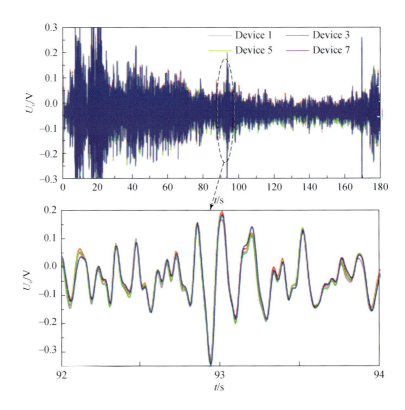

图 5.80　检波器在实验室条件下对外界振动的实时响应

　　为了检验检波器的一致性，在实验室条件下观测多个检波器的输出信号（图 5.81）。一共采集了七个器件的响应波形，并计算采集波形的相关系数，得到相关系数表（表 5.14），计算得到相关系数的均值和标准差为 0.976±0.017，该结果表明制作的器件具有很好的一致性。

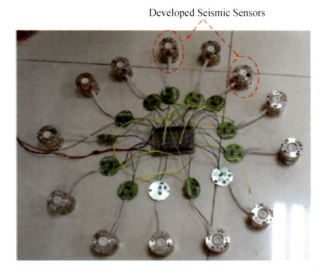

图 5.81　多个检波器在实验室条件下测试

表 5.14　随机选择的七个器件对外界振动的响应波形的相关系数

C	1	2	3	4	5	6	7
1	1.000	0.956	0.962	0.963	0.945	0.967	0.959
2	0.956	1.000	0.979	0.973	0.981	0.946	0.965
3	0.962	0.979	1.000	0.974	0.969	0.965	0.961
4	0.963	0.973	0.974	1.000	0.978	0.978	0.983
5	0.945	0.981	0.969	0.978	1.000	0.951	0.983
6	0.967	0.946	0.965	0.978	0.951	1.000	0.973
7	0.959	0.965	0.961	0.983	0.983	0.973	1.000

2）振动台校准

检波器的频响特性是决定其应用的主要因素，频响特性包括两个方面，一是幅频特性；二是相频特性。目前，测定频响的主要方法是振动台校准法。为了排除其他振动的干扰，振动台一般需要和周围环境隔振。进行频响测试时，振动台作简谐振动，其振动频率和振幅可以设定，记录某一振动频率时检波器输出信号 U_o 的单峰值（峰峰值、有效值），将输出值除以振动台振动速度 v_{ex}（位移 x_{ex}、加速度 a_{ex}）的单峰值（峰峰值、有效值），该比值和频率的关系就是检波器的幅频特性（图 5.82）；记录检波器输出信号与振动台振动的速度信号（或位移、加速度）的相位差，相位差与频率的关系就是检波器的相频特性。

2013 年 8 月在中国计量科学研究院昌平基地的超低频振动基准装置上进行了频响与动态范围校准，该基地位于远离市区的昌平十三陵风景区，其他干扰振动（汽车、施工等）水平很低，振动台本身作了隔振处理，背景噪声水平满足校准所需的条件。

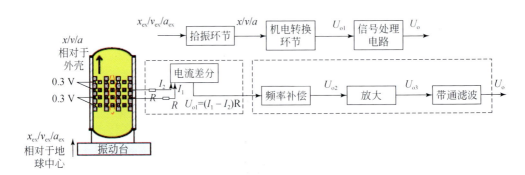

图 5.82　振动台测试原理示意图

图 5.83 是本次校准的振动台装置，能对被测检波器作垂直向的标定，其标准传感器采用正交零差激光干涉测振仪，激光干涉测振是一种非接触式测振方法，能够避免测振仪对被测振动的干扰，并且精度较高，因此特别适合用于对其他的传感器作标定。校准时，将检波器固定在振动台的振子上，振子带着检波器一起振动，通过激光干涉获得检波器相对振动台固定部分的速度 v_{ex}（位移 x_{ex}、加速度 a_{ex}）。

图 5.83　检波器计量校准

本次校准的频率范围从 0.02 Hz 到 60 Hz，一共选取了 21 个频点。根据校准得到的数据作出电化学检波器的幅频特性如图 5.84 所示，其通频带在 20 s 到 20 Hz，在通频带内较为平坦。

在 0.1 Hz 的频点对检波器的线性度进行了校准（图 5.85），根据校准数据计算得到检波器的线性最小二乘拟合优度为 0.9981，检定结果表明检波器能够达到 ±0.1 m/s 振级的测量范围。

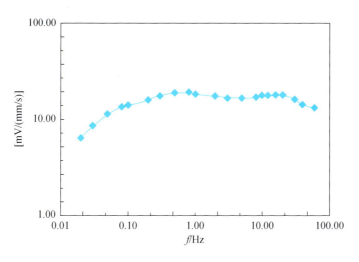

图 5.84　检波器幅频特性曲线

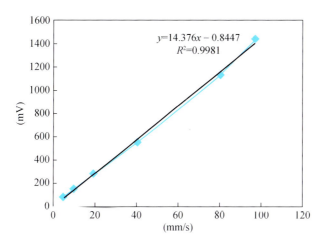

图 5.85　检波器输入输出特性曲线

3）外场测试

本书项目分别在河北省张北市、山东省莱州市、北京地铁十号线和山西省柳林县进行了外场实验，下面主要介绍河北省张北市、山东省莱州市和北京地铁十号线的实验情况。

2012 年 9 月在河北省张北市境内进行了为期两天的外场实验，具体测试地点选择在海拔 1300 m，北纬 41°、东经 114°附近的开阔草原上（图 5.86）。本次实验记录当地微震信号，为反演浅层地表速度场及频散曲线提供数据。测试时，在图中所示的七个实验点分别布置检波器，其中 C 点与 M2 点，C 点与 F2 点的检波器记录的波形如图 5.87 和图 5.88 所示，初步验证了检波器具有记录天然微震的能力。

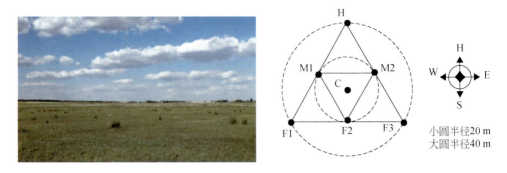

图 5.86　河北省张北市外场测试检波器布置示意图

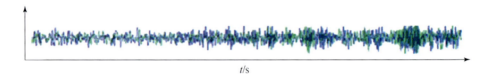

图 5.87　C 点与 M2 点检波器记录的波形

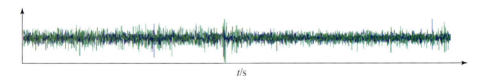

图 5.88　C 点与 F2 点检波器记录的波形

　　2012 年 10 月在山东省莱州市进行了为期三天的外场测试实验，检波器布置在半径分别为 80 m 和 160 m 的两个圆的内接三角形的顶点上，每个点放两个电化学检波器和一个动圈检波器，如图 5.89 所示。

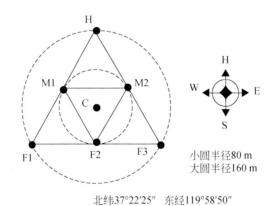

北纬37°22′25″　东经119°58′50″

图 5.89　山东省莱州市外场测试检波器布置示意图

读出 H 点采集的数据，其时域波形图 5.90 所示，并计算其功率谱密度（图 5.91）。从时域上看，电化学检波器 H_E8、H_E11（截止频率 0.3 Hz）记录的波形的频率大都是 1 Hz 以下，而动圈 H_Dcoil 记录的波形的频率是 1 Hz 以上的。计算其信号的功率谱也可以看到电化学检波器记录信号的能量分布在 1 Hz 以下，而 1 Hz 以上的能量则很弱。而动圈记录的信号在 2 Hz 以下的频段内的能量很弱，其能量主要集中在 2 Hz 以上。

读出 F2 点采集的数据，其时域波形如图 5.92 所示，并计算其功率谱密度（图 5.93）。从时域上看，电化学检波器 F2_E6（截止频率 0.3 Hz）记录的波形的频率大都是 1 Hz 以下、F2_E16（截止频率 1 Hz）记录的波形的频率大都是 1 Hz 左右，而动圈 F2_Dcoil 记录的波形的频率是 1 Hz 以上的。计算其信号的功率谱也可以看到电化学检波器 F2_E6 记录的信号的能量分布在 1 Hz 以下，而 1 Hz 以上的能量则很弱；而 F2_E16 记录的信号的功率谱与 F2_E6 记录的信号的功率谱相比，前者对 1 Hz 以下的频率分量有明显的抑制作用；而动圈 F2_Dcoil 记录的信号在 2 Hz 以下的频段内的能量很弱，其能量主要集中在 2 Hz 以上，这与 H 点记录的信号是相似的。

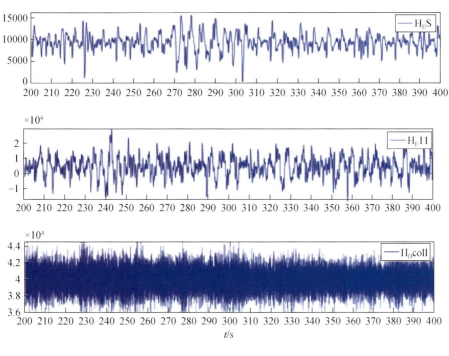

图 5.90　H 点布置的检波器采集的一段波形

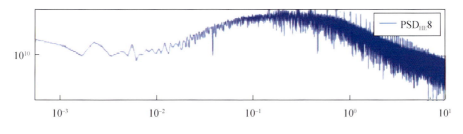

图 5.91　H 点布置的检波器采集的波形的功率谱密度

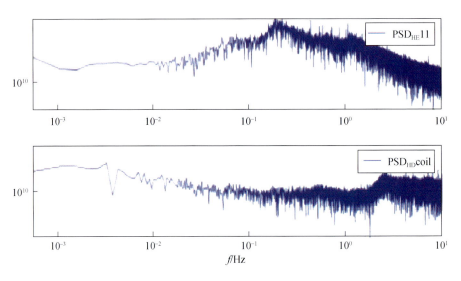

图 5.91　H 点布置的检波器采集的波形的功率谱密度（续）

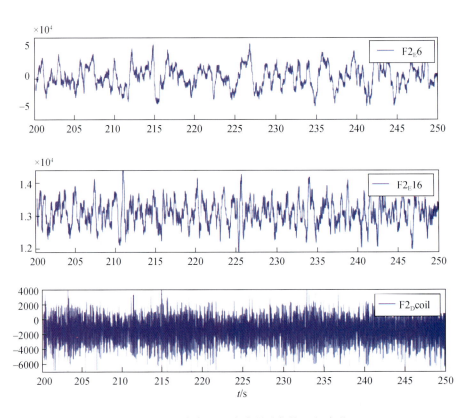

图 5.92　F2 点布置的检波器采集的一段波形

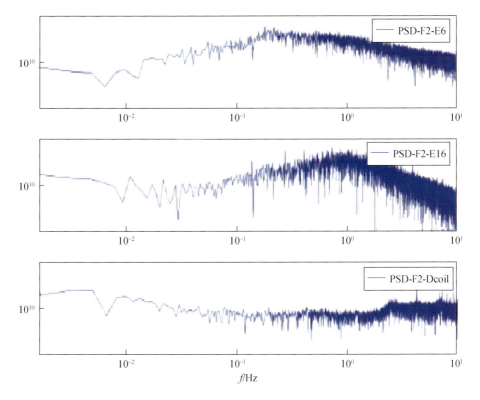

图 5.93　F2 点布置的检波器采集的波形的功率谱密度

读出其他点的检波器采集的数据，计算采集的数据的功率谱密度，同样可以得到类似的结论。由以上对采集数据的分析可知，本次设计的电化学地震检波器对于低频信号的检测能力比动圈式检波器要强，适用于 1 Hz 附近频段范围内的地震波信号的检测。

2012 年 12 月 15 号在北京地铁十号线上方进行了外场测试，验证检波器能否正常检测人工地动信号。该测试地点在元大都遗址公园附近，位于北京地铁十号线的正上方，测试时选择了一条与地铁平行的直线，将器件均匀布置在这条线上的测点上（图 5.94），每个测点放置一个电化学检波器与一个动圈检波器作为对比。实验结果表明电化学检波器与动圈检波器记录的波形能够很好地吻合，验证了电化学检波器检测出地铁引起的地动信号的能力。

（二）1 Hz 动圈式三分量地震检波器研制

动圈式地震检波器在地震勘探领域已应用很多年，该类型的产品采用惯性体在永磁体提供的气隙强磁场中切割磁力线产生磁感应信号的原理，地震波到达地面引起机械振动时，线圈对磁铁做相对运动而切割磁力线，线圈中产生感生电动势，因检波器的输出电压与线圈相对磁铁的运动速度成比例，故动圈式检波器又称为速度检波器。动圈式地震检波器具有自供电、结构简单、性能稳定、成本低廉等特点，是目前国内应用最广泛的勘探地震检波器品种。

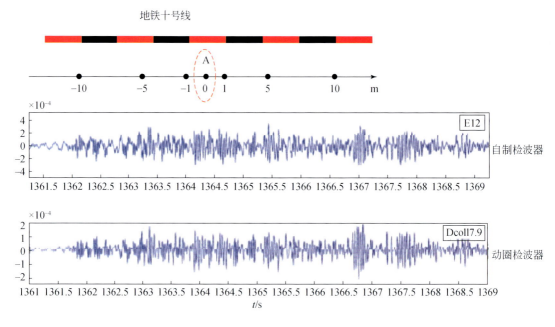

图 5.94　A 点布置的检波器记录的一段信号

当前，勘探类地震检波器的自然频率大多在 10 Hz 及以上，存在低频振动时信号灵敏度较低、失真度较高等问题，难以满足国家加大矿产资源的勘探深度、开辟第二找矿空间等问题。本书课题通过对中高频动圈式检波器的工作原理和结构的研究，解决动圈式检波器中影响频率的相关零部件的设计、加工以及检测等关键技术，开发频带宽度 1 Hz 至 100 Hz 的电磁动圈式地震检波器。

1. 1 Hz 动圈式三分量检波器的设计及加工

动圈式地震检波器结构上主要有振动系统和磁路系统组成，其中振动系统包括弹簧片、电路部分等，磁路系统包括磁钢、磁靴及检波器外壳。磁钢、磁靴、磁靴与外壳间的气隙及外壳软铁形成闭合磁路，磁靴与外壳间的气隙产生近似均匀的气隙磁场；电路部分包括线圈及线圈支架，被自由支撑在上下两个弹簧片之间，构成一个惯性体。检波器工作过程中，惯性体因受弹簧的弹性及自身的惯性共同作用而产生了惯性体与壳体之间的相对运动，即线圈在气隙磁场切割磁力线，两端产生感生电动势。本书研究课题研制的 1 Hz 动圈式三分量低频地震检波器，重点从以下四个方面对原有中高频地震检波器进行改进，以达到降低自然频率，降低波形失真度，提高信号灵敏度的目的。

1）弹簧片的设计

弹簧片的设计是动圈式地震检波器设计的关键，其设计的合理与否直接影响到检波器的频带。地震检波器设计中，惯性体两端各有一个或一组弹簧与惯性体相连接，弹簧片起支撑惯性体的作用，并使惯性体能够在外界振动时在磁钢与外壳间无摩擦的运动的作用。垂直分量地震检波器的弹簧还要受到惯性体在重力的作用下对弹簧的压迫力，由于通常的地震检波器弹簧均为非线性弹簧，考虑到惯性体两端的弹簧变形一致性，在检波器完全静止时，惯性体两端的弹簧应恰好被压平。水平分量的地震检波要想保持与垂直分量相同的性能，则要求惯性体质量与相同，弹簧片性能接近。因而，三分量动圈式地震检波器的弹簧设计主要是垂直分量弹簧的设计。

理论上，一个机械系统的固有频率公式为

$$f = \frac{1}{2\pi}\sqrt{\frac{k}{m}} \qquad (5.40)$$

式中，k 为弹簧的刚度；m 为惯性体质量；

垂直分量检波器弹簧还受到惯性体重力作用的影响，即

$$mg = \int_x k \cdot \mathrm{d}x \qquad (5.41)$$

式中，g 为重力加速度；x 为弹簧从自由状态到完全压并时的形变量。

由式（5.40）及式（5.41）推导可以得出弹簧参数对垂直分量检波器性能的影响关系式：

$$f = \frac{1}{2\pi}\sqrt{\frac{gk}{\int_x k \cdot \mathrm{d}x}} \qquad (5.42)$$

从式（5.28）可以看出，若要降低垂直分量地震检波器的固有频率，可通过两种方法实现：

其一，增加弹簧片从自由状态到完全压并时的形变量 x，该方法简单易行，但需要增大弹簧片，进而导致检波器的体积及质量大幅增加；

其二，合理设计弹簧片为非线性弹簧，即弹簧刚度 k 为变量，弹簧完全压并时的刚度应远小于弹簧处于其他压缩状态时的刚度，该方法存在较大的难度，需通过对设计的弹簧反复试验并修改有关尺寸。

基于上述两方面的原因，课题设计的如图 5.95 所示的三脚碟形弹簧片，通过增加弹簧片的直径及臂长，增加弹簧的自然高度；通过设计合理的螺旋角度来改善弹簧的特性曲线。图 5.96 为 1 Hz、1.5 Hz 及 2 Hz 的垂直分量地震检波器弹簧片照片。

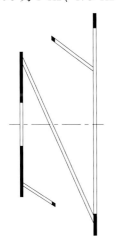

图 5.95　1 Hz 垂直分量地震检波器弹簧片

图5.96　1 Hz、1.5 Hz及2 Hz的垂直分量地震检波器弹簧片照片

2）磁路系统的设计

磁系统的关键点是磁场强度、磁间隙、磁能积及磁密度的设计，线圈在其内部切割磁力线运动，机械振动信号能较准确的转变为电信号。考虑到1 Hz检波器频率低、灵敏度高、惯性体位移量大的特点，采取磁套筒连接两个磁钢，并分别在磁钢两端加磁极靴来增强磁场强度和加大惯性体运动量的方式。图5.97为1 Hz及2 Hz以上的地震检波器磁路照片，从图中可以看出，1 Hz检波器的磁路为单独结构，明显区别于2 Hz以上的检波器。

图5.97　1 Hz及2 Hz以上的地震检波器磁路照片

3）电路的设计

电路的设计包含线圈及线圈支架两部分，线圈设计中通常采用两组绕向相反的线圈相互串联，两线圈具有严格的匹配特性，在保证惯性系统的动态平衡的同时，对外界干扰磁场在线圈中产生的感生电动势相互抵消。线圈线径及线圈匝数的设计要充分考虑到绕制后的线圈整体质量及检波器在工作频带范围内的灵敏度及相位响应；线圈架的主要作用是支撑线圈，并与线圈共同作为检波器的惯性体与检波器弹簧片相连接，设计中要考虑到制作线圈架的材质的强度，密度及导电率等参数，其中，导电率直接决定检波器的开路阻尼。本课题中的检波器电路由于磁路部分的改进，采用两个分立的线圈支架分别绕制线圈，并设计了线圈连接结构与线圈及支架共同作为检波器的惯性体，该惯性体的质量与检波器的整体弹簧刚度相匹配。图5.98为1 Hz及2 Hz以上的地震检波器线圈及线圈支架照片，从

图中可以看出，1 Hz 检波器的电路为单独结构，明显区别于 2 Hz 以上的检波器，图 5.99 为 1 Hz 地震检波器的线圈连接结构照片。

图 5.98　1 Hz 及 2 Hz 以上的地震检波器线圈及线圈支架照片

图 5.99　1 Hz 地震检波器的线圈连接结构照片

4）机械结构设计

地震检波器的机械结构设计中即要考虑到检波器对轴向振动频率的响应，同时也要考虑其对横向振动的响应——假频，该频率为检波器的频带上限，对检波器信号的输出主要来自两方面的影响：

其一，当地震检波器受到横向振动影响时，检波器内的不均匀的磁力线分布使线圈的一小部分横向切割磁力线产生电压输出，该部分响应值一般很小；

其二，当横向振动频率达到检波器系统的横向固有频率时，弹簧片的簧丝将发生轴向的扭曲，线圈将产生明显的轴向运动分量，严重干扰到检波器对实际轴向运动的响应。

通常，检波器的轴向振动自然频率接近检波器的频带下限，其横向振动假频接近检波器的频带上限，假频频率一般为自然频率的几十倍左右，实现假频对自然频率高比值的检波器比较困难。本书课题研制 1 Hz 地震检波器，若不考虑如何有效地提高假频，则加工出的地震检波器工作频带上限仅几十赫兹。为了使得 1 Hz 地震检波器的频带上限超过100 Hz，检波器在结构设计中采用惯性体两侧各四片弹簧结构设计，并在各弹簧片中间加垫片以达到弹簧片形变一致的目的。该结构在保证低轴向自然频率的同时，提高了检波器的横向振动假频，有效地实现了假频与自然频率的大比值。图 5.100 为 1 Hz 动圈式地震检波器的 3D 效果图，从图中可以看出 1 Hz 低频检波器采用单面四片弹簧，图 5.101 为 1 Hz 低频地震检波器的整体结构照片。

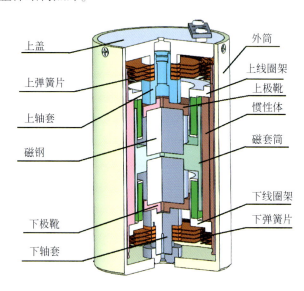

图 5.100　1 Hz 动圈式地震检波器 3D 效果图

图 5.101　1 Hz 动圈式低频地震检波器的整体结构照片

综合地震检波器在弹簧片、线圈及线圈支架、磁路及机械结构等方面的设计，1 Hz 水平及垂直地震检波器芯体被正交安装于密封、防水的仪器外壳内，照片见图 5.102，实现了对地震信号的三分量测量。

图 5.102 1 Hz 地震检波器整体安装照片

2.1 Hz 动圈式三分量检波器的校准

地震检波器作为地震波机电转换的关键器件，其技术水平的高低，直接影响着所采集的地震信号的真实性及全面性，并最终影响到后期处理解释的质量及地质分析结论的正确性。1 Hz 动圈式三分量检波器在出厂前，必须开展严格的对比测试及指标校准，对比测试包括多个 1 Hz 检波器产品的一致性测试、与国外相同或相近指标产品的对比测试等，指标校准采用低频标准振动台测试。

1）对比测试

（1）1 Hz 检波器产品的一致性测试。

试验采用室内同一位置、同一时间段对随机振动进行测量的方法，随机选择五个 1 Hz 三分量地震检波器在实验室内对外界随机振动进行实时波形响应测量，采集单元采用美国 REFTEC 公司的 REFTEC-130 宽频带地震记录仪，采集时间 10 min。图 5.103 为五个 1 Hz 三分量地震检波器的测试过程照片，图 5.103 为相应的波形响应曲线。从图 5.103 中可以看出五个检波器表现出良好的一致性。

图 5.103 五个 1 Hz 三分量地震检波器的测试过程照片

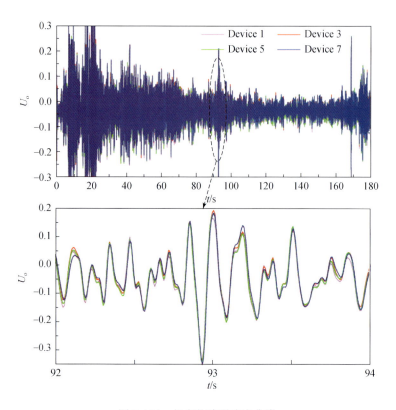

图 5.104　相应的波形响应曲线

　　为定量分析不同检波器的波形响应曲线间的相关的程度，实验计算了不同检波器水平及垂直分量的相关系数如表 5.15 所示，其中，水平分量相关系数的均值和标准差为 0.976±0.017，垂直分量相关系数的均值和标准差为 0.976±0.017，分析结果表明 1 Hz 三分量地震检波器水平及垂直分量的一致性良好。

表 5.15　5 个 1 Hz 地震检波器水平及垂直分量的波形相关系数

C	1	2	3	4	5
1	1.000	0.956	0.962	0.963	0.945
2	0.956	1.000	0.979	0.973	0.981
3	0.962	0.979	1.000	0.974	0.969
4	0.963	0.973	0.974	1.000	0.978
5	0.945	0.981	0.969	0.978	1.000

　　（2）与国外产品的对比测试。

　　试验采用室内同一位置、同一时间段对随机振动进行测量的方法，随机选择三个 1Hz 地震检波器垂直分量、三个加拿大 Nanometrics 公司的 Trillium-40 超级检波器及三个法国 SERCEL 公司的 SG-10 超级检波器对比，在实验室内对外界随机振动进行实时波形响应测量，采集单元采用美国 REFTEC 公司的 REFTEC-130 宽频带地震记录仪，采集时间

10 min。图 5.105 为三种检波器的测试过程照片，图 5.106 为相应的波形响应曲线。从图中可以看出九个检波器的波形响应表现出较好的一致性，但 1 Hz 地震检波器的灵敏度明显高于另外两种类型检波器。进一步对三种检波器所采集到的波形做频率域分析，结果如图 5.107 所示，1 Hz 地震检波器在低频部分波形成分明显丰富。

图 5.105　三种检波器的测试过程照片

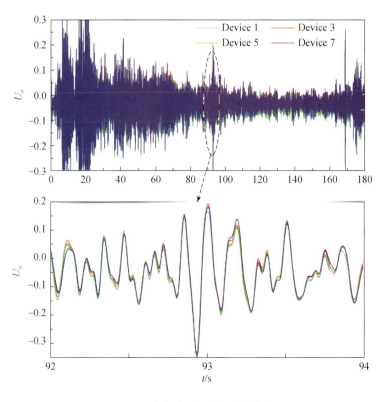

图 5.106　三种检波器的波形响应曲线对比

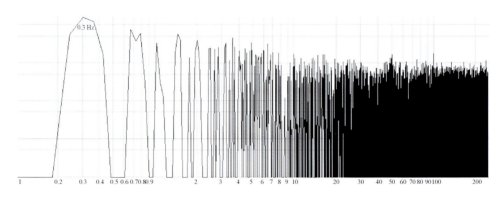

图 5.107　三种检波器所采集到的波形频率域谱对比

2）指标校准

1 Hz 动圈式三分量地震检波器采用低频标准振动台进行校准测试，振动台地基经过良好隔振设计，保证大地脉动、周围环境干扰等噪声相对 1 Hz 低频振动测量很小，可以忽略不计。校准传感器采用正交零差激光干涉仪，该仪器可以无接触测量已知频率的振动台的机械振动振幅，进而计算出振动速度。标准振动台和激光干涉仪组成的校准系统因其具有使用频带宽、校准精度高等特点，已成为对地震检波器参数的最有效校准方法。检波器的校准实验在吉林大学地质宫内的 200S 超低频振动实验室内开展，为避免汽车、施工等其他振动干扰，校准实验在夜间进行。图 5.108 为本次检波器校准的低频振动测量系统。幅频特性曲线、相频特性曲线及线性动态特性曲线见图 5.109 ~ 5.111，在 20℃ 时测量得到的 1 Hz 三分量地震检波器的技术指标（表 5.16）。

图 5.108　吉林大学 200S 低频振动测量系统

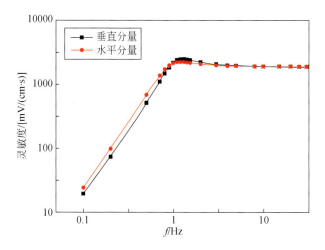

图 5.109　1 Hz 动圈式地震检波器的幅频特性曲线

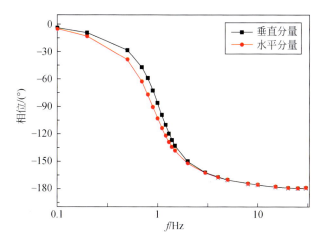

图 5.110　1 Hz 动圈式地震检波器的相频特性曲线

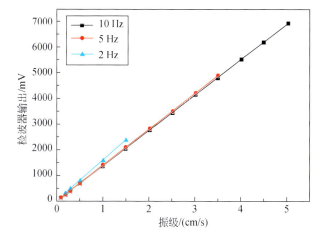

图 5.111　1 Hz 动圈式地震检波器的线性动态特性曲线

表 5.16　20℃时 1 Hz 三分量地震检波器的技术指标

自然频率/（Hz）	1±15%
灵敏度/[mV/（cm·s）]	2000±15%
开路阻尼系数：	
闭路阻尼系数	
线圈电阻	
内阻	
绝缘电阻	
失真度	
有效带宽/Hz（−3dB）	
芯体尺寸/mm×mm	φ65×107
芯体重量/kg	1.45

随机抽取九台三分量地震检波器送中国测试技术研究院进行主要指标检测，检测结果如表 5.17 可以看出自然频率的相对误差≤±10%，灵敏度的相对误差≤±5%，阻尼系数相对误差≤±17%，失真度的相对误差≤±0.2%。

表 5.17　随机抽取的 9 台 1 Hz 三分量地震检波器的主要技术指标

编号		频率/Hz	相对误差	灵敏度/[mV/（cm·s）]	相对误差	阻尼系数	相对误差	失真度/%
1	垂直向	1.08	8%	1980	−1%	0.375	−13%	0.03
	正北向	0.97	−3%	1918	−4%	0.436	1%	0.1
	正东向	1.06	6%	2014	1%	0.373	−13%	0.06
2	Z	1.05	5%	1932	−3%	0.368	−14%	0.02
	T	0.9	−10%	1958	−2%	0.437	2%	0.13
	L	0.97	−3%	1936	−3%	0.428	0%	0.13
3	Z	1.04	4%	1941	−3%	0.42	−2%	0.11
	T	1.01	1%	1904	−5%	0.419	−3%	0.12
	L	1.04	4%	1917	−4%	0.419	−3%	0.11
4	Z	1.1	10%	1969	−2%	0.356	−17%	0.02
	T	1.01	1%	1996	0%	0.441	3%	0.09
	L	1.02	2%	1978	−1%	0.422	−2%	0.1
5	Z	1.07	7%	1975	−1%	0.363	−16%	0.02
	T	0.92	−8%	1960	−2%	0.429	0%	0.14
	L	0.91	−9%	1914	−4%	0.457	6%	0.12
6	Z	1.1	10%	1959	−2%	0.365	−15%	0.05
	T	1.08	8%	1909	−5%	0.378	−12%	0.06
	L	1.01	1%	1929	−4%	0.438	2%	0.09

续表

编号		频率 /Hz	相对误差	灵敏度 /[mV/(cm·s)]	相对误差	阻尼系数	相对误差	失真度 /%
7	Z	1.08	8%	1982	−1%	0.355	−17%	0.04
	T	0.92	−8%	1987	−1%	0.404	−6%	0.16
	L	1.09	9%	1966	−2%	0.366	−15%	0.09
8	Z	1	0%	1969	−2%	0.411	−4%	0.09
	T	1.06	6%	2009	0%	0.384	−11%	0.11
	L	0.95	−5%	1978	−1%	0.424	−1%	0.1
9	Z	1.05	5%	1900	−5%	0.373	−13%	0.03
	T	1.03	3%	1912	−4%	0.402	−7%	0.09
	L	0.95	−5%	1976	−1%	0.41	−5%	0.15
	min	0.9	−10%	1900	−5%	0.355	−17%	0.02
	max	1.1	10%	2014	1%	0.457	6%	0.16

第四节　地震数据处理技术及流程

地震数据处理可以分为如图 5.112 所示的处理流程，为了更进一步说明处理，地震数据将分为预处理、噪声压制技术、反褶积、静校正、动校正、静校正、速度分析以及偏移等几个部分来论述地震数据处理的技术。

一、预处理及噪声处理

（一）数据解编

野外数据是以某种格式按多路方式记录的，这些数据首先要解编。解编在数学上就是对一个大矩阵进行变换，使变换后的矩阵的行能按地震道读出，这些道是按共炮点的不同偏移距记录的。在这一阶段，数据要转换到通用格式，全部处理过程都用这种格式。这个格式由处理系统的类型和各个公司决定。地震行业对数据交换的一种通用格式是 SEG-Y，是由勘探地球物理学家协会规定的。

预处理还包括道编辑。噪音道、带有瞬变噪音道或单频信号都要删除，极性反转道要改正，对于浅海数据

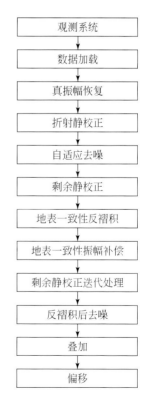

图 5.112　常规地震数据处理流程

的导波要切除，因为它在水层内水平传播，而且不包含来自地下的反射波。

道编辑和预滤波之后，要对数据应用增益恢复函数补偿球面波前散射的振幅能量。因为利用几何扩散补偿函数，它依赖于反射时间，该振幅补偿主要依赖于区域平均速度函数，该函数与特定工区的反射波有关，且应用指数增益函数来补偿衰减。然而对反射波波前散射、与多次波反射有关的能量、由水底散射体和记录电缆产生的相关线性噪音，通过几何扩散补偿后，随机噪音也增强了。

最后，地震数据是由特定的观测系统组成的，这就要求首先按偏移距进行增益处理，基于陆上资料的观测系统和海上数据导航资料，所有道的炮点和接收点位置坐标等测量资料都储存于道头中。可以根据在观测记录中的有用信息，改变炮点和接收点位置，然后进行适当地处理，不正确定义的观测系统会带来较差的处理质量。不管在选择处理参数时如何细致，只要观测系统不正确，叠加剖面的质量也会较差。

对陆上资料，在该阶段要进行高程静校正以将旅行时校正到统一基准面。该面可以是平的，或者沿测线是可变（浮动）的，将旅行时校正到基准面通常进行校正近地表风化层、震源和检波点位置的高程。估计和校正近地表影响通常使用与风化层之下的高速层有关的折射初至波来求取。

为了消除地震波在传播过程中波前扩散和吸收因素的影响以及地表条件的变化引起的振幅的变化，使地震波振幅更好地反映地下岩性变化的特点，在处理过程中采用球面扩散补偿和地表一致性振幅补偿相结合的方法，使横向和浅中深层能量变化合理，真实反映地下岩性变化的特点。

地表一致性振幅补偿采用能量分解模型，对所有的单炮进行统计，对每道计算其自相关函数，分别计算各炮点、检波点、共偏移距、共 CDP 域的平均能量。再用这些参数计算补偿因子并作用于该道，这种方式可以消除震源能量差异、检波器耦合差异及能量衰减对反射波振幅的影响，有利于提高振幅保真度，使叠加剖面能量分布均匀。

（二）　噪声压制

1. 中值滤波

中值滤波是地震资料去噪处理中的常用方法，由于其操作简单，目前已经发展成为一项比较成熟的二维处理去噪技术。中值滤波实际上就是对在某点观测到一组测量值 S_n（$n=1, 2, 3, \cdots, N-1, N$），求取其中间值作为该点的输出值，而观察值的多少由时窗决定。对于二维中值滤波，窗口的形状多为正方形、长方形、菱形以及十字形等。

实际上，二维中值滤波是一种平滑处理，其处理原理是：首先确定一个以某个像素为中心点的领域；然后将领域中的各个像素的灰度值进行排序，取其中间值作为中心点像素灰度的新值，这里的领域通常被称为窗口；当窗口在数据中上下左右进行移动后，利用中值滤波算法可以很好地对数据进行平滑处理。

具体步骤如下：

（1）模板在数据中按一定顺序地游走，并将模板中心与数据中心某个像素的位置重合；

（2）取模板下各对应像素的灰度值；

（3）这些灰度值从小到大排列成一列；

（4）选择在中间的一个值；

（5）这个中间值赋给对应模板中心位置的像素。

中值滤波的输出像素是由窗口中数据的中间值所决定，而中值滤波对极限像素值（与周围像素灰度值差别较大的像素）远不如平均值那么敏感，从而可以消除孤立的噪声点，又可以使数据产生较少的模糊。二维中值滤波的数学表达式如下：

$$Y_{ij} = \text{median} X_{ij} = \text{median}[X_{i=m,\,j=n},\ (m,\ n) \in W]\{X_{ij};\ (i,\ j) \in Z^2\} \quad (5.43)$$

式中，W 为平面窗口尺寸；m 为窗口水平尺寸；n 为窗口垂直尺寸；X_{ij} 为被处理的图像平面上的一个像素点，坐标为 $(i,\ j)$；Y_{ij} 为以 X_{ij} 为中心、窗口 W 所套中范围内像素点灰度的中值，即中值处理的输出值；Z^2 为二维数据串的序号。运算时对窗口 W 内的 $m*n$ 个数据进行排序如下：

$$X_1 \leqslant X_2 \leqslant \cdots X_{MN} \quad (5.44)$$

则计算的中值为

$$Y_{ij} = \begin{cases} X_{(MN+1)/2} & MN = 2n + 1 \\ 1/2(X_{MN/2} + X_{(MN+1)/2}) & MN = 2n \end{cases} \quad (5.45)$$

并且传统中值滤波具有如下特点：

（1）非线性滤波：由于叠加原理此时不再成立，因此中值滤波是一种非线性滤波。

（2）保边缘性：设输入信号的某个区域可分为两个连续的小区域，每个小区域的灰度值各为一常数。两个小区域的分界点称为边缘，即边缘是那么一些点的集合，它的任何邻域包含这两个小区域的像素。中值滤波在边缘点上的输出不变。

（3）压制脉冲噪声：设在一常数邻域里有脉冲噪声，脉冲噪声的面积定义为滤滤窗口内被噪声污染的像素的个数，则当脉冲噪声的面积小于 $N/2$ 时，中值滤波将压制这种脉冲型干扰，输出值为窗口内原数据邻域的常数值。

（4）当窗口内各像素值经过排序后成为一单调递增序列时，中值滤波的输出值不会是这个序列的最小值和最大值，可以屏蔽数据中的畸变点。

但同时，我们可以看到传统的中值滤波有很多缺点，简单来说，中值滤波的效果依赖于滤波窗口的大小及参与中值计算的像素点数目，不同大小的滤波窗口对输出数据的质量有很大的影响，窗口太小，去噪效果不好；窗口太大，又会损失太多的数据细节，造成数据模糊。另外，由于在炸药震源施工中激发，传播路径和接受条件的不一致性，必将会导致地震记录中相邻样点的能量不均，波形不统一以及同一反射信息存在时移，这些情况都会使得传统中值滤波的处理结果受到影响。在传统中值滤波的基础之上，学者们已经设计出多种中值滤波的改进方法，如加权中值滤波，时变中值滤波，多级中值滤波等，这些方法在地震资料处理领域都取得了一定程度的成功。

2. Radon 变换

设函数 $y = g(x)$ 连续可导，而且其反函数是单值的，$f(x,\ t)$ 满足可积，则定义

$$U(\tau,\ p) = R[f(x,\ t)] = \beta \iint f[x,\ \tau + pg(x)] \mathrm{d}x \quad (5.46)$$

式（5.46）为 Radon 正变换的连续公式；

$$f(x,\ t) = -\frac{1}{2\pi} \mid g(x) \mid \frac{\partial}{\partial t} H^+ \int U(t - pg(x),\ p)\,\mathrm{d}p \qquad (5.47)$$

式（5.47）为 Radon 反变换的连续公式，其中，$U(t - pg(x),\ p)$ 是 $f(x,\ t)$ Radon 正变换的结果，$H = -\frac{1}{\pi * t}$，H^+ 称为 Hilbert 算符。在地震学中，$f(x,\ t)$ 表示地震数据，$U(t - pg(x),\ p)$ 表示 Radon 变换域数据；x 是空间变量，如偏移距；$g(x)$ 定义了 Radon 变换曲线的曲率；p 便是曲率的坡度；$\tau + pg(x)$ 是地震数据的双程旅行时。

根据 $g(x)$ 的不同，可以把 Radon 变换分成为线性 Radon 变换和非线性 Radon 变换；

（1）如果 $g(x) = x$，则我们定义的 Radon 变换就是线性 Radon 变换，既 τ–P 变换，该变换把 t–x 域中的一条直线映射成 τ–P 域中的一个点；

（2）如果 $g(x) = x^2$，或者是其他的非线性函数，则我们定义的拉东变换就是非线性拉东变换，或称为广义 Radon 变换，这时的拉东变换则有更广泛的意义，它可以把 t–x 域中的一条曲线 $t = \tau + pg(x)$ 映射成 τ–P 域中的一个点。

地震随机噪声在时间域与频率域都是平稳的，这是随机噪声最明显的特点之一，地震记录的有效信号多集中在一定的频率范围内。而 Radon 变换没有尺度特性，即频率特性，这样无法最有效地保留有效信息而去除随机噪声。

二、反褶积

反褶积定义为抵消以前的褶积作用的某种处理，或者说是褶积的逆过程。是通过压缩地震记录中的基本地震子波，给出地下反射系数序列，从而提高时间分辨率。反褶积方法是基于地震波的传播过程，基础是褶积模型，即地震数据是由震源子波和地层反射系数序列的褶积，加上一些随机噪声组成的。反褶积通常应用于叠前资料，也广泛用于叠后资料。

（一）地震褶积模型

波阻抗定义为岩石密度和地震波在其中传播速度的乘积。不同地层间的波阻抗差是地震勘探的物性基础。震源产生地震波向地底传播，遇到地层分界面时，由于岩石层之间的波阻抗差产生反射、折射、透射等物理现象，反射回来的地震波被沿地表的测线所记录到，这就是地震记录。

由测井和大量实践，人们发现密度的垂直梯度比速度的垂直梯度要小得多，因此常常假定岩层间的阻抗差实质上只是由于速度差所引起的。这样，地震记录就含有了地下地层的信息。我们可以把地震记录表示为一个褶积模型，即地层脉冲响应与地震子波的褶积。这个子波有许多成分，包括震源信号、记录滤波器、地表反射及检波器响应。地层脉冲响应是当子波正好是一个脉冲时所记录到的地震记录。脉冲响应包括一次反射（反射系数序列）及所有可能的多次波。

理想的反褶积压缩子波，在地震道内只保留地层反射系数序列。子波压缩可以通过将反滤波器作为反褶积算子来实现，反滤波器与地震子波褶积，可以将地震子波转变成尖脉冲。但由于褶积模型本质上的非确定性，反褶积不可能完全消去子波的影响而直接得到地层反射序列，它所做的是压缩子波从而提高地震剖面的分辨率。

在地震波的传播过程中，我们可以把大地当做一个滤波器。大地滤波的作用使得震源激发的尖脉冲变成有一定时间延续的地震子波。这样，地震波的传播过程可以看做是一个线性系统，符合褶积模型，即地震记录是由震源子波和地层反射系数序列的褶积，加上一些随机噪声组成的。反褶积方法都基于这个褶积模型。任何数学或物理模型都是建立在对现实情况进行某种程度近似的假设条件上的。用于建立褶积模型所需要的一组假设如下：

假设 1：地层是由具有常速的水平层状介质组成的。

假设 2：震源产生的平面纵波（P 波）法向入射到地层的界面上，在这种情况下，不产生横波（S 波）。

假设 3：震源波形在地下传播过程中不变，即它是平稳的。

假设 1 在复杂构造区和具有巨大横向相变的区域是不成立的。假设 2 隐含着地震道正演模型是以零炮检距记录为基础的，而零炮检距记录是几乎很难得到的。另一方面，如果地层界面深度大于排列长度，可以假设在此给定界面上的入射角是小的，从而可以忽略反射系数随入射角的变化。结合以上三个假设可以得到一维垂直入射的地震记录的褶积模型。数学上褶积模型由下式给出：

$$x(t) = w(t) * r(t) + n(t) \tag{5.48}$$

式中，$x(t)$ 表示地震记录；$w(t)$ 为基本子波；$r(t)$ 为地层脉冲响应；$n(t)$ 为随机噪声；$*$ 为褶积符号。此公式是被广为接受的一维地震模型。反褶积试图从地震记录中恢复地层脉冲响应。

现在我们有三个未知数：$w(t)$、$r(t)$ 和 $n(t)$；一个已知数：$x(t)$；我们要应用式（5.48）对这个问题求解未知数 $r(t)$ 还必须作进一步的假设：

假设 4：噪声成分 $n(t)$ 是零。

假设 5：震源波形是已知的。

在这些假设下，我们有一个方程及一个未知数，方程可解出。如果震源波形已知，则反褶积问题的解是确定性的。如果震源波形未知（通常情况）则对反褶积问题的解是统计性的。要解决统计性反褶积问题需要对频率域中的褶积模型进一步研究，以完善假设 5。

（二）反褶积

所谓反褶积仍然是一个滤波过程，在地震勘探中这个滤波过程的作用恰好与大地滤波的作用相反。也就是说，我们可以把震源子波看作大地滤波器的脉冲响应。

如果定义一个滤波算子 $a(t)$，$a(t)$ 与已知的地震记录 $x(t)$ 褶积产生一个对地层脉冲响应的估计，则

$$r(t) = a(t) * x(t) \tag{5.49}$$

将式（5.49）代入式（5.48）得

$$x(t) = w(t) * a(t) * x(t) \tag{5.50}$$

将 $x(t)$ 从两边消去得

$$\delta(t) = w(t) * a(t) \qquad (5.51)$$

式中，$\delta(t)$ 代表 Dirac δ 函数。

$$\delta(t) = \begin{cases} 1, & t = 0 \\ 0, & \text{其他} \end{cases} \qquad (5.52)$$

求解式（5.51）得到滤波算子

$$a(t) = \delta(t) * \frac{1}{w(t)} \qquad (5.53)$$

因此，由地震记录计算地层脉冲响应时：滤波算子 $a(t)$ 原来就是地震子波 $w(t)$ 的数学上的逆。滤波器将基本子波在 $t=0$ 时转换为尖脉冲。同样，这个逆将地震记录转换为确定地层脉冲响应的尖脉冲系列。它以震源波形为已知条件（确定性反褶积）。

1. 最小平方反褶积

最小平方反褶积是地震勘探中最常用的一类反褶积，是维纳（N. Weiner）在1947年最先提出的，所以又叫维纳滤波。它的基本思想是：要求设计一个滤波器，使其滤波输出与期望输出之间的误差平方和最小。只要我们根据实际需要改变输入、输出和期望输出，就可以设计出满足各种地震勘探目的的具体所需的反褶积方法。

（1）最小平方反褶积的引出。

滤波器的设计要求是使其滤波输出与期望输出之间的误差平方和最小。设误差为

$$\varepsilon(t) = \alpha(t) * w(t) - \delta(t) \qquad (5.54)$$

我们不仅要求在某一个时刻误差 $\varepsilon(t)$ 要尽量小，而且要在任何时间误差都要小。由于式（5.54）右边的差值可正、可负，因此每个时刻差值之和的最小值反映不出总误差的大小，即用

$$Q = \sum \varepsilon^2(t) = [a(t) * w(t) - \delta(t)]^2 = \min \qquad (5.55)$$

所谓最小平方滤波就是要找出滤波因子 $a(t)$，使误差能量 Q 达到最小 $Q_{\min}$。

用数学模型来表达就是，已知输入信号 x_t，要求设计的滤波器（滤波因子）h_t [认为是反滤波因子 $a(t)$] 使得实际输出 $y_t = x_t * h_t$ 与期望输出（已知）z_t 的误差平方和 $Q = \sum (y_t - z_t)^2 = \sum \varepsilon_t^2$ 为最小 $Q_{\min}$。

显然当实际输出与期望输出完全一致时，即 $\varepsilon_t = y_t - z_t = 0 (Q_{\min} = 0)$，此时把已知信号 x_t 通过滤波因子 h_t 作用后精确地转化为另一个已知信号 z_t，所以有 $x_t * h_t = z_t$，频率域上有 $X(\omega)H(\omega) = Z(\omega)$。

（2）最小平方反褶积因子的计算。

求滤波因子 h，要使其误差平方和达到最小 $Q_{\min}$，也就是要求实际输出 y_t 与期望输出 z_t 尽量接近。这里给出的是一种常用的最小平方准则，其中 Q 是依赖于滤波因子 h_t，即为 h_t 是多元函数，这实际上是求多元函数的极值问题，即求

$$Q = \sum_t \varepsilon_t^2 = \sum_t \left(\sum_\tau h_\tau x_{t-\tau} - z_t \right)^2 = \min \qquad (5.56)$$

对每一个 h_t 求偏导数，并令其为零所满足的方程为

$$\frac{\partial Q}{\partial h_l} = 0, (l = 0, \pm 1, \pm 2, \cdots) \qquad (5.57)$$

具体计算为

$$\frac{\partial Q}{\partial h_l} = \sum_l 2\left(\sum_\tau h_\tau x_{t-\tau} - z_t\right)x_{t-l}$$

$$= 2\left[\sum_t\left(\sum_\tau h_\tau x_{t-\tau}x_{t-l}\right) - \sum_t z_t x_{t-l}\right] = 0$$

令 $r_{xx}(l-\tau) = \sum_t x_{t-\tau}x_{t-l}$，$r_{zx}(l) = \sum_t z_t x_{t-l}$，

则有

$$\sum h_\tau r_{xx}(l-\tau) = r_{xx}(l)，\quad(l = 0,\ \pm 1,\ \pm 2,\ \cdots) \tag{5.58}$$

（3）最小平方反褶积因子的实际求法。

式（5.58）中的 t 和 τ 都是在 $-\infty$ 到 ∞ 上定义的，为了能在计算机上实现最小平方反褶积，必须要求滤波因子 h_t 的长度是有限的。所谓 h_t 有限是指存在两个整数 M 和 N（$M > N$），使得

$$h_t = \begin{cases} 0 & t < M \\ h_t & N \leqslant t \leqslant M \\ 0 & t > N \end{cases} \tag{5.59}$$

现在要用最小平方原理求长度有限的滤波因子 h_t，设 $m+1$ 长度的滤波因子为

$$h_t = (h_{-m_0},\ h_{-m_0+1},\ \cdots,\ h_{-m_0+m}) \tag{5.60}$$

此时仿照式（2.20）的推导结果为

$$\sum_{\tau=-m_0}^{-m_0+m} h_\tau r_{xx}(l-\tau) = r_{xx}(l) \tag{5.61}$$

式中，$l = -m_0,\ -m_0+1,\ \cdots,\ -m_0+m$

这就是 h_t 要满足的方程。

因为自相关函数是对称的，即 $r_{xx}(l) = r_{xx}(-l)$，因此式（5.61）可写成如下的矩阵形式：

$$\begin{bmatrix} r_{xx}(0) & r_{xx}(1) & \cdots & r_{xx}(m) \\ r_{xx}(1) & r_{xx}(0) & \cdots & r_{yy}(m-1) \\ \vdots & \vdots & & \vdots \\ r_{xx}(m) & r_{xx}(m-1) & \cdots & r_{xx}(0) \end{bmatrix} \begin{bmatrix} h_{-m_0} \\ h_{-m_0+1} \\ \vdots \\ h_{-m_0+m} \end{bmatrix} = \begin{bmatrix} r_{zx}(-m_0) \\ r_{zx}(-m_0+1) \\ \vdots \\ r_{zx}(-m_0+m) \end{bmatrix} \tag{5.62}$$

式（5.62）的左端由自相关函数 $r_{xx}(l)$ 组成的矩阵，称为 Toeplitz 矩阵，该方程称为 Toeplitz 方程。我们可用 Levinson 递归法求解。

在实际应用中，为了反褶积因子的稳定，还必须在 Toeplitz 矩阵对角线上加一定白噪系数。另外由于地层介质的吸收作用随深度增加而不同，因此子波也不同，所以就不能只设计一个反褶积因子。一般可考虑在时间域上分成段，在每段上设计一个反褶积因子，并对该段记录进行反褶积。

2. 脉冲反褶积

如果期望输出不是具有一定延续时间的波形 $d(t)$，而是一个尖脉冲

$$\delta(t) = \begin{cases} 1, & \text{当 } t = 0 \\ 0, & \text{当 } t \neq 0 \end{cases} \tag{5.63}$$

则地震子波 $w(t)$ 与期望输出 $d(t)$ 的互相关函数

$$r_{d\omega}(j) = \sum_{\lambda=0}^{m} d(\lambda) w(\lambda - j)$$

$$= \sum_{\lambda=0}^{m} \delta(\lambda) w(\lambda - j) \tag{5.64}$$

只有当 $j = 0$ 时，$r_{d\omega}(0) \neq 0$；当 j 为其他各值时，

$$r_{d\omega}(1) = r_{d\omega}(2) = \cdots = r_{d\omega}(m) = 0$$

式 (5.62) 变成：

$$\begin{pmatrix} r_{xx}(0) & r_{xx}(1) & \cdots & r_{xx}(m) \\ r_{xx}(1) & r_{xx}(0) & \cdots & r_{xx}(m-1) \\ \vdots & \vdots & & \vdots \\ r_{xx}(m) & r_{xx}(m-1) & \cdots & r_{xx}(0) \end{pmatrix} \begin{pmatrix} a(0) \\ a(1) \\ \vdots \\ a(m) \end{pmatrix} = \begin{pmatrix} 1 \\ 0 \\ \vdots \\ 0 \end{pmatrix} \tag{5.65}$$

解上一方程，即可得到期望输出为尖脉冲 $\delta(t)$ 的反滤波因子 $a(t)$。

求出反滤波因子 $a(t)$ 之后，对输入地震记录 $x(t)$ 进行反褶积，即可得到反滤波后的输出

$$y(t) = x(t) * a(t) = \sum_{\tau=0}^{m} a(\tau) x(t - \tau) \tag{5.66}$$

脉冲反褶积程序中两个主要参数选择如下：

(1) 反滤波因子长度的选择：反滤波因子 $a(t)$ 长度 m 可以任意选择。一般在一个地区或一段测线上，通过实验来进行选择。反滤波因子长度可以选择 80 ms、160 ms、200 ms、240 ms 等，计算时要将它们转换为采样点数。

(2) 相关时窗长度的选择：相关时窗长度 $m+n$ 的选择，最小不应小于反滤波因子长度的两倍，最长为地震记录的有效长度。

3. 预测反褶积

预测问题是对某一物理量的未来值进行估计，利用已知的物理量的过去值和现在值得到它在未来某一时刻的估计值（预测值）的问题。它是科学技术中解决问题十分重要的方法手段。天气预报、地震预报、反导弹的自动跟踪等都属于这类问题。预测实质上也是一种滤波，称为预测滤波。将上述预测滤波理论用于解决反褶积问题叫做预测反褶积。

在一定条件下，滤波器的输出可以看作由两部分内容组成，其中脉冲响应为可预测部分，而其输入内容为不可预测部分。因此，预测反滤波所希望得到的是那些不可预测部分的内容，即预测误差。所以，预测反滤波又称为预测误差滤波，其滤波因子又叫做预测误差因子。显然，预测误差滤波必为物理可实现的。

预测反褶积的主要目的是对子波进行 α（正整数，称预测步长）截断 $w(t) = (w_0, w_1, \cdots, w_{\alpha-1}, 0, \cdots)$，这是用把波形截短的方法来压缩子波达到提高分辨率和消除多次波的作用。

其数学模型是：已知输入最小相位子波 $w(t) = (w_0, w_1, \cdots, w_n)$，要设计的滤波因

子 $a(t) = (a_0, a_1, \cdots, a_m)$，使实际输出 $y(t) = w(t) * a(t)$，与期望输出 $d(t) = (w_\alpha, w_{\alpha+1}, \cdots, w_n)$ 之间的误差平方和 $Q_m = \sum_t [w(t) * a(t) - d(t)]^2 = \sum_t \varepsilon_t^2$ 为最小。这个模型与脉冲反褶积的差别在于期望输出 $d(t)$ 不同，此时 $d(t)$ 为子波 α 项后的部分。

由于在预测反褶积中要求子波 $w(t)$ 为最小相位的，所以其反滤波因子是物理可实现的，因此取 $M_0 = 0$，且期望输出 $d(t) = (w_\alpha, w_{\alpha+1}, \cdots, w_n)$，所以式（5.62）变为

$$
\begin{bmatrix}
r_{xx}(0) & r_{xx}(1) & \cdots & r_{xx}(m) \\
r_{xx}(1) & r_{xx}(0) & \cdots & r_{xx}(m-1) \\
\vdots & \vdots & & \vdots \\
r_{xx}(m) & r_{xx}(m-1) & \cdots & r_{xx}(0)
\end{bmatrix}
\begin{bmatrix}
\alpha_0 \\ \alpha_1 \\ \vdots \\ \alpha_m
\end{bmatrix}
=
\begin{bmatrix}
r_{xx}(\alpha) \\ r_{xx}(\alpha+1) \\ \vdots \\ r_{xx}(\alpha+m)
\end{bmatrix}
\tag{5.67}
$$

解上式得最佳反滤波因子 $a^m(t) = [a^m(0), a^m(1), \cdots, a^m(m)]$。

可以证明，当 $w(t)$ 为最小相位、期望输出 $d(t)$ 为有限时，则有

$$
\lim_{m \to \infty} Q_m = 0, \quad 即 \lim_{m \to \infty} w(t) * a^m(t) = d(t)。
$$

也就是说，当子波为最小相位时，总可以找到反滤波因子 $a(t)$，当它长度无限增加时可无限接近于 $d(t)$。

4. 常规地表一致性反褶积

地表一致性反褶积的目的在于消除由于近地表条件的变化对地震子波波形的影响。常规使用的单道脉冲反褶积和单道预测反褶积是各道用本身的数据作自相关或互相关，以求得本道的反褶积因子，然后用这个反褶积因子和本道数据褶积形成地震记录。

单道反褶积方法有两个假设前提：

（1）反射系数序列是白噪化的随机序列；

（2）输入子波为最小相位。

但实际输入的地震道并不完全满足这两个条件，由于陆上地震的每个激发点条件（对陆上炸药量、深度、地下水面、药包与地层的耦合、爆炸是否完全、地表岩性等）和接收点条件（检波器灵敏度、频谱、与地耦合、组合方式、低速带变化等）均不相同，使得相邻地震道的特征产生差异；偏移距对叠前反褶积则是逐道变化的，偏移距影响入射角、穿透地层、路径、反射系数等变化因素，计算出的反褶积因子变的不稳定。另一方面，再加上随机噪声的影响，就更加重了这种不稳定性，上述这些方面对每一道的振幅谱和相位谱都会产生很大影响，从而使所提取的反褶积算子偏离期望算子，使反褶积效果变坏。所以需要采用多道的地表一致性反褶积来克服地表和随机噪声的影响。

Taner 将地表条件变化而引起的反射记录畸变归结为炮点相应、接收点响应、偏移距响应和共中心点响应的综合反映，并提出地表一致性校正模型。地表一致性反褶积与其他单道反褶积相比具有某些优点，如地表一致性反褶积无需对反褶积模型中反射系数做"白色"假设；地表一致性分解时采用地表一致性各分量振幅谱的几何平均值进行求解，并将地表一致性各分量归结为各种道集的体现，因此地表一致性反褶积起到了衰减随机噪声的作用；同时也能够均衡反射记录的频谱，提高各地震道间子波的相似性，但不破坏地标一致性剩余静校正的计算模型。

在前面章节讨论的褶积模型式（2.1）：$x(t) = w(t) * r(t) + n(t)$，式中，$x(t)$ 表示地

震记录；$w(t)$ 为基本子波；$r(t)$ 为地层脉冲响应；$n(t)$ 为随机噪声。

要求的地表一致性褶积模型为

$$x'_{ij}(t) = s_j(t) * h_l(t) * e_k(t) * g_i(t) + n(t) \tag{5.68}$$

式中，$x'_{ij}(t)$ 为地震记录模型；$s_j(t)$ 为震源位置为 j 时的波形分量；$g_i(t)$ 为检波器位置为 i 时的波形分量；$h_l(t)$ 为与炮检距有关的波形分量，该分量取决于炮检距下标为 $l = |i-j|$ 时的波形；$e_k(t)$ 代表震源–检波器中心点位置的地层脉冲响应，$k = (i+j)/2$。

为了说明 $s_j(t)$、$g_i(t)$、$h_l(t)$ 和 $e_k(t)$ 的计算方法，假定 $n(t) = 0$，对式（5.68）做傅里叶变换，即

$$X'_{ij}(\omega) = S_j(\omega) H_l(\omega) E_k(\omega) G_i(\omega) \tag{5.69}$$

这个方程可以分解为下面的振幅谱和相位谱分量，即

$$\bar{X}'_{ij}(\omega) = \bar{S}_j(\omega) \bar{H}_l(\omega) \bar{E}_k(\omega) \bar{G}_i(\omega) \tag{5.70}$$

和

$$\phi'(\omega) = \phi_{sj}(\omega) + \phi_{hl}(\omega) + \phi_{ek}(\phi) + \phi_{gi}(\omega) \tag{5.71}$$

如果作了最小相位的假设，只需估计振幅谱。

对式（5.70）两边取对数，使之成为线性方程，即

$$\bar{X}'_{ij}(\omega) = \ln S_j(\omega) + \ln H_l(\omega) + \ln E_k(\omega) + \ln G_j(\omega) \tag{5.72}$$

和式（5.70）的左边一样，左边是模型输入振幅谱 $\bar{X}'_{ij}(\omega)$ 的对数，右边各项是各独立分量振幅谱的对数，与式（5.69）的右边一样。

而实际地震记录的振幅谱的对数与它有个误差，根据最小平方法则，误差能量为

$$L = \sum_{i,\,j,\,\omega} |\ln X_{ij}(\omega) - \ln X'_{ij}(\omega)|^2$$

为了求出各分量的对数谱，令

$$\frac{\partial L}{\partial[\ln X_{ij}(\omega)]} = \frac{\partial L}{\partial[\ln S_j(\omega)]} = \frac{\partial L}{\partial[\ln H_l(\omega)]} = \frac{\partial L}{\partial[\ln E_k(\omega)]} = \frac{\partial L}{\partial[\ln G_i(\omega)]} = 0$$

因此可以求得一组正则方程，对之求解就可以得到各分量的对数谱，从而可得到各分量的振幅谱。

求解式（5.69）的实际方案是基于 Gauss-Seidel 方法，式（5.69）右边的各项是由下面的莱文逊递推方程计算得到的，即

$$
\begin{aligned}
S_j^m &= \frac{1}{n_{\rm r}} \sum_i^{n_v} (X_{ij} - H_l^{m-1} - E_{m-1\,k} - G_i^{m-1}) \\[4pt]
G_i^m &= \frac{1}{n_{\rm s}} \sum_j^{n_{\rm r}} (X_{ij} - H_l^{m-1} - E_{m-1\,k} - S_j^{m-1}) \\[4pt]
H_l^m &= \frac{1}{n_{\rm e}} \sum_k^{n_e} (X_{ij} - S_j^{m-1} - E_{m-1\,k} - G_i^{m-1}) \\[4pt]
E_k^m &= \frac{1}{n_{\rm h}} \sum_l^{n_{\rm h}} (X_{ij} - S_j^{m-1} - E_{m-1\,l} - G_i^{m-1})
\end{aligned}
\tag{5.73}
$$

式中，$n_{\rm r}$ 是共检波点的个数；$n_{\rm s}$ 是共炮点的个数；$n_{\rm e}$ 是共偏移距点的个数；$n_{\rm h}$ 是共 CDP 点的个数；m 为迭代次数。该方程组的解是基于炮点轴和检波点轴的正交性、共中心点轴

和炮检距轴的正交性。该方程组可改写为如下形式，即

$$S_j^m = \frac{1}{n_r} \sum_i^{n_c} X_{ij} - \frac{1}{n_r} \sum_i^{n_r} (H_l^{m-1} - E_k^{m-1} - G_i^{m-1})$$

$$G_i^m = \frac{1}{n_s} \sum_j^{n_r} X_{ij} - \frac{1}{n_s} \sum_j^{n_r} (H_l^{m-1} - E_k^{m-1} - S_j^{m-1})$$

$$H_l^m = \frac{1}{n_e} \sum_k^{n_e} X_{ij} - \frac{1}{n_e} \sum_k^{n_e} (S_j^{m-1} - E_k^{m-1} - G_i^{m-1})$$

$$E_k^m = \frac{1}{n_h} \sum_l^{n_h} X_{ij} - \frac{1}{n_h} \sum_l^{n_h} (S_j^{m-1} - H_k^{m-1} - G_i^{m-1})$$

$$(5.74)$$

这种修改使我们能计算并保存输入资料 $\sum X_{ij}$ 的谱分量的和，从而避开单独保存各个谱分量 X_{ij} 的要求。步骤不断迭代直至次数 m 可得到平方最小值为止。

对于不同频率分量 ω，包含谱分量 S_j^m、G_i^m、H_l^m 和 E_k^m 的参数向量 $\boldsymbol{P}$（与震源和检波器的位置、对炮检距的依赖性及地层脉冲相应有关）可用式（5.73）求解。所有频率分量的解组合得到式（5.73）中的各项。应用于数据体的每一道的地表一致性脉冲反褶积算子是 $s_j(t) * g_i(t) * h_l(t)$ 的倒数。在用期望预测距离作预测反褶积的情况下，对于各震源、检波器和中心点位置，反褶积算子可以用 $s_j(t)$、$g_i(t)$ 和 $h_l(t)$ 的自相关谱求得。

实际应用中，地表一致性反褶积对野外资料的应用通常包括两项，仅为震源项 $s_j(t)$ 和检波器项 $g_i(t)$。在水陆过渡带，震源和检波器位置的地表条件可能变化非常明显——从干燥地表条件到湿的地表条件。因此需要进行地表一致性校正和反褶积的最大可能情况是过渡带资料。

常规地表一致性反褶积在计算机实现时，只能使用一个时窗，所以必须将整道数据分离成不同时段，对不同时段的数据分别做反褶积，然后再将不同时段的数据结合到一起，得到多时窗反褶积后的数据。而在拾取反褶积应用的时窗时应注意两点：①时窗间交叠区宽度应尽量保持一致；②使用尽可能少的点定义时窗边界。这样一来，不仅处理起来很麻烦，而且在时窗选择、边界选择和数据拼接的时候有很多主观因素，容易造成误差。

三、动校正及叠加

动校正即是正常时差（normal moveout）校正，在某一给定偏移距时，双程旅行时和零偏移距的双程旅行时之间的差叫做正常时差。动校正就是对反射波旅行时进行正常时差校正。正常时差依赖于反射层上的速度、偏移距、与反射同相轴有关的双程零偏移距时间，反射层倾角，炮点–检波点方向与真倾角方向的夹角，近地表的复杂程度以及反射层以上的介质。

对于一个常速水平层来讲，作为偏移距的函数，反射旅行时曲线为双曲线。某一偏移距处的旅行时与零偏移距时的旅行时的差叫做正常时差（Normal Moveoat，NMO）。应用于NMO校正的速度叫做动校正速度。在单水平反射层的地层模型中，NMO速度等于反射界面以上介质的速度。在单倾斜反射层地层模型中，NMO速度等于介质速度除以倾角的余弦。从三维空间观察一个倾斜反射层，那么还需考虑方位角（倾斜方向与走向的夹角）的

影响。作为偏移距函数的旅行时，在一系列水平等速地层中，接近于一条双曲线。在小偏移距时比大偏移距时的近似程度要高。对于小偏移距来讲，水平地层的 NMO 速度等于上覆地层的均方根速度。在含有任意角度倾角的地层介质中，旅行时方程变得更复杂。然而，只要是小倾角、小排列（小于反射面深度），仍然可以假设它为双曲线。当地层界面是任意形状的，双曲线假设不再成立。

动校正之前必须进行速度分析拾取 NMO 速度，常规速度分析是建立在双曲线假设的基础上的。常用的速度分析技术，它是建立在速度谱计算上的。这种方法是测量速度与零炮检距双程时间信号的相干性，基本做法是沿着双曲线轨迹用一个小视窗计算 CMP 道集信号的相干关系。在速度谱上根据有用同相轴出现的时间，挑选出得到最高相干性的速度函数，解释为叠加速度。

动校正是地震资料处理过程中的关键步骤之一，将地震记录的同相轴拉平，从而使叠加后的地震信号能量集中，其精确性直接影响到水平叠加能否对干扰波进行有效压制。传统二阶动校正方法基于较小最大偏移距与目标层深度比和地震波沿直线传播假设，进行长偏移距地震资料处理时，这些假设不再成立。高阶项动校正公式能提高长偏移动校正精度。模拟计算表明，高阶项动校正方法能取得较常规动校正方法好的动校正结果，但并非阶数越高动校正精度就越高。

（一）传统 DIX 公式

常规动校正中动校正量的计算是利用 DIX 双曲线公式求取反射子波各点相对于自激自收道初至的延迟时间。

$$t(x) = \left(t_0^2 + \frac{x^2}{v^2(t_0)} \right)^{\frac{1}{2}} \tag{5.75}$$

式中，t 为地震反射波旅行时；t_0 为双程旅行时；x 为偏移距；v 为叠加速度，一般取地层均方根速度。

建立四层介质模型，速度模型中每层厚度均为 1000 m，第一层速度为 2500 m/s，第二层速度为 2800 m/s，第三层速度为 3100 m/s，第四层速度为 3300 m/s。道间距为 30 m，300 道接收，最大偏移距为 9000 m。图 5.113（a）为正演得到的地震记录，图 5.113（b）为去除掉直达波和干扰波后的地震记录。按照常规 DIX 公式进行动校正得到的地震记录如图 5.113（c）所示。

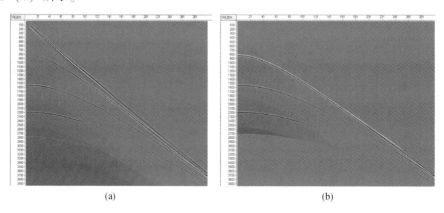

(a)　　　　　　　　　　　　　　　　　　(b)

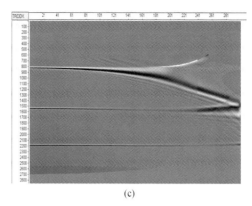

(c)

图 5.113　（a）正演得到的原始地震记录、（b）去除直达波和干扰波后的
地震记录和 （c）常规 DIX 公式动校正

DIX 公式的应用有两个前提：各向同性层状介质；中、近炮检距检波排列。对大炮检距地震资料进行常规动校正处理，利用 DIX 公式在大炮检距位置已不能拉平同相轴。原因在于 DIX 公式实际上是忽略了高次项的时距关系函数的泰勒展开式，进行大炮检距地震资料的动校正时，必须考虑高次项。

（二）非双曲动校正

时差公式的高阶拟合公式为

$$t = (c_1 + c_2 x^2 + c_3 x^4 + c_4 x^6 + \cdots)^{\frac{1}{2}}$$
$$c_1 = t_0^2$$
$$c_2 = \frac{1}{\mu_2}$$
$$c_3 = \frac{\mu_2^2 - \mu_4}{4 t_0^2 \mu_2^4}$$
$$c_4 = \frac{2\mu_4^2 - \mu_2\mu_6 - \mu_2^2\mu_4}{t_0^4 \mu_2^7}$$

（5.76）

其中, $\mu_j = \dfrac{\sum\limits_{k=1}^{N} \Delta t_k \nu_k^j}{\sum\limits_{k=1}^{N} \Delta t_k}$

一般取四次或六次项截断。对长偏移距同相轴采用非双曲方法能取得较传统的 DIX 动校正方法更好的动校正效果，但并非双曲动校正公式的阶数越高越好，总体来说优化四次项和优化六次项动校正公式更加稳定，能取得优的动校正效果。

（三）谱均衡

谱均衡方法是提高地震资料分辨率的一种有效方法。通常，谱均衡方法是通过傅里叶正变换在频率域实现的。提高地震资料的分辨率是地震资料处理的根本目标之一。由于大地的吸收作用，使得地震资料的高频成分损失，造成分辨率下降。因此，有必要对地震信号的高频成分进行补偿。谱均衡方法是高频补偿的一种有效手段，其基本方法是将地震信号进行傅里叶变换，由时间域变换到频率域；接下来在有效的频率范围内进行频率补偿，然后进行傅里叶反变换，由频率域变到时间域。

关于频带宽度与分辨率的关系，俞寿朋指出，在子波是零相位的情况下，振幅谱宽度与分辨率有如下关系：振幅谱绝对宽度越大，则子波越短，即分辨率越高；振幅谱绝对宽度不变，则不论子波主频如何，分辨率不变；振幅谱绝对宽度不变，主频越高则相对宽度越小，也就是子波相位数越多，分辨率与主频无关；振幅谱相对宽度不变，则子波相位数不变，此时主频越高，绝对宽度就越大，分辨率也越高。

谱均衡方法步骤：

（1）计算谱均衡算子：将动校正后得到的地震记录中的各地震道做傅里叶变换，再计算各时间点上的模，将各道的模求和平均，既得到谱均衡算子 S。

（2）滤波：去除一定范围的频率值，得到滤波算子 $filt$。

（3）谱均衡：将各道做傅里叶变换，除以自身的模，然后再乘谱均衡算子 S，和滤波算子，进行频率补偿：

$$Tmp = (Tmp/Amp) \times S \times filt \tag{5.77}$$

（4）傅里叶反变换回到时间域。

该方法是一种简便易行的频率补偿方法，可动校正产生了拉伸，而经过频率补偿后，这些拉伸基本都被消除了。

四、静校正

为解决近地表速度异常和地形起伏引起的静校正问题，已出现了多种静校正方法，目前使用最多的是折射静校正，其次是射线层析静校正。这一节里从众多的静校正方法中选择了三个具有代表性的、在生产中用得较多的方法（折射静校正、无射线追踪层析静校正、非线性层析静校正），从方法原理、方法特点等方面进行比较研究，提出一些对针对不同目标选择适当静校正方法的建议，达到快速有效地完成资料处理任务，提高处理质量的效果。当然在不满足地表一致性要求时，就应该使用波动方程基准面校正或从地表开始的偏移，会获得更好的成像效果。

（一）TOMO 静校正技术

如果使用高程静校正可以解决掉部分因地表起伏引起的静校正问题，但是解决不了因低、降速带厚度以及速度不均匀引起的长波长静校正问题。为了解决静校正问题，更好地完成本次处理任务，项目组应用了派特森公司自主研发的软件产品——无射线层析成像静校正软件。该软件产品的特点是：应用有限差分方法正演模拟地震波的首波初至，通过多次迭代反演获得近地表速度结构，从而进一步计算静校正量。该方法的优点在于避开了近地表速度横向变化大造成的射线阴影区的问题，使得计算得到的静校正量更加准确。

与折射静校正相比：如果高差变化大或者地表岩石裸露，难以形成有效折射层，应用折射静校正不能解决本区的静校正问题，从而影响到成像效果。但因用无射线层析成像静校正方法在岩石裸露地区可以得到较稳定的近地表速度，从而得到稳定的静校正量。

具体实现步骤：应用层析静校正方法原理，反演得到浅地表速度结构，人工交互拾取一个稳定速度面，从该速度面向地表面做静校正时差计算得到静校正量。该方法已经应用于许多山区和复杂地表地区的地震数据静校正处理，获得了良好的效果。

（二）多反射界面剩余静校正

具体做法是，沿着两个或多个反射界面求取"剩余静校正量"。在复杂地区，所求取的数值中，不单包含常规高程静校正量，还包含岩石速度横向变化引起的时间差、速度各向异性引起的时间差等。在经过常规高程和层析静校正以后，还存在由于速度不尽合理等造成的剩余静校正量。应用多个反射面求取"静校正量"技术与速度分析结合经多次应用之后，叠加质量有明显改善，通过剩余静校正处理，剖面的成像质量有明显的提高。

五、速度分析

对于速度分析来说，速度总是与传播距离及传播时间相关联，地震记录中含有地震波到达地面不同位置的旅行时间，因此从时间入手，就有可能求得地震波的传播速度。但是，由于地下地质结构的复杂性，记录得到的时间与速度之间往往不可能找出一个精确的解析公式把它们联系起来，所以常用的方法就是将地质模型进行简化，然后再按照简化的模型建立速度与记录时间以及岩性参数等的确定的数学关系。我们一般通过研究多道地震记录反射波的到达时间差与传播速度的关系，并利用某些判别准则，从地震记录中提取速度参数和速度随时间变化规律。

（一）传统速度分析

我们知道，通过速度分析确定的速度值称为叠加速度，常规速度分析基于均匀各向同性的假设，其中，t^2-x^2 速度分析是估计叠加速度的方法之一。双曲线走时方程在 t^2-x^2 平面上是线性的，在给定的反射界面上，零偏移距时间和叠加速度可由 t^2-x^2 平面上最佳拟合旅行时拾取的直线之斜率估算得到。该方法的精度取决于数据的 S/N 比和垂向的不均匀性。

另一种常用的常规速度分析技术，它是建立在速度谱计算基础上的（Taner and Koehler，1969）。这种方法是计算速度与零偏移距双程旅行时间信号的相干性，基本做法是沿着双曲线轨迹用一个小时窗计算 CMP 道集信号的相干关系。在速度谱上根据有用同相轴出现的时间，挑选出得到最高相干性的速度函数，解释为叠加速度。在一般的地震地质条件下，速度谱能给出较理想的叠加速度，为水平叠加提供可靠的速度参数，因此速度谱计算已成为地震资料数字处理中的常规处理程序，应用也十分广泛。本书采用的速度分析方法也是以求取速度谱为主。

我们应该注意到，在实际应用中，经常忽略 NMO 速度和叠加速度的不同。但是前者是建立在小排列双曲线旅行时的基础上，是用于正常时差校正的速度，而后者则是建立在整个排列长度的最佳拟合双曲线的基础上用于共中心点叠加。偏移距趋近于零时，后者趋近前者。

速度拾取的精度依赖于排列长度、反射同相轴的双程零炮检距时间和速度本身。速度越高，反射面越深，排列长度越短，速度分辨率就越差。速度拾取中的速度分辨率也依赖于信号带宽，CMP 道集中沿着反射旅行时轨迹子波压缩得越厉害，速度拾取越精确。

在各向异性介质中，射线传播的速度主要受到 Thomsen 各向异性参数的影响，时距曲线将不再是各向同性中的双曲线，并且它们的差别随着偏移距的增大而增大。因此，如果此时应用传统的方法去分析速度必然会产生很大的偏离，进一步偏移成像将造成同相轴扭曲。

在研究各向异性介质速度分析时，选择什么样的时距曲线，表示速度、时间与岩性的关系尤为重要。因此速度分析的精度主要受两方面影响，一是时距曲线的拟合精度；二是具体速度分析方法。

1969 年，Taner 和 Koehler 在建立水平层状地质模型的参数方程和旅行时的基础上，导出了正常时差高阶精度级数展开的反射走时方程：

$$t^2 = C_1 + C_2 x^2 + C_3 x^4 + C_4 x^6 + \cdots \tag{5.78}$$

式中，x 为炮检距；t_0 为零偏移距双程旅行时，且 $C_1 = t_0^2$，$C_2 = \dfrac{1}{\mu_2} = \dfrac{1}{v_{\mathrm{rms}}^2}$，$C_3 = \dfrac{1}{4} \dfrac{\mu_2^2 - \mu_4}{t_0^2 \mu_2^4}$，

$C_4 = \dfrac{2\mu_4^2 - \mu_2\mu_6 - \mu_2^2\mu_4}{t_0^4 \mu_2^7}$，$\mu_j = \dfrac{\sum \Delta\tau_k V_k^i}{\sum \Delta\tau_k}$，$v_k$ 是第 k 层中的层速度，v_{rms} 称为均方根速度，$\Delta\tau_k$ 是第 k 层中波的单程垂向传播时间。

在常规的速度分析中，省略高阶项，我们用小偏移距双曲线得到近似水平层状地层的反射时间，式(5.78) 中的级数可以截短，得到双曲线的形式：

$$t^2 = t_0^2 + \frac{x^2}{v_{\mathrm{rms}}^2} \tag{5.79}$$

比式(5.78) 和式(5.79)，在小偏移距近似下，水平层状介质 NMO 校正所需的速度等于均方根速度。但是，在大偏移距的情况下，该双曲线大大的偏离了走时曲线，得到的均方根速度也是不准确的。

最初，为了能将其应用到实际生产中，并提高速度分析在大偏移距的精度。Taner 等分析了反射走时方程式(5.78)，将其保留到四阶项应该得到以下方程：

$$t^2 = t_0^2 + \frac{x^2}{v_{\mathrm{rms}}^2} + C_3 x^4 \tag{5.80}$$

然而，用式(5.80) 计算速度谱需要扫描两个参数，即 v_{rms} 和 C_3，这也是最初的双谱扫描方法；这样，式(5.80) 应用于速度分析就显得较以前麻烦了一些，但其精度有了一定的提高，以下是其计算速度谱的实际方法：

(1) 省略四阶项，得到小排列双曲线方程式(5.79)，用式(5.79) 中变化的均方根速度计算常规速度谱，并拾取一个初始速度函数 $v_{\mathrm{rms}}(t_0)$；

(2) 变化参数 C_3，在式(5.80) 中应用上一步拾取的初始速度函数 $v_{\mathrm{rms}}(t_0)$ 计算速度

谱，并拾取函数 $C_3(t_0)$；

（3）将拾取到的函数 $C_3(t_0)$ 应用到式（5.80），用变化的均方根速度，重新计算速度谱。最后，从这个速度谱中拾取调整过的速度函数 $v_{rms}(t_0)$。

这样得到的速度函数 $v_{rms}(t_0)$ 已经脱离了各向同性假设的限制，但是，其方法并没有能够进行各向异性参数的提取，且精度在大偏移距的情况下却远远达不到实际应用的要求。所以，后人再接再厉提出了更好的方法。

（二）非双曲线时差反演

1. 非双曲时差近似公式

众所周知，在各向异性介质中，地震波速度不再是个标量，而是矢量。Thomsen 分析了各向异性介质中地震波的非双曲线型时距曲线，发现 P 波速度主要受 P 波垂向速度 v_{P0}、ε 和 δ 控制，即

$$v_P(\theta) = v_{P0}(1 + \delta\sin^2\theta\cos^2\theta + \varepsilon\sin^4\theta) \tag{5.81}$$

式中，ε 和 δ 为两个各向异性参数。对于 VTI 介质，$\varepsilon \equiv \dfrac{C_{11} - C_{33}}{2C_{33}}$，$\delta \equiv \dfrac{(C_{13} + C_{44})^2 - (C_{33} - C_{44})^2}{2C_{33}(C_{33} - C_{44})}$，$C_{ij}$ 是弹性系数（$i, j = 1, 2, \cdots, 6$）。

随后，Alkhalifah 在研究正常时差速度 V_{nmo} 随射线参数的变化之后，提出 TI 介质的速度反演具有多解性，同时发现 V_{nmo} 的变化只与 ε 和 δ 的差值有关，于是定义了新的各向异性参数：

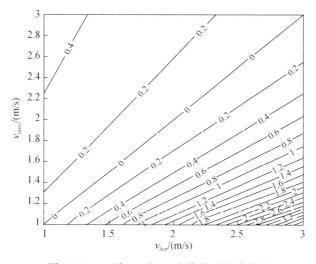

图 5.114　η 随 v_{nmo} 和 v_{hor} 变化的对应关系图

$$\eta = \frac{1}{2}\left(\frac{v_{hor}^2}{v_{nmo}^2} - 1\right) = \frac{\varepsilon - \delta}{1 + 2\delta} \tag{5.82}$$

$$v_{\text{hor}} = v_{\text{P0}} \sqrt{1 + 2\varepsilon} = v_{\text{nmo}} \sqrt{1 + 2\eta} \tag{5.83}$$

从图 5.114 中可以明显的看出，η 对 v_{hor} 的变化比对 v_{nmo} 的变化更敏感，且当 $\eta > 0$ 时，$v_{\text{hor}} > v_{\text{nmo}}$；$\eta = 0$ 时，$v_{\text{hor}} = v_{\text{nmo}}$，$\eta < 0$ 时，$v_{\text{hor}} < v_{\text{nmo}}$，其中 v_{hor} 是水平方向的传播速度。

接着，Alkhalifah 等提出了非双曲线时差公式：

$$t^2(x) = t_0^2 + \frac{x^2}{v_{\text{nmo}}^2} - \frac{2\eta x^4}{v_{\text{nmo}}^2 \left[t_0^2 v_{\text{nmo}}^2 + (1 + 2\eta) x^2 \right]} \tag{5.84}$$

实验表明，式(5.84) 在大偏移距、任意各向异性强度下都具有较高的精度，因此适于在实际资料处理中应用。式中，x 为偏移距；t_0 为垂直旅行时间；η 为各向异性参数，也称为非椭圆率。同时将式(5.83) 代入其中，可以得到等效非双曲线时差公式：

$$t^2(x) = t_0^2 + \frac{x^2}{v_{\text{nmo}}^2} - \frac{(v_{\text{hor}}^2 - v_{\text{nmo}}^2) x^4}{v_{\text{nmo}}^2 \left[t_0^2 v_{\text{nmo}}^4 + v_{\text{hor}}^2 x^2 \right]} \tag{5.85}$$

因为在式(5.85) 中 v_{nmo} 和 v_{hor} 具有相同的速度量纲，且在长排列 P 波旅行时差中 v_{hor} 比 η 更加具有约束力，所以 $v_{\text{nmo}} - v_{\text{hor}}$ 双参数更加容易在时差分析中被应用。

数值分析表明，当偏移距无限大（$x \to \infty$）时，根据式(5.85) 可以得到精确的旅行时差。但对于中长排列，它的精度就不够了。当排列长度 $x_{\text{max}} = 2Z$（Z 是反射界面深度）时，式(5.85) 偏离精确走时虽小于 t_0 的 1%，而反演得到的参数与真实模型值也就有了误差，例如，当实际的 $\eta = 0.16$ 时，最佳拟合的 η 接近 0.13。所以经过验证，发现通过稍微修改非双曲线式(5.85) 的分母项，能进一步改善这个时差近似，有效的提高中长排列的精度并减小偏差。实际上，在分母的 $v_{\text{hor}}^2 x^2$ 项之前引入系数 $C = 1.2$（Grechka and Tsvankin，1998），使在最常用的偏移距范围为 $1.5Z < x < 2.5Z$ 时，偏离精确走时达到最小，因此，把式(5.85) 改为

$$t^2(x) = t_0^2 + \frac{x^2}{v_{\text{nmo}}^2} - \frac{(v_{\text{hor}}^2 - v_{\text{nmo}}^2) x^4}{v_{\text{nmo}}^2 (t_0^2 v_{\text{nmo}}^4 + C v_{\text{hor}}^2 x^2)} \tag{5.86}$$

式中，$C = 1.2$。

实验表明，对于单层介质而言，式 (5.86) 中分母的 C 取 1.2 能提高中等排列时差方程的精度，但在多层介质情况下，$C = 1.2$ 并不总是最佳值。在一些各向异性介质中，系数 $C = 1.2$ 也并不能使拟合效果达到最佳。通过对不同 VTI 介质的数值模拟，我们发现当垂向速度梯度为 0.5～0.6 且 η 值相对很小（达到 0.1～0.15）时，取系数 $C = 1$ 甚至 $C < 1$ 可以使拟合效果更加精确。实验采用系数 $C = 1$ 或 $C = 1.2$ 来计算长排列（$x_{\text{max}}/z = 2$）时差，发现二者计算的结果非常接近（大多数情形，相差不超过 0.3%～0.5%）。实际上，因为具有不同 η 的 VTI 介质对于 $x_{\text{max}}/z = 2$ 的长排列可以具有相似的旅行时，为了满足一般的精度需求，通常我们还是选取系数 $C = 1.2$。原理上，根据非双曲线时差反演，通过用射线追踪法并比较式(5.86)，有可能找出最佳的系数 C。

2. 常规相似度分析反演

当炮点和检波点都位于同一水平面上，对于水平多层介质，反射界面以上多层介质为均匀时，小排列长度的共反射点记录的反射时距曲线近似为一条双曲线，其各分层的层速度对各分层垂向传播时间加权再取均方根值，称为均方根速度，速度谱就是以沿某个时差双曲线叠加能量、计算相似性系数或相关系数为最大作为立论依据而产生。

　　具体的实现是在 t_0 固定的情况，利用预先选定的一系列试验速度 v_i，根据双曲线拟合公式，就可得到一系列的理论双曲线，若在试验的速度中包含某反射波的传播速度，则这一系列的理论曲线中，必定有一条与反射同相轴重合，沿这条理论双曲线的反射波满足同相叠加和同相相关，使叠加振幅达到最大，相似性系数或相关系数之和也达到最大。

　　以上是对固定的 t_0 情况下，如果改变 t_0 值，重复上面步骤，就可把整个道集记录上所有实际存在的同相轴对应的速度找出来，从而确定速度随 t_0 的变化规律，即得到 $v(t_0)$ 曲线。

　　如果已知某一固定排列长度上的反射旅行时间，我们可以对走时方程和时差曲线进行最小二乘拟合得到相应参数。然而，由于随机噪声的存在以及对数据处理的自动化的需求，在 CMP 道集上直接拾取反射旅行时间已经很不合适了。所以我们常常采用 CMP 道集上的求取速度谱的方法来拾取最佳的拟合速度和相应的时差曲线。

　　就计算量而言，叠加能量和计算相似系数的计算工作量稍小，而相关系数计算的计算量稍大。就灵敏度而言，计算相关系数是以信号的平方形式出现，灵敏度觉高，因此，采用相关系数求速度谱，则谱线的峰值清楚明显。但是计算相关系数时的抗干扰能力相比之下又稍差，少数道的大幅值干扰可能会使速度谱线出现峰值。就区分干涉同向轴的能力而言，现在有的资料证明，相似系数的分辨率能力较其他方法优越一些。

　　例如，对于式（5.85），我们给定一个 t_0 值，就可以对 v_{nmo} 和 v_{hor} 或 v_{nmo} 和 η 进行一个二维的相似度扫描，从而获取最大相似度值所对应的 v_{nmo} 和 v_{hor} 值或 v_{nmo} 和 η 值。

　　相似度系数计算公式为

$$S(t_0,\ v_{nmo},\ \eta) = \frac{\sum\limits_{t_0'=t_0-T/2}^{t_0+T/2} \left[\sum\limits_{x=x_{min}}^{x_{max}} F(x,\ t)\right]^2}{M \sum\limits_{t_0'=t_0-T/2}^{t_0+T/2} \sum\limits_{x=x_{min}}^{x_{max}} F^2(x,\ t)} \tag{5.87}$$

式中，M 是道数；振幅 $F(x,\ t)$ 以及振幅的平方 $F^2(x,\ t)$ 在式（5.87）中是沿着非双曲线时差曲线 $t(t_0',\ v_{nmo},\ v_{hor},\ x)$，且在以 t_0 为中心的窗口 T 内叠加。时间采样点之间的振幅 $F(x,\ t)$ 可以通过线性插值得到。

　　图 5.115 为一个单层 VTI 介质非双曲线相似度分析的实例，从图中看出，相似度曲线所对应的最大值与实际的 v_{nmo}、v_{hor} 和 η 已经非常接近。

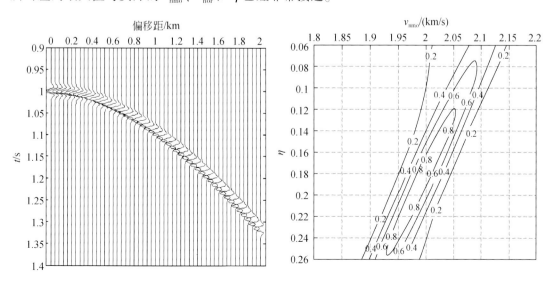

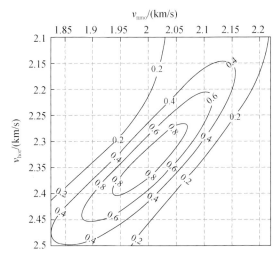

图 5.115　单层 VTI 介质非双曲相线似度分析的实例

($t_0 = 1$ s，$v_{nmo} = 2$ km/s，$v_{hor} = 2.3$ km/s，$\eta = 0.18$)

除了单纯扫描估计地下实际速度以外，我们还要考虑以下两个方面的问题：

（1）叠加数据所需要的速度范围；

（2）试验叠加速度采用的间隔。

选择范围时，要考虑到倾斜同相轴和非平面反射，可能具有非常高的叠加速度。在选择等速间隔时，应该按照不同炮检距上的动校时差，而不是用速度来进行速度估测。因此，扫描的增量最好按照相等的 Δt_{nmo}，这样避免了对高速同相轴做过密采样，而对低速同相轴采样不足。

3. 二维非双曲线相似性扫描

我们已经知道，对远偏移距、大倾角和各向异性介质，反射曲线是非双曲线型，同相轴的聚焦仅用时差速度场是不够的，因为速度 v 和非椭圆率 η 对偏移距非常敏感，所以现在需要知道这两个参数。

类似于常规双曲线时差的速度分析，在 CMP 道集上进行相似性分析得到对应时差曲线和最佳拟合的叠加速度。现在对于 v_{nmo} 和 η 的反演而言，则需要将非双曲线时差曲线作相似度分析，对一个给定的垂向走时 t_0 值，对 v_{nmo} 和 η 作二维相似性扫描来得出最大相似度值。

对于多层介质，从第 N 个界面反射的 P 波走时能写为

$$t^2(x, N) = t_0^2(N) + \frac{x^2}{v_{nmo}^2(N)} - \frac{[v_{hor}^2(N) - v_{nmo}^2(N)]x^2}{v_{nmo}^2(N)[t_0^2(N)v_{nmo}^4(N) + Cv_{hor}^2(N)x^2]} \tag{5.88}$$

由于假设包括反射界面的全部界面都是水平的，正常时差速度 $v_{nmo}(N)$ 通过层 NMO 速度和层垂向走时利用如下常规的 Dix 方程计算：

$$v_{nmo}^2(N) = \frac{1}{t_0(N)} \sum_{i=1}^{N} (v_{nmo}^{(i)})^2 t_0^{(i)} \tag{5.89}$$

对于层状介质而言，有效水平速度能定义为

$$v_{\text{hor}}(N) = v_{\text{nmo}}(N)\sqrt{1 + 2\eta(N)} \tag{5.90}$$

而有效各向异性参数 $\eta(N)$ 由下式给出：

$$\eta(N) = \frac{1}{8}\left\{\frac{1}{v_{\text{nmo}}^4(N)t_0(N)}\left[\sum_{i=1}^{N}(v_{\text{nmo}}^{(i)})^4(1 + 8\eta^{(i)})t_0^{(i)}\right] - 1\right\} \tag{5.91}$$

因为四次时差参数的单层值能通过表示为 $g(N)$ 的综合有效参数的 Dix 型微分来求得，即

$$g(N) = \frac{1}{t_0(N)}\sum_{i=1}^{N}(v_{\text{nmo}}^{(i)})^4(1 + 8\eta^{(i)})t_0^{(i)}$$

$$= \frac{1}{t_0(N)}\sum_{i=1}^{N}(v_{\text{nmo}}^{(i)})^2\left[4(v_{\text{hor}}^{(i)})^2 - 3(v_{\text{nmo}}^{(i)})^2\right]t_0^{(i)} \tag{5.92}$$

或者写为

$$g(N) = v_{\text{nmo}}^4(N)\left[1 + 8\eta(N)\right] = v_{\text{nmo}}^2(N)\left[4v_{\text{hor}}^2(N) - 3v_{\text{nmo}}^2(N)\right] \tag{5.93}$$

把 Dix 方程应用于式(5.92) 的 $g(N)$ 就可能求得层值 $v_{\text{hor}}^{(i)}$ 和 $\eta^{(i)}$：

$$v_{\text{hor}}^{(i)} = v_{\text{nmo}}^{(i)}\sqrt{\frac{1}{4(v_{\text{nmo}}^{(i)})^4}\frac{g(i)t_o(i) - g(i-1)t_0(i-1)}{t_0(i) - t_0(i-1)}\frac{3}{4}} \tag{5.94}$$

$$\eta^{(i)} = \frac{1}{8(v_{\text{nmo}}^{(i)})^4}\left[\sqrt{\frac{g(i)t_o(i) - g(i-1)t_0(i-1)}{t_0(i) - t_0(i-1)}} - (v_{\text{nmo}}^{(i)})^4\right] \tag{5.95}$$

于是，我们可以总结出利用非双曲线时差相似度估计速度参数的基本步骤如下：

（1）利用非双曲线时差方程式(5.88) 完成从第 i 层顶和底反射的相似性分析。

对地下介质由上到下的每一个等效层（第 N 层）进行相似度分析（其中，令系数 $C = 1.2$）。则由相似度分析可以得到每一个等效层的 v_{nmo}、v_{hor} 和 t_0 的等效值。

（2）利用 Dix 方程式（5.89）计算每一层（第 i 层）的正常时差速度 $v_{\text{nmo}}^{(i)}$ 为

$$(v_{\text{nmo}}^{(i)})^2 = \frac{v_{\text{nmo}}^2(i)t_0(i) - v_{\text{nmo}}^2(i-1)t_0(i-1)}{t_0(i) - t_0(i-1)} \tag{5.96}$$

（3）利用式（5.93）可以得到每一层等效的辅助参数 $g(i)$ 和 $g(i-1)$。

（4）对辅助参数 $g(i)$ 进行 Dix 微分，并利用已经计算出来的每一层的正常时差速度值 $v_{\text{nmo}}^{(i)}$ 以及式（5.94）和式（5.95）计算水平速度 v_{hor} 和 η 的层值。

（三）时移双曲线时差反演

1. 时移双曲线近似公式

1978 年，Malovichko 导出了精确到偏移距四阶的非双曲线反射走时方程，但具有时移双曲线的性质：

$$t = \tau_s + \sqrt{\tau_0^2 + \frac{x^2}{v_s^2}} \tag{5.97}$$

式中，$\tau_0 = \dfrac{t_0}{S}$；$\tau_s = \tau_0(S - 1)$，$S = \dfrac{\mu_4}{\mu_2^2}$；$v_s^2 = Sv_{\text{rms}}^2$。这个方程描述在时间上移动 τ_s 的正常时差双曲线。可见，S 是一个表征介质不均匀程度的参数。

随后，Thore 和 Kelly（1992）证明了式（5.97）可得到叠加剖面，此剖面比从小排列时差式（5.78）得到的常规叠加具有更高的叠加能量。用式（5.97）进行速度分析，选择参考速度 v_s 为定值。然后，对每一输出时间 t_0 和每一偏移距 x 在 CMP 道集中的各道应用时移 $t_p = t_0 - \tau_s$（t_p 为双曲线旅行时轨迹渐近线的时间，V_s 为记录面以下的参考速度），对分析中的偏移距计算输入时间，在某一范围 t_p 值内计算速度谱。最后，从速度谱中拾取函数 $t_p(t_0)$。当 $t_p = t_0$ 时，式（5.97）简化为小排列双曲线方程式（5.78）。

图 5.116 是当 $\tau_s = t_0 (1 - 1/S)$ 时双曲线时差方程和时移双曲线方程的旅行时轨迹的比较图。可看到时移双曲线在远偏移距与实际旅行时轨迹匹配的更好。

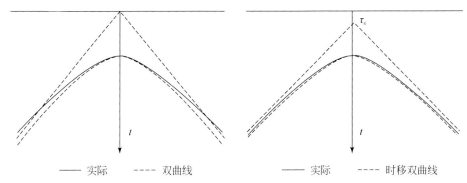

图 5.116　双曲线方程的旅行时轨迹及时移双曲线方程的旅行时轨迹图
与层状模型的实际的旅行时轨迹比较

1994 年 Castle 进一步把这个方程表示为

$$t(x) = t_0 \left(1 - \frac{1}{S(t_0)} \right) + \frac{1}{S(t_0)} \sqrt{t_0^2 + S(t_0) \frac{x^2}{v^2(t_0)}} \qquad (5.98)$$

式中，$v(t_0)$ 即为均方根速度 v_{rms}。

Castle 证明了时移双曲线与四阶时差方程式（5.80）是完全等价。式中，S 是一个常数，对于 $S = 1$，式（5.97）还原为常规小偏移距时差方程式（5.79）。

时移双曲线方程式（5.98）原则上可以用于指导 CMP 道集的速度分析：

（1）式（5.98）中设 $S = 1$ 得到式（5.79）。利用变化的均方根速度计算速度谱，并拾取初始速度函数 $v_{rms}(t_0)$；

（2）在式（5.98）中应用这个速度函数，变化参数 S，计算速度谱。拾取函数 $S(t_0)$；

（3）在式（5.98）中应用拾取的函数 $S(t_0)$，用变化的均方根速度计算速度谱。最后，从速度谱中拾取一个调整过的速度函数 $v_{rms}(t_0)$。

2001 年，Siliqi 把式（5.98）修改为

$$t(v, \eta) = \frac{8\eta}{1 + 8\eta} t_0 + \sqrt{\left(\frac{t_0}{1 + 8\eta} \right)^2 + \frac{x^2}{(1 + 8\eta) v^2}} \qquad (5.99)$$

它与时移双曲线方程式（5.97）等价，且有 $S = 1 + 8\eta$。

由此可见，在长排列非双曲线走时方程的条件下，正常时差的参数场已从一个 v_{nmo} 参数谱变为两个参数，即还要提取各向异性参数 η 或者非均匀性参数 η。

但是，值得注意的是 v 和 η 对于时差的影响沿偏移距的分布是不均匀的。对于由式（5.99）非双曲时差校正得到的剩余时差进行泰勒展开，得到下式：

$$t_{剩} = \frac{\dfrac{1}{v_{真}^2} - \dfrac{1}{v^2}}{2t_0}x^2 - \frac{\dfrac{1 + 8\eta_{真}}{v_{真}^4} - \dfrac{1 + 8\eta}{v^4}}{8t_0^3}x^4 + \cdots \tag{5.100}$$

式中，$\eta_{真}$ 和 $v_{真}$ 分别是反射曲线的真实时差参数。

从式（5.100）中我们可以看出速度 v 影响所有的偏移距，而 η 的影响只集中在大偏移距上。

该时移双曲线方程式（5.99）看似是一个双曲线，但我们可以用两个不相关的特征参数来约束反射曲线的双曲线形状以及其特性：最大偏移距处的剩余时差（dtn）和零偏移距处的旅行时间（τ_0）。

2. 二维时移双曲线相似性扫描

如果把反射同相轴看成是双曲线，我们将时移动双曲线公式视为局部坐标系下的双曲线公式，称其所得的速度为双曲线速度 v_{hyp}，即有

$$t = \sqrt{\tau_0^2 + \frac{x^2}{v_{hyp}^2}} \tag{5.101}$$

又因为在最大偏移距 x_{max} 处，有

$$dtn = t - \tau_0 \tag{5.102}$$

所以可以根据 dtn 和 τ_0 获得双曲线速度：

$$v_{hyp} = \frac{x_{max}}{\sqrt{dtn(dtn + 2\tau_0)}} \tag{5.103}$$

现在，均方根速度 v_{rms} 变成双曲线速度 v_{hyp} 的被 τ_0 加权的函数：

$$v_{rms}^2 = \frac{\tau_0}{t_0}v_{hpy}^2 \tag{5.104}$$

Siliqi 和 Meur 等在 2003 年提出了密点拾取均方根速度和非椭圆率参数 η 并进行滤波的方法，这个方法是通过扫描拾取两个不相关的参数来实现的，这两个参数就是在时移双曲线坐标中的最大偏移距处之剩余时差 dtn 和零偏移距走时 τ_0，得

$$\tau_0 = \frac{t_0}{S} = \frac{t_0}{1 + 8\eta} \tag{5.105}$$

$$dtn = \sqrt{\tau_0^2 + \frac{x_{max}^2 \cdot \tau_0}{v_{rms}^2 \cdot t_0}} - \tau_0 \tag{5.106}$$

从中我们知道 dtn 是 v_{rms} 和 η 的函数，而 τ_0 仅是 η 的函数。同时时移双曲线方程变为

$$t = t_0 - \tau_0 + \sqrt{\tau_0^2 + \frac{x^2}{x_{max}^2}dtn(dtn + 2\tau_0)} \tag{5.107}$$

因此可以利用 dtn 和 τ_0 参数化作时差校正双扫描，对每个 t_0 搜索最大相似性进行连续的双谱（dtn，τ_0）拾取，而每一对拾取得出的 dtn 和 τ_0 可通过公式

$$\eta = \frac{1}{8}\left(\frac{t_0}{\tau_0} - 1\right) \tag{5.108}$$

$$v_{\mathrm{rms}} = \sqrt{\frac{\tau_0}{dtn(dtn + 2\tau_0) \cdot t_0} \cdot x_{\max}} \qquad (5.109)$$

变换为 v_{rms} 和 η，经验数据表明拾取的 v_{rms} 和 η 的密集度和质量都是显著的。

dtn 与时差曲线是否是双曲线型无关，当反射曲线是一个非双曲线形状时，τ_0 与 t_0 不相等。图 5.117 显示了利用 dtn 和 τ_0 作为参数进行双参数时差校正扫描的结果。

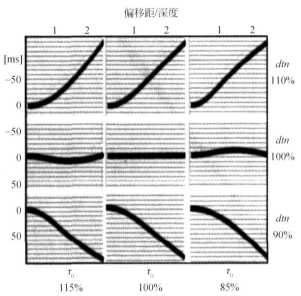

图 5.117　　不同的（dtn，τ_0）对进行双参数时差校正结果

最中间的图对应了正确的（dtn，τ_0）参数对

从中可以看出，时差校正量受 dtn 严格的控制，τ_0 对拉平过程仅起微调的作用。我们在这里要着重指出，对 τ_0 的扫描影响所有偏移距且扫描谱的最大值位于最中间（如图 5.117 所示）。因为时差效应和（dtn，τ_0）是两个时间量，所以平直程度的质量可以达到用户的要求。

应用这两个参数的第二个优点是可进行静态时差校正，这正是自动双谱拾取的必要特性。通过静校正取代动校正，避免大偏移距时的拉伸，大大减少了速度分析所用的时间并且提高了谱的质量。

由于实际受地震数据以至沿层地震属性数据上会出现一些多次波、波的干涉、人为噪声等的污染，这些噪声对于进一步应用地震属性进行储层预测和含油气检测有严重的影响。为了滤除这些噪声，提高属性的精度，那么这两个密集的参数场 v_{rms} 和 η 需要插值和滤波。

首先是对空数据区进行 v_{rms} 和 η 的插值。可以通过对 dtn 和 τ_0 数据的统计分析利用地质统计学中克里金法分别完成 dtn 和 τ_0 的填充，这是一种无偏的最小误差的方法，得到的插值结果效果理想。每个数据点按照它对三维邻域的影响加权，这些加权值考虑了场的空间表现的统计平均。

其次是滤波，其目的是消除由非地质因素导致的 dtn 和 τ_0 场的恶化。可用三维因子克里金技术对不相关参数 dtn 和 τ_0 进行最佳滤波，得到对应于所需要的 v_{rms} 和 η 的同步滤波。

六、叠前时间偏移

偏移成像技术是得到复杂地震勘探成像的有效工具，也是油气勘探的研究热点，至今已经发展了多种高分辨率的偏移成像方法。而叠前深度偏移技术相对于叠后或时间偏移，可以适应速度横纵向变化，成像结果逼近地质模型，更适用于地质构造复杂的地震勘探领域。对于金属矿来说，应用高分辨率的叠前深度偏移技术，对于小尺度、陡倾角、复杂构造地质体的刻画十分重要。逆时偏移是迄今精度最高的偏移方法，对目标体成像理论上不受地下倾角限制，对多次波、回折波、散射波等也可以进行成像，随着微机计算能力和内存的发展，制约逆时偏移应用的瓶颈不断地在改善，近年来在油气勘探领域发展迅速，在某些生产资料处理过程中已经得到了实际应用，但在金属矿地震数据处理鲜有应用，研究逆时偏移方法在金属矿区地震数据进行应用是十分必要而有意义的。

本章首先回顾了主流的三种叠前深度偏移方法，包括基于射线理论的 Kirchhoff 积分偏移、单程波动方程延拓偏移以及基于双程波方程的逆时偏移，根据标准 Marmousi 模型对三种叠前深度偏移方法进行了对比研究；重点介绍了逆时偏移技术，包括时间空间高阶差分算法、成像条件改进、低频噪声压制、提高计算效率策略方法以及适用于金属矿区地震数据的处理细节，并对典型的金属矿模型进行了模拟及逆时成像处理。

随着墨西哥湾盐丘构造油气藏勘探的成功，叠前深度偏移技术已经普遍应用于油气领域的地震勘探之中。金属矿区地震勘探领域有着地下构造倾角大、目标体尺度较小、广泛存在非均匀介质等特点，在某些方面可以借鉴油气地震勘探的方法。

目前，常用的叠前深度偏移成像方法主要包括 Kirchhoff 积分偏移、单程波动方程延拓偏移和逆时偏移等，它们各有优缺点。

（一）Kirchhoff 积分偏移

基于格林函数理论的 Kirchhoff 积分偏移是波动方程的积分解。二维叠前 Kirchhoff 深度偏移一般表达为如下的积分式：

$$I(\xi) = \int_{\Omega_\xi} W(\xi, x_s, x_g) D\big[t = t_D(\xi, x_s, x_g), x_s, x_g \big] \mathrm{d}x_s \mathrm{d}x_g \qquad (5.110)$$

式中，$I(\xi)$ 定义为二维剖面 $\xi = (z_\xi, x_\xi)$ 的反射系数（成像波场）；数据 $D(t, x_s, x_g)$ 为取在时间 $t_D(\xi, x_s, x_g)$ 处的值；$W(\xi, x_s, x_g)$ 为加权因子；Ω_ξ 是以位置 ξ 为中心的一块区域，称为偏移孔径。Kirchhoff 偏移计算精度的关键在于走时计算 $t_D = t_s + t_g$，即计算从震源点到反射点 ξ 的旅行时 t_s 和从反射点 ξ 到接收点的旅行时 t_g。如何确定旅行时 t_s 和 t_g 是积分法叠前深度偏移的关键，常用射线追踪方法或者有限差分解程函方程求得。基于射线的 Kirchhoff 偏移有着计算效率高，适应观测系统强，对目标成像效果好的优点。射线的多路径是制约 Kirchhoff 偏移准确性的主要原因，由波动方程高频近似下的积分格林函数，在复杂介质下成像能力有限。

（二）单程波动方程延拓偏移

单程波动方程延拓偏移方法，分别用频率域的上、下行波动方程延拓震源波场 $S(s;$

x，z，ω）和接收点波场 $R(s；x，z，\omega)$：

$$\frac{\partial S}{\partial z} = i \sqrt{\frac{\omega^2}{v^2} + \frac{\partial^2}{\partial x^2}} S \qquad (5.111)$$

$$\frac{\partial R}{\partial z} = -i \sqrt{\frac{\omega^2}{v^2} + \frac{\partial^2}{\partial x^2}} R \qquad (5.112)$$

式中，S 是震源位置；x 是水平位置；z 是垂直位置；ω 是角频率。用频率域时间一致性成像条件可表示成像剖面 $I(s；x，z)$ 由震源波场和接收波场互相关得

$$I(s；x，z) = S^*(s；x，z，\omega)R(s；x，z，\omega) \qquad (5.113)$$

式中，S^* 是 S 的复共轭。基于波动方程近似分解的上、下行单程波动方程延拓偏移，能准确的描述地震波在非均匀介质中传播的过程，相比于双程波动方程，单程波动方程可在频率域运算，有多种数值算法对其求解，计算效率较高，但不能对回折波、多次波进行成像。

(三) 逆时偏移

逆时偏移直接用双程波动方程延拓波场：

$$\frac{1}{v^2} \frac{\partial^2 P}{\partial t^2} = \frac{\partial^2 P}{\partial x^2} + \frac{\partial^2 P}{\partial z^2} \qquad (5.114)$$

震源波场 $S(s；x，z，t)$ 和接收波场 $R(s；x，z，t)$ 同时用上式进行延拓。用互相关成像条件进行成像：

$$I(s；x，z) = \sum_t S(s；x，z，t)R(s；x，z，t) \qquad (5.115)$$

逆时偏移可以对波传播的任何方向进行成像，包括回折波和多次波。逆时偏移是直接基于双程波动方程进行延拓成像，相比于其他偏移算法有着不受地下构造倾角和介质横向速度强烈变化的限制，并保留了波的矢量特征，而计算量大，内存开销大是制约逆时成像广泛使用的主要原因。

书中对 Kirchhoff 积分法偏移使用傍轴理论框架的传统射线走时计算方法；单程波延拓偏移使用叠前共炮域有限差分法深度偏移，计算频带从 5～60 Hz；逆时偏移使用时间四阶空间六阶的显式差分波动方程来计算震源波场和接收点波场。逆时偏移采用的是时间一致性成像条件，在传播时刻上震源波场和接收点波场互相关求和。三种偏移方法对相同数据体进行计算，花费时间大致比例为，Kirchhoff 积分法偏移：单程波延拓偏移：逆时偏移=1：31：512。

第五节 地震数据解释方法技术

一、地震属性分析

地震属性是指从地震数据中导出的关于几何学、运动学、动力学及统计特征的特殊度量值。按属性提取方式和应用领域可分为：①建立在运动学和动力学基础上的地震属性类型，包括振幅、波形、频率、衰减特性、相位、相关性、能量、比率等地震属性；②以油

藏特征为基础的地震属性类型，包括表征亮点、暗点、AVO 特性、不整合圈闭或断块隆起异常、含油气异常、薄层油藏、地层间断、构造不连续、岩性尖灭、特征岩性体等的地震属性。各种地震属性多达上百种，如果对所有地震属性进行一一分析，不但费时费力，而且不容易从中找出我们需要有利信息。

由瞬时振幅、瞬时相位、瞬时频率可以导出许多其他的瞬时地震属性，如瞬时实振幅、瞬时平方振幅、瞬时相位、瞬时相位的余弦、瞬时实振幅与瞬时相位的余弦的乘积、瞬时频率、振幅加权瞬时频率、能量加权瞬时频率、瞬时频率的斜率，反射强度、以分贝表示的反射强度、反射强度的中值滤波能量、反射强度的变化率，视极性等。

由于勘探原理限制，二维地震属性剖面分析一般只是应用于描述地层接触关系、岩性划分界线、地震几何相描述。最常规的办法就是提取二维地震数据体的剖面属性体，我们一般提取瞬时频率属性描述地下地质体岩性变化，提取瞬时相位属性体描述地下地层接触关系。下面就对瞬时频率属性和瞬时相位属性原理进行简单介绍。

（一）瞬时频率（Instantaneous Frequency）

瞬时频率表示以时间为函数的瞬时相位的变化率。它是对相位地震道的斜率的一个估算，是相位的导数。值的范围是从–Nyquist 频率到+ Nyquist 频率；然而，大多数的瞬时频率都是正值。对于每一输入地震数据道，计算瞬时频率，然后将分析时窗内的所有瞬时频率的值输出。

（二）瞬时相位（Instantaneous Phase）

瞬时相位描述的是相位移（由时间序列的实组分和虚组分组成的旋转向量）和实轴（是一个时间的函数）之间的角度。因而，它总是在–180°和+180°之间。

瞬时相位对振幅调谐效应有响应。换句话说，当振幅属性由于反射体的相长干涉与相消干涉而有所偏差时，它们值将会十分接近，瞬时相位可以确定振幅的改变是由调谐而不是由烃或其他效果引起。

根据项目要求，本次对比处理了吉林大学无缆地震仪在同一地区采集的地震数据，为了验证两种地震仪采集数据的异同，分别针对各个仪器采集的数据进行地震属性提取，提取结果如图 5.118、图 5.119 所示。

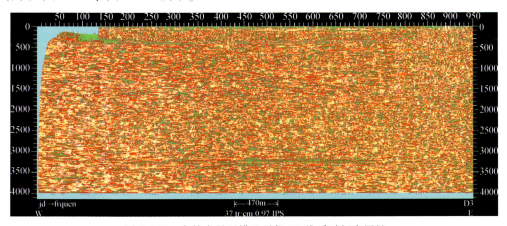

图 5.118　吉林大学无缆地震仪 D3 线瞬时频率属性

从瞬时频率属性对比结果可知，不同频率之间过渡更为平滑，更接近地下实际地质规律。

图 5.119　吉林大学无缆地震仪 D1 线瞬时相位属性

通过比较吉林大学无缆地震仪采集数据的瞬时相位属性可知，在浅层均有很好的成像效果，地震波形稳定，层位连续。

第六节　大深度地震勘探增强型技术

一、高分辨率 Radon 变换去噪技术

基于正常时差差异消除多次波的原理，Radon 变换不仅可以消除表面多次波，也可以消除层间多次波。抛物 Radon 变换法是一种应用广泛并较为有效的多次波衰减方法，现在很多商业软件中都有相应的计算模块。该方法的主要计算步骤是将共中心点道集（CMP）数据做部分 NMO（为了缩小动校正时差），然后变换到一个新域（Radon 域），然后进行滤波处理，得到衰减多次波以后的 Radon 域剖面，将得到的剖面反变换到 $t-x$ 域，再做部分反 NMO 得到的结果就是衰减多次波后的成果剖面。滤波时主要是根据先验知识设计滤波函数，一般隔若干个 CMP 道集人工设计一个滤波函数，在这些道集中间采取插值技术得到每一个 CMP 道集的滤波切除函数。

Sacchi 等从贝叶斯理论出发，考虑 $t-x$ 空间数据重建过程中的噪声问题，采用最大熵分布作为约束条件，通过最小化目标函数得到稀疏约束反演的迭代公式，构造如下的最小化目标函数：

$$J = \parallel u - Ld \parallel^2 + \parallel W_u u \parallel^2, \tag{5.116}$$

式中，W_u 为模型空间的加权矩阵，这里为对角阵。上述目标函数对 d 求导并令其导数为零，可以得到

$$(\boldsymbol{L}^{\mathrm{H}}\boldsymbol{L} + \boldsymbol{W}_{\mathrm{u}}^{\mathrm{T}}\boldsymbol{W}_{\mathrm{u}})\boldsymbol{u} = \boldsymbol{L}^{\mathrm{H}}\boldsymbol{d}, \tag{5.117}$$

式 (5.117) 的解为

$$\boldsymbol{u} = (\boldsymbol{L}^{\mathrm{H}}\boldsymbol{L} + \boldsymbol{C}_{\mathrm{u}}^{-1})^{-1}\boldsymbol{L}^{\mathrm{H}}\boldsymbol{d}, \tag{5.118}$$

其中,

$$\boldsymbol{C}_{\mathrm{u}} = (\boldsymbol{W}_{\mathrm{u}}^{\mathrm{T}}\boldsymbol{W}_{\mathrm{u}})^{-1}, \tag{5.119}$$

式 (5.119) 定义的矩阵 $\boldsymbol{C}_{\mathrm{u}}$ 为模型协方差矩阵, $\boldsymbol{C}_{\mathrm{u}}$ 决定 Radon 域内的分辨率。

如果假设模型空间是稀疏分布的, 也就是模型空间满足 Cauchy 分布的概率密度函数, 即

$$f(\boldsymbol{u}) = (\pi\sigma_{\mathrm{u}}^{2}) - 1\Big\{1 + \frac{u^{2}}{\sigma_{\mathrm{u}}^{2}}\Big\}^{-1}, \tag{5.120}$$

则 $\boldsymbol{C}_{\mathrm{u}}$ 的表达式可写为如下的对角形式:

$$[\boldsymbol{C}_{\mathrm{u}}]_{i,\,i} = \sigma_{\mathrm{u}}^{2} + \boldsymbol{u}_{i}^{2}, \tag{5.121}$$

式中, σ_{u}^{2} 为模型的标准差, σ_{u}^{2} 的取值区间一般为 $[0, 1]$, 对于很稀疏分布的模型 (不含噪音或噪音很小的情形), σ_{u}^{2} 取值接近零。

同样, 式(5.118) 在频率域求解。

$$\boldsymbol{U} = (\boldsymbol{L}^{\mathrm{H}}\boldsymbol{L} + \boldsymbol{C}_{\mathrm{u}}^{-1})^{-1}\boldsymbol{L}^{\mathrm{H}}\boldsymbol{D}, \tag{5.122}$$

矩阵 $\boldsymbol{Q} = \boldsymbol{L}^{\mathrm{H}}\boldsymbol{L} + \boldsymbol{C}_{\mathrm{u}}^{-1}$ 是 $N_{p} \times N_{p}$ 阶矩阵, 对于线性 Radon 变换其元素为

$$Q_{i,j} = \sum_{n=1}^{Nx} \exp[-j\omega(p_{i} - p_{j})x_{n}] + [\sigma_{\mathrm{u}}^{2} + \parallel U_{i} \parallel^{2}]_{i=j}, \quad i, j = 1, \cdots, N_{p} \tag{5.123}$$

式中, $\boldsymbol{U}_{i}$ 是前一次 Radon 域内每个频率分量的数据, 初次变换可以由上式求得。算子 Q 写成矩阵形式如下:

$$Q = \begin{bmatrix} \sigma_{\mathrm{u}}^{2} + \parallel U_{1} \parallel^{2} & \sum_{n=1}^{Nx} \exp[j\omega(p_{1} - p_{2})x_{n}] & \cdots & \sum_{n=1}^{Nx} \exp[j\omega(p_{1} - p_{Np})x_{n}] \\ \sum_{n=1}^{Nx} \exp[j\omega(p_{2} - p_{1})x_{n}] & \sigma_{\mathrm{u}}^{2} + \parallel U_{2} \parallel^{2} & \cdots & \sum_{n=1}^{Nx} \exp[j\omega(p_{2} - p_{Np})x_{n}] \\ \vdots & \vdots & & \vdots \\ \sum_{n=1}^{Nx} \exp[j\omega(p_{Np} - p_{1})x_{n}] & \sum_{n=1}^{Nx} \exp[j\omega(p_{Np} - p_{2})x_{n}] & \cdots & \sigma_{\mathrm{u}}^{2} + \parallel U_{Np} \parallel^{2} \end{bmatrix} \tag{5.124}$$

迭代公式可写为

$$\boldsymbol{U}^{k+1} = (\boldsymbol{L}^{\mathrm{H}}\boldsymbol{L} + \boldsymbol{C}_{\mathrm{u}^{k}}^{-1})^{-1}\boldsymbol{L}^{\mathrm{H}}\boldsymbol{D}, \tag{5.125}$$

则 $\boldsymbol{C}_{\mathrm{u}^{k}}$ 为对角矩阵:

$$[\boldsymbol{C}_{\mathrm{u}^{k}}]_{i,\,i} = \sigma_{\mathrm{u}}^{2} + U_{i}^{k2}, \tag{5.126}$$

式中, $\boldsymbol{U}^{k}$ 是前一次变换的结果, $\boldsymbol{U}^{0}$ 是由前式求得的结果。

同样对于抛物 Radon 变换其元素为

$$Q_{i,j} = \sum_{n=1}^{Nx} \exp[-j\omega(q_{i} - q_{j})x_{n}^{2}] + [\sigma_{\mathrm{u}}^{2} + \parallel U_{i} \parallel^{2}]_{i=j} \quad i, j = 1, \cdots, N_{p} \tag{5.127}$$

由上分析，矩阵 $\boldsymbol{Q}$ 就不具备 Toeplitz 结构，不过仍为 Hermite 矩阵，可以利用 Cholesky 分解法、LU 分解法求解，更快的算法是共轭梯度算法。

在压制面波以及去除随机噪声时，高精度 Radon 变换也有很好的应用效果。当震源较浅时，在大地和空气的分界面附近，由震源激发可直接产生面波。它们的传播速度略小于横波，频率低（有时只有十多赫兹），能量沿垂向衰减快，沿水平方向衰减慢，延续时间长，在地震记录上呈扫帚状，且有频散现象。由于强烈面波的影响，近偏移距的反射往往湮灭在面波的能量中。野外采集虽然用到了一些压制面波的方法，实得的记录中面波的干扰仍然存在，影响处理解释效果。另外由于风吹、草动、海浪、水流动、人畜走动、机器开动、交通运输等外力随机产生的干扰亦对地震处理的精度产生不利影响。这些干扰通过频率域滤波，并不能很好的消除，频率域内有效信号的频带会合这些干扰波有部分重合。生产中常用 FK 域速度滤波法压制面波，应用 Radon 变换方法处理后可以达到更好的效果。

图 5.120 为庐枞金属矿区地震数据用高精度 Radon 变换压制噪声的例子。

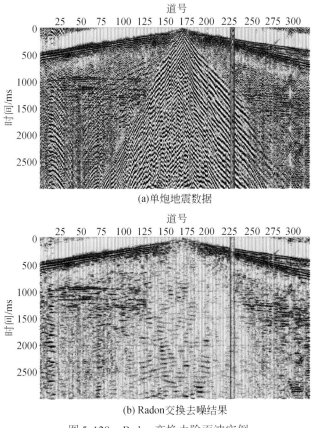

(a)单炮地震数据

(b) Radon交换去噪结果

图 5.120　Radon 变换去除面波实例

二、Curvelet 域组合变换法压制噪声技术

韩佳君等提出了基于 Curvelet 变换的多域组合压制地震随机噪声方法，能够显著地提

高地震记录信噪比，提高地震记录品质，根据组合方式，可以分为 Curvelet-中值滤波法和 Curvelet-Radon 变换法。

Curvelet-中值滤波法是针对传统中值滤波对地震数据处理时的"以全概偏"提出的，传统中值滤波处理地震数据时是对整个频率处理的，而地震数据的特点是较细的同相轴多为高频成分，较粗的同相轴多为低频成分，而随机噪声是平稳的分布在整个频率域上，利用这个特点在不同尺度下，用不同窗口的中值滤波方法对地震数据进行处理会取得更好的效果。Curvelet-中值滤波法简单来说是利用 Curvelet 变换把地震数据分成不同频带，对每个频带分别做中值滤波，最后将各个频带的滤波结果加到一起得到整体滤波的结果。我们知道 Curvelet 变换中的尺度参量 j 表示数据的不同频带，随着被处理数据的大小，尺度参数 j 的值默认为（在不确切设定 j 时）

$$\mathrm{ceil}(\log_2(\min(M, N))) - 3$$

式中，M 和 N 是被处理数据的行数与列数；ceil 表示向小取整。

Curvelet 中值滤波方法的具体实施步骤如下：

（1）将地震数据变换到 Curvelet 域中；

（2）对不同尺度，即不同频率分别做 Curvelet 反变换；

（3）对不同频带的反变换地震数据应用中值滤波进行处理；

（4）将各个频带处理后的地震数据相加。

特别指出，在（3）中，我们在对不同频带的地震数据进行处理中时，用的中值滤波窗口的大小是不一样的，简单来说，在低频带用大窗口的中值滤波，在高频带用小窗口的中值滤波。

Curvelet-Radon 变换法是基于 Curvelet-中值滤波法提出的，也是借助 Curvelet 变换的尺度特性。首先分析地震数据的频率特性，确定地震数据的主频范围，然后把地震数据使用 Curvelet 变换分成不同的尺度，针对主频所在的尺度应用 Radon 变换进行处理，而其他的尺度应用的中值滤波进行处理，类似于 Curvelet-中值滤波法，Curvelet-Radon 变换方法的具体实施步骤如下：

（1）分析地震数据的时频特性，确定主频范围；

（2）将地震数据变换到 Curvelet 域中；

（3）对不同尺度，即不同频率分别做 Curvelet 反变换；

（4）对主频范围内的反变换地震数据应用 Radon 变换进行处理；

（5）对其他频率范围内的反变换地震数据应用中值滤波进行处理；

（6）将各个频带的处理后的地震数据相加。

图 5.121 采用 Curvelet-Radon 组合变换法对金属单炮数据去噪的结果，其中，图 5.121（a）为金昌镍铜矿区桩号 2080 处原始单炮记录；图 5.121（b）为采用 Curvelet-Radon 组合变换法处理结果；图 5.121（c）为图 5.121（a）、（b）差值。从对比图 5.121 可以看出，炮集记录中的随机噪声得到了较好的压制，剖面质量有了明显改善，同相轴清晰、连续，且并未损失有效信号。

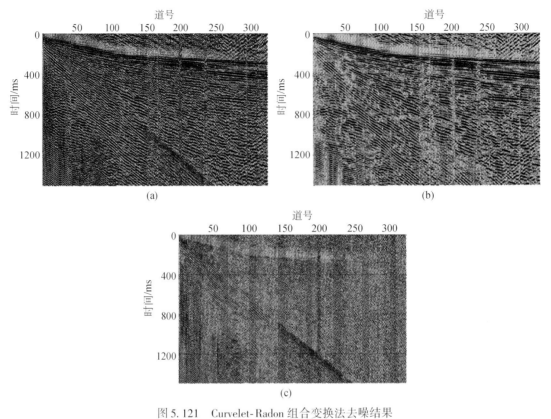

图 5.121　Curvelet-Radon 组合变换法去噪结果

（a）为桩号 2080 处原始单炮记录；（b）为采用 Curvelet-Radon 组合变换法处理结果；（c）为（a）、（b）的差值

第七节　以地震数据为主导的地球物理建模技术

重力、磁力、地震以及测井等勘探数据的一体化反演是目前地球物理数据综合解释中的一个重要研究方向，是解决复杂地质问题最有效的途径之一。重磁勘探可快速地完成区域地球物理调查，了解地质构造分布特征；地震勘探是目前进行地层精细结构划分最常用的勘探手段之一，具有较高的垂向分辨率，但对于某些特殊构造反应不敏感而形成盲区。重磁数据具有提高陡倾角地层分辨率、分辨地震盲区（泥岩断层、盐丘下部）、改进地震速度模拟等作用，通过测井曲线来精细约束重磁电震共建的地球物理模型，因此重磁震测井数据的计算机综合模拟可建立以地震数据为主导的地球物理解释模型，其中模型参数和反演方法的精度是制约最终反演结果准确性的关键因素，以获得更加准确的地球物理模型果。

总体思路是用 2.5D 的剖面地质体拼合构建 3D 模型，最大限度地利用物性数据和钻孔地质信息，主要包括建模区域定义、先验地质信息处理、2D 地质模型构建、2.5D/3D 反演模拟、可视化与解释等步骤。

（1）建模区域定义：根据研究目标，首先要确定建模区域的范围（水平范围和深度），然后确定 2D 剖面的间距，一般情况 2D 剖面间距略大于勘探剖面间距。

（2）先验地质信息处理：主要包括对地表岩性单元或地质单元进行简化、钻孔数据、年代学数据收集、岩石物性测量、岩性与物性对应关系分析、数据预处理（如编辑、网格化、滤波和局部场分离等）和地震剖面解释等。对构造地质、岩性变化复杂的地区对岩性单元进行适当简化尤其重要，可以降低反演模拟的难度。钻孔信息提供深部主要地层单元的边界深度，一般在重磁反演中作为重要的约束，保持不变。区域场和局部异常分离在这个环节中非常重要，分离出的局部异常将作为考量模型是否合理的依据。

通过以下几点地球物理勘探数据的处理，来得到比较可靠的先验地球物理信息：

①利用高精度同相轴识别技术解释地震数据，获得层位的分布信息；利用改进的边界识别方法解释重磁、电法和测井数据，分析研究区断层和地层界线的分布特征；

②利用改进的位场数据解释方法根据重磁数据来估算盐丘、陡倾角地层及浅部异常体的属性（深度、密度、磁化率）参数，用于建立地质–地球物理模型；

③利用地震波阻抗反演计算地层的波阻抗，进而实现地层密度分布函数的计算，并通过对属性反演结果进行不确定性分析来获得更加可靠的结果；

④以地震和井数据为约束利用重磁和电法异常计算整个测区的层位分布信息。根据上述信息建立地质–地球物理模型，并利用快速模拟退火法实现重磁、电法及地震数据的联合反演，获得最终的地质–地球物理模型。

井地联合反演采用基于模型的波阻抗反演方法，它结合测井资料分别反演出地面地震波阻抗和井间地震波阻抗，然后从已反演的井间地震及地面地震波阻抗中抽取出虚拟井数据，综合实际测井数据，建立二维或三维初始地质模型，接着采用模拟退火法与共轭梯度法相组合的混合优化算法进行波阻抗迭代计算，最终输出的高分辨率波阻抗模型便是井地联合反演的结果。虚拟井技术是联系高分辨率井间地震资料和较低分辨率地面地震资料的桥梁，可以有效解决单纯地面地震资料中因测井点分布不均而造成插值建模精度不高的问题同相轴识别是地震数据解释中最基本的任务，可清晰地划分出层位的分布情况。

为了真实地描述地层的密度变化，采用地震波阻抗反演来计算地层的密度信息。波阻抗反演是地质统计学理论与基于模型反演相结合的产物，亦称地质统计学反演。波阻抗反演充分地利用了地震反演储层预测及随机建模储层预测的优势，有效地综合了不同尺度数据信息（地质、地球物理），能建立更高精度的地层波阻抗模型，且可获得储层非阻抗信息（孔隙度、伽马等），具有更直接的岩石地球物理意义。

以二维地震剖面和井数据为约束利用重磁和电法数据来计算整个测区的层位分布信息，如存在三维地震数据，则直接利用同相轴识别技术来获得层位信息。重力梯度对浅部地质体、地层的细节特征及起伏变化反应敏感。首先推导出密度界面重力梯度异常的正演公式，并给出快速模拟退火法利用梯度数据进行密度界面反演的基本步骤。利用获得的层位和参数信息建立地质–地球物理模型进行重磁震一体化反演，并将梯度异常引入联合反演中来提高对地层局部变化的分辨率。快速模拟退火法计算速度快，对于大数据解释具有优势，利用其进行重磁、重力梯度和地震数据的联合反演。通过试验证明快速模拟退火法能有效地完成重磁、重力梯度与地震数据的联合反演，且对界面细节特征有较高的分辨率。

（3）初始模型构建：根据步骤（1）确定的剖面间距，通过对已有地质、钻孔资料分析的基础上，依次推断、绘制建模区域的所有 2D 地质剖面。每条 2D 剖面由若干紧密关联的模型体（地质体）构成，大致反映对剖面穿过区域的地层、构造、岩体和矿体空间分布的认识。

（4）2.5D/3D 反演模拟：本步骤主要包括 2.5D 和 3D 地震数据为主导的反演模拟。2.5D 模拟的初始模型来自步骤（3）的 2D 地质模型，假设每个模型体沿走向足够长，截面为任意形态的多面体，且满足 2.5D 重磁异常计算的近似条件。然后，对每一个模型体赋予初始密度和磁化率强度，使用人机交互"试错法（trial-and-error）"对 2D 剖面上的模型进行修改，直到获得合理的地质模型和满意的数据拟合为止（Li $et\ al.$, 1996）。模型体的物性和空间形态的修改范围由物性数据和地质合理性决定。按照上述方法完成建模区所有 2D 剖面的重力模拟，然后，将每条 2D 剖面的模型走向长度 yl 和 $y2$ 缩短为剖面间距，按照剖面的空间顺序依次将 2.5D 模型拼合成 3D 模型。最后，计算 3D 模型的理论异常，并与实际异常对比，拟合误差较大的地方，返回到 2D 剖面进行修改。此时，虽然是在 2D 剖面上进行模型修改，但计算的异常是所有 3D 模型的异常。对所有拟合误差较大的地方进行模型修改，直到获得满意的结果为止。在整个模拟过程中，物性与岩性的对应关系保持不变。

（5）可视化与解释：最后一步是将 3D 模型输出到 3D 可视化平台（如 EncomPATM）开展空间分析。如果是区域 3D 建模，可以提取深部成矿信息，结合成矿模型展深部成矿预测。如果是矿区 3D 建模，可以全面分析控矿地层、矿体和岩体的空间关系，建立成矿模式，还可以进行储量计算、矿山设计和预测深部或边部矿体等。

第六章 大陆科学钻探技术与装备

第一节 大陆科学钻探验证目标及应用策略

一、验证目标

深海钻探计划（Deep Sea Drilling Program，DSDP）和大洋钻探计划（Ocean Drilling Program，ODP）证实了"大陆漂移"和"海底扩张"，以其成果为基础创建的"板块构造理论"被认为是 20 世纪地质科学最重大的学术成就。它建立了全球化的构造与演化史观，改变了许多地质系统概念和认识，是地质科学的一次全新的革命。板块学说的成功，使科学家们的目光自然转向了大陆，但是，板块学说不能阐明板块构造的驱动机制，特别是不能解释大陆的深部构造及其动力作用。从 80 年代起，大陆构造研究已进入一个崭新的阶段——大陆动力学研究阶段。美国和许多国家都制定了大陆动力学研究计划，研究内容涉及：岩石圈与地幔的耦合作用、陆壳深部构造和地质作用过程、大陆地壳生长过程、大陆变形带的运动学与动力学以及大陆构造活动对全球变化的影响等。

大陆科学钻探可以帮助人们直接、精确地了解地壳成分、结构构造和各种地质过程，对了解地球资源与环境起着至关重要的作用。根据国际大陆科学钻探计划（ICDP）的确定的九个研究主题，也就代表了大陆科学钻探所要验证的主要科学目标，具体包括：

（1）与地震、火山爆发有关的物理、化学过程及相关的减灾措施；

（2）近期全球气候变化的方式与原因；

（3）天体撞击对全球气候变化及大规模生物灭绝的影响；

（4）深部生物圈及其与各种地质过程的关系；

（5）如何安全处理核废料和有毒废料；

（6）沉积盆地与能源资源的产生与演化；

（7）不同地质环境下矿床的形成；

（8）板块构造的机理，地壳内部热、物质和流体的迁移规律；

（9）如何更好地利用地球物理资料了解地壳内部的结构与性质。

21 世纪启动的综合大洋钻探计划（IODP）将与国际大陆科学钻探计划（ICDP）协同探测全球地壳构造与演化。IODP 三大科学目标之一是"固体地球循环和地球动力学"，其中"21 世纪莫霍钻"是该计划的八大优先研究领域之一，其地质目标是钻入地幔，取得岩心实物样品。

二、应用策略

自 1996 年 ICDP 成立以来，围绕其验证目标，实施了一大批科学钻探项目，具体分为如下四类，具体应用策略如下。

（一）气候与生态系统

1. 古气候与古环境科学钻探

研究全球过去气候变化与影响，预测今后气候变化趋势是当代地球科学的重要目标。该类科学钻探主要通过钻取极地冰心、大陆盆地岩石和冰层湖泊沉积物，来研究地球气候、环境的历史和全球变化。

与海洋科学钻探相比，大陆科学钻探对气候的研究具有优势，因为海洋中仅保存有约 2 亿年的地层记录，这段时间只占地球历史的 5% 左右。大陆地层中保留有区域性和全球性气候变化特征及其环境影响更为充分而连续的记录。在格陵兰冰盖钻探 3229 m，获得距今 25 万 ~20 万年以来地球气候变化的丰富信息，其中包括公元 79 年意大利火山爆发的酸雨痕迹以及苏联切尔诺贝利核电站爆炸散落的放射性粒子尘。在松辽盆地科学钻探，可以获得自白垩纪以来大陆古气候和环境变化的连续岩心记录。在湖泊的沉积层中实施科学钻探，可以获得对过去气候演变历史的完整记录。近年来，在各大洲湖泊开展了较多的环境科学钻探项目。ICDP 已完成的湖泊钻探项目已有 12 个，代表性的有：研究全球气候变化和贝加尔湖沉积盆地的构造演化的贝加尔湖科学钻探，设计了一系列取心钻孔，最深孔在湖底的深度达 600 m；研究安第斯高原和亚马孙热带雨林晚更新世事件的时间分布和性质的 Titicaca 湖科学钻探项目，施工了三个钻孔，取得湖底沉积物共 625 m；研究南半球热带古气候、外延构造以及生物进化的 Malawi 湖泊科学钻探项目，设计两个钻孔，共采取岩心 623 m；研究东亚区域的气候、生态和构造演变及其与全球古气候关系的青海湖科学钻探项目，在五个点施工了 13 口浅钻，总进尺 547.9 m，最大孔深 114.9 m，在湖边陆地施工了两个深孔，孔深分别为 628.5 m 和 1108.9 m 等。

2. 深部生物圈科学钻探

通过大陆科学钻探取样来探索深部生物圈和早起生命演化历史。过去曾经认为，在坚硬致密的岩石内与深海缺氧、黑暗、高压的极短环境中都不可能有生物存在。但是，在美国卡洪山钻孔、苏联的科拉超深孔和我国的 CCSD-1 中，在数千米深的岩层中发现了种类繁多的微生物。通过大陆科学钻探进行深部生物圈研究，可以解决以下重要问题：深部生物圈底界深度和范围，深部生物的生存和新陈代谢机制，与地表生命体的关系以及在油气生成与矿体发育中所起的作用等。其研究成果还可应用到生物工程中，如利用微生物提高石油采收率和水处理等方面提供新的思路和方法。深部生物圈的研究已成为 21 世纪国际科学最前沿的课题之一，也是 ICDP 的主要科学目标之一。

3. 大型陨石撞击和生物集群灭绝

在漫长的地质年代中，不同规格的陨石连续不断地向地球表壳进行轰击，对地壳的构造演化、气候和环境有着不同程度的影响。大型陨石撞击事件会引起全球气候与环境恶化，造成生物集群灭绝。墨西哥尤卡坦半岛陨石坑科学钻探项目，完钻深度 1800 m，主要研究 6500 万年以前发生的陨石撞击事件，该事件最令世人关注，已成为当代地球科学研究中的重要课题之一。这次陨石撞击事件造成陆地和海洋大量生物死亡，这是地球史上发生的最大灾变之一，恐龙类动物灭绝正是发生在这段时间。西非加纳 Bosumtwi 陨石坑科学钻探项目，在直径 10.5 km 的陨石坑中施工一系列的浅钻，主要开展陨石撞击构造、第四纪热带古气候以及陨石坑充填物微生物学方面的研究。美国 Chesapeake 陨石坑科学钻探项目，完钻深度 1770 m，主要研究陨石撞击的过程和产物以及陨石撞击对海平面、气候、环境和生态的影响。

（二）可持续资源

1. 研究盆地演化、油气成因及天然气水合物

通过科学钻探对含油气盆地深入调查，可深化对盆地的成因和动力学演化历史的认识，建立烃的生成运移与热、流体、力学、生物演化过程之间的联系，揭示油气赋存的内在地质规律、预测储层和圈闭的分布等。探测和寻找非生物源石油与天然气也是今后的重要研究方向。瑞典锡利扬科学钻孔在 6.6 km 深度发现甲烷等烃类气体。20 世纪 80 年代初期到中期，在苏联第聂伯-顿涅茨克盆地（乌克兰）科学钻探时，在深度 3100～4000 m 的前寒武纪结晶岩基底（花岗质岩石、角闪石和片岩）中发现了五个大的生油岩和储油层，在 12 个钻井区中获得非生物成因的石油储量总计 219 亿吨。大陆科学钻探也开展了陆地天然气水合物的研究，ICDP 和 IODP 已联合实施了加拿大永冻层天然气水合物勘探项目。

2. 调查和开发深部热能

随着世界能源需求日益紧张，研究开发地热、特别是深部地热越来越重要。为此，需通过钻探来调查地热系统的地质条件、热量的来源、地热的分布、地热的状态与动态变化、热传导和热对流的过程以及地热资源的开发应用可行性等。我国在西藏羊八井进行深部地热钻探，由地热发的电量占拉萨电网的 45% 以上，经济社会效益显著。冰岛地热科学钻探项目，通过开采超临界状态的地热流体，其压力为 22.12 MPa，温度达 374.5℃，来改善地热能发电的经济性，拟钻一口 5000 m 深的科学钻孔。此外，研究开发干热岩能正日益受到越来越多国家的关注，美国和欧洲的许多国家都实施了此方面的研究计划。美国于 1986 年由洛斯-阿拉莫斯实验室在芬登山（Fenton Hill）钻成了两口深度分别为 4660 m 和 4247 m 的试验井，井底温度分别为 320℃ 和 280℃。两井相距 30 m，由其中一口井注入冷水，经井底压裂的高温岩体升温后转变为高压蒸汽，由另一口井输出发电，获得了较好的经济效益。

3. 研究矿产预测和评价及成矿理论

20 世纪后期，对成矿模式、成矿规律、成矿流体和超大规模矿床等的研究取得许多进展，但是对于矿床成因尚有许多盲区，如深成矿床、隐伏矿床、综合性含矿岩石-岩浆系统、含矿深源岩系与火山成因矿床等。大陆科学钻探是探测这些矿床和岩矿系统最重要

的方法和手段，可以解决与矿床成因相关的许多问题，如矿床分布的物理和化学机制，流体在成矿中的作用，金属的来源、运移和沉积机理等，解决上述问题将为矿产的预测和评价奠定基础。

（三）地质灾害

1. 研究地震发生机制和改善地震预报

通过科学钻探并在钻孔内安置地应力、孔隙压力、地温、地电、地磁、流体化学、倾斜和应变等传感器，建立长期观测站，可以了解深部震源的物理条件与化学过程，实现对地震的监测和预报。20 世纪 80 年代美国在距圣安德烈斯断层 4 km 的卡洪山口施工了一口 3510 m 的钻孔，对地应力、断裂作用、地壳物理特征、流体循环与热运移关系等进行研究。近年来，为深入研究该地区地震发生机制，正在试验一项深部穿越断裂、深度 5000 m 的钻探项目（SAFOD），这是美国庞大地学计划"地球探测计划"（earth scope）的一部分。2008 年，在汶川大地震后，中国政府立即启动了汶川地震断裂带科学钻探（WFSD）项目，在龙门山"北川-映秀"断裂及龙门山前缘安县-灌县断裂附近实施四口科学群钻，深度分别为 1200 m、2283.56 m、1502.3 m 和 3350 m，开展地质构造、地震地质、岩石力学、化学物理、地震物理、流体作用和流变学等多学科研究，2014 年完成钻探施工任务。

2. 研究火山系统及其喷发机理

火山爆发可能造成大量的生命和财产损失，火山喷发产生的火山灰屑与有毒气体会引起气候变化及造成空气污染，甚至引起火灾、洪水和粮食果蔬歉收等。火山研究是地球科学的一项重要课题。在火山系统内实施科学钻探拟解决的主要问题是：活火山系统喷发现象和历史、热与物质（岩浆、流体等）如何运移与变化、喷发活动同侵入作用的关系，建立火山喷发动力学模型以及预报喷发时间与评估喷发的潜在危害等。夏威夷科学钻探项目的目的是钻穿 Mauna Kea 火山的熔岩层，研究该火山形成的机制和火山深处的地下水运动，该孔设计深度为 4419.6 m，全孔连续取心。日本的云仙火山科学钻探项目的目的是研究火山喷发机制和岩浆活动，共设计了四个孔，深度分别为 750 m、350 m、1450 m 和 1800 m。

（四）地球科学

1. 检验与校正地球物理探测结果

地球物理是探测地壳结构和组分的重要方法，但是由于在地表探测的间接性，对该方法获得的深部测量结果的解释具有多解性。根据苏联、德国、美国、法国与瑞典等国家实施的科学钻探发现，许多根据地球物理和地表地质所确定的地下目标，未能通过钻孔予以证实。例如，苏联科拉半岛 SG-3 超深孔，直到孔深 12262 m 也未遇见预测于 7000 m 出现的康拉德界面。德国 9101 m 的 KTB 超深孔否定了根据地表地球物理资料所推断的推覆体等。所以，地球物理对地壳深部的探测结果必须通过科学钻探予以验证。同时，用钻探的结果来修正、改进地球物理探测方法，将提高其准确度，从而提高地球物理方法在未知地区探测的准确性。

2. 研究地壳深部流体及其作用

地壳中存在各种流体，包括淡水、卤水、石油、天然气、气体水合物和岩浆等，流体在地壳演化中起着非常重要的作用。流体控制壳–幔物质和能量的传输、交换与再循环及热量与应力场的不均匀分布，制约地壳结构、地质过程和壳–幔作用。流体运动与作用是油气和矿产形成、地震和滑坡诱发、废物污染等地球环境恶化的主要机理。鉴于过去对于地壳流体作用掌握的知识非常肤浅，特别是对 2 km 以下地壳流体了解的更少，于是近 20 年来，国际上已将其列为优先发展的重大前沿研究课题。

第二节　大陆科学钻探工艺与关键技术

由于科学钻探目标不同，其钻孔的位置、深度和钻遇的地层也不同，同样，其采用的钻探工艺与关键技术也不同。根据钻孔的深度不同，科学钻探分为四级：浅钻（深度小于 2000 m）、中深钻（深度为 2000～5000 m）、深钻（深度为 5000～8000 m）、超深钻（深度大于 8000 m）。钻遇的地层几乎各种包括各种地层，有沉积地层、变质地层和结晶地层；钻遇的岩石硬度，从软到硬都有。

与大洋钻探和极地钻探相比，大陆科学钻探在世界各国实施最为广泛，钻遇的地层也最复杂，形成的钻探工艺和技术也最全面。

一、取心钻探工艺

无论对于常规地质勘探钻进、油气井钻进还是服务于地学研究的科学钻探来说，岩心都是最重要的深部地下地质信息载体。因此，如何在不同条件下采取到高质量的岩心，始终是钻探工作者所面临的一个永恒的课题。取心钻进技术是科钻施工的关键技术，它的成功与否直接关系到整个工程的成败和整个工程的效率、质量。

深部大陆科学钻探具有钻孔深度大、地层岩石坚硬、要求全孔取心等特点。而且钻孔越向深部延伸，由于岩石处于高温高压的极端状态，钻进速度会越低，岩心采取会更加困难，从而导致钻井成本大幅度增加。大陆科学钻探工程对钻杆、孔底动力钻具、取心装置及钻头等有特殊的要求，如钻杆强度高、耐磨损、耐高温腐蚀、质量轻等。深部大陆科学钻探一般在结晶岩中实施钻探工作，岩石坚硬、研磨性强，且处于高温高压状态，因此对钻杆、孔底动力钻具、取心装置及钻头等有特殊的要求，如钻杆强度高、耐磨损、耐高温腐蚀、质量轻，钻头具有钻进效率高、使用寿命长、有利于岩心采取等特点。

在科学钻探取心钻进中，常用的取心方法主要有两种。

一种以苏联实施的科拉超深钻探项目中使用的牙轮钻头提钻取心方法为代表，其主要优点是牙轮取心钻头钻进时效高，如在科拉超深孔的片麻岩、角闪岩和花岗岩层中，牙轮取心钻头的平均钻进时效高达 1.8 m/h。但是这种取心方法钻取的岩心表面粗糙、凸凹不平，取心质量差，而且岩心采取率低，如科拉超深孔的平均岩心采取率仅为 40% 左右。严格意义上说，此种取心钻进方法不能很好地满足科学钻探对岩心的要求。

另一种以德国 KTB 先导孔使用的大直径金刚石绳索取心方法为代表，这种取心钻进方法由于无需提钻取心，辅助作业时间大大减少，其综合效率较高。并且由于采用金刚石取心钻头钻进，钻取的岩心表面光滑，取心质量高，岩心采取率也高。例如，德国 KTB 先导孔使用金刚石绳索取心钻进 3142.6 m，钻进口径为 ϕ152 mm，岩心采取率 98%，钻时 449 天。这种取心钻进方法的缺点是，需购置专门的绳索取心钻杆与钻铤，钻具费用很高。需配置高速顶部驱动系统，设备费用较高。

科学深钻宜采用以绳索取心为基础的组合式取心钻进系统，这些系统有不提钻换钻头系统、绳索取心式液动锤钻进系统、孔底马达、不提钻换钻头取心钻进系统。

钻进深部结晶岩时，岩心自堵的原因一般如下：

（1）钻头磨损，岩心直径增大；

（2）钻进岩层的强裂隙性；岩层倾角大，岩心碎裂后在岩心管内的自楔作用；

（3）岩石的密度高（2.7~3.0 g/cm³），随井深增加，压力也增加，钻孔穿过有应力的岩层时，由于卸载，岩心还可能自动碎裂成盘状（称为岩心"盘片化"），引起岩心堵塞。

在能够发生岩心自堵的条件下要提高取心率，必须：

（1）降低岩心与岩心管接触面上的摩擦系数和楔紧力——提高内壁加工的光洁度；采用低摩擦系数抗摩擦的材料（涂复玻璃搪瓷、塑料、金属石墨等）；冲洗液中加入润滑剂等。

（2）采用局部反循环或全孔反循环。反循环钻进能减少正循环冲洗液对岩矿心的冲刷作用；反循环冲洗液能起到悬浮岩矿心作用，减少了岩心堵塞，从而提高了岩矿心采取率。

二、科学钻探用耐高温孔底动力钻具

井底动力钻具是指连接在井底钻具组合中，能够直接在井底对钻具进行驱动，满足钻进施工工艺参数需要的井底机具。由于动力直接在井底输出，极大地减少了从地表向下传递过程中机械能量的传递损耗和阻力，减小了对钻具的荷载，降低了动力消耗，钻进技术参数的控制更加准确方便，同时由于上部钻进不回转或转动速度慢，减少了对孔壁的敲击和扰动，施工中将会更加安全。同时由于动力直接在孔底输出，回转类钻具可以输出比地表的转盘钻机高得多的转速，故于转盘钻进相比可以获得更高的钻进效率。因此，井下动力钻具在提高机械钻速、增加单只钻头进尺、减少每米钻井成本、实现井深轨迹的定向控制和快速准确中靶以及确保井身质量和钻井安全性等方面，与传统的转盘钻井相比，具有极大的优越性。因此井底动力钻具在国内外的钻井工程施工中得到了非常广泛的应用。

在深孔条件下，钻具的自重更大，钻进过程中的扭矩和钻压等传递过程更长，极大的负荷和恶劣的工作环境使其通常都接近材料极限状态下工作，因此在深孔钻进过程中采用井底动力钻具将是非常必要的。

井底动力回转钻具主要有螺杆马达、涡轮马达和电动马达三类。其中电动马达配套动力电缆制造和维护条件限制，故通常只能在浅孔中进行应用。

涡轮钻具是一种井底水力发动机，里面装有若干级涡轮（定子和转子），定子使液体以一定的方向和速度冲动转子，而转子将液体动能转变成带动钻头旋转破碎地层的机械能。20 世纪 30 年代，苏联在石油钻探中最早采用涡轮钻具。至 50 年代，涡轮钻获得了迅速的发展。在苏联和罗马尼亚已成为基本的钻探方法，欧美国家涡轮钻探工作量已占总进尺的 5% ~ 10%。随着 PDC 和热稳定型聚晶金刚石（TSP）钻头的发展，西方国家近十年来涡轮钻井技术得到了蓬勃发展。西方国家用涡轮钻具钻井一般能节省钻时 40% ~ 50%，节约钻井成本 1/3。Neyrfor Weir 公司在涡轮钻具的研究方面取得的成果令人瞩目，其 TMK 系列钻具通过改进涡轮叶片设计、PDC 推力轴承等方面的改进，使钻具的检修周期达到 200 ~ 300 h，耐热性达到 250 ~ 300℃。实际应用中与 PDC 钻头或金刚石孕镶钻头配套，在温度超过 195℃、泥浆比重 1.7 kg/L 的条件下单台连续使用寿命上达到了 704 h 的记录，单井无故障使用时间达到 903 h，同时在钻进效率方面也较转盘和钻杆钻具有较大的提高，大幅度降低了每米钻井成本和施工周期。

我国从 20 世纪 50 年代开始使用涡轮钻，80 年代初，中国核工业部研制成功世界上最小直径（52 mm）的 HD-52 型涡轮钻具，并成功地用于固体矿产钻探工程。我国新型涡轮钻具的研究与开发，依靠自己的力量，经过"七五""八五"攻关和近几年的多次结构改进以及反复的室内台架试验和 11 井次的现场试验，已取得了可喜的成果。但是由于其稳定性和推广力度不足等原因，到目前为止，在国内的钻井技术领域仍然未能得到广泛应用。

螺杆钻具是靠循环钻井液的动能转化为旋转钻头破碎岩石的机械能的井下动力钻具。该钻具以泥浆、清水为动力介质，通过钻杆中心孔输送到孔底的螺杆钻，实质上是把液体压力能转换为机械能的一种能量转换装置。钻探时，螺杆钻直接带动连接在其孔底传动轴上的岩心管和钻头回转，整个钻杆柱仅作为输送高压工作介质的通道和支撑钻头反扭矩的杆件，不作回转运动。采用螺杆钻钻探与常规钻探相比有许多优点，如钻杆磨损大幅度下降，钻速高。它是打定向孔的主要器具，在钻探领域已发挥重要作用。螺杆钻具定、转子有单头和多头两种，多线螺杆钻具有扭矩大、转速低的特点。它与涡轮钻具相比，具有功率大、转速低、扭矩大、压降小、容易启动等优点，目前在国内外被广泛应用。由于其转速比较低，能够与牙轮钻头实现较好的配合，同时还可以配套 PDC 或金刚石钻头。

1955 年，美国克利斯坦森矿山钻探制品公司根据莫因诺原理开始研究，于 1964 年首先取得成功，定名为"戴纳钻"；苏联于 20 世纪 70 年代初研究成功"凸"型螺杆钻；中国地矿部勘探技术研究所于 80 年代初研制螺杆钻成功。至今生产螺杆钻的国家有美国、俄罗斯、中国、德国等。

螺杆钻最早是用来打垂直孔，现在主要用来打各种定向孔和特种工程孔（如矿井冻结孔）。最大钻孔深度达 9023 m。目前世界上螺杆钻最小直径为 44.5 mm，最大直径为 304.8 mm。利用螺杆钻进行岩心钻探时，应在驱动轴与钻头间加上岩心管采取岩心。

螺杆钻具的使用寿命一般为 150 ~ 200 h，其薄弱环节是定子橡胶耐高温程度低，轴承易损坏。目前正加紧研制与开发用于制造定子的抗磨损耐高温的弹性材料与可靠的轴承系统，从而使螺杆钻的工作寿命得到显著提高。并研制低速大扭矩螺杆以适用于钻深孔和超深孔。

三、科学钻探用轻质铝合金钻杆技术

铝合金钻杆的研究和应用在发达国家已是一项相对成熟的技术。20 世纪 60 年代瑞典的克芮留斯公司研制成功铝合金钻杆，因其较传统的钢质钻杆有明显的优越性，至 70 年代在比利时、加拿大、美国和苏联等国家得到推广，应用领域包括地质岩心钻探、水井钻探、石油钻井以及科学深钻等。

铝合金钻杆的屈服极限一般不低于 255 N/mm²。一些国家的铝合金钻杆已经初步形成系列，如瑞典克芮留斯公司的 ϕ33 mm、ϕ43 mm、ϕ53 mm 的普通钻杆和 EW、AW、BW 绳索取心钻杆；比利时 BEL（Boart Exploration Service）公司的 Alu76 绳索取心钻杆；美国 Raynoldas Meta 公司的 APIPϕ101mm、ϕ114mm 铝合金钻杆；苏联的 ЛБРН-24、34、42、54、68 铝合金钻杆和用于深孔取心钻进的 ТБЛ-71 铝合金钻杆等。

1959 年，苏联地质局在复杂地形和复杂环境（难进入地区、边远地区）找矿中开始使用铝钻杆，以期望减少运输量。1962 年，开始试制第一批 ϕ24 mm 和 ϕ34 mm 的铝合金钻杆（钢质接头）用于地质找矿。由于铝合金钻杆比钢钻杆轻，大大减轻了劳动强度。采用同一型号的钻机钻进深度增加 30~80 m。深度 25 m、35 m、50 m 升降操作所节约的时间分别为 70%、170%、252%。生产效率提高 6%~10%。管材用量减少 35%~42%。

1970 年以后，苏联地质勘探研究所设计了 ϕ59 mm 高速金刚石钻探用铝合金钻杆。应用铝合金钻杆的目的主要是增加钻杆的转速以保证提高金刚石钻探机械转速。同期，瑞典亦研制了 ϕ33 mm、ϕ43 mm、ϕ53 mm 的铝合金钻杆（壁厚分别为 6.0 mm、6.5 mm、8.0 mm），钻杆回转速度达到了 3000 r/min，但试验的钻进深度不大。

苏联地质部门在 800~2000 m 深度，地层较为复杂的钻孔，采用 ϕ76~93 mm 直径的钻头钻进，铝合金钻杆比 ϕ50 mm 的同等级钢钻杆消耗的功率降低一半，每米成本下降 2~5美元（按 20 世纪 70 年代外汇汇率计算）。

由于铝合金钻杆在低温环境下能够保持自身优良工作特性，俄罗斯在北极地区的钻探工作亦大量使用了铝合金钻杆。迄今，在俄罗斯境内几乎所有的地区、所有的地质条件下，所有的地理环境中，特别是深井和异形井（定向井、大位移水平井）以及荒原沼泽、边远地区、近海地区的复杂地层、含溶液沉积地层、严重腐蚀性地层均有铝合金钻杆应用。据不完全统计，苏联铝合金钻杆在各种地质条件的 100 多个钻探区应用，获得了巨大的经济和社会效益。

苏联于 1962 年开始在石油勘探中使用铝合金钻杆，其后几乎应用于国内所有石油公司，使用环境主要为荒原沼泽以及海洋大陆架，与使用钢钻杆相比节省了大量运费和劳动量。到 1978 年，钻探总量已达 400 km，占总进尺数的 25%。俄罗斯近年铝合金钻杆应用比例逐年提高，目前已经达到石油钻井数的 50% 以上，美国更是达到了 60%

以上。

铝合金钻杆柱是苏联科学超深井施工的三大技术特色之一。世界第一深钻——12262 m深的科拉超深井就是用铝合金钻柱施工的。目前钢质钻柱使用深度尚未超过万米（美国罗杰斯一号井用钢钻柱钻达井深9583 m）。

俄罗斯石油勘探部门通过对铝合金钻杆应用的技术经济分析，得出了以下结论：尽管回收周期较长，采用铝合金钻杆能够取得相当高的技术经济效益，因此铝合金钻杆与钢钻杆相比有明显竞争力；采用铝合金可以减少对钻机的能力要求，缩短钻井时间；钻杆折旧费用的增加可以通过节约动力、卷扬机钢丝绳，减少提钻时间，增加有效钻探时间来补偿。由此，铝合金钻杆的应用深度应大于2000 m；使用铝合金钻杆可以完全不用大型笨重的设备，同样深度的钻井可采用更轻的钻探装备，减少了钻塔维修和生产成本折旧，大大节约了材料和运输费用；铝合金钻杆制造技术的发展，造价的不断降低，结构和操作规程的规范化，增加了钻杆的使用寿命，大大提高了使用效益。

国外经验表明，在外径、强度相同时，铝合金钻杆要比钢质钻杆轻很多（尤其是在泥浆介质中对比）。铝合金钻杆与孔壁间的摩擦系数较钢钻杆小，且其弹性变形比钢钻杆大，故所需回转扭矩较小、钻具的抗冲击能力较强，有利于提高钻杆和钻头的使用寿命。同时，铝合金钻杆的耐蚀性较强。因此，采用铝合金钻杆不仅可实现机具轻量化，提高钻机能力、减轻劳动强度，同时还可减少钻孔事故，提高钻探效率。

在解决铝基合金磁化和内通道直径等技术瓶颈后，铝合金钻杆亦可作为受控高精度定向钻探用无磁钻杆。为降低钻柱重量、减少扭矩和拖拽载荷，铝合金钻杆成为深部科学钻探（CSD）、超深钻井（UDD）和大位移水平井钻井（ERD）的最佳选择方案之一。

四、科学钻探防斜技术

影响钻孔弯曲的因素可分为地质因素、工艺技术因素和操作技术因素三大类。地质因素主要有岩石结构构造、各向异性、片理和层理、软硬互层、产状等；工艺技术因素主要有开孔偏斜、井壁间隙、底部钻具组合的刚度及弯曲状态等；操作技术因素主要是给进钻压。

1. 石油钻井常用防斜技术

常规的防斜纠斜钻具主要有满眼钻具和钟摆钻具。满眼钻具能够控制井斜变化率，但却不能有效地控制井斜角的大小。钟摆钻具是控制井斜角较有效的手段，是目前应用最广的一种降斜钻具，钟摆钻具有光钻铤钻具、塔式钻具和带稳定器的钟摆钻具等。除满眼钻具和钟摆钻具外，还有方钻铤、偏心钻铤、扁钻铤、HCY抗斜器等钻具组合。目前正在发展的防斜技术有偏轴钻具组合、导向钻具、反钟摆钻具、自动垂直钻进系统等。

2. 科学钻探防斜技术

科学钻探垂直钻进有被动垂孔钻进系统和主动垂孔钻进系统。被动垂孔钻进系统是指在钻进过程中，井底钻具组合只有防斜、纠斜和保直功能，钻具组合中没有随钻测量仪，不能随钻、随测和随纠，如钟摆钻具和满眼钻具等。主动垂孔钻进系统是指钻具组合中配备了随钻测量和纠斜系统，钻进时能实现随钻、随测和随纠。

苏联科学钻探主要采用被动垂孔钻进系统。在早起的科拉 SG-3 井，2100 m 深以内使用了在涡轮钻具上装一个特殊稳定器的钻具组合（钟摆钻具）。用两个或两个以上涡轮马达并列组成的满眼钻进系统，从地表以 11~15 r/min 旋转，获得在 4000 m 深度只偏斜 1° 的好效果。在钻进下部孔段采用的仍是常规的钟摆式被动垂孔钻进系统。

德国 KTB 先导孔的上部 ϕ269.9 mm 牙轮取心钻进采用钟摆式被动垂孔钻进系统，ϕ152.4 mm 绳索取心钻进沿用了地质勘探防止钻孔弯曲的方法。KTB 主孔采用主动垂孔钻进系统、MSS 马达控制系统和配备测量系统的全稳钻具控制井斜。主动垂孔钻进系统钻进了 3978.2 m（124 个回次），其中，VDS 垂孔钻进系统钻进 3204.8 m（100 个回次），ZBE 垂孔钻进系统钻进 773.4 m（24 个回次）。MSS 马达控制系统钻进 1099.9 m（49 个回次）。井深 7000 m 时井斜角基本保持在 1° 以内，水平偏距小于 15 m。

目前，在科学钻探中推广使用金刚石钻探，用金刚石钻探控制钻孔轨迹。保持金刚石钻探钻杆柱的动平衡是我国为防止钻孔偏离设计轨迹的重大措施，其技术要点：

（1）改善钻柱组合保持其动平衡，使用加长型金刚石扩孔器，使用三道环式金刚石扩孔管；使用绳索取心钻具（满眼式钻具）。

（2）采用稳定性强的金刚石钻头，如在钻头钢体外表面增加螺旋状肋骨条。

（3）采用优质轻聚合物钻井液减阻保稳。

（4）用螺杆钻、钢管偏心楔或可回收偏心楔，用液动锤绳索取心钻具进行冲击-回转钻进等。

五、高温钻井液体系

耐高温是实施大陆科学钻探深井钻井液的主要难题，目前，国内钻井液的最高耐温能力为 250℃。要完成超万米钻探任务，需研制新型的以人工合成基耐高温钻井液体系，耐温能力至少要达到 350℃ 以上。

苏联在科拉半岛 c-r3 超深井在结晶岩中钻进采用了抗高温低密度聚合物体系。秋明 SG-6 井深 7502 m，7025 m 时井温 205℃，地层异常压力 1.85 g/cm³，采用抗高温高密度聚合物钻井液体系。

德国 KTB 科学钻探用 D-H/HOE/Pyrodrill 钻井液体系，采用了大量的磺化高聚物和共聚物，体系在高温下（280℃）导致流变性失调，承载岩屑能力更差，固相无法控制，井壁缩径严重（地质专家解释为岩层流动）。最后在 9101 m（设计井深 10000 m）提前终孔。

美国高温井钻进所采用的钻井液主要有：

（1）聚磺钻井液体系，如由 Magcobar 公司提供的抗高温 DURATHERM 水基钻井液体系，主要材料为黏土、PAC、XP-20（改性褐煤）、Resiner（特殊树脂），pH 为 10.5~11.5。

（2）海泡石聚合物钻井液：将黏土换成海泡石土，抗温能力明显提高。海泡石是一种富含纤维质和镁的黏土矿物，其结构与坡绿石相似。海泡石钻井液抗温能力高，在 238℃ 条件下仍具有较好的性能。

（3）分散性褐煤-聚合物钻井液体系：一直广泛应用于墨西哥湾的钻井中，在密度高达 2.088 g/cm^3、井底温度高达 212.8℃的情况下，钻井液性能稳定，满足钻井和其他工程的要求，且钻井液具有较强的抗污染能力和抑制能力，对环境无影响。

第三节　大陆科学钻探装备特点与技术参数

深部取心钻探设备与机具是获取地下实物信息的重要装备，在地壳深部科学钻探过程中起到了至关重要的作用。苏联和德国凭借钻探技术与机电设备研发方面的技术优势，至今仍然保持着世界领先的超深孔作业纪录，其中苏联科拉半岛超深钻钻深达 12262 m，德国 KTB 主孔钻深为 9101 m。美国虽没有实施深部大陆科学钻探，但已实施的科学钻探项目有 10 多个。这几个国家基本代表了国际的大陆科学钻探的最高水平。

一、苏联科拉超深孔科学钻探装备

苏联科拉超深井所用钻探装备为石油转盘钻机，采用"超长孔裸眼钻进方法(Advanced Open Borehole Method)、涡轮马达孔底驱动和轻便铝合金钻杆"三大技术。第一阶段采用的乌拉尔机械-4 钻机，钻进井深 0~7263 m；第二阶段换为乌拉尔机械-15000钻机，钻进井深为 7263~12262 m。这两种钻机的技术参数如表 6.1 所示。

表 6.1　苏联 Uralmash 型钻机基本参数

项目	乌拉尔机械-4 钻机	乌拉尔机械-15000 钻机
名义钻井深度（铝合金钻杆）/m	7000	15000
最大钩载/kN	2000	4000
绞车最大输入功率/kN	809	2646
提升系统最大绳系	5×6	6×7
钻井钢丝绳直径/mm	32	38
转盘开口直径/mm	560	760
转盘输入功率/kW	368	368
钻井泵型号及台数	У8-7М×3 台	У8-7М×3 台+НБ-1250×2 台
井架有效高度/m	53.3	58
动力类型	交流电	直流电

二、德国科学钻探装备

德国 KTB 科学钻探利用 UTB-1 型钻机完成，在石油转盘钻机上加装一套高速回转的液压顶驱系统，并采用金刚石绳索取心钻进工艺，使得钻探效率大幅度提高。钻机设计钻探深度为 14000 m，钻机主要参数如表 6.2 所示。

表 6.2　UTB-1 型钻机主要参数

组件	项目	数值	组件	项目	数值
钻塔	总高/净高/m	83.175/63	动力	电机	9×740 kW
	二层台高/m	37		供电方式	可控硅整流（ACR）供电
	大钩载荷/kN	5500/8000			
井架底座	钻台高/m	11.75	转盘	开口直径/mm	1257
	净高/m	9.5		扭矩/kN·m（rpm）	40（140）
	钻台面积/m×m	13×13		驱动方式	变频式三相电机（AC）
	最大承转能力/kN	12000			
绞车	提升驱动方式	4 相限直流电机变速	固控装置	振动筛/台	3
	功率/kW	2220		除泥器/只	2
	钢绳直径/mm	44.55		离心机/台	4
	速度/（m/s）	20		除气器/台	2
钻杆移摆装置	星型操作台		泥浆泵（三联泵）	主泵	电机（2×1240 kW）
	高度/m	53		副泵	电机（1×620 kW）
	立根长度/m	40		工作压力/MPa	35
	钻杆直径/mm	114.3			
	最大承载力/kN	150（3 m 半径）	泥浆工作池	服役池容量/m³	150
	驱动方式	变频式三相电机驱动		备用池/m³	300
防喷器	闸瓦防喷器	4 个		通径/mm	476.25
	环形防喷器	1 个		额定工作压力/MPa	70

德国 Herrenknecht GmbH 公司于 2007 年研制了深部全液压取心 InnovaRig 钻机，技术参数如表 6.3 所示。该钻机该钻机既可用于大陆科学钻探，也可用于地热勘探、石油天然气勘探及二氧化碳的地下埋存等。在用于大陆科学钻探过程中，InnovaRig 钻机的显著特点之一是可以在转盘回转钻进及绳索取心金刚石钻进工艺之间快速转换，这样就可以实现在不太重要的地层中采用相对便宜的转盘回转钻进方法，而在重要的地层中则采用绳索取心金刚石钻进方法进行取心钻进。

在 InnovaRig 钻机系统中，传统的用于升降钻杆及套管的钢丝绳卷扬机被液压缸取代，该液压缸行程为 22 m，提升力为 350 T。利用半自动接管技术，InnovaRig 实现了"非手工加接钻杆"。钻杆柱由两个独立的顶驱系统驱动，具有很宽的转速范围。该钻机还配备了备用转盘。

表 6.3　InnovaRig 钻机技术参数

组件	项目	数值	组件	项目	数值
井架	井架高/m	51.8	提升系统	类型	液压双缸系统
井架	大钩载荷/kN	3500	提升系统	行程/m	22
井架			提升系统	功率/kW	2000
井架底座	类型	箱式	转盘	开口直径/mm	953
井架底座	高/m	9（9×10）	转盘	额定载荷/kN	4450
井架底座	套管载荷/kN	3500	转盘	动载荷/kN	3500
井架底座	防喷器滑车/kN	2×250	转盘	驱动	液压（200 r/min，600 kW）
顶部驱动回转	额定载荷/kN	4450	顶部驱动取心	额定载荷/kN	1500
顶部驱动回转	功率/kW	800	顶部驱动取心	功率/kW	350
顶部驱动回转	最大扭矩/(N·m)	48000	顶部驱动取心	最大扭矩/(N·m)	12000
顶部驱动回转	最大转速/(r/min)	220	顶部驱动取心	最大转速/(r/min)	500
液压钻工	最大直径/mm	254/底座1	泥浆泵	类型	电机（2+1 opt.）
液压钻工	最大直径/mm	508/底座2	泥浆泵	功率/kW	1300
液压钻工	最大荷载/kN	4540	泥浆泵	最大泵压/bar	350
液压钻工			泥浆泵	最大流量/(L/min)	2200
吊卡	最大直径/mm	254/底座1	大钳	类型	液压卡紧式
吊卡	最大直径/mm	508/底座2	大钳	直径范围/mm	73~508
吊卡	最大荷载/kN	4540	大钳		
管子操作机械手	驱动	液压驱动	磁性立根装载系统	类型	卧式
管子操作机械手	最大直径/mm	620	磁性立根装载系统	驱动	电机
管子操作机械手	最小直径/mm	73	磁性立根装载系统	额定荷载/kN（磁铁组）	45
管子操作机械手	承载力/kN	45	磁性立根装载系统		

整套钻机系统由钻机主机、钻杆拧卸系统、泵、泥浆罐及其他附属设备组成。其中泥浆处理系统、泵及泥浆罐可以灵活组装以适应不同的钻井流程。

InnovaRig 钻机的主要特点如下：

模块化组装及集装化，可实现快速的转换及移动；可在不同的钻进方法间快速转换，如气举钻进、普通回转钻进、绳索取心金刚石钻进、套管钻进及欠平衡钻进；较高程度的自动化，特别是半自动化钻杆拧卸系统，实现了安全操作，压缩了钻机的工作负荷，减少了人员数量；科学检测仪器的高度整合，使得从钻进向科学观测的快速转换成为可能；钻井场地所需面积小；既可使用公共电网，也可使用钻机自备的发电机。

三、美国科学钻探装备

虽然美国的深部大陆科学钻探孔不是很多，用于大陆科学钻探的钻机主要是中深孔钻机，主要有液压顶驱组合式取心钻机 DOSECC 型专用钻机，利用该钻机已完成 4500 m 的夏威夷科学深钻。但是美国的深孔和超深孔石油钻机技术水平代表国际石油钻机的最高水平，其中以 NOV（National Oilwell Varco）公司为代表。

早年 NOV 公司生产的超深井钻机主要是直流驱动，其代表产品为 E3000/E3000 - UDBE 和 4000-UDBE 型钻机。绞车功率分别为 2237 kW 和 2983 kW，名义最大钻深分别可达 9144 m 和 12192 m。国内进口了多台 E3000 钻机，其基本参数如表 6.4 所示。

表 6.4　美国 NOV 公司 E3000 型钻机基本参数

钻井深度/m	9000	提升能力/kN	5780
绞车功率/kN	2237	提升系统绳系	7×8
钻井钢丝绳直径/mm（"）	38.1（1 $\frac{1}{2}$）	钻井泵功率及台数	1267 kW×2 台 A1700-TP
转盘开口直径/mm（"）	952.5（37 $\frac{1}{2}$）	驱动方式	AC-SCR-DC
柴油发电机组	四台 D339 柴油发电机组（4×906 kW）		
电气控制系统	采用电气集中控制，以电控为主，柴油机采用气控		

目前，美国 NOV 公司的绞车功率有 2983~5220 kW，各个级别都有产品，主刹车采用主电机机能耗刹车，辅助刹车采用的是液压盘式刹车，绞车基本都是齿轮传动。

NOV 公司生产的钻机主要特点是：

钻机趋向大型化，结构形式多样化，如绞车功率 4477 kW，钻井深度 15000 m，泥浆泵的功率达 2350 kW；车装式、拖挂式、撬装模块式，种类齐全；电气传动技术的进步使得传动更加简单，特别是广泛使用了交流变频驱动技术；新型的一体化旋升式井架和底座，多节自升式井架起放更加安全，是钻机在钻井过程中更稳定，占用场地更小；液压盘式刹车、顶部驱动钻进装置、立根自动排放装置、井口自动拧卸装置的使用，使钻井智能化和自动化成为现实；钻机移运性能不断提高，快速搬迁能力成为钻机的关键竞争力；注重以人为本，更加适应 HSE 要求。

四、挪威 MH 公司的 RamRig 全液压顶驱钻机

挪威 MH 公司采用其特长的液压驱动技术及新颖的石油钻机构思方案，研制出 RamRig 钻机。现已基本上形成系列，大钩载荷 1500~10000 kN，其中大钩载荷为 4400 kN 的钻机，顶驱行程为 32 m；大钩载荷为 3000 kN 的钻机，顶驱行程为 30 m。钻机的最高提升速度为 2 m/s。RamRig 钻机具有灵活组合特性，可满足快速钻井机各种钻井工艺的需要。例如，选 1 台、2 台或 3 台钻机组合方式，可完成各种重复性作业，加快钻井速度和下套管速度。

RamRig 钻机由两个千斤顶液压缸、游动滑轮组件、提升钢绳、平衡器组件、顶驱、特制井架、柴油机或 AC 电动机液压泵动力系统、钻台和底座、钻井控制室、钻井液循环系统 10 个部分组成。与常规钻机相比，RamRig 钻机绞车和提升系统方案简单、结构紧凑、体积小、质量轻、成本低、技术经济指标先进；采用全液压驱动钻机，无工作火花，钻井更更安全；可完成钻井、起下钻、下套管或修井等作业，动力消耗较少；现场试验和钻井实践表明，RamRig 钻机可提高钻井效率 15%~20%。

五、中国深孔钻探装备

目前，国产的石油钻机已形成比较完整的系列产品，有 1000~7000 m 的机械式钻机，机电复合驱动钻机；有 4000~7000 m 的各种型号的直流电驱动钻机和交流变频驱动钻机。钻机制造厂家有：宝鸡石油机械有限责任公司、兰州兰石国民油井石油工程有限公司、四川石油设备有限公司、河南中原总机厂石油设备有限公司、南阳石油机械厂、中石化江汉石油管理局第四石油机械厂、上海三高石油设备有限公司、胜利油田石油机械厂。

深井和超深井钻机国内近几年才开始研制，2003 年 7 月，宝鸡石油机械有限责任公司自主研发的 7000 m 交流变频驱动、齿轮传动绞车钻机完成工业性试验，为大功率变频技术和自动送钻技术的应用积累了一些经验。目前，5000 m 和 7000 m 交流变频驱动钻机在国内市场销量大幅增加。2004 年，兰州兰石国民油井石油工程有限公司和美国 NOV 公司共同研制了 9000 m 的直流电驱动钻机，在科威特成套。2005 年，宝鸡石油机械有限责任公司自主研发的国内首台 9000 m 交流变频驱动钻机，钻机参数如表 6.5 所示。2006 年 8 月 13 日在新疆油田准噶尔盆地地腹部的莫深 1 井开始使用，设计井深 7380 m，2007 年 11 月 23 日顺利钻至设计井深。2007 年 11 月 16 日，由国家 863 计划重大项目资助的 12000 m 钻机，在宝鸡石油机械厂出厂，并在川西拗陷孝泉构造的川科 1 井的三开以后投入使用，该井设计井深 8875 m，2008 年 3 月 12 日三开钻进开始使用 ZJ120/9000DB 型 12000 m 超深井钻机。钻机参数如表 6.5 所示。

表 6.5 宝鸡石油机械厂生产的 9000 m 和 12000 m 钻机技术参数

钻机型号	ZJ90/6750DB	ZJ120/9000DB
类 型	交流变频电驱动钻机	交流变频电驱动钻机
名义钻井深度（114 mm 钻杆）/m	6000~9000	9000~12000
最大钩载/kN	6750	9000
绞车最大功率/kW	3200	4400
绞车档数	1 档，无级调速	1 档，无级调速
游动系统最多绳数	14	16
钻井钢丝绳直径/mm（″）	45（1 3/4）	48（1 7/8）
转盘开口直径/mm（″）	952.5（37 1/2）	1257.3（49 1/2）
转盘档数	1 档，无级调速	2 档，无级调速
泥浆泵型号及台数	F-1600HL×3	F-2200HI×3
井架型式及有效高度	"K" 型，48 m	"K" 型，52 m
钻机型号	ZJ90/6750DB	ZJ120/9000DB
底座型式及高度	旋升式，12 m	旋升式，12 m
钻台面积及净空高度/m	13.8×11.9，10	13.9×15.7，10
传动方式	AC-DC-AC	AC-DC-AC
控制方式	全数字变频	全数字变频
柴油发电机组台数及功率	5×1900 kW	5×1900 kW
交流变频电动机台数及功率	2×1100 kW，7×800 kW	4×1100 kW，6×900 kW，1×800 kW
泥浆高压管汇	φ102 mm（通径）×70 MPa	φ102 mm（通径）×70 MPa
固控系统泥浆有效容量	600 m³	600 m³

第四节　"地壳一号"万米大陆科学钻探装备

"地壳一号"万米钻机是我国首台万米大陆科学钻探设备，它将石油钻井装备和先进的地质钻探技术有机结合，其研制过程采用了"改造成熟技术、自主研发核心技术、集成关键技术"的创新思想和科学理念。

"地壳一号"万米钻机主体由现有成熟的特深孔石油钻井装备关键部件优化改进而成，包括天车、井架、二层台、底座、绞车、游车、动力水龙头等部件，名义钻深可达 10000 m，最大钩载：700 t，总功率：4610 kW。

"地壳一号"万米钻机具有如下特点：

（1）交流变频调速：钻机转盘、绞车和泥浆泵全部采用交流变频无级调速。

（2）控制数字化：钻机司钻房内配有司钻控制台和集成化控制系统。集电控、气控、液控为一体，结合控制模块，可进行司钻的数字化钻井操作，实现钻井参数监控、主要设备的工况监控。

（3）操作自动化：钻机将配有自动排管机、一键式铁钻工、智能化自动猫道，全为液压控制，可大幅度提高作业效率，减少钻工劳动强度。

（4）大功率绞车：提升速度在 0～1.2 m/s 无级调速，绞车配备液压盘式刹车，数控变频自动送钻系统，能耗制动可定量定位控制制动力矩。

（5）高速大扭矩液压顶驱：可满足金刚石绳索取心钻进工艺要求，配有高速大扭矩全液压顶部驱动钻井装置。

（6）回转驱动装置：可实现交流变频转盘驱动与液压顶驱之间进行快速切换，便于处理孔内事故。

（7）底座平台后方设有观摩房和载人电梯，方便来访专家、学者现场参观和指导。

（8）装备主体颜色自下而上分别代表太古宙到新生代，共五代十二纪的地层颜色。

一、钻机设计原则与规范

（一）设计原则

钻机设计、制造依据"全面满足深井取心钻进工艺要求，配套合理、性能先进、工作可靠、运行经济、满足 HSE 要求的原则"，整机性能和制造质量达到或优于国内同类钻机水平。

钻机参照 GB/T 23505-2009《石油钻机和修井机》标准及使用要求进行设计和制造，主要部件符合 API 规范，同时符合 HSE 有关规范。

（二）设计遵循的主要规范

钻机设计主要遵循的设计规范如下：

（1）API Spec Q1-2007 第 8 版（含 2010 增补）《石油石化和天然气工业质量纲要规范》；

（2）GB/T23505-2009《石油钻机和修井机》；

（3）API Spec 4F-2008 第 3 版《钻机和修井井架、底座规范》；

（4）API Spec 8C-2003 第 4 版《钻井和采油提升设备规范》；

（5）API Spec7K-2010 第 5 版《钻井与修井设备规范》；

（6）API Spec9A-2004 第 25 版《钢丝绳规范》；

（7）API RP 9B-2005 第 12 版《油田钢丝绳的应用、注意事项和使用方法》；

（8）AWS D1.1/D1.1M 2010 第 22 版《钢结构焊接规范》；

（9）SY/T6276-2010 ISO/CD14690《石油天然气工业、健康、安全与环境管理体系》；

（10）IEC60079-0-2007《爆炸性气体环境电气设备一般要求》；

（11）IEC60079-14-2007《爆炸性气体环境电气装置设计、选择和安装要求》；

（12）IEC44-81/API RP500-2002《石油设施电气设备的区域分类推荐作法》。

二、钻机结构特征

（1）"地壳一号"万米钻机是为深部大陆科学钻探工程而特殊设计制造的交流变频电驱动钻机。钻机按 GB/T23505-2009《石油钻机和修井机》的规定设计，并符合美国 API 规范和国外其他先进标准要求，钻机钻深能力为 10000 m（使用 4-1/2 ″钻杆）。钻机设计中应用机电一体化设计技术，充分利用成熟先进技术和产品，满足 HSE 要求。

（2）钻机的使用环境温度为-29 ~+55℃，湿度≤90%（+20℃）。

（3）动力系统配备三台 1000 kW 主柴油发电机组和一台 400 kW 辅助柴油发电机组，功率配备有足够的储备，钻机的自持能力强，配高压变电系统，可直接接工业电网。电传动采用矢量变频驱动系统，主要电气设备都布置在 VFD 房内。

（4）钻机井架为 K 型结构，满足配套顶部驱动装置安装的要求；底座为旋升式结构，和井架一起利用绞车动力通过一次穿绳起升到位。钻台主要设备及司钻控制室等均采用低位安装。竖立井架人字架后，用钻机绞车自身动力将底座顶层钻台部分和井架整体起升到 12 m 高的工作位置。

（5）绞车、转盘和泥浆泵均为独立的交流变频电驱动系统，互不干扰，能更好地满足钻井工艺的要求。

（6）绞车为单轴绞车，由两台变频电机各自通过一台减速箱驱动滚筒；绞车提升速度设计为 0 ~1.2m/s 无级调速。额定功率为 1600 kW×2 台。绞车配备液压盘式刹车、数控变频自动送钻系统。盘刹起驻车、安全应急作用，绞车速度及功能控制采用能耗制动和交流变频控制。能耗制动，可定量、定位控制制动力矩。各主要部件可拆卸为单独模块来运输；绞车的所有运行参数，包括起下钻速度、大钩位置，各种安全设置等均实现数字化控制。

（7）转盘由一台交流变频电机通过万向轴独立驱动，并配有惯性刹车。控制系统具备完善的监控和过扭保护功能。

（8）钻机配备集成化控制系统，结合控制模块，可进行司钻的钻井操作、钻井参数的监控设定、钻机主要设备的工况监控等功能，并具有钻井参数的记录存储功能。司钻控制室为钻机控制中心，室内布置司钻控制台、触摸屏、显示屏。集电控、气控、液控为一体；司钻在司钻控制室内完成对钻机的主要操作，并实现参数（信号）的实时显示、存储、打印和管理。

（9）配备三台 1600HP 泥浆泵，每台泵由一台 1200 kW 变频调速电机驱动，可在 0 至额定转速之间无级调速；可靠性高，排量调节方便。

（10）钻机配备全液压顶驱、自动摆排管机、铁钻工、自动猫道。

三、主要技术参数

（1）名义钻深范围：10000 m；

（2）最大钩载：6750 kN；

（3）绞车额定输入功率：1600 kW×2；

（4）绞车档数：两档无级调速；

（5）钢丝绳直径：φ45 mm；

（6）提升绳系：7×8；

（7）最大快绳拉力：643 kN；

（8）转盘开口直径：φ1257.3 mm；

（9）转盘传动装置档数：1 档无级调速；

（10）泥浆泵型号×台数：3NB-1600×2 台/3NB-1600HL×1 台；

（11）单台泥浆泵最大输入功率：1193 kW（1600HP）；

（12）泥浆泵最大工作压力：52 MPa；

（13）井架形式/有效高度：K 型/48 m；

（14）钻台高度：12 m；

（15）底座净空高：10 m；

（16）主柴油发电机型号×台数：1000GF 8×3 台；

（17）单台柴油机功率：1070 kW；

（18）辅助发电房发电机型号×台数：YGV-505 VOLVO×1 台；

（19）单台柴油机功率：400 kW；

（20）储气罐容量：2×3 m³+3 m³；

（21）气源系统最高工作压力：1 MPa。

四、钻机总体结构

"地壳一号"万米钻机分为钻台区、动力区、泵房区、固控区、供油供水区和营房区六大部分。

钻机组装后，占地面积约 120 m×90 m（不包括工具房和生活营房等）。

钻机布局平面见图 6.1，钻机传动系统见图 6.2，钻机主体及其关键技术装备模型见图 6.3。

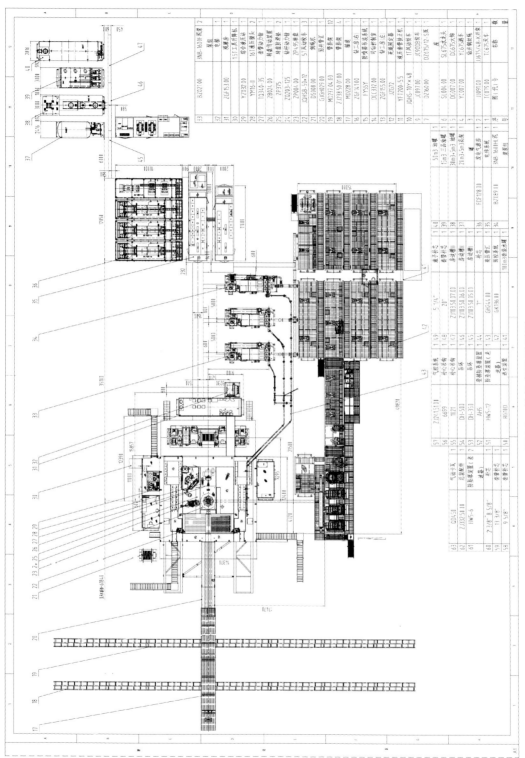

图6.1　钻机布局平面图

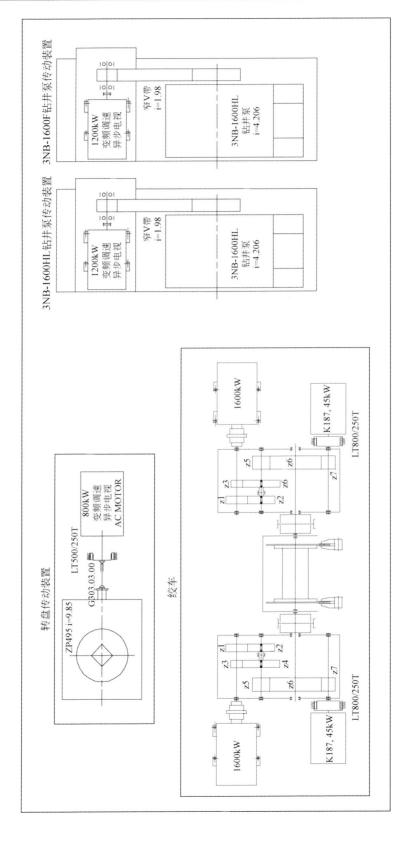

图6.2　钻机传动系统图

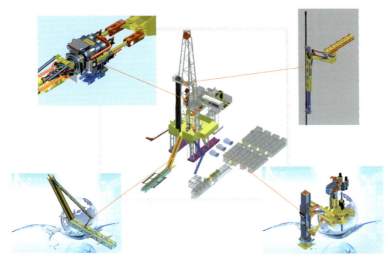

图6.3　"地壳一号"万米钻机主体及其关键技术装备

钻台区有井架、底座、天车、游车、大钩，安装于钻台上的转盘传动装置，转盘、司钻控制室、钻工房和钻井作业所需的各种钻台机具以及安装于底座水柜上的绞车等组成。

动力区有发电气源房和电控房。发电气源房安装后形成一个彼此联通为一个整体的发电、供气区，电控房布置在发电房靠泥浆泵的一侧。

泵房区有两台3NB-1600F泥浆泵组和一台3NB-1600HL泥浆泵组。

固控区安装有固控系统的泥浆罐和泥浆处理设备等。

供油、供水区安装有各种油罐和水罐（用户自备）等。

钻井液管汇包括立管及地面管汇。

钻机各区域之间由电缆管线槽连接，各种油、水、气主管线和电缆都布置在管线电缆槽内。

钻台前布置有猫道、钻杆架，右侧布置倒绳机。

五、钻机主要部件

（一）提升系统

1. 绞车

绞车是"地壳一号"万米钻机的重要机组之一，它主要用于钻机起放井架，起下钻具和下套管，钻头钻进过程中控制钻压，处理事故等作业。

1）主要技术参数

（1）最大输入功率：3200 kW；

（2）最大快绳拉力：643 kN；

（3）钢丝绳直径：ϕ45 mm；

（4）挡数：两挡无级调速；

（5）开槽滚筒尺寸（直径×长度）：φ980 mm×1840 mm；

（6）主刹车：PS295/6750D 液压盘式刹车；

（7）刹车盘尺寸（外径×厚度）：φ2100 mm×76 mm；

（8）辅助刹车：能耗制动；

（9）外形尺寸（长×宽×高）：12100 mm×3200 mm×3400 mm。

2）结构特点

绞车主要由绞车架、主动力系统、传动系统、滚筒轴总成、辅助驱动装置、润滑系统、防碰过卷装置、刹车装置、气控系统等组成，结构如图 6.4 所示。

绞车从系统上分为两部分。一是由主电机为动力的主传动系统，系统由两台 1600 kW 交流变频电机分别通过齿轮减速器同步驱动滚筒轴，实现两挡无级调速。正常钻进时，使用主传动系统，主电机通过并车后驱动绞车传动轴并带动滚筒轴工作。二是由两台小功率交流变频电机为动力的自动送钻系统。绞车自动送钻时，由两台小功率交流变频电机驱动，经大扭矩、大传动比减速机及离合器后，将动力传入并车动力机组驱动传动轴及滚筒轴完成自动送钻过程。

(a) 绞车模型　　　　　　　　　　　　　(b) 绞车实物

图 6.4　绞车结构图

2. 井架

井架安装在旋升式底座上，与"地壳一号"配套，用于安放天车，悬挂游动系统，排放立根、下套管、进行正常钻井作业、起下钻柱、处理井下事故等作业，是钻机的主要承载结构件，重要组成部分。

1）主要技术参数

（1）井架型式：K 型；

（2）最大钩载（7×8 绳系）：6750 kN；

（3）加速度、冲击、立根、抽油杆以及风载都将减小最大额定静钩载能力；

（4）有效高度（钻台面至天车梁底面）：48 m/157.48 ft；

（5）顶部开挡（正面×侧面）：2.5 m×2.3 m/8.2 ft×7.5 ft；

（6）底部开挡：10 m/32.8 ft；

（7）二层台高度：25.3 m/83 ft、25.6 m/84 ft、25.9 m/85 ft、26.2 m/86 ft、26.5 m/87 ft；

（8）立根容量：（376 柱 5～7/8″钻杆，1 柱 11″钻铤，8 柱 10″钻铤）800000 lbs；

（9）抗风能力：预期工况（无立根）：47.8 m/s，非预期工况（满立根）：36 m/s，工作、起升、下放工况：16.5 m/s，结构安全等级：SSL E2/U2；

（10）配套天车：TC675-1 天车；

（11）配套底座：DZ675/12-S2 底座；

（12）理论自重：167975 kg/370320 lbs。

2）结构特点

井架主体结构为前开口"π"型井架，井架共分为六段12大件。背扇刚架为"K"型结构，各段间采用面接触，加耳板、销子连接。

井架上配有立管台、二层台、液压套管扶正台，同时配有通往二层台、天车台的梯子及登梯助力机构和防坠落装置，还配有死绳扶绳器，大钳平衡重。井架结构如图6.5所示。

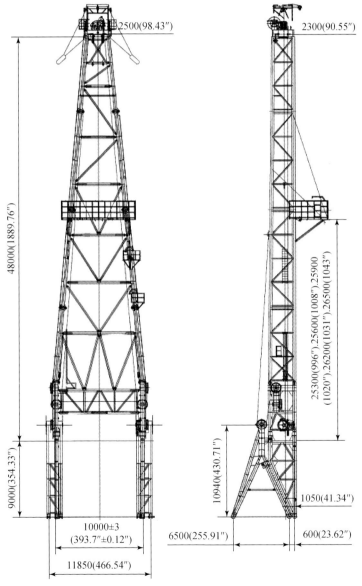

图6.5　井架结构图

3. 底座

底座是"地壳一号"万米钻机的重要部件之一，用来布置、支承和固定井架、绞车、转盘等，并承受它们的自重及钻具负荷，堆放钻杆立根和必要的钻井工具，为钻工提供必要的操作场地。

1）主要技术参数

（1）钻台高度：12 m/39.4 ft；

（2）转盘梁底面至地面净高：10 m/32.8 ft；

（3）最大额定静钩载：6750 kN/1500000 lb；

（4）最大额定转盘静负荷：6750 kN/1500000 lb；

（5）最大额定立根载荷：3600 kN/800000 lb；

（6）最大额定静钩载和最大额定立根载荷的组合载荷：10350 kN（2300000 lb）；

（7）立根盒容量：340 柱 5″钻杆，2 柱 9″钻铤，6 柱 8″钻铤；

（8）滚筒轴中心线与井眼中心距离：9.3 m/30.5 ft。

2）结构特点

底座采用低位安装、平行四边形结构与井架一起整体起升。所有台面设备均可在起升低位（4.087 m）安装。用钻机绞车自身动力将底座顶层钻台部分（包括井架和台面设备）整体起升到 12 m 高的工作位置。底座结构能承受井架最大负荷与立根负荷及最大风载。

转盘梁最大负荷 6750 kN 可与额定立根负荷 3600 kN 联合作用。

底座按模块化设计。各部件之间均采用销子、耳板连接，使安装拆卸方便、连接可靠。铁路和公路运输时，底座可拆成小块；也可在油田内大块搬运，或整体平移打丛式井。底座模型见图 6.6，结构见图 6.7。

图 6.6　底座模型图

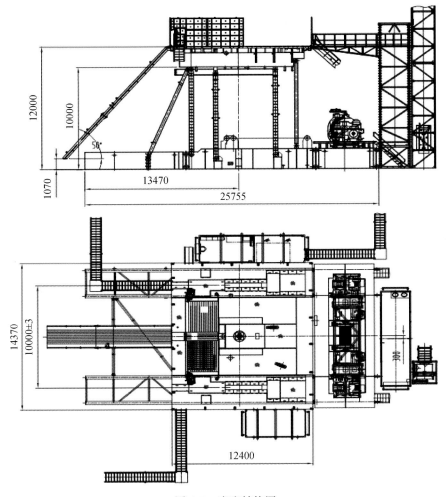

图 6.7 底座结构图

4. 天车

天车是钻机提升系统滑轮组成的固定部分，它和提升系统的游动部分一起，通过绞车来完成钻井起下钻杆和下套管作业。

1）主要技术参数

（1）最大钩载：6750 kN；

（2）滑轮数：7+1；

（3）主滑轮外径：ϕ1727 mm；

（4）导向滑轮外径：ϕ1981 mm；

（5）钢丝绳直径：ϕ45 mm；

（6）外形尺寸（长×宽×高）：4283 mm×3359 mm×3875 mm；

（7）理论质量：13083 kg。

2）结构特点

天车由天车架、轴承座、天车轴、主滑轮、快绳滑轮、辅助滑轮、缓冲装置、绳架、护罩、梯子及栏杆等组成。天车结构见图6.8。

图6.8　天车模型及结构图

天车架为焊接结构，设计、制造满足 API Spec 4F 第 3 版的相关规定。

天车上的快绳从井架后部引入快绳滑轮，天车与游车的穿绳采用顺穿方式。

滑轮外缘均装有挡绳架，主滑轮总成配有护罩。

轴承和滑轮槽按 API Spec 8C 第 4 版规范设计，最大提升绳系为 7×8 绳系，钢丝绳直为 $\phi45$ mm。

每个主滑轮和快绳滑轮与轴之间装有一个双列圆锥滚子轴承，每一个轴承都有一个自的单独润滑油道，保证轴承润滑充分。各滑轮轴承在使用前及工作期间应加注 NLGI2 合锂基合成润滑脂，每周一次。为了方便天车滑轮的润滑，在天车走道侧面设有一个集润滑装置，通过该装置上的油杯来统一加注润滑脂。

天车和井架之间采用定位销和螺栓连接。

天车下部悬挂有两个辅助滑轮，用于载人绞车悬绳，每个滑轮的负荷为 50 kN。

天车上装有桁架结构式滑轮起重架，修理天车时用于吊装滑轮，最大起重量为 50 kN。

天车上还配有两个备用的 5 kN 起重滑轮。

天车架下面用螺栓连接一个顶驱悬挂耳座，可方便与顶驱导轨相连，以满足顶驱装置安装的需要。

天车架下面有枕木缓冲装置，用来防止游车直接碰撞天车架。

5. 游车

游车是钻机的提升设备之一。其主要用途是悬吊钻柱。游车可满足在操作温度不低于−45℃时正常工作，能与符合 API 规范的相同（或相当）级别的大钩配套使用，并为相应级别的钻机配套。

1）主要技术参数

（1）最大钩载：6750 kN；

（2）滑轮数：7；

（3）滑轮外径：1727 mm；

（4）钢丝绳直径：45 mm；

（5）质量：13180 kg。

2）结构特点

游车主要由上横梁、滑轮、滑轮轴、侧板组、下提环、提环销等零部件组成。滑轮用双列圆锥滚子轴承安装在滑轮轴上，每个轴承都有单独的润滑通道，通过安装在滑轮轴两端的油杯分别进行润滑。轴承两端的防尘圈起防尘作用，防尘圈在相配的滑轮轮毂上四处铆牢。滑轮轮槽均符合 API Spec 8C 第 4 版规范，为最大限度地抵抗磨损，在滑轮轮槽的表面区域进行了硬化处理。

侧板组上部用横梁轴与上横梁连接。下提环被两个提环销牢固地连接在两侧板组的下部。提环销的一端用开槽螺母及开口销固定。当摘挂大钩时，可以拆掉游车上的任何一个或两个提环销。游车模型及结构如图 6.9 所示。

图 6.9　游车模型及结构图

6. 大钩

大钩是钻机的提升设备，是钻机八大组件之一。在钻井过程用于完成起落钻杆、钻具、下套管、解卡等工作。大钩强度水平的高低是反映提升设备承载能力的重要指标。

1）主要技术参数

（1）最大静负荷：6750 kN（750 短吨）；

（2）设计使用温度：-45 ~ +60℃；

（3）主钩口直径：ϕ228 mm；

（4）副钩口直径：ϕ152 mm；

（5）弹簧工作行程：200 mm；

（6）弹簧负荷：工作行程开始时：33572 N；工作行程终了时：61965 N；

（7）主钩口开口尺寸：240 mm；

（8）钩身旋转半径：585 mm。

2）结构特点

大钩的钩身、吊环、吊环座是由特种合金钢制造而成。下筒体、钩杆是由合金锻钢制成，所以大钩有较高的承载能力。

大钩主要由吊环、吊环座、筒体、钩身、钩杆和弹簧等组成。筒体内装有内、外弹簧，能使立根松扣后向上弹起。筒体上部装有安全定位装置。当提升空吊卡时，定位装置可以阻止钩身的转动。当悬挂有钻杆柱时，定位装置不起定位作用。钩身就可以任意转动。大钩的制动装置可在八个均匀的任一位置把钩身锁住。大钩结构见图6.10，大钩使用见图6.11。

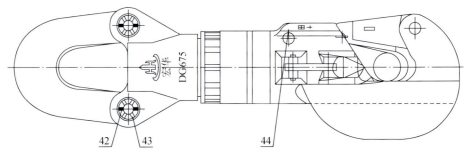

图 6.10　大钩结构示意图

图 6.11　大钩及使用

7. 水龙头

水龙头主要功能有悬挂钻杆柱、提升部件（不旋转）与旋转钻具之间的过渡联接、高压泥浆输入钻具的通道、旋扣功能、在钻井作业过程中用于接单根或旋开方钻杆。

1）主要技术参数

（1）最大静负荷：6750 kN（750 短吨）；

（2）最高转速 300 r/min；

（3）最高工作压力：52 MPa；

（4）中心管内径：102 mm；

（5）接头螺纹：和中心管接：REG（正规）8 5/8″左旋，和方钻杆接：REG（正规）6 5/8″左旋；

（6）鹅颈管接头与水龙带连接管线螺纹：4″–8 牙/英寸（API Spec 5B）；

（7）风动马达型号：FMS-20型额定转速：2800 r/min，功率：14.7 kW，额定气压：0.6 MPa；空气消耗量（自由空气）：17 m³/min，进气管线：1 1/2″；

（8）额定旋扣转速：91.7 r/min；

（9）最大旋扣扭矩：3000 N·m；

（10）水龙头外形尺寸（长×宽×高）：3649 mm×1450 mm×1162mm；

（11）水龙头总重（包括空气管线）：6300 kg；

（12）使用环境：最低温度：-45℃。

2）结构特点

水龙头由旋转部分、固定部分、承转部分、密封部分和旋扣部分组成。旋转部分由中心管和接头组成。固定部分由外壳、上盖、下盖、鹅颈管、提环和提环销六部分组成。承转部分由主轴承、防跳（扶正）轴承和下扶正轴承组成。密封部分由盘根装置和上、下弹簧密封圈组成。旋扣部分由气马达、齿轮、单向式气控摩擦离合器等组成。

中心管通过轴承和上、下盖安装在外壳内，中心管下端与钻杆接头连接，上端与盘根装置相连。提环用提环销与外壳连接，并挂在大钩上。鹅颈管安装在上盖的顶部，外端连接水龙带。为了使高压泥浆从鹅颈管流到中心管，且确保密封不漏，其间安装有盘根装置。气马达安装在上盖上，经气控摩擦离合器和齿轮减速后带动中心管旋转，从而实现其旋扣功能。水龙头结构见图6.12。

图6.12　水龙头

（二）旋转系统设备

1. 转盘

转盘是石油钻机重要的配套设备之一，其主要功用是：传递动力，使钻具旋转和破碎岩石；在接单根和起下钻具的过程中，悬持钻杆柱；在下套管的过程中旋接套管时，支承全部套管柱。另外，转盘还能完成一些辅助工作，如：上卸钻头时，固定钻头盒；起钻时，旋开接头丝扣；处理事故时，有时转盘必须反转，以适应倒扣和使用反扣钻杆的工艺需要。

1）主要技术参数

（1）通孔直径：1257.3 mm；

（2）最大静负荷：7250 kN；

（3）最大工作扭矩：36500 N·m；

（4）最高转速：220 r/min；

（5）齿轮传动比：9.85；

（6）外形尺寸（长×宽×高）：3693 mm×2314 mm×857 mm；

（7）质量：6698 kg。

2）结构特点

转盘由 800 kW 交流变频电机经过万向轴驱动，另设置有惯性刹车。电机、减速箱和润滑装置安装在电机梁上，安装、运输方便。

转盘主要由转台装置、铸焊底座、输入轴总成、锁紧装置、主补心装置、上盖等零部件组成。转台的通孔用于通过钻具和套管柱。为了旋转钻杆柱，在转台的上部有两个凹槽，主补心装置上部的两个凸出部分放在凹槽内。转台装置座在主副组合轴承上，通过轴承的中圈把它支承在底座上。组合轴承的中圈上部起主轴承的作用，它承受钻杆柱和套管柱的全部负荷，中圈下部起副轴承的作用，它通过下座圈安装在钻台的下部，用来承受来自井底的向上跳动。转盘模型如图 6.13 所示。

图 6.13　转盘模型及实物

2. 转盘传动装置

转盘传动装置与转盘配套，用以驱动转盘正、反转和快速制动，从而实现钻头的旋转钻进、划眼扩孔、处理井下事故等。

1）主要技术参数

（1）档数：1 档无级调速；

（2）惯性刹车离合器：LT500/250T 通风式气胎离合器；

（3）主电机型号：HTB03；

（4）主电机额定功率/电压：800 kW/600 V；

（5）配套转盘传动比（内置减速箱）：$i=9.85$；

（6）转盘转速：0~180 r/min；

（7）转盘最大工作扭矩：101475 N·m；

（8）转盘最大短时扭矩：152212 N·m；

（9）转盘驱动装置重量（不含转盘）：3500 kg；

（10）安装运输重量（含电机梁）：9164 kg。

2）结构特点

转盘驱动装置主要由主电机、惯性刹车装置和万向轴及润滑系统等组成。由一台 800 kW 变频电机通过万向轴，直接将动力输入转盘内置锥齿轮减速箱，驱动转盘。通过设置在电机输出轴上的惯性刹车装置来制动转盘。通过调节主电机转速，实现转盘转速在 0 ~ 180 r/min 范围内任意调节，结构如图 6.14 所示。

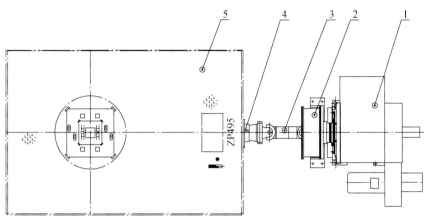

图 6.14　转盘传动装置

（三）循环系统设备

1. NB-1600F 及 3NB-1600HL 钻井泵组

钻井泵作为钻井作业的重要装备，在工作时向井底输送循环高压钻井液，冲洗井底、破碎岩石、冷却润滑钻头，并将岩屑携带返回地面。

鉴于钻井泵的工作介质为泥浆，液体状的泥浆温度最低为 0℃，故钻井泵的工作最低温度为 0℃。

1）主要技术参数

3NB-1600F 泥浆泵组的技术参数：

（1）泥浆泵组总重及主要外形尺寸：

总重：39913 kg；

主要外形尺寸（长×宽×高）：7500 mm×3428 mm×3107 mm。

（2）皮带传动技术规范：

皮带型号：25J（4）-8500；

传动比：1.981∶1；

小皮带轮有效直径：600 mm；

大皮带轮有效直径：1190 mm。

（3）泥浆泵技术规范：

型号：3NB-1600F；

额定功率：1193 kW；

额定冲数：120 冲/min；

冲程长度：304.8 mm；

齿轮形式：人字齿；

齿轮速比：4.206：1；

最大缸套直径：180 mm；

重量：26100 kg。

（4）交流变频电机技术规范：

型号：YJ31E2X1；

额定功率：1200 kW；

额定转速：1000 r/min。

（5）齿轮油泵技术规范：

型号：KCB-55；

额定压力：0.33 MPa；

额定转速：1500 r/min；

排量：55 L/min。

（6）润滑系统用电机技术规范：

型号：YB2 100L1-4 380 V 50 Hz B3 IP55；

额定功率：2.2 kW；

额定转速：1420 r/min。

（7）喷淋泵技术规范：

型号：32PL；

额定功率：2.2 kW。

（8）喷淋泵用电机技术规范：

型号：YB2 112M-4W 380 V 50 Hz B3 IP55。

额定功率：2.2 kW；

额定转速：1750 r/min。

2）结构特点

3NB-1600F 泥浆泵组主要由一台交流变频电机，一台 3NB-1600F 泥浆泵及传动装置组成。传动方式为电机通过传动轴带动皮带驱动泥浆泵工作，如图 6.15 所示。动力端由小齿轮轴、曲柄连杆和十字滑块机构组成，为液力端提供动力，将回转运动转变为直线往复运动。液力端的活塞借助于动力端的动力在缸套内作往复运动，与吸入阀和排出阀联合作用，将低压泥浆压缩后，排出高压泥浆。利用交流变频电机直接驱动泥浆泵的小齿轮轴，取消了传统泵组结构的中间传动环节，结构更加紧凑，提高传动效率，减少了能耗的损失；泵组体积小、重量轻、移运性好，结构简单，故障点减少；采用特殊设计的交流变频电机，电机寿命长，具有高可靠性和高稳定性。

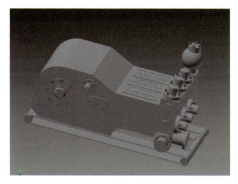

图 6.15　钻井泵总体结构图

2. 钻井液循环管汇

钻井液循环管汇，是钻井循环系统的重要设备。连接于钻井泵和水龙头或顶驱之间，钻机打钻作业时向井筒输送高压钻井液。还可与水泥车、节流管汇及压井管汇连接，进行固井、压井、打水泥塞及反循环等特殊作业。

1）主要技术参数

（1）通径：4″；

（2）最大工作压力：52 MPa；

（3）水压强度试压：70 MPa；

（4）适用温度：-29～55℃（在最大工作压力时）；

（5）鹅颈管高度：17.5 m，21.5 m；

（6）水龙带长度：19 m，23 m；

（7）质量：13595 kg；

（8）工作介质：清水、钻井液、压裂液、原油。

2）结构特点

钻井液循环管汇如图 6.16 所示。

图 6.16　管汇基本结构

3. 固控系统

固控系统是为"地壳一号"万米钻机的辅助配套设备，系统整体性能满足深度不大于万米钻井作业工艺技术要求。在钻井作业中，起着储存、调配钻井液，控制钻井液中的固相含量，保持、维护钻井液优良性能，提高钻井效率，保证井下安全的作用。

1）主要技术参数

（1）钻井液罐数量：11 个；

（2）系统有效容积：480 m³。

2）结构特点

固控系统由六个循环罐、四个备用泥浆罐、一个补给（灌浆）泥浆罐、一套配药加重泵、剪切泵以及完备的泥浆净化设备、合理的流程走向、各种功能的设备、管线等以及相应的安全防护装置构成，能够较好地满足钻机施工时对泥浆固控系统的要求；完成钻井液的配制、加重、添加化学药剂等工艺性能；检测发现井涌、井漏等事故，并通过改善钻井液性能积极处理和预防；起钻时向井筒补给钻井液。

固控系统总体布局见图 6.17。

图 6.17　固控系统总体布局

4. 固井管汇

控制固井泵排出的水泥输送到井口，完成固井作业。

1）技术参数

（1）最大工作压力：70 MPa；

（2）公称通径：2″。

2）结构特点

固井管汇结构见图 6.18。

图 6.18　固井管汇

(四) 动力及供气系统设备

1. 动力系统

1) 主要技术参数

主发电机组:

(1) 主柴油发电机组台数: 3 台;

(2) 柴油机型号: 济柴 1000GF8;

(3) 柴油机功率: 1070 kW;

(4) 柴油机转速: 1000 r/min。

辅助发电机组:

(1) 发电机组台数: 1 台;

(2) 发电机型号: VOLVO;

(3) 发电机功率: 400 kW;

(4) 发电机转速: 1500 r/min;

(5) 电传系统技术参数;

(6) 主发电机组额定功率×台数: 1000GF8-1070 kW×3 台;

(7) 辅助发电机组功率×台数: 400 kW×1 台;

(8) 高压电网接口最大功率: 5000 kW;

(9) 绞车电机功率/台数: 1600 kW/2 台;

(10) 转盘电机功率/台数: 800 kW/1 台;

(11) 泥浆泵电机功率/台数: 1200 kW/3 台;

(12) 绞车辅助驱动电机/台数: 45 kW/2 台;

(13) 转盘动力与液压顶驱动力交替使用: 600~800 kW。

逆变调速柜: 6+2 台, 采用一对一控制, 额定输出电压 0~600 V, 效率不低于 97%。井场配电容量: 1600 kW。

2) 系统组成

动力系统由三套 1000GF8 柴油发电机组和一套 YGV-505/VOLVO 辅助发电机组、发电机房、电源房、油罐、智能控制系统等构成。图 6.19 为柴油发电机组。

图 6.19　柴油发电机组

2. 气控系统

钻机气动控制技术是利用压缩空气作为传递动力或信号的工作介质，配合气动控制系统的主要气动元件，与机械、液压、电气、电子（包括 PLC 控制器和微电脑）等部分或全部综合构成的控制回路，来实现所需的动作控制。

1）主要技术参数

（1）系统最高工作压力：1 MPa；

（2）额定工作压为：0.8 MPa；

（3）最低工作压力：0.65 MPa；

（4）工作介质：经过干燥、过滤的压缩空气。

2）系统组成

气源系统：空压机及气源处理装置；

控制元件：包括各种阀件、传感器；

气路辅件：包括各种供气管线和连接阀件；

执行机构：包括气离合器、气动绞车、水龙头气动马达等。

钻机气控系统布管如图 6.20 所示。

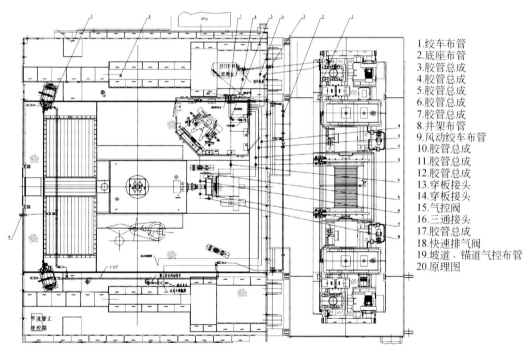

1.绞车布管
2.底座布管
3.胶管总成
4.胶管总成
5.胶管总成
6.胶管总成
7.胶管总成
8.井架布管
9.风动绞车布管
10.胶管总成
11.胶管总成
12.胶管总成
13.穿板接头
14.穿板接头
15.气控阀
16.三通接头
17.胶管总成
18.快速排气阀
19.坡道、锚道气控布管
20.原理图

图 6.20 钻机气控布管图

（五）钻机液压系统

1. 液压站

综合液压站是为"地壳一号"万米钻机专门设计制造，集钻机机具、盘刹液压控制和排管系统动力源为一体。它为钻机液压机具、液压盘式刹车装置和排管系统提供液压动力，亦可作其他液压装置的动力源。

液压站内部主要有主机具液压泵组、排管系统泵组、加油循环泵组、总控制阀组、刹车泵组、刹车块体总成、油箱及附件、电器控制柜等。液压系统主要控制阀采用 PSL-6 型负载敏感式双控（电动/手动）比例多路换向阀组，以控制系统的方向、压力、流量，大大减少了相关控制元件，减少了配管及系统调试工作，实现了不同压力、流量的多个负载同时工作；在电控系统不能正常工作时，手动换向及控制机构可确保各部分工作顺利进行。

1）主要性能参数

（1）机具泵电机：功率 55 kW，转速 980 r/min；

（2）排管系统泵电机：功率：75 kW，转速 1480 r/min；

（3）循环泵电机：功率 1.1 kW，转速 1450 r/min；

（4）刹车泵电机：功率 3 kW×2 台，转速 1450 r/min；

（5）机具泵：最大排量 160 mL/r；

（6）排管系统泵：最大排量 90 mL/r；

（7）刹车泵：排量 10 mL/r；

（8）循环泵：排量 63 mL/r；

（9）液压系统（盘刹/机具/排管）额定压力：8 MPa/16 MPa/26 MPa；

（10）液压系统（盘刹/机具/排管）最大流量：14 L/min /130 L/min/120 L/min；

（11）加热器功率：3 kW×2 台；

（12）散热面积：20 m^2；

（13）油箱容积：1000 L；

（14）最佳工作温度：35~55℃；

（15）工作介质：L-HM46（美孚 DTE25）抗磨液压油（夏季）；

（16）L-HV32（美孚 DTE13M）低温抗磨液压油（冬季）；

（17）L-HS32（美孚 DTE13M）低温抗磨液压油（极寒）；

（18）液压系统清洁度：NAS1638，9 级。

2）液压系统原理图

钻机液压原理图见图 6.21。

（六）电传动及控制系统

1. 钻机 VFD 房

VFD 房用于接收来自发电房的 AC600 V、50 Hz 的电能，通过传动及控制系统提供给钻机主驱动系统，并通过变电器转化为 AC400 V、50 Hz 的电能，为钻机控制中心提供 AC220 V 照明、DC24 V 控制电。

传动系统是把 600 V AC 交流电源经过整流系统转化为直流，再由 ABB 逆变单元把整流后的直流电逆变为频率、电压可控的交流电源去驱动交流变频电机。PLC 系统主要是实现对变频系统及其他控制设备的远程控制，数据参数的集中显示及相关的报警显示。

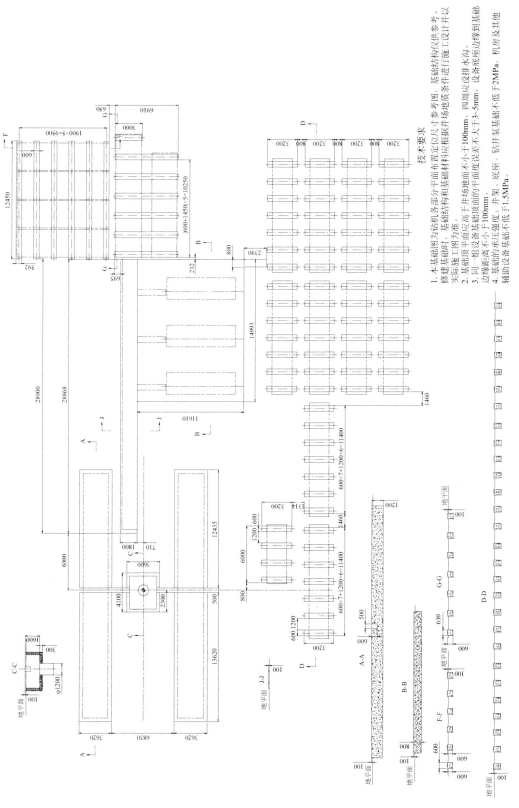

技术要求

1. 本基础图为钻机各部分平面布置定位尺寸参考图。基础结构仅供参考，基础结构施工时，基础结构和基础材料应根据井场地质条件进行施工设计并以实际施工图为准。
2. 基础顶平面应高于井场地面不小于100mm，四周应设排水沟。
3. 同一组设备基础顶面的平面度误差不大于3~5mm，设备底座边缘到基础边缘距离不小于100mm。
4. 基础的承压强度：井架、底座、钻井泵基础不低于2MPa，机房及其他辅助设备基础不低于1.5MPa。

图6.21　钻机液压原理图

　　空调系统通过强制吹风把房内传动系统等产生的热量带走，保持传动和电控系统能在正常的温度范围内正常工作。

　　1）主要技术参数

　　VFD1 房主要尺寸：

　　（1）长×宽×高：13000 mm×2800 mm×3050 mm；

　　（2）输入电压：600 V/400 V，50 Hz；

　　（3）输出电压：600 V/220 V，50 Hz，控制电源 DC24 V；

　　（4）钻机主驱动：600 V、50 Hz；

　　（5）使用温度：−29 ~+50℃。

　　VFD2 房主要尺寸：

　　（1）长×宽×高：11000 mm×2800 mm×3050 mm；

　　（2）输入电压：600 V/400 V，50 Hz；

　　（3）输出电压：600 V/220 V，50 Hz，控制电源 DC24 V；

　　（4）钻机主驱动：600 V、50 Hz；

　　（5）使用温度：−29 ~+50℃。

　　2）VFD 房组成

　　由传动系统、PLC 柜、发电机柜、同期柜、开关柜、OETL 柜、MCC 柜、照明柜、制动电阻、三相变压器、VFD 接线板、发电机天窗接线板、其他辅助设备，结构见图 6.22。

图 6.22　VFD 房内部结构

2. MCC 控制系统

　　MCC 模块用于把 400 V、50 Hz 的电能分配给钻机的用电设备。MCC 模块履行了电能控制和分配的功能，同时对钻机用电设备起到保护作用。

（七）司钻控制系统设备

　　司钻房模块用于实现对整个钻机电气、气控和液压部分的控制。通过操作台上的旋钮和触摸屏，可以完成绞车、泥浆泵、顶驱、转盘的主电机的远程起动、停止及转速给定，以及钻台上液压猫头、水龙头、液压站电机、盘刹控制阀等辅助设备的操作。

在司钻房还能实时显示和监控钻井数据和各个变频电机的运行状态，显示系统中发生的故障并提供相应的解决建议。

司钻房模块实现了钻机操作和监控的功能，同时对钻机绞车、水龙头、转盘刹车、离合器等设备提供气路控制。

1）主要技术参数

司钻房模块外形尺寸：

（1）长×宽×高：3300 mm×2600 mm×2955mm；

（2）输入电压：400 V，50 Hz；

（3）辅助控制电源：24 VDC、12 VDC；

（4）司钻房内用电设备：400 V/230 V，50 Hz；

（5）使用温度：-29 ~+50℃。

2）司钻房组成

司钻房内包含钻井仪表、监视系统、通讯系统、防爆空调、操作阀件、管线及不锈钢房体。并按标准配置控制阀、压力表、气控开关、电控开关、电气仪表、操作椅及灯、加热器等。

司钻房结构见图 6.23。

图 6.23　司钻房及司钻控制室内部

（八）井场标准化电气系统

提供发电机控制屏以及所有井场电器设备（不含井场营房及生活营房）的供电线路及接线盒，电缆槽等以及机房、泵房、循环系统、钻台及井架等系统的照明。按 API 区域划分满足各区域的防爆要求。防爆设备遵循 IEC60079 标准。

（九）辅助设备

1. 高空作业防坠落装置

用于高空攀登、下降及高空作业过程中的安全防护、保护人身安全、防止坠落事故的发生。

产品执行欧洲标准 EN360、EN361。

2. 钻井井架工逃生装置

下降逃生装置，用于一人或多人连续从高空以一定（均匀的）速度安全、快速地下落到地面，此装置只能用做逃生不能用做跌落保护。

当遇到井喷、失火或大风等情况，不能利用垂直攀梯逃生时，井架工利用此高空逃生装置快速安全地从高空逃离危险区。

（十）钻台机具

1. 液压猫头

液压猫头是钻机配套部件，与吊钳配套使用，用于钻井作业时，钻杆、钻铤、套管等机械化上卸扣作业。它可以减轻钻井工人的劳动强度，降低钻井成本，有效保证钻井工人的人身安全，如图 6.24 所示。

图 6.24　液压猫头

2. ZQ203-125 钻杆动力钳

ZQ203-125 钻杆动力钳钳头为开口型，能自由脱开钻杆，机动性强。扭矩大、安装了自动门和上扣扭矩自动控制等装置，对下钳夹紧和门栓关启、钳身移送等进行了联运控制，机械化程度较高，操作简便、安全、省力。主要用于起下钻作业、正常钻进时卸方钻杆接头、上卸 8″钻铤、甩钻杆、活动钻具等，结构见图 6.25。

图 6.25　液气大钳

(十一) 高转速全液压顶驱系统

高转速大扭矩全液压顶驱主要用于"地壳一号"万米钻机集成配套,其性能参数满足深井硬岩岩心钻探工艺要求,全液压顶驱应具有良好的调速性能和节能特性,与智能化钻杆上卸装置配合使用可大幅度降低工人劳动强度,同时有效避免常见孔内事故的发生。

高速大扭矩全液压顶部驱动钻井装置主要由提升装置、主传动结构、液压卡盘、旋转头及其附属功能部件、手动和遥控内防喷器、水龙头冲管、滑车总成等部件所组成,结构如图 6.26 所示。此外,液压顶驱可配备常规手动吊卡或液压自动吊卡,具有完整的电液控制系统和润滑冷却系统。全液压顶驱采用变量高速小扭矩斜轴式轴向柱塞液压马达驱动,通过行星减速机和主传动箱降速增扭,从而实现驱动钻柱回转的合理扭矩和转速范围;由独立的柴电混合驱动液压动力站作为液压油源,液压系统主要动力元件为变量斜盘式轴向柱塞液压泵,辅助动力元件为负载敏感轴向柱塞液压泵。其中,主液压系统采用闭式容积调速回路,辅助功能采用负载敏感多路阀构建的各开式回路。

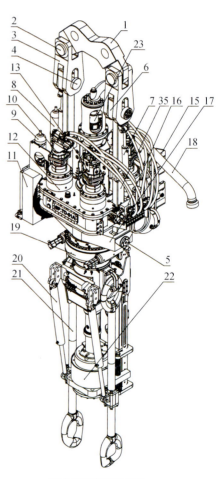

(a)全液压顶驱配色图　　　　　　　(b)全液压顶驱结构图

图 6.26　高速大扭矩全液压顶驱

"地壳一号"高速大扭矩全液压顶驱参数如表6.6所示。

表6.6 "地壳一号"高速大扭矩全液压顶驱设计参数

组件	项目	数值	项目	数值
顶驱参数	额定载荷/kN	4500	顶驱动力机	ZF08A×1
	功率/kW	600～800		
	最大扭矩/（N·m）	58500		CumminsQS×15×2
	最大转速/（r/min）	300	最大扭矩下转速/（r/min）	75
管子操作机械手	驱动	液压驱动	最高转速下扭矩/（N·m）	12000
	最大直径/mm	168	泥浆压力/MPa	35
	最小直径/mm	89	泥浆流量/（L/min）	1600
	承载力/kN	100	内防喷器设置	液压控制手动控制
平衡装置	浮动行程/mm	200	平衡重量/kg	6000～8000
钻压补偿	补偿范围/kg	500～5000	补偿精度/kg	100

（十二）高精度自动送钻系统

在超深井钻探过程中，钻探过程受到两大因素的影响，一类是地质条件等不能任意改变的客观因素；另一类是钻头类型、钻压、转速等可以控制的变量。在可控变量中，一旦钻探设备确定，则相应的钻头类型也就确定。所以，在钻探过程中钻压和转速是需要控制的两个主要参数。而最主要的技术难度在于钻进过程中对钻压的控制。因为钻进深度越深钻杆越重，对钻头压力越大，极易发生压碎钻头、溜钻和顿钻的事故。

高精度自动送钻系统，技术要求如下：

（1）顶驱给进方式：变频绞车给进；
（2）顶驱行程：大钩行程32 m；
（3）自动送钻方式：小电机精确控制；
（4）自动送钻控制精度：钩载1‰。

（十三）高精度自动拧卸和摆管装置系统

在钻机起下钻具过程中均伴随着钻杆拧卸、排放操作，即将钻杆由井口移至立根盒或由立根盒移至井口。钻杆拧卸、排放操作具有危险性，并且工作量大。钻杆自动处理系统可以有效解决上述问题，主要包括自动摆管和排管系统以及一键式铁钻工两种装备，应用该套系统仅需要较少的钻井工人即可完成传统的起下钻过程。

钻杆自动处理系统是自动化钻井的重要组成部分。其中，自动摆管和排管系统能实现钻杆在排放架与井口之间的自动传送，从而代替传统的井架工用钢丝绳提吊和传送钻杆的高危险操作，并结合液、气、电和微机控制，实现钻具在钻杆排放架与井口之间的自动输送、摆放等；一键式铁钻工能实现钻杆的自动上、卸扣操作，从而取代传统的生产方式和使用笨重的液压大钳操作的模式，铁钻工由一名操作工人根据现场的工作情况进行远程遥控操作，通过控制平台的操作可控制铁钻工完成钻具上、卸扣和紧、冲扣等全部动作，节省了人力并提高了人身安全保障。

钻杆自动处理系统，主要技术参数分别如表6.7及表6.8所示：

表6.7　悬挂式钻杆自动摆排管装备

性能指标	数值
钻杆直径范围	ϕ89 ~ 168 mm
最大夹持重量	2000 kg
平移机构行程	2150 mm
回转机构角度	−90° ~ 0° ~ 90°
自适应角度	左右±5°，前后±15°
最大平移速度	30 mm/s
最大回转速度	10 rpm
机械手升降行程	2400 mm
伸展机构角度	0 ~ 80°
最大伸展距离	2400 mm

表6.8　智能化铁钻工

性能指标	数值
液压系统额定压力	25 MPa
适用钻具管径	89 ~ 311 mm
旋扣转速	100 r/min
旋扣转矩	2373 N·m
旋扣平衡油缸行程	400 mm
最大上扣转矩	120000 N·m
最大卸扣转矩	120000 N·m
水平移动距离	1700 mm
垂直移动距离	1500 mm

第五节　深部大陆科学钻探应用工程设计

本节以"松辽盆地科学钻探工程"为例介绍深部大陆科学钻探应用工程设计。

一、钻探目的

通过科学钻探工程，填补完整和连续的白垩纪陆相沉积世界纪录和空白；为研究距今6500万年至1.4亿年间地球温室气候和环境变化奠定坚实基础；为建立建设"百年大庆"和基础地质服务的"金柱子"；为获取松辽盆地6400 m的原位连续地球物理参数；为松辽盆地及其相关类似盆地的地球物理勘探提供科学"标尺"。

二、设计井深及目的层

（1）设计井深：6400 m；
（2）目的层：嫩江组、营城组、沙河子组、火石岭组、基底。
设计地层分层数据见表6.9。

表 6.9　设计地层分层数据表

界	系	统	组	段	油层	底界深度/m	厚度/m	倾向/(°)	倾角/(°)	故障提示
						设计分层		地层产状		
新生界	第四系					20				
	古近系、新近系		泰康组							
			大安组							
			依安组							
中生界	白垩系	上白垩统	明水组	二段		130	110			易漏 易塌
				一段		245	115			
			四方台组			435	190			
		下白垩统	嫩江组	五段		615	180			易斜
				四段	黑帝庙	805	190			
				三段		950	145			
				二段		1140	190			易卡
				一段		1245	105			
			姚家组	二、三段	萨尔图	1315	75			
				一段	葡萄花	1365	50	P顶253	P顶2.5	易漏 易塌
			青山口组	二、三段	高台子	1610	245			
				一段		1680	70			
			泉头组	四段	扶余	1765	85			
				三段	杨大城子	2110	345			
				二段		2375	265			易斜
				一段		2530	155	204	4.5	
			登娄库组	四段		2675	145			易喷 易漏 易掉钻具
				三段		2840	165			
				二段		2965	125	202	4.9	
				一段						
			营城组		兴城	3320	355	195	14.2	
			沙河子组			5670	2350			易喷 易涌 水浸 气浸
	侏罗系	上侏罗统	火石岭组			6240	570			
		下侏罗统	洮南组							
			白城组							
古生界	石炭–二叠系					∨	160			易斜

断点位置及断距	从地震资料看，预计该井将于泉二段顶、沙河子组上部（约3480 m）、基底（约6400 m）钻遇断层。

三、井身结构设计

(一) 设计原则

井身结构设计的主要任务是确定套管的下入层次、下入深度、水泥浆返深、水泥环厚度及钻头尺寸。设计质量关系到科探井能否安全、优质、高效和经济钻达目的层的重要措施。选择井身结构的客观依据是地层岩性特征、地层压力、地层破裂压力。主观条件是钻头、钻井工艺技术水平等。井身结构设计应满足以下主要原则：

(1) 避免产生井漏、井塌、卡钻等井下复杂情况和事故；

(2) 当未知层出现漏、塌等复杂情况必须下套管封固时，要留有足够的空间保证下面取心钻井的正常进行；

(3) 当实际地层压力超过预测值发生溢流时，在一定范围内，具有处理溢流的能力。

(二) 套管设计

套管是井深结构的主要因素。套管主要有导管、表套、技套、尾套。

导管：其作用是在钻地表井眼时将钻井液从地表引导到钻井装置平面上来，这一层管柱的长度变化较大，在坚硬的岩层中为 $10 \sim 20$ m。本科探井根据地质设计和邻井资料导管深度达 25 m。

表套：其作用主要是防护浅水层受污染，封隔浅层流砂、砾石层及浅层油气。同时，用来安装井口防喷装置，是井口设备（套管头）的唯一支撑件，和悬挂依次下入的各层套管载荷。表套下入深度视地层情况而定，本井拟穿过四方台组中的 280 m 左右疏松层，再向下钻进约 20 m，井深约 300 m 下入表套，固井时水泥浆返至地表。

技套：一是用来隔离坍塌地层及高压水层，防止井径扩大，减少阻卡及键槽的发生，以便继续钻进；二是用来分隔不同的压力层系，以建立正常的钻井液循环。它也为井控设备的安装、防喷、防漏及悬挂尾管提供了条件。

尾管：尾管是一种不延伸到井口的套管柱，它的优点是下入长度短、费用低。在深井钻井中，尾管另一个突出的优点是，在继续钻进时可以使用异径钻具。在顶部的大直径钻具比同一直径的钻具具有更高的抗拉伸强度，在尾管内的小直径钻具具有更高的抗内压的能力。尾管的缺点是固井施工困难。尾管的顶部通常要进行抗内压试验，以保证密封件。尾管与上层套管重叠段长度一般取 $50 \sim 100$ m。本井在三开时视地层情况，如果三开打不到设计深度。将采用尾管固井，然后进行四开钻进。

(三) 地质必封点确定

根据地质情况，首先确定钻井必封点；然后根据钻探目标确定终孔直径；最后由下而上进行井身结构设计。地质必封点定性分析：

(1) 科探井地层中，四方台组以上为疏松地层，要防漏、防塌。该层位在 $245 \sim 435$ m。要考虑必封点。

（2）预计该井在泉头组二段顶部 2110 m 左右将钻遇断层。在上述层位要防漏、防斜。要考虑必封点。

（3）营城组底部到沙河子组上部将钻遇断层，同时近平衡段脆性火山岩因破碎易落碎块，疏松的凝灰质岩和泥岩，遇水易膨胀，特别要注意防斜防卡。要考虑必封点，在 3480 m。

（4）沙河子组下部有砾岩，极有可能含气，且井壁极易坍塌。需考虑必封点，约 4400 ~ 4500 m。

（5）火石岭组上部为灰色凝灰岩和泥岩，容易缩径，且极有可能该地层储藏有丰富油气。要考虑必封点，在 5900 ~ 6000 m。

（四）井身结构

该井拟采用超长裸眼钻进。理想状态下，套管只包括表层套管、技术套管和完井套管，可免下 ϕ311.2 mm、ϕ215.9 mm 两层套管。如果在超长裸眼钻进中遇到复杂地层无法进行时，下入扩孔钻头进行扩眼钻进和下套管，但中间两层套管下深都不能确定，要根据现场施工的具体情况来定（表 6.10、表 6.11）。因此，井身结构会采用如下几种结构，图 6.27 为理想状态、图 6.28 为一次扩眼、图 6.29 为两次扩眼。

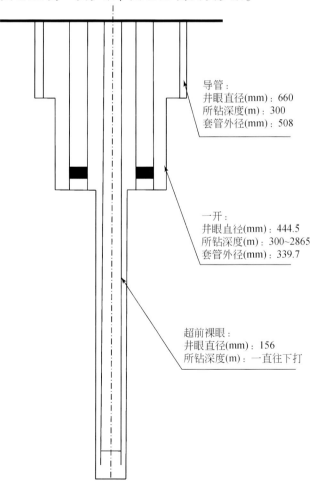

导管：
井眼直径(mm)：660
所钻深度(m)：300
套管外径(mm)：508

一开：
井眼直径(mm)：444.5
所钻深度(m)：300~2865
套管外径(mm)：339.7

超前裸眼：
井眼直径(mm)：156
所钻深度(m)：一直往下打

图 6.27　超前裸眼钻进理想井身结构图

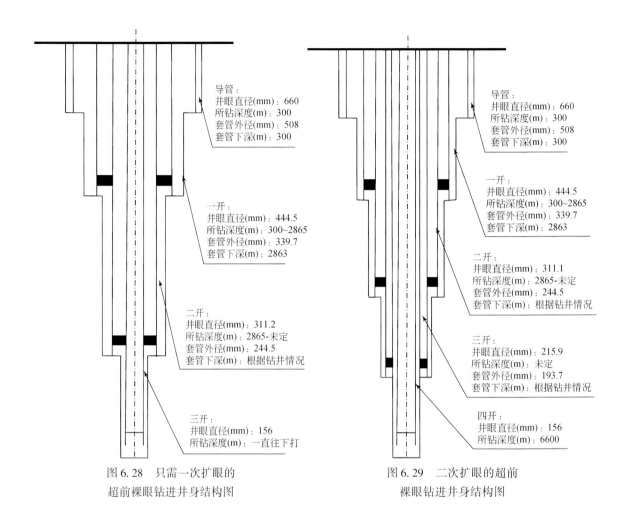

图 6.28　只需一次扩眼的
超前裸眼钻进井身结构图

图 6.29　二次扩眼的超前
裸眼钻进井身结构图

表 6.10　井身结构设计数据表

开钻次序	钻头尺寸× 井深/mm×m	套管尺寸× 下深/mm×m	套管下入 地层层位	环空水泥浆返深/m	备注
一开	ϕ660.4×300	ϕ508.0×300	四方台组	地面~300	插入式固井
二开	ϕ444.5×2865	ϕ339.7×2863	登二段	地面~2863（1.5 g/cm³）	插入式固井
三开	ϕ311.2×4465	ϕ244.5×4463	沙河子组	4463（1.6 g/cm³）	钻深及套管下入 视现场情况而定
四开	ϕ215.9×5965	ϕ193.7×5963	火石岭组	5965（1.8 g/cm³）	
五开	ϕ156×6600	/	/		

注：三开、四开钻深及套管下入深度要视钻进情况而定，表中为预设深度。

表 6.11　井身结构设计说明

开钻次序	套管尺寸/mm	设计说明
一开	508.0	表层套管下入四方台组 55 m，并考虑所安装的套管头能够承受套管柱重量
二开	339.7	技术套管 I 是封固青山口组易坍塌的裂缝性泥岩地层，重点考虑在三开井段要进行全段连续取心钻井，适应频繁起下钻而设计的，进入登二段 25 m 固井
三开	244.5	技术套管 II 是根据超前裸眼钻进情况而定，重点考虑井壁稳定性
四开	193.7	技术套管 II 是根据超前裸眼钻进情况而定，重点考虑井壁稳定性。按照设计井深 6600 m 需要，井身结构按 6600 m 设计，具体深度根据实钻层位深度确定

四、钻具组合设计

所用钻具组合需要根据钻进过程中遇到的井下地层情况而定，因此要几种预案来应对各种可能情况的发生。钻具组合设计包括：0 ~ 2865 m 段全面钻具组合，超前裸眼钻进组合，扩眼钻具组合。

1. 第一次开钻钻具组合

第一开设计井眼直径 φ660 mm，钻井深度 0 ~ 300 m，其钻具组合数据如表 6.12 所示。

表 6.12　第一次开钻钻具组合

名称	数量/根	外径/mm	内径/mm	推荐长度/m	单位重量/(N/m)	段重/kN	累重/kN
方钻杆	1	133.4	82.5	9	1008.9	9.08	447.84
钻杆	13	127	108.6	117	290	35.1	438.76
加重钻杆	4	127	76.2	36	719	25.88	403.66
钻铤	4	177.8	71.4	36	1606.22	57.8	378.78
钻铤	5	203.2	71.4	45	2190.3	98 56	320.989
钻铤	4	228.6	71.4	36	2906	104.62	222.42
钻铤	3	279.4	76.2	27	4366	117.8	117.8
全面钻头	1	660.4		0.5			

2. 第二次开钻钻具组合

第二开井眼直径 φ444.5 mm，设计井深为 300 ~ 2865 m，钻具组合设计为塔式钻具组合和钟摆式钻具组合两种，技术数据见表 6.13 和表 6.14。

表 6.13　塔式钻具组合

名称	数量/根	外径/mm	内径/mm	推荐长度/m	单位重量/(N/m)	段重/kN	累重/kN
方钻杆	1	133.4	82.6	9	1008.9	9.08	1478.20

名称	数量/根	外径/mm	内径/mm	推荐长度/m	单位重量/(N/m)	段重/kN	累重/kN
钻杆	294	139.7	118.6	2646	360.15	952.96	1469.12
钻铤	6	178	71.4	54	1599.36	86.37	516.16
钻铤	12	203	71.4	108	2186.5	236.14	429.80
钻铤	3	228.6	76.2	27	2806.6	75.78	193.66
钻铤	3	279.4	76.2	27	4365.9	117.88	117.88
钻头	1	444.5		0.5			

表 6.14　钟摆钻具组合

名称	数量/根	外径/mm	内径/mm	推荐长度/m	单位重量/(N/m)	段重/kN	累重/kN
方钻杆	1	133.4	82.6	9	1008.9	9.08	1351.30
钻杆	302	139.7	118.6	2718	360.15	978.89	1342.22
钻铤	3	178	71.4	27	1599.36	43.18	363.33
钻铤	6	203	71.4	54	2186.5	118.07	320.15
钻铤	3	228.6	76.2	27	2806.6	75.78	202.08
稳定器	1	441	71.4	1.5	2806.6	4.21	126.30
钻铤	1	279.4	76.2	9	4365.9	39.29	122.09
稳定器	1	441	76.2	1.5	2806.6	4.21	82.80
钻铤	2	279.4	76.2	18	4365.9	78.59	78.59
钻头	1	444.5		0.5			

3. 第三次开钻钻具组合

第三开先用 φ156 mm 取心钻头进行超前裸眼取心钻进, 连续钻进, 直到出现井下复杂后; 然后, 用 φ311.2 mm 扩孔全面钻头进行扩眼钻进。考虑到沙河子组有砾岩, 极有可能含气, 且井壁极易坍塌, 预计在 4400～4500 m, 超前裸眼钻进可能无法进行, 需要提钻扩眼。预计第三开井段为 2865～4465 m, 其钻具组合如表 6.15 所示。

表 6.15　第三次开钻钻具组合

名称	数量/根	外径/mm	内径/mm	推荐长度/n	单位重量/(N/m)	段重/kN	累重/kN
松科 2 井 3 开取心钻具组合							
顶驱	1			4.6		备注: 配上、下旋塞	
钻杆	300	139.7	118.6	2700	360.15	972.41	1415.37
钻杆	183	101.6	84.8	1647	205	337.64	442.96
钻铤	10	152.4	71.4	90	1118	100.62	105.32
真螺杆 D475	1	120.65		6.49		3.50	4.70

续表

名称	数量/根	外径/mm	内径/mm	推荐长度/n	单位重量/(N/m)	段重/kN	累重/kN
松科 2 井 3 开取心钻具组合							
取心筒	1	133	100	12	100	1.20	1.20
取心钻头	1	156		0.4			
松科 2 井 3 开扩眼塔式钻具组合							
顶驱	1			4.6		备注：配上、下旋塞	
钻杆	480	139.7	118.6	4320	360.15	1555.93	2153.34
钻铤	3	177.8	71.4	27	1601.7	43.25	597.41
随钻震击器	1	178		9	2251.2	20.26	554.17
钻铤	9	177.8	71.4	81	1601.7	129.74	533.91
钻铤	12	203	71.4	108	2186.5	236.14	404.17
钻铤	6	228.6	76.2	54	2857	154.28	168.03
减震器	1	228.6		4.9	2806.6	13.75	13.75
扩眼钻头	1	311.2		0.5			
松科 2 井 3 开扩眼钟摆钻具组合							
顶驱	1			4.6		备注：配上、下旋塞	
钻杆	480	139.7	118.6	4320	360.15	1555.93	1818.13
钻铤	3	178	71.4	27	1599.36	43.18	262.20
钻铤	3	203	71.4	27	2186.5	59.04	219.01
钻铤	3	228.6	76.2	27	2806.6	75.78	159.98
稳定器	1	308	71.4	1.5	2806.6	4.21	84.20
钻铤	1	228.6	76.2	9	2806.6	25.26	79.99
稳定器	1	308	76.2	1.5	2806.6	4.21	54.73
钻铤	2	228.6	76.2	18	2806.6	50.52	50.52
扩眼钻头	1	311.2		0.5			
松科 2 井 3 开扩眼复合钻进钻具组合							
顶驱	1			4.6		备注：配上、下旋塞	
钻杆	480	139.7	118.6	4320	360.15	1555.93	1834.29
钻铤	3	178	71.4	27	1599.36	43.18	278.99
钻铤	3	203	71.4	27	2186.5	59.04	235.81
钻铤	3	228.6	76.2	27	2806.6	75.78	176.78
稳定器	1	308	71.4	1.5	2806.6	4.21	101.00
钻铤	1	228.6	76.2	9	2806.6	25.26	96.79
稳定器	1	308	76.2	1.5	2806.6	4.21	71.53
钻铤	2	228.6	76.2	18	2806.6	50.52	67.32
直螺杆	1	216	/	8.4	2000	16.8	16.8
扩眼钻头	1	311.2		0.5			

注：直螺杆要求抗温190℃。

4. 第四次开钻钻具组合

第四开也是先用 φ156 mm 取心钻头进行超前裸眼取心钻进，连续钻进，直到出现井下复杂后，再用 φ215.9 mm 扩孔全面钻头进行扩眼钻进。火石岭组上部为灰色凝灰岩和泥岩，容易缩径，且极有可能该地层储藏有丰富油气，此时，超前裸眼钻进可能无法继续，需扩眼下套管。预计第四开井段为 4465～5965 m，其钻具组合如表 6.16 所示。

表 6.16　第四次开钻钻具组合

名称	数量/根	外径/mm	内径/mm	推荐长度/m	单位重量/(N/m)	段重/kN	累重/kN
松科 2 井 4 开取心钻进钻具组合							
顶驱	1			4.6		备注：配上、下旋塞	
钻杆	530	139.7	118.6	4770	360.15	1717.92	2046.48
钻杆	121	101.6	84.8	1089	205	223.25	328.57
钻铤	10	152.4	71.4	90	1118	100.62	105.32
真螺杆 D475	1	120.65		6.49		3.50	4.70
取心筒	1	133	100	12	100	1.20	1.20
取心钻头	1	156		0.4			
松科 2 井 4 开扩眼塔式钻具组合							
顶驱	1			6.9		备注：配上、下旋塞	
钻杆	632	139.7	118.6	5688	360.15	2048.53	2490.78
投入式止回阀	1	159		0.4	1214.3	0.49	442.25
钻铤	3	178	71.4	27	1599.36	43.18	441.76
随钻震击器	1	159	63.5	10.2	891.2	9.09	398.58
钻铤	24	178	71.4	216	1599.36	345.46	389.49
双向减震器	1	159	71.4	5.2	1214.3	6.31	44.03
稳定器	1	214	71.4	1.5	1214.3	1.82	37.72
钻铤	1	178	71.4	9	1599.36	14.39	35.89
稳定器	1	214	71.4	1.5	1214.3	1.82	21.50
钻铤	1	203	71.4	9	2186.5	19.68	19.68
扩眼钻头	1	215.9		0.4			
松科 2 井 4 开扩眼复合钻进钻具组合							
顶驱	1			4.6		备注：配上、下旋塞	
钻杆	650	139.7	118.6	5850	360.15	2106.88	2310.62
钻铤	9	178	71.4	81	1599.36	129.55	203.74
稳定器	1	214	71.4	1.5	1214.3	1.82	74.19
钻铤	1	178	71.4	9	1599.36	14.39	72.37
稳定器	1	214	71.4	1.5	1214.3	1.82	57.98
钻铤	2	203	71.4	18	2186.5	39.36	56.16

续表

名称	数量/根	外径/mm	内径/mm	推荐长度/m	单位重量/(N/m)	段重/kN	累重/kN
松科2井4开扩眼复合钻进钻具组合							
直螺杆	1	216	/	8.4	2000	16.8	16.8
扩眼钻头	1	215.9		0.4			

注：取心工具、随钻震击器和减振器要求抗温270℃。

五、取心钻进设计

为满足大陆科学钻探全孔取心的要求，拟采用多种钻具工艺技术：

（1）常规取心钻探技术，当孔浅时使用；

（2）井底马达（涡轮或螺杆）取心钻探技术；

（3）液动锤取心钻探技术；

（4）液动锤+井底马达（涡轮或螺杆）二合一取心钻探技术。

此外，为防斜，推荐各种取心钻探技术全部采用满眼取心钻具。

1. 液动锤取心钻具

配套的液动锤将采用勘探技术研究所生产的 YZX127 液动锤。YZX127 液动锤结构参见图 6.30；YZX127 液动锤参数见表 6.17。

2. 螺杆马达取心钻具

由于采用孕镶金刚石钻头，螺杆马达选用转速较高的 LZ127×3.5 型螺杆钻具。LZ127×3.5 型螺杆钻具的结构参见图 6.31。

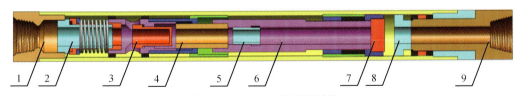

图 6.30　YZX127 液动锤结构

1. 上接头；2. 安全限压阀；3. 上阀；4. 上活塞；5. 心阀；6. 冲锤；7. 铁砧；8. 花键套；9. 花键轴

表 6.17　YZX127 液动锤参数表

型号	YZX127	生产厂商	勘探技术研究所
钻具外径	130 mm	钻具长度	2.5 m
单次冲击功	150~300 J	冲击频率	5~12 Hz
工作泵量	200~600 L/min	工作压降	2~5 MPa
上端连接扣型	$3\frac{1}{2}$REG 母扣	下端连接扣型	$3\frac{1}{2}$REG 母扣
平均使用寿命	80 小时		

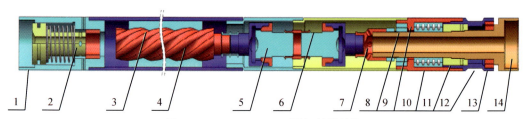

图 6.31　LZ127 × 3.5 型螺杆钻具结构

1. 溢流阀体；2. 溢流阀心；3. 定子；4. 转子；5. 万向节；6. 弯外管；7. 过水接头；8. 上径向轴承组件；
9. 上轴承管；10. 轴承组件；11. 止推轴承；12. 下轴承管；13. 下径向轴承组件；14. 传动轴

LZ127×3.5 螺杆马达的主要参数见表 6.18。

表 6.18　LZ127×3.5 螺杆钻具参数表

型号	LZ127×3.5	生产厂商	BPMF 公司
钻具外径	127 mm	钻头水眼压降	1.0 ~ 3.5 MPa
马达流量	9.5 ~ 15.8 L/s	输出转速	335 ~ 560 rpm
马达压降	2.5 MPa	最大钻压	4.0 kN
工作扭矩	576 N·m	最大扭矩	1152 N·m
钻具功率	21.4 ~ 33.78 kW	适用温度	<135℃
钻具重量	400 kg	钻具长度	5.8 m
钻具上端扣型	$3^1/_2$REG	钻具下端扣型	$3^1/_2$REG
钻具使用寿命	100h		

六、取心钻头设计

根据钻井所遇地层岩石的硬度、研磨性、可钻性和破碎程度等情况，参照有关规程推荐的金刚石钻头选用标准及东海大陆科学钻探施工经验，确定优先使用孕镶金刚石钻头。本井将大量使用高效长寿命耦合仿生孕镶金刚石钻头来提高钻井速度，减少提下钻次数。其主要技术参数应符合如下要求：

（1）钻头直径（外径）：确定为 156 mm。

（2）钻头内径：提钻取心钻头确定为 105 mm。

（3）金刚石粒度：参照中国地质调查局地质调查技术标准 DD2010-01《地质调查岩心钻探技术规程》（2010 年试行版）推荐值确定为 20 ~ 60 目。

（4）金刚石单晶强度：选择的金刚石单晶强度应大于 230 N，即单晶强度应相当于 SMD30 以上的人造金刚石。

（5）钻头胎体硬度：根据松科 2 井地层特性确定胎体硬度，主要参照中国地质调查局地质调查技术标准 DD2010-01《地质调查岩心钻探技术规程》（2010 年试行版）推荐值。

（6）钻头水口、水槽的设计将充分考虑泥浆冲洗液和孔底动力马达的应用，根据情况适当改变水口、水槽断面面积，改变水口形状和水槽数量（一般水口、水槽数 10～16 个，水口投影面积占环状破碎面积40%～50%），以减少流通阻力和保证钻头能得到充分冷却为宗旨。

（7）钻头底唇面形状。根据不同钻进方法和地层岩石可钻性情况从目前几十种唇面形式中推荐四种形式（应当说明，德国 KTB 先导孔及主孔主要使用半圆式唇面的金刚石取心钻头）：①阶梯形唇面，有一、二、三阶梯多种。这种钻头在钻进时有较好的稳定性，碎岩克取面较大，适用于钻进中硬岩层，在坚硬弱研磨性岩层中使用也可获得较好的效果。②锥形唇面，这种钻头在孔底有良好的稳定性和导向性，有利于防斜。③同心圆锯齿形唇面，又称尖环槽形，齿形唇面有较大的碎岩克取面，使钻头对岩石作磨削与剪切相结合的破碎作用，可获得较粗颗粒的岩粉。有助于金刚石的出刃，钻头所需轴压较小，有较好的防斜作用。齿形唇面钻头适用于钻进硬而致密弱研磨性岩层。④半圆式唇面，在强研磨性岩层地层应用。

（8）钻头类型：

包括孕镶金刚石取心钻头（图 6.32）、PDC 取心钻头（图 6.33）和仿生取心钻头（图 6.34）。

图 6.32 孕镶金刚石取心钻头　　图 6.33 PDC 取心钻头　　图 6.34 仿生取心钻头

（9）仿生耦合形式：

仿生钻头拟采用仿生非光滑形态、材料及非光滑排布结构三元耦合方式进行钻头设计。非光滑形态有凹坑形、凸包形、沟槽形和混合形四种。材料选择石墨、金刚石、胎体粉末等。非光滑排布有均匀分布、同心圆分布、正态分布及交替分布。

钻头具体设计，将根据岩层情况来确定。

七、钻井液设计

对钻井液性能要求见表 6.19～表 6.25。

表 6.19　第一次开钻设计表

开钻次序	井段/m	常规性能										流变参数				总固相含量/%	膨润土含量/%
		密度/(g/cm³)	漏斗黏度/S	API失水/mL	泥饼/mm	pH	含砂/%	HTHP失水/mL	摩阻系数	静切力/Pa 初切	静切力/Pa 终切	塑性黏度/(mPa·s)	动切力/Pa	n 值	K 值		
一开（表套）	0~300	1.02~1.05	50~60	5~10	1~3	8~10	/	/	0.01~0.02	10~15	15~20	30~40	15	0.8~0.9	/	/	60
固表层																	

类型	配方/t
双膜双保快速钻井液（DMDP）	钠基膨润土 20，碳酸钠（纯碱）5，CPLUS 包被剂 2，SiM 超低渗透剂 1，NSP 成膜抑制剂 2，RM-1 流变性调节剂 3、Q-Dri 供钻剂 3

处理方法与维护

(1) 一开前仔细检查钻井液循环系统、固控设备、钻井液储备系统，使之能满足各钻井阶段的实际要求；
(2) 检查钻井液材料储备，现场须备足 3 天以上所需材料；
(3) 配膨润土浆 200 m³，先加入纯碱预水化 24 h 后，再按配方加入各种处理剂充分搅拌，用于一开；
(4) 钻进中用清水和少量捞砂剂调节黏度；
(5) 要求排量不低于 50 L/s，钻完进尺后，充分循环洗井，以保证下套管和固井作业顺利进行

表 6.20　第二次开钻设计表

开钻次序	井段/m	密度/(g/cm³)	漏斗黏度/S	API失水/mL	泥饼/mm	常规性能 pH	含砂/%	HTHP/mL	摩阻系数	静切力/Pa 初切	终切	塑性黏度/(mPa·s)	流变参数 动切力/Pa	n值	K值	总固相含量/%	膨润土含量/%
二开	300 ~2865	1.20 ~ 1.28	50 ~ 70	≤4.0	≤0.5	8.0 ~ 10.0	<0.4	≤14.0	<0.20	2.0 ~ 5.5	4.0 ~ 12.0	18 ~ 30	6 ~ 18	0.45 ~ 0.75	0.30 ~ 0.50	<17	≤5.0
	固技套	1.28 ~ 1.33	50 ~ 55	≤4.0	≤0.5	8.0 ~ 10.0	/	≤14.0	/	1.0 ~ 4.0	4.0 ~ 8.0	5 ~ 20	≤5	/	/	/	/

类型：双膜双保快速钻井液（DMDP）

配方/t：钠基膨润土 50，烧碱 10，碳酸钠（纯碱）10，包被剂 10，成膜抑制剂 13，超低渗透剂 30，流变性调节剂 10，快钻剂 20，超低渗透性防塌剂 30，降滤失剂 10，高温降滤失剂 10，快速分散剂 10，天然沥青 50，植物沥青防塌剂 30，固体润滑剂 10，抗高温降黏剂 30，高温稳定剂 5，消泡剂 10，石灰型（高温型）3，石灰石粉 100，重晶石粉 100，超细碳酸钙 50

处理方法与维护：

（1）用一开原浆或清水钻完表层套管内的引鞋及其附件和水泥塞后，稀释清砂，加入适量纯碱预处理，防止水泥污染钻井液，再加入土粉和纯碱，预水化 24 h 后，再按配方加入其他处理剂；

（2）二开前，充分洗井，加入纯碱，防止水泥塞；

（3）二开钻进中，可根据钻井液性能的变化情况，进行日常维护和处理，钻井液的维护处理；

（4）为了保证实现低固相，低固相，必须用好固控，严格控制固相含量；

（5）pH 保持在 8 ~ 11；

（6）开钻以前，现场备齐 50.00 t 重晶石粉用于压井

注：①本井二开设计钻密度小于 1.28 g/cm³，钻井过程中严格注意观察，若发现钻井液密度不能满足一次井控钻井作业或井壁稳定时，及时请示，提高密度。

②固井前钻井液密度根据完井效果末测后决定，后效值大于 3% 的相对应的钻井液密度为固井前钻井液密度，确保压稳，保证固井质量。

表 6.21　第三次开钻设计表

开钻次序	井段/m	常规性能												流变参数		总固相含量/%	膨润土含量/%
		密度/(g/cm³)	漏斗黏度/s	API失水/mL	泥饼/mm	pH	含砂/%	HTHP/mL	摩阻系数	静切力/Pa 初切	静切力/Pa 终切	塑性黏度/(mPa·s)	动切力/Pa	n值	K值		
三开	2865~3595	1.10~1.15	50~70	≤3.0	≤0.5	8.0~11.0	<0.4	≤14.0	<0.20	1.0~3.5	3.5~7.0	10~20	4~12	0.45~0.75	0.15~0.40	≤12.0	≤5.0
	3595~4465	1.15~1.20	50~70	≤3.0	≤0.5	8.0~11.0	<0.4	≤14.0	<0.20	1.5~4.5	4.5~9.0	14~25	8~16	0.45~0.75	0.15~0.40	≤14.0	≤5.0
	固油套	1.15~1.20	50~55	≤4.0	≤0.5	8.0~11.0	/	≤14.0	/	1.0~4.0	4.0~8.0	5~20	≤5	/	/	/	/

类型	双膜双保快速钻井液 (DMDP)
配方/t	钠基膨润土 50,烧碱 10,碳酸钠(纯碱) 10,包被抑制剂 10,成膜抑制剂 10,超低渗透剂 20,超低渗透剂 30,流变性调节剂 20,高温降滤失剂 20,降滤失防塌剂 20,快速分散天然沥青 50,植物沥青防塌剂 30,固体聚合醇 10,抗高温降黏剂 10,高温稳定剂 10,高温降滤失剂(高温型)3,石灰石粉 200,重晶石 200,超细碳酸钙 50

处理方法与维护

(1) 开钻前首先将 5%的优质膨润土和 0.4%的纯碱,配制成膨润土浆,并预水化 24 h,钻井液性能达到设计要求方可开钻;
(2) 三开前,充分沉井,加入纯碱,防止水泥污染;
(3) 三开钻进中,可根据钻井液性能的变化情况,进行日常维护和处理,钻井液的维护处理应加足各种处理剂;
(4) 严格控制 API 失水小于 3.0 mL,高温高压失水小于 14 mL;
(5) 为了保证实现低密度,低固相,必须用好四级固控,严格控制固相含量;
(6) pH 保持在 8~11

注:① 邻井发生了多次溢流本井三开设计钻井液密度最大为 1.15 g/cm³,钻井过程中严格注意观察,若不能满足一次井控钻井作业或井壁稳定时,及时请示,提高密度,防止井控事故发生。
② 固井前钻井液密度根据完井测井后效来最终决定,后效值不大于 3%的相对应的钻井液密度为固井前钻井液密度,确保压稳,保证固井质量。

表 6.22 第三次开钻压井储备液设计表

开钻次序	井段/m	常规性能											流变参数			总固相含量/%	膨润土含量/%
		密度/(g/cm³)	漏斗黏度/S	API失水/mL	泥饼/mm	pH	含砂/%	HTHP/mL	摩阻系数	静切力/Pa 初切	静切力/Pa 终切	塑性黏度/(mPa·s)	动切力/Pa	n值	K值		
三开	2865~4465	1.50	50~90	≤4.0	≤0.5	8.0~11.0	<0.4	≤14.0	<0.20	0.5~6.0	2.0~15.0	12~28	2~15	0.40~0.75	0.20~0.70	/	≤5.0

类型	配方	处理方法与维护
双膜双保快速钻井液（DMDP）	钠基膨润土 50、碳酸钠（纯碱）10、CPLUS 包被剂 10、SiM 成膜抑制剂 10、NSP 超低渗透剂 20、RM-1 流变调节剂 10、Q-Dri 快钻剂 20	（1）要求开钻前配制好压井储备液； （2）地面储备 1.50 g/cm³ 压井液 60 m³ 以上。井场储备重晶石粉 50 t 以上； （3）储备液在入井前及时开循环搅拌，按设计调整储备性能，保证调整密度均匀，并根据实际情况进行调整。

表 6.23 第四次开钻下段设计表

开钻次序	井段/m	常规性能											流变参数			HTHP滤失量/mL	总固相含量/%	破乳电压/V
		密度/(g/cm³)	漏斗黏度/S	API失水/mL	泥饼/mm	pH	含砂/%	摩阻系数	静切力/Pa 初切	静切力/Pa 终切	塑性黏度/(mPa·s)	动切力/Pa	n值	K值				
四开	5500~6320	/	/	/	/	/	/	/	/	/	/	/	/	/	/	/	/	/
	固油套	1.15~1.20	50~90	≤3.0	≤0.5	10.0~12.0	/	≤0.08	1.0~10.0		10~30	2~15	/	/	/	/	≥400

注：四开钻井液密度设计最高为 1.15 g/cm³，若发现不能满足一次井控或井壁稳定时，及时请示提高密度，防止井喷及井下复杂事故发生。

表 6.24　第四次开钻上段压井储备液设计表

开钻次序	井段/m	常规性能								流变参数				油水比	总固相含量/%	破乳电压/V
		密度/(g/cm³)	漏斗黏度/S	API失水/mL	泥饼/mm	含砂/%	摩阻系数	静切力/Pa 初切	静切力/Pa 终切	塑性黏度/(mPa·s)	动切力/Pa	n值	K值			
四开	4610~5500	1.50	60~120	≤2.0	≤0.5	<1.0	<0.08	1.0~5.0	2.0~15.0	20~50	2~30	0.40~0.75	0.20~0.75	/	/	≥400

类型	配方	处理方法与维护
抗220℃高温油包水钻井液压井储备液	柴油:80%~90%;SP-80:3.0%~5.0%;油酸:2.0%~4.5%;环烷酰胺:2.5%~5.0%;有机土:4.0%~6.0%;磺化沥青:3.0%~5.0%;氧化沥青:3.0%~5.0%;CaCl₂(30%~40%):20%~10%;CaO:3.0%~5.0%;KOH:0.1%~0.2%;UZMUL-P:2.0%~4.0%;UZMUL-S:3.0%~5.0%	根据"大庆油田井控技术管理实施细则"中6.3.3和6.3.4的要求:"大于3000 m的探井最少储备50t加重材料和大于2000 m气井同时储备密度1.50 g/cm³以上的钻井液60 m³"。所以,在备50 t重晶石粉的同时,还要用两个30 m³储备罐配制压井储备液60 m³

表 6.25　第四次开钻下段压井储备液设计表

开钻次序	井段/m	常规性能								流变参数				油水比	总固相含量/%	破乳电压/V
		密度/(g/cm³)	漏斗黏度/S	API失水/mL	泥饼/mm	含砂/%	摩阻系数	静切力/Pa 初切	静切力/Pa 终切	塑性黏度/(mPa·s)	动切力/Pa	n值	K值			
四开	4610~6320	1.50	60~120	≤2.0	≤0.5	<1.0	<0.08	1.0~5.0	2.0~15.0	20~50	2~30	0.40~0.75	0.20~0.75	/	/	≥400

类型	配方	处理方法与维护
抗260℃高温油基钻井液压井储备液		根据"大庆油田井控技术管理实施细则"中6.3.3和6.3.4的要求:"大于3000 m的探井最少储备50 t加重材料和大于2000 m气井同时储备密度1.50 g/cm³以上的钻井液60 m³"。所以,在备50 t重晶石粉的同时,还要用两个30 m³储备罐配制压井储备液60 m³

八、钻前工程设计

（一）工程概况

"松辽盆地科学钻探工程"位于黑龙江省安达市羊草镇六撮房村东南约 0.25 km 处，地处松嫩平原，地势平坦，区内无山岭河流，无沼泡。该井以登娄库组、营城组、沙河子组、火石岭组、基底为目的层，500 m 范围内无油水井，南约 680 m 为宋深 3 井。

（二）设计要求

ZJ90D 钻机基础图纸及相关规范，井场施工技术要求如下：

（1）基础的承压强度：井架、底座、钻井泵基础不低于 2 MPa，机房及其他辅助设备基础不低于 1.5 MPa；

（2）同一组设备基础顶面的平面度误差不大于 3～5 mm，设备底座边缘到基础边缘距离不小于 100 mm；

（3）基础顶平面应高于井场地面不小于 100 mm，四周应设排水沟；

井场道路建设要求基本能满足钻井设备、运输车辆安全运输要求：

（1）路面应满足大于 30 t 荷载；

（2）道路路基宽度不小于 4 m，车道宽度不小于 3.5 m，并设置错车道；

（3）转弯半径不小于 15 m；

（4）涵洞顶部覆盖土的深度不小于 0.5 m；

（5）路肩标高低于外侧地面标高时应设置排水边沟。

（三）工程施工设计

1. 道路设计

井场有乡村土路通向井场边，需重新修建村外到井场的道路，来满足运输设备的需求。井场道路的设计以方便车辆有利通行为原则，并设置会车道，对于通向井场的主干道设定路面宽度为 5 m，拐弯处需要加宽 2 m，边坡比为 1：1.25。

2. 井场硬化设计

（1）场地按 ZJ90 钻机有效使用面积 140 m（长）×120 m。

（2）硬化区域分为前后两部分，钻台基础前部分设计为 20 cm 粗碎石后再铺 10 cm 细碎石（约 6650 m²）；钻台基础后部分设计为直接铺 10 cm 细碎石（约 5700 m²）。硬化前填方区回填土需分层碾压密实，硬化采用碎石等铺垫，并碾压密实平整。

（3）井场消防通道和泥浆转运车道（约 490 m×3.5 m 路宽×4.0 m 路基）采用 300 mm 厚粗碎石压平后再铺 10 cm 细碎石，另外井场内要考虑运输车道的硬化。

（4）井场内的人行道为红砖铺一层基础上水泥硬化一遍［约 300 m（长）×1 m（宽）］。

3. 设备基础设计

（1）所有设备基础均采用 C30 混凝土基础，钻机图纸基础厚度尺寸与设计不一致时，按设计执行；

（2）钻机基础厚度 2500 mm，基础面高出井场面 200 mm；

（3）油罐基础厚为 600 mm，基础面高出井场面 500 mm（改用钢木基础替代）；

（4）泥浆泵基础厚为 800 mm，基础面高出井场面 100 mm；

（5）电传动系统、发电机及水罐基础厚为 600 mm，基础面高出井场 100 mm（改用钢木基础替代）；

（6）泥浆循环罐基础厚度为 600 mm，基础高出井场 100 mm（改用钢木基础替代）；

（7）油罐、水罐、发电房等设备距井口不小于 30 m，油罐距发电房距离不小于 20 m（改用钢木基础替代）；

（8）电缆放置于高于地平面 100 mm 的混凝土凸台；

（9）基础的顶平面应高于井场地面不小于 100 mm，四周应设排水沟；

（10）主基础地基承压力不小于 2 MPa，其他基础不小于 1.5 MPa，如地基承载力未达设计要求需进行特殊处理；

（11）因施工区冻土层很厚，混凝土基础的基地应埋入地下冻结线以下 250 mm。

4. 降排水（污）措施

1）临时降排水措施

（1）基坑开挖完毕后，为防止施工期间地表水、地下水流（渗）入基坑，降低持力层的承载力或引起边坡坍塌，于基坑周边修建临时排水沟，解决地表水的渗入问题；

（2）当基坑内渗水时，于基坑四周做导流明沟和集水坑，集中明排。

2）长期排水及排污措施

（1）在井场、钻台下、机房下、泵房下均设有通向污水池的排水沟，预计排水沟长 415 m，沟渠修筑时要带 15°坡度；

（2）排水沟周围应及早填土，要求均匀回填，分层夯实；

（3）主基础、循环系统基础、发电机基础、油罐基础打地坪，四周采用砖砌封闭。

5. 方井、排污池及沉砂池设计

1）方井设计

（1）该井需建方井一口，方井净尺寸为 4.7 m（长）×4.0 m（宽）×2.0 m（深），混凝土打底 300 mm；

（2）如因施工工艺或遇特殊地质条件等可能造成负面质量影响，应按特殊处理方案处理。

2）排污池和沉砂池的设计

（1）排污池砌筑前需挖出规格长 35 m×宽 30 m×深 2 m（净空）的坑一个，利于排出钻井液的污水，便于废液的储存；沉砂池的尺寸为：长 24 m×宽 10 m×深 2 m，斜坡式，以便将钻井液中的沉淀排放到其中。

（2）排污池和沉砂池均与循环系统边沿之间用厚 100 mm 强度 C10 混凝土浇筑，防止污染地下。

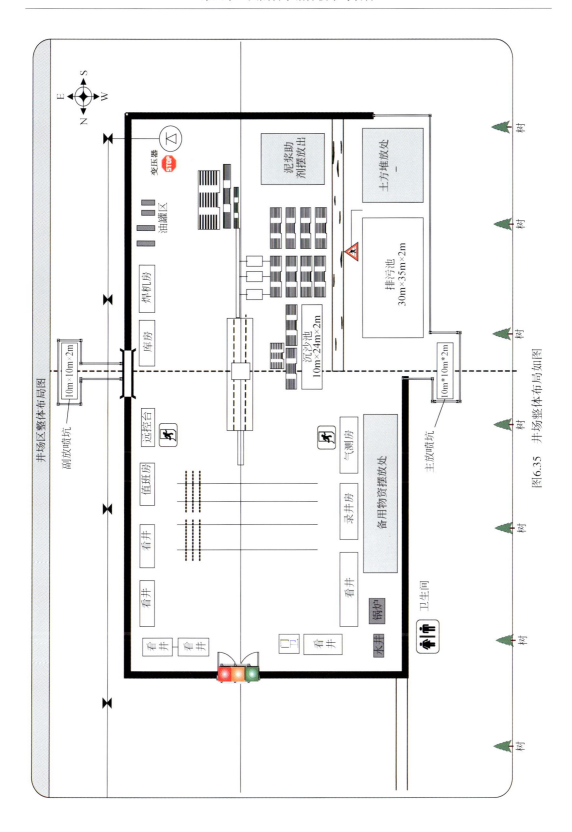

图6.35　井场整体布局如图

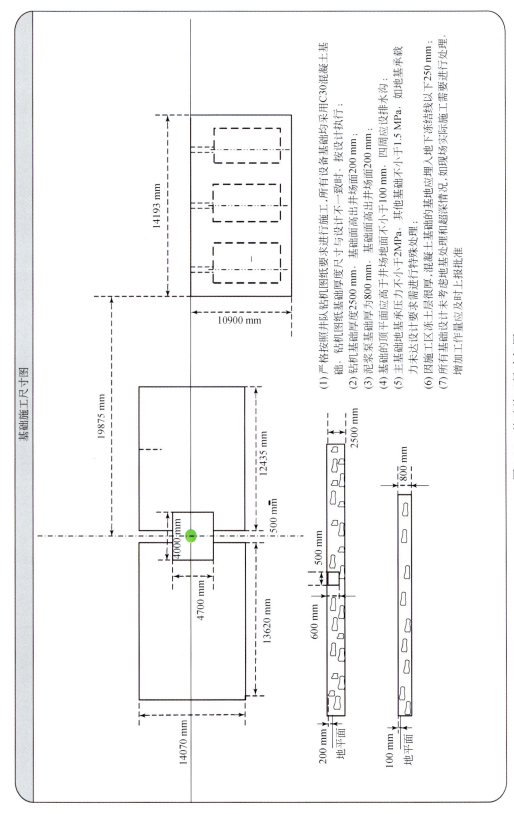

图6.36 基础施工尺寸图

（3）排污池和沉砂池均在邻泥浆车道及循环系统一侧各建一面 370 mm 的砖体挡墙，砖体挡墙与井场面平齐，两池的另两侧建 240 mm 厚的挡墙。

（4）排污池及沉砂池底部铺设防水材料。

6. 放喷池及防火墙设计

该井场放喷池（两个）根据现场实际情况摆放，点火口距井眼距离≥75 m，距民房距离≥50 m。

主、副放喷池净尺寸 10 m×10 m×2 m 各一个，净容积共计 400 m³。

放喷池的四周建 240 mm 厚的挡墙，砖体挡墙与井场面平齐，放喷池底部及四周铺设复合防水卷材（聚乙烯丙纶复合卷材）作防渗漏处理。

井场整体布局如图 6.35 所示，基础施工尺寸如图 6.36 所示。

第六节　超万米大陆科学钻探主要技术难题

一、超万米深部取心钻探对地面设备的综合性能要求极高

先进的地面设备是满足大陆科学钻探超深井钻深能力要求、缩短施工周期至关重要的先决条件。在前述具有代表性的三处大陆深部钻探工程实施过程中，均对先导孔和主孔的施工设备与机具进行了深入的研究和谨慎的应用。对于地面设备而言，一个共性问题就是市场上难以购得满足深孔取心钻进要求的既有钻探设备，应对措施主要有两种：

（1）选购现有的深井石油钻机并进行改造。

（2）根据钻探工艺要求设计新型的特种深井钻机。例如，为提高起下钻过程中的立根接卸效率，科拉半岛超深井的钻探设备包括一套早期的自动化钻杆摆排系统；德国 KTB 大陆科学钻探设备的设计钻深能力为 14000 m，其先导孔施工采用石油转盘钻机加装高速全液压顶驱系统的组合钻探技术，金刚石绳索取心钻进工艺在 KTB 先导孔（4000 m 以深）施工过程中得到应用并获得成功，KTB 施工设备同样配备了自动化钻杆摆排系统。

从科拉半岛到 KTB 和 CCSD，三个科钻井的施工设备均选择了改装现有石油深井钻机的实施方案，设备改造的内容主要包括：

（1）增加全自动的钻杆拧卸及立根摆排系统；

（2）考虑增设顶部驱动钻井装置；

（3）提高钻进速度与钻压的控制精度。

事实上，在各个已实施项目的工程研究阶段，均提出按照钻进工艺要求重新研发新型钻机的技术方案，而研制新型钻机的主要目的之一是为了减少施工过程中的辅助工时，因为在深井取心钻进过程中需要大量的起下钻作业，至今，为提高起下钻效率仍需要在钻机结构及合理布局方面做大量的研究工作。新型钻机研制的另一个主要目的是使地表设备与钻探机具在性能上良好匹配，即通过联合控制地表设备及孔底动力的工作参数以获得最优的组合钻进效果，从而有效延长取心钻头使用寿命、提高机械钻速、增加回次进尺。2007年，德国研制了深部全液压取心 InnovaRig 钻机，这是一种既可用于大陆科学钻探，也可

用于地热勘探、石油天然气勘探及二氧化碳的地下埋存勘探的多功能深井钻探设备。在用于大陆科学钻探过程中，InnovaRig 钻机的技术优势在于可实现转盘回转钻进与绳索取心金刚石钻进工艺之间的快速转换，这样就可以实现在不太重要的地层中采用相对便宜的转盘回转钻进方法，而在重要的地层中则采用绳索取心金刚石钻进方法。InnovaRig 钻机是现代机电液一体化技术应用于深井钻探设备的产物，其主要工作部件包括两台独立的全液压无级调速顶部驱动钻井装置、液压转盘、翻转式自动接单根系统、立根自动摆排系统、用于拧卸钻具的铁钻工等，InnovaRig 钻机采用两台行程达 22 m 的液压缸取代了传统的用于升降钻杆及套管的钢丝绳卷扬机，系统提升力为 350 T。提升系统采用液压缸直接驱动，可以方便地实现钻压和钻速电液伺服控制，有效避免卷扬钢绳对控制精度的影响，实现了真正意义的高精度自动送钻过程，使地面设备与孔底动力机具工作参数的最优匹配成为可能。

二、超万米深部取心钻探需要可靠性极高的特种孔内机具

高温高压等极端工作条件的特种钻具是大陆科学钻探超深井工程能否顺利实施的另一重要研究课题。在高地温高地应力下需要综合考虑钻具（包括孔底动力工具）、测井工具和井眼轨迹精确控制仪器的整体性能及钻头的使用寿命。科拉半岛超深钻施工过程中采用浮动套管技术进行了超长孔裸眼钻进，其核心技术在于以涡轮马达为主的孔底动力钻具和高强度铝合金钻杆，这些技术至今仍然处于世界领先水平。随钻测量井眼精确控制系统在超深孔高温高压环境中工作，需从结构、材料、电子元器件选型及电路等方面进行优化设计以确保井下工具能安全工作。因此，对于超万米大陆取心钻探而言，在极端条件下的钻具、测量工具和控制仪器能够长时间安全可靠地工作至关重要。

三、探索先进的万米深部取心钻探工艺方法及耐高温高压钻井液技术

无论地表设备还是孔内机具，其研究内容与发展方向均以满足钻探工艺要求为主旨，要根据具体钻进工艺来配备地面装备和孔内钻具组合，并使其能满足深孔高温高压环境下的平稳作业。假如超深井科学钻探井深按照 13000 m 设计，按地温梯度 3.0 ~ 3.5℃/100m 计算，预计孔底温度将达到 390 ~ 455℃；即使泥浆密度按 1.05 ~ 1.50 计算，泥浆液柱压力也将达到 130 ~ 190 MPa，井内泥浆将长期处于高温高压环境，在如此恶劣的环境下泥浆处理剂、钻井泥浆和固井材料的性能不下降和被破坏是个世界性难题。

四、井斜问题是超深井钻探中最难以对付的难题

所研发的先进钻具系统不仅要满足大陆科学钻探深井取心钻进的极端工作条件，还要实现配套合理、协同工作和参数可调。特种钻具一方面要求具有极高的可靠性，另一方面在单一钻具失效后不会影响其他配套机具的正常工作。深部大陆科学钻探工程所提出的有效控制井斜、降低动力传输损耗、提高钻进效率等技术要求均需通过对特种钻探机具的研

究予以实现。

五、超深井钻进的防斜、纠斜与造斜

现代测井技术可以准确测定孔斜，但如何在深井环境中采用先进的钻探技术有效防止过大孔斜的发生并及时纠正孔斜，依然是大陆科学深钻所面临的技术难题。井斜问题是钻探工程中最古老、最经典和最难克服的难题，随着钻探井深的增加，井斜问题愈加突出，危害愈加严重。尤其是高陡构造、复杂地层中的井斜问题更加突出，已形成一个巨大的技术"瓶颈"。苏联科拉半岛超深钻钻深超万米，井斜最大达到 31°，在钻井过程中进行了三次较大的纠斜作业，最后，终孔的井斜角度仍在 11°以上，期间花费了大量的时间、人力和财力。防斜技术经过几十年的发展，防斜纠斜技术已有很大的进步，常用的防斜降斜技术有满眼钻具防斜技术、钟摆降斜技术到偏轴组合防斜、柔性组合防斜和导向钻具防斜等技术，目前最先进的自动垂直钻井系统（VDS/SDD/VertiTrak）技术，但该系统应用的井深较浅，没有超过 4000 m。我国在 CCSD 现场所使用的"螺杆马达+液动锤"组成的二合一钻具，曾在主孔施工阶段有效控制了结晶岩地层深井钻进的孔斜幅度，由此可见，以冲击回转相结合的孔底动力钻具确实具有防斜保直的功能，且可大幅度提高深井硬岩地层的钻进效率。然而，将冲击回转钻进技术应用于超万米深部取心钻探，尚需解决如下几个方面的关键技术问题：

（1）满足深孔作业极端工作条件的高可靠性冲击回转组合钻具的研制；

（2）特种冲击回转钻具与先进测井仪器、井眼轨迹控制仪器的协同工作问题；

（3）特种冲击回转钻具与仿生耐磨金刚石钻头组合应用条件下的合理钻探工艺规程研究，等等。

因此，超万米深部钻探防斜降斜技术是本项目将面临最大挑战。

总之，深部大陆科学钻探工程是一个集先进的装备、井下工具及仪器和工艺于一体系统工程，以先进的取心钻探技术和工艺为龙头，引领科学钻探装备和孔内工具和仪器的创新与发展。先进的科学钻探设备与机具，对于提高钻进效率、避免孔内事故的发生有着重要的作用，同时可降低能耗并大幅度减轻作业者劳动强度。伴随着现代机电液传动与控制技术的发展，研制超万米深部探测装备和井下工具及仪器能够为科学钻探工程钻井技术寻求一条创新之路。

第七章 仪器装备野外实验示范研究

深部探测仪器装备野外实验与示范是深部探测关键仪器装备检测必备的实验过程，是确定深部探测仪器装备野外探测性能及其稳定性、适应性和可靠性的需要。我国长期缺乏深部探测仪器装备野外检测和实验基地，直接影响深部探测仪器装备的检测和研发。建立统一和高标准的仪器装备野外实验与示范区对于开发具有自主知识产权的深部探测仪器装备，检测和鉴定进口仪器装备的可靠性和适应性具有重要的理论和实际意义。

第一节 实验示范区选择的依据

地球作为人类赖以生存的场所，资源为我们的生产和生活以及社会发展提供了基本的保证。而自然灾害则使人类付出了沉痛的代价。近年来，随着经济的发展，资源短缺、环境恶化、灾害（特别是地质灾害）频发。要解决这些问题，对地球的认识深化是当务之急。地球深部探测是深化这种认识的关键，而仪器装备则是深部探测和了解地球深部性质、变化机理和条件的主要手段。

一、国际地壳探测技术装备发展的需要

从 20 世纪后半叶开始，世界主要发达国家都已经开展了"地壳探测"计划，并以此作为实现可持续发展的国策。例如，美国的 COCORP 计划、加拿大的岩石圈探测计划（Lithoprobe），澳大利亚的"透明地球（Glass Earth）"计划等。探测对象包括地球物理现象中的重力场、磁力场、电磁场、地温场、放射性能谱、光波等。尤其是地震波探测技术，通过研究地震波在地下介质的传播规律，能够揭示地下深层更为精细的结构和属性（如介质密度和传播速度等）。近半个世纪以来，几乎所有的地学重大发现都与这项技术的应用有关，成为深部探测过程中的关键手段。加上其他非震探测技术得到的信息，能够同时反映地质对象其他方面的属性和变化特点（如密度、电导率、磁导率等）。

要实现地壳探测的科学性、有效性，就要把握好数据采集、数据处理、数据集成分析等技术环节。而探测仪器装备的高精度、高效率对于完成上述任务至关重要。在地壳深部探测方面，探测仪器是必不可少的技术装备，其发展趋势是：仪器的小型化、轻便化、低能耗；仪器智能化、可视化，过程和结果图像化；主要功能网络化，实现网络信号传输、数据交换、资料的共享；实物仪器向虚拟仪器技术方向发展，利用计算机软件代替传统仪器的硬件来实现各种各样的信号分析、处理，突破传统仪器在数据处理、表达、传输、存储方面的限制。

在软件设计研发方面，经过十多年的逐步更新和完善，面向目标的编程技术（OOP）理念始终作为系统设计和研发的主导思想。为了更加方便地实现这一思想，以编程语言

C++为引领的各种计算机代码，经过长期发展，在结构、分类、联合、库支持、调用连接、优化分析、稳定性分析、检测流程等方面，经历了多次变革性改进，推出大量经验和相应工具。在此基础上完成设计研发任务，其成果将具有强大竞争力。例如，总部设在加拿大的 Geosoft 公司，针对非地震类传统数据，如重、磁、电磁法、化探数据领域，研发出以处理和质量控制为主的集成应用软件系统：Oasis montaj。近 20 年来，这套系统以其实用性、高效率、高水准、高集成度和易于操作的理念，在世界各地应用广受欢迎，一直在这一领域里占统治地位。随后推出的类似产品，有法国的 Intripid 针对高精度数据，如重、磁梯度数据，以及 Linux 环境下的 FugroCTL 系列产品，英国 ARKeX 系列产品。后者加强了如重、磁、震、井联合处理，获得公认成绩和名声。

斯伦贝谢（Schlumberger）公司在石油勘探领域推出的新一代信息集成平台，显示了强大的地学信息管理功能。该平台提供全面的石油勘探领域信息管理工作流程，具备使用单一控制平台方便快捷的对多个数据库进行操作的能力。它能够在 ArcSDE 中创建并管理空间数据索引，用于对来源于多个数据库的信息进行集成和管理。可以将勘探成果等数据在同一 GIS 底图上进行展示。

在野外实验基地建设方面，如俄罗斯的贝加尔湖裂谷基地，建成了面向世界开放的地质示范与研究基地，每年吸引了很多地质学家和高校学生前去考察、研究和实习。美国的大峡谷（Grand Canyon）国家公园也建成了集观光、研究相结合的地学基地。德国的科学深钻也成了野外实验室。这些地质现象具有特色，研究成果突出的典型地区都成为了著名的野外实验与示范基地，为地质科学研究和仪器装备的研发、实验提供了基础和条件。

二、我国地壳与深部探测技术装备发展的需要

在我国，世界上所有的重力、磁法、电法、地震、放射性、地温、测井、航空物探、海洋物探九大类物探方法和四十几个亚类方法都有应用。从 20 世纪五六十年代我国开始引进国外的勘探技术和关键的仪器装备，逐渐形成了引进、消化、吸收、研制的仪器发展道路。

我国与国外先进国家相比还存在较大差距，最大的差距是自主研发高精度深部探测仪器装备数量少，研发能力差，长期依赖进口，在精度方面也存在一定差距。而国外一些核心器件都对中国禁运或限制出口，对于含有上述关键部件的整机，往往限制我国只能在国内使用，而不能参与由西方主导的国际项目招标。这在很大程度上制约着我国深部探测计划的实施和发展。

在开展深部探测技术与装备的实验研究中，野外实验基地起着至关重要的作用。没有经实验基地检测的仪器装备和技术方法就没有可靠的标准，在野外的适应性和可靠性方面就受到质疑，就无法参与国际竞争，因此，我国急需建立一个高标准，数字化的深部探测仪器装备野外实验与示范基地，满足检测自主研发探测仪器装备和技术方法的需求，促进和提高自主研发水平和能力，实现探测仪器装备和技术方法的国产化，打破发达国家的垄断。到目前为止，我国还没有一个集探测仪器装备野外实验和技术方法检测与示范、地质研究和高层次人才培养为一体的高水平野外实验基地，各有关仪器装备研究单位都根据自

己的需要任意选择实验场地，缺少具有统一标准的实验和检测基地，直接影响高水平仪器装备的研发和新技术方法的应用及其相关人才的培养，因此，我国急需建设探测仪器装备野外实验与示范基地，实现自主研发探测仪器装备的统一标准检测和应用技术方法的创新。

三、野外实验与示范区选择的原则

仪器装备野外实验数据作为探测仪器装备开发研究的科学依据，野外实验与示范区建设就显得更为重要。为了使示范区野外实验充分发挥其价值和效益，野外实验信息综合管理也需要与时俱进，根据野外实验实际情况，使野外实验信息管理规范化、标准化、自动化，使实验信息的应用系统化、成果化、网络化，实现野外实验信息资源最大化共享，使研究人员在掌握深厚的理论基础上，能得到严格、规范、系统的实验操作技能的训练，使新仪器、新技术的研究工作不断深入，开展更加规范、有序地综合野外实验工作。因此，野外实验与示范区既是仪器装备的野外实验场，又是深部探测工程的人才培养基地。

根据国外仪器装备野外实验区建设经验，野外实验与示范区的选择应遵循以下原则：

（1）野外实验与示范区的地质条件好，地质内容丰富，区域地质构造格架清楚，地层、岩石、构造和矿产具有一定的代表性和典型性，科学意义明确；

（2）探测的目的层性质和界面清楚，构造界线和地质意义明确，埋深、物理性质和热状态以及地球物理界面清晰，有利于建立实验和检测标准与条件；

（3）野外实验与示范区的地面地质、地貌特征、深部地球物理特征等都能满足深部探测关键仪器装备野外实验要求；

（4）深部地质问题能有明确的认识，最好有钻探资料的印证和标定，以便对仪器装备探测数据资料给以明确的解释与证明；

（5）野外实验与示范区要尽量远离人口密集区、重大工程建筑、军事要地和输电线路、铁路等对探测仪器装备有影响的地区，有利于获得准确的实验结果和检测信息；

（6）尽可能选择自然条件好，地形高差相对较小，气候条件适中，其他影响因素较少的地区，减少实验过程的影响因素和后续资料处理难度；

（7）尽可能选择适合多种探测仪器装备联合实验测试，有利于进行多种方法比对研究和选择最优的探测技术方法组合；

（8）尽可能选择交通方便，通讯条件较好，网络传输容易，有利于长距离通讯联系和数据传输的地区，减少因传输带来的数据损失和信号衰减；

（9）需要长期观测和无人值守的仪器装备实验，应选择人文环境较好的地区和需要得到地方政府的大力支持，减少人为的影响和损失。

四、野外实验与示范区建设

通过开展深入的综合地质研究，确定野外地质单元类型、结构特征和地质演化历史，在此基础上，综合部署各种探测手段，探讨各种探测技术方法解决地质问题的能力。进行精细的野外地质、综合地球物理研究和科学钻探验证，确定地质检测标准和条件。通过对各种探测手段所获得的探测数据、处理数据和成果数据的管理和集成最终建立起具有三维综合地质模型，数字化、高标准、开放式的地球探测仪器装备野外实验与示范区，满足地球探测仪器装备检测和自主研发先进仪器装备的需求及地壳探测工程人才培养的需要。

根据我国"深部探测关键仪器装备研制与实验"项目的需要，选择了辽宁省葫芦岛地区，依托吉林大学兴城野外实践教学基地作为深部探测仪器装备的野外实验与示范区。面积相当于 1:25 万锦西市幅 （K51C004001） 范围，地理坐标：E120°00′~121°30′，N40°00′~41°00′，其具备如下特点：

（一）自然地理环境优越

深部探测关键仪器装备野外实验与示范区行政区划隶属于辽宁省葫芦岛市，北距葫芦岛市区约 20 km。地处华北与东北两大经济协作区的交汇地带，东邻锦州，北靠朝阳，西连秦皇岛市山海关，南濒渤海辽东湾 （图 7.1）。

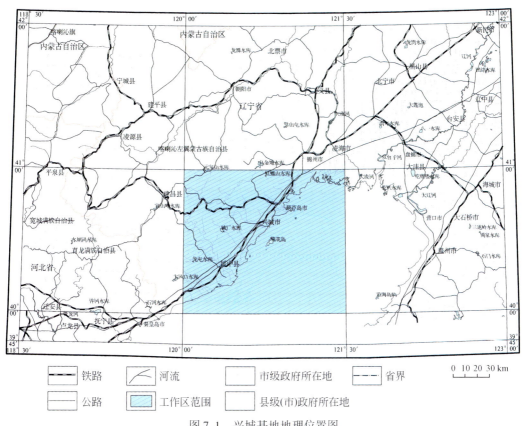

图 7.1　兴城基地地理位置图

图中点线长方形红框为 1:25 万锦西幅 （K51C004001） 区域

实验与示范区属于北半球暖温带亚湿润气候区，气候温和，干湿相宜，年平均气温 9℃，年降水量约 620 mm，冬无严寒，夏无酷暑。区内交通便利，形成公路、铁路、海运、空运立体化运输网络。京哈铁路、京哈高速铁路、京哈公路、京哈高速公路以及环渤海公路纵贯全境。

区内地形变化趋势连续，从兴城开始在较短的范围内自 SE 至 NW 向由滨海—平原—丘陵—低山—高山连续变化，非常适合于进行不同地理环境下的探测仪器装备野外实验研究。

(二) 地质资源丰富

深部探测关键仪器装备野外实验与示范区大地构造位置位于华北地块（华北地台）北部燕山台褶带东段，东南为华北断拗，北邻内蒙地轴。古老结晶基底由太古宇建平群和片麻状绥中花岗岩构成；中、新元古界为厚度巨大的燕山裂陷槽沉积；古生界属典型的华北地台型盖层沉积建造；中生界发育陆相断陷盆地火山-沉积岩系。实验与示范区周边的辽西地区有中国华北地区 25 亿年前形成的最古老大陆地壳——太古宙绥中花岗岩；是产出举世闻名的中华龙鸟、孔子鸟、享誉"世界第一朵花"的最早期被子植物——中华古果的中生代"热河生物群"化石产地；有以亚洲钼都著称的杨家仗子钼矿为代表的各种矿产资源；还有丰富的海岸地质地貌景观和地热温泉。向 SW 至山海关有角山国家地质公园（中生代火山岩石、火山机构等地质、地貌景观）；向 NW 至朝阳有北票国家地质公园（中生代热河生物群化石产地和火山-沉积岩地层等地质景观）；向 NW 至锦州有辽西中生代热河生物群化石博物馆。

总之，实验与示范区及其邻区在大地构造位置、岩石组成、矿产资源、地层系统、岩浆岩等发育齐全，地质资源十分丰富。提供了丰富的探测仪器装备野外实验的地质内容，是目前国内地球探测仪器装备野外实验与示范的最佳选区。

(三) 工作基础扎实

通过"深部探测关键仪器装备野外实验与示范"课题的建设，仪器装备野外实验与示范区已初具规模，并且开展了深入的地质、地球物理、遥感和钻探等方面的研究，取得了一系列研究成果和资料，为实验与示范区奠定了良好的基础和积累了第一手资料。同时还建设了实验资料数据库和相关的实验管理规范，可以提供各种相关的探测仪器装备野外实验研究和检测，对于发展具有自主知识产权的地球探测仪器装备和检测进口仪器装备具有重要的意义。

目前，深部探测关键仪器装备野外实验与示范区已具备开展仪器装备野外实验的基本功能和基础条件，可供仪器装备野外实验。

（1）确定从兴城海滨向 NW 方向，经杨家杖子至娘娘庙乡，长 100 km，宽 20 km 的地质走廊带为实验与示范区（图 7.2），地形变化从滨海平原—丘陵—低山—高山，地质条件从太古宙古老结晶基底—元古宙沉积盆地—花岗岩带—古生代沉积盆地—中生代火山沉积盆地，适于各种地球探测仪器装备野外实验研究。

（2）地质资料齐备，研究程度较高，有锦西市幅 1∶25 万数字化区域填图和地质走廊带修编 1∶5 万地质图及大比例尺剖面图等地质资料，可以满足各种地球探测仪器装备的检测要求；另有实验与示范区 600 余套典型地质、地球物理、遥感波谱样品的分析测试数据及同位素测年资料，可以验证和检测仪器装备探测结果的可靠性和一致性。

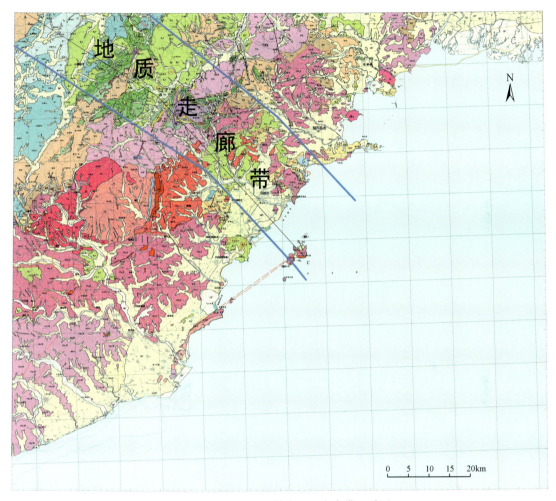

图 7.2　辽宁兴城野外实验区走廊带地质图

（3）取得了兴城海滨–建昌县娘娘庙乡 100 km 地质走廊带的大地电磁测深剖面的实验结果，确定了该区的主要地质单元界线，并发现了杨家杖子钼矿深部的低阻异常体。

（4）开展了地质走廊带 100 km 地面重磁剖面测量，确定了各种地质体的重力和磁力特征，并进行了重磁数据处理和异常解释。

（5）采用法国生产的 SERCEL 428 地震仪进行了地质走廊带和含煤盆地的二维反射地震剖面测量，并进行了二维地震剖面测量结果的数据处理和地质解释，发现了莫霍面和康拉德面及煤层，可作为仪器装备检测的深部、中部和浅部的地质界面和标准。同时开展了深探项目自行研制的无缆自定位地震仪的同步实验研究，获得了具有良好一致性的测试结果。

（6）在杨家杖子钼多金属矿集区和古生代含煤盆地开展了四口钻井的钻探实验研究，累计进尺 6693 m，获得全孔取心的岩心样品 6000 余米，并进行了自然电位、自然伽马、井径、三侧向电阻率、声波时差等多方法地球物理测井。

（7）进行了 1∶5000 地面磁测 4 km² 和无人机航磁测量 2000 km² 的实验研究，获得了与地质资料相一致的测量结果，并开展了地面磁测与航空磁测的对比实验研究和互相验证。

（8）利用 ALOS 和 ASTER 数据，进行了全区遥感地质解译和矿化蚀变信息提取，获得了很好的地质解译结果和矿化信息的识别，并进行了地质单元和岩石单元的划分与实验研究。

（9）编制了深部探测仪器装备野外实验与示范基地实验规范，分别为"兴城野外实验基地地震勘探实验规范"、"兴城野外实验基地电法勘探实验规范"、"兴城野外实验基地航空磁测勘探实验规范"等六部，实验规范可以有效地指导、规范和完善实验过程并达到预期结果。

（10）建设了野外实验与示范基地数据库和网站，实现了仪器装备测试和实物标本及岩心资料保管、展示和开发研究的信息化，具备了探测仪器装备野外实验检测、地球科学研究、地学人才培养和地质科普教育为一体的功能。

第二节　测试范围及内容

依据深部探测关键仪器装备研制与实验的需要和野外实验示范区的功能，实验与示范区可以对深部探测所需要的各种探测仪器装备进行野外实验检测和开展实验与比对研究，以满足深部探测关键仪器装备研制、野外检测与实验的要求，进行仪器装备的可靠性、适应性和一致性的检验，促进仪器装备研发能力的提高和质量的提升。

一、测试范围

综合分析、处理和集成现有的和新获取的深部探测与实验研究的各类地球物理、地质和地球化学数据与研究成果，通过再处理、重新解释，总结出各类仪器装备的有效性和应用条件，重点是研究在不同地质条件下，重、磁、电、震等仪器装备对于发现目标的有效性。

实验示范区的测试范围主要包括两个方面：第一，基于对地质情况的了解，测试不同仪器装备（如重力、磁法、电法、地震、测井等仪器）的可靠性、适应性和一致性及其探测能力；第二，对数据管理系统和信息展示平台的测试。

（一）仪器装备测试

仪器装备野外实验示范区针对深部探测关键仪器装备研制与实验的需要，对实验示范区内所用仪器进行相应的测试，以保证仪器装备在野外实验过程中所采集数据的适用性和有效性。仪器装备测试的前提是对地质结构和目标有充分的认识和研究，对仪器的测试主要涉及仪器的静态参数和实际使用过程中适用性、有效性的测试。

（二）数据管理系统测试

在野外实验示范区内进行的各种踏勘、测量、钻井和地球物理实验，采集到大量的原始数据，包括地质、钻探、地球物理及地球化学数据以及数据处理、解释产生的大量中间数据及结果数据，这些地质数据和成果数量非常庞大，针对这些数据的管理和使用通常是比较复杂而且费时费力的。为此，需要开发相关的数据库系统，并建立基于互联网及电子地图的数据管理系统，实现野外实验示范区数据有效地分类管理和使用以及数据的共享，通过数据库维护，可对数据库内容持续补充、动态更新，实现对示范区内所用仪器和地质结构的详细认识和了解。

二、测试内容

（一）仪器测试

仪器的测试主要针对仪器的静态参数和仪器适用性和有效性的测试。

各类仪器测试存在共性及特殊性，这里以地震勘探类仪器为例对仪器测试指标详细说明。

地震勘探仪器主要包括地震仪、检波器（Liu Z. D. *et al.*，2012）及可控震源（梁铁成等，2002）。

地震仪静态参数测试主要包括：a）负载能力（道数）；b）采样率；c）A/D 位数；d）噪声水平；e）串音抑制；f）共模抑制比；g）最大输入信号；h）输入阻抗；i）同步精度；j）传输速率；k）传输距离；l）工作温度。

检波器静态参数测试主要包括：a）自然频率；b）灵敏度；c）线圈电阻；d）内阻；e）阻尼系数；f）谐波失真；g）线圈最大位移；h）工作温度。

可控震源静态参数测试主要包括：a）最大工作应力；b）工作频率；c）震源总重量；d）激震体重量；e）震动幅度；f）最大输出功率；g）通讯同步精度；h）相位同步精度；i）电源电压；j）系统时钟最高频率；k）扫描方式。

仪器的适用性和有效性需要根据探测目标特点在示范区选择相关靶区和适宜的工作方法，进行野外实验测试。具体过程是基于对实验区地质结构的认识和了解，确定相应勘探目标，利用物探仪器系统进行实验，获取相应的数据，通过原始数据及处理后的剖面数据，解释数据比对，给出测试结果。

一般地，对于野外测试实验，仪器测试主要测试内容包括：

1. 仪器的稳定性

仪器的稳定性指仪器在野外实验测试过程中，能够长时间稳定正常工作的能力。

2. 仪器的抗干扰性

仪器的抗干扰性指仪器在野外实验测试过程中，受到外界干扰的情况下，能够正常工作或者采集到干扰小的地质数据的能力。

3. 仪器勘探目标体的适用性

仪器勘探目标体的适用性是指仪器在勘探地下目标时，能够适应不同的地形、地质情况的能力。

4. 仪器勘探目标体的有效性

仪器勘探目标体的有效性是指仪器能够准确有效的勘探相应的地质目标体。

5. 仪器的易用性

野外实验中仪器易用性是指仪器在野外实验过程中，能够方便地进行运输、铺设、调试、充电、数据回收及采集。

6. 仪器测试的其他问题

野外测试过程中，可能还会存在其他仪器测试的问题，如仪器的损耗、数据的安全性等。

（二）数据管理系统测试

数据管理系统测试是将经过集成测试的数据管理系统软件，作为计算机系统的一个部分，与系统中其他部分结合起来，在实际运行环境下对计算机系统进行的一系列严格有效地测试，以发现软件潜在的问题，保证系统的正常运行。

数据管理系统测试的主要内容包括功能测试和健壮性测试。

功能测试，即测试软件系统的功能是否正确，其依据是需求文档。由于正确性是软件最重要的质量因素，所以功能测试必不可少。

健壮性测试，即测试软件系统在异常情况下能否正常运行的能力。健壮性有两层含义，一是容错能力，二是恢复能力。

除了功能测试和健壮性测试外，比较常见的、典型的数据管理系统测试还包括恢复测试、安全测试、压力测试。

1. 恢复测试

恢复测试作为一种系统测试，主要关注导致软件运行失败的各种条件，并验证其恢复过程能否正确执行。在特定情况下，系统需具备容错能力。另外，系统失效必须在规定时间段内被更正，否则将会导致严重的经济损失。

2. 安全测试

安全测试用来验证系统内部的保护机制，以防止非法侵入。在安全测试中，测试人员扮演试图侵入系统的角色，采用各种办法试图突破防线。因此，系统安全设计的准则是要想方设法使侵入系统所需的代价更加昂贵。

3. 压力测试

压力测试是指在正常资源下使用异常的访问量、频率或数据量来执行系统。在压力测试中可执行以下测试：

（1）如果平均中断数量是每秒一到两次，那么设计特殊的测试用例产生每秒十次中断。

（2）输入数据量增加一个量级，确定输入功能将如何响应。

（3）在虚拟操作系统下，产生需要最大内存量或其他资源的测试用例，或产生需要过量磁盘存储的数据。

一般来说，数据管理系统的性能测试指标有响应时间、吞吐量、性价比等，有的还包括使用率和内存使用轨迹等。吞吐量是指一定规模的系统在多用户并发访问时，所能提供的单位时间完成数据加载操作数。平均响应时间是指在达到最高吞吐量的条件下，所有的操作从发出访问到得到结果所耗时间的平均值，包括数据加载平均响应时间和数据查询平均响应时间。错误率是指在达到最高吞吐量的条件下，未正确得到返回结果的操作占全部发出操作的比例，包括数据加载操作和数据查询操作。

通过对实际业务的调研和分析，系统对吞吐量、响应时间、错误率和成本等特性要求尤其高。在大数据管理背景下，因为节点数量对系统的性能会有影响，所以对于单个系统的性能测试和多个系统的性能比较，只有在一定的、相同的节点数量下进行才有实际意义。

第三节　测试过程的规范化管理研究

为了将实验与示范区建成国内领先的高标准的深部探测仪器装备野外实验检测基地，提供标准的实验靶区、实验数据及地球物理场特征，必须严格管理在实验示范区内进行的各项实验，保证实验方法的合理性、实验数据及结果的客观性、翔实性及可靠性、仪器性能指标评估的有效性及客观性，因此，建立一套严格、高标准的野外实验与示范区管理规范至关重要。通过规范的具体条例，严格管理各项地震、电法、航空磁法等地球物理勘探实验，规范各项实验流程。建立规范化的实验管理机制，不仅能有效地提高实验示范区资源的综合高效利用，更为仪器装备的研发和改进提供有力的数据支持，为地球深部探测仪器装备研究提供了重要保障。

为保证仪器装备野外实验测试的规范性，实验示范区制定了吉林大学兴城野外实验基地规范，吉林大学兴城野外实验基地地震、电法、航空磁法勘探实验规范，包括管理实验的技术设计、数据采集、数据处理及解释、仪器测试指标评估等关键环节。

一、规范化管理的现状

由于目前国内尚没有针对某一特定地区的地球物理勘探实验规范可参考，我们深入调研了国内现行的各种地球物理勘探方法实验规范，包括采集、处理、解释等流程，并查阅和总结了兴城地质走廊带的区域地质和地球物理等方面的相关资料。

（一）当前地球物理实验规范现状

目前现行的各类规范，按照适用范围可分为国家规范，如国土资源部发布的地震资料采集规范；行业规范，如针对石油、煤炭等行业制定的地震勘探规范；企业规范，如中石油、中石化等企业制定的地震勘探规范等。按照施工过程分类，可分为测量规范、资料采集规范、资料处理规范和资料解释规范等。

兴城野外实验基地作为国家深部探测项目的地球物理装备野外示范基地，实验要求比较严格，需要确保施工各个环节细致、严格，获得的数据及结果翔实、可靠。以地震勘探为例，在现行相关规范中，有关石油勘探的测量、采集规范为现今地震勘探行业的最高标准，多数技术参数都给出定量要求，将作为本实验规范的重点参考内容；同时，针对上述兴城野外实验基地区域地质概况的调研，本区域地形复杂，特点为山地、丘陵较多，高程差较大，因此也将针对山地部分的测量和资料采集规程作为重要参考内容。针对实验与示范区实验规范的制定，参考已有的规范几乎覆盖了现行该领域的所有实验测量、采集、处理、解释规范。其中，具有代表性的规范有如下几个。

《石油物探测量规范》合并了《山区地震勘探测量技术规程》等六个测量标准修订而成。内容上突出了两部分内容：①新技术和常用技术。标准中采用较大篇幅叙述 GPS 测量技术，而对于常规测量则进行较大幅度精简。②作业方法和技术要求。标准用了较大篇幅叙述石油物探测量作业方法和技术要求，而对于测量仪器的使用和维护内容作了加大幅度精简。同时，标准广泛吸收了国外石油公司同类技术规定的内容。

《陆上石油地震勘探资料采集规范》代替 SY/T5314-2004《地震资料采集技术规程》和 SY/T6386-1999《陆上高分辨率地震勘探资料采集技术规范》。以 SY/T5314-2004 为主，做了部分修改，如增加了城区和障碍区的术语定义；增加了对黄土塬、山地等低信噪比地区及高密度、宽方位勘探的二、三维测线设计原则；增加了可控震源高效采集等许多新技术、新方法的内容等。根据地震勘探技术的发展，总结了 30 年来开展油、气地震勘探实践，尤其是数字地震仪的使用之经验，它贯穿了设计、采集、处理、解释和成果报告五个环节，并在附录中附有各种施工生产的表格和图例，如地震班报、仪器维护记录等。

《山地地震勘探测量规范》规定了山地地震勘探测量的方法和技术要求，适用于山地地震勘探测量工作。其任务是根据设计，将地震勘探测线物理点采用一定的测量方法放样到实地，并选择适宜物探施工的点位；为地震勘探野外施工、资料处理及解释提供符合要求的测量成果和图件。根据山地地区的特殊性，山地地震勘探对测量的工作要求主要采用 GPS 测量技术。

《地震资料采集技术规程，第 4 部分：山地》规定了山地地区二维、三维地震勘探资料采集的设计、施工、质量控制、资料整理及质量检验等各个工序的技术要求。针对山地勘探的地表和地下结构复杂，局部施工技术需特殊处理，如在地质任务难以完成的情况下，观测系统中的局部复杂地区可使用变观或多种三维观测系统模式；在山区 GPS 卫星信号较弱地区，一条测线不能采用同一种方法施工时，采用常规测量和 GPS 实时差分测量联合作业。

《可控源声频大地电磁法勘探技术规程》，该技术作为 20 世纪 70 年代发展起来的新型电测测深技术，采用人工场源，克服了 MT 法中天然场源信号的随机性和微弱性等弱点。本规程替代《油气可控声频大地电磁测深勘探技术规程》规定了油气勘探中可控声频大地电磁测深法野外施工、室内资料处理、综合解释等工作的基本要求。

《石油大地电磁测深法技术规程》规定了石油大地电测测深技术的基本要求，包括野外工作施工流程、仪器测试、试验工作、测线和测点的布置、观测装置的铺设、参考道工作方法等技术流程，同时给出了技术参数。在附录中附有相关大地电磁测深技术表格，如大地电磁测深点布置记录、大地电磁测深视电阻率曲线、相位及物理点智力评定表等。

《航空磁测技术规范》作为这一方法的准则，规定了航磁总量测量的技术设计、仪器与装备、测量飞行与野外工作、数据处理与图件编制等基本技术要求和规则。其中，测量飞行与野外工作部分重点强调了航磁仪器系统的空中操作和记录，在附录中附有航空磁测表格；针对兴城野外实验基地煤层和金属矿区的勘探，重点强调了局部找矿有利地段的加密测量飞行技术要求。

《航空物探飞行技术规范》规定了在确保安全的前提下，完成航空物探飞行任务所要求的最低标准，使航空物探飞行规范化、程序化、标准化和科学化。规定了航空物探飞行的基本规定、实施程序、技术、质量要求和飞行方法。其中，基本规定中重点关注航空物探飞行的特殊规定，如地形高低悬殊的地区和复杂山区作业的要求和有关天气的规定等。实施程序介绍了航空物探飞行的基本流程和注意事项。在附录中介绍了几种航空物探的飞行方法，包括基本飞行法和辅助飞行法。

（二）制定规范的依据

（1）地震勘探实验规范：以石油地震勘探规范为主要参考标准，针对兴城野外实验区多山地的地质地貌特殊性，结合山地地震测量和地震资料采集技术规程，并兼顾煤炭、高分辨率地震勘探和通用陆地地震资料采集技术等内容，综合制定了吉林大学兴城实验基地地震勘探实验规范。

（2）电法勘探实验规范：针对深探项目对勘探目标深度的具体要求和示范基地建设的高标准性，以可控源音频大地电磁法勘探技术为主要参考（陈东敬、于鹏，2005），结合石油大地电磁测深法技术，兼顾电阻率剖面法和地面瞬变电磁法勘探技术的实验规范，综合制定了吉林大学兴城野外实验基地电法勘探实验规范。

（3）航空磁法勘探实验规范：根据兴城野外实验区多山地形的特征，针对深探项目对勘探目标深度的具体要求，以航空磁测技术规范为主要参考（刘振军等，2011），结合航空物探飞行技术规范的相关要求，综合制定了吉林大学兴城野外实验基地航空磁法勘探实验规范。

二、规范化管理流程

（一）地震勘探实验规范化管理

依据吉林大学兴城实验基地地震勘探实验规范，对在实验区范围内进行的地震勘探实验进行规范化管理。

兴城野外实验基地地震勘探实验规范共分为 12 章。其中，前三章说明了规范适用范围、规范性引用文件、术语和定义，特别加入了关于山区、障碍区等关键术语。第四章总则部分陈述了规范的应用范围和适用方法等。从第五章技术设计开始规范指导实验流程，如图 7.3 所示。

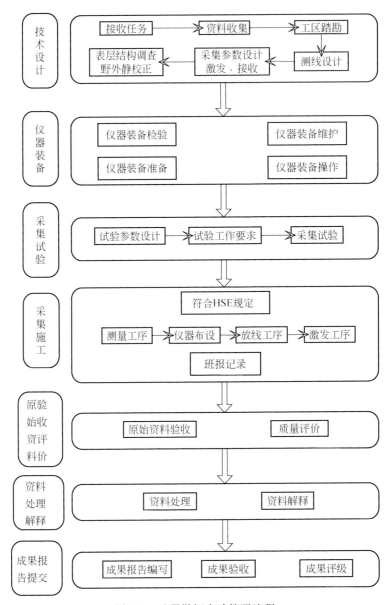

图 7.3　地震勘探实验简要流程

1. 技术设计

对于基地内的各项实验的综合管理，开发了基于 B/S 架构的野外实验基地管理系统，即通过网站形式与实验人员进行交流。实验人员需要根据任务要求进行实验申请，等待审批合格后方可进行实验。在规范的第五章技术设计中，主要规范了实验施工前有关实验参数的技术要求。主要流程包括，首先确定接受上级任务安排，签署合同，同时编写工作任务书。然后进行资料收集，包括地理资料、气象资料、测绘资料、地球物理资料、钻井地质资料等，相当于实验前期调研部分，充分掌握实验区各种资料。接下来必须进行详细的工区踏勘，实地了解实验地区的野外地形条件，如河流、山地、高压电、村镇等情况，并编写踏勘报告和绘制踏勘草图。踏勘完毕后，则需尽快进行测线设计。规范中详细规定了二维、三维地震勘探的测线布置原则、观测系统设计原则。进而进行采集参数的设计，这是技术设计中的重点部分。其中，对于观测系统的参数设计，规范了高截频率、面元边长、道间距、覆盖次数、纵向激发点间距与线束滚动距、最大炮检距、最小炮检距、满覆盖边界、资料边界、横纵比、模型正演这些参数的制定原则、参考公式等。对于接收端参数的设计，规范了检波器类型、组合形式、组合高差。对于激发参数的设计，规范了炸药震源、可控震源针对深部探测的能量选择，如炸药震源在勘探深度超过 30 km 应选择 96～500 kg 的药量，可控震源则需使扫描时间在 20 s 以上方可。实验技术设计的另一个部分是进行表层结构调查和野外静校正，其中规范了表层结构调查的方法，如小折射法针对山区施工合理布设点，野外静校正对于基准面的确定要求，在地形起伏较大且具有较稳定的折射界面时宜采用初至静校正法等。

2. 仪器装备

第六章对仪器装备的检验、维护、准备和操作制定了标准规范。对仪器装备的检验包括数字地震仪检验：日检、周检、月检和年检。对电缆和检波器的检验标准，包括检波器的自然频率误差、灵敏度误差等，电缆的道间绝缘电阻、对地电阻等。在仪器装备的维护部分，规范了仪器未使用和使用中的维护、保养准则，保证仪器延长工作寿命和使用时间，同时保证施工安全顺利、数据真实可靠。接下来进行实验前的仪器装备准备，规范了对仪器的配套装置包括软硬件、电缆、电池、记录等的准备流程，确保实验设备齐全，节约并有效管理实验仪器装备。最后，仪器装备野外操作规范是十分重要的，它能保证在仪器正确合理的操作下最终得到真实准确的实验数据。

3. 采集实验

第七章进行采集实验工作的规范。采集试验的目的是为了调查勘探工区内地质与地球物理特征，为正确选择最佳工作方法和采集参数提供依据，以取得最好的资料效果。实验参数应具体、针对性及统计性要强。应对室内分析无法确定的施工参数和对采集质量有影响的施工参数进行重点实验。对实验方案的编制遵循上述原则和目的，同时给出实验工作相应的要求。

4. 采集施工

第八章采集施工是野外实验的核心部分。采集实验后，进行采集施工，施工前提是要保证"健康、安全、坏境–HSE"规定。首先在测量工序中，针对兴城野外实验区域特殊的自然地理情况，山地地区较多，地形条件复杂。测量工作应按技术设计及 SY/T 5171–2003、QSH 0184–2008 中规定的要求完成。当 GPS 卫星信号较弱，一条测线不能采用同一种方法施工时，采用常规测量和 GPS 实时差分测量联合作业。遇到障碍物如土坡、森林等时，可采用偏移和变观方法测量，变动后的物理点应实测坐标和高程。测量之后进行地震勘探仪器的布设。严格按照技术设计中的要求布设仪器，合理分配地震仪与电缆、检波器等，以实现快速放线。在放线工序中，规范了电缆的收放线注意事项，检波器埋置的要求以及针对该地区山地特点的特殊埋置原则。在地震仪、检波器、电缆都布设完毕之后，进行激发工序的设置。炸药震源和可控震源的工作总则执行 SY/T5314-2004 中对震源的规定。同时做好炸药震源的检查工作，确保实验安全。对于接收端，检波器的检查工作同样要求细致，包括检波点位置、埋置、组合、检波点偏移等工作都应 100% 检查，这对于接收质量良好的数据十分重要。上述过程无论是仪器装备的检查、维护、操作，还是观测系统的设定，仪器的布设，震源的激发等所有因素，都需要有专人进行详细的日志记录，即野外地震勘探实验班报。班报的记录要求简明、真实、准确，对后期数据处理等流程至关重要。在遵循上述流程和规范进行野外地震勘探施工后，得到实验数据，接下来进行资料的验收和质量评价。

5. 原始资料验收和质量评价

第九章中，规范了应提交的原始资料内容，记录数据质量优良、合格、不合格的具体评价原则。

6. 采集资料处理与解释

第十章规范了采集资料的处理与解释。其中，处理的准备工作后，规范了处理的技术要求，即数据解编或格式转换、观测系统定义、极性规定、弯曲测线处理、叠前去噪、振幅补偿和反褶积、静校正、速度分析、倾角时差校正（DMO）、水平叠加、叠后时间偏移、地震属性处理等以及最终成果报告上显示的标签及内容。对资料图件进行的解释应遵循 SY/T 5481-2009 的要求。

7. 成果报告编写、验收和评级

第十一章主要包括应提交的成果报告的主要内容，附图及图件要求，质量评级为优秀、良好、合格和不合格。

（二）电法勘探实验规范化管理

依据吉林大学兴城实验基地电法勘探实验规范对在基地范围内进行的电法勘探实验进行规范化管理。

与地震勘探实验规范类似，在电法勘探实验规范的前三章介绍了规范的范围、规范性引用文件、术语和定义，第四章总则规定了该规范的适用范围和应用方法，从第五章技术设计开始规范电法勘探实验的具体流程。

1. 技术设计

技术设计部分前几个环节和地震勘探等其他地球物理勘探类似，接收任务之后进行资料收集和工区踏勘，方法和注意事项基本一致。目的都是在实验前掌握该地区的自然环境、电法勘探工作成果等，并完成踏勘报告。在参数的设计中，本规范涉及的电法勘探方法包括可控源声频大地电磁法、地面瞬变电磁法和电阻率剖面法三种。其中，可控源声频大地电磁法的技术设计工作主要包括测网和场源的设计。详细设计要求参照 SY/T5772-2002 中 4.2 的规定。地面瞬变电磁法的技术设计工作主要包括方法有效性分析，工作装置、发送回线边长和时窗范围的选择，测区、测网和比例尺的选择，工作精度的确定，电性参数测定和物理模拟实验等。详细的设计要求参照 DZ/T0187-1997 中 4.3～4.9 的规定。电阻率剖面法的技术设计工作主要包括方法有效性分析及实验、工作精度的确定、测区与测网的选择、测地精度与测网联测、电极距的选择、参数测定与物理和数值模拟实验等。详细的设计要求参照 DZ/T0073-93 中 4.3~4.8 的规定。随后进行设计书的编写，具体内容为序言、概况、地质及地球物理特征、工作方法与工程量、资料处理、解释以及报告提交等，并附电法勘探的设计书附图。

2. 仪器设备

首先规范电法勘探仪器的操作规则和维护准则。之后，规范电法勘探仪器的检验，每个测区工作前和工作期间应视工期长短定期对接收机、发射机及附属设备进行调节检测。接收机具有自检功能的，应定期进行自动校准检测。磁探头应定期进行标定（标定方法可依据各个仪器自带的说明书）。仪器设备各项指标合格后方可进行工作。最后，对实验前仪器的准备进行规范，保证实验顺利进行。

3. 野外工作

野外工作部分为电法勘探实验的重要部分。首先提出野外工作总体要求准则，然后进行电法勘探实验的物理模拟，以指导野外施工和提高资料解释的可信度。之后进行测站布置，应尽量布设在观测地段中心，并远离输电线和变压器，还应兼顾供电站的布设。测站和供电站还应采取必要的防潮、防雨和防曝晒措施。通常采用固定式测站，在山区树木较多地区可以采用移动式测站。导线铺设部分规范了铺设导线的原则和要求，场源布设规范了 AB 几点的布设和检测。应用大地电测测深法等无源方法无需布置场源。接收装置的布设规定了接收偶极 MN 的方向、接地电阻和磁探头的布设等。布设仪器之后进行数据采集。最后将采集的数据保存并编写野外数据采集报告。

4. 原始资料验收与质量评价

包括原始资料、基础资料验收的内容和质量评级标准。

5. 资料处理与解释

本部分规范分为资料处理要求和解释要求。其中，资料处理包括处理目的、数据编辑、静态校正、地形校正、过渡区校正和一些其他要求。资料解释要求规定了定性解释、定量解释和综合地质解释的要求。

6. 成果报告提交与评级

该部分规范了需要提交成果报告的要求、提交的主要内容、图件和报告评级规定。

（三）航空磁法勘探实验规范化管理

依据吉林大学兴城实验基地航空磁法勘探实验规范对在基地范围内进行的航空磁法勘探实验进行规范化管理。

与地震勘探实验规范类似，在航空磁法勘探实验规范的前三章介绍了规范的范围、规范性引用文件、术语和定义，第四章总则规定了该规范的适用范围和应用方法，从第五章技术设计开始规范航空磁法勘探实验的具体流程。

1. 技术设计

当一项航磁勘查任务确定后，应根据任务的要求，编写任务设计书，搜集测区内有关的地质、地球物理等资料，并组织现场踏勘，选择符合要求的航空磁测参数及仪器。勘探任务确定后，根据任务要求进行技术设计，主要包括以下内容。测量参数的选择、测区范围的确定、测网密度与测量比例尺的确定、主测线方向的确定、飞行高度的确定、飞行速度与采样率的确定、导航定位及精度确定、数据采集的内容、航磁测量总精度（总误差）σ 的衡量与误差分配、日变观测、磁参数调查和设计书的编写。

2. 仪器设备

规范野外实验中使用的航空磁测勘探仪器设备的具体操作要求。包括常用航空磁力仪、航磁磁力仪系统选择原则、开工前航磁仪系统准备，导航定位系统准备，地面仪器设备准备，飞机磁场补偿，航磁校准基点观测等。

3. 测量飞行与野外工作

主要包括起飞前航磁仪系统及其配套设备检查与调节，航磁仪系统空中操作和记录，测区视察飞行，测线测量飞行，局部找矿有利地段加密测量飞行，基线测量飞行，切割线测量飞行，重复线测量飞行，补偿飞行，导航定位工作，航磁测量原始资料的编录，原始资料、数据现场检验，航迹恢复与检查，废品数据确定，岩（矿）石磁性参数的标本采集与测定，局部航磁异常的查证等工作。

4. 数据处理与图件编制

此部分内容包括航空磁测数据的处理技术要求，主要为航磁测量数据计算机处理（Yang *et al.*，2010）、航磁基础图件编制、质量评价等。

5. 成果报告

成果报告编写要求包括报告主要内容，附图要求和提交要求等。

三、地震实验实例

依据规范进行的野外实验已经陆续在兴城实验区开展，作为示范性实验，这里展示地震勘探的实验结果。兴城野外实验区的地震测线一共有六条。其中，包括主测线两条，D0、D1；辅测线四条，D2 ~ D5。其中，测线 D0 采用深反射地震勘探方法；测线 D1 采用反射地震勘探方法；测线 D2、D3、D4、D5 采用高分辨率地震反射勘探方法。这里主要介绍 D0 线的采集参数、采集结果及解释。

（一）采集参数

D0 线采用 12 kg 炸药震源，中间放炮，600 道接收，井深 15 m，炮间距 100 m，道间距 20 m，采样间隔 1 ms，记录长度 15 s。D0 线初叠时间剖面出现五个主要反射波（图7.4），①6.0 s 左右 T6 反射波；②6.5 s 左右 T65 反射波；③7.5 s 左右 T75 反射波；④8.0 s 左右 T8 反射波；⑤10.5 s 左右的 T10 反射波。

（二）结果及解释

D0 线局部水平叠加时间剖面（图 7.4）主要反射波的特征如下：

（1）T105 反射波是勘查区内最重要的反射目标层之一。它以三个连续的强反射波为主体，测线西部该波组特征相对稳定。在测线中段和东段，虽然该反射波组上下出现多层反射波，但是该波组仍然最强。T105 反射波视周期 40 ms 左右，视频率 25 Hz 左右。

（2）T8 反射波以 1 ~ 2 个连续的强反射波为主体的 5 ~ 8 个反射相位构成的反射波组。测线中段相对连续、稳定发育，东西两侧发育较弱。T8 反射波视周期 28 ms 左右，视频率 35 Hz 左右。

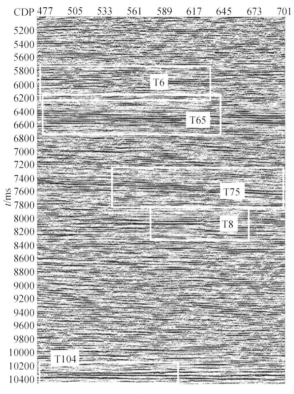

图 7.4　D0 线局部水平叠加时间剖面

（3）T75 反射波以六个连续的反射相位构成的连续性比较好的反射波，在测线的西部发育，向东倾斜。反射波组东端与 T8 反射波相遇后终止。T75 反射波视周期 25 ms 左右，视频率 40 Hz 左右。

（4）T65 反射波是实验区内最重要的反射目标层之一。T65 反射波以 5 ~ 8 个连续的强反射相位构成的反射波组，全线发育。测线西段和中段相对连续，振幅较强。东段发育较弱。T65 反射波自西向东倾斜后至东端抬起。T65 反射波视周期 25 ms 左右，视频率 40 Hz 左右。T65 反射波和 T75 反射波大致保持平行，均向东倾没。

（5）T6 反射波以 4 ~ 6 个连续的反射相位构成的断续发育的中等振幅反射波组。测线中段相对连续发育，东西两侧发育较弱。T6 反射波视周期 28 ms 左右，视频率 37 Hz 左右。T6 反射波及其以上反射波基本维持水平状态。

四、测试规范化管理推广

通过对测试规范化管理研究和总结，制定高标准、严格的野外实验规范，规范各项实验流程，即技术设计、采集试验、采集施工、数据处理与解释等，是建设统一的高标准的野外实验与示范区的必要条件。在野外实验区严格遵循实验规范进行野外实验，可得到真实可靠的实验数据和结果。同时，日渐明确的地下物性模型使得实验区成为检测仪器装备性能指标的标准化实验场地。以兴城野外实验规范为依据，可为各类地学仪器性能进行科学合理的评估。同时，标准化野外实验区的建设过程和实验规范的制定，为后续在其他地区开展实验区建设积累了非常宝贵的理论和实践经验。根据具体的设施情况和地质条件可以制定不同实验区特色的实验管理规范。实验区与实验区之间可以相互访问、数据共享、资源共用，共同提高。

针对仪器装备性能指标的测试和实验，有针对性的比对实验也是验证仪器或方法是否适用和评估等级的有效手段。在仪器比对实验中，首先需要严格遵循实验规范，其次针对比对指标提出实验方案并实施实验。

第四节　仪器比对与信息反馈机制

仪器装备野外比对实验研究是深部探测仪器装备野外实验测试的重要环节之一，也是了解仪器装备的可靠性、适应性和一致性的主要方法。针对深部探测仪器装备进行标准化野外实验及仪器测试、比对的需求，在辽宁兴城野外实验示范区建立了地震、电法、航空磁法勘探相关的仪器比对平台。通过对实验示范区开展的野外实验和仪器比对，充分了实验区的地球物理场特征，从而为深部探测仪器研发提供标准的实验区和标准的实验数据，为国产深部探测仪器装备的研发提供实验场所和比对条件。

一、比对方案

（一）比对原则

仪器的比对不仅要充分考虑仪器所受温度、压力等环境方面的影响因素，而且还要在实验中坚持一定的比对原则。

比对原则可以分为：对照原则、单一变量原则、比较优势原则。

单一变量原则：是处理实验中的复杂变量关系的准则之一。主要是对实验变量与反应变量的控制而言。它有两层意思：一是确保"单一变量"的实验观测，即不论一个实验有几个实验变量，都应做到一个实验变量对应观测一个反应变量；二是确保"单一变量"的操作规范，即实验实施中要尽可能避免无关变量及额外变量的干扰。实验设计、实施的全过程，都应遵循单一变量原则。单一变量原则是实验控制的手段之一，目的仍在于消除无关变量对实验结果的影响。

实验对照原则：是设计和实施实验的准则之一。通过设置实验对照对比，既可排除无关变量的影响，又可增加实验结果的可信度和说服力。

单一变量原则与对照原则二者都强调消除无关变量。

比较优势原则，主要用于不同类型的仪器难以根据仪器方面进行比较，针对目标所坚持的原则。当单一变量原则难以保证时，可以针对目的，即勘探目标体的有效性方面，进行优势的比较，从而评价仪器的适用性能。

（二）仪器的静态指标比对

仪器的静态指标比对主要指相同类型的仪器在主要仪器硬件方面的比较。对于不同地质仪器，静态指标比对的内容不同。静态参数的比对，一方面要根据仪器的说明情况进行比较；另一方面，对于容易受到干扰的仪器参数，要进行现场测试分析来对比。

对于重力勘探、磁法勘探方面的重力仪和磁力仪，主要比较仪器的量程、灵敏度、稳定性、零漂程度等。

地震勘探中的仪器主要涉及地震仪和检波器，对于可控震源地震勘探，还涉及可控震源。

地震仪静态指标主要包括：a）负载能力（道数）；b）采样率；c）A/D 位数；d）噪声水平；e）串音抑制；f）共模抑制比；g）最大输入信号；h）输入阻抗；i）同步精度；j）传输速率；k）传输距离；l）工作温度。

检波器静态指标主要包括：a）自然频率；b）灵敏度；c）线圈电阻；d）内阻；e）阻尼系数;f）谐波失真；g）线圈最大位移；h）工作温度。

可控震源静态指标主要包括：a）最大工作应力；b）工作频率；c）震源总重量；d）激震体重量;e）震动幅度；f）最大输出功率；g）通讯同步精度；h）相位同步精度；i）电源电压;j）内时钟最高频率；k）扫描方式。

仪器静态指标可以通过仪器的出厂报告和对仪器的现场测试两方面获取。大部分地质仪器都需要进行定期的年检，在野外实验前，仪器还需进行月检和日检，根据仪器的出厂报告和这些检测报告，可以全面的对比和分析仪器的性能，评价仪器的实际情况。

（三）实验结果比对

仪器的适用性和有效性的另一个方面的比对就是对其实验结果的比对。比对的方法如下：

同种类型仪器的比对：按照单一变量原则和对照原则，两种仪器应保证在相同的时间，相同的地点进行实验，实验过程中，保证除仪器以外的其他影响因素的一致。例如，对于地震勘探，在对比两种震源的勘探能力时，就需要在相同的时间，利用相同的地震仪和检波器，对同一地区进行地震勘探。然后，对采集到的不同震源的地震数据进行相同数据处理。最后，通过分析不同震源的单炮记录和叠加剖面中的能量、目标体的信噪比和分辨率，评价两种震源的优劣性。

不同种类型仪器的比对：按照比较优势原则，同样两种仪器应保证在相同的时间、相同的地点进行实验，实验过程中，保证除仪器以外的其他影响因素的一致。与同种类型仪器的比对不同，实验过程可能只能够保证同时同地的环境因素，其他相关仪器不可能保证相同，因此这种比对也可称为仪器系统的比对。例如，对于重力仪、磁法仪和电法勘探仪器之间的比较，就只能通过最后的勘探结果进行分析和比较。

地质勘探实验结果的比对，主要考虑目标发现率、发现目标的深度、分辨率和信噪比等指标。

二、信息反馈机制

（一）管理系统介绍

本系统将对实验区内的野外实验信息进行集成，形成统一管理平台，在逻辑上系统由三个部分组成，如图7.5所示，包括客户端、服务器和数据库。客户端根据服务目标的不同又分为WEB客户端和应用程序客户端。服务器主要提供实验管理系统的运行环境，响应用户的各种请求，并处理与数据库的各种交互。客户端通过有线或无线的网络访问服务器，数据库可以构建在服务器主机上，也可以部署在单独的数据管理主机上，通过网络的方式供服务器访问。

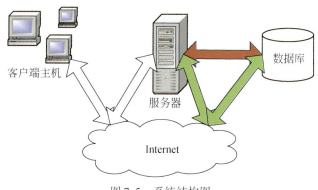

图7.5　系统结构图

系统在逻辑上可以划分为三层架构：表示层、业务逻辑层和数据访问层。表示层主要负责与用户的交互，表示层主要采用两种方式：应用程序和WEB方式。决策支持为客户端应用程序，为管理者提供服务。WEB客户端对所有符合权限的用户开放。业务逻辑层主要集中在业务规则的制定、业务流程的实现等与业务需求有关的系统设计，包括以下几个主要功能模块：权限管理、日志管理、帮助管理、数据管理、辅助分析、数据传输、数据检索、实验申请、电子地图、图形报表、远程监控、审批管理、质量评价等。数据访问层主要负责数据库的访问，可以访问数据库系统、文本及各种形式的文档资料，主要包括数据访问代理和数据库服务，系统架构如图7.6所示。

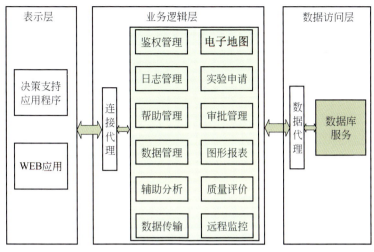

图7.6　系统架构图

（二）实验申请

管理的目的就是为了对实验区内的实验进行监控和规范。任何组织、个人都不得在实验区内随意进行任何类型的实验。实验的需求必须通过实验申请模块，按要求详细填写规范格式的申请表，经过实验审批模块的审批，才可按审批意见实施。申请者首先通过综合信息管理系统和实验平台的检索功能模块进行探测区域、勘探设备，原始资料及图件等信息的检索，经过综合分析、整理，设计出欲进行野外实验的区域、实验设备及所采用的实验方法。然后，登录至平台的实验申请模块，填写实验负责人、实验区域、实验时间、实验设备、实验方法、实验依据、预期结果、可能存在的危险及需要辅助的工作等信息，并提交。实验审批模块受理实验申请。综合考虑该实验区域周边环境，查询数据库中的实验申请记录，确定周边同一时段内是否有与该实验冲突或相互干扰的实验安排，根据其实验方法，合理规划实验规程、分配实验资源，将合格的申请纳入安排计划，反馈结果给申请者。

（三）实验监控

通过野外实验监控，一方面实现了对野外实验情况的快速准确的了解，便于解决实验过程中出现的各种问题；另一方面也有利于野外采集数据的适时回收。

（四）数据管理

数据管理对于各种类型的实验数据文件和原始资料，考虑数据融合技术，整合实验信息数据存入数据库，支持统一的方式进行数据检索，重点设计数据结构，使数据结构清晰明了。数据代理负责所有与数据库的交互，包括增、删、改、查询等操作。作为唯一的数据访问渠道，提供数据访问接口，供其他功能模块调用。

（五）辅助分析

辅助分析包括数据检索、对比分析和质量评价。

数据检索：提供对实验区实验信息数据库的数据检索功能，可以按时间、地点、设备、方法、地质特征等多种情况设置检索条件，并支持权限范围内原始数据及实验结果的下载和客户端显示。

对比分析：依据检索条件，提供同类型数据的质量评价评分排序，支持同类数据信息的对比。

质量评价：质量评价是为了给出对仪器设备勘探数据质量及可信度的一种判定，从而为用户提供更有价值的信息和更有效的帮助。质量级别越高的实验数据，越能准确地描述当地的地质信息，用户在实验管理系统中设置检索条件进行检索时，反馈的检索结果会自动按质量等级的高低降序排列，质量等级高的结果优先推荐。实验结果的质量等级采用量化的方式，其设定遵循以下几个基本原则：

（1）与钻井结果相近实验结果质量等级设置较高数值；

（2）与世界知名品牌仪器实验结果相近的，质量等级设置较高数值；

（3）根据用户满意度设置逐渐增减质量等级。

（六）电子地图

通过电子地图，向实验区管理者呈现野外实验信息，将野外实验过程与模拟信息管理相统一。将实验区管理的所有仪器设备抽象为设备模型，将设备之间的连接关系及所采用的实验方法抽象为控制模型，对于实际的野外实验，在模型库中选取与实际实验设备对应的设备模型，按照符合实验部署及方法流程的控制模型，在电子地图中，布置与实际实验相对应的模拟实验，通过现场采集的各仪器设备的参数，及时更新电子地图中各仪器模型的参数，配合远程监控系统，使实验区管理者全方位、快速、准确地把握实验区中各项实验的进展，做出科学的决策。

第五节　深部地质目标发现率与仪器适用性评估

一、实验区地球物理工作效果分析

深部地质目标的发现与地表地质现象的发现不同，主要是通过各种地球物理探测（简称物探）仪器探测得到各种物探异常数据，结合岩石的物性特征（密度、磁化率、电阻率、波速等）来判断埋藏在地下深部的各种地质体的存在。但是，地表的地质现象有助于我们认识现今的地质构造格局，进而为深部地质目标的发现和地质解释提供构造演化方面的证据。因此，深部地质目标的发现和合理的地质解释，需要多方资料的配合与佐证。

通常采用的物探方法包括重力、磁力、电法和地震勘探等。传统上有利用重力、磁力、电法来进行横向分块，利用电法、地震勘探来进行垂向分层的说法。这些说法反映了不同物探方法在地质目标发现方面的不同作用。

众所周知，在地球物理勘探中存在着多解性问题。要克服多解性，就必须有多种方法的配合，利用不同方法所提供的解释结果，去伪存真，最终得到符合客观实际的结论。在兴城实验区（120°~121°E，40°~41°N），我们进行的野外勘探工作包括：重力剖面测量、磁力剖面测量、大地电磁测深以及地震勘探。

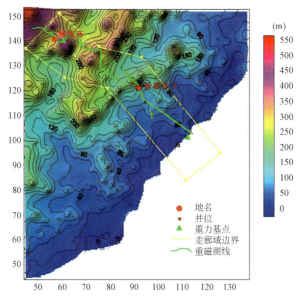

图 7.7 实验区重、磁剖面线位置（图中等值线为海拔高程）

在实验区内布置了六条地震勘探测线，其中深部测线一条（主测线）、中深部测线一条（主测线）以及浅层高分辨率辅助测线四条。各种物探方法的具体位置见图 7.7、图 7.8。

图 7.8 二维地震勘探布置图

除了上述野外工作外，为了更全面的了解该地区的地球物理场特征，我们还收集了1：20万区域布格重力异常图和1：20万区域航磁异常图，利用区域物探资料来联合参与解释。

（一）重、磁资料对于地质目标的识别作用

1. 重力资料的识别作用

重力实测路线见图7.7。将实测的数据经各项改正后形成的布格重力异常投影到研究区走廊域中心剖面上，形成剖面布格重力异常，与同剖面的区域重力异常和地质剖面进行对比，见图7.9。

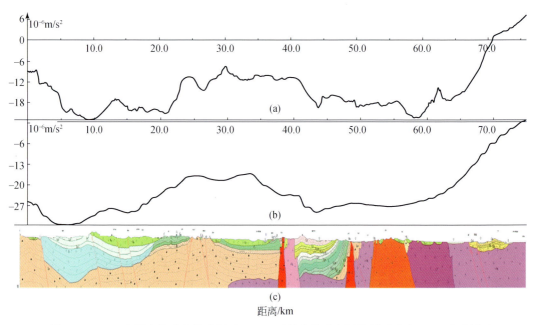

图7.9　　（a）实测布格重力异常剖面、（b）区域布格重力异常剖面以及（c）地质剖面

从图7.9可以看出，实测布格重力异常剖面与区域布格重力异常剖面形态一致，细节优于后者，说明了实测布格重力异常的可靠性。

该剖面穿越了两个大的三级构造单元，即冀北-辽西古中坳陷和山海关隆起。两者以青龙-锦西深断裂带为界。在重力异常剖面图上表现为较大的重力梯度变化，大约位于65 km处。地质上，山海关隆起的绝大部分地区为太古宙混合花岗岩，岩石密度大（这一点可以从岩石密度统计表看出，见表7.1），所以重力场表现出重力高的特征。冀北-辽西古中坳陷主要为中远古代以来的沉积岩层，岩石密度较小，总体表现为重力低。从图7.9中0～65 km曲线段可以看出这一点。在这一段中，重力值的一些相对起伏变化反映了次一级构造的一些变化情况。

表 7.1 岩石密度统计表[*]

层位		岩石名称	平均值/(g/cm³)
中生界	义县组	安山岩	2.5
	土城子组	凝灰质砂岩、粉砂岩	2.64、2.62
	兰旗组	玄武岩、安山岩	2.65、2.85
	北票组	砂页岩、凝灰质砂岩	2.74、2.61
	兴隆沟组	安山岩	2.83
古生界	二叠系	砂岩、粉砂岩	2.85
	石炭–二叠系	砂页岩夹煤系、长石石英砂岩、砂砾岩	2.87、2.79、2.77
	奥陶系	白云质灰岩	2.99
	寒武系	白云质灰岩、细晶灰岩	3.04、3.03
元古宇	青白口系	白云质灰岩	3.07
太古宇	Mγ	混合花岗岩	2.9
燕山期	λπ	流纹斑岩	2.74
	δμ	闪长玢岩	2.62
	γπ	花岗斑岩	2.7
	ηηδ	石英二长闪长岩	2.6

注：*据辽宁省地质局区域地质调查队，区域地质调查报告，1983 年。

从地质剖面可以看出，在东部临近海滨区域，由于太古宙混合花岗岩的存在以及莫霍面抬升的影响，使得重力异常升高；而花岗闪长岩出露区由于其密度相对较低，在重力异常上表现为相对重力低。从图 7.9 还可以看出，凡是地质剖面上所刻画的断裂，在重力剖面图上都可以找到重力异常梯度变化的特征。对比重力剖面和地质剖面可以看出，从杨家杖子向斜开始向西，重力异常有一个明显的相对抬升，女儿河断裂在重力异常图上表现为梯度变化较大的特点。过该断裂向 WN 是一个残留的中生代火山岩盆地，从重力异常上来看，由于处于重力的相对高值区，推断盆地沉积盖层较薄，元古宙老地层距地表较浅。该残留盆地在地质图上显示在远处与西北的金岭寺–羊山盆地合为一体。再往 NW 方向，是一段不足 5 km 的元古宙地层出露区，在重力异常上显示为局部重力高，这与该地段地层密度高有关。过了这段元古宙地层出露区，就进入了金岭寺–羊山盆地。这也是一个中生代火山岩盆地。不过，该盆地对应着相对重力低值，说明该盆地中生代地层相对较厚，元古宙基底地层埋藏较深。在剖面上过了金岭寺–羊山盆地就到达了走廊带的最北西端，这里元古宙地层又开始出露，重力异常也明显开始升高。

将 1:20 万布格重力异常（图 7.10）与图 7.7 中的高程等值线相比，两者并没有太多的相关性，说明重力异常更多的是由地下地质因素（不同岩石的密度差异、不同地层的分布状态）引起的。这为我们利用重力异常研究该区的地质情况提供了良好的条件。

从重力异常图中可以看出四条明显的重力梯度带，两条相对较长，规模较大，两条相对较小。对应着断裂的分布。最高值在沿海区域，达到 $0 \times 10^{-5} \, m/s^2$；最低重力异常圈闭达到 $-50 \times 10^{-5} \, m/s^2$，其余几个重力低圈闭也在 $-30 \times 10^{-5} \, m/s^2$ 左右。异常沿 NE 向展布。

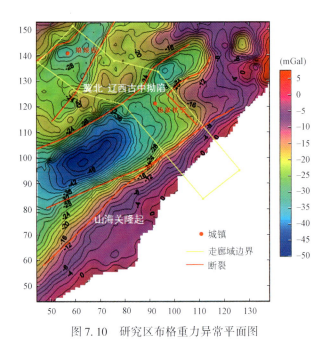

图 7.10　研究区布格重力异常平面图

从收集到的该区岩石密度结果来看（表 7.1），古生代岩石密度加权平均值为 3.0 g/cm³，中生代为 2.7 g/cm³，太古宙混合花岗岩为 2.9 g/cm³。故古生代、太古宙形成重力高，而中生代显示重力低。燕山期花岗岩类加权平均值为 2.68 g/cm³，也显示重力低。

山海关隆起区域大面积出露太古宙混合花岗岩，仅在北部与冀北–辽西古中拗陷的接触部位有零星长城系出露，个别地段有侵入岩体和中生代火山岩分布。重力异常值高。冀北–辽西古中拗陷区主要为中元古代以来的沉积岩层，总体密度较小。重力异常值低。两个构造单元之间以青龙–锦西深断裂岩浆活动带为界。在重力异常上表现为重力梯度带。

从布格重力异常图 7.10 可以看出，从 SE 到 NW 向，区域重力场呈现了高、低、高、低、高的格局。沿海区域的重力高主要由莫霍面抬升及存在大量的太古宙混合花岗岩所致；接下来的重力低是由于大量的燕山期花岗岩侵入所致，形成图 7.10 中最醒目的相对重力低值区，呈现从 SW–NE 的狭长分布。其东北部的鞍形异常形态是寒武–奥陶系等老地层出露地表或近地表存在所致。整个区域最东北角的重力低推断是由于中生代和第四纪地层相对较厚所引起的；再向 WN 出现的重力高其位置与中元古代雾迷山组地层的出露位置正好吻合，由于该地层密度相对较高，故推断是由于雾迷山组地层的出露和埋藏较浅导致了重力异常较高特征的出现；在这片重力相对高值区的西北，是一片重力低值区，对应的位置正好是中生代的火山岩盆地，侏罗–白垩纪沉积地层的发育，导致了相对重力低的出现；在整个图 7.10 的最西北角，重力异常又出现抬升的迹象，这种现象的出现又与有大片的中元古代雾迷山组地层出露有关。

综上所述，在研究区的重力异常特征能够较好地反应地下地质体的分布，相应比例尺的地质图可以进行对比，结合密度资料就能较好地给出重力异常的地质解释。

2. 磁力资料的识别作用

磁力实测路线与重力测量为相同的测线（图 7.7）。将实测数据经日变改正和正常场改正之后形成的磁异常投影到研究区走廊域中心剖面上，形成剖面磁异常图（图 7.11）。目的是突出由于地质因素所引起的磁场变化，进而研究地质问题。因为磁异常对周围因素影响较重力异常来说更加敏感，所以在成图前，对磁异常进行了巴特沃斯（Buttenworth）低通滤波。从图 7.11 可以看到实测磁异常与航测异常的对比情况，实测磁异常在细节方面优于航磁异常。

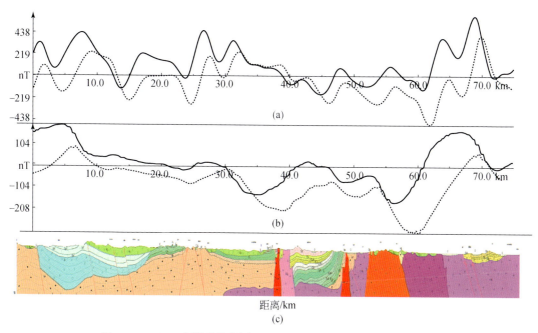

图 7.11　（a）实测磁异常剖面　（b）航磁异常剖面　（c）地质剖面
图中黑虚线为化极结果

该剖面同样是穿越了两个大的三级构造单元，即冀北-辽西古中坳陷和山海关隆起。如前所述，山海关隆起的绝大部分地区为太古宙混合花岗岩，因其磁性强，表现为较强的正磁场特征。冀北-辽西古中坳陷主要为中元古代以来的沉积岩层，磁性弱，只有侏罗纪的基性火山岩具有较强的磁性，所以表现出的磁场特征既有正磁场也有负磁场。

靠近海滨地区因太古宙混合花岗岩的作用，磁场呈现正异常；此外，元古宙地层出露区或埋藏较浅的区域也出现正磁异常。在侏罗纪地层分布区，由于不同岩性火成岩的存在，会导致不同异常的出现，或正或负。从主要岩石磁参数表（表 7.2）和相关材料显示的信息来看，可以总结出如下规律：一般沉积岩磁性较弱。变质岩、混合花岗岩磁性较强，变化范围大。侵入岩中以侏罗纪侵入的石英二长闪长岩、花岗岩、闪长岩等磁性较强。侏罗纪侵入的斑状花岗岩及花岗斑岩类磁性较弱。兴隆沟组的玄武岩、安山岩磁性一般较强，而与该组其他岩石相比，磁性差异较大，形成磁场变化范围大的特征。土城子组可以形成以正磁场为主，负磁场为辅的锯齿状磁场特征。上侏罗系的义县组则形成地表杂乱无章，无一定规律的扰动场。

表 7.2 各种岩石主要磁参数表*[*]

界	组	岩石名称	$\kappa \times 4\pi \times 10^{-6}$ SI （κ）		$J\gamma \times 4\pi \times 10^{-6}$ SI （κ）	
			变化区间	常见值	变化区间	常见值
中生界	义县组	安山岩	26704800		1340 ~ 16100	
		玄武岩（边部）	800 ~ 1400	1300	600 ~ 1000	900
		玄武岩（火山颈）	1800 ~ 3000	2500	5500 ~ 10000	7500
	土城子组	砂岩		240		280
		长石砂岩	140 ~ 400	280	0 ~ 730	270
		砾岩	540 ~ 1200	780	430 ~ 710	570
	兰旗组	玄武安山岩	0 ~ 9100	2680	390 ~ 12520	2190
		安山岩	910 ~ 13250	3290	640 ~ 51700	7410
	兴隆沟组	玄武安山岩		2385		26935
		安山岩	2200 ~ 3800	3000	1700 ~ 2900	2300
		角闪安山岩	2000 ~ 3500	2700	4000 ~ 7000	6000
	次火山岩	流纹斑岩	250 ~ 470	450	1500 ~ 3400	2400
		英安玢岩	600 ~ 1200	800	270 ~ 540	370
		粗面斑岩	1500 ~ 2200	1900	6000 ~ 9000	7500
太古宇	建平群	斜长角闪岩		1940		2500
		黑云母片麻岩	240 ~ 3240	1920	1870 ~ 14070	5660
		磁铁角闪片麻岩	24600 ~ 89000	64500	4350 ~ 100500	43080
		磁铁石英岩	33000 ~ 92000	69000	14100 ~ 182000	74000
		磁铁矿	17670 ~ 23800	132050	12540 ~ 230000	596000
	混合岩类	混合花岗岩	0 ~ 193		310 ~ 6910	
中生代侵入岩	晚侏罗世侵入岩	长石斑岩	0 ~ 1140	280	0 ~ 270	50
		似斑状花岗岩		0		0
		花岗岩	180 ~ 900	670	1170 ~ 1880	310
	中侏罗世侵入岩	花岗岩	190 ~ 1140	670	1170 ~ 1880	1530
		辉绿岩	0 ~ 9400	3640	130 ~ 2380	4380
		闪长岩	0 ~ 14650	4770	0 ~ 22000	1310
古生代侵入岩	晚古生代侵入岩	花岗岩	1500 ~ 4000		250 ~ 800	

*据辽宁省地质局区域地质调查队，区域地质调查报告，1983 年。

从图 7.12 来看，几条较长的断裂，在航磁异常图上反映的比较明显。其中，区域最南侧的断裂（两条断裂在向 NE 延伸的过程中合二为一），基本上与串珠状的磁异常相吻合，揭示了深断裂岩浆活动的存在。位置上与青龙-锦西断裂相一致。向北一条比较长的 NE 断裂，分布在 NE 向的低磁异常带内，这可能是沿断裂岩浆活动不明显，且岩层破碎，磁场出现低值或负磁异常带，这就是所谓的"干断裂"。位置上与女儿河断裂相一致。

从上述分析可以看出，重力异常对于构造单元划分、断裂识别、基底起伏的识别等都能发挥重要的作用；磁异常对于断裂识别、不同磁性岩石单元的识别、岩浆活动的分析等方面均能发挥重要的作用。

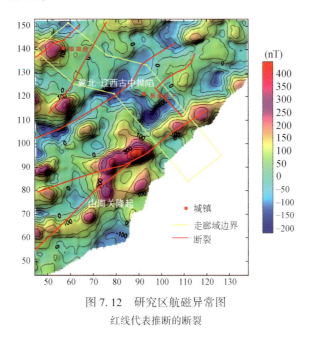

图 7.12　研究区航磁异常图

红线代表推断的断裂

(二) 大地电磁 (MT) 对于地质目标的识别作用

本次工作采用 V5-2000 大地电磁仪器，共完成 50 个物理测量点。资料采集记录了大地电磁五个分量 (E_x，E_y，H_x，H_y，H_z)。观测频率范围为 0.02 ~ 360 Hz。为保证野外观测数据的可靠性，完成了多点重复观测 (曾昭发等，2013)。

根据研究区横跨构造单元多的特点，对处理后的数据进行反演。首先采用 Bostick 变换结果为初始模型，采用 Occam 反演 (Constable，1987) 方法作一维反演，然后该结果作为初始模型再 Occam 方法进行二维反演。考虑到剖面方向和构造走向基本垂直的特点，反演中把视电阻率和相位曲线旋转到沿测线方向和垂直测线方向 (即 TM 和 TE 极化模式)。采用 TE 和 TM 模式进行联合反演，结合了 TE 和 TM 模式的优点同时又克服了各自测量数据中存在的固有局限性。剖面的电阻率分布反映的地质现象更加丰富，电阻率特征总体表现为二元的电阻率结构，即浅部电阻率较低，随着深度的增加，电阻率逐渐增高。但是深部的高阻体和浅部低阻体在不同的深度连续性不同。这些差异展现了构造的作用和局部盆地地层或侵入岩体的电阻率差异。在剖面中部，深度方向深部电阻率较高，而在 1 ~ 10 号点出现了一个局部相对电阻率较低的区域，电阻率的高值和电阻率低值区域过渡较快，反映出两侧地质单元断层接触关系。图 7.13 可见电阻率在横向上具有较大的变化。在剖面方向上，在 4 ~ 6 号点、29 ~ 31 号点和 44 ~ 47 号点的位置，出现了自上而下的电阻率高低的接触带，反映了区域大的构造断裂。根据所采集数据最低频率达到 0.02 Hz，反演深度可以进一步加大。为了更好研究深部构造和地质体分布规律，我们采用 TE、TM 两种模式进行联合反演 15 km 视电阻率剖面（图 7.14）。从图 7.14 可见中部 24～29 号点和 38～43 号点高阻体在 10 km 之下连在一起，形成了一个较大的高阻体，整体趋势形态保持一致。这对于 5 km 下的基底分布特征有了更明确的认识，为解释提供了更加宏观的信息。

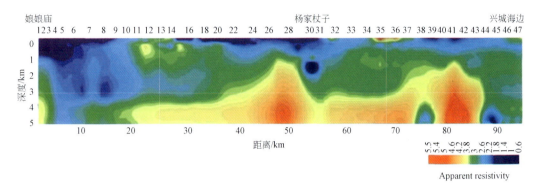

图 7.13　大地电磁测量 TE、TM 模式测量联合反演结果（反演深度为 5 km）

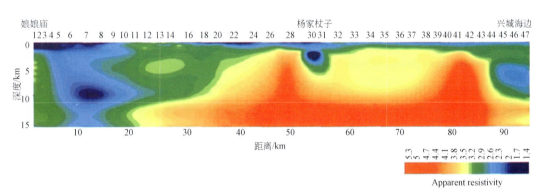

图 7.14　大地电磁测量 TE、TM 模式测量联合反演结果（反演深度为 15 km）

　　结合图 7.13 和图 7.14 的反演结果，根据区域岩石的电阻率分布规律，可以对岩石电阻率进行分类：高电阻率岩石主要是燕山期花岗岩；中等偏高的电阻率岩石有太古宙片麻岩、前寒武白云岩、灰岩；电阻率偏低有侏罗系岩石、构造带、基性岩石、矿床。电阻率的分布总体表现为东高西低。东部低阻体主要分布在 44～47 号点，电阻率值一般在 1000 Ω·m 左右。而西部娘娘庙区域，整体视电阻率偏低，小于 300 Ω·m。由于后期岩体的侵入，1.5 km 以下整体表现出较高的电阻率，其电阻率值大于 5000 Ω·m，如 39～43 号点间为深度在 2 km 以下的高阻体、24～29 号点间为深度在 1.5 km 之下的高阻体。低阻体东部深度非常浅，如 38～42 号点、27～31 号点的低阻体，深度小于 500 m。而西部娘娘庙附近区域低阻体分布范围大，而且深度达到 3 km 以上。

　　根据大地电磁二维反演综合解释结果（图 7.15），并结合地表区域地质资料和断裂分析，研究区的构造单元特征，沿剖面构造与地层主要特征可概括如下：

　　大地电磁测深反演剖面结构清楚地显示了自东向西，兴城–锦西古中拗陷、冀北–辽西古中拗陷和青龙–锦西深大断裂、女儿河深大断裂，金岭寺–羊山中拗陷等重要构造带。根据辽西地区构造带研究结果，与我们的大电磁探测电阻率分布较好的一致性，为电磁测量结果的推断解释提供了基础。

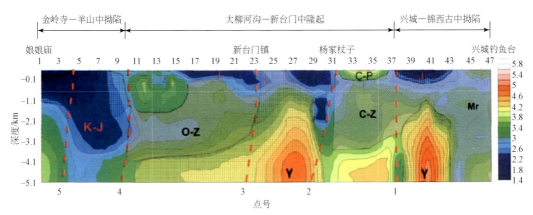

图 7.15　辽宁兴城钓鱼台–朝阳娘娘庙剖面反演结果地质解释结果图

γ. 花岗岩；O－Z. 奥陶–震旦纪地层；C－Z. 石炭–震旦纪地层；Mr. 太古宙变质岩；K－J. 中生代地层；

1. 青龙–锦西断裂；2. 杨家杖子–红螺山断裂；3. 女儿河断裂；4. 羊山断裂；5. 单家店–八家子断裂

　　本次大地电磁测深示范剖面为辽宁兴城–娘娘庙地区的主要深部地质构造提供了有利的深度地球物理电性资料证据。电阻率较高的岩石包括燕山期花岗岩、晚元古代白云岩，电阻率最低的岩石包括侏罗系火山岩。根据大地电磁测量反演结果，认为自东到西电阻率呈梯级降低，而电阻率变化的区域为各大深断裂的分布区域。锦西附近的高阻体和在杨家杖子附近的高阻体反映了燕山期侵入岩的岩基分布区域。而且侵位关系是沿青龙–锦西深大断裂、女儿河深大断裂侵入。前者侵入到太古宙花岗岩之下。而后者侵入到前寒武纪地层之下，而且侵入规模较大，并部分在后期构造活动中出露地表，其岩基规模非常大。以上两条深大断裂既控制了岩浆的侵入，同时也控制了多金属矿产的形成。在剖面的西部如娘娘庙附近，出现了大范围的低阻体，而且深度较大，反映了金岭寺–羊山拗陷在长期的地质作用下，基性岩浆侵入和喷发的情况。中酸性花岗岩，尤其是富钾质的浅成细粒花岗岩、花岗斑岩小岩株、岩墙是寻找含金属矿地质体的主要对象，而 NE 向断裂与 EW 向断裂的交汇处是控制含矿体的有利构造部位。

　　由此可以得出这样的结论：大地电磁测深在划分构造单元、确定断裂分布、垂向地层分层方面均能提供重要信息，是重要的地球物理勘探手段。

（三）人工地震对于地质目标的识别作用①

　　根据研究的目标和任务需要，实验区的人工地震设立以下任务：一是建立深部地震勘探靶区，完成一条勘探深度直至莫霍面的深地震测线；二是建立中深部地震勘探靶区，完成一条勘探深度达 5 km 的地震反射测线；三是建立浅层高分辨率靶区，完成四条高分辨率地震反射测线（小道距、小采样率、宽记录频带），探明煤层及金属矿产的埋深和产状。本实验区地表起伏较大，地势总体呈西北高、东南低的趋势，为松岭山脉延续分布丘陵地带。各测

---

　　① 姜弢、葛利华、杨志超等，深部探测关键仪器装备野外实验与示范基地地震实验研究专题成果报告，2013。

线地震地质条件各不相同，等级中等偏上，具备完成地质任务所需要的地球物理条件。

在野外施工中，D0 线命名为 800 线、D1 线命名为 801 线、四条短地震线 D2–D4 分别命名为 902 ~ 905 线（图 7.8）。D0（800）线大部分地段出露地层为太古界变质岩或岩浆岩，局部小面积出露沉积岩，因此大部分地段浅层没有反射波。在试实验和生产的地震监视记录上，时间为 6.5 s 处发现一层比较明显的地震反射波，估算深度超过 17 km，可能为该区上地壳与下地壳之间的分界面。由于沉积岩系不发育，浅层没有反射波。但是深层反射波比较发育，特别是 6.5 s 反射波非常明显、大多数监视记录均见该反射波。说明 D0 线深层地震地质条件比较好。与 D0（800）线一样，D1（801）线大部分地段为岩石裸露；与 D0 线不同的是，D1（801）线大部分地段为沉积岩赋存，由于沉积岩之间波阻抗差比较小，或者是岩层倾角比较大，地震监视记录上并没有看到与之相对应的反射波。在大部分地震监视记录的深层（时间 10.5 s 处），发育一组振幅比较强的反射波，推算其深度大于 28 km，应属于莫霍面反射波，也就是本次 D1（801）线勘探的目的层。

902 ~ 905 线的区域，发育地层以沉积岩为主。从上至下依次为三叠系、二叠系、石炭系、奥陶系、寒武系、元古宇和太古宇。

石炭–二叠系为含煤系地层，由于煤系内部波阻抗差比较大，沉积岩系基底（古生界底界）与变质岩系顶界面（元古宇顶界）有比较明显的波阻抗界面，形成比较强的反射波，深层地震地质条件较好，测线所处盆地中心的煤系反射波和沉积岩系基底反射波比较清晰。

总体上讲，该区深层地震地质条件很好。其中 902 ~ 905 线所处区域中心的煤系反射波和沉积岩系基底反射波比较清晰，D0（800）线的 6.5 s 上地壳和下地壳界面反射波连续性很好（图 7.16），D1（801）线 10.5 s 莫霍面反射波也非常突出（图 7.17）。

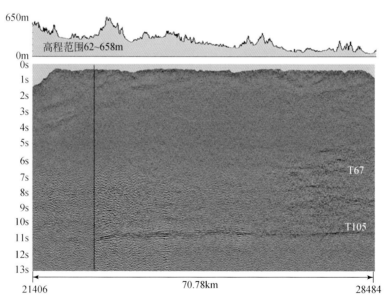

图 7.16　800 线现场处理叠加剖面

801 剖面东段的反射信息较丰富，出现的主要五个反射波都能够追踪对比解释，剖面的中段和西段，只有 10.5 s 的反射同相轴较连续，而且与其他主要反射层位的主频不一

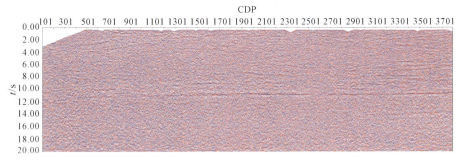

图 7.17 801 线现场处理叠加剖面

致，排除为多次波的可能，应该是 701 线要追踪的目的层——莫霍面。

902 剖面整体上浅层反射层次齐全，波组特征清楚，剖面品质较好（图 7.18）。各反射层位可连续追踪，内部信息较丰富，构造形态清楚，满足于实验区浅层构造的解释。

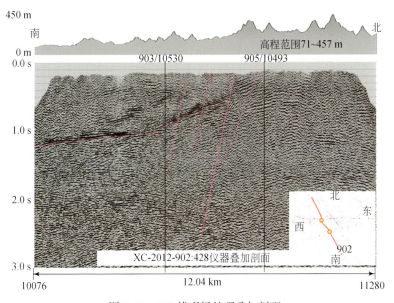

图 7.18 902 线现场处理叠加剖面

实验区的花岗岩不具有层状构造特征，显示杂乱无序的反射地震信号（图 7.19），因此通过寻找杂乱反射信号的顶面确定出了花岗岩的顶面构造。

总结地震工作可以得出如下结论：

（1）在兴城地质走廊带范围内全线记录到了来自莫霍面的反射波信号，莫霍面整体从西北至东南呈阶梯状抬升趋势，深度在 30 km 左右；

（2）在杨家杖子盆地完成了四条高分辨率反射剖面，在 2 km 深度内解释了自三叠系至寒武系的八套地层；对区域构造也进行了初步解释，获得了大量的断层构造信息，揭示了杨家杖子盆地的复杂构造特征。

对走廊带的地质情况有了深入的理解，横向上划分为太古宙基底、元古宙盖层、古生代盆地、中生代上叠盆地以及大的构造界线，纵向上划分了中生代构造层、上古生代构造层、下古生代构造层、元古宙构造层以及花岗岩顶界面和莫霍面。总的结论是人工地震对于地质目标的识别具有良好的作用。

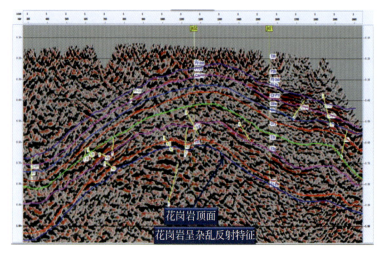

图 7.19　905 线浅层层位解释剖面图

二、深部地质目标发现率与仪器适用性评估

（一）关于深部地质目标发现率问题

作为地球物理勘探而言，发现深部地质目标是通过观测值中的异常来实现的。地质体的规模、测线（测点）的距离、地质体与周围岩层的物性差异对地质目标的发现都会产生影响。

对于重力、磁力勘探而言，至少要有三个以上的异常点才能够确定是有效异常，这样用来避免随机误差的干扰对解释的影响，也可以利用数学上的检测方法来处理随机误差的干扰。异常点的检测和分析是一种十分重要的数据挖掘类型。

对于异常数据的挖掘主要是使用偏差检测，在数学意义上，偏差是指分类中的反常实例、不满足规则的特例，或者观测结果与模型预测值不一致并随时间的变化的值等等。偏差检测的基本目标是寻找观测结果与参照值之间有意义的差别，主要的偏差技术有聚类、序列异常、最近邻居法、多维数据分析等。除了识别异常数据外，异常数据挖掘还致力于寻找异常数据间隐含模型，用于智能化的分析预测。目前利用统计学研究异常点数据有了一些新的方法，如通过分析统计数据的散度情况，即数据变异指标，来对数据的总体特征有更进一步的了解，进而通过数据变异指标来发现数据中的异常点数据。常用的数据变异指标有极差、四分位数间距、均差、标准差、变异系数等，变异指标的值大表示变异大、散布广；值小表示离差小，较密集①。

就大地电磁测深（MT）来说，由于点距较大，对于单点异常要慎重处理，首先要对

---

① http：//blog. csdn. net/lihaifeng555/article/details/4543752，异常点检测算法分析与选择，2009。

测点周围环境加以分析，看是否可以排除地面电磁干扰的影响。若能排除其影响，最好再作重复观测，以确定真异常点的存在，避免假异常的影响。上述的数学检测方法，同样可以应用到大地电磁测深上来。

作为地震勘探而言，在浅震的地震地质条件方面，要考虑低速带、潜水面的影响。在剖面中主要地震界面的上部若存在良好的地震界面时，会使透过损失严重，并会形成干扰性的多次反射波。在深震的地震地质条件方面，要考虑地震界面的显著性，光滑性和稳定性。显著性是指界面两侧岩层的密度及波速有足够的差别。光滑性就是界面可以连续追踪，较光滑。稳定性是指界面两侧岩层物性差别无横向变化。在反射界面倾角超过 40° ~ 50°时，对反射地震勘探法是不利的，对于折射波法，则倾角要更小些才有利。地震标准面上部的覆盖层内速度为常值，无横向变化，将有利于地震勘探的精度。同时存在几个良好的反射界面将有利于研究断层面特点。但是这样的界面过多过密时易出现层间干涉，从而使地震勘探分辨不同层位的能力降低。

（二）仪器适用性问题

在实验区，地球物理实验工作所使用的仪器主要有：重力方面的 CG-5 相对重力仪、地面磁测的 GEM-19T 质子旋进磁力仪、大地电磁测深（MT）的 V5-2000 大地电磁仪器和人工地震的 SERCEL 428 地震仪等。这些仪器装备在实验区的实验研究中均取得了很好的实验结果，同时，深探项目自行研制的地面电磁探测（SEP）系统和无缆自定位地震勘探系统也在实验区开展了同步实验和比对研究，也取得了与地质研究和钻探实验相一致的结果，表明这些仪器装备都达到了设计要求，并已经实验证明其可靠性和实用性，可以在地球深部探测中加以使用。

以地震勘探仪器为例，其实用性和可靠性是仪器装备的最重要的性能，系统环境要求和测试是野外正常勘探作业的重要保障，全面、统一的地震勘探仪器系统环境和技术要求、实验和检测方法，可更好地用于指导地震勘探仪器的实用性和质量评价。

1. 适应性

适应性是任何一种仪器装备用于探测目标的必需指标。包括对探测目标信息的获取能力、对地质情况和地理环境的适应能力，以及可操作性能等。这些指标决定了仪器装备的适应性和可用性。

2. 可靠性

仪器累计无故障工作时间长，稳定性好，适应于不同工况环境，无故障工作时间应不小于 300 小时则认为仪器为可靠。

3. 便携性

地震勘探较其他物探方法复杂，仪器搬运量大，便携性是地震勘探仪器的一个重要标准。相同勘探能力下，仪器以轻便为宜。无缆地震仪属于独立存储式仪器，站与站之间无需线缆连接，减轻了仪器整体质量，提高了仪器的便携性，较法国 SERCEL 428XL 显示出更好的便携性。

4. 可实时监控性

仪器可通过有线传输的模式将测线情况实时传送到中央处理单元，实现真正的实时监控。无缆地震仪器由于没有电缆实时传送信号，只能依靠搜索 WiFi 信号将数据传回移动终端进行监控，且需要每个仪器分别监控。因此相比较而言，无缆地震仪的实时监控费时费力，性能不如 SERCEL 428 出色。

第六节　野外应用实例

一、概述

本节以实验区内进行的地震勘探实验为例，概要地介绍地震勘探的具体工作过程和结果。地震勘探数据野外采集的任务是获取第一手资料，为地震数据处理和解释提供物质基础。原始资料获取的好坏直接影响到资料数字处理的质量和精度，关系到地质成果的优劣。因此，它是地震勘探工作中非常重要的环节之一。它分为现场踏勘、施工设计、试验工作及正式生产等阶段。由测量、钻井、激发、接收、解释等多种工作密切配合进行。野外采集工作的关键是地震采集仪器和野外工作方法。

在辽西兴城实验区内布置了一条长 21.93 km 的深反射地震测线，测线西起葫芦岛市西老爷庙村，东至兴城市首山附近的郭家店，经过首山、兴城河、九龙山、三河水库，测线方向约为北偏西33°，位置如图7.20所示。

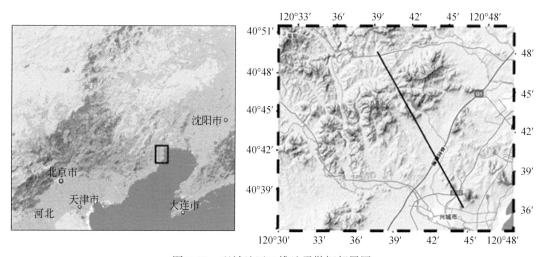

图 7.20　兴城地区二维地震勘探部署图

按照中华人民共和国石油天然气行业标准 SY/T5314-2011《陆上石油地震勘探资料采集技术规范》，结合辽宁兴城地质走廊带的地质条件，对该实验区进行了二维地震勘探实验。

二、实验目的

此次地震勘探实验的主要目的有三个：一是实验区内没有系统的地震勘探实验，为实验区地球物理和地质建模提供基础地震资料；二是为实验区提供采用法国 SERCEL 428 仪器获得的标准地震数据；三是为深部探测关键仪器装备研制与实验项目自主研发的无缆自定位地震仪提供标准比对数据。

三、野外地震勘探实验流程

野外地震勘探实验技术流程如图 7.21 所示。

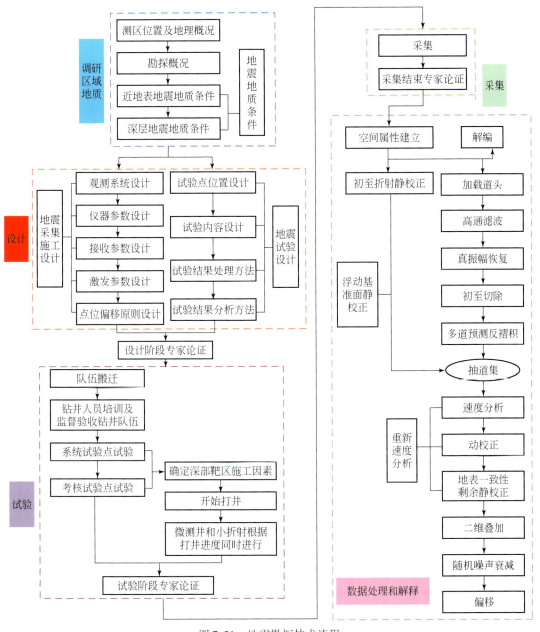

图 7.21　地震勘探技术流程

四、数据采集

（一）试验

以了解表层结构特征，为激发参数设计和静校正提供资料为目的，在试验点进行详尽合理的不同因素的激发、接收参数试验，确定最佳激发接收参数。在考核试验点进一步验证系统试验点确定的最佳激发参数。本次深反射地震数据采集采用炸药震源，法国 Sercel-428XL 地震仪，检波器为地震勘探用超级检波器 SG-10，3×3 组合检波器串。SG-10 低截频率为 10 Hz，有利于接收深部低频地震信号。

按设计，逐个试验点依次进行试验，每项试验按照只改变单一试验因素的原则进行。

1. 试验因素

各项因素如表 7.3 所示。

表 7.3　仪器及接收因素

测线	试验点	项目	仪器	采样间隔	记录长度	前放增益	检波器类型	道距	组合方式
D0	D0 系统试验点	井深	428XL-吉林大学无缆	1 ms	15 s	12 dB	SG-10	20 m	面积
		药量							面积
		组合井							点
		检波器线性组合试验							线
		检波器点接收组合试验							点
	D0 考核试验点	井深							点
		药量							
	D0 验证点 1	沟里验证							
	D0 验证点 2（莫霍面调查试验点）	莫霍面调查							
		反方向验证							
		干扰波调查							

2. 试验点资料分析

试验资料分析从定性和定量的双重角度出发，进行各种备选因素单炮记录的对比分析，以确定最佳施工参数。

所谓定性分析，就是根据经验通过对比几种备选因素单炮记录主要目的层的面貌，包括同相轴的连续性、分辨率等信息；所谓定量分析，就是通过专业地震资料分析软件 KLSeis，选择各备选因素单炮记录目的层的相同分析时窗，来对比能量、信噪比、频率等指标数值。采用定量和定性分析结果相结合的方法，以确定最佳的施工因素。

同时在资料处理方面，使用处理工作站滤掉单炮记录的主要干扰波，分析滤波后记录的主要反射层位并与滤波前的单炮记录进行对比来验证处理效果。

3. 试验结果

试验炮结果表明，测线记录了 6.5 s 和 10.5 s 的反射信息，说明以目前的试验因素对于地质任务的完成是足够的，同时通过定量和定性的比较方法确定了最佳的施工方案，并通过滤波处理得出了更好的单炮滤波档记录。

整个试验工作严格遵守 SY5314–2011《陆上石油地震勘探资料采集技术规范》，以试验方案为依据，针对测线试验因素考虑充分，施工质量规范，试验过程中适当调整的目的性明确，保证试验结果真实可信。

（二）采集

1. 采集观测系统

首先根据不同测线的地质任务和观测目标，通过参数论证工作确定观测系统的道距、最大炮检距和覆盖次数，各测线观测系统参数如表 7.4 所示。

表 7.4　各测线设计观测系统表

测线	测线号	观测系统	道距	接收道数	炮距	覆盖次数	偏移距	最大炮检距
D0	XC2012–800	6020–40–20–40–6020	20 m	600 道	100 m	60 次	40 m	6020 m

本次施工观测系统的论证设计是使用 KLseis 软件，道距、最大炮检距和覆盖次数是通过采集参数的论证确定的，井深、药量和检波器组合方式等参数是通过采集前的野外试验确定的，在生产过程中的变观和减少药量都是依据野外实际客观条件进行并备案。

在正式生产前进行了详细的试验工作，通过对系统和考核试验点不同因素单炮记录进行定性和定量分析，优选出最佳激发井深、药量及检波器组合方式等最终施工参数。

2. 采集结果

出现的五个反射波（T6、T65、T75、T8、T105）都能够追踪对比解释，其中测线最主要的两个目标层 6.5 s 和 10.5 s 的反射波能量最强，信噪比也最高。因 6.5 s 以上无反射强轴，可以排除 6.5 s 反射层为多次波的可能，结合区域地质图判断应为该区上下地壳分界面；另外，10.5 s 反射层主频较 6.5 s 低很多，同样排除其为多次波的可能，而是莫霍面的信息反应。

剖面的西段和中段连续性最好，东段断续发育，但仍可以进行层位对比和地质解释。造成这种从浅至深的低品质条带主要是由于城区、铁路、公路等无法压制的环境噪声，避让村庄、地下管线、高压电线、陡崖等障碍物的变观施工以及靠近居民点、养殖场（渔场、鸡场等）等为了安全原因不得不大范围降低炸药量等因素所致。

五、数据处理及结果

（一）数据处理

数据处理主要进行了静校正（野外静校正、折射静校正、剩余静校正）、能量补偿、干扰波压制、多道预测反褶积、速度分析、二维保幅叠加、叠后随机噪声吸收、F-K 域有限差分偏移。本区一方面由于测线地处地表条件比较复杂，途径山地、平原等，地表起伏，最大高差近 200 m，静校正问题在该地区比较突出，为此采用野外静校正、折射静校正和剩余静校正来解决该地区的静校正问题；另一方面由于该地区地表条件复杂，人口、工业密集，干扰波比较发育，尤其在浅层位置，因而去噪方法和参数的合理选择与应用尤其重要，为此采用叠前综合去噪技术（采用多道、多样点振幅统计计算自动道编辑的方法有效压制异常强振幅噪声、工业干扰噪声等，采用矢量去噪方法剔除面波噪声，采用分频去噪方法压制剩余面波噪声，采用随机噪声衰减方法，在 F-X 域衰减随机噪声）改善地震资料的信噪比。

（二）叠加剖面

利用上述数据处理方法对本次数据进行处理得到此次数据的最终叠加剖面。叠加剖面长度 21.93 km，CDP 间隔 10 m，时间剖面上可见五个主要反射波组（图 7.21）、6.0 s 左右的 T6 反射波组；6.5 s 左右的 T65 反射波组；7.5 s 左右的 T75 反射波组；8.0 s 左右的 T8 反射波组；10.4 s 左右的 T104 反射波组。

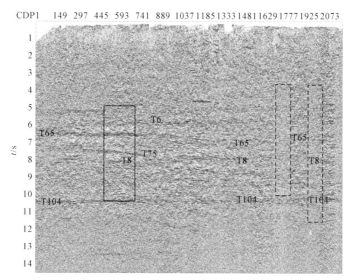

图 7.22　水平叠加时间剖面

整体看，水平叠加时间剖面的反射波发育比较丰富，出现的五个反射波组都能够追踪对比。剖面西部和中部资料质量较好，东部较差。主要原因是东部临近兴城市区，噪声影响严重，从剖面上可以明显看到几个条带（见图 7.21 虚线框区域），从浅至深几乎看不到信号。

根据地震剖面，在莫霍面（10 ~ 11 s）以上的地壳深部最明显的反射特征是整条剖面均以 5 ~ 6 s 为界，上下反射特征不同，将研究区域内地壳分为上、下二层结构，表明地壳变形为非连续性变形。上地壳厚度为 14 ~ 15 km（0 ~ 5 s、6 s），地壳上部无明显的反射层或整体表现为弱反射特征，表明研究区的沉积盖层并不发育。地表地质显示，研究区多数地域出露太古界的变质岩或岩浆岩，仅在局部范围发育有厚度较薄的沉积盖层。

　　T104 为区域内连续性最好的强反射信号，与以往对莫霍面的研究结果一致（Griffin and O'Reilly，1988；熊小松等，2011）。该层位信号贯穿全部测线区域，连续性非常好，说明该信号不与局部区域性构造有关，而是更大尺度上的岩石圈结构的反映；强反射说明其上下介质具有很强的波阻抗差异，即使在东部信噪比较低区域，同相轴仍非常清晰，而下地壳反射信号在东部已被噪声淹没。

第八章　深部探测综合数据解释一体化软件工程与实践

第一节　深部探测综合数据解释特点

深部地球物理探测是"深部探测技术实验研究专项"主要依赖的现代高新技术，是其他学科无法替代的。通过实施一系列技术实验，对地球深部复杂地质体进行探测，采用高新技术，精心设计、实地实施、严密组织，将多种高新技术组合集成起来。深部探测技术集成在于建立能够穿透不同深度，精确提取地球内部结构与物理性质的关键探测技术组合以及探测数据的处理、成像、解释等技术。

目前，在深部地球物理探测技术中，地震学探测仍主要是国际最先进的方法，除了"深地震反射剖面法"，还配套进行"宽角反射与折射地震剖面法"（又称深地震测深）和"宽频带数字地震移动台站法"。推荐的做法是三种方法同时在一个剖面（或一个地区）使用，共同揭示整个深部结构图像与变化，追踪深部过程。其他方法，如大地电磁测深、高精度重力和磁力测量、大地热流等方法是配合研究手段。从解释意义来说，这些方法对地壳内部结构的约束和垂向分辨能力较弱，但在用于岩石圈物性综合研究方面，各有独到之处。

我国学者在深部探测数据获取方面已经掌握了深部地震探测的先进技术，包括前述的深地震反射剖面技术，宽频地震观测技术和深地震测深剖面技术。引进了数量较多的国际一流仪器设备，在一些局部典型地域实验完成了多条高质量的深地震反射探测剖面，取得了若干重要发现，积累了实际经验。

数据处理包括五类：第一类为主动源深地震探测剖面及数据处理技术，包括反射、折射以及反射与折射联合探测技术；第二类为被动源宽频地震观测与数据处理技术；第三类被动源大地电磁测深剖面观测与处理技术；第四类为连续介质大尺度区域成像技术；第五类为连接地表到深部的深断面综合解释技术。

一、主动源探测技术

被动源探测技术包括被国际学者称为深部探测先锋技术的"深地震反射剖面法"和骨干技术的"宽角反射与折射地震剖面法"等探测技术。针对中国大陆青藏高原、西部造山带与前陆盆地、东北平原深层、华南山区结晶岩等复杂地质条件和深部物性特点，实验研究探测不同类型地区的深部精细结构与物性变化的探测技术。在典型地区取得成效和经验后，实验研究区域长剖面探测技术，实验反射与折射主动源联合探测技术，集成进行深部精细探测的技术组合和数据约束处理、数据成像等高新技术。实验研究同时获取浅深地壳信息的高次叠加精细探测技术与数据处理技术。揭露实验研究区地壳精细结构、壳幔界面变化与深部构造格架。

二、被动源探测技术

包括"宽频带数字地震移动台站法"和"大地电磁测深法"。针对青藏高原、中部山地、东南沿海等特殊自然条件和深部物性特点，实验研究探测深部壳幔物性二维与三维精细变化的被动源探测技术。实验移动宽频地震观测和大地电磁测深联合观测的技术与数据相互约束反演解释技术，集成接收函数、各向异性与速度层析成像、电性层析成像等技术，建立可视性描述深部壳幔精细结构与物性变化的技术组合。配合主动源探测技术实验，建立实验研究区岩石圈、软流圈等深部圈层的物性结构与状态。

大地电磁测深法以天然的（即地球电磁场中变化的部分，也称外来感应磁场）平面电磁波为场源，通过在地表观测相互正交的电磁场分量，将电磁场信号转换成视电阻率曲线和相位曲线，然后反演来获取地球深部电性结构信息。大地电磁测深方法对高导（低阻）层（体）反应灵敏，大陆普遍存在地壳内和上地幔高导（低阻）层，据目前的研究，高导（低阻）层的分布与矿产资源聚集和地震发生相关，上地幔高导（低阻）层与深部地幔的热状态关系密切，因此超长周期的大地电磁观测可以反映深部地幔的热状态变化，为研究地球深部动力学过程提供观测依据。目前存在的问题是仪器频带（尤其是低频性能）受限制、观测周期不够长以及探测深度受到局限。

宽频带地震观测和大地电磁测深都是获得地球内部结构信息的有效的被动源地球物理方法。密集阵以数千套高频地震仪、以几十米间距覆盖目标观测区，记录天然地震或人工激发源的震动，观测数据可直接显示为反映地下介质速度分布的高分辨图像。震源系统可采用单震源或相控震源方式激发，利用单震源定向照明技术、相控震源技术和地震多波束形成理论，加强地下目标体处的波场强度，提高地震数据的信噪比和探测深度。

三、超长剖面探测技术

采用当前最先进的三种地震方法为"近垂直深反射地震剖面法"、"宽角反射与折射地震剖面法"和"宽频带数字地震移动台站"，配合进行大地电磁方法，可同时在一个剖面内使用。具体研究内容包括：实验研究和改进不同类型地貌地质条件地区深部地震探测技术，实验研究长剖面探测技术，实验集成地震反射与折射主动源联合进行深部精细探测的技术组合和数据约束处理、数据成像、互动解释等高新技术。

然而，我国深部地震勘探技术与国际先进国家相比仍存在较大差距。最大的差距是工作程度低，东部西部工作程度差距很大，探测精度低，深达地壳底部的精细的深地震反射剖面还很少，分布地域有限。另一个显著差距是缺乏贯穿中国大陆不同地质单元、不同造山带与盆地的控制性区域深反射精细探测长剖面，难以针对重大基础科学与资源环境效应问题的开展综合解释研究。

另外，我国相关部门所掌握的深部地震勘探数据处理解释仍不完善，所获得的结果并不理想，缺乏弱反射和复杂地质结构成像的能力。目前地震测深剖面数据处理的能力仍然建立在强反射信号的运动学分析基础上。近些年来发展的新方法，例如，多次波压制、保幅叠前深度偏移、偏移速度分析、动力学波动方程模拟等，在深部地震勘探领域还没有被有效地应用。

Schlumberger 公司开发的 OMEGA2 和 PETREL 地震勘探数据处理解释系统是国际油气藏勘探开发的高端主流软件。OMEGA2 软件基于集群机处理，提供用于地震数据在时间域和深度域处理的软件平台。可高效地处理陆地，海洋和过渡带的 2D、3D 和 4D 地震数据，包括处理多分量，转换波在各向异性条件下的时间或深度成像。OMEGA2 有 300 多个处理模块几乎涵盖了地震资料处理的各个方面。PETREL 提供以地质模型为中心的地震综合解释到油藏数值模拟的工作平台。在相同的地质模型里实现地球物理，地质和油藏工程的无缝整合。在每个专业领域都运用了领先技术。为用户搭建了开放式的软件平台，具有快速整合用户自主开发软件的功能。

虽然 PETREL 和 OMEGA2 在国际油气藏勘探开发日常工作中被广泛应用，但其商业软件在处理复杂和特殊地质模型时受到较大限制并且通常不包括最新和关键技术。尤其是在深部探测数据处理方面存在较多问题，主要因为它们的设计目标是服务于常规的油气勘探。其主要表现在缺乏对强爆破源，超深度和超长炮检距数据进行处理的能力。我们将使用这两个软件系统作为常规数据处理工具，在掌握应用技术基础上，通过技术融合及插件方式，改进购置软件存在的问题，进而开发出一套适合于对深部探测地震数据的处理，分析和解释为一体的、具有自主知识产权和能力的、能够服务于国家能源资源重大需求的软件平台。

四、深井综合观测与监测技术

多深度多功能深井综合观测与监测系统主要由光纤监控电缆、多级 U 形管流体采样系统、分布式光纤监测系统、分布式光纤声传感系统、分散式压力–温度传感器、井下电极阵列、井孔磁力仪、应力应变监测系统和封隔器等构成，深部地下原位光纤系统由单井井下光纤传感器、井–地光电传输系统、地面接收记录装置以及独立或集群式的数据远程传输系统共同构成。放置在井下的永久性光纤传感器可以实现长期、连续、原位探测井下温度、压力、应变等动态参数。传感器所采集的各种观测数据信号通过复用技术经由高强度复合光缆集中传输到地面接收站，利用开发的软件平台对数据进行挖掘、分析和学习，为可持续开发利用地下资源和能源、有效地保护资源和提高地震等灾害的监测预报能力提供重要参考数据。

深井孔群井中、井地、井间地球物理方法及其动态观测技术与常规地面地球物理探测相比，具有传播距离短，接近探测目标体、信噪比高、分辨率高、运动学和动力学特征明显等优点，能够对地下结构、构造进行精细成像，对地下流体运移、应力场变化、火山活动和地震活动等动力学过程进行动态监测，是透视地球内部的一双"眼睛"，亦是"入地"计划不可或缺的重要手段之一，对深入认识松辽盆地及周边的区域深部结构与深部物质运移、提高盆地深部能源的监测与开发、提升地震与火山活动性监测具有重要的科学意义与社会价值。同时，对全方位发展我国井地地球物理联合与动态观测这一前沿技术、拓展新兴领域的应用、孕育和孵化新的应用成果具有重要的支撑作用。

五、地应力测量方法技术

地应力是固体地球最重要的性质之一。地应力的赋存特征及其变化是导致地壳变形、断裂、褶皱乃至地震发生的最直接动因，也影响流体运移和能量传导。水压致裂法和应力解除法是国际岩石力学学会推荐的开展岩体地应力测量的最重要方法，也是目前最广泛使用的方法。水压致裂法是目前深孔地应力测量最为有效和可靠的方法。目前比较成熟的地应力变化监测技术主要采用体积式、电容式和压磁式分量监测仪器。

六、重磁探测方法技术

在地面实施的探测方法中，还有广泛采用的重、磁勘探方法（简称重磁法）。重磁法作为地球物理学的重要分支学科，在研究地球内部结构、地质构造和寻找矿产资源、环境监测、考古等诸多领域发挥着重要的作用，它们是以地质体的密度或磁性差异为基础，通过对地质体所产生重力或磁异常进行推断解释，为油气勘探、矿产勘查以及区域构造研究等基础地质问题服务。相对其他地球物理而言重磁勘探具有快速、经济、范围大等优点。重磁野外测量可分为地面、航空、海洋和井中几种测量方式，所测量参数主要包括原始重力异常，重力梯度和张量异常，根据测量数据可获得地质体的空间位置、物性（密度、磁化率）等信息，重磁张量数据具有精度高、参数多等优点，利用该类型数据反演得到的结果更加精确。大量的应用效果、研究和实践证明，重、磁探测数据可以用于精确发现地下埋深 1 km 和方圆 0.1 km 的隐伏目标，也可用于发现和评估地壳几十公里深部大型岩体分布情况。

主要问题是：地面实施的重磁法探测勘探效率低，难以获取大面积数据，难以对大深度地质问题作出解释；另外，剖面探测数据的解释效果远不如面积探测的解释成果好。因此，需要解决大面探测技术问题。

第二节　多方法综合解释技术原理

在深地探测的技术手段上，主要通过应用大面积大深度探测技术，获取分析地壳深部和大范围地质现象分布数据，来进行探测数据处理和综合解释，揭示地球深部奥秘。目前，我国开展的地壳深部探测实验示范工程专项所采用的探测仪器和装备体系，以获取大面积和海量探测数据为主要考量，建立和完善多种探测方法技术组合，最终实现陆海空立体探测。通过发展多元信息和海量数据集成分析方法和软件技术，形成构建三维地质–地球物理模型的高效率解决方案（图 8.1）。

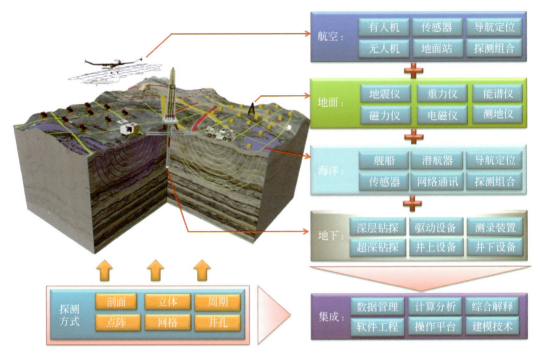

图 8.1　SinoProbe 采用的技术手段是应用海、陆、空对地立体探测技术，获取大面积、
大深度综合地质和地球物理信息

在深部探测采用的综合地球物理勘探技术中，地震勘探通过获取和分析地震波信号，为精密揭示地下构造和物质属性提供了重要依据。该技术在深部油气藏勘探开发中起着至关重要的作用，在大深度地球科学探测研究中仍然是不可替代的主要方法，尽管勘探成本相对较高。大深度地震勘探信号获取主要采用了："深地震反射剖面法"、配套进行"宽角反射与折射地震剖面法"以及"宽频带数字地震移动台站法"。三种方法组合应用共同揭示深部结构图像与变化、追踪深部过程、实现地壳精细结构探测任务。然而，地震勘探技术和探测成果也存在局限性和多解性，容易受到勘探条件和环境影响，尤其是应用在深部探测领域中，随着探测深度加大造成解决问题的难度加大。因此，开展大深度地质勘探调查，必须结合其他非地震勘探方法，如大面积和高精度重力和磁力测量、大地电磁测深、大地热流等探测技术方法。从大面积勘探入手，结合地震和测井等局部参考资料，对岩石圈密度、磁性以及电性等综合物理属性研究，揭示深部构造区域性背景环境以及断裂和接触带等特殊部位的精细结构，弥补单一地震勘探技术的不足。在本节中，从地球物理探测技术、移动平台探测技术与数据处理技术分析三个层面阐述深部探测综合解释技术应包括的内容。

SinoProbe 课题中采用的深部地球物理探测技术，可按照探测目标和方式分为五大类：主动源探测技术、被动源探测技术、深井综合观测与监测技术、地应力测量方法技术和重磁探测方法技术。其中，相关的软件处理解释技术为五大类探测方法技术提供技术支持。

一、深部地球物理探测技术

（一）主动源探测技术

被国际学者称为深部探测先锋技术的"深地震反射剖面法"和骨干技术的"宽角反射与折射地震剖面法"等探测技术，是一种主动源深部地震反射探测方法。该方法通过记录人工激发的小角度（近垂直）地震反射波，经动校正、叠加和偏移等数据处理步骤获得地壳内各反射界面几何形态的详细资料，是可靠性和分辨率最高的地壳精细结构探测方法。

1. 深部地震宽角反射与折射探测方法

宽角反射与折射地震探测（也称为深地震测深剖面，缩写 DSS）是另一种主动源地震方法，通过将在数百千米距离范围内记录的大吨位爆破激发的宽角反射或折射地震波，通过反演时距曲线获得地壳内部结构信息。由于宽角反射和折射地震波在层间传播距离较长，较小角度（近垂直）反射波携带了岩层较多的速度分布信息，它曾经被欧洲地学断面作为主要的地震探测方法大量应用。存在的问题是由于激发和接收点的密度都不够大，分辨率不如深反射地震剖面，尤其横向分辨率较差。

由于深反射地震剖面激发能量的增加和宽角反射与折射地震剖面记录仪器的密集度加大，两种方法的区别开始变得模糊，经常同时实施采集以提高性价比。

2. 宽频带地震观测方法

宽频带地震观测是一种被动源地球深部探测方法。由于震源位于地球内部，地震波可以穿透整个地球而被记录到，该方法在对地球整体成像和揭示岩石圈尺度乃至地幔结构异常方面具有独特优势，代表了 21 世纪地球深部探测研究的前沿。

3. 应用与问题

我国学者在深部探测数据获取方面已经掌握了深部地震探测的先进技术，包括前述的深地震反射剖面技术，宽频地震观测技术和深地震测深剖面技术。引进了数量较多的国际一流仪器设备，在一些局部典型地域实验完成了多条高质量的深地震反射探测剖面，取得了若干重要发现，积累了实际经验。

针对中国大陆青藏高原、西部造山带与前陆盆地、东北平原深层、华南山区结晶岩等复杂地质条件和深部物性特点，SinoProbe-02 项目开展了实验研究工作，掌握了不同类型地区的深部精细结构与物性变化的探测技术。在典型地区取得成效和经验后，进一步加强实验研究区域长剖面探测技术，实验反射与折射主动源联合探测技术，集成进行深部精细探测的技术组合和数据约束处理、数据成像等高新技术。

主要问题：

（1）由于地震波的衰减和频散特性，深地震反射对地幔结构的探测能力受到限制；

（2）在研究实验研究区地壳精细结构、壳幔界面变化与深部构造格架实验研究过程中，获取浅深地壳信息的高次叠加精细探测技术与数据处理技术需要进一步完善；

（3）单一探测方法的局限性，以地震波探测为例，众所周知，在深部探测过程中出现探测信号盲区；

（4）单一类型数据处理和解释方法的局限性，以地震波探测为例，遭遇多种客观条件和环境因素影响，在数据处理和解释过程中，存在诸多不确定性。

（5）在数据处理、解释和建模过程中，存在各种类型探测数据融合技术问题和信息综合的局限性，影响了深部地质信息提取和充分利用的效果（图 8.2）。

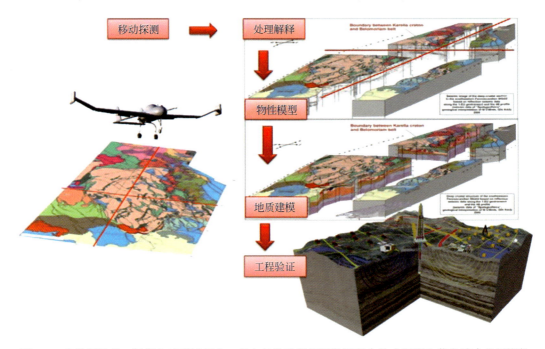

图 8.2　在数据处理、解释和建模过程中，存在各种类型探测数据融合技术问题和信息综合的局限性

（二）被动源探测技术

被动源探测技术包括"大地电磁测深法"和以上谈到的"宽频带数字地震移动台站法"。针对青藏高原、中部山地、东南沿海等特殊自然条件和深部物性特点，实验研究探测深部壳幔物性二维与三维精细变化的被动源探测技术。实验移动宽频地震观测和大地电磁测深联合观测的技术与数据相互约束反演解释技术，集成接收函数、各向异性与速度层析成像、电性层析成像等技术，建立可视性描述深部壳幔精细结构与物性变化的技术组合。配合主动源探测技术实验，建立实验研究区岩石圈、软流圈等深部圈层的物性结构与状态。

1. 大地电磁测深法

大地电磁测深法以天然的（即地球电磁场中变化的部分，也称外来感应磁场）平面电磁波为场源，通过在地表观测相互正交的电磁场分量，将电磁场信号转换成视电阻率曲线和相位曲线，然后反演来获取地球深部电性结构信息。大地电磁测深方法对高导（低阻）层（体）反应灵敏，大陆普遍存在地壳内和上地幔高导（低阻）层，据目前的研究，高导（低阻）层的分布与矿产资源聚集和地震发生相关，上地幔高导（低阻）层与深部地幔的热状态关系密切，因此超长周期的大地电磁观测可以反映深部地幔的热状态变化，为研究地球深部动力学过程提供观测依据。目前存在的问题是由于仪器频带（尤其是低频性能）的限制，以及观测周期不够长，探测深度受到局限，一般不超过 300 km。

2. 应用与问题

宽频带地震观测和大地电磁测深都是获得地球内部结构信息的有效的被动源地球物理方法。密集阵以数千套高频地震仪、以几十米间距覆盖目标观测区，记录天然地震或人工激发源的震动，观测数据可直接显示为反映地下介质速度分布的高分辨图像。震源系统可采用单震源或相控震源方式激发，利用单震源定向照明技术、相控震源技术和地震多波束形成理论，加强地下目标体处的波场强度，提高地震数据的信噪比和探测深度。

主要问题是：地震观测和大地电磁测深两类不同探测方法的参数数据融合技术，以及解释模型关联性问题。

3. 深井综合观测与监测技术

多深度多功能深井综合观测与监测系统主要由光纤监控电缆、多级 U 形管流体采样系统、分布式光纤监测系统、分布式光纤声传感系统、分散式压力–温度传感器、井下电极阵列、井孔磁力仪、应力应变监测系统和封隔器等构成，深部地下原位光纤系统由单井井下光纤传感器、井–地光电传输系统、地面接收记录装置以及独立或集群式的数据远程传输系统共同构成。放置在井下的永久性光纤传感器可以实现长期、连续、原位探测井下温度、压力、应变等动态参数。传感器所采集的各种观测数据信号通过复用技术经由高强度复合光缆集中传输到地面接收站，利用开发的软件平台对数据进行挖掘、分析和学习，为可持续开发利用地下资源和能源、有效地保护资源和提高地震等灾害的监测预报能力提供重要参考数据。

深井孔群井中、井地、井间地球物理方法及其动态观测技术与常规地面地球物理探测相比，具有传播距离短，接近探测目标体、信噪比高，分辨率高、运动学和动力学特征明显等优点，能够对地下结构构造进行精细成像，对地下流体运移、应力场变化、火山活动和地震活动等动力学过程进行动态监测，是透视地球内部的一双"眼睛"，亦是"入地"计划不可或缺的重要手段之一，对深入认识松辽盆地及周边的区域深部结构与深部物质运移、提高盆地深部能源的监测与开发、提升地震与火山活动性监测具有重要的科学意义与社会价值。同时，对全方位发展我国井地地球物理联合与动态观测这一前沿技术、拓展新兴领域的应用、孕育和孵化新的应用成果具有重要的支撑作用。

4. 地应力测量方法技术

地应力是固体地球最重要的性质之一。地应力的赋存特征及其变化是导致地壳变形、断裂、褶皱乃至地震发生的最直接动因，也影响流体运移和能量传导。水压致裂法和应力解除法是国际岩石力学学会推荐的开展岩体地应力测量的最重要方法，也是目前最广泛使用的方法。水压致裂法是目前深孔地应力测量最为有效和可靠的方法。目前比较成熟的地应力变化监测技术主要采用体积式、电容式和压磁式分量监测仪器。

5. 重磁探测方法技术

在地面实施的探测方法中，还有广泛采用的重、磁勘探方法（简称重磁法）。重磁法作为地球物理学的重要分支学科，在研究地球内部结构、地质构造和寻找矿产资源、环境监测、考古等诸多领域发挥着重要的作用，它们是以地质体的密度或磁性差异为基础，通过对地质体所产生重力或磁异常进行推断解释，为油气勘探、矿产勘查以及区域构造研究等基础地质问题服务。相对其他地球物理而言重磁勘探具有快速、经济、范围大等优点。重磁野外测量可分为地面、航空、海洋和井中几种测量方式，所测量参数主要包括原始重力异常，重力梯度和张量异常，根据测量数据可获得地质体的空间位置、物性（密度、磁化率）等信息，重磁张量数据具有精度高、参数多等优点，利用该类型数据反演得到的结果更加精确。大量的应用效果、研究和实践证明，重、磁探测数据可以用于精确发现地下埋深 1 km 和方圆 0.1 km 的隐伏目标，也可用于发现和评估地壳几十千米深部大型岩体分布情况。

主要问题是地面实施的重磁法探测勘探效率低，难以获取大面积数据，难以对大深度地质问题作出解释；另外，剖面探测数据的解释效果远不如面积探测的解释成果好。因此，需要解决大面探测技术问题。

二、大面积移动平台地球物理探测技术

应该指出，大面积移动平台地球物理探测技术，尤其是相关的数据处理软件技术，是本课题的重点研究内容之一。因此，以下将作较为详细论述。

（一）移动探测技术背景

移动平台探测技术由：① （海、陆、空）快速移动搭载平台；②地球物理探测传感器；③配套的探测数据处理软件技术三大部分组成；能够在复杂地形、复杂海域和复杂环境条件下完成对地探测任务；是发现隐伏矿产资源最强有力的技术装备和手段。其中，机载和船载移动平台重、磁数据处理技术是本课题的研究重点。

作为地球物理勘查技术领域中最先进的探测技术，"移动探测"集最前沿的科学方法与最先进的技术装备于一体，突破了传统勘查技术手段遭遇的诸多限制。可以通过航空搭载多种探测仪器实现无接触、高效率、高精度对地联合探测；可以通过船载和潜航器搭载，完成水面和水下移动探测，获取远洋和深海矿产资源信息；另外，还可以通过船载、机载与星载数据融合，获取空间分布地球物理场数据，为科学研究和国防安全保障提供至关重要的基础数据；可以在复杂环境条件下实施大面积高效率地质-地球物理多方法联合调查、应对突发性灾害事件和对国防安全提供技术支持。因此，移动平台探测技术起到应对当前挑战的先锋作用，被证明是最有效的手段之一，也是衡量一个国家科技实力和综合影响力的重要标志。

近十年来，航空机载和海洋船载快速移动探测技术发展迅速，可以大面积、高效率和高精度获取空间分布的重力场、磁力场、电磁场等能够反映深部地质构造和属性分布特点的地球物理场数据。由快速移动探测获取的数据还包括移动定位、移动平台姿态和环境等多种数据类型，与地球物理数据一起组成了移动探测数据，是提取地球物理信息的数据基础。

移动探测数据具有多参数组合、信息关联和海量等特点；需要参照彼此支撑或制约关系，完成数据处理、约束正反演计算、推断解释异常、发现隐伏体和构建（隐伏体几何和物性）参数模型等处理流程；需要结合地质、地震、测井等局部（先验）信息，完成综合解释过程和建立地质–地球物理模型。因此，需要建立一个高效率、多种处理方法联合以及功能齐全的分析软件系统环境，将数据处理、质量评估、多参数联合解释等相关技术融为一体，这是开展本课题研究的主要出发点。

（二）移动探测仪器

移动探测仪器（或探测传感器）研究主要针对空间分布的地球重力场、磁场展开，是移动探测的三大核心技术装备之一。其中，航空磁力仪研究相对成熟，经历了30多年的设计、制造、应用和完善阶段。从最早灵敏度为1 nT的磁通门磁力仪、经过灵敏度0.1 nT的核质子磁力仪、到最近灵敏度达到0.01 nT的光泵磁力仪经历了三代更迭，不仅灵敏度成数量级升高，而且信噪比升高、能耗降低、操作简化、自动化程度提高、体积缩小、实用性大大增强。近年来也已经将超导技术应用于地球物理装备，如磁法物探可使用超导磁强计（SQUID magnetometer）或超导梯度计（SQUID gradiometer）。与其他航磁梯度测量方法相比，基于超导的航磁梯度测量具有磁场灵敏度高（在超导航空磁梯度测量方面，SQUID磁强计灵敏度高出其他磁强计几个数量级，达$10^{-6} \sim 10^{-5}$ nT）、可实现矢量输出和总场输出、实现全张量一阶梯度探测（表8.1）。因此，高精度探测数据为处理方法研究和软件研发提出了新的要求，同时也拓展了磁法勘探的应用领域，在小尺度隐伏目标的探测上一系列张量探测与分析技术成为研究热点。值得注意的是，基于钻石光泵原理的磁力仪在分辨率上同样可以达到ft量级，但由于产品成熟度尚不高，因此没有列在表8.1中。当前国产磁力仪的主要生产厂家包括航遥中心、中国船舶重工业集团715所等，其精度水平可以达到甚至超过国际同类型产品的精度标准。

表8.1 航磁探测仪器

单位	型号	类	量程/nT	分辨率	灵敏度	采样率
Polatomic	P2K	氦	22302~78058	83.1 f	<0.3 pT/Hz	120 Hz
GeoMetrics	G-822A	铯	20000~100000	3 p	<0.5 pT/Hz	10 Hz
	G-823A	铯	20000~100000	20 p	<4 pT/Hz	10 Hz
	G-824A	铯	20000~100000	10 p	<0.3 pT/Hz	50 Hz
GEMsystem	GSMP-40	钾	20000~100000	100 f	<2.5 pT/Hz	20 Hz
SCINTREX	SM-5	铯	15000~105000	10 p	<3 pT/Hz	10 Hz
航空物探遥感中心	HC2000	氦	30000~70000	300 f		15 Hz
中船重工715所	GB-4A	氦	35000~70000	3.6 p	<0.01 nT	10 Hz
遥感所、北京大学		氦	19000~74000	74.3 f	<0.01 nT	20 Hz

近十年来，航空重力仪广泛应用于航空重力测量，可以完成标量测量、航空矢量测量和梯度测量，具有速度快、覆盖范围大等优点，可用于陆地无人区、海洋、雪山等地测量工作。20世纪90年代后期，研制了利用加速度计进行重力场及其梯度测量，有效地克服了飞行器等高频干扰。2001年，俄罗斯GT公司开发出GT-1A航空重力测量系统，其精度达到$0.5×10^{-5}\,\mathrm{m/s^2}$，随后该公司又开发出GT-2A航空重力测量，其精度高达$0.22×10^{-5}\,\mathrm{m/s^2}$（半波长分辨率0.35 km）。重力梯度仪处于应用阶段的产品有美国Lockheed Martin公司的FTG系统；处于研发阶段的有英国ARKex公司的超导重力梯度仪、Maryland大学的超导重力梯度仪、法国（ON ERA）的静电加速度计重力梯度仪及澳大利亚的VK-1重力梯度仪（表8.2）。

我国航空重力测量研究起步较晚，目前还没有可用于矿产资源探测的航空重力仪，航空重力仪全部靠进口。2006年，中国国土资源部航空物探遥感中心引进俄罗斯GT-1A航空重力仪，已经成功用于商业服务飞行。同时，国产仪器也在研发过程中，期待在不远的将来形成产业化。我国从"十一五"开始即着手对航空重力梯度仪的研发，经过两个863五年计划的主题攻关，在单个加速度计的制造工艺上已实现了跨代突破进展，精度从原有的10^{-6} g提高到10^{-8} g；重力梯度仪在基于石英挠性测量原理的研发路线上已达到工程样机的水准，截至2016年，静态环境下国产重力梯度仪样机灵敏度可以达到$70\ \mathrm{E}/\sqrt{\mathrm{Hz}}$。预计经过下一个五年计划的持续攻关研发，国产重力梯度仪可以在工程样机的基础上走向实用化，精度可以满足动态环境下大范围地质普查的要求。

表8.2 航空重力梯度测量仪器

	公司	产品名称	应用性能及现状
重力梯度仪	ON ERA	静电加速度计重力梯度仪	GOCE卫星
	Bell Aerospace Textron	MEMS加速度计–旋转重力梯度仪	约7~8E
	Lockheed Martin	石英挠性加速度计–旋转重力梯度仪	成熟技术
	LHM	Air-FTG	约6E，开展测量
	BHP Billiton	Falcon AGG	约5~8E，实用阶段
	ARKeX	FTGeX/EGG	研究热点，准实用
	Rio Tinto/UWA	VK-1	前沿研究，移动困难
	Gedex	HD-AGG	前沿研究，期待突破

（三）移动探测应用与问题

航空移动探测面临的主要问题是，需要精确消除观测数据中所含的搭载平台器件影响、环境影响以及探测过程的动态影响。

海洋移动探测面临的挑战是，船载探测成本高、移动慢、难以完成浅滩探测任务，造成探测盲区；同时，深水资源需要一系列具备潜航探测能力的深水作业装备，完成精确探测。最近发生的马航 M370 航班失联搜索救援表明了发展深水探测技术的重要性。水下无人潜航器可以用于水下大面积搜救行动，也可以用于探测海底地形和水下地质结构。海洋移动探测数据包含了一系列舰船搭载影响和海洋环境造成的影响。其中，长波干扰特点有别于解决航空测量中的高频干扰影响特点。

总体而言，西方国家对我国实施关键技术和产品的禁运和封锁，我国在此方面的总体水平相对落后，影响了重大找矿目标突破的进程。同时，也由于技术集成过程中存在的问题，影响了我国向海洋等特定区域获取资源的综合技术水平和能力。主要原因是，缺乏将搭载平台、传感器研发和数据处理软件技术三者融为一体的系统集成开发部署和研发基础，缺乏完成集成先进技术装备所需的研发平台、集成加工设备和掌握综合技术的人才。尤其是，移动探测数据处理软件技术是深部探测急需的内容。

通过对方法技术的系统分析，了解到数据融合过程中需要考虑的关键问题。总体而言，软件平台研发有助于实现多方法、多领域和多专家综合分析联合的工作模式。

三、深部地球物理数据处理技术应用分析

根据 SinoProbe 各项目组提供资料分析，深部地球物理数据处理技术包括五类：第一类为主动源深地震探测剖面及数据处理技术，包括反射、折射以及反射与折射联合探测技术；第二类为被动源宽频地震观测与数据处理技术；第三类被动源大地电磁测深剖面观测与处理技术；第四类为连续介质大尺度区域成像技术；第五类为连接地表到深部的深断面综合解释技术。

目前，在深部地球物理探测技术中，地震学探测仍主要是国际最先进的方法，除了"深地震反射剖面法"，还配套进行"宽角反射与折射地震剖面法"（又可见深地震测深）和"宽频带数字地震移动台站法"。推荐的做法是三种方法同时在一个剖面（或一个地区）使用，共同揭示整个深部结构图像与变化，追踪深部过程。其他方法，如大地电磁测深、高精度重力和磁力测量、大地热流等方法是配合研究手段。从解释意义来说，这些方法对地壳内部结构的约束和垂向分辨能力较弱，但在用于岩石圈物性综合研究方面，各有独到之处。

通过分析研究，了解应用需求，确定软件研发和攻关方向。另外，深部探测的独特性需要对以下问题做深入研究。

（一）超长剖面探测技术应用分析

据 SinoProbe-02 项目提供的信息，该项目采用当前最先进的三种地震方法，"近垂直深反射地震剖面法"、"宽角反射与折射地震剖面法"和"宽频带数字地震移动台站"，配合进行大地电磁方法，同时在一个剖面使用。实验研究和改进不同类型地貌地质条件地区深部地震探测技术，实验研究长剖面探测技术，实验集成地震反射与折射主动源联合进行深部精细探测的技术组合和数据约束处理、数据成像、互动解释等高新技术。

目前，我国相关部门所掌握的深部地震勘探数据处理解释仍不完善，所获得的结果并不理想，缺乏弱反射和复杂地质结构成像的能力。目前地震测深剖面数据处理的能力仍然建立在强反射信号的运动学分析基础上。近些年来发展的新方法，例如，多次波压制、保幅叠前深度偏移、偏移速度分析、动力学波动方程模拟等在深部地震勘探领域还没有被有效地应用。

（二）深部地震数据处理技术应用分析

1. 低频波场信号保护与噪音压制技术问题

深部地震数据的特点是：波场频率低、信号弱、噪音多变。为了得到良好的成像结果，首要的问题是如何保护有效波信号，压制噪音。

解决方案和思路是：针对深部有效信号频率低的特点，采用保护低频信号的噪音压制方案。此外，由于深部数据检波点间距较大，在处理中为防止出现假频，限制使用 F-K 滤波等噪音压制技术。

2. 静校正技术应用问题

理论上，深部数据处理与常规地震数据处理对静校正的要求不甚严格，但事实上不然。深部数据有效波信号弱导致静校正效果的细小提高都有可能明显改善叠加成像的质量。

解决方案和思路是：采用良好的静校正方法对提高叠加剖面的质量，特别对速度估计的效果都有好处。一般采用层析成像静校正方法对数据进行静校正处理，但在山区，有的层析静校正方法并不都是表现良好，最合理的静校正方案是在层析反演的基础上合理提取低速带底界面，在底界面以上对地震数据信号进行静校正处理，常用的商用静校正方法软件没有提供这样的功能，需要处理员自己熟悉层析速度反演方法和静校正理论，进而人机连作得到静校正成果。

3. 海上地震数据多次波压制技术问题

深部数据大多数在陆上作业，但也有海上深部数据。海上深部数据基本没有静校正问题，但多次波问题严重。海上数据多次波包括了更多的多次反射信号，特别是海底多次波的信号。

解决方案和思路是：针对海底多次波的特点进行多次波噪音压制，技术上与常规地震数据处理中多次波压制技术没有重大差别，需要的仅仅是处理员的耐心和经验，因为深部数据信号往往比浅部数据信号弱的多。

4. 精细的起伏地表速度分析问题

深部地震数据速度分析对处理员经验要求较高，而且应该应用适合起伏地表速度分析技术软件。常用的速度分析软件建立在浮动基准面基础上，在地震剖面跨越造山带时，该速度分析方法往往不太适用。

解决方案和思路是：应该采用真地表叠加基础理论上的速度分析方法，以便获得良好的叠加速度。与此同时，处理员的经验在速度分析中也起到重要的作用。

5. 起伏地表叠加成像和偏移成像问题

由于深部地震数据大多来自跨越造山带等复杂地表地区，浮动基准面校正的基本理论已经失去它的假设前提，直接在地表面叠加或偏移比常规的建立在浮动面基础上的叠加或偏移效果要好。

解决方案和思路是：采用近年已经出现的起伏地表叠加和叠前时间偏移技术，从而加强深部地震数据处理与成像方法技术。

目前，地震测深剖面数据处理主要基于强反射信号的运动学分析原理。然而，近年来发展的方法，例如、多次波压制、保幅叠前深度偏移、偏移速度分析、动力学波动方程模拟等方法，在此深部地震数据处理与成像领域还没有被有效地应用。从而影响了由深部探测地震数据所获得结果的有效展示，缺乏弱反射和复杂地质结构成像的能力。

我国有大量的地震测深剖面数据需要有效处理，引进国外处理技术是一种不得已的应急解决方案，但是自主研发相关技术则是系统掌握深探核心技术的战略问题。

第三节　综合数据处理解释建模一体化软件构架与设计

SinoProbe 的实验研究工作将涉及勘探调查技术专业范围广、地学技术种类齐全。需要进行数据处理和分析的内容包括：①超长剖面探测：地震资料处理、地震资料综合解释等；②大面积探测：重、磁和电磁数据处理、解释等；③验证分析手段：测井资料处理解释评价等；④综合研究手段：地质综合研究、地质模型综合研究等，还有综合地学数据的管理和应用以及相关配套软件工具的开发。

因此，有必要加强综合研究技术手段研究，在更高的技术起点上开展探索工作。主要研究内容有：研制大型数据处理、解释建模一体化软件平台，提高海量数据综合处理解释分析能力，提高隐伏目标发现率，降低勘探风险，体现高效率、高精度、低成本、高发现率、多信息融合以及提高解决实际地质问题等能力。

一、软件平台的构建思路

处理–解释一体化软件针对具体的地质物性参数与结构构造而设计，这些物性参数包括密度、磁性、波阻抗、薄层、断层等。通过软件基础层面的设计，实现尽可能多的支持不同种类的操作系统，如支持长时间稳定运算的 Unix、图形界面功能完善的 Windows、可以在野外便携式移动的 IOS 等。从工程实用化的角度，海量数据的存储调用应当选用性价比相对较高的 GPU 并行运算系统来代替昂贵的超算计算机。在逻辑业务层上，封装地球物理算法的模块需要提供数据接口，使第三方插件可以被安插到平台上。在用户访问层上，需要对重磁电震等多种方法所需要的显示界面进行整合，整体研发框架如图 8.3 所示。

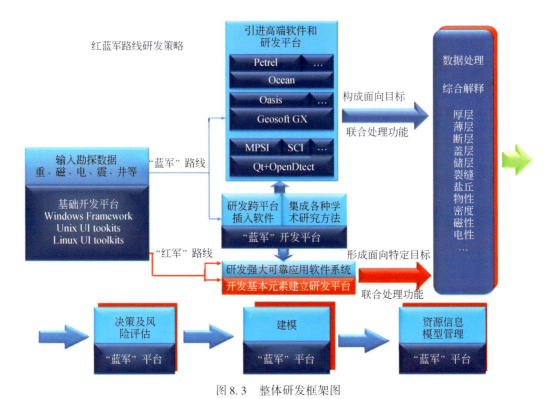

图 8.3　整体研发框架图

在软件技术支持下的一体化协同工作流程，可以保证每个研究阶段研究目标和研究成果的确认和质量监控

二、软件平台的协同编制流程方案

近十年来，综合地学研究技术得到了长足的发展，包括单项技术的进步和工作方式的突破。其中，最主要的进步是研究环境的改变，由原来专业化的研究方式向多学科协同工作的转变。原来的不同专业（地质、物探、测井）的独立工作方式，被现在不同专业针对同一地质体（或地质现象）开展协同研究的方式所代替。这种工作方式实现了多学科研究人员的数据共享、成果共享和知识共享，对客观地质现象的认识和描述将更加科学。

协同工作流程的实现需要有一体化的综合地学平台环境来支持。综合地学平台环境不是简单的多功能软件的组合，而是平台工作环境系统的建设，包括数据管理、专业工具、成果管理、成果交换以及功能开发等。

三、总体研究工作流程

协同工作环境的多专业协同研究，需要有标准的工作流程来进行控制。多数情况下，尽管拥有一体化的软件平台，但还是沿用传统的专业化工作方式，导致协同工作环境的作用远没有得到充分发挥，或者先进的技术优势没有得到体现。

综合地学研究标准工作流程一方面包括地学专业研究的流程，盆地评价、区带评价、构造评价、资源评价等相关研究流程相互衔接关系的确定，数据以及成果的共享，资料的更新及保存。最重要的是在整个一体化协同工作流程中每个研究阶段研究目标和研究成果的确认，还有质量监控。

综合地学研究标准工作流程另一方面还包括平台资源的管理流程，即指数据、软件、许可证的管理流程。标准化的管理方式能够确保所有资源的充分利用，硬件资源和软件资源的满负荷应用，数据资源的充分共享，同一项目的不同研究领域之间、不同的子项目之间以及相同研究领域的不同研究人员之间能够在标准化的工作流程里确保技术资源的共享，达到资源管理的高度均衡。

SinoProbe 专业跨度大、涉及人员广泛、技术经验与熟练程度不一，建设标准化的工作流程尤其重要，这是确保多学科协同工作流程得以实现的基本保证。

四、新技术嵌入平台时的可行性评估

构建处理–解释–建模一体化软件平台可以最大限度地获得地球深部精细构造，我们有必要将地震勘探的新方法引进到深部探测地震数据处理中。例如，斯伦贝谢公司开发的 PETREL 和 OMEGA2 是国际油气藏勘探开发的两套主流软件，与我们从事的工作密切相关。PETREL 提供以地质模型为中心的地震综合解释到油藏数值模拟的工作平台。在相同的地质模型里实现地球物理、地质和油藏工程的无缝整合。在每个专业领域都运用了领先技术。为用户搭建了开放式的软件平台，具有快速整合用户自主开发软件的功能。

OMEGA2 提供用于地震数据在时间域和深度域处理的软件平台。并可高效地处理陆地，海洋和过渡带的 2D、3D 和 4D 地震数据，还包括处理多分量，转换波在各向异性条件下的时间或深度成像。OMEGA2 有 300 多个处理模块几乎涵盖了地震资料处理的各个方面。

然而，虽然 PETREL 和 OMEGA2 在国际油气藏勘探开发中被广泛应用，但其商业软件在处理复杂和特殊地质模型时受到较大限制，并且通常不包括采用最新的和最关键的处理技术。尤其是，在深部探测数据处理方面存在较多问题，主要原因是它们的设计目标是服务于常规的油气勘探。其主要表现在缺乏对强爆破源、超深度和超长炮检距数据进行处理的能力。

PETREL 和 OMEGA2 两个软件系统作为常规数据处理工具，可以用于改进深探数据处理遭遇的问题。同时，通过学习、消化和吸收相关技术，我们可以形成跨代软件研发策略，开发一套适合于对深部探测地震数据的处理、分析和解释为一体的、具有自主知识产权的、并有能力服务于深探数据处理重大需求的软件系统。

因此，引进的软件具备了国际标准的输入和输出数字化格式，能进行常规数据处理，并提供插口接受二次开发，容许自主开发软件并入，从而加速开展与深部探测地震数据处理有关的国际前沿技术研究，能够满足本课题研究需求。

五、软件平台研发的"红蓝军"路线

实践证明，软件平台研发的"红蓝军"技术路线是行之有效和正确的研发策略。通过引进国外先进技术，完成学习过程，迅速形成满足深探任务需求的应用能力和自主研发类似产品的技术能力。一体化软件平台构筑思路如下：

（1）在"红军"路线上，以 OpenInventor 和 Geosoft GX 为地学软件研发基础件，形成大型数据输入输出系统管理、数据库管理、类型融合管理、图形图像显示、操作界面管理、面向对象编程管理等集成功能，为地学专用软件研发提供技术支持环境。

（2）引进和掌握以地震数据为处理对象的国际主流软件系统，Omega-2 和 Petrel，以及形成开发支持的基础件——OpenInventor，迅速形成资料处理和用户操作能力，为应用二次开发提供分析软件平台环境。

（3）引进和掌握以重磁数据为处理对象的先进的软件系统，Geosoft Oasis Montaj 以及形成开发支持的基础件——Geosoft GX，迅速形成资料处理和二次开发能力。

（4）在软件框架基础上，由软件技术（如数据库、图形图像等）专业人员自主研发同类型、同功能、同水平的地学软件平台试用产品（样机），形成自主与引进相结合的"红蓝军"两类软件开发平台。

（5）在"红蓝军"两类软件开发平台基础上，由应用技术（如地球物理、地质等）专业人员针对移动平台探测获得的重、磁场数据特点完成二次开发，开发两套插入式软件模块系统——"移动平台探测数据质量控制及目标发现率评估系统"和"综合地球物理数据处理与集成软件系统"，实现任务流程管理下的"插入式模块功能"联合，加强地震与非震数据融合处理解释功能。

（6）通过"红蓝军"处理成果对比，实验示范研究，规范化管理软件研发各项技术指标和研发水平。

处理解释、物性模型、地质建模与工程验证构成一套完整的移动探测数据处理方案。通过"蓝军"的引进、消化并二次研发实现软件平台综合处理解释能力的快速形成；通过"红军"对软件底层关键技术的攻关，形成自主研发地学跨平台软件的能力，在 SinoProbe 第九项课题完成时，"红蓝军"双规的构架设计取得了良好的应用效果。

第四节　大型软件基础层开发关键技术

一、软件研发思路

深部探测地球物理-地学数据处理解释一体化分析平台系统架构设计方案主要将该平台分为五大部分，分别为基础层、数据层、表示层、逻辑业务层和用户访问层。多元海量数据处理软件是一种高效数据处理平台，提供海量数据的传输、存储、管理、分析、计算、绘制，同时支持多种计算机语言的组件接口、多种用户交互方式，可为用户实现多种地球物理数据的处理。多元海量数据处理软件以其高效性、多元性、可扩展性、可交互性的特点，可有效提高数据交换率、计算准确率以及用户工作效率，弥补我国在此领域的技术不足，适合企业、事业、科研单位应用，具有广泛的市场推广价值，可带动我国地球物理数据处理领域的发展，具有深远的科学研究意义和社会意义。为了满足大数据质量控制，专门研发其数据处理系统。

二、组件构成与功能概述

载入不同格式的地球物理数据；绘制轨迹，并支持缩放、平移、拾取操作；实现轨迹与数据的联动；显示剖面线，并支持多条线同时显示在同一个绘图区域内，支持缩放、平移、拾取操作。

对剖面线进行编辑操作，支持叠加常量、旋转、删除等操作；保存操作历史，提供回退功能；脚本批量操作、滤波、QC。

三、用户界面系统模块

界面的格局和要求如下：

（1）界面由多个组件构成。

（2）组件可以通过拖拽移动位置、调整大小。

（3）组件有边界检查，动态完成拼装。

（4）组件可动态隐藏或显示。

（5）组件可在多个屏幕中拖拽显示。

（6）界面的功能要求如下：

①绘图组件要求分辨率高、刷新快、无抖动、闪烁；

②表格组件要求支持多属性列、记录行，并提供选择、排序等操作；

③文本编辑组件要求大数据量显示，支持基本编辑功能。

四、地球物理数据格式以及功能实现

支持多种数据的载入，着重分析船测数据的载入。船测数据包括 P190 数据、重力数据、磁力数据。

该软件可进行剖面线数据的人机交互操作处理、数据滤波等，增强了软件的灵活性和实用性。

五、软件平台组件研发关键技术

移动平台数据处理与软件解释软件系统是基于地震、非地震数据、钻孔数据、地学数据可视化分析，具有我国自主知识产权的适用于大地深部探测的数据解释与分析的软件平台。该软件面向三维地质数字化模型，将相关联的多类型勘探处理数据和解释方法，海量数据和信息管理，可视化技术，多领域数据融合技术等相关技术和方法集成的综合研究一体化软件平台。主要完成的研发技术包括：①跨平台变成技术；②数据质量控制和目标发现率评估；③重磁张量数据反演及联合反演技术；④重磁数据信息提取；⑤海量数据存储与现实；⑥多领域数据融合解释技术等。

第五节　软件应用层开发关键技术

应用层面的开发技术攻关主要由"蓝军"来完成。本课题研究设计的"蓝军路线"是通过引进国外高端软件，在此基础上开展二次开发、实现软件研发的跨代研究、迅速缩短与国外软件研发技术水平的差距。

一、地震数据处理软件二次开发思路

经过系统调研可以得知，国内外还没有专门为深部探测数据处理任务设计的专用软件，必须寻找相近似的软件产品完成相关改造，满足深探需求。国际上公认的斯伦贝谢公司开发的 OMEGA2 和 PETREL 地震勘探数据处理、解释和地质建模系统是的国际油气藏勘探开发的高端主流软件，其功能和应用特点与我们的研究目的和任务需求接近。OMEGA2 软件基于集群机处理，提供用于地震数据在时间域和深度域处理的软件平台。可高效地处理陆地、海洋和过渡带的 2D、3D 和 4D 地震数据，包括处理多分量，转换波在各向异性条件下的时间或深度成像。OMEGA2 有 300 多个处理模块几乎涵盖了地震资料处理的各个方面。PETREL 提供以地质模型为中心的地震综合解释到油藏数值模拟的工作平台。在相同的地质模型里实现地球物理、地质和油藏工程的无缝整合。在每个专业领域都运用了领先技术。为用户搭建了开放式的软件平台，具有快速整合用户自主开发软件的功能。

虽然 PETREL 和 OMEGA2 在国际油气藏勘探开发日常工作中被广泛应用，但其商业软件在处理复杂和特殊地质模型时受到较大限制并且通常不包括最新和关键技术。尤其是在深部探测数据处理方面存在较多问题，主要因为它们的设计目标是服务于常规的油气勘探。其主要表现在缺乏对强爆破源、超深度和超长炮检距数据进行处理的能力。我们将使用这两个软件系统作为常规数据处理工具，在掌握应用技术基础上，通过技术融合及插件方式，改进购置软件存在的问题，进而开发出一套适合于对深部探测地震数据的处理、分析和解释为一体的、具有自主知识产权和能力的、能够服务于国家能源资源重大需求的软件平台。

几十年来，反射地震主要应用于油气盆地的勘探，其成像的基本理论大多建立在平坦地面和水平介质结构的基础上。随着油气勘探的深入开展，人们已经开始在山区、盆山结合部、高原冻土带进行地震采集工作，地震数据的精细处理和成像受到了前所未有的挑战。首先，地表地形起伏造成极其严重的静校正问题，特别是在一个地震排列内不能将地表近似地认为水平面，成像理论在几何方面不支持成像结果；其次，这些地区地下结构往往非常复杂，对地震成像的传统理论提出前所未有的挑战。

建立在波动方程理论基础上的地震成像理论一般可分为两个大的类别，即积分方程成像类和微分方程成像类。以 Kirchhoff 积分方程理论建立起来的成像方法统称为 Kirchhoff 积分偏移成像，其成像方法简便、快捷，是目前应用最为广泛的方法之一。与其他方法一样，本方法也建立在水平地表基础上，要求炮点和检波点在同一水平面上，地表起伏对其成像精度，特别是浅层结构的成像精度具有极大的影响。

为了提高起伏地表地区地震勘探数据的成像精度，SinoProbe-09 课题研究了起伏地表积分成像的基本理论，建立了以起伏地表叠前时间偏移为基础的成像方法，开发了成像软件模块；在此基础上，本课题还专门开发了一套用于地震数据处理的软件平台，包括数据输入、输出、速度估计、显示、数据库以及其他计算和辅助功能在内的诸多模块均包揽其中，使地震成像完全可以建立在起伏地表基础上，叠前道集或者叠后道集均可以作为数据输入到本系统，最终完成成像（叠后偏移成像、叠前偏移成像）。该成像软件的主体可以建立在 CPU 机群或者 GPU 机群运算基础上，实现快速、高精度成像的目标。

二、引进 Omega2 地震数据处理软件技术

斯伦贝谢公司研发的 Omega2 地震资料处理软件系统是本书研究课题引进的国际一流地震资料处理平台，能够处理海洋和陆上地震资料。由斯伦贝谢公司培训师在装机现场（吉林大学）对 SinoProbe09-01 科研人员进行为期一个多月的培训，包括：海洋和陆地地震资料叠前时间偏移培训和海洋地震资料叠前深度偏移培训。在培训的基础上，针对深部探测项目地震探测深、地震采集数据道长超长和地理环境复杂等特点，在课题中，科研人员运用 Omega2 处理平台对深部探测资料进行处理，得到了比较理想的成果。

Omega2 的二次开发主要包括：毛伟建团队（中科院"千人计划"专家）、黄旭日团队（北京旭日奥油公司）、薛爱民团队（北京派特森公司）和刘财团队（吉林大学）构成。各个研究团队充分利用了 Omega2 和吉林大学移动平台探测研发中心集群机软硬件环境，测试 SinoProbe02 获得的兴蒙 ES40KM 地震数据（简称：兴蒙地震数据），完成了新增处理技术研发。开发内容主要包括：

（一）复杂地质构造条件下模型确定技术

主要研究内容有：构建地震、重力和电磁联合反演方程系统；研发新的联合反演和序贯反演方法；创建新的模型参数表达式；确定最佳初始模型。

重点放在不同物理量纲的归一化问题，相互约束条件和敏感性分析。

（二）三维各向异性弹性介质中地震波场模拟和成像技术

主要研究内容包括在三维各向异性弹性介质中：求解动力学射线方程以便获得沿射线路径节点处的复时间和复振幅；求解有限差分弹性波运动方程从而获得完整的地震波场；共中心点和公炮点高斯光束叠前深度偏移；弹性波方程逆时叠前深度偏移；散射波广义拉东变换保幅深度偏移；深度偏移速度分析和建模。

重点放在保真振幅，深部信号增强，成像条件，照明补偿和去噪音。

1. 地震重力深度域岩性和油储特性反演技术

主要研究内容有：目标函数设计；成像系统响应函数计算；深度域重力和地震图像对密度和速度联合反演。

重点放在大矩阵求逆、病态系统、不唯一性、收敛速度和局部最小。研发一种新的具

有自主知识产权适合于复杂地质构造条件（包括页岩气开采）的深度域岩性和油储特性反演软件。

2. 2D/3D 地震数据重构及地形改正技术

主要研究内容有：填补缺失地震道迹、不规则地形改进、近表面噪音衰减。

3. 高性能超算技术

在地震，重力和电磁反演中的应用 CPU-GPU，主要内容包括：如何合理使用 CPU 集群、GPU 及两者的组合等并行计算技术，从而提高高性能超算技术的有效性。

4. 大深度地震数据处理集成技术

针对应用中出现的问题主要有：兴蒙地震数据的信噪比及分辨率都较低，处理前在炮集和水平叠加剖面上都看不到明显的反射同相轴，严重影响偏移成像结果，不能得到清晰的地球深部构造剖面。针对这些问题，课题组应用 Omega2 软件做了如下工作：速度建模，噪声压制以及水平叠加。同时应用本中心特有的广义 Radon 变换逆散射偏移成像及高斯束偏移成像技术对此数据做了深度偏移。

Omega2 针对深探数据问题的二次开发技术主要内容包括四个方面：建立速度模型压制噪声技术、叠前深度偏移技术、叠加技术以及其他流程技术。

三、Petrel 面向三维地质模型的属性建模软件平台的二次开发

利用 Ocean 开发平台实现综合解释二次开发。

1. Ocean 插件技术

Ocean JLU_GMS 的核心算法程序为自主研发的张量数据界面地震测井约束正反演。算法的程序的使用需要依赖成熟的软件平台。斯伦贝谢公司的 Petrel 软件是世界上先进专业油藏建模的软件。它除了提供丰富的建模功能，也提供强大的三维显示功能。同时还为地震数据、井数据、油藏模型以及多种地质、地球物理相关概念进行了实现。但该软件缺少非震数据约束解释方面的模块，因此加入该方面的技术来完善平台功能，使其更加满足深探技术发展的需要。

2. Ocean 计算流程设计

为了能够利用 Petrel 先进技术，需要依靠其对应的 Ocean 插件开发系统，它为用户或者开发者能够快捷的将其算法载入 Petrel 中提供了支持。我们便将 JLU_GMS 算法程序以插件的形式载入的 Petrel 中。

JLU_Module 程序以 Ocean 插件的模型载入到 Petrel 中，根据 Gm3d 算法程序的原理。插件中的模块主要分类如下：

数据部分：

（1）Ocean 界面的类：GMSProject；

（2）算法数据类：Gms3dData；

（3）程序工程区：OceanData；

向导部分：

（4）模型编辑向导：Model_Edit_Wizard；

（5）重力以及磁法正演向导：Forward_Wizard；

（6）重力以及磁法反演向导：Inversion_Wizard；

（7）水平起伏面建立向导：New_Constant_Wizard。

3. 变差函数方法与应用

属性建模中所应用的基本概念包括变差函数，计算方法包括克里金算法和高斯算法。变差函数即是用于定义空间或时间上两个值之间的相关程度，通常两个值在空间位置上越接近就越相似，变差函数曲线横轴为距离，纵轴为偏差。影响变差函数的参数包括偏差、带宽（距离）、门槛值、块金值、范围等。

4. 属性建模工作流程

属性建模阶段包括数据准备（导入井数据和地震属性数据、井相关性分析、生离散测井曲线、连续测井曲线、相曲线等）、井震联合解释、构造建模（构建三维网格模型、断层建模、层面建模、地层划分和地层细化）、属性建模［数据分析、测井曲线粗化（测井曲线编辑）、几何属性建模、相建模、岩石物性建模］等操作。

5. 移动平台探测数据质量控制模块融合

移动平台探测数据质量控制模块放在关键技术研发部分讨论，生成的模块可用于由"红蓝军"路线建立的两类软件平台中使用，实现对平台功能的二次开发。通过C#编程技术，完成跨软件操作平台的插件挂载操作，实现该项功能与Petrel处理流程融为一体。

6. 移动平台探测数据目标发现率模块融合

同理，移动平台探测数据目标发现率模块也放在关键技术研发部分讨论，生成的模块可用于"红蓝军"两类软件平台，实现二次开发，实现该项功能与Petrel处理流程融为一体。

7. 地震与测井解释成果控制下的重磁反演模块融合

地震与测井解释成果控制下的重磁反演模块，也是约束反演问题计算的大型处理解释模块。该模块将利用Petrel生成的模型参数和数据实现约束反演。该项技术作为本课题研究亮点，放在关键技术研发部分讨论。生成的模块可用于"红蓝军"两类软件平台，实现二次开发，实现该项功能与Petrel处理流程融为一体。

四、Mantaj 针对重磁数据反演解释问题的二次开发技术

插件的核心算法程序为自主研发的张量数据界面地震测井约束正反演。该算法可完成不同分量间的加权以及加入地震、测井数据作为约束条件。该程序包括：文件的读写操作、网格数据的扩边、正反傅里叶变换、解析延拓、级数求和等。然后，编写了相应的子程序，一共涉及64个子程序，Fortran源代码（含注释）累计8408行。为了增强程序的可读性，每个子程序都进行了注释说明。最后，通过主程序大量调用子程序，缩短了主程序

的长度、增加了可读性并方便了调试工作。

1. 主要任务

在 Oasis montaj 上实现重力张量的正演、密度界面起伏的反演、层密度的反演、总磁异常的正演和磁性界面的反演。一方面，重磁数据处理的源代码利用 Fortran 语言编写，可以充分发挥 Fortran 语言易学、语法严谨、执行效率高的优点。另一方面，在重磁勘探领域，加拿大 Geosoft 软件公司开发的 Oasis montaj 是在全球范围内被广泛采用的重磁数据处理、解释的专业软件。在它的基础上开发功能模块，可以充分利用 Oasis montaj 强大的数据库管理及图像显示功能，节省开发时间，便于软件推广。

Oasis montaj 的二次开发语言是 GX，它语法类似于 C 语言，但对 Fortran 代码的 DLL（动态链接库）支持不佳。因此，本项目的任务是在 Oasis montaj 的平台上，开发图形用户界面，并调用 Fortran 语言开发的数据处理的 DLL，实现多层密度或磁性界面的正反演功能。新开发的功能模块命名为"JLU-GMS"，包含"新建/编辑模型"、"重力正演"、"重力界面反演"、"重力密度反演"、"磁异常正演"、"磁性界面反演"等功能。

2. 研发思路

因为用于 Oasis montaj 二次开发的 GX 语言不支持直接调用 Fortran 代码生成的 DLL，所以有两种比较常规方法来解决这个问题。一是，用其他 GX 兼容性好的语言（如 C、C#或 GX 等）直接重写代码，完成 Fortran 算法的功能。但是这种方法工作量很大，需要大量的代码编写、调试工作。二是，利用 Oasis montaj 开发包提供的 F2C（Fortran to C）转换程序，自动修改 Fortran 代码为 C 代码。其原理是利用一些封装好的 C 语言函数，替换Fortran 的函数。但是由于要实现多层密度或磁性界面正、反演功能的 Fortran 源代码过长，F2C 这种方法转换效率不高，而且转换后的函数仍需要人工修改、调试与验证，因此也不是高效、安全的方法。

解决上述问题所采用的技术路线是：先将 Fortan 源代码编译成 DLL，然后利用 Visual C++6.0 编写接口函数，调用 Fortran 的 DLL，最后再用 GX 语言调用 VC 的 DLL。而对于图形用户界面，考虑到 GX 默认的图形控件种类很少，且不美观。我们采用移植性好、兼容性强的 QT 语言来开发图形用户界面。因此，所有的数据输入、输出都是建立在 Oasis montaj 数据库的基础之上，并且可以充分利用 Oasis montaj 强大的图形、图像显示功能。

3. 在 SinoProbe 中的工作流程简介

初期主要进行 Fortran 源程序的开发与调试。为了实现多层密度或磁性界面的正反演功能，Fortran 源代码包含 65 个函数，代码累计 8000 余行；另外，还包括一些测试数据的实验、对计算机内存消耗的估算，等等。同时，建立 Oasis montaj 二次开发的环境，学习用 GX 语言调用内部函数，对网格数据进行读写、运算、存储等；另外，包括新建菜单、对菜单的编辑、对 DLL 的调用等；更为重要的是验证 Oasis montaj 对于 Fortran 程序的支持能力。通过编写测试代码，利用 F2C 转换程序，实现对 Fortran DLL 的调用。对于简单代码，该方法是有效的，但是当 Fortran 程序越来越复杂，转换后的程序不能直接编译通过，需要进一步的修改和调试。对于每一个自定义的函数都需要进行调试和验证。

在初期代码编制完成时，生成 GX 语言的源文件、资源文件、菜单文件等共计 20 余个，仅源文件代码的总长度就超过 12000 行。由于 GX 语言是类似脚本的编程语言，所有的代码全部人工编写，没有系统提示与自动生成的功能，工作量较大。

中期，发现利用 GX 开发的图形用户界面不够灵活，而且也不美观。这主要受限于它提供的图形用户控件的种类有限，而且功能单一，外观也陈旧。而界面更友好、功能更强大的 QT 语言在开发图形用户界面方面，正好能弥补 GX 语言的补足。在本项目中，不计工程文件和非 C++部分的代码，QT 代码超过 1800 行。

后期，着重于功能模块的测试、代码的完善、用户使用说明书的编写等。从项目的成果上看，开发了一个基于 Oasis montaj 的插件（功能模块），实现了多参数的重磁界面正反演。其中，重力部分包括：重力及全张量异常的正演、界面起伏和地层密度反演。磁力部分包括：总磁异常正演及磁性界面反演。通过测试数据验证，正反演的结果与 GMSYS-3D 的结果一致。但在用户界面的友好性、软件的可操作性以及计算效率方面，本项目的研究成果有显著优势。另外，取得了一项软件著作权。

GX 提供的图形用户控件的种类有限，其开发的图形用户界面（GUI）往往功能单一，外观也陈旧。而界面更友好、功能更强大的 QT 语言在开发图形用户界面方面，正好能弥补界面设计上的不足。达到了预期效果，在我们研发的 GX 代码中，并没有使用自带的 GUI 库，而是调用 QT GUI 的 DLL 来实现用户参数以文件的方式进行传递的功能。

GUI 中包括了标准的文件选取控件、单选按钮、文本输入框、复选框、命令按钮等，还包括参考网格（Reference grid）的选择，密度（Density）的选择及密度值的输入，起伏地形或高程常数的选取（Magnetic surface grid or Magnetic constant elevation），下一步或取消（Next or Cancel）命令按钮等。

利用 QT 的 Table-View 视图框架开发表格式的参数列表，可以实现表格行数据的插入、删除和编辑功能。这种方式包含的信息丰富，且形式简洁明。随着数据的增多，该窗体的大小还可以用鼠标进行拖拽调节，最大化地利用了显示屏的空间，方便用户使用。

对于一些参数的常规设置，可以将它设定为默认值，减少了用户的工作量。另外，对一些值域范围有限的参数，利用了组合框（QComboBox）的设计，既提高了效率，又保证了用户输入数据在可控范围内，如对泰勒级数展开项（Number of Tayler Series Term）的选择，限制在 1~30 的范围内，既考虑到了用户的日常需求，又兼顾了计算效率。

针对一些取值范围小，步长为整数的参数，采用了 QSpinbox（选值框）来实现上下按步长增减，方便用户选取。如的泰勒级数展开的项数（Truncation Limits），它的默认值为 5，用户可以通过向上或向下的按钮逐次增减或减少展开项的数目。

对于一些文件类型固定的选项，利用文件控件的筛选功能，用户只能打开默认类型的文件，方便用户查找。而对于新生成文件的扩展名为固定的类型，在设计界面的时候，用户可以只输入文件名，软件自动添加扩展名，为用户节省了时间，更加人性化。个别参数的设置通常具有一定的物理意义，例如，低通滤波器的低通波数设置为 0.1，截止波数设置为 0.3 时，适合研究造山带；而低通波数设置为 0.3，截止波数设置为 0.4 时，则适合研究构造细节。用户可以针对具体的研究问题来设置滤波参数。考虑到用户去记忆枯燥的参数设置是头疼的事，我们在滤波参数的界面设计的时候，用研究对象来代替具体参数。低通滤波器的截止频率设置（Roll-off Low Pass Filtering），用户只需选择小构造（small structure），那么低通滤波器的截止波数自动设置为 0.2 和 0.3。当然，用户可以选择其他研究对象来设置滤波参数。软件还为用户提供了用自定义的方式来输入具体滤波参数。

软件在运行过程中，有进度条提示用户软件的进程。运行完毕后，如果有新文件生成时，对用户也有提醒。

最后，将开发的功能模块（JLU_GMS）以插件的形式集成到 Oasis montaj 的平台之上，见图 8.4。充分利用了 Oasis montaj 的数据库管理和图形显示功能，在其平台上，实现了重磁界面正反演及物性反演的功能。

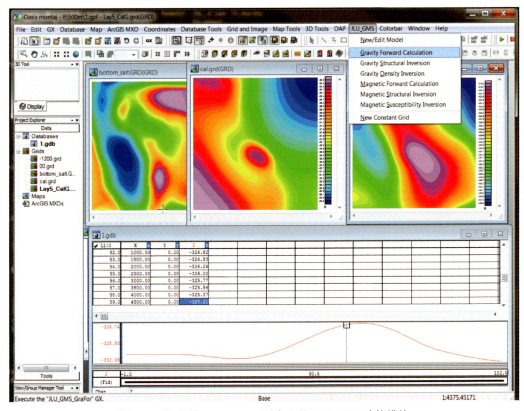

图 8.4　集成到 Oasis montaj 平台上的 JLU_GMS 功能模块

第六节　数据融合与高效管理关键技术

随着勘探逐渐转向深部，获取的深部资源地球物理信息表现微弱。因此，为了更加清晰地揭示深部探测目标属性和结构特征，需要加强攻关弱信号处理和目标发现等关键技术，尤其是，相关数据的联合处理与综合解释技术、数据融合与多参数综合解释技术。具体包括，研发针对航空测量条件下的"重磁场数据质量控制以及相关目标发现率评估系统"；研发重磁多参数组合反演技术；研发针对重、磁、震、井多类型海量数据的"综合地球物理数据处理与集成软件系统"。通过所研发的软件平台来获得地下地质体的位置、物性等分布特征，实现解释结果的可信度评估。

一、数据融合技术

（一）移动平台探测数据质量控制及目标发现率评估

　　如前所述，目前的移动平台数据处理技术研究主要围绕机载和船载移动平台重、磁数据处理需求展开，包括方法和软件研发两大内容。在实际工作环境条件下，移动探测获取的数据类型有：飞（航）行定位、速度、姿态、环境变化，地球物理场、梯度场等数据（图8.5）。数据集的综合特点和探测发现能力主要由勘探布线的设计和实际操作方式决定（图8.6）。

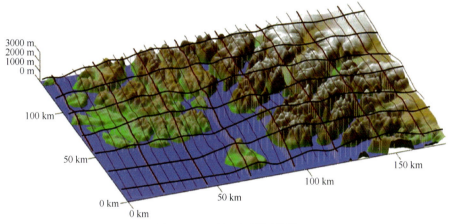

图 8.5　3D 航空探测网线图
针对海陆交互地形布置的，保证飞行安全、最大可能获取埋藏目标信号以及纵横测线交汇处高差最小

　　基于给定的仪器精度和（安装后）与机型的实际匹配精度，针对设计目标发现率的要求，建立目标发现率可行性评估模型，确定飞行线距、高度、速度、方向、平飞或等高飞行方式等参数。确保不会因为布线方式考虑不周等人为原因而漏掉能够发现的目标。

　　加强高精度数据的后期处理技术。利用测区回线飞行补偿数据，三轴（xyz 方向）磁通门数据，飞行姿态数据，姿态变化角速度数据，日变数据，3D IGRF 数据，GPS 数据和地形景观数据等相关影响参数，加强和完善各个环节的数据校正过程，提高数据精度。另外，利用两翼磁测探头产生的横向磁总场梯度信息和飞行方向高频率采样数据，尝试恢复2D 水平梯度测量数据，并由此建立虚拟"并向飞行"插值线，提高网格化数据精度。

　　用三角和垂直磁探头装置，结合飞行姿态数据进行信息增强处理，即针对 2D 和 3D测量的等效源调平技术。针对水平梯度和网格数据提取弱磁异常方法，针对梯度和场数据波段干扰特性设计滤波器加强测线数据提取弱磁异常方法，主要有非线性滤波方法、小波变换方法、位场处理方法（如上延求差法、滤波方法、垂向导数法等）、放大比例尺方法等。

　　起伏地形下频率域数据转换方法用于在起伏地形条件下位场处理方法方面，除了传统

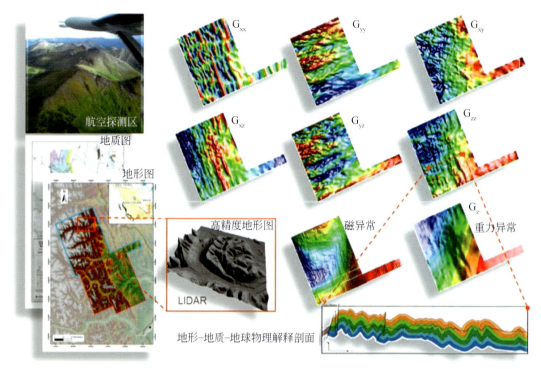

图 8.6　实测张量数据处理结果显示

的方法如等效源法、级数类法、差分迭代法、样条插值法等。近年来又开发出了频率域偶层位场曲面位场处理及转换方法，具有适应性强、精度较高和计算快的优点。

(二) 张量数据欧拉反褶积方法

张量数据也可以用于求解滑动窗口中的欧拉方程来自动估计场源位置和深度，公式为

$$
\left.
\begin{aligned}
(x-x_0)\,T_{xx}+(y-y_0)\,T_{xy}+(z-z_0)\,T_{xz}=-\alpha N(\,T_{xe}+A_x)\\
(x-x_0)\,T_{yx}+(y-y_0)\,T_{yy}+(z-z_0)\,T_{yz}=-\alpha N(\,T_{ye}+A_y)\\
(x-x_0)\,T_{zx}+(y-y_0)\,T_{zy}+(z-z_0)\,T_{zz}=-\alpha N(\,T_{ze}+A_z)
\end{aligned}
\right\}
\tag{8.1}
$$

张量数据的欧拉方程张量改写成下面形式：

$$
(x-x_0)(T_{xx}+T_{yx}+T_{zx})+(y-y_0)(T_{xy}+T_{yy}+T'_{zy})+(z-z_0)(T_{xz}+T_{yz}+T_{zz})=-\alpha N(T_{ze}+A)
\tag{8.2}
$$

式 (8.2) 利用到更多的张量参数，在噪音和干扰条件下，可以充分发挥多参数的优势，提高反演精度和可靠性的目的。

结合航磁异常和地面验证过程，研究不同高度实测磁总场，梯度场与磁化强度张量之间的关系进行磁源属性对应分析和分带地质解释。另外，加强传统正反演解释功能组合和应用效率，包括斜导数分析、波段约束条件下的欧拉反褶积分析、导数类集成矩谱求埋深分析等项技术，加强大面积高精度航磁资料解释的效率和可信度。

（三）重磁数据信息提取新技术

增强型边界识别插件模块包含 Theta map、增强型均衡边界识别方法、改进的局部相位滤波器等，其中 Theta map 法是现今应用较广的一种边界识别方法，具有良好的实际应用效果，其为总水平导数与总梯度模的比值，最大值与地质体的边界相对应，该方法不涉及高阶导数的计算。

改进的局部相位滤波器（图 8.7）是一阶导数和二阶导数的组合，函数的最大值与地质体的边界相对应。为了使函数存在数学意义，需在公式中加入一阶垂直导数和二阶垂直导数均值的比值，因此在完成这两个滤波器的功能时需加入一个数据统计函数来计算数据的均值。在进行计算过程中以上两个方法还涉及二阶垂直导数的计算，为了降低噪声的干扰，采用 Laplace 方程来完成垂直导数的计算，即采用两个二阶水平导数的和来计算二阶垂直导数。

增强型均衡边界识别方法是二阶导数和三阶导数的组合，函数的最大值与地质体的边界相对应。在完成该边界识别方法的计算中也涉及统计函数和二阶垂直导数计算的设计。

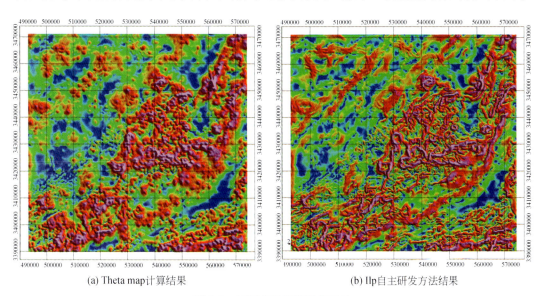

(a) Theta map计算结果　　　　　　　　　(b) Ilp自主研发方法结果

图 8.7　不同方法计算结果对比

（四）层状介质重、磁震联合反演与解释技术

本书研究课题采用改进型 Parker-Oldenburg 方法。Parker-Oldenburg 法是经典的界面反演方法，主要针对单一类型重或磁网格化数据和单一界面。改进后的方法，针对多层介质的网格节点物性和几何参数，加入了位场梯度数据、加入了控制反演流程的（震井参数）约束条件和锁定控制、加入了数据类别对反演目标的贡献加权控制，加入了对迭代反演进程的动态控制、加入了诸多用于获取可靠反演结果的努力，尤其是对反演结果的可信度评估。

针对层状界面，重、磁（Δg，ΔT）场（波数域）正演公式分别为

$$F[g(x, y, z_0)] = 2\pi Ge^{-|k|z_0} \sum_{n=1}^{\infty} \frac{|k|^{n-1}}{n!} F[\rho(x, y)(h_t^n(x, y) - h_b^n(x, y))] \quad (8.3)$$

和

$$F[\Delta T(x, y, z_0)] = \frac{-1}{2}\mu_0 e^{-|k|z_0} \vec{M}_0 \cdot (iu, iv, |k|) \vec{T}_0 \cdot (iu, iv, |k|) \cdot$$
$$\sum_{n=1}^{\infty} \frac{|k|^{n-2}}{n!} F[M(x, y)(h_t^n(x, y) - h_b^n(x, y))] \quad (8.4)$$

对应的反演公式分为

$$F[\rho(x, y)(h_t(x, y) - h_b(x, y))] =$$
$$\left\{ \frac{F[g]}{2\pi G} e^{|k|z_0} - \sum_{n=2}^{\infty} \frac{|k|^{n-1}}{n!} F[\rho(x, y)(h_t^n(x, y) - h_b^n(x, y))] \right\} \cdot f_{low} \quad (8.5)$$

$$F[M(x, y)(h_t^n(x, y) - h_b^n(x, y))] = \left\{ \frac{-F[\Delta T] \cdot |k|}{2\mu_0 \vec{M}_0 \cdot (iu, iv, |k|) \vec{T}_0 \cdot (iu, iv, |k|)} e^{|k|z_0} - \right.$$
$$\left. \sum_{n=2}^{\infty} \frac{|k|^{n-2}}{n!} F[M(x, y)(h_t^n(x, y) - h_b^n(x, y))] \right\} \cdot f_{low}$$
$$(8.6)$$

针对同样层状界面，波数域联合重磁梯度公式为

$$\left. \begin{aligned} g_x^{(n)}(x, y, z) &= F^{-1}\{(iu)^n \cdot F[g(x, y, z_0)]\} \\ g_y^{(n)}(x, y, z) &= F^{-1}\{(iv)^n \cdot F[g(x, y, z_0)]\} \\ g_z^{(n)}(x, y, z) &= F^{-1}\{(k)^n \cdot F[g(x, y, z_0)]\} \end{aligned} \right\} \quad (8.7)$$

和

$$\left. \begin{aligned} \Delta T_x^{(n)}(x, y, z) &= F^{-1}\{(iu)^n \cdot F[\Delta T(x, y, z_0)]\} \\ \Delta T_y^{(n)}(x, y, z) &= F^{-1}\{(iv)^n \cdot F[\Delta T(x, y, z_0)]\} \\ \Delta T_z^{(n)}(x, y, z) &= F^{-1}\{(k)^n \cdot F[\Delta T(x, y, z_0)]\} \end{aligned} \right\} \quad (8.8)$$

二、高效管理技术

（一）深部探测多参数综合分析一体化软件平台

1. 软件技术层面主要问题

深部探测是由于信息多、专业跨度大，软件平台的开发面临着诸多挑战，深部探测面临的主要软件开发解决的问题主要包括以下几个方面：

（1）多数据：大地深探得数据包括了地震数据，非震数据（雷达波地形、大地电磁、地球化学、重力、磁、钻孔数据、重磁电数据），地学数据。如何在软件平台上能方便利用各方面的数据是数据管理面临的首要困难。

（2）多域：深度域、时间域。不同的数据所在的域不同，如时间，深度。把不同域数据融合是过程管理需要解决的问题。

（3）大尺度：从几秒到几十秒的时间记录，大毫秒数，数据范围大。2D 地震可达单线几千公里。如何有效管理和显示这些数据也是软件需要处理的重要问题。

（4）多尺度及多分辨率：地震、钻孔、大地电磁、航空电磁、重力等各有各的分辨率，对多尺度数据如何可视化，如何融合面临诸多的科学和软件问题。

（5）面向科学研究目标：数据的永久及递增性，而科学分析过程变化多、快，如何保持高度的可易性和基础平台的一致性是个问题。

大地探测需要把这些大尺度不同类型的数据整合于一体，而国内目前没有将大地探测技术的数据整合到一起进行分析研究的软件。因而，有必要开发我国自主知识产权的适用于大地深部探测的数据解释与分析软件，能够对这些数据进行集成和综合平台，对大尺度的多域多数据进行综合分析，完成大地深探的科学任务。

2. 解决方案与实施方案

深部探测多参数综合分析一体化软件平台是在 SPIRAL 平台的基础上，基于地震、非地震数据、钻孔数据、地学数据可视化分析，是具有我国自主知识产权的适用于大地深部探测的数据解释与分析的软件平台。该软件面向三维地质数字化模型，将相关联的多类型勘探处理数据和解释方法、海量数据和信息管理、可视化技术、多领域专家技术融合等相关工作集成的综合研究一体化软件平台。

软件平台能够在不改动平台的条件下，完成对底层数据、处理方法、分析方法的不断扩充，具有较强的可扩展性、协同工作能力以及强大的可视化功能，并考虑与未来大地深探系统软件的连接。

在软件平台的实施过程中，拟分以下步骤来进行：

（1）软件用户界面设计。

系统采用面向对象设计方法，界面友好，符合专业技术人员习惯。

（2）数据管理系统设计。

大地深探过程中采集的数据种类繁多，数量庞大，包括地震数据、非震数据（雷达波地形、大地电磁、地球化学、重力、磁、钻孔数据、重磁电数据等）以及计算后产生的成果数据，所以必须做到将各种数据在平台上合理安排、分类分级管理，以各种方式方便用户查询使用，而且便于扩允新的数据。

（3）过程及架构系统设计。

根据大地深探专业数据应用方面的特点，过程及架构设计采用多级开发。首先，系统围绕专业数据完成了各种数据平台、图形绘制平台的开发，方便了用户数据查询、成果显示，并在此基础上完成各专业应用、分析。

（4）形成软件平台及专业插件系统平台，包含数据管理平台和图形绘制平台。

由于平台是采用专业插件式开发的，系统平台对数据对象和绘图模块采用注册方式进行管理，系统模块修改、扩充就变得简单。系统升级方便、维护容易。

（5）测试及示范应用。

根据大地深探研究内容，拟采用从需求出发进行用户原型设计，再进行交互过程设计形成框架，实现软件并进行测试。

3. 工作流程

根据分析需求，从用户出发，设计流程，进行构架设计，到功能实现，用户进行测试，再进行实际应用测试，返回到流程进行修改的循环过程（图8.8）。

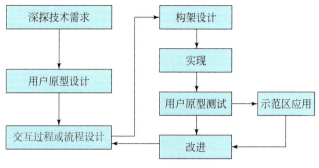

图8.8　设计流程图

软件采用 Windows 的操作系统平台，采用 MFC 及 Visual C++作为软件开发平台，并有 SourceSafe、TestDirector、VSG 为版本保护，测试管理，3D 引擎的开发工具、PC 或者工作站都可以工作，局限在局域网范围。

软件平台的主界面包括数据管理、图件管理、任务管理以及典型的 Windows 界面设计。

软件平台的可视化技术：可视化是表达和分析数据最直接的方式和手段，一般分为 1D 图、2D 图、3D 图以及数据的可视化管理，包括：

（1）非三维绘图系统设计：直接利用 Windows 的 GDI 设备和开发工具的绘图环境来实现非二维可视化。

（2）三维可视化开发：vsg 商业可视化库。

对深探软件而言，面临的数据条件更为复杂，数据的多样性使得数据量极为复杂，而大尺度数据又产生海量的问题。目前，工业界中，比较商业化的可视化平台是 VSG 系统，相比其他的图形引擎，在解决海量数据和方便性方面比较突出。

（3）绘图对象交互：鼠标选择，属性设置，拖曳编辑的方式。

当前通用的两种交互方式，一种是 Windows 平台下的鼠标交互方式，另一种是苹果平台下的触摸方式。鉴于科学研究的习惯和开发平台的要求，软件平台采用和 Windows 相同的操作习惯，便于操作的简单。

4. 模块集成

深部探测多参数综合分析一体化软件平台从 2011 年立项以来，开展了底层平台、钻孔系统、地震系统和重磁系统的设计、基础理论和方法研究，最终形成了具有独立知识产权和国际先进，包括了深部探测底层平台、钻孔系统、地震系统、重磁系统和协同可视化等功能模块的深部探测多参数综合分析一体化软件平台。

地学软件平台的构建需要有效集成五个主要模块：

（1）深部探测底层平台；

（2）钻孔模块；

（3）地震模块；

（4）重磁模块；

（5）协同可视化和分析。

由于深部探测数据的多样性、复杂性以及大尺度等特点，单一数据的研究越来越无法满足需求，数据融合研究凸显了数据协同分析和可视化的重要性和必要性。从底层数据管理到数据的协同可视化分析，以及二次开发进行的功能拓展，深部探测多参数综合分析一体化软件平台很好地完成了这一流程。

（二）通用数据的地层管理

地质与地球物理数据的多样性，不可枚举。通用数据管理底层是对各种数据进行管理、提取、保存、删除、浏览等，并提供与可视化程序、分析程序的数据接口。

数据以树的结构形式进行管理，基类是数据底层类。只要是从数据底层类继承而来的数据都可以自动挂接在该结构之上。其根结点是挂接在文档类之上，可以通过文档类中得到数据得到数据树根的结点。

数据存放的路径是，工程路径+数据树中数据的路径，可以通过数据底层类得到数据在数据树中的路径。数据的存放分 XML 格式和 binary 格式，一般使用 XML 格式。在软件中，数据树的组织采用 XML 格式，对于数据量较大的结点采用 binary 格式。结点是否采用 binary 格式，完全取决于结点本身，系统不作控制，但必须能作版本控制。

（三）命令或专业管理过程

由于多学科探索的要求，专业过程不断变化，因而把专业过程变成一个对数据进行操作、连接可视化系统以及人机交互的过程，有利于重新定义处理解释流程，扩充新的处理解释方法，而不至于对平台做任何修改。

使用任务函数的方式来完成，在配置文件中加载：①配置加载工具栏；②配置加载文档试图和绘图对象的菜单；③配置加载数据树菜单；④配置数据和绘图对象的关系；⑤配置图标；⑥配置任务栏等内容。使用注册的方法来完成。基本流程参见图 8.19，功能图参见图 8.10。

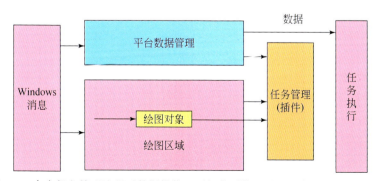

图 8.9　命令任务管理流程对数据操作、可视化系统以及人机交互过程实行管理

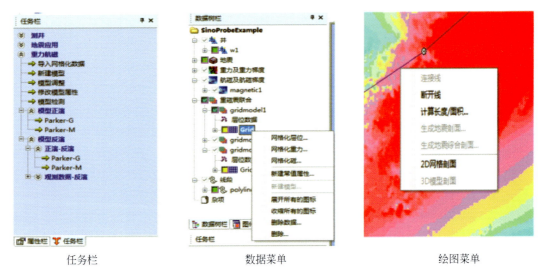

任务栏　　　　　　　　　　数据菜单　　　　　　　　　　绘图菜单

图8.10　命令任务功能对所有过程实行管理

（四）视图和图件管理

科学分析过程有很多中间和最佳成果，这种视图和成果图件的管理使得最终能高效化和系统化，有利于当数据发生改变时，能够自动更新已有的图件。管理方法包括：

（1）综合的2D图管理，所有的平面对象都可以基于这个窗口；

（2）综合的剖面图管理，可以衍生到地震剖面、模型剖面、连井剖面等；

（3）综合的数据浏览编辑管理，所有的数据都可以基于此窗口；

（4）测井的绘图管理，所有的测井数据绘制都基于此窗口；

（5）交互曲线的绘图管理；

（6）综合的3D绘图管理，所有的数据都是基于这个窗口。

图件和视图管理基本流程见图8.11、图8.12。

（五）插件支持与管理

插件是科学研究的专业过程迅速进入软件系统的主要手段，也是模块化的最重要过程。插件对于软件系统的扩充至关重要，必须研究一种方法来管理插件，它不但能够扩充处理，而且能够扩充绘图、菜单、任务，甚至底层数据结构。

使用动态链接库的方式完成插件，通过外部配置文件将动态库加载到平台中。插件开发的内容包括数据、数据菜单、绘图菜单、任务处理、视图等。菜单、任务等通过外部的配置文件加载到平台。二次开发基本功能见图8.13。

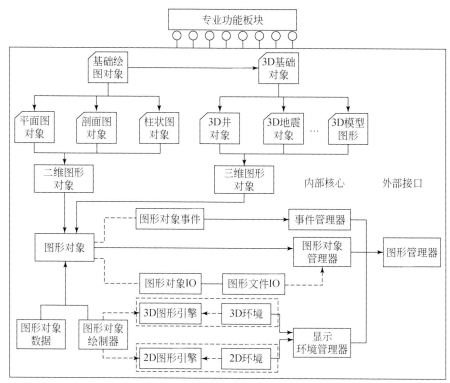

图 8.11　图件管理流程

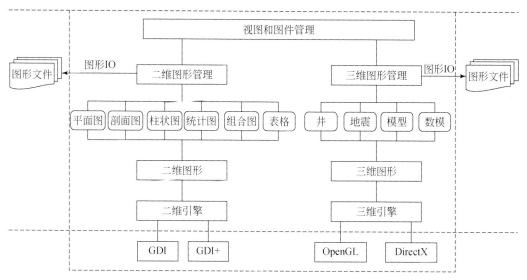

图 8.12　视图管理流程

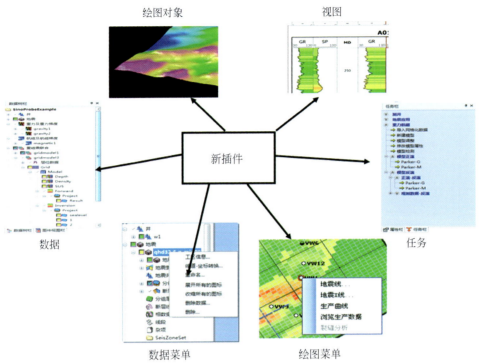

　　　　　图 8.13　二次开发功能对插件开发内容（数据、数据菜单、绘图菜单，
　　　　　　　　　　　　任务处理、视图）的执行管理

第七节　深部探测综合数据处理解释应用实例

　　通过高端软件培训和自主研发一体化解释平台来完成负责地区多源数据的处理与解释。针对庐枞地区地震和重磁数据进行处理，其目的是揭示深部地层结构和矿体分布信息，所采用的主要技术手段包括地震数据高精度滤波、高斯束偏移、重磁数据信息梯度以及数据层位建模等。

一、深部对象地震数据处理成果

　　浅层能量强，面波干扰严重，深部信号弱，整体的信噪比低，随机噪音十分发育。剖面横向跨度大，地表海拔高度起伏大，深部地质构造复杂。常规速度分析难以得到精细的速度剖面（图 8.14）。

　　从静校正与噪音压制的应用效果来看，Omega2 中的相关模块足以胜任深部数据的处理。Omega2 提供的 PICK_WORKS 可以较好的进行初至交互拾取，后续的层析静校正 TOMO_RAFRACTION 模块进行初至拉平。ANOMALOUS_AMP_ATTEN 模块及相关流程可以一次性的完成废道剔除、异常振幅压制的功能。在去除面波干扰方面，应用倾角滤波的模块 MULTICHAN_DIP_FILTER 取得最佳效果。

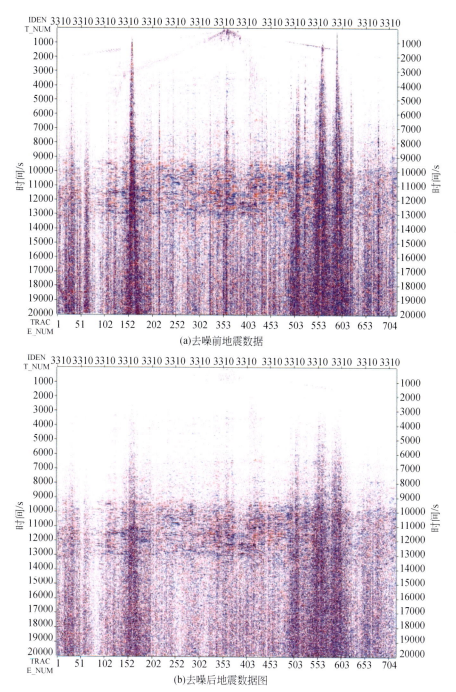

(a)去噪前地震数据

(b)去噪后地震数据图

图8.14　去噪前、后地震剖面对比

　　在叠加速度分析方面，常规动校正速度分析未能取得较好的效果，速度谱上官能团杂乱，没有明显的趋势，进而影响到后续的叠加与偏移效果。参考另一小组深探数据处理的方法，应用视各向异性动校正进行速度分析取得的较好的效果，成功拉平远偏移距的数据。

　　在叠前深度偏移上，由于未能提供更为精确的初始速度，应用 Omega2 提供的克希霍夫偏移没有取得较好的偏移效果，从偏移剖面上看，残余的噪音影响严重，对比之下采用同一速度模型与数据，应用中国科学院测量与地球物理研究所计算与勘探地球物理中心自主研发的广义 Radon 变换逆散射偏移与高斯束成像偏移取得的较好的效果，从偏移结果上能看出明显的地质构造（图 8.15）。

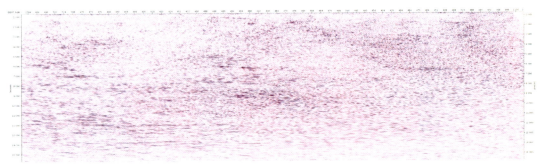

图 8.15　高斯束成像偏移结果

二、深部对象地震属性建模处理成果

　　三维地质填图工作中广泛采用了便于推广使用的 Gocad 软件，可以完成地质调查填图和矿区勘察资料处理、解释和建模等操作过程。

　　通过蓝军路线引进的 Petrel 软件平台，具有更为强大的资料处理、解释和建模等功能，能够补充和加强三维地质填图所需的功能。Petrel 软件平台可以兼容多种数据格式的地球物理数据，可以将其他软件输出的数据导入，利于多元数据的综合解释。

　　Gocad 输出的数据包括层位数据、断层数据、大地电磁数据、测线数据、边界数据、地表数据均能以点、线的形式导入到 Petrel 中，数据进入 Petrel，即可进行 Petrel 中针对不同类型数据的操作，包括数据的显示、数据基本处理与转化、解释及建模。例如，层位数据可以利用 make surface 将数据的点数据生成面数据，Petrel 中对面数据的显示、处理、解释等操作均可对 Gocad 输出的数据进行操作；断层数据能够转化为解释数据，地名能够在Petrel 中添加等。利用层位数据、断层数据可以建立三维网格，结合相应的测井数据，可以进行数据分析、相建模及属性建模等。

　　以下的工作实例说明在 Petrel 中如何显示和处理解释 Gocad 软件导出的参数数据，同时说明课题组对该项技术掌握的程度。采用的参数数据来自我国某矿区的层位数据、断层数据、大地电磁测深数据、测线及地名数据。

　　Gocad 输出的断层数据导入到 Petrel 中，可以进行三维显示，并可以将断层数据转化为断层解释数据，将解释数据通过 Fault framework modeling 操作得到断层建模数据。

　　Gocad 层位数据以线的形式导入到 Petrel 工程中，通过 makesurface 工具，利用插值算法得到的界面数据，并可以对获界面进行操作（去除、平滑等），如获取地表以下数据等（图 8.16）。

 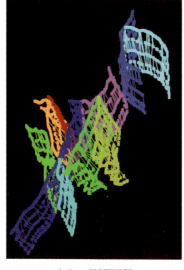 

(a)Gocad断层数据　　　　　　　　(b)Petrel断层解释　　　　　　　　(c)Petrel断层建模

图 8.16　Gocad 数据在 Petrel 软件断层建模

　　Gocad 层位数据以线的形式导入到 Petrel 工程中，通过 makesurface 工具，利用插值算法得到的界面数据，并可以对获界面进行操作（去除、平滑等），如获取地表以下数据等。

　　在 Petrel 中可以对大地电磁测深数据、地表数据及测线位置进行三维显示（图 8.17）。

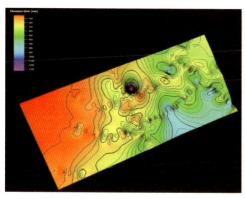 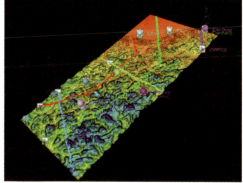

(a)大地电测测深　　　　　　　　　　　(b)地表测线位置及地名显示

图 8.17　大地电磁测深及地表数据在 Petrel 中的三维显示

　　在 Petrel 中可以将矿区现有资料、处理后资料及解释建模资料进行综合三维显示（图8.18）。

　　矿区提供测井数据，那么 Petrel 中可以根据层位数据、断层数据、测井数据等经过数据分析、数据转化、处理、解释、模拟、建模等操作，可以进行三维地质建模（相建模、属性建模），评估储量及不确定性分析等。

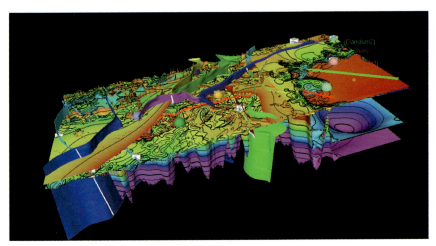

图 8.18　矿区总体资料三维显示

三、大面积重、磁数据处理成果

为了体现软件的功能针对庐枞地区 1：50000 重磁数据进行构造划分和地下层位的解释（图 8.19）。该地区原始重力异常如下图所示，从图中可以看出构造沿着 NW 向展布。

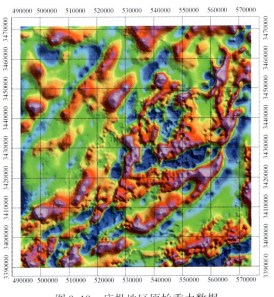

图 8.19　庐枞地区原始重力数据

利用自主研发方法对该地区重力数据进行解释来获得构造的走向及地质体的分布范围（图 8.20）。

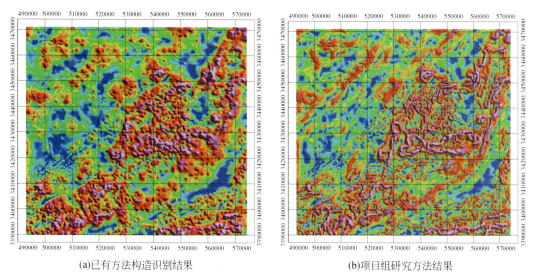

(a)已有方法构造识别结果　　　　　　　　(b)项目组研究方法结果

图8.20　不同方法边界识别结果

重力异常地下物质不均匀分布的综合体现，需对异常进行分离来获得不同层位的异常反应（图8.21），根据测量异常的功率谱曲线可获得不同层位的划分。

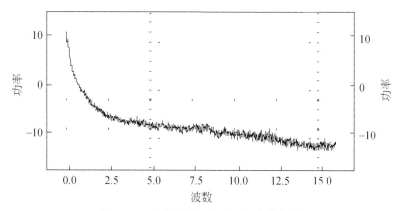

图8.21　重力异常径向对数功率谱曲线

原始数据异常的功率谱曲线可分为三层，不同层位的平均深度分别为：3300 m、5200 m、10200 m，不同层位引起重力异常如图8.22 所示。

利用 Parker-Oldenburg 法获得地下层位的分布如图8.23 所示。

将解释结果与地震反射剖面叠加可以看出解释结果与地震层位对应较好（图8.24）。

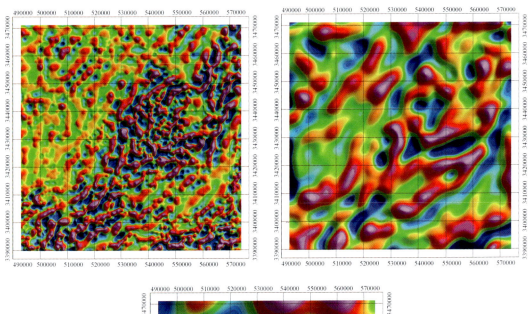

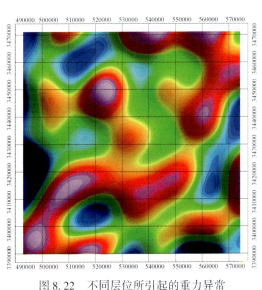

图 8.22　不同层位所引起的重力异常

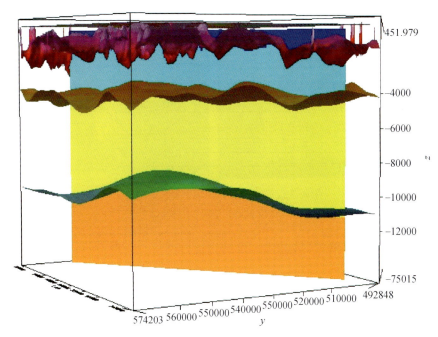

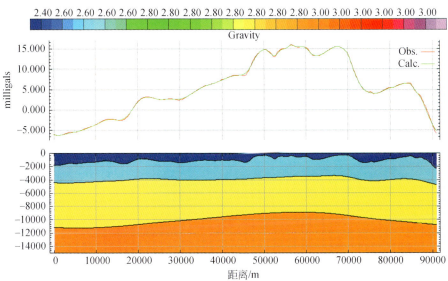

图 8.23　反演得到的层位结果

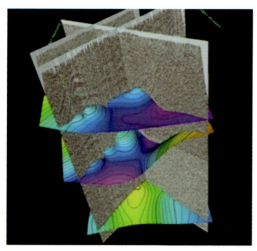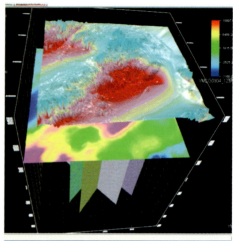

图 8.24　解释层位与地震剖面叠合结果

四、兴蒙地区深部地震数据处理成果

测试地震数据称为兴蒙 ES40KM。此数据的信噪比及分辨率都较低，处理前在炮集和水平叠加剖面上都看不到明显的反射同相轴，严重影响偏移成像结果，不能得到清晰的地球深部构造剖面。针对这些问题，课题组应用 Omega2 软件做了如下工作：速度建模、噪声压制以及水平叠加。同时应用本中心特有的广义 Radon 变换逆散射偏移成像及高斯束偏移成像技术对此数据做了深度偏移。

1. 建立速度模型

速度模型建立有两种方式：

（1）在交互速度拾取界面上拾取叠加速度。根据速度谱的聚焦程度选择合理的叠加速度。CMP 道集中的反射同相轴是否拉平是选择叠加速度的重要标准。速度偏低，动校正过量，同相轴上翘；速度偏高，动校正不足，同相轴下拉；速度合适，同相轴拉平。根据 Dix 公式，计算机自动将拾取的叠加速度转换为层速度。

（2）将 txt 文档格式速度通过 Omega 相关模块转换为 Omega 流程中可用的速度格式，本项目用此方式。

2. 压制噪声

在地震数据处理中把非一次反射信号定义为噪声，包括随机噪声和规则噪声。数据中存在大量的废道、随机噪声以及强烈的面波（规则噪声），降低了数据的信噪比，影响偏移成像的结果。处理过程中主要剔除了废道、压制了大部分随机噪声及面波能量。

废道是指在地震剖面上振幅剧烈跳动的地震道，会对后续处理带来一系列的危害。本项目数据有明显的废道现象，如图 8.25 所示。

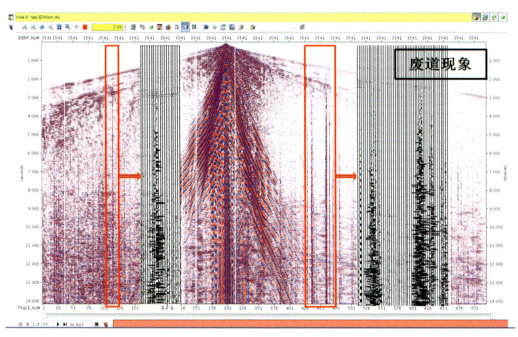

图 8.25　数据中废道现象

对面波压制及偏移结果影响剧烈，若不剔除会在面波压制的过程中带来强能量的线性噪声；剔除后如图 8.26 所示，可以看出废道剔除前的偏移剖面上有很多画弧现象，剔除后画弧现象消失。

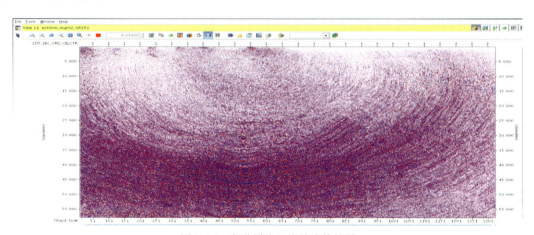

图 8.26　废道剔除后偏移成像效果

高频噪声的存在降低了高频段的信噪比，根据地震资料上高频噪声的基本特征，我们可以将其分成两类，即高频环境噪声和高频突发噪声。高频环境噪声的特征是频带范围较宽，能量相对集中在较高频段，但其总能量相对于地震波则较弱，而且随时间的变化显得平稳。高频突发噪声的特征是频带范围相对较窄，能量相对较强，且相对集中在高频部分，在记录上有较明显的时间延续，在时间和空间方向上均呈随机分布。

为了确定本项目数据的高频噪声类型和高频噪声的分布范围，先对数据做了频率扫描，然后做了高频截断滤波，二者都使用了 BPFILTER 这个模块。

从分频扫描数据可以看出，面波能量主要集中在 12 Hz 以下，部分在 10~20 Hz，有效信号能量分布在 50 Hz 以下，其中，0~20 Hz 的有效信号能量最强。因此，高频噪声在 50 Hz 以上。用该模块将 50 Hz 以上的高频噪声截断。高频噪声压制前后效果如图 8.27 和图 8.28 所示。可以看出，信噪比得到明显提高，同相轴变得更为清晰。

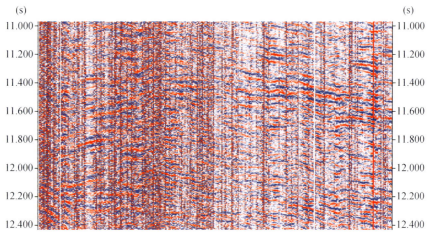

图 8.27　高频噪声压制前效果

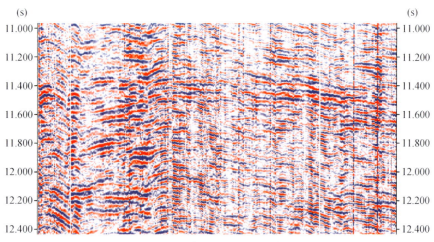

图 8.28　高频噪声压制后效果

依据地震异常振幅噪声在检波点集集中分布，在炮集随机分布的特点，将炮集记录地震数据分解为不同的频率子集，在频率域识别异常大和异常小的能量并加以压制。

根据面波低速、地震剖面上陡倾角特征，利用 MULTICHAN_DIP_FILTER 模块进行压制。

偏移使倾斜反射归位到它们真正的地下位置，并使绕射波收敛，使地震剖面更好地展示地下构造的空间形态和接触关系。本项目共应用了三种偏移方法，即 Omega2 软件中的克希霍夫叠前深度偏移，高斯束偏移以及广义 Radon 变换逆散射偏移方法。

Omega2 克希霍夫叠前深度偏移结果如图 8.29 所示，剖面上没有明显的地层结构信息。

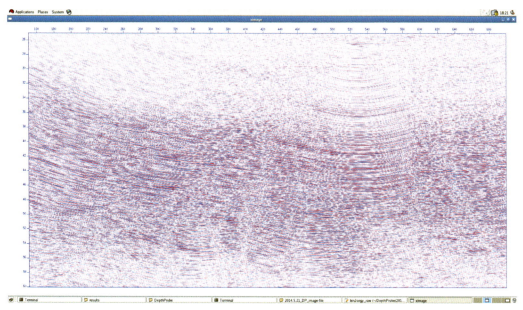

图 8.29 克希霍夫叠前深度偏移剖面

高斯束偏移和广义 Radon 变换逆散射偏移结果如图 8.30、图 8.31 所示，从剖面上都可以看到明显的构造信息，而且两种方法的结果具有较强的一致性。

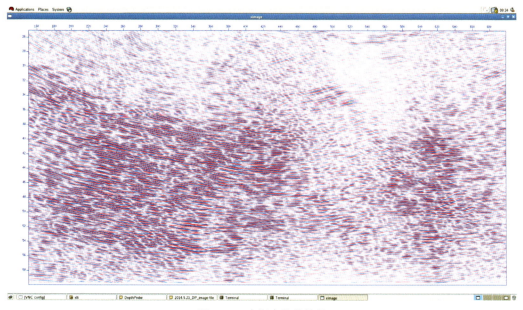

图 8.30 高斯束偏移结果

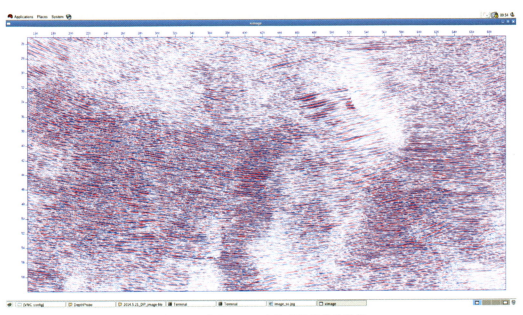

图 8.31　广义 Radon 变换逆散射偏移结果

叠加的目的是压制干扰，提高地震数据的信噪比。叠加都是在 CMP 道集上进行的，因此在叠加之前，需要从共炮点道集中抽取 CMP 道集（图 8.32）。

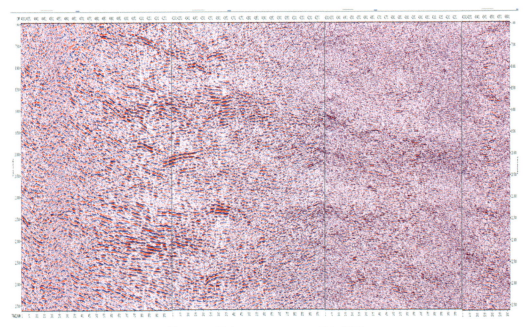

图 8.32　所有 CMP 7～13.5 s 叠加剖面

通过废道剔除、高频噪声压制、异常振幅压制、面波压制这些流程处理后数据的信噪比得到大幅度提高，共炮点道集上的同相轴更为清晰。通过叠加处理，叠加剖面上从 6 s 以后可以看到明显的同相轴信息。处理结果说明了建立的流程的合理性与正确性。同时，还对数据做了 Omega2 中的克希霍夫叠前深度偏移、测地所计算与勘探地球物理研究中心特有方法的高斯束偏移和广义 Radon 变换逆散射偏移。其中高斯束偏移和逆散射偏移方法的结果是一致的，Omega2 中的克希霍夫叠前深度偏移结果效果不理想。但是高斯束偏移和逆散射偏移方法结果的一致性，相互证明了这两种方法的正确性。因为这两种方法是自主开发的，能更为灵活地调整关键参数设置，从而更适合深部探测数据的偏移成像，同时为用 Omega2 软件做深度偏移进一步改进提供参考。

五、庐枞矿集区地震数据处理和解释成果

庐枞地区位置及地质情况如图 8.33 所示。

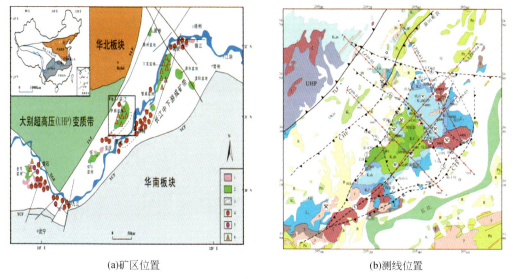

(a)矿区位置   (b)测线位置

图 8.33 庐枞地区位置图

利用 Omega2 、Petrel 对庐枞地区地震数据进行处理及建模，主要包括利用 Omega2 软件对地震数据进行编辑，使其满足 Petrel 软件对地震数据标准格式的要求。利用 Petrel 进行地震数据的建模、井数据编辑、地震数据断层解释、地震数据层位解释、三维网格建立、速度模型建立、层位建模、断层建模、网格细化（Make zone、Make layering）、相建模、属性建模。

（一）庐枞地区地震数据处理解释

利用 Omega2 软件对数据进行编辑，满足 Petrel 数据输入要求。

利用同地区空间位置上具有相关性的多条地震剖面，组合成一个空间上具有变化的三维数据体，整体的对组合数据进行解释，获取断层及层位信息，再利用一些先验约束（井数据）进行建模。

利用同地区空间位置上具有相关性的多条地震剖面，组合成一个空间上具有变化的三维数据体，整体的对组合数据进行解释，获取断层及层位信息，再利用一些先验约束（井数据）进行建模（图 8.34）。

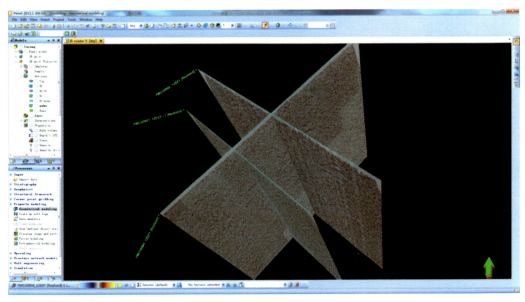

图 8.34　庐枞地震数据在 Petrel 中的显示

分别对庐枞地区 Lz-0901、Lz0902、Lz-0904 三条交叉的地震剖面进行层位及断层解释，解释结果如图 8.35 与图 8.36 所示。

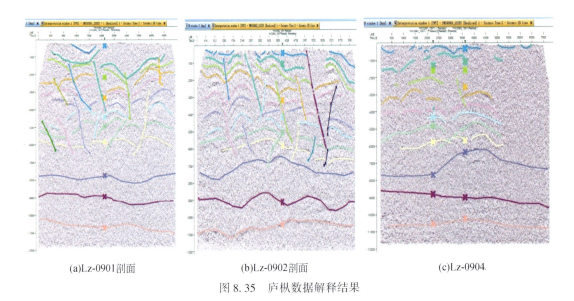

(a)Lz-0901剖面　　　　　　　(b)Lz-0902剖面　　　　　　　(c)Lz-0904

图 8.35　庐枞数据解释结果

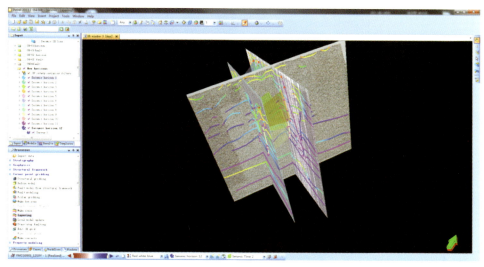

图 8.36　联合解释结果三维显示

(二) 庐枞地区地震数据建模

利用 Omega2 、Petrel 对庐枞地区地震数据进行处理及建模。主要包括利用 Omega2 软件对地震数据进行编辑，使其满足 Petrel 软件对地震数据标准格式的要求。在获得的速度信息及地震解释结果的基础上，利用 Petrel 进行地震数据的建模，井数据编辑，地震数据断层解释，地震数据层位解释，三维网格建立，速度模型建立，层位建模，断层建模，网格细化（Make horizon、Make zone、Make layering），相建模，属性建模。

在进行层位建模及网格细化的过程中，需要用到 well top 及速度等值面信息：在仅有地震数据的情况下，采取将地震解释拾取的层位变化成 well top 信息。

在整个建模过程中，速度模型的建立至关重要，根据建模要求进行速度模型及生成速度等值面（图 8.37）。

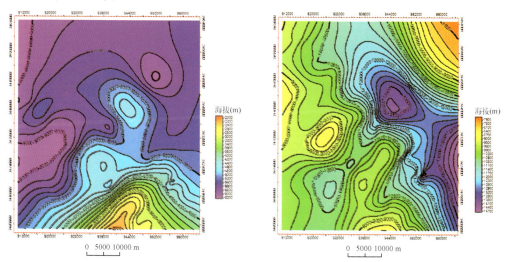

图 8.37　速度等值面

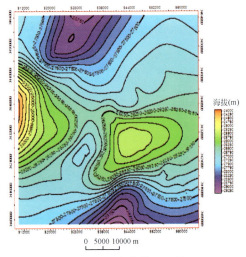

图 8.37　速度等值面（续）

　　利用上面获得的速度信息及地震解释结果进行建模过程中的 Make horizon、Make zone、Make layering 等网格结构的逐步细化，细化结果如图 8.38 所示。

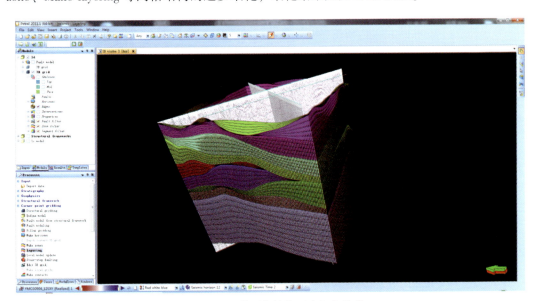

图 8.38　三维网格结构逐步细化结果

　　在上述细化的三维网格基础上，填充属性，包括几何建模、相建模和属性建模（图 8.39 ~ 图 8.42）。

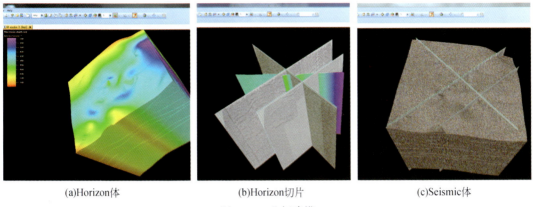

(a)Horizon体　　　　　　　　(b)Horizon切片　　　　　　　　(c)Seismic体

图 8.39　几何建模

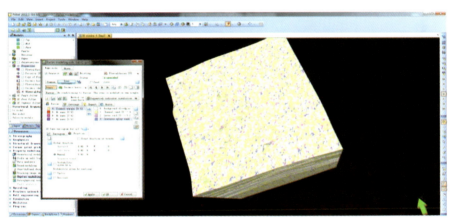

图 8.40　相建模参数设置

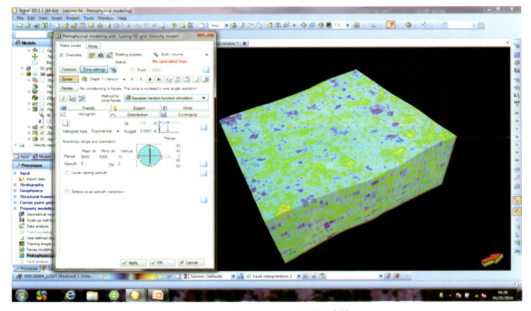

图 8.41　Bulk volume 的属性建模

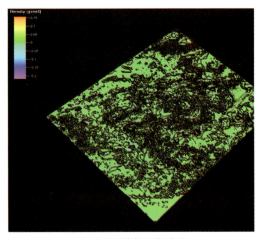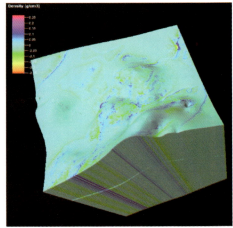

(a)重力反演的密度界面　　　　　　　　　(b)密度属性模型

图 8.42　重力数据建模

参 考 文 献

Brown C B，刘贞荣．1986．模糊数学方法在美国地震工程领域中的使用情况．世界地震工程，(04)：37～39

北京大学，中国科技大学地球物理教研室．1986．地磁学教程．北京：地震出版社

柴胜，胡亮，梁波．2011．一种 P2P Botnet 在线检测方法研究．电子学报，(04)：906～912

陈本池．1998．瞬变电磁场的波场变换与偏移成像理论研究．中国地质大学硕士研究生学位论文

陈东敬，于鹏．2005．大地电磁与地震联合反演技术在西亚某区的综合应用．石油物探，44 (3)：251～256

陈沪生，周雪清．1988．下扬子地区 HQ-13 线地球物理-地质综合解释剖面．地质论评，(05)：483，484

邓攻．2011．青藏高原羌塘地体深地震反射剖面采集与处理技术初步实验研究．中国地质科学院博士研究生学位论文

底青云，王妙月，付长民等．2013．"地-电离层"模式电磁波传播特征研究．北京：科学出版社

底青云，王若等．2008．可控源音频大地电磁数据正反演及方法应用．北京：科学出版社

丁绪荣．1984．普通物探教程．北京：地质出版社

董焕成．1993．重磁勘探教程．北京：地质出版社

董树文，李廷栋，陈宣华等．2012．我国深部探测技术与实验研究进展综述．地球物理学报，55 (12)：3884～3901

杜陵，吴天彪，刘士杰．1994．中国地磁测试仪器的发展．中国地球物理学报，37 (Suppl)：295～300

冯锐，严惠芬，张若水．1986．三维位场的快速反演方法及程序设计．地质学报，4 (3)：390～403

Griffin W L，O'Reilly S Y，张渤涛．1988．大陆莫霍面是地壳-地慢边界吗？地震地质译丛，(1)：14～18

高锐，黄东定，卢德源，钱桂，李英康，匡朝阳，李秋生，李朋武，冯如进，管烨．2000．横过西昆仑造山带与塔里木盆地结合带的深地震反射剖面．科学通报，(17)：1874～1879

顾功叙．1990．地球物理勘探基础．北京：地质出版社

管志宁．2005．地磁场与磁力勘探．北京：地质出版社

郭东，杜勇，胡亮．2012．基于 HDFS 的云数据备份系统．吉林大学学报 (理学版)，(01)：101～105

何继善．1990．可控源音频大地电磁法．长沙：中南工业大学出版社

胡亮，迟令，袁巍，初剑峰，徐小博．2012a．基于抵抗故障引入攻击的 RC4 算法的改进．吉林大学学报 (工学版)，(05)：1231～1236

胡亮，迟令，袁巍，李宏图，初剑峰．2012b．RC4 算法的密码分析与改进．吉林大学学报 (理学版)，(03)：511～516

胡亮，贺瑞莲，袁巍，初剑峰．2011a．基于信任服务 IBE 体系的权限管理．吉林大学学报 (理学版)，(04)：703～712

胡亮，解男男，努尔布力，匡哲君，赵阔．2012c．浅谈对外汉语网络学习平台的建设．长春工业大学学报 (社会科学版)，(02)：140～143，153

胡亮，匡哲君，解男男，赵阔．2012d．计算机网络课程信息化教学平台建设．长春工业大学学报 (社会科学版)，(01)：142～146，156

胡亮，林海群，初剑峰，袁巍，李宏图，赵阔．2011b．基于身份的商品双重防伪机制．吉林大学学报 (工学版)，(02)：447～451

胡亮，裴莹，初剑峰，袁巍，王文博，樊丽，刘建男．2011c．基于鼠标移动轨迹的真随机数产生方法．吉林大学学报 (理学版)，(05)：890～894

黄大年，于平，底青云等．2012．地球深部探测关键技术装备研发现状及趋势．吉林大学学报 (地球科学

版），42（5）：1485~1496

蒋宏耀，张立敏．2000．考古地球物理学．北京：科学出版社

金旭，傅维洲．2003．固体地球物理学基础．长春：吉林大学出版社

柯小平，王勇，许厚泽．2009．青藏高原地壳三维结构的重力反演．地球物理学进展，24（2）：448~455

李狄，薛国强等．2005．从瞬变电磁场到波场的优化方法．地球物理学报，48：1185~1190

李舟波，孟令顺，梅忠武．2004．资源综合地球物理勘查．北京：地质出版社

梁慧云，张先康．1996．各国地壳上地幔深地震反射研究计划与进展．地球物理学进展，（01）：42~60

梁铁成，林君，陈祖斌．2002．电磁驱动可控震源与夯击震源对比研究．世界地质，21（3）：300~303

林昌洪，谭捍东，舒晴等．2012．可控源音频大地电磁3D共轭梯度反演研究．地球物理学报，55（11）：
　3829~3838

刘国栋．1994．我国大地电磁测深的发展．地球物理学报，37（Supp 1）：301~310

刘新忠，徐高潮，胡亮，付晓东，董玉双．2011．一种基于约束的变异测试数据生成方法．计算机研究与
　发展，（04）：617~626

刘元龙，王谦身．1977．用压缩质面法反演重力资料以估算地壳构造．地球物理学报，20（1）：59~69

刘振军，王德发，范子良等．2011．高精度航空磁测在西藏一江两河地区找矿效果．物探与化探，35
　（1）：47~51

罗孝宽，郭绍雍．1991．应用地球物理教程~重力、磁法．北京：地质出版社

骆遥，王明，罗锋等．2011．重磁场二维希尔伯特变换–直接解析信号解释方法．地球物理学报，54（7）：
　1912~1920

马国庆，杜晓娟，李丽丽．2011．利用水平与垂直导数的相关系数进行位场数据的边界识别．吉林大学学
　报（地球科学版），41：345~348

马国庆，黄大年，于平等．2012．改进的均衡滤波器在位场数据边界识别中的应用．地球物理学报，55
　（12）：4288~4295

孟令顺，杜晓娟．2008．勘探重力学与地磁学．北京：地质出版社

孟令顺，傅维洲．2004．地质学研究中的地球物理基础．长春：吉林大学出版社

努尔布力，柴胜，李红炜，胡亮．2011．一种基于Choquet模糊积分的入侵检测警报关联方法．电子学报，
　（12）：2741~2747

沙树勤．1991．地质学研究中的地球物理基础．北京：地质出版社

莎玛 P V．1983．王恕铭，丁绪荣，苏子栋等译．地质学研究中的地球物理方法．北京：地质出版社

孙鹏远，赵文津．2001．广角反射地震资料的处理软件．物探与化探，（02）：156~161

腾吉文．2003．固体地球物理学概论．北京：地震出版社

滕吉文．1974．柴达木东盆地的深层地震反射波和地壳构造．地球物理学报，（02）：122~135

田钢，刘菁华，曾绍发．2005．环境地球物理教程．北京：地质出版社

王贝贝，郝天珧．2008．具有已知深度点的二维单一密度界面的反演．地球物理学进展，23（3）：
　834~838

王椿镛，张先康，吴庆举，祝治平．1994．华北盆地滑脱构造的地震学证据．地球物理学报，（05）：
　613~620

王海燕，高锐，卢占武，李秋生，匡朝阳，刘金凯，侯贺晟，酆少英，熊小松，李文辉，邓攻．2010．深
　地震反射剖面揭露大陆岩石圈精细结构．地质学报，（06）：818~839

王海燕，高锐，马永生，朱铉，李秋生，匡朝阳，李朋武，卢占武．2007．若尔盖与西秦岭地震反射岩石
　圈结构和盆山耦合．地球物理学报，（02）：472~481

王谦身等．2003．重力学．北京：地震出版社

王仁.1994.有限元等数值方法在我国地球科学中的应用和发展.地球物理学报,37（Suppl）:128~139

王兴泰.1996.工程与环境物探新方法新技术.北京:地质出版社

魏晓辉,邹磊,李洪亮.2013.基于优化的同构子图搜索的虚拟网络映射算法.吉林大学学报（工学版）,43（1）:165~171

熊皓等.2000.无线电波传播.北京:电子工业出版社

熊小松,高锐,张兴洲等.2011.深地震探测揭示的华北及东北地区莫霍面深度.地球学报,32（1）:46~56

徐高潮,刘新忠,胡亮,付晓东,董玉双.2011.引入关联缺陷的软件可靠性评估模型.软件学报,（03）:439~450

杨宝俊,穆石敏,金旭,刘财.1996.中国满洲里——绥芬河地学断面地球物理综合研究.地球物理学报,（06）:772~782

恽玲舻,胡德昭,朱慧娟等.1987.地球物理学原理及应用.南京:南京大学出版社

曾华霖.2005.重力场与重力勘探.北京:地质出版社

曾融生,阚荣举.1961.柴达木盆地西部地壳深界面的反射波.地球物理学报,（02）:120~125

曾融生,陆涵行,丁志峰.1988.从地震折射和反射剖面结果讨论唐山地震成因.地球物理学报,（04）:383~398

曾昭发,李文奔,李静等.2013.辽宁兴城钓鱼台–朝阳娘娘庙地区大地电磁探测及地质意义研究.地球物理学进展,28（10）:2475~2484

张赛珍,王庆乙,罗延钟.1994.中国电法勘探发展概况.中国地球物理学报,37（Suppl）:408~424

张盛,孟小红.2013.约束变密度界面反演方法.地球物理学进展,28（4）:1717~1720

Abdelrahman E M.1990.Discussion on "A least-squares approach to depth determination from gravity data". Geophysics,55:376~378

Agocs W B.1951.Least-squares residual anomaly determination.Geophysics,16:686~696

Anderson C,Long A,Ziolkowski A,et al.2008.Multi-transient EM technology in practice.First Break,26（3）:93~102

Atchuta R D,Ram B H V,Sanker N P V.1981.Interpretation of magnetic anomalies due to dikes:The complex gradient method.Geophysics,46:1572~1578

Bai X L,Hu L,Song,Z X,Chen F Y,Zhao K.2011.Defense against DNS man in the middle spoofing.International Conference on Web Information Systems and Mining,WISM,312~319

Barbosa V C F,Silva J B C.1994.Generalized compact gravity inversion.Geophysics,59（1）:57~68

Barbosa V C F,Silva J B C,Medeiros W E.1999.Stability analysis and improvement of structural index estimation in Euler deconvolution.Geophysics,64（1）:48~60

Bastani M,Pedersen L B.2001.Automatic interpretation of magnetic dike parameters using the analytic signal technique.Geophysics,66:551~561

Beasley C W,Golden H C.1993.Application of euler deconvolution to magnetics data from the Ashanti Belt,Southern Ghana.SEG Extended Abstract,417~420

Blakely R J.1995.Potential Theory in Gravity and Magnetic Applications.Cambridge:Cambridge University Press

Bott M H P.1960.The use of rapid digital computing methods for direct gravity interpretation of sedimentary basins.Geophys J Roy Astr Soc,3:63~67

Boulanger O,Chouteau M.2001.Constraints in 3D gravity inversion.Geophysical Prospecting,49（2）:265~280

Bracewell R N.1965.The Fourier Transform and Its Application.McGraw Hill Book Co

Cagniard, L. 1953. Basic theory of the magnetotelluric method of geophysical prospecting. Geophysics, 18: 605 ~ 635

Chandler V W, Koski J S, Hinze W J, et al. 1981. Analysis of multisource gravity and magnetic anomaly data sets by moving-window application of Poisson's Theorem. Geophysics, 46: 30 ~ 39

Che N, Che X J, Gao Z H, Wang Z X. 2010. Secondary segmentation algorithm for magnetic resonance brain image based on local entropy minimization. Computer Research and Development, 47 (7): 1294 ~ 1303

Che N, Che X J, Gao Z H, Wang Z X. 2011. The segmentation algorithm based on regional dynamic search for MR brain image. ICIC Express Letters, 5 (8): 2957 ~ 2963

Che X J, Gao Z H. 2012. Watermarking algorithm for 3D mesh based on multi-scale radial basis functions. International Journal of Parallel, Emergent and Distributed Systems, 27 (2): 133 ~ 141

Che X J, Farin G, Gao, Z H, Hansford D. 2011a. The product of two B-spline functions. Advanced Materials Research, 186: 445 ~ 448

Che X J, Kong J, Dai J Y, Gao Z H, Qi M. 2011b. Content-based image hiding method for secure network biometric verification. International Journal of Computational Intelligence Systems, 4 (4): 596 ~ 605

Che X J, Zong S Y, Che N, Gao Z H. 2009. The product calculation of linear polynomial and B-spline curve. International Conference on Computer Aided Industrial Design and Conceptual Design-CAID&CD, 991 ~ 994

Chen D J, Yu P. 2005. The application of joint inversion of magnetotelluric and seismic data in Western Asia. Geophysical Prospecting for Petroleum, 44 (3): 251 ~ 256

Chi L, Hu L, Li H T, Yuan W, Sun Y Y, Chu J F. 2012. A review of the privacy-preserving mechanisms of the smart meter in M2M. Journal of Convergence Information Technology, 7 (13): 46 ~ 57

Cooper G R J. 2009. Balancing images of potential-field data. Geophysics, 74 (3): L17 ~ L20

Cooper G R J, Cowan D R. 2006. Enhancing potential field data using filters based on the local phase. Computers & Geosciences, 32: 1585 ~ 1591

Cooper G R J, Cowan D R. 2008. Edge enhancement of potential-field data using normalized statistics. Geophysics, 73 (3): H1 ~ H4

Cordell L. 1979. Gravimetric expression of graben faulting in Santa Fe Country and the Espanola Basin, New Mexico. New Mexico Geol Soc Guidebook, 30th Field Conf, 59 ~ 64

Cordell L, Grauch V J S. 1985. Mapping basement magnetization zones from aeromagnetic data in the San Juan Basin, In: Hinze W J (ed). The Utility of Regional Gravity and Magnetic Anomaly. New Mexico: Society of Exploration Geophysicists. 181 ~ 197

Coredell L, Henderson G. 1968. Interactive three-dimensional solution of gravity anomaly data using a digital computer. Geophysics, 33: 596 ~ 601

Corner B, Wilsher W A. 1989. Structure of the Witwatersrand Basin derived from interpretation of the aeromagnetic and gravity data. In: Garland G D (ed). Proceedings of exploration'87: third decennial international conference on geophysical and geochemical exploration for minerals and groundwater. Ontario Geological Survey, 3, 960

Davis K, Li Y Nabighian M. 2010. Automatic detection of UXO magnetic anomalies using extended Euler deconvolution. Geophysics, 75 (3): G13 ~ G20

Debeglia N, Corpel J. 1997. Automatic 3-D interpretation of potential field data using analytic signal derivatives. Geophysics, 62: 87 ~ 96

Dewangan P, Ramprasad T, Ramana M V, et al. 2007. Automatic interpretation of magnetic data using euler deconvolution with nonlinear background. Pure and Applied Geophysics, 164: 2359~2372

Durrheim R J. 1983. Regional-residual separation and automatic interpretation of aeromagnetic data. Unpublished M Sc thesis, University of Pretoria, 117

Duncan P M, Hwang A, Edwards R N, et al.1980. The development and applications of a wide band electromagnetic sounding system using a pseudo-noise source. Geophysics, 45 (8): 1276~1296

Elawadi E, Salem A, Ushijima K. 2001. Detection of cavities from gravity data using a neural network. Exploration Geophysics, 32: 75~79

Eslam E, Salem A, Ushijima K. 2011. Detection of cavities and tunnels from gravity data using a neural net-work. Exploration Geophysics, 32: 204~208

Evjen H M. 1936. The place of the vertical gradient in gravitational interpretations. Geophysics, 1: 127~136

Fairhead J D, Bennet K J, Gordon D R H, et al.1994. Euler: Beyond the "Black Box". 64th Ann Internat Mtg, Soc Expl Geophys, Expanded Abstract, 422~424

Fedi M, Rapolla A. 1999. 3-D inversion of gravity and magnetic data with depth resolution. Geophysics, 64 (2): 452~460

Fitzgerald D, Reid A, Mcinerney P. 2004. New discrimination techniques for Euler deconvolution. Computers & Geosciences, 30: 461~469

Florio G, Fedi M, Pasteka R. 2006. On the application of Euler deconvolution to the analytic signal. Geophysics, 71: L87~L93

Gao Z H, Yu Z Y, Holst M. 2012. Quality tetrahedral mesh smoothing via boundary-optimized delaunay triangula-tion. Computer Aided Geometric Design, 29 (9): 707~721

Gao Z H, Yu Z Y, Holst M. 2013. Feature-preserving surface mesh smoothing via suboptimal delaunay triangula-tion. Graphical Models, 75 (1): 23~38

Gao Z H, Yu Z Y, Pang X L. 2014. A compact shape descriptor for triangular surface meshes. Computer-Aided Design, 53: 62~69

Gerovska D, Stavrev Y, Arauzo-bravo M J. 2005. Finite-difference Euler deconvolution algorithm applied to the interpretation of magnetic data from northern Bulgaria. Pure and Applied Geophysics, 162: 591~608

Green W R. 1975. Inversion of gravity profiles by use of a Backus-Gilbert approach. Geophysics, 40 (5): 763~772

Guillen A, Menichetti V. 1984. Gravity and magnetic inversion with minimization of a specific functional. Geophysics, 49: 1354~1360

Gunn P J. Linear transformations of gravity and magneticfields. Geophysical Prospecting, 1975, 23 (2): 300~312.

Guo D, Du Y, Li Q, Hu L. 2011. Design and realization of the cloud data backup system based on HDFS. Communications in Computer and Information Science, 238 CCIS, 396~403

Guo D, Li Q, Zhang M, Guo B X, Hu L. 2011. Grid resource's fuzzy clustering based on mobile agent. Key En-gineering Materials, 467-469: 1038~1043

Hansen R O, Laura S. 2002. Multiple-source Euler deconvolution. Geophysics, 67 (2): 525~535

He J S, Hu L, Zhao K, Du Z W. 2012. A heuristic skipping rules algorithm on tableau algorithm. 2012 International Conference on Computer Science and Electronics Engineering, ICCSEE, 292~295

Hood P J. 1963. Gradient measurements in aeromagnetic surveying. Geophysics, 30: 891~902

Hood P J, Teskey D J. 1989. Aeromagnetic gradiometer program of the geological survey of Canada. Geophysics, 54 (8): 1012~1022

Hsu S K, Coppens D, Shyu C T. 1998. Depth to magnetic source using the generalized analytic signal. Geophysics, 63: 1947~1957

Hsu S K, Sibuet J C, Shyu C T. 1996. High-resolution detection of geologic boundaries from potential field anomalies: an enhanced analytic signal technique. Geophysics, 61: 373~386

Hu L. 2012, Secure event signature protocol for peer-to-peer massive multiplayer online games using bilinear pairing. Security and Communication Networks, 6 (2)

Hu L, Che X L, Zheng S Q. 2012a. Online system for grid resource monitoring and machine learning-based prediction, Ieee Transactions on Parallel and Distributed Systems, 23 (1): 134~145

Hu L, Chi L, Li H T, Yuan W, Sun Y Y, Chu J F. 2012b. Analysis and improvements of a light-weight authentication scheme for wireless sensor networks. Journal of Convergence Information Technology, 7 (13): 66~74

Hu L, Chi L, Li H T, Yuan W, Sun Y Y, Chu J F. 2012c, The classic security application in M2M: the authentication scheme of mobile payment. KSII Transactions on Internet and Information Systems, 6 (1): 131~146

Hu L, Chi L, Li H T, Yuan W, Chu J F, Xu X B. 2012d. Improvements against fault induction attack for RC4 algorithm. Journal of Jilin University (Engineering and Technology Edition), 42 (5): 1231~1236

Hu L, Lin L, Che X L, Li C W. 2012e. GSWAP: A data exchanging partition for the execution of grid jobs. International Journal of Innovative Computing Information and Control, 8 (9): 6271~6282

Hu L, Lin L, Zhao J, Che X L, Wei X H. 2012f. Optimisation to the execution performance of grid job based on distributed file system. International Journal of Parallel, Emergent and Distributed Systems, 27 (2): 109~121

Hu L, Ouyang R C, Huang H F, Dong S. 2011a. Channel management in hotel industry. The 3rd International Conference on Computer and Network Technology, 2011/2/26-2011/2/28, 339~342

Hu L, Wang W B, Wang F, Zhang X L, Zhao K. 2012g. The design and implementation of composite collaborative filtering algorithm for personalized recommendation. Journal of Software, 7 (9): 2040~2045

Hu L, Wang W B, Zhao K. 2011b. The design and implementation of trusted communication protocol for intrustion prevention system. Journal of Convergence Information Technology, 6 (3): 55~62

Hu L, Wei Z, Wang F, Zhang X L, Zhao K. 2012h. An efficient AC algorithm with GPU. 2012 International Workshop on Information and Electronics Engineering, IWIEE 2012, 2012/3/10-2012/3/11, 4249~4253

Hu L, Xie N N, Chai S. 2013. A description model of multi-step attack planning domain based on knowledge representation. Chinese Journal of Electronics, 22 (3): 437~441

Hu L, Xie N N, Kuang Z J, Zhao K. 2012i. Review of cyber-physical system architecture. The 15th IEEE Computer Society Symposium on Object/Component/Service-oriented Realtime Distributed Computing, 2012/08/01-2012/08/08, 25~30

Hu L, Yan Z J, Chu J F, Yuan W, Xu X B. 2012j. Cryptanalysis and improvement on subkey extendable algorithm of IDEA. Journal of Jilin University (Engineering and Technology Edition), 42 (6): 1515~1520

Hu L, Yuan W, Li H T, Meng F, Chu J F. 2011c. Cryptanalysis of two identity-based signcryption schemes and an identity-based multi-signcryption scheme. International Conference on Computer Applications and Network Security, 194~198, Maldives

Hu L, Yuan W, Meng F E, Li H T, Chu J F. 2012k. Cryptanalysis of two identity-based signcryption schemes and an identity-based multi-signcryption scheme. The 4th International Conference on Computational Intelligence and Communication Networks, CICN 2012, 2012/11/3-2012/11/5, 704~708

Hu L, Zhang X L, Wang F, Wang W B, Zhao K. 2012l. Research on the architecture model of volatile data forensics. 2012 International Workshop on Information and Electronics Engineering, IWIEE 2012, 2012/3/10-2012/3/11, 4254 ~ 4258

Hu L, Zhang M, Zhang Y, Tang J J. 2012m. Label-guided graph exploration with adjustable ratio of labels. International Journal of Foundations of Computer Science, 23 (4): 903 ~ 929

Hu L, Zhao J, Xu G C, Chang D C, Chu J F. 2012n. A fast convergent live migration of virtual machine. Journal of Information and Computational Science, 9 (15): 4405 ~ 4412

Hu L, Zhao J, Xu G C, Ding Y, Chu J F. 2012o. A survey on data migration management in cloud environment. Journal of Digital Information Management, 10 (5): 324 ~ 331

Huang D, Gubbins D, Clark R A, et al. 1995. Combined study of Euler's homogeneity equation for gravity and magnetic field. 57th EAGE Conference, Glasgow, UK, Extended Abstracts, 144

Huang L, Guan Z. 1998. Discussion on "Magnetic interpretation using the 3-D analytic signal". Geophysics, 63: 667 ~ 670

Huo Y M, Wang H Y, Hu L, Yang H J. 2011. A cloud storage architecture model for data-intensive applications. 2011 International Conference on Computer and Management, CAMAN 2011, 2011/5/19-2011/5/21

Kaftana I, Salk M, Senol Y. 2011. Evaluation of gravity data by using artificial neural networks case study: Seferihisar geothermal area (Western Turkey). Journal of Applied Geophysics, 75: 711 ~ 718

Keating P. 2009. Improved use of the local wavenumber in potential-field interpretation. Geophysics, 74: L75 ~ L85

Keating P, Pilkington M. 2004. Euler deconvolution of the analytic signal and its application to magnetic interpretation. Geophysical Prospecting, 52: 165 ~ 182

Kuttikul P. 1995. Optimaization of 3D Euler deconvolution for the interpretation of potential field data. M S thesis, Internet Training Centre, Delft

Last B J, Kubik K. 1983. Compact gravity inversion. Geophysics, 48 (6): 713 ~ 721

Lelievre P G, Oldenburg D W. 2006. Magnetic forward modeling and inversion for high susceptibility. Geophysical Journal International, 166: 76 ~ 90

Lena P, Ildiko'A L, Laust B P, et al. 2011. Combined magnetic, electromagnetic and resistivity study over a highly conductive formation in Orrivaara, Northern Sweden. Geophysical Prospecting, 59: 1155 ~ 1163

Li H L, Wei X H, Fu Q W, Luo Y. 2013. Map reduce delay scheduling with deadline constraint. Journal of Concurrency and Computation: Practice and Experience

Li L N, Wei X H, Li H L, Sun G D. 2013. Energy-efficient delay-constrained routing for sensor networks with low duty cycles. Proceedings of 8th Annual China Grid Conference Changchun

Li X. 2016. Understanding 3D analytic signal amplitude. Geophysics, 71: L13 ~ L16

Li Y, Oldenburg D W. 1996. 3-D inversion of magnetic data. Geophysics, 61 (2): 394 ~ 408

Li Y, Oldenburg D W. 1998. 3-D inversion of gravity data. Geophysics, 63 (1): 109 ~ 119

Li Y, Oldenburg D W. 2003. Fast inversion of large scale magnetic data using wavelet transforms and a logarithmic barrier method. Geophysical Journal International, 152 (2): 251 ~ 265

Li H T, Hu L, Yuan W, Chu J F, Li H W. 2011a. A key distribution protocol based on WDH assumption. Procedia Engineering, 15: 1695 ~ 1699

Li H T, Hu L, Yuan W, Chu J F. 2011b. Certificateless authenticated key agreement protocol against KCI and KRA. 2011 International Conference on Network Computing and Information Security, NCIS 2011, 2011/5/14-2011/5/15, 223 ~ 226

Li H T, Hu L, Yuan W, Li H W, Chu J F. 2011c. Insider attack on a password-based group key agreement. Procedia Engineering, 15: 1700~1704

Li H T, Hu L, Yuan W, Li H W, Chu J F. 2012. Attacking and improving of Das´s authentication scheme in wireless sensor networks. Journal of Convergence Information Technology, 7 (13): 396~403

Li J C, Pham D. 2002. Pre-stack time migration for rough and rugged mountain areas. EAGE 64th Conference & Technical Exhibition

Liang T C, Lin J, Chen Z B. 2002. Contrast study of electromagnetic vibrator and pound seismic sources. World Geology, 21 (3): 300~303

Lin L, Hu L, Che X L. 2011. A research to data management in Savant based on data grid. 2011 International Conference on Computer and Management, CAMAN 2011, 2011/5/19-2011/5/21

Liu L, Yang F, Zhang P, Wu J Y, Hu L. 2012. SVM-based ontology matching approach. International Journal of Automation and Computing, 9 (3): 306~314

Liu L K, Yang K X, Hu L, Li L N. 2012. Using noise addition method based on pre-mining to protect healthcare privacy. Control Engineering and Applied Informatics, 14 (2): 58~64

Liu Z D, Lu Q T, Dong S X, et al. 2012. Research on velocity and acceleration geophones and their acquired information. Applied Geophysics, 9 (2): 149~158.

Liu Z J, Wang D F, Fan Z L, et al. 2011. The effect of applying high-precision aeromagnetic survey to ore-prospecting work in "Yi Jiang Liang He" Region of Tibet. Geophysical and Geochemical Exploration, 35 (1): 47~51

Lu H M, Hu L, Liu G. 2011. Study on visual knowledge structure reasoning. Journal of Software, 6 (5): 783~790

Lu H M, Hu L, Liu G, Zhou J. 2013. An innovative thinking-based intelligent information fusion algorithm. Scientific World Journal, (5): 971592

Lv Q T, Qi G, Yan J Y. 2013. 3D geologic model of Shizishan ore field constrained by gravity and magnetic interactive modeling: a case history. Geophysics, 78 (1)

Ma G, Du X. 2012. An improved analytic signal technique for the depth and structural index form 2D magnetic anomaly data. Pure and Applied Geophysics, 169: 2193~2200

Ma G, Li L. 2012. Edge detection in potential fields with the normalized total horizontal derivative. Computers & Geosciences, 41: 83~87

Ma G, Du X, Li L, et al. 2012. Interpretation of magnetic anomalies by horizontal and vertical derivatives of the analytic signal. Applied Geophysics, 9 (4): 468~474

Macleod I N, Jones K, Dai T F. 1993. 3-D analytic signal in the interpretation of total magnetic field data at low magnetic latitudes. Exploration Geophysics, 24: 679~688

Mansour A A. 2011. Inversion of residual gravity anomalies using neural network. Arabian Journal of Geosciences, 11: 452~459

Miller H G, Singh V. 1994. Potential field tilt-a new concept for location of potential field sources. Journal of Applied Geophysics, 32: 213~217

Montesinos F G, Arnoso J, Vieira R. 2005. Using a genetic algorithm for 3-D inversion of gravity data in Fuerteventura (Canary Islands). Int J Earth Sci (Geol Rundsch), 94: 301~316

Mushayandebvu M F, Van Driel P, Reid A B, et al. 1999. Magnetic imaging using extended Euler deconvolution. Presented at the 69th Ann Internet Mtg, Soc Expl Geophys

Nabighian M N. 1972. The analytic signal of two-dimensional magnetic bodies with polygonal cross-section: its properties and use for automated anomaly interpretation. Geophysics, 37: 507~517

Nabighian M N, Hansen R O. 2001. Unification of Euler and Werner deconvolution in three dimensions via the generalized Hilbert transform. Geophysics, 66: 1805~1810

Oldenburg D W. 1974. The inversion and interpretation of gravity anomalies. Geophysics, 9 (4): 526~536

Oldham C H G, Sutherland D B. 1955. Orthogonal polynomials and their use in estimating the regional effect. Geophysics, 20: 295~306

Osman O, Muhittin A, Osman N U. 2007. Forward modeling with forced neural networks for gravity anomaly profile. Mathematical Geosciences, 39: 593~605

Parker R L. 1972. The rapid calculation of Potential anomalies. Geophys Jour Roy Astro Soc, 31 (2): 447~455

Pierrick C, Chouteau M. 2003. 3D gravity inversion using a model of parameter covariance. Journal of Applied Geophysics, 52: 59~74

Pilkington M. 1997. 3-D magnetic imaging using conjugate gradients. Geophysics, 62: 1132~1142

Pilkington M, Keating P. 2006. The relationship between local wave number and analytic signal in magnetic interpretation . Geophysics, 71 (1): L1~L3

Pinet N, Keating P, Brouillette P, et al. 2006. Production of a residual gravity anomaly map for Gaspésie (northern Appalachian Mountains), Quebec, by a graphical method. Geological Survey of Canada, Current Research, D1: 8

Portniaguine O, Zhdanov M S. 2002. 3-D magnetic inversion with data compression and image focusing. Geophysics, 67 (5): 1532~1541

Rajagopalan S, Milligan P. 1995. Image enhancement of aeromagnetic data using automatic gain control. Exploration Geophysics, 25: 173~178

Reeves C V. 2001. The role of airborne geophysical reconnaissance in exploration geosciences: non-seismic technology. First Break, 19: 501~508

Reid A B. 1995. Euler Deconvolution: Past, Present and Future, A Review. SEG Expand Abstract. 272~273

Reid A B, Allsop J M, Granser H, et al. 1990. Magnetic interpretation in three dimensions using Euler deconvolution . Geophysics, 55: 80~91

Roest W R, Verhoef J, Pilkington M. 1992. Magnetic interpretation using the 3-D analytic signal. Geophysics, 57: 116~125

Ruddock K A, Slack H A, Breiner S. 1966. Method for determining depth and fall- off rate of subterranean magnetic disturbances utilising a plurality of magnetometers. US Patent 3263161, filed Mar 26, 1963, assigned to Varian Associates and Pure Oil Company

Salem A. 2005. Interpretation of magnetic data using analytic signal derivatives. Geophysical Prospecting, 53: 75~82

Salem A, Ravat D. 2003. A combined analytic signal and Euler method (AN-EUL) for automatic interpretation of magnetic data. Geophysics, 68: 1952~1961

Salem A, Smith R S. 2005. Depth and structural index from the normalized local wavenumber of 2D magnetic anomalies. Geophysical Prospecting, 51: 83~89

Salem A, Ravat D, Johnson R, et al. 2001. Detection of buried steel drums from magnetic anomaly data using a supervised neural network. J Environ Eng Geophys, 6: 115~122

Salem A, Ravat D, Mushayandebvu M F, et al. 2004. Linearized least- squares method for interpretation of potential-field data from sources of simple geometry. Geophysics, 69: 783~788

Salem A, Ravat D, Smith R, et al. 2005. Interpretation of magnetic data using an enhanced local wavenumber

（ELW）method. Geophysics，70（2）：L7 ~ L12

Salem A，Williams S，Fairhead D，*et al.* 2008. Interpretation of magnetic data using tilt- angle derivatives. Geophysics，73：L1 ~ L10

Schneider W. 1978. Intergral formulation for migration in two and three dimensions. Geophyssics，43（4）：49 ~ 76

Silva J B C，Barbosa V C F. 2003. 3D Euler deconvolution：the oretical basis for automatically selecting good solutions. Geophysics，68：1962 ~ 1968

Skeel D C. 1967. What is residual gravity? Geophysics，32：872 ~ 876

Slack H A，Lynch V M，Langan L. 1967. The geomagnetic gradiometer. Geophysics，32：877 ~ 892

Smith R S，Thurston J B，Dai T，*et al.* 1998. iSPI- The improved source parameter imaging method. Geophysical Prospecting，46：141 ~ 151

Song G H，Nurbol，Hu L，Zhao K. 2012. The GCA for groping of learning in the self- regulated Chinese teaching platform. 2012 4th International Conference on Multimedia and Security，MINES 2012，2012/11/2- 2012/11/4，488 ~ 491

Stavrev P. 1997. Euler deconvolution using differential similarity transformations of gravity or magnetic anomalies. Geophysical Prospecting，45：207 ~ 246

Stavrev P，Reid A B. 2007. Degrees of homogeneity of potential fields and structural indices of Euler deconvolution. Geophysics，72（1）：L1 ~ L12

Tarantola A，Valette B. 1982. Generalized nonlinear inverse problems solved using the least squares criterion. Rev Geophys Space Phys，20：219 ~ 232

Tellord W M，Geldart L P，Sheriff R E. 1990. Applied Geophysics（Second Edition）. New York：Cambridge University Press

Thompson D T. 1982. "EULDPH" - A new technique for making computer- assisted depth estimates from magnetic data. Geophysics，47：31 ~ 37

Thurston J B，Smith R S. 1997. Automatic conversion of magnetic data to depth，dip，and susceptibility contrast using the SPI method. Geophysics，62：807 ~ 813

Thurston J B，Smith R S，Guillon J. 2002. A multi-model method for depth estimation from magnetic data. Geophysics，67：555 ~ 561

Tikhonov A N. 1950. Determination of the electrical characteristics of the deep strata of the Earth's crust. Nauk SSR，73：295 ~ 311

Verduzco B，Fairhead J D，Green C M. 2004. New insights into magnetic derivatives for structural mapping. The Leading Edge，23（2）：116 ~ 119

Wang J，Gu D X，Gao Z II，Yu Z Y，Tan C B，Zhou L H. 2013. Feature- Based Solid Model Reconstruction. Journal of Computing and Information Science in Engineering，13（1）

Wei X H，Cheng J，Li H L. 2013a. Latency- balanced optimization of MPI collective communication across multi- clusters. Proceedings of 8th Annual China Grid Conference（China Grid 2013）

Wei X H，Li H L，Guo Q N，Jiang N，Hu L. 2011. Lime VI：a platform for virtual cluster live migration over WAN. Computer Systems Science and Engineering，26（5）：353 ~ 364

Wei X H，Li H L，Yang K，Zou L. 2013b. Topology-aware partial virtual cluster mapping algorithm on shared distributed infrastructures. IEEE Transactions on Parallel and Distributed Systems

Wen B D，Hsu S K，Yeh Y C. 2007. A derivative-based interpretation approach to estimating source parameters of simple 2D magnetic sources from Euler deconvolution，the analytic- signal method and analytical expressions of the anomalies. Geophysical Prospecting, 55: 255~264

Wijns C, Perez C, Kowalczyk P. 2005. Theta map: edge detection in magnetic data. Geophysics, 70 (4):
39~43

Wilsher W A. 1987. A structural interpretation of the Witwatersrand Basin through the application of automated
depth algorithms to both gravity and aeromagnetic data. University of the Witwatersrand, Johannesburg, 70

Xie G, Li J, Majer E L, Zuo D, Oristaglin M L. 2000. 3D electromagnetic modeling and nonlinear
inversion. Geophysics, 65 (3): 804~822

Xie N N, Hu L, Luktarhan N, Zhao K. 2011. A classification of cluster validity indexes based on membership
degree and applications. 2011 International Conference on Web Information Systems and Mining, WISM 2011,
2011/9/24-2011/9/25, 43~50

Xiong X S, Gao R, Zhang X Z, et al. 2011. The Moho depth of north China and northeast China revealed by
seismic detection. Acta Geoscientica Sinica (in Chinese), 32 (1): 46~56

Xue A M. 2009. The Kirchhoff pre-stack time migration on rough surface. SEG Beijing International Conference

Yan Z Q, Guo L Y, Hu L, Wang J. 2013. Specificity and affinity quantification of protein-protein
interactions. Bioinformatics, 29 (9): 1127~1133

Yang Y S, Li Y Y, Liu T Y. 2010. Continuous wavelet transform, theoretical aspects and application to
aeromagnetic data at the Huanghua Depression, Dagang Oilfield, China. Geophysical Prospecting, 58:
669~684

Yu Z Y, Xu M, Gao Z H. 2011. Biomedical image segmentation via constrained graph cuts and pre-
segmentation. 2011 Annual International Conference of the Ieee Engineering in Medicine and Biology Society
(EMBC), 5714~5717

Yuan W, Hu L, Cheng X C, Li H T, Chu J F, Sun Y Y. 2012a. Improvement of an ID-based threshold
signcryption scheme. International Conference on Computer, Informatics, Cybernetics and Applications 2011,
CICA 2011, 2011/9/13-2011/9/16, 29~35

Yuan W, Hu L, Cheng X C, Li H T, Chu J F, Sun Y Y. 2012b. Analysis of an ID-based threshold signcryption
scheme. International Conference on Green Communications and Networks, GCN 2011, 2011/7/15-2011/7/
17, 585~592

Yuan W, Hu L, Li H T, Chu J F. 2011a. Cryptanalysis of an efficient password-based group key agreement proto-
col. Procedia Engineering, 15: 1416~1420

Yuan W, Hu L, Li H T, Chu J F. 2011b. Cryptanalysis of Lee et al.'s authenticated group key
agreement. Procedia Engineering, 15: 1421~1425

Yuan W, Hu L, Li H T, Chu J F, Sun Y Y. 2011c. Cryptanalysis and improvement of selvi et al.'s identity-
based threshold signcryption scheme. Journal of Networks, 6 (11): 1557~1564

Yuan W, Hu L, Li H T, Chu J F, Sun Y Y. 2011d. Enhancement of an authenticated 3-round identity-based
group key agreement protocol. Journal of Networks, 6 (11): 1578~1585

Yuan W, Hu L, Li H T, Chu J F. 2011e. Offline dictionary attack on a universally composable three-party
password-based key exchange protocol. Procedia Engineering, 15: 1691~1694

Yuan W, Hu L, Li H T, Zhao K, Chu J F, Sun Y Y. 2011f. Key replicating attack on an identity-based three-
party authenticated key agreement protocol. 2011 International Conference on Network Computing and Information
Security, NCIS 2011, 2011/5/14-2011/5/15, 249~253

Yuan W, Hu L, Li H T, Chu J F, Yang K. 2012c. Cryptanalysis and enhancement of an efficient and provably
secure password-based group key agreement protocol, information. An International Interdisciplinary Journal, 15

（11A）：4507~4512

Yuan W，Hu L，Li H T，Chu J F，Sun Y Y. 2012d. Cryptanalysis of three event signature protocols for peer-to-peer massively multiplayer online games. Journal of Networks，7（3）：510~516

Yuan W，Hu L，Li H T，Chu J F，Sun Y Y. 2012e. Analysis and enhancement of three identity-based signcryption protocols，Journal of Computers，7（4）：1006~1013

Yuan W，Hu L，Li H T，Chu J F，Sun Y Y. 2012f. An improved dynamic password based group key agreement against dictionary attack，Journal of Software，7（7）：1524~1530

Yuan W，Hu L，Li H T，Chu J F，Wang H. 2012g. Cryptanalysis and improvement of an ID-Based threshold signcryption scheme，Journal of Computers，7（6）：1345~1352

Yuan W，Hu L，Li H T，Chu J F. 2012h. Cryptanalysis of an enhanced event signature protocols for peer-to-peer massively multiplayer online games. International Conference on Computer，Informatics，Cybernetics and Applications 2011，CICA 2011，2011/9/13-2011/9/16，37~44

Yuan W，Hu L，Li H T，Chu J F. 2012i. An enhanced authenticated 3-round identity-based group key agreement protocol. International Conference on Green Communications and Networks，GCN 2011，2011/7/15-2011/7/17，549~556

Yuan W，Hu L，Li H T，Chu J F. 2012j. Improvement of Selvi *et al.*'s identity-based threshold signcryption scheme. International Conference on Green Communications and Networks，GCN 2011，2011/7/15-2011/7/17，577~584

Yuan W，Hu L，Li H T，Chu J F. 2012k. Analysis of Selvi *et al.*'s identity-based threshold signcryption scheme. International Conference on Computer，Informatics，Cybernetics and Applications 2011，CICA 2011，2011/9/13-2011/9/16，881~888

Yuan W，Hu L，Li H T，Chu J F. 2012l. Analysis of an authenticated 3-round identity-based group key agreement protocol. International Conference on Computer，Informatics，Cybernetics and Applications 2011，CICA 2011，2011/9/13-2011/9/16，889~896

Yuan W，Hu L，Li H T，Chu J F. 2012m. Cryptanalysis of two event signature protocols for peer-to-peer massively multiplayer online games. International Conference on Green Communications and Networks，GCN 2011，2011/7/15-2011/7/17，937~944

Yuan W，Hu L，Li H T，Chu J F. 2013a. An efficient password-based group key exchange protocol using secret sharing. Applied Mathematics & Information Sciences，7（1）：145~150

Yuan W，Hu L，Li H T，Chu J F. 2013b. Secure event signature protocol for peer-to-peer massive multiplayer online games using bilinear pairing. Security and Communication Networks，6（7）：881~888

Yuan W，Hu L，Zhao K，Li H T，Chu J F，Sun Y Y. 2011g. Improvement of an efficient identity-based group key agreement protocol. International Conference on Network Computing and Information Security，NCIS 2011，2011/5/14-2011/5/15，234~238

Yurtsever U. 2011. On the gravitational inverse problem. Applied Mathematical Sciences，57（5）：2839~2854

Zhang G P，Yang K，Liu P，Ding E J. 2011. Achieving user cooperation diversity in tdma-based wireless networks using cooperative game theory. IEEE Communications Letters，15（2）：154~156

Zhang M，Hu L，Zhang Y. 2011. Weighted automata for full-text indexing. International Journal of Foundations of Computer Science，22（4）：921~943

Zhang S H，Rui G，*et al.* 2014. Crustal structures revealed from a deep seismic reflection profile across the Solonker suture zone of the Central Asian Orogenic Belt，northern China：An integrated interpretation. Tectonophysics，612-613：26~39

Zhao J, Liu L, Hu L. 2012. Extended representation of the conceptual element in temporal context and the diachronism of the knowledge system. Knowledge-Based Systems, 33: 136 ~ 144

Zhao K, Bai X L, Wang F, Sun Y Y, Hu L. 2012. Improved defense against domain name server man-in-the-middle spoofing. Journal of Computational and Theoretical Nanoscience, 9 (10): 1750 ~ 1756

Zhdanov M S. 2002. Geophysical Inverse Theory and Regularization Problems. Elsevier Science Ltd

Zhdanov M S. 2009. Geophysical Electromagnetic Theory and Methods. Elsevier Science Ltd

后　　记

　　本书是以黄大年教授为首席科学家的SinoProbe-09项目组的集体成果。历时五年，他带领来自不同单位的几百位优秀科学家将智慧融为一体、将勤奋汇为一渠，亲历和见证了深地探测整装装备从无到有的艰辛历程。使我国掌握了该领域的核心研发技术和经验，由技术"跟进"和"跟跑"阶段转向"齐头并进"并力争"领跑"阶段。用黄大年教授的话说："中国人只要精心组织、抱团努力，就没有办不成的事。中国应成为即将到来的高端探测装备时代的主人，而不是只会喝彩的看客。"

　　项目进行过程中，我们无法准确计算出黄大年教授到底多少次出差，到国土资源部和深探中心等有关部门进行项目汇报、技术研讨；多少次深入各项目参与单位给予技术指导、沟通协调；多少个地质宫的不眠之夜，他为了项目的顺利进行，埋头设计实施方案、钻研技术指标、总结研究成果……但我们清楚地知道他头上的白发越来越多了；地质宫五楼办公室的灯熄灭地越来越晚了；他病倒在工作中的状况发生得越来越频繁了，直到2016年12月被查出了胆管癌。从12月8日住院，到2017年1月8日去世，他58年短暂人生的最后一个月还在惦记着深部探测装备的最新成果、本书的校对出版和国家深探计划的下一步进展。他说："没有科研激情和对祖国的热爱，就不会有始终如一的坚持，初衷不变、童心难改。幸运的是，能与一群志同道合的伙伴并肩战斗，一路走来，开心愉快！"

　　在此，谨将此书作为一份纪念，送给已经离开我们的伙伴、"时代楷模"、"杰出科学家"—黄大年教授，感谢他带领SinoProbe-09团队克服重重困难，突破国外高端装备技术封锁，实现了中国在深部探测关键仪器装备技术上跨代研究的设计目标，为向地球深部进军打造了国产利器。同时，我们要以他为榜样，学习他心有大我、至诚报国的爱国情怀，学习他教书育人、敢为人先的敬业精神，学习他淡泊名利、甘于奉献的高尚情操，把爱国之情、报国之志融入祖国改革发展的伟大事业之中、融入人民创造历史的伟大奋斗之中，从自己做起，从本职岗位做起，为实现"两个一百年"奋斗目标、实现中华民族伟大复兴的中国梦贡献智慧和力量。为我国的深地探测事业不懈奋斗、砥砺前行。

　　"人生的战场无所不在，很难说哪一个最重要，事业重要，生活和家庭同样重要，但健康最重要！"这是黄大年老师朋友圈的最后一条留言，献给所有读者。

SinoProbe-09 项目组全体成员

2017 年 6 月 18 日